# 表面活性剂

## ——合成·性能·应用

王培义　徐宝财　王　军　主编

**第三版**

化学工业出版社
·北京·

《表面活性剂——合成·性能·应用》第三版分6章，介绍了表面活性剂主要亲油基原料的性能特点、合成方法和应用领域；各种表面活性剂的分子结构特点、合成原理、基本性能和基本应用；表面活性剂的溶解性、界面性质、胶束性质、电化学性质以及添加剂对表面活性剂溶液性质的影响；表面活性剂的润湿、乳化、增溶、分散、发泡、洗涤去污等基本作用原理和应用；表面活性剂的化学生态学、环境安全以及表面活性剂生命循环周期等。本次修订增加了思考题，供读者巩固与提高。

本书内容丰富，论述详细，兼具理论性和实用性，可供从事表面活性剂研究、开发、生产和管理的科研人员和工程技术人员阅读，也可作为高等院校专业教材和教学参考书。

**图书在版编目（CIP）数据**

表面活性剂：合成·性能·应用/王培义，徐宝财，王军主编．—3版．—北京：化学工业出版社，2019.2（2020.8重印）

ISBN 978-7-122-33627-9

Ⅰ．①表…　Ⅱ．①王…②徐…③王…　Ⅲ．①表面活性剂　Ⅳ．①TQ423

中国版本图书馆CIP数据核字（2019）第003743号

责任编辑：袁海燕　陈　丽　　装帧设计：张　辉

责任校对：张雨彤

出版发行：化学工业出版社（北京市东城区青年湖南街13号　邮政编码100011）

印　　装：北京盛通数码印刷有限公司

787mm×1092mm　1/16　印张19　字数470千字　2020年8月北京第3版第2次印刷

购书咨询：010-64518888　　售后服务：010-64518899

网　　址：http：//www.cip.com.cn

凡购买本书，如有缺损质量问题，本社销售中心负责调换。

**定　　价：75.00元**

# 前　言

自本书2007年第一版、2012年第二版出版以来，承蒙读者关心和厚爱，发行量节节攀升。2009年第一版获第十届中国石油和化学工业优秀科技图书二等奖，并被一些高校选作教材或教学参考书。

近年来，我国表面活性剂产业发展迅速，应用范围日益广泛，已成为推动我国各个重要产业发展不可或缺的功能性材料，并正扩展到各高新技术领域，为新材料、生物、能源、信息等高新技术行业提供了有力支撑。表面活性剂作为精细化工新材料的重要产品，受到国家各主管部门的重视，得到国家产业政策的大力支持。各行业对表面活性剂的依赖程度也越来越高，对表面活性剂的发展也更加关注。许多高校及科研院所长期对表面活性剂进行重点研究，科技成果不断涌现，为表面活性剂产业发展提供了有力的技术支撑。

为适应表面活性剂产业发展和读者的需要，作者对《表面活性剂——合成·性能·应用》（第二版）一书进行了修订。在修订过程中，原书结构和内容未做变动，主要是修改那些有变化、有发展的内容。为便于读者学习，每章增列了复习思考题，供读者学习时思考。

在这次修订工作中，化学工业出版社的同志为本书出版做了许多工作，一些读者也给予了帮助，在此向他们表示感谢。

**郑州轻工业学院　王培义**

**2018年11月**

# 第一版前言

表面活性剂已广泛应用于日常生活、工农业生产及高新技术领域，是重要的工业助剂之一，被誉为“工业味精”。在许多行业中，表面活性剂起着画龙点睛的作用，只要很少量即可显著地改善物质表面（界面）的物理化学性质，改进生产工艺、降低消耗和提高产品质量。

要设计、合成和开发新型表面活性剂，或应用表面活性剂开发新型、经济、安全、高效的各种新产品，或改进传统生产工艺和提高产品质量，就必须了解和探索表面活性剂分子结构特点、各类表面活性剂的合成原理和方法、表面活性剂的基本性能和作用、表面活性剂结构与性能的关系、表面活性剂之间或表面活性剂与其他添加剂之间的复配规律以及表面活性剂的应用领域和应用原理等。为满足这一需要，并为从事表面活性剂开发、生产和应用的有关技术人员，特别是有志于从事这一工作的青年学者提供借鉴和参考，本书作者结合高等院校专业人才培养实际以及多年来的教学和科研工作实践，编著了《表面活性剂——合成·性能·应用》一书。

全书共分6章。第1章介绍了表面活性和表面活性剂的概念，表面活性剂的结构特点和分类，表面活性剂的发展等；第2章，表面活性剂的原料，介绍了合成表面活性剂所需主要亲油基原料的性能特点、合成方法和应用领域；第3章，表面活性剂的合成，介绍了各种表面活性剂的分子结构特点、合成原理、基本性能和基本应用；第4章，表面活性剂的溶液性质，介绍了表面活性剂的溶解性、界面性质、胶束性质、电化学性质以及添加剂对表面活性剂溶液性质的影响；第5章，表面活性剂的基本作用与应用，介绍了表面活性剂的润湿、乳化、增溶、分散、发泡、洗涤去污等基本作用原理和应用；第6章，表面活性剂的化学生态学，介绍了表面活性剂的化学生态学、环境安全性以及表面活性剂生命循环周期等。

本书主编为王培义（郑州轻工业学院）、徐宝财（北京工商大学）、王军（郑州轻工业学院），参加本书编写工作的还有张春霞（郑州轻工业学院）、韩富（北京工商大学）、许培援（郑州轻工业学院）、闫铨钊（郑州轻工业学院），全书由王培义统编定稿。

本书在编写过程中曾参考了有关文献资料，均列在书末的参考文献中，在此编者对各参考文献的作者表示感谢！

本书内容涉及面广，限于水平，书中错误在所难免，敬请专家、读者批评指正。

**作者**

**2007年5月**

# 第二版前言

本书自2007年出版以来，发行总数已逾6400册，作为专业书，这个数字说明该书深受读者欢迎，并被一些高校选作教材。

近几年来，表面活性剂工业得到了飞速发展，目前全世界表面活性剂有6000多种，年产量已超过$1.4\times10^7$吨，中国表面活性剂产量也已达到$1.27\times10^4$吨，其应用领域进一步扩大。为适应表面活性剂工业这一高速发展的需要，许多高校开设了表面活性剂课程，科学研究方面也方兴未艾，形势喜人。

为更好地满足表面活性剂工业发展和读者的需要，编者对《表面活性剂——合成·性能·应用》一书进行了修订。在修订过程中，原著结构和内容未做变动，主要是修改那些有变化、有发展的内容。

在这次修订工作中，化学工业出版社的不少同志为图书出版及相关事宜做了许多工作，一些读者也给予了帮助，在此表示感谢。

《表面活性剂——合成·性能·应用》一书出版后，承蒙读者关心和爱护，不少读者来信或来电指出不足或咨询问题，在此表示衷心感谢，并希望对第二版继续给予关心、提出宝贵意见，以便不断修订完善。

**郑州轻工业学院　王培义**

**2012年2月**

# 目　录

# 1 绪论

## 1.1 界面与表面

界面是指两相之间的极薄的边界层，或是指物质相与相之间的分界面（interface）。如油和水常互不相溶，油水混在一起分为两层，其中间的分界面即油水界面。严格地讲，界面不是一个简单的几何面，界面有一定的厚度，约为几个分子厚。界面的性质与相邻的两个体相的性质不同，是由相邻的两个体相的性质决定的。

按气、液、固三种聚集状态或三相的组合方式，可将宏观界面分成如下五种类型：固-气界面；固-液界面；固-固界面；液-气界面；液-液界面。气体与气体可以完全混合，所以气体间不存在界面。习惯上又将固-气及液-气界面叫作固体及液体的表面，因此表面（surface）可以定义为有一相为气相的界面。气体与液体间的界面是各类界面中最简单的一类，它的化学组成最简单，而且具有物理和化学的均匀性。

液-液界面是两种不相混溶的液体相接触而形成的物理界面。液-液界面可以由不同途径形成，包括黏附、铺展和分散。黏附是指两种液体进行接触，各失去自己的气液界面形成液-液界面的过程。铺展是指一种液体在第二种液体上展开，使后者原有的气-液界面被两者间的液-液界面取代，同时还形成相应的第一种液体的气-液界面的过程。分散则是一种大块的液体变成为小滴的形式存在于另一种液体之中的过程，从体系的界面结构来看，这时只有液-液界面形成。

## 1.2 表面活性和表面活性剂

纯液体表面上的分子比内部分子具有更高的能量，所以就有尽可能减少表面积，使能量降低的趋势。洒在地面上的水银及荷叶上的水滴都呈球形，便是这个缘故。说明一般液体的表面都存在着收缩力，在它的作用下，水滴有使表面积变得最小即成球状的趋势。

若把液体做成液膜，如图 1-1 所示，可以发现该液膜有自动收缩的趋势，这种收缩表面的力叫表面张力。其物理意义为：沿着与表面相切的方向，垂直通过液体表面上任一单位长度收缩表面的力，通常叫表面张力，其单位用 mN/m 表示。

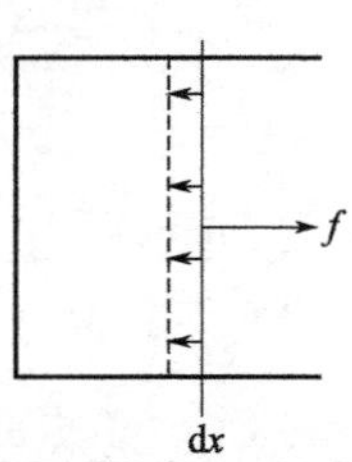

从功的角度，表面张力可理解为液体表面增加单位面积时，外界对体系所做的可逆表面功；如从能的角度，则为增加单位表面积时，液体表面自由能的增加值，单位为 $J/m^2$。

$f$

$dx$

图 1-1　表面张力示意图

液体的表面张力是其基本物理性质之一。任何液体，在一定条件下均有一定的表面张力，如在 20℃下，水的表面张力为 72.75mN/m，液体石蜡为 33.1mN/m，乙醚为 17.1mN/m。溶液与纯液体不同，它含有溶剂和溶质两种不同的分子。将各种物质分别溶解于水中，测定不同浓度下水溶液的表面张力，结果如图 1-2 所示。

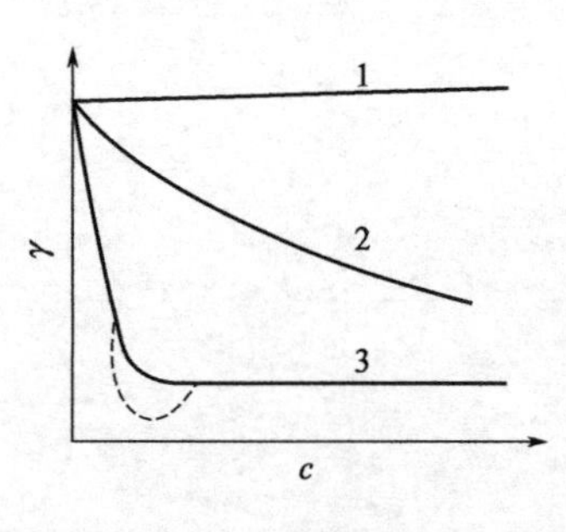


图 1-2 不同物质水溶液的表面张力

曲线 1 是表面张力随溶质浓度增大而稍有提高，且近于直线，如氯化钠、硫酸钠、氢氧化钾、硝酸钾、氯化铵等无机盐类及蔗糖、甘露醇等多羟基有机物溶于水时为此情况；曲线 2 是表面张力随溶质浓度增大而逐渐下降，绝大部分醇、醛、脂肪酸等有机化合物溶于水时为这种情况；曲线 3 是表面张力在低浓度时随溶质浓度增大而急剧下降，至一定程度后便缓慢下来或不再下降，有时溶质中含有某些杂质时，可能出现表面张力最低值（曲线 3 虚线所示）现象，如肥皂、高级脂肪醇硫酸盐或磺酸盐、烷基苯磺酸盐等的水溶液均属这种类型。我们把这种能够降低溶剂表面张力的性质称为表面活性。

上述第 1 类物质无表面活性，称为非表面活性物质；后两类物质能够降低水的表面张力，具有表面活性，称为表面活性物质。但第 2 类和第 3 类物质的表面活性又很不相同，通常将第 3 类物质称为表面活性剂（surface active agents，surfactants），即在水中加入很少量时就能显著降低水的表面张力，改变体系界面状态，从而产生润湿、乳化、发泡、增溶等作用。第 2 类物质不具备这些性质。

## 1.3 表面活性剂的结构特点

### 1.3.1 表面活性剂的结构

表面活性剂分子一般是由非极性的亲油基团（疏水基团）和极性的亲水基团（疏油基团）组成，具有既亲水又亲油的双亲性质，所以也称为双亲化合物。如最常用的十二烷基硫酸钠 $C_{12}H_{25}SO_4Na$，其中 $C_{12}H_{25}$—为亲油基（疏水基），—$SO_4Na$ 为亲水基（疏油基）。

双亲是表面活性剂的基本化学结构，即作为表面活性剂，化合物分子中至少有一个亲水基团，一个亲油基团。亲水基及亲油基在分子中的相对排列顺序可以是多样的，如亲水基位于亲油基的末端，也可移向中间任一位置，还可两者交替排列等。图 1-3 为几种典型的表面活性剂分子结构示意图。

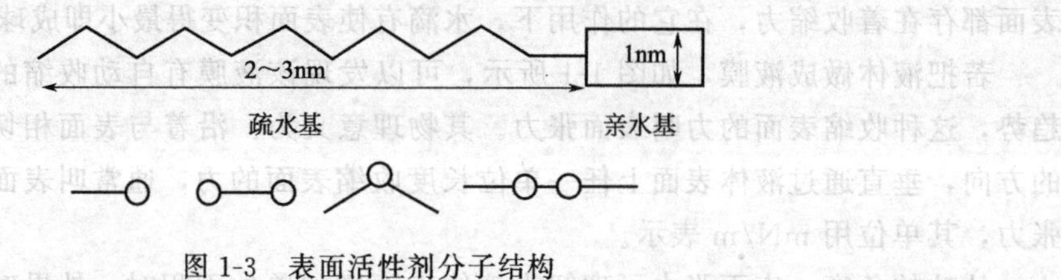


图 1-3 表面活性剂分子结构

### 1.3.2 表面活性剂的亲水基

表面活性剂的亲水基（hydrophilic group）：对极性表面具有明显的亲和性，亲水即易溶于水。亲水基团种类很多，有离子型（阴、阳、两性）及非离子型两大类。前者在水溶液中能离解为带电荷的、具有表面活性的基团及平衡离子；后者仅具有极性而不能在水中离解。表面活性剂的亲水基一般包括如下几类。

① 羧酸盐：—COOM

② 磺酸盐：$—SO_3M$

③ 硫酸（酯）盐：$—SO_4M$

聚醚硫酸（酯）盐：$RO(CH_2CH_2O)_nSO_3M$

④ 磷酸（酯）盐：

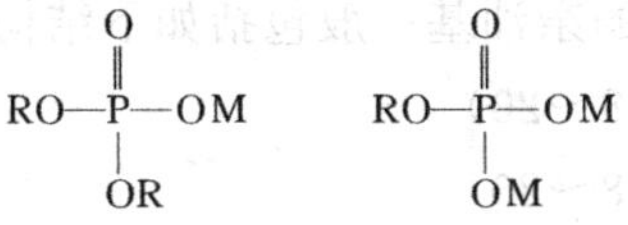

$$RO-\overset{\displaystyle O}{\overset{\|}{P}}(-OR)-OM \qquad RO-\overset{\displaystyle O}{\overset{\|}{P}}(-OM)-OM$$

亚磷酸（酯）盐：

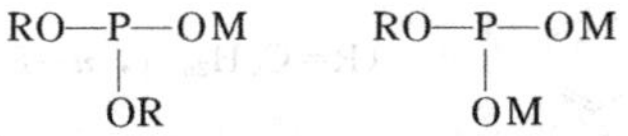

$$RO-P(-OR)-OM \qquad RO-P(-OM)-OM$$

膦酸盐：

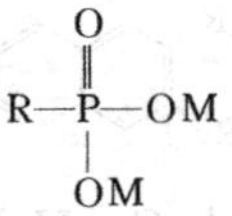

$$R-\overset{\displaystyle O}{\overset{\|}{P}}(-OM)-OM$$

聚醚型磷酸盐：

$$R(CH_2CH_2O)_nPO(OM)_2 \qquad [R(CH_2CH_2O)_n][R(CH_2CH_2O)_m]PO(OM)$$

上述亲水基中，M为平衡离子，又称反离子：包括$Na^+$、$K^+$、$H^+$、$NH_4^+$、胺、醇胺等。

⑤ 胺盐：

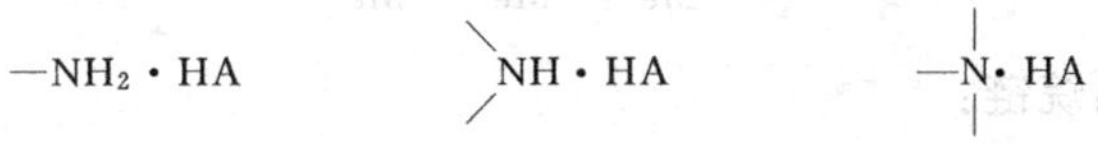

$$—NH_2 \cdot HA \qquad >NH \cdot HA \qquad —N(<) \cdot HA$$

伯胺盐　　仲胺盐　　叔胺盐

其中，HA为无机酸HX，$H_2SO_4$，$H_3PO_4$；或有机酸HCOOH，HAc等。

⑥ 季铵盐：

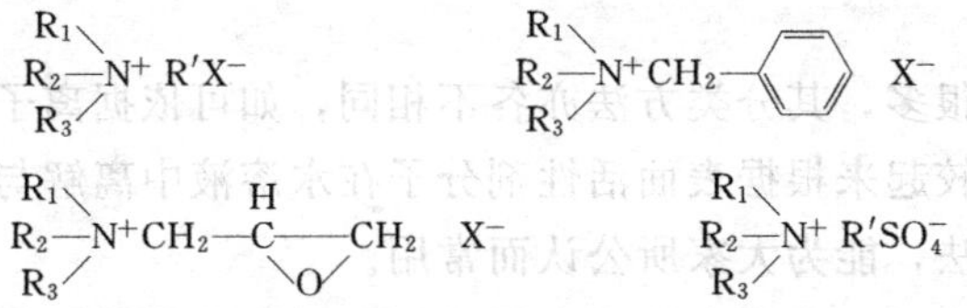

$$R_1R_2R_3N^+R'X^- \qquad R_1R_2R_3N^+CH_2-C_6H_5\ X^-$$

$$R_1R_2R_3N^+CH_2-\underset{\backslash O/}{CH}-CH_2\ X^- \qquad R_1R_2R_3N^+R'SO_4^-$$

其中，$R_1$，$R_2$，$R_3$至少有一个长链$C_8 \sim C_{18}$，R′为短链$—CH_3$，—Et，$X=Cl^-$，$Br^-$，$HSO_4^-$，$CH_3OSO_3^-$等。

⑦ 氨基酸：$—N^+H_2CH_2COO^-$

⑧ 甜菜碱：$—N^+(CH_3)_2CH_2COO^-$

⑨ 羟基：—OH

⑩ 醚键：由极性键或活泼氢化合物，如含—OH，—SH，—COOH，$—NH_2$，—NH—，$—CONH_2$，—CONH—等的化合物与环氧乙烷、环氧丙烷加成而得。

⑪ 极性键：

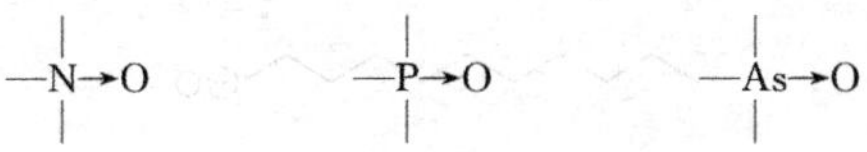

$$-\overset{|}{\underset{|}{N}}\rightarrow O \qquad -\overset{|}{\underset{|}{P}}\rightarrow O \qquad -\overset{|}{\underset{|}{As}}\rightarrow O$$

### 1.3.3 表面活性剂的亲油基

表面活性剂的亲油基（或叫疏水基 hydrophobic group）：对水没有亲和力，不溶于水，而易溶于油，具有亲油性质。表面活性剂的亲油基团主要是烃类，有饱和烃和不饱和烃。饱和烃包括直链烷烃、支链烷烃和环烷烃，其碳原子数大都在 8～20 范围内；不饱和烃包括脂肪族烃和芳香族烃。表面活性剂的亲油基一般包括如下结构。

① 直链烃类：$C_nH_{2n+1}$（$n$=8～20）

② 支链烃类：$C_nH_{2n+1}$（$n$=8～20）

③ 烷基苯基：

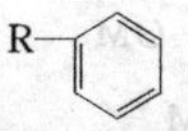

R—C₆H₄—　（$R=C_nH_{2n+1}$，$n$=8～16）

④ 烷基萘基：（一般 R，R′=$C_nH_{2n+1}$，$n$=3～6）

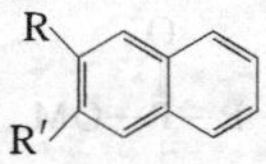

R, R′—C₁₀H₅—

⑤ 含氟、全氟代烷基 1～5 类亲油基上 C—H 为 C—F 全部或部分取代；

⑥ 松香基；

⑦ 木质素（造纸废液聚合物）；

⑧ 硅氧烷：

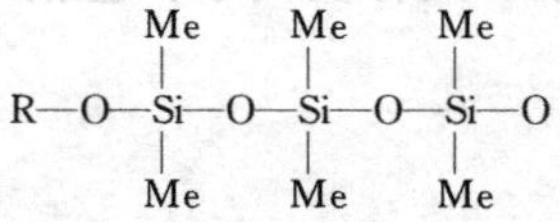

$$R—O—Si(Me)_2—O—Si(Me)_2—O—Si(Me)_2—O$$

⑨ 高分子量聚氧丙烷链：

$$\left[C_3H_6O\right]_n$$

## 1.4 表面活性剂的分类

表面活性剂的种类很多，其分类方法亦各不相同，如可依据离子类型、溶解性、应用功能、结构等来分类。比较起来根据表面活性剂分子在水溶液中离解与否将其分成离子型与非离子型两大类的分类方法，能为大家所公认而常用。

即表面活性剂溶于水时，凡能离解成离子的叫离子型表面活性剂，凡不能离解成离子的叫非离子型表面活性剂。在离子型表面活性剂中按其在水中生成的表面活性剂离子种类，又可分为阴离子型表面活性剂、阳离子型表面活性剂和两性离子型表面活性剂三大类。每大类按其亲水基结构不同又分为若干小类。

因此，按亲水基表面活性剂可分为如下四类。

① 阴离子型表面活性剂

⊖⊕

② 阳离子型表面活性剂

⊕⊖

③ 两性离子型表面活性剂

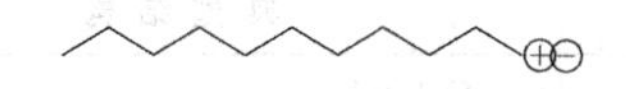

④ 非离子型表面活性剂

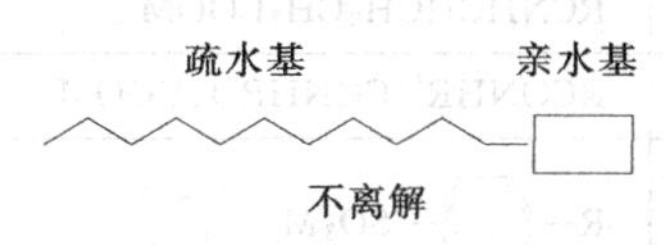


此外，还有一些特殊类型的表面活性剂，如元素表面活性剂、高分子表面活性剂、生物表面活性剂等，由于其结构上的特殊性而具有特殊功能，每一类特殊表面活性剂同样可以分为上述四类。

**(1) 元素表面活性剂**

含氟表面活性剂：全氟羧酸钠、全氟磺酸钠。

含硅表面活性剂：聚二甲基硅氧烷聚醚。

含硼表面活性剂：硼酸双甘酯单脂肪酸酯及其乙氧基化物。

其他元素表面活性剂。

**(2) 高分子表面活性剂**

合成高分子表面活性剂：马来酸共聚物、乙烯基吡啶共聚物、聚乙烯醇、聚丙烯酸盐、聚丙烯酰胺、聚乙烯吡咯烷酮、顺丁烯二酸共聚物等。

部分合成的高分子表面活性剂：羧甲基纤维素、羧甲基淀粉、乙基纤维素、羟乙基纤维素、甲基纤维素等。

天然高分子表面活性剂：阿拉伯树胶、皂苷、壳聚粉、藻朊酸钠等。

**(3) 生物表面活性剂**

糖脂系：鼠李糖脂、海藻糖脂、槐糖脂。

酰基缩氨酸系：表面活性蛋白（脂肽）、硫放线菌素、脂缩氨酸。

磷脂系：磷脂。

高分子系：脂多糖、黄原胶。

**(4) 新型功能性表面活性剂** 双子型、Bola 型、可解离型、反应型、冠醚型、螯合型、有机金属型和环糊精型等。

表 1-1～表 1-4 为一些典型的表面活性剂品种。

**表 1-1 典型的阴离子型表面活性剂**

| 类 型 | 典型表面活性剂 | 典型结构 | 备 注 |
| --- | --- | --- | --- |
| 羧酸盐型 | 脂肪酸盐 | RCOOM | R：$C_8$～$C_{18}$<br>M：$Na^+$、$K^+$、$NH_4^+$；$Ca^{2+}$、$Mg^{2+}$；$NH_2CH_2CH_2OH$、$NH(CH_2CH_2OH)_2$、$N(CH_2CH_2OH)_3$ |
| | 脂肪醇聚氧乙烯醚羧酸盐 | $R(OCH_2CH_2)_nOCH_2COOM$ | |
| | 烷基酚聚氧乙烯醚羧酸盐 | $R-C_6H_4-O(CH_2CH_2O)_nCH_2COOM$ | |
| | 酰基肌氨酸盐 | $R\overset{O}{\overset{\|}{C}}\underset{CH_3}{\underset{\|}{N}}CH_2COOM$ | |

续表

| 类型 | 典型表面活性剂 | 典型结构 | 备注 |
| --- | --- | --- | --- |
| 羧酸盐型 | 酰基谷氨酸盐 | $RCONHCH(COOH)CH_2CH_2COOM$（RC(=O)NH—CH(COOH)—$CH_2CH_2COOM$） | |
| | 酰基多肽 | $RCONHR'(CONHR'')_xCOOM$ | |
| 磺酸盐型 | 烷基苯磺酸盐 | R—$C_6H_4$—$SO_3M$ | R:$C_{12}\sim C_{13}$ |
| | 烷基磺酸盐 | $RSO_3M$ | R:$C_{12}\sim C_{18}$ |
| | 仲烷基磺酸盐 | $R_1R_2CHSO_3Na$ | R:$C_{12}\sim C_{18}$ |
| | 烯基磺酸盐 | $RCH_2CH(OH)(CH_2)_nSO_3Na$<br>$RHC{=}CH(CH_2)_nSO_3Na$ | 混合物 |
| | 脂肪酸甲酯磺酸盐(MES) | $RCH(SO_3Na)COOCH_3$ | R:$C_{12}\sim C_{16}$ |
| | 烷基萘磺酸盐，如拉开粉(二丁基萘磺酸盐) | $R_1$,$R_2$-萘-$SO_3M$ | R:$C_4\sim C_6$ |
| | 酰基甲基牛磺酸盐 | $RCON(CH_3)CH_2CH_2SO_3M$ | R:$C_9\sim C_{17}$ |
| | 脂肪酰氧乙基磺酸盐 | $RCOOCH_2CH_2SO_3Na$ | R:$C_9\sim C_{17}$ |
| | 琥珀酸酯磺酸盐 | $C_{10}H_{19}CONHCH_2CH_2OOCCH_2CH(SO_3Na)COONa$ | |
| | 烷基甘油醚磺酸盐 | $ROCH_2CH(OH)CH_2SO_3M$ | |
| | 萘磺酸-甲醛缩合物 | $MO_3S$—萘—$CH_2$—萘—$SO_3M$ | |
| 硫酸(酯)盐型 | 脂肪醇硫酸盐 | $ROSO_3M$ | M:$Na^+$、$K^+$、$NH_4^+$、$NH_2CH_2CH_2OH$ |
| | 脂肪醇聚氧乙烯醚硫酸盐 | $RO(CH_2CH_2O)_nSO_3M$ | |
| | 烷基酚聚氧乙烯醚硫酸盐 | R—$C_6H_4$—$O(CH_2CH_2O)_nSO_3M$ | |
| | 仲烷基硫酸盐 | $RCH_2CH(OSO_3Na)CH_2R'$ | |
| | 烷醇酰胺硫酸盐 | $RCONHCH_2CH_2OSO_3M$ | |
| | 烷醇酰胺醚硫酸盐 | $RCONHCH_2CH_2O(C_2H_4O)_nSO_3M$ | |
| | 烷基甘油醚硫酸盐 | $ROCH_2CH(OH)CH_2OSO_3M$ | |

续表

| 类型 | 典型表面活性剂 | 典型结构 | 备注 |
|---|---|---|---|
| 磷酸(酯)盐型 | 单烷基磷酸酯 | 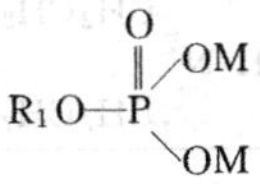 $R_1O{-}P(=O)(OM)_2$ | M: $K^+$、$Na^+$、$NH_4^+$、$NH_2CH_2CH_2OH$ |
| | 二烷基磷酸双酯 | 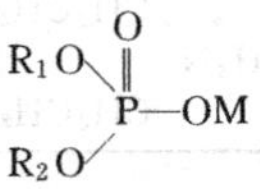 $(R_1O)(R_2O)P(=O){-}OM$ | |
| | 脂肪醇聚氧乙烯醚磷酸盐 | $RO(C_2H_4O)_nPO(OM)_2$ | |
| | 烷基酚聚氧乙烯醚磷酸盐 | 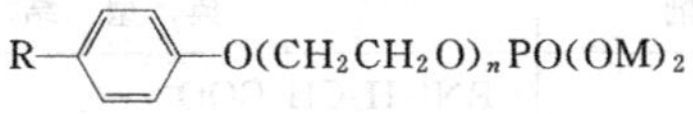 $R{-}C_6H_4{-}O(CH_2CH_2O)_nPO(OM)_2$ | |
| | 脂肪酸烷醇酰胺磷酸酯盐 | 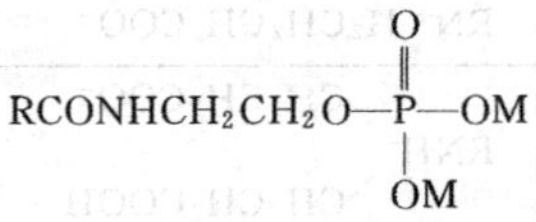 $RCONHCH_2CH_2O{-}P(=O)(OM){-}OM$ | |
| | 烷醇酰胺醚磷酸盐 | 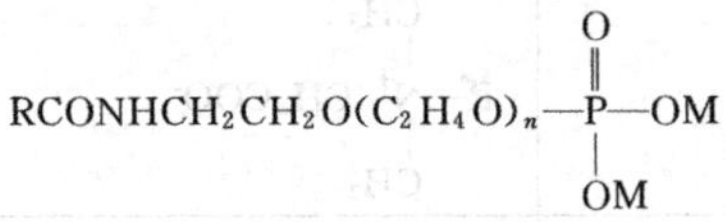 $RCONHCH_2CH_2O(C_2H_4O)_n{-}P(=O)(OM){-}OM$ | |

**表 1-2 典型的阳离子型表面活性剂**

| 类型 | 典型表面活性剂 | 典型结构 | 备注 |
|---|---|---|---|
| 胺盐 | 伯胺 | $RNH_2HX$ | HX = HCl、HBr、$CH_3COOH$、HCOOH、$H_2SO_4$、$H_3PO_4$ |
| | 仲胺 | $R_1R_2NHHX$ | |
| | 叔胺 | $R_1R_2R_3NHX$ | |
| 季铵盐 | 烷基三甲基季铵盐 | 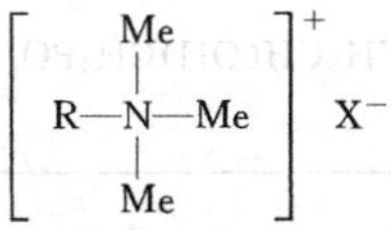 $[R{-}N(Me)_3]^+X^-$ | |
| | 烷基二甲基苄基季铵盐 | 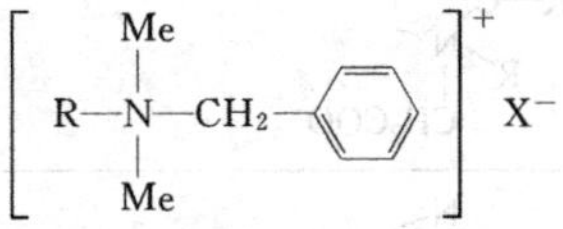 $[R{-}N(Me)_2{-}CH_2{-}C_6H_5]^+X^-$ | |
| | 二烷基二甲基季铵盐 | 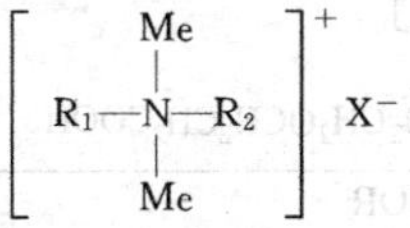 $[R_1{-}N(Me)_2{-}R_2]^+X^-$ | |
| 杂环类 | 烷基吡啶 | 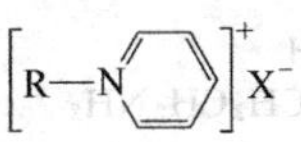 $[R{-}NC_5H_5]^+X^-$ | |
| | 咪唑啉盐 | 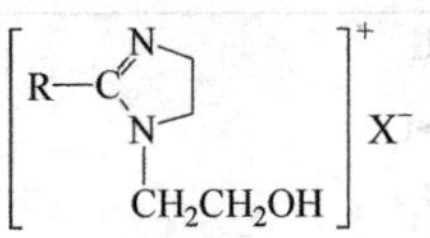 $[R{-}C(=N{-}CH_2CH_2{-})N{-}CH_2CH_2OH]^+X^-$ | |
| | 吗啉盐 | 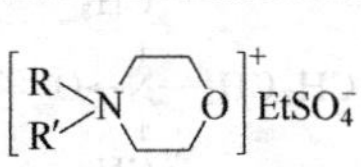 $[RR'N(C_4H_8O)]^+EtSO_4^-$ | |

续表

| 类型 | 典型表面活性剂 | 典型结构 | 备注 |
| --- | --- | --- | --- |
| 间接连接型 | Soromine 类 | $RCOOCH_2CH_2N(CH_2CH_2OH)_2 \cdot HCOOH$ | |
| | Sapamine 类 | $RCONHCH_2CH_2N(CH_2CH_3)_2 \cdot HCOOH$ | |

**表 1-3 典型的两性表面活性剂**

| 类型 | 典型表面活性剂 | 典型结构 | 备注 |
| --- | --- | --- | --- |
| 氨基酸类 | 氨基乙酸类 | $RN^+H_2CH_2COO^-$ | |
| | 氨基丙酸类 | $RN^+H_2CH_2CH_2COO^-$<br>$RNH^+(CH_2CH_2COO^-)(CH_2CH_2COOH)$ | |
| 甜菜碱类 | 羧基甜菜碱 | $R-N^+(CH_3)_2-CH_2COO^-$ | $R:C_{12}H_{25}$ |
| | 磺基甜菜碱 | $R-N^+(CH_3)_2-CH_2CH_2SO_3^-$ | |
| | 硫酸酯基甜菜碱 | $R-N^+(CH_3)_2-CH_2CH_2SO_4^-$ | |
| | 磷酸酯基甜菜碱 | $R-N^+(CH_3)_2-CH_2CH(OH)CH_2PO_4H^-$ | |
| 咪唑啉型 | 乙酸型咪唑啉 | 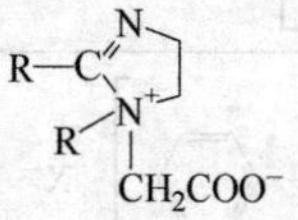 2-R-咪唑啉环，$N^+$上连 R 和 $CH_2COO^-$ | |
| | 丙酸型咪唑啉 | 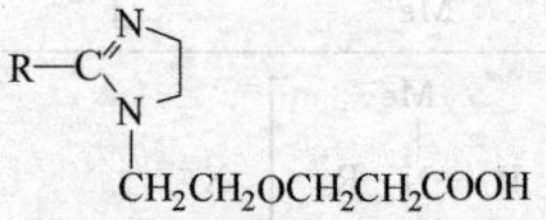 2-R-咪唑啉环，N上连 $CH_2CH_2OCH_2CH_2COOH$ | |
| 磷酸酯型 | 卵磷脂 | $CH_2OCOR-CHOCOR-CH_2O-P(=O)(OH)-OCH_2CH_2NH_2$ | |
| 氧化胺类 | 十二烷基氧化胺 | $R-N(CH_3)_2 \rightarrow O$ | $R:C_{12}H_{25}$ |
| | 酰胺基丙基氧化胺 | $RCONHCH_2CH_2CH_2-N(CH_3)_2 \rightarrow O$ | |

**表 1-4 典型的非离子型表面活性剂**

| 类　型 | 典型表面活性剂 | 典　型　结　构 | 备　注 |
|---|---|---|---|
| 聚氧乙烯型 | 脂肪醇聚氧乙烯醚 | $RO(CH_2CH_2O)_nH$ | R:$C_8$～$C_{20}$　$n$:2～100 |
| | 烷基酚聚氧乙烯醚 | R–$C_6H_4$–$O(CH_2CH_2O)_nH$ | R:$C_8$～$C_{10}$　$n$:8～10 |
| | 脂肪酸聚氧乙烯酯 | $RCOO(CH_2CH_2O)_nH$ | R:$C_{10}$～$C_{20}$　$n$:6～20 |
| | 脂肪胺聚氧乙烯醚 | $RN(CH_2CH_2O)_xH$ / $(CH_2CH_2O)_yH$ | |
| | 酰胺聚氧乙烯醚 | $RCONH(CH_2CH_2O)_nH$ | |
| | 聚氧乙烯失水山梨醇脂肪酸酯 | $O(CH_2CH_2O)_zH$; $–OCR$ (C=O); $H(OCH_2CH_2)_xO$; $O(CH_2CH_2O)_yH$ | |
| 聚氧丙烯型 | 脂肪醇聚氧丙烯醚 | $RO(C_3H_6O)_nH$ | |
| 多元醇型 | 甘油单脂肪酸酯 | $CH_2OOCR$–$CHOH$–$CH_2OH$ | |
| | 脂肪酸季戊四醇酯 | $HOCH_2–C(CH_2OH)_2–CH_2OOCR$ | |
| | 失水山梨醇脂肪酸酯 | HO, O, HO; HO–C(H)–$CH_2OOCR$ | |
| | 蔗糖脂肪酸酯 | $CH_2OH$, H, OH, OH, OH–O–$CH_2OH$, OH, $CH_2OOCR$, OH | |
| | 糖苷类(糖醚) | $[CH_2OH$, H, OH, OH, OH$]_n$–O–$CH_2OH$, OH, OR, OH | |
| 烷基醇酰胺 | 尼纳尔(Ninol) | $RCON(CH_2CH_2OH)_2$ | |
| 聚醚类 | 正嵌类 | $RO(EO)_n(PO)_m$　$RO(PO)_n(EO)_m$ | |
| | 杂嵌类 | $RO(EO)_a(PO)_b(EO)_c$ | |
| | 全杂类 | RO(EO)(PO)(PO)(EO)(EO)(PO)…… | |

## 1.5 表面活性剂的未来发展

表面活性剂形成一门工业，可追溯到 20 世纪 30 年代。近年来，已发展成为精细化学品工业的一个重要门类。目前，全世界表面活性剂品种有6000多种，商品牌号16000种以上，年产量已超过$1.4\times10^{7}$t，且每年以3%～4%的速度增长。

从品种上看，表面活性剂市场中，阴离子表面活性剂约占55%的市场份额，非离子表面活性剂约占35%，阳离子和两性离子表面活性剂约占10%。直链烷基苯磺酸盐（LAS）、脂肪醇聚氧乙烯醚硫酸盐（AES）、脂肪醇硫酸盐（AS）、脂肪醇聚氧乙烯醚（AEO）、烷基酚聚氧乙烯醚（APEs）等5大类表面活性剂占60%以上的份额。

近年来，全球表面活性剂行业保持平稳发展态势，2012年全球表面活性剂市场销售额达到约166亿美元，产销量1850万吨，年均增长率约为5.8%。全球表面活性剂市场预计在2019年将达到402.86亿美元，市场总量将达到2280.2万吨，2014～2019年期间的销量增长率将达到5.40%，销售额增长率将达到5.80%，其中亚太地区市场的复合年增长率预计将达到5.6%。其主要推动因素是洗涤剂和家居清洁产品，这部分表面活性剂需求量的年增长率将达到2.6%。而新兴市场液态洗涤剂的生产量和消费量的不断增加，以及个人护理产品和公共设施清洁行业的快速发展都增加了表面活性剂的用量。其中洗浴产品和化妆品市场对表面活性剂的需求量还将进一步增加，亚太地区和南美地区的需求量增长率将分别达到4.3%和4.8%。亚太地区、拉丁美洲和中东非洲地区成为表面活性剂重要的新兴市场，其中亚太地区是全球表面活性剂消费量最大的地区，预计这一地区到2020年增长率将达到5.6%，占全球表面活性剂消耗量的37%。

我国表面活性剂产量2009年为128.3万吨，2014年为172.5万吨，2015年为186.1万吨，2017年国内表面活性剂产量达到213.03万吨，销量为218.39万吨。

表面活性剂是一种功能性精细化工产品，从趋势来看，国际上表面活性剂的发展倾向于生态安全、无环境污染、生物降解完全、功能性强、化学稳定性及热稳定性良好，而成本低的产品。

在表面活性剂合成方面：一方面对现有并已大量使用的表面活性剂的生产工艺进行改进，进一步降低成本，提高产品质量，减少有毒副作用的物质含量以提高安全性；另一方面重点开展环保绿色和安全型表面活性剂、可再生资源型表面活性剂、功能型和功效型表面活性剂的研究开发。除了石油原料外，来自动植物原料的“绿色”原料受到重视。而高分子表面活性剂、仿生表面活性剂、反应性表面活性剂、元素表面活性剂及生物表面活性剂等的开发将更加活跃。通过表面活性剂之间、表面活性剂与其他物质之间的复配，以达到提高性能、降低成本、优化使用的目的。

在性能研究方面：随着表面活性剂工业的发展，表面活性剂科学的基础研究也愈来愈深入，已由传统的界面化学进入到分子界面化学。例如，表面活性剂溶液的相行为、利用激光及中子散射研究微乳、胶束及液晶的微结构、选择性增溶、表面解离、表面改性、胶束催化、单分子膜及仿生表面活性剂、表面活性剂结构与性能的关系，生物表面活性剂、混合表面活性剂体系以及功能性表面活性剂的分子设计等等。无疑，这些研究将使表面活性剂科学的理论更为丰富，将为表面活性剂工业提供性能更好、成本更低的新产品创造条件，促使表面活性剂工业有更大的发展。

在应用研究方面：表面活性剂除大量应用于日用化工领域外，还广泛应用于纺织印染、合成纤维、石油开采、化工、建材、冶金、交通、造纸、水处理、农药乳化、化肥防结块、油田化学品、食品、胶卷、制药、皮革、国防等各个领域。未来表面活性剂的应用研究将主要集中在高技术领域，如煤炭、石油开采、机械加工、电子加工等。

## 复习思考题

1. 表面张力、表面活性和表面活性剂的定义是什么？
2. 表面活性剂的结构特点是什么？
3. 根据表面活性剂分子在水溶液中的离解性能，表面活性剂分哪几类？举例说明。
4. 简述表面活性剂的未来发展。

# 2 表面活性剂原料与中间体

表面活性剂由亲油基和亲水基两部分组成，因而其合成主要包括亲油基的制备和亲水基的引入两部分。这里首先讨论表面活性剂的亲油基部分以及非离子表面活性剂的原料环氧乙烷、环氧丙烷等。

当前生产表面活性剂亲油基部分的原料来源主要有两大类：一是矿物质（化石）资源，以石油为主；二是可再生的生物质资源。自20世纪50年代开始，石油产品开始用作表面活性剂疏水基的原料，到70年代，石油基表面活性剂的产量超过油脂基表面活性剂，90年代以来，鉴于安全、环保及可持续发展等原因，石油基表面活性剂在表面活性剂总产量中所占的份额逐渐下降。

2002年，Sasol公司开发了一种以煤为原料生产脂肪醇的工艺，并在南非建立了年产2万吨脂肪醇的工厂。该工艺通过Fischer-Tropsch反应，用水煤气做原料，在催化剂作用下高温高压加氢，生成带甲基支链的烯烃，再转化为脂肪醇。该类脂肪醇为直链醇与带甲基支链醇的混合物。据称，该工艺成本低，产品质量稳定。由此可见，煤有望成为继石油、油脂之外的第3种表面活性剂疏水基的原料来源。

作为人类主要化工原料和能源的煤、石油和天然气等化石资源，为人类的经济繁荣、社会进步和生活水平提高做出了巨大的贡献。但是，化石资源不可再生，又会造成环境污染。鉴于资源与环境的压力迫使人们寻找新型的可再生资源。目前，生物质资源被认为是替代化石资源的最佳选择之一。

生物质是指由植物、动物或微生物生命体所合成得到的物质的总称。以生物质替代化石资源发展化学工业是人类可持续发展的必经之路。尽管现在的研究仍处于初级阶段，但其强大的生命力已经显示出来，越来越多的国家重视这方面的研究。生物多样性决定了生物质的多样性。任何一种生物都有可能为人类提供一种或多种生物质。例如，水稻可以提供淀粉、木素和纤维素，树木可以提供纤维素、木素、单糖及多糖、松脂、单宁、生漆、植物油脂等。

开发其他生物资源作为表面活性剂原料亦已引起高度重视，其中最典型的是糖基表面活性剂和氨基酸类表面活性剂。淀粉、糖类的植物资源十分丰富，以糖类作为表面活性剂的亲水基取代环氧乙烷等化学品，已有许多成功的实例。目前我国已成为亚洲最大的氨基酸生产基地。随着生物技术的发展，企业的规模化经营，氨基酸的生产成本会逐步下降，已有可能成为表面活性剂工业及日用化学工业的原料。

从循环经济的角度开发以本领域或其他领域的副产物作为生产表面活性剂的原料，也是一种可持续发展的途径，例如造纸废水中含有大量的木质素，利用其开发市场需要的木质素类表面活性剂，不仅为表面活性剂工业提供了原料，也可解决造纸工业的废水处理问题。

从可持续发展的角度选取原料还应尽可能选用无毒、无害的原料。判断其对环境是否友好，要建立科学的评价方法，如生命周期分析，只有这样才有可能在原料的选取上得到一些切实的认识。

## 2.1 天然动植物油脂

天然油脂是最早用于生产表面活性剂（肥皂）的原料，至今仍是表面活性剂疏水基的主要来源之一。从20世纪90年代至今，石油价格逐渐上涨，人们的环境意识日益增强，可持续发展战略促使人们更多地使用可再生的天然资源，由油脂衍生的表面活性剂被誉为绿色表面活性剂，再度成为世界关注的热点之一。

**(1) 油脂的分类** 常见的油脂分类方法主要有以下几种。

① 根据油脂来源的不同分类

a. 植物油脂：草本植物油脂、木本植物油脂（又可分为果仁油、果肉油等）。

b. 动物油脂：陆地动物油脂、海洋动物油脂（又可分为海洋哺乳类动物油脂、海洋非哺乳类动物油脂）、两栖动物油脂。

c. 微生物油脂：细菌油脂、酵母菌油脂、霉菌油脂、藻类油脂。

② 根据碘值的不同分类

a. 不干性油脂：碘值＜100。

b. 半干性油脂：碘值在100～130之间。

c. 干性油脂：碘值＞130。

③ 根据油脂存在状态和脂肪酸组成的不同分类

a. 固态油脂：可可脂、乌桕脂、牛脂、羊脂等。

b. 半固态油脂：乳脂、猪脂、椰子油、棕榈油等。

c. 液态油脂：油酸含量较多的油脂（茶油、橄榄油等），油酸和亚油酸为主的油脂（芝麻油、花生油、棉籽油、米糠油等），亚油酸含量较多的油脂（玉米油、豆油、葵花油、红花油等），亚麻酸含量较多的油脂（亚麻油等），含特种脂肪酸的油脂（以共轭酸为主的油脂如桐油、奥的锡卡油等，以芥酸为主的油脂如菜籽油等，以羟基酸为主的油脂如蓖麻油等，含二十碳以上多烯酸较多的油脂如鱼油、鱼肝油等）。

**(2) 油脂的组成** 油脂是油和脂的总称，是一种取自动植物的物质，主要成分是甘油三脂肪酸酯，简称甘油三酸酯。一般说，“油”是指常温下呈液体状态的，而“脂”是指常温下呈半固体或固体状态的，习惯上“油”和“脂”不做区分。甘油三酸酯从结构上可认为是由一个甘油分子与三个脂肪酸分子缩合而成。

$$\begin{array}{l} CH_2-OH \\ | \\ CH-OH \\ | \\ CH_2-OH \end{array} + \begin{array}{l} R_1COOH \\ \\ R_2COOH \\ \\ R_3COOH \end{array} \longrightarrow \begin{array}{l} CH_2-O-\overset{O}{\overset{\|}{C}}-R_1 \\ | \\ CH-O-\overset{O}{\overset{\|}{C}}-R_2 \\ | \\ CH_2-O-\overset{O}{\overset{\|}{C}}-R_3 \end{array} + 3H_2O$$

若三个脂肪酸相同，生成物为同酸甘油三酸酯；否则，生成异酸甘油三酸酯。天然油脂大多数是混合酸的甘油三酸酯。另外，油脂中还含有少量磷脂、蜡、甾醇、维生素、碳氢化合物、脂肪醇、游离脂肪酸、色素以及产生气味的挥发性脂肪酸、醛和酮等。

组成甘油三酸酯的脂肪酸绝大多数是含偶数碳原子的直链单羧基脂肪酸，仅在个别油脂中发现奇碳原子的以及带有支链的脂肪酸。如在海豚油中含有异戊酸，在乳脂及牛、羊的储存脂肪中既含有少量的带有一个甲基支链的奇碳数和偶碳数原子的脂肪酸，也含有奇碳数原子的饱和与不饱和的直链脂肪酸。

研究表明，油脂的组成非常复杂，到目前为止尚未发现两种完全相同的油脂产品。不同动物或微生物的同一部位所含油脂类型各不相同，同一植物或动物的不同部位油脂类型也各有差异。这种差异不仅表现在脂肪酸组成的不同，也表现在甘油三酸酯结构上的不同，同时还反映出了脂肪酸源和生物合成规律的不同。常用天然油脂的脂肪酸组成见表 2-1。

**表 2-1　常用天然油脂的脂肪酸组成/(质量分数)/%**

| 常用名 | 中文名 | 分子式 | 牛油 | 猪油 | 棕榈油 | 椰子油 | 棕榈仁油 |
|---|---|---|---|---|---|---|---|
| 己酸 | 己烷酸 | $C_6H_{12}O_2$ | | | | 0.4 | 0.6 |
| 辛酸 | 辛烷酸 | $C_8H_{16}O_2$ | | | | 3.3 | 2.7 |
| 癸酸 | 癸烷酸 | $C_{10}H_{20}O_2$ | | | | 6.8 | 3.7 |
| 月桂酸 | 十二烷酸 | $C_{12}H_{24}O_2$ | | T | | 49.1 | 47.6 |
| 肉豆蔻酸 | 十四烷酸 | $C_{14}H_{28}O_2$ | 3 | 3 | 1 | 22 | 19 |
| 棕榈酸 | 十六烷酸 | $C_{16}H_{32}O_2$ | 26 | 24 | 48 | 8.8 | 8.2 |
| 硬脂酸 | 十八烷酸 | $C_{18}H_{36}O_2$ | 17 | 18 | 4 | 2.4 | 2.3 |
| 花生酸 | 二十烷酸 | $C_{20}H_{40}O_2$ | T | 1 | | | |
| 山嵛酸 | 二十二烷酸 | $C_{22}H_{44}O_2$ | | | | | |
| 木焦油酸 | 二十四烷酸 | $C_{24}H_{48}O_2$ | | | | | |
| 肉豆蔻脑酸 | 十四(碳)烯[9]酸 | $C_{14}H_{26}O_2$ | 1 | | | | |
| 棕榈油酸 | 十六(碳)烯[9]酸 | $C_{16}H_{30}O_2$ | 6 | 3 | | | |
| 油酸 | 十八(碳)烯[9]酸 | $C_{18}H_{34}O_2$ | 43 | 42 | 38 | 5.9 | 13.9 |
| 花生油酸 | 二十(碳)烯[9]酸<br>二十(碳)烯[11]酸 | $C_{20}H_{38}O_2$<br>$C_{20}H_{38}O_2$ | | | | | |
| 芥酸 | 二十二(碳)烯[13]酸<br>十(碳)二烯[2,4]酸 | $C_{22}H_{42}O_2$<br>$C_{10}H_{16}O_2$ | | | | | |
| 亚油酸 | 十八(碳)二烯[9,12]酸 | $C_{18}H_{32}O_2$ | 4 | 9 | 9 | 1.3 | 2 |
| 桐酸 | 十八(碳)三烯[9,11,13]酸 | $C_{18}H_{30}O_2$ | | | | | |
| 亚麻酸 | 十八(碳)三烯[9,12,15]酸 | $C_{18}H_{30}O_2$ | T | | | | |
| 蓖麻醇酸 | 顺-12-羟基十八(碳)烯-[9]酸 | $C_{18}H_{34}O_3$ | | | | | |
| 理化常数 | 相对密度(15℃) | | 0.943～0.952 | 0.934～0.938 | 0.921～0.925 | 0.925～0.927 | 0.925～0.935 |
| | 碘值(韦氏)/(mg I/g) | | 45～55 | 53～77 | 44～54 | 7.5～10.5 | 10～17 |
| | 皂化值/(mg KOH/g) | | 193～200 | 190～202 | 196～207 | 255～260 | 244～248 |
| | 凝固点/℃ | | 40～46 | 32～43 | 40～47 | 21～25 | 20～28 |

| 常用名 | 中文名 | 分子式 | 花生油 | 菜籽油 | 棉籽油 | 豆油 | 蓖麻油 |
|---|---|---|---|---|---|---|---|
| 己酸 | 己烷酸 | $C_6H_{12}O_2$ | | | | | |
| 辛酸 | 辛烷酸 | $C_8H_{16}O_2$ | | | | | |
| 癸酸 | 癸烷酸 | $C_{10}H_{20}O_2$ | | | T | | |
| 月桂酸 | 十二烷酸 | $C_{12}H_{24}O_2$ | | | T | | |
| 肉豆蔻酸 | 十四烷酸 | $C_{14}H_{28}O_2$ | T | | 1 | T | |
| 棕榈酸 | 十六烷酸 | $C_{16}H_{32}O_2$ | 6 | 4 | 29 | 11 | 2 |

续表

| 常用名 | 中文名 | 分子式 | 花生油 | 菜籽油 | 棉籽油 | 豆油 | 蓖麻油 |
|---|---|---|---|---|---|---|---|
| 硬脂酸 | 十八烷酸 | $C_{18}H_{36}O_2$ | 5 | 2 | 4 | 4 | 1 |
| 花生酸 | 二十烷酸 | $C_{20}H_{40}O_2$ | 2 |  | T | T |  |
| 山萮酸 | 二十二烷酸 | $C_{22}H_{44}O_2$ | 3 |  |  |  |  |
| 木焦油酸 | 二十四烷酸 | $C_{24}H_{48}O_2$ | 1 |  |  |  |  |
| 肉豆蔻脑酸 | 十四(碳)烯-[9]酸 | $C_{14}H_{26}O_2$ |  |  | T |  |  |
| 棕榈油酸 | 十六(碳)烯-[9]酸 | $C_{16}H_{30}O_2$ | T |  | 2 |  |  |
| 油酸 | 十八(碳)烯-[9]酸 | $C_{18}H_{34}O_2$ | 61 | 19 | 24 | 25 | 7 |
| 花生油酸 | 二十(碳)烯-[9]酸 | $C_{20}H_{38}O_2$ |  |  |  | T |  |
|  | 二十(碳)烯-[11]酸 | $C_{20}H_{38}O_2$ |  | 13 |  |  |  |
| 芥酸 | 二十二(碳)烯-[13]酸 | $C_{22}H_{42}O_2$ |  | 40 |  |  |  |
|  | 十(碳)二烯-[2,4]酸 | $C_{10}H_{16}O_2$ |  |  |  |  |  |
| 亚油酸 | 十八(碳)二烯-[9,12]酸 | $C_{18}H_{32}O_2$ | 22 | 14 | 40 | 51 | 3 |
| 桐酸 | 十八(碳)三烯[9,11,13]酸 | $C_{18}H_{30}O_2$ |  |  |  |  |  |
| 亚麻酸 | 十八(碳)三烯[9,12,15]酸 | $C_{18}H_{30}O_2$ | T | 8 |  | 9 |  |
| 蓖麻醇酸 | 顺-12-羟基十八(碳)烯-[9]酸 | $C_{18}H_{34}O_3$ |  |  |  |  | 87 |
| 理化常数 | 相对密度(15℃) |  | 0.916～0.918 | 0.913～0.918 | 0.915～0.930 | 0.924～0.926 | 0.958～0.968 |
|  | 碘值(韦氏)/(mg I/g) |  | 84～100 | 97～108 | 102～112 | 120～141 | 80～91 |
|  | 皂化值/(mg KOH/g) |  | 185～190 | 168～180 | 189～197 | 190～195 | 178～186 |
|  | 凝固点/℃ |  | 28～33 | 11.5～17 | 30～38 | 20～21 | — |

注：表中"T"表示微量。

**(3) 油脂的物理化学性质** 除蓖麻油外，油脂不溶于水，微溶于酒精。天然油脂都有一些气味，有些油脂具有令人愉快的香味，如花生油、芝麻油和椰子油等，但有些油脂具有令人作呕的恶臭气，如鱼油等。

凡苛性碱与中性油脂、苛性碱与脂肪酸或金属碳酸盐与脂肪酸反应生成肥皂的过程称为皂化。皂化1g油脂所需氢氧化钾的毫克数，称为皂化值，也称皂化价。根据皂化值可以计算出油脂的平均相对分子质量，皂化值越大，油脂的相对分子质量越小。

$$\text{平均相对分子质量}=\frac{3\times56.1\times1000}{\text{皂化值}}$$

式中，"3"为1mol油脂需3mol氢氧化钾；56.1为氢氧化钾的相对分子质量。

油脂在加工和储存过程中，由于水分和温度等的影响，会产生缓慢的水解作用，生成一部分游离脂肪酸。这可由油脂的酸价（或酸值）来表示，油脂的酸价越高，说明油脂的游离脂肪酸含量越高，油脂的质量越差。所谓油脂的酸价是指中和1g油脂中的游离脂肪酸所需氢氧化钾的毫克数。根据酸价可以计算出油脂中游离脂肪酸的含量。

中和1g脂肪酸所需氢氧化钾的毫克数，称为中和值。皂化1g中性油脂所需氢氧化钾的毫克数，称为酯价，等于皂化值减去酸价。根据油脂的酯价可以计算出油脂中的脂肪酸含量和甘油含量。

油脂的不饱和程度由碘价表示。碘价是指100g油脂所能吸收碘的克数，也称碘值。油脂中饱和脂肪酸含量高的以及脂肪酸碳氢链长的，凝固点高；反之，不饱和程度高的以及脂肪酸碳氢链短的，则凝固点低。固体油脂受热熔化成液体时的温度叫作油脂的熔点。油脂中的主要甘油三酸酯的熔点和碘价列于表 2-2 中。

表 2-2　主要甘油三酸酯的熔点和碘价

| 甘油三酸酯 | 熔点/℃ | 碘价/(mg I/g) | 甘油三酸酯 | 熔点/℃ | 碘价/(mg I/g) |
|---|---|---|---|---|---|
| 甘油三己酸酯 | −25.0 | — | 甘油三亚油酸酯 | −13.1 | 173.21 |
| 甘油三辛酸酯 | 8.3 | — | 甘油三亚麻酸酯 | −24.2 | 261.61 |
| 甘油三癸酸酯 | 31.5 | — | 甘油三癸烯酸酯 | — | 138.77 |
| 甘油三月桂酸酯 | 46.5 | — | 甘油三月桂油酸酯 | — | 120.32 |
| 甘油三肉豆蔻酸酯 | 57.0 | — | 甘油三肉豆蔻油酸酯 | — | 106.20 |
| 甘油三棕榈酸酯 | 65.5 | — | 甘油三棕榈油酸酯 | — | 95.04 |
| 甘油三硬脂酸酯 | 73.0 | — | 甘油三-二十烯酸酯 | — | 78.54 |
| 甘油三油酸酯 | 5.5 | 86.01 | 甘油三蓖麻酸酯 | — | 81.58 |
| 甘油三芥酸酯 | 30.0 | 72.27 | | | |

油脂分子中碳链上的不饱和键可以发生加成、氧化、还原、异构化、成环及聚合等反应。油脂空气氧化后会产生分解和聚合。一般油脂仅产生分解，如在日常生活中，放置久的油脂产生酸败，这是油脂空气氧化不利的一面，而油脂氧化还可以使干性油氧化聚合成膜，形成涂料等坚固保护层，这是油脂空气氧化有利的一面。

油脂空气氧化包括自动氧化、光氧化和酶促氧化。油脂在氧气、光、热、水分、金属离子、微生物等因素的激发下，脂肪酸基团双键上的碳失去氢离子而形成脂肪自由基 R·，此自由基极不稳定，很容易与氧发生反应，生成过氧自由基 ROO·，过氧自由基具有链传递作用，它从其他双键上夺取一个氢，生成氢过氧化物 ROOH，随后分解生成短链的有机物如醇、醛、酮、酸等一系列产物，使油脂失去原有风味及营养价值，产生令人难以接受的气味和口感，油脂的这种氧化变质现象叫作酸败。油脂中的不饱和键越多越容易被氧化，在油脂加工、储存和使用过程中，要尽力避免油脂酸败现象的发生。

油脂分子中的酯基可以发生水解、酯交换、酰胺化、中和等反应。油脂经水解可制得相应的脂肪酸，经酯交换制得脂肪酸酯，经酰胺化制得烷醇酰胺，经中和制得脂肪酸盐等。

## 2.2 脂肪酸

脂肪酸的结构通式为 RCOOH，其中 R 代表烃链，链长可为 $C_1$～$C_{22}$，作为表面活性剂的原料，以 $C_{12}$～$C_{18}$ 的脂肪酸最为重要。烃链也可分为饱和的和不饱和的两种，同时烃链的排列也可分为直链的和支链的。

按来源，脂肪酸分为天然脂肪酸和合成脂肪酸。天然脂肪酸通常以酯的形式广泛存在于油脂和蜡中，主要由动植物油脂、皂角及妥尔油制备。动植物油脂作为一种天然可再生资源与石油化工产品相比显示了良好的生态性，可获得既无支链又无环状结构的直链脂肪酸，是制取脂肪酸的主要原料。常用脂肪酸的物理化学性质见表 2-3。

在合适的条件下，油脂与水反应分解成脂肪酸和甘油，这个反应称为油脂的水解。油脂水解的反应是逐步进行的，同时又是可逆的。其反应式如下：

$$\begin{array}{l} R_1COOCH_2 \\ \quad | \\ R_2COOCH \\ \quad | \\ R_3COOCH_2 \end{array} + H_2O \longrightarrow \begin{array}{l} R_1COOH \\ R_2COOH \\ R_3COOH \end{array} + \begin{array}{l} CH_2OH \\ | \\ CHOH \\ | \\ CH_2OH \end{array}$$

**表 2-3 脂肪酸的物理化学性质**

| 脂肪酸名称 | 化学结构式 | 相对分子质量 | 酸值/(mg/g) | 熔点/℃ | 沸点/压力 ℃/mmHg | 相对密度 |
|---|---|---|---|---|---|---|
| 壬酸 | $CH_3(CH_2)_7COOH$ | 158 | 355 | 12.5 | 254/760 | 0.906(20℃) |
| 癸酸 | $CH_3(CH_2)_8COOH$ | 172 | 326 | 31.4 | 160/15 | 0.890(30℃) |
| 月桂酸 | $CH_3(CH_2)_{10}COOH$ | 200 | 280 | 43.9 | 176/15 | 0.875(44℃) |
| 肉豆蔻酸 | $CH_3(CH_2)_{12}COOH$ | 228 | 246 | 54.1 | 197/15 | 0.853(70℃) |
| 棕榈酸 | $CH_3(CH_2)_{14}COOH$ | 256 | 219 | 62.6 | 215/15 | 0.853(62.6℃) |
| 硬脂酸 | $CH_3(CH_2)_{16}COOH$ | 284 | 197 | 69.3 | 238/17 | 0.845(70℃) |
| 花生酸 | $CH_3(CH_2)_{18}COOH$ | 312 | 180 | 75.1 | 245/18 | |
| 山萮酸 | $CH_3(CH_2)_{20}COOH$ | 340 | 165 | 79.9 | 262/15 | |

注：1mmHg=133.32Pa，下同。

水解反应分三步，首先是甘油三酸酯脱去一分子酰基生成甘油二酸酯，第二步是甘油二酸酯脱去一个酰基生成甘油一酸酯，最后由甘油一酸酯再脱酰基生成甘油和脂肪酸。其反应的特点是第一步水解反应速率缓慢，第二步反应速率很快，而第三步反应速率又降低。这是由于初级水解反应时，水在油脂中溶解度较低，且在后期反应过程中生成物脂肪酸对水解产生了抑制作用。

由于水解反应是可逆的，反应常需在高温高压及催化剂存在下进行。常用的催化剂有无机酸、碱、金属氧化物（ZnO，MgO）以及从动植物体中提取的脂肪酶等。

工业上油脂水解工艺有常压法、中压法、高压法和酶法等，其中中压法和高压法油脂水解率高、甘油浓度高，脂肪酸质量好，是目前普遍采用的方法。油脂水解得到的天然脂肪酸有饱和脂肪酸、不饱和脂肪酸、羟基脂肪酸等。

**(1) 饱和脂肪酸** 为偶碳数脂肪酸，如癸酸、月桂酸、豆蔻酸、棕榈酸、硬脂酸等。

**(2) 不饱和脂肪酸** 有油酸、亚油酸、亚麻酸及其同系物。①油酸组：含有一个双键，双键的位置多在 9 位，此类不饱和酸在脂肪中分布甚广，如油酸、癸烯酸（羊油酸）。②亚油酸组：含有两个双键的不饱和酸，在动植物油中的含量较多，分布较广的是十八碳原子的亚油酸。③亚麻酸组：含有三个双键的不饱和酸属于亚麻酸组，多数为十八个碳原子，代表性的是亚麻酸和桐酸。

**(3) 含有羟基的脂肪酸** 自然界存在较多的是蓖麻油酸（12-羟基-9-十八烯酸）：

$$CH_3(CH_2)_5\underset{\displaystyle OH}{\underset{|}{C}H}CH_2CH{=\!=}CH(CH_2)_7COOH$$

**(4) 奇数碳脂肪酸和支链脂肪酸** Weitkamp 及其合作者于 1947 年第一次发现了天然存在的奇数碳脂肪酸。某些天然脂肪如羊毛脂中含有支链脂肪酸。可分为两组：异构酸（烃链末端是异丙基）和反异构酸（烃链末端是仲丁基）。

**(5) 其他天然羧酸** 如松香酸：

[松香酸结构式：COOH, CH, $CH_3$, $CH_3$]

合成脂肪酸主要是由石蜡氧化法，醇、醛的碱氧化法，烯烃羧基化法，α-烯烃羰基化法等工艺制取。石蜡氧化法所得的脂肪酸与天然脂肪酸相比，异构酸和不皂化物含量较高。不皂化物为醇、醛、酮等化合物，这些化合物臭味较大。因此，合成脂肪酸及其制品总带有一点难闻的臭味，且酸的馏分越低，臭味越重。在生产过程中有大量废气、废水生成，需要进行处理，否则会严重影响环境。

脂肪酸工业几乎涉及脂肪酸化学的各个方面，如脂肪酸容易与钠或钾的氧化物、氢氧化物、碳酸化物等起反应生成钠皂或钾皂。脂肪酸或其甲酯在催化剂和适当压力、温度条件下与氢反应生成脂肪醇。脂肪酸在催化剂存在下与氨反应生成脂肪腈，然后经氢化转变成脂肪伯胺和仲胺。因此，脂肪酸是化学工业的重要原料之一。使用油脂和脂肪酸数量最多的是：表面活性剂、油漆和增塑剂，其次是橡胶、纺织、化妆品、润滑、食品、矿物浮选、金属洗削和加工，分布于石油、塑料、农业、药物、皮革、造纸等部门。产量最大、用途最广的脂肪酸有硬脂酸、油酸、亚油酸、月桂酸、棕榈酸。脂肪酸（衍生物）产品品种多达3000多种，几乎各个工业部门都不同程度地使用脂肪酸及其衍生物。

## 2.3 脂肪酸甲酯

脂肪酸甲酯的结构通式为 $RCOOCH_3$，其中 R 因原料而异，链长一般为 $C_9$～$C_{17}$。可由脂肪酸与甲醇直接酯化或由天然油脂与甲醇酯交换而得，反应式如下：

$$RCOOH + CH_3OH \xrightleftharpoons{\text{催化剂}} RCOOCH_3 + H_2O$$

$$\begin{array}{l} RCOOCH_2 \\ RCOOCH \\ RCOOCH_2 \end{array} + 3CH_3OH \xrightleftharpoons{\text{催化剂}} 3RCOOCH_3 + \begin{array}{l} CH_2OH \\ CHOH \\ CH_2OH \end{array}$$

通常脂肪酸的直接酯化只有在无合适的甘油三脂肪酸酯的情况下才使用。用酯交换法生产脂肪酸甲酯，只需甘油三脂肪酸酯和甲醇，避免了油脂水解所需的苛刻条件，生产设备可采用普通碳钢制造，反应中副产物少、产品的不饱和度与原料油脂的不饱和度差不多，甘油浓度比油脂水解高得多（可达70%以上）。因此工业上通常采用酯交换法制取脂肪酸甲酯。

图 2-1 为常压间歇酯交换法制取脂肪酸甲酯工艺流程。酸值小于 0.5mgKOH/g 的精制油脂与无水甲醇按摩尔比 1∶(3～5)、催化剂甲醇钠按油脂量的 0.5%一起进入反应器，

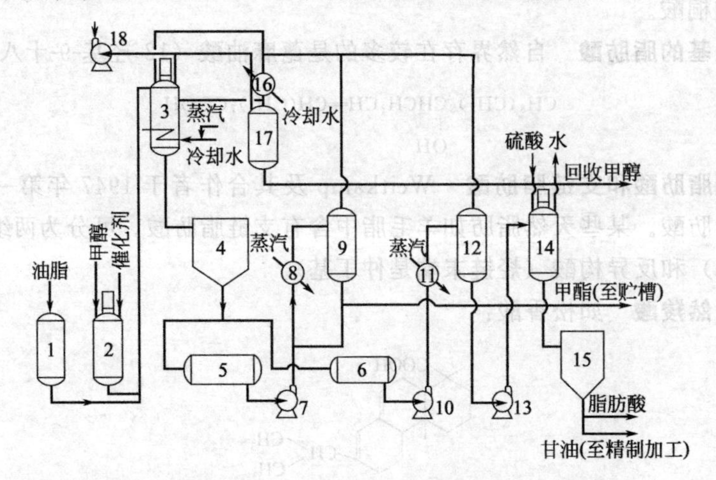


图 2-1 常压间歇酯交换法制取脂肪酸甲酯工艺流程

1—油脂贮槽；2—甲醇；3—酯交换反应器；4,15—澄清器；5—甲酯收受槽；6—甘油收受槽；7—甲酯输送泵；8,9—甲醇蒸发器；10—甘油输送泵；11,12—甲醇闪蒸器；13—甘油输送泵；14—肥皂分解槽；16—甲醇冷凝器；17—甲醇受器；18—真空泵

70℃下反应2h。牛脂转变成甲酯的转化率为95%，椰子油和棕榈仁油转变成甲酯的转化率为97%。

酯交换催化剂有酸性催化剂和碱性催化剂两种。使用$H_2SO_4$或无水HCl等酸性催化剂，反应时间长、温度高，对设备有腐蚀，工业上通常不采用。工业上常用碱性催化剂如甲醇钠、氢氧化钠、氢氧化钾和无水碳酸钠等进行酯交换反应。酯交换反应既可加压、高温下进行，亦可在50～70℃常压下进行。

常用工业天然脂肪酸甲酯的质量规格（德国汉高公司马来西亚厂）见表2-4。

**表2-4　工业天然脂肪酸甲酯的质量规格**

| 产　品 | 碘　值 | 皂化值/(mgKOH/g) | 浊点/℃ |
|---|---|---|---|
| 椰子油脂肪酸甲酯($C_8$～$C_{18}$) | 8～13 | 235～245 | 约－3 |
| 棕榈仁油脂肪酸甲酯($C_{12}$～$C_{18}$) | 14～20 | 230～240 | 约－7 |
| 棕榈油/硬脂酸甲酯 | 22～45 | 196～208 | 约21 |
| 辛酸甲酯(98%) | 0.5 | 352～358 | 约－28 |
| 月桂酸甲酯(98%) | 0.3 | 260～263 | 约5 |
| 肉豆蔻酸甲酯92% | 0.5 | 227～236 | 约15～18 |
| 棕榈酸甲酯92% | 1.0 | 203～209 | 约25 |
| 硬脂酸甲酯92% | 1.0 | 187～191 | 约36 |

脂肪酸甲酯经加氢可制成脂肪醇，与乙醇胺反应可生成烷醇酰胺，与氢氧化钠、氢氧化钾等碱反应可制得肥皂，经磺化可制得α-磺基高级脂肪酸甲酯，是油脂化学品的重要原料。

## 2.4 脂肪醇

脂肪醇的结构通式为ROH，R为$C_{12}$～$C_{18}$烃链，可以是饱和与不饱和烃链及直链和支链烃链。纯品脂肪醇的理化性质见表2-5。

**表2-5　纯品脂肪醇的理化性质**

| 名　称 | 分子式 | 相对分子质量 | 相对密度 | 熔点/℃ | 沸点/℃ |
|---|---|---|---|---|---|
| 己醇 | $C_6H_{13}OH$ | 102.18 | 0.8204 | －51.6 | 156 |
| 辛醇 | $C_8H_{17}OH$ | 130.24 | 0.8278 | －15 | 196～197 |
| 癸醇 | $C_{10}H_{21}OH$ | 158.29 | 0.8297 | 7 | 231 |
| 月桂醇 | $C_{12}H_{25}OH$ | 186.34 | 0.8362(25℃) | 24 | 117(3.5mmHg) |
| 肉豆蔻醇 | $C_{14}H_{29}OH$ | 214.39 | 0.8240(38℃) | 38 | 140(3mmHg) |
| 棕榈醇 | $C_{16}H_{33}OH$ | 242.45 | 0.8200(50℃) | 49.5 | 165(3mmHg) |
| 硬脂醇 | $C_{18}H_{37}OH$ | 270.52 | 0.8145(59℃) | 59 | 177(3mmHg) |
| 油醇 | $C_{18}H_{33}OH$ | 268.49 | 0.8496(20℃) | 4.5～5 | 207(13mmHg) |

脂肪醇按原料来源不同又分为天然醇和合成醇。

**(1) 天然醇**　由脂肪酸甲酯或脂肪酸加氢还原所得。反应式如下：

$$RCOOCH_3 + 2H_2 \longrightarrow RCH_2OH + CH_3OH$$

$$RCOOH + 2H_2 \longrightarrow RCH_2OH + H_2O$$

图2-2为脂肪酸甲酯流动床加氢生产脂肪醇的典型流程。悬浮在甲酯中的2%铜-铬催化剂与氢气各自预热后从立式反应器底部进入，反应条件：压力25～30MPa、温度250～300℃，氢气与甲酯的摩尔比为20。

脂肪酸甲酯在催化剂存在下加氢是生产脂肪醇最好的方法，可制得高纯度的高碳脂肪

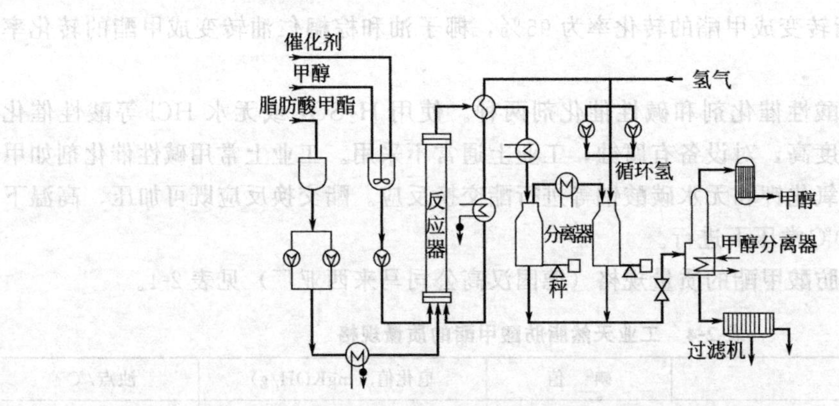


图 2-2 脂肪酸甲酯流动床加氢生产脂肪醇典型流程

醇。用含铜催化剂（铬酸铜）可制得纯度很高的饱和脂肪醇，其中只有少量的烃及未反应的原料，酸值<0.1；如用含锌催化剂，则不饱和起始原料中的双键可保留，因而可制得不饱和脂肪醇。天然醇为直链偶数碳的伯醇，醇的质量好，工艺成熟，设备定型生产，操作费用不大。缺点是加氢操作需要高压，设备投资高。

**(2) 合成醇** 由石油为原料制备合成醇的路线很多，但目前已在工业上形成大规模生产的路线主要有三条：①羰基合成醇；②齐格勒合成醇；③正构烷烃氧化制仲醇。

① 羰基合成醇（OXO 醇） 该法在羰基化催化剂存在下，烯烃和一氧化碳、氢气反应，得到比原料烯烃多一个碳的醛，再将醛还原成脂肪醇，使用烯烃的种类不同，可以得到奇碳醇、支链醇。OXO 法的优点是原料来源广泛，生产适应性强，可以在同一设备中生产不同的商品醇。合成路线如下：

$$RCH{=}CH_2 + H_2 + CO \xrightarrow{Co_2(CO)_8} R(CH_2)_2CHO + \underset{\displaystyle CHO}{\underset{|}{RCHCH_3}}$$

$$RCH_2CH_2CHO + \underset{\displaystyle CHO}{\underset{|}{RCHCH_3}} \xrightarrow[\text{催化剂}]{H_2} RCH_2CH_2CH_2OH + \underset{\displaystyle CH_2OH}{\underset{|}{RCHCH_3}}$$

经过改进的 OXO 法，可一步直接生产羰基合成醇，反应式如下：

$$2RCH{=}CH_2 + 2CO + 2H_2 \longrightarrow \underset{\displaystyle CH_3}{\underset{|}{RCHCH_2OH}} + RCH_2CH_2CH_2OH$$

② 齐格勒合成醇 该法是在三乙基铝中将过量的乙烯聚合，成为高级烷基铝，然后用空气氧化，经水解得到高级醇。齐格勒醇是偶数碳直链伯醇，与天然脂肪醇的结构最类似，所得脂肪醇的质量优于其他合成路线。缺点是产品馏分宽，必须考虑综合利用，设备投资高，工艺复杂。

$$Al(C_2H_5)_3 + nC_2H_4 \longrightarrow Al\begin{cases}CH_2CH_2R\\ CH_2CH_2R\\ CH_2CH_2R\end{cases}$$

$$Al\begin{cases}CH_2CH_2R\\ CH_2CH_2R\\ CH_2CH_2R\end{cases} + 3/2O_2 \longrightarrow Al\begin{cases}OCH_2CH_2R\\ OCH_2CH_2R\\ OCH_2CH_2R\end{cases} \xrightarrow{H_2O} 3RCH_2CH_2OH$$

③ 正构烷烃氧化制仲醇 正构烷烃与氧在硼酸的存在下，经氧化反应生成脂肪醇。反应过程中硼酸的存在不仅使生成的醇通过酯化而达到稳定，防止醇进一步氧化，而且还能促使过氧化物分解，从而定向生成脂肪醇，硼酸酯水解、经精制分离得到产品仲醇。

$$CH_3(CH_2)_nCH_3+H_3BO_3 \longrightarrow \left[\begin{matrix} CH_3(CH_2)_x \\ CH_3(CH_2)_y \end{matrix} C \begin{matrix} H \\ O \end{matrix}\right]_3 B \xrightarrow{+3H_2O} 3CH_3(CH_2)_xCH(OH)(CH_2)_yCH_3+H_3BO_3$$

该法优点是原料来源丰富，可大规模工业化生产，工艺设备较简单，常压操作，生产成本和能量消耗都低于其他路线。缺点是所得醇的质量比较差，仲醇含量约75%～90%。

此外，Sasol公司2002年开发了一种以煤为原料生产脂肪醇的工艺，煤基脂肪醇为含奇偶碳数的直链与支链的混合醇，即半直链醇。在若干年后，煤基脂肪醇有可能以其低成本而成为油脂基、石油基脂肪醇强有力的竞争者，但其现有生产能力小，衍生物性能及生物降解性尚需进行深入研究。

以石油为原料时，只能制得饱和脂肪醇，当要制备不饱和脂肪醇时，则天然油脂将是唯一的原料来源。

用脂肪醇为原料可以生产多种表面活性剂，主要品种如图2-3所示。产量最大、消耗脂肪醇最多的表面活性剂品种有AEO、AES和FAS。由于支链醇基表面活性剂如FAS的性能不如直链醇基产品，因此羰基合成醇主要用于生产AEO和AES等产品，而很少生产FAS等产品。

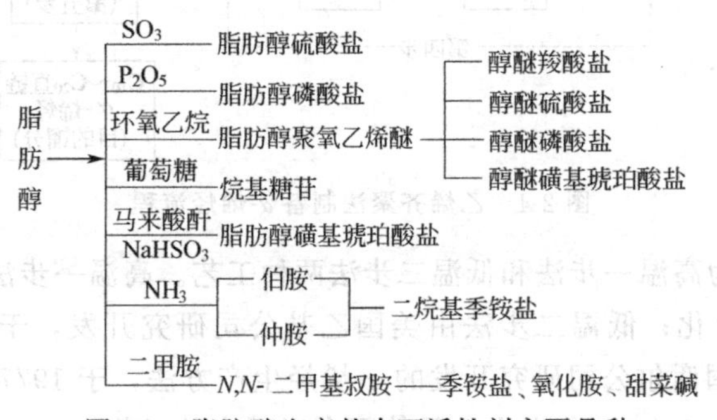


图2-3　脂肪醇生产的表面活性剂主要品种

醇系表面活性剂一般具有生物降解性好、溶解度高、去污力强、耐硬水、低泡沫、低温洗涤性好、配伍性好等优点，因此其在日用化工、工农业等方面的应用越来越广泛。

从性能上看，直链醇与支链醇衍生的表面活性剂去污力和泡沫等性能基本相近，但OXO醇衍生的AES低温流动性好，易被无机盐增稠，得到配方产品制造商的青睐。

## 2.5　α-烯烃及内烯烃

α-烯烃的结构通式为 $RCH=CH_2$，其中 $R=C_{10}\sim C_{14}$。工业上制取α-烯烃的方法有乙烯低聚法、石蜡裂解法等，正构氯代烷烃脱氯化氢法和正构烷烃脱氢法的产物为内烯烃。

**(1) 乙烯低聚法**　乙烯低聚法，亦称乙烯齐聚法，为20世纪50年代初德国化学家齐格勒（K. Ziegler）发现的制备α-烯烃的方法。该法以烷基铝化合物为中间体，使乙烯聚合为直链单烯烃，其反应过程如下：

$$Al+\frac{3}{2}H_2+3C_2H_4 \longrightarrow Al(C_2H_5)_3$$

$$Al(C_2H_5)_3+nC_2H_4 \longrightarrow Al\begin{cases} CH_2CH_2R \\ CH_2CH_2R_1 \\ CH_2CH_2R_2 \end{cases}$$

$$Al\begin{cases}CH_2CH_2R\\CH_2CH_2R_1\\CH_2CH_2R_2\end{cases} + 3C_2H_4 \xrightleftharpoons{Ni} Al(C_2H_5)_3 + \begin{matrix}R-CH=CH_2\\R_1-CH=CH_2\\R_2-CH=CH_2\end{matrix}$$

采用乙烯、铝和氢为原料，合成工艺可分为五步：第一步为制备三乙基铝；第二步是有控制地将乙烯加成在三乙基铝上，即所谓“链增长反应”；第三步是“置换反应”，即由乙烯置换出在链增长反应中铝原子上生成的直链烷基；第四步为回收三乙基铝，先使其生成络合物，然后予以分解；第五步为将烯烃分离成目的馏分。流程简图见图 2-4。

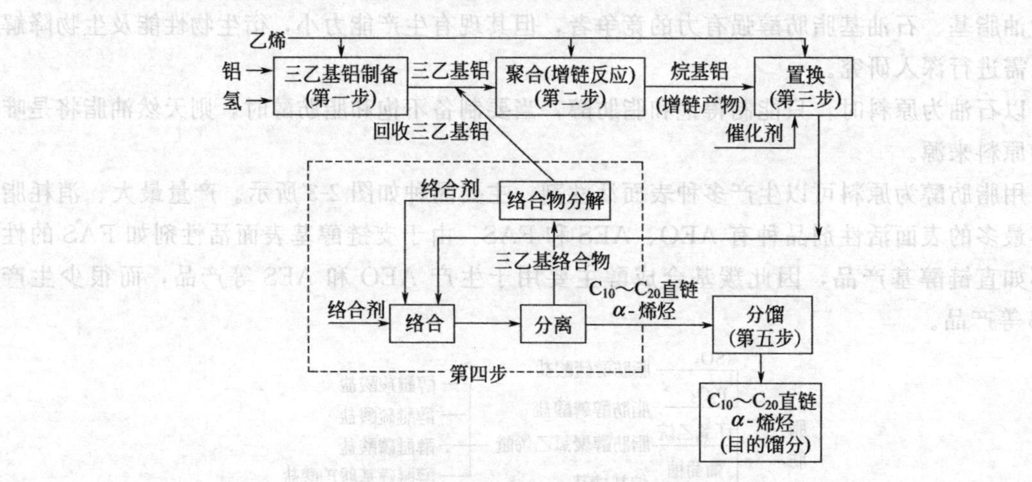


图 2-4　乙烯齐聚法制备 α-烯烃流程

乙烯低聚法可分为高温一步法和低温二步法两种工艺。高温一步法由原美国海湾石油公司于 1965 年实现工业化；低温二步法由美国乙基公司研究开发，于 1971 年实现工业化。SHOP 法工艺是由美国谢尔公司研究开发的 α-烯烃生产方法，于 1977 年实现工业化，目前的生产能力已达到 $80\times10^4$ 吨/年以上。具体可有以下多种工艺。

① 齐格勒一步法　齐格勒一步法包括链增长和链置换两步，反应以三乙基铝为催化剂，在 180～220℃、21MPa 下进行。生成的反应产物进入气液分离器，分离出的乙烯循环使用，液相产物用碱液终止反应后，再进行液相分离，所得粗产品经冷却、干燥，送到精馏塔中进行分离，得到不同碳数的 α-烯烃产品。该法的优点是设备简单、投资费用低、产品纯度高；缺点是相对分子质量分布宽，长期高温反应，反应器壁沉积高聚物，故需经常清洗。

② 齐格勒二步法　该方法工艺主要包括：三乙基铝的合成、一步法乙烯齐聚、两步法链增长和置换反应、α-烯烃分离等四部分。三乙基铝催化剂同时进入两个齐聚反应器，第一个反应器温度控制在 160～275℃、压力在 10～25MPa 范围内，在这里主要合成两步法工艺中所需的 $C_4$～$C_{10}$ 的 α-烯烃。在第二个反应器中，乙烯在 60～100℃下进行链增长反应，然后在 245～300℃下用一步法反应产生过量的 α-烯烃进行置换反应，生成 $C_{12}$～$C_{18}$ 的 α-烯烃。然后 $C_{12}$～$C_{18}$ 的 α-烯烃进入分离塔进行分离、提纯。两步法的优点是工艺过程灵活性大，产品比例容易调节。其缺点是工艺流程及设备较复杂、投资费用高、产品质量不及一步法。

③ SHOP 法　SHOP 法主要用于生产表面活性剂和洗涤剂醇的 α-烯烃。它采用镍系金属络合物作为催化剂，工艺过程包括乙烯齐聚、异构化和歧化三个步骤。由于具有催化剂与产物自然分层、产品后处理简单及催化剂可循环使用等优点成为较有吸引力的工艺。齐聚产物的线性率可达 99%，其中 α-烯烃的含量高于 98%。缺点是 α-烯烃产品分布较宽，且工艺路线长、能耗较高，只有大规模生产能量得到充分回收利用才能发挥出它的长处。总的来

说，SHOP 法是目前世界上公认的先进的生产 $\alpha$-烯烃技术。

④ Phillips 工艺　美国 Phillips 石油公司 1990 年开发出乙烯三聚制 $\alpha$-己烯的新工艺。1995 年完成中试，1999 年建成投产 9 万吨/年 $\alpha$-己烯装置。该工艺主要包括催化剂的制备、齐聚、产物的分离和催化剂回收几部分。其优点是采用铬系催化剂的活性高，$\alpha$-己烯的选择性超过 95%，纯度达 99%，尤其适合做聚乙烯共聚单体。由于 Phillips 工艺产品比较简单，分离流程相应得以简化，且该工艺制得 $\alpha$-己烯的纯度可达 99%，高于传统乙烯齐聚工艺，所以具有潜在竞争力。

⑤ 日本出光工艺　日本出光石化公司于 1989 年在千叶建成一套 5 万吨/年 $\alpha$-烯烃装置，所采用的催化剂是典型的齐格勒型催化剂，组成为 $ZrCl_4$-$Al_2R_3X_3$-$AlR_3$(R 为烷基，X 为卤素)，加磷、硫有机化合物。该工艺包括乙烯齐聚、终止催化剂活性后反应混合物脱灰处理、溶剂和 $\alpha$-烯烃混合物的分离、精制等几部分。与传统乙烯齐聚工艺相比，出光工艺的反应条件较缓和，温度、压力均较低，$C_{10}$以下的 $\alpha$-烯烃质量分数高达 85.9%，且纯度较高，因而特别适合生产以共聚单体为主的 $\alpha$-烯烃。

⑥ Alphaselect 工艺　该工艺是法国石油研究院 Alphabutol 工艺生产 $\alpha$-丁烯技术的发展，主要生产 $C_4$～$C_{10}$馏分的线性 $\alpha$-烯烃。产物用于生产增塑剂醇、有机酸和高相对分子质量 $\alpha$-烯烃等。该工艺 $C_4$～$C_{10}$产品的选择性达 93%，且产品分布可以改变。此工艺于 1987 年在泰国实现工业化生产，装置生产能力 $0.3\times10^4$ 吨/年。目前专利许可装置已有 13 套，总生产能力超过 210 万吨/年。

⑦ SABIC 公司新工艺　沙特阿拉伯基础工业公司（SABIC）的科学家最近研究出一种新的非均相催化剂。催化剂由络合剂、镍化合物、活化剂、二氧化硅组成。以乙烯为原料，采用淤浆反应器，乙烯转化率达到 49%。产品经分离可得到 $C_4$ 为 99%，$C_6$ 为 99.2%，$C_8$ 为 98.2%，$C_{10}$为 96.9%(质量分数）的产品，并且可通过控制温度等条件来提高转化率，有选择性地得到高纯度的 $\alpha$-烯烃。这种催化剂最大优点是对空气不敏感、较稳定、容易处理。

⑧ Linde 工艺　Linde 公司开发的乙烯齐聚生产 $\alpha$-烯烃工艺分反应段及分离段两部分，未反应乙烯返回反应段。该工艺采用 Zr/Al 催化体系。优点是通过改变铝和锆的比例，可对产品分布进行调整，二是目的产物 $\alpha$-烯烃具有高选择性和高产品纯度。

**(2) 石蜡裂解法**　石蜡裂解法为 $C_{20}$～$C_{30}$正构烷烃在高温下的碳碳键断裂，生成较低相对分子质量的 $\alpha$-烯烃，然后经分馏精制可得到 $C_{10}$～$C_{14}$ $\alpha$-烯烃。在高温无催化剂时，烃的裂解是以自由基的方式进行的。因此，烷烃裂解可生成相对分子质量较小的烯烃、烷烃和氢，液态烃中 $C_{11}$～$C_{15}$约占 27%。还会生成二烯烃、环烷烃和芳烃等杂质，这些杂质会降低 $\alpha$-烯烃的质量，不利于 $\alpha$-烯烃的进一步加工。

$$CH_3(CH_2)_pCH_2CH_2CH_2CH_2(CH_2)_qCH_3 \longrightarrow CH_3(CH_2)_pCH{=}CH_2 + CH_2{=}CH(CH_2)_qCH_3$$

**(3) 烷烃氯化脱氯化氢法**　首先将 $C_{10}$～$C_{13}$正构烷烃在 120℃条件下氯化，然后氯化产物在催化剂铁存在下脱氯化氢，产物为内烯烃，但这种方法没有得到发展。

$$CH_3(CH_2)_p\underset{\displaystyle Cl}{\underset{|}{CH}}-(CH_2)_qCH_3 \xrightarrow{-HCl} \left\{ \begin{array}{l} CH_3(CH_2)_pCH{=}CH(CH_2)_{q-1}CH_3 + HCl \\ CH_3(CH_2)_{p-1}CH{=}CH(CH_2)_qCH_3 + HCl \end{array} \right.$$

**(4) 正构烷烃脱氢法**　正构烷烃脱氢法由美国环球油品（UOP）公司研究成功，1968 年实现工业化。正构烷烃脱氢法是在选择性催化剂作用下，将高纯度的 $C_{10}$～$C_{14}$正构烷烃脱氢，得到双键在碳链内部任意分布的内烯烃，并将脱氢后的产物进行选择性加氢，使副产物二烯烃转化成单烯烃，提高了单烯烃的收率。反应式如下：

$$C_nH_{2n+2}\xrightarrow[458\sim480℃]{催化剂}C_nH_{2n}+H_2$$

各种不同方法制得的 $C_{14}\sim C_{16}$ $\alpha$-烯烃的质量数据列于表 2-6。就目前来说，谢尔化学公司的乙烯低聚法和美国环球油品（UOP）公司的正构烷烃脱氢法是制取洗涤剂用高碳烯烃的较好方法。石蜡裂解法得到的烯烃，单烯烃含量不高，烷烃和二烯烃含量较高，使其应用受到一定的限制，不适合于制取 $\alpha$-烯基磺酸盐（AOS）。

**表 2-6 不同方法制得的 $C_{14}\sim C_{16}$ $\alpha$-烯烃的质量数据**

| 方法 | 质量分数/% | | | | | |
|---|---|---|---|---|---|---|
| | 正构 $\alpha$-烯烃 | 亚乙烯基 | 内烯烃 | 单烯烃 | 二烯烃 | 烷烃 |
| SHOP 法(谢尔公司) | 96.1 | 2.2 | 1.7 | 99.9 | — | 0.1 |
| 齐格勒法(海湾公司) | 96.1 | 2.0 | 0.5 | 98.7 | — | 1.3 |
| 改良齐格勒法(乙基公司) | 80～85 | 10～16 | 4～5 | 99.5 | — | 0.2 |
| 石蜡裂解法(Chevron 公司) | — | — | — | 89～93 | 5 | 2 |
| 脱氢法 | — | — | 91.5($C_{10}\sim C_{14}$) | >95 | — | — |

$\alpha$-烯烃是制取羰基合成醇、烷基苯、烷基酚、氧化胺、烯基磺酸盐、烷基磺酸盐的原料。因此，$\alpha$-烯烃是表面活性剂生产中一种极为重要的原料。另外，还可用于生产聚烯烃、增塑剂及合成润滑剂等，是重要的化工原料。

## 2.6 高碳脂肪胺

高碳脂肪胺（含长链 $C_8\sim C_{22}$ 的有机胺化合物）主要品种有伯胺 $RCH_2NH_2$、仲胺 $(RCH_2)_2NH$、双烷基甲基叔胺 $(RCH_2)_2NCH_3$、烷基二甲基叔胺 $RCH_2N(CH_3)_2$ 等。

高碳脂肪胺是三大油脂（脂肪醇、脂肪酸和脂肪胺）化学主要中间体之一，是工业上最有价值的脂肪酸衍生物品种之一，由它可以制得季铵盐、甜菜碱、氧化叔胺、醚胺、伯胺醋酸盐、二胺等衍生物。它们都是常用的表面活性剂，通过进一步深加工制得的产品可广泛用于轻纺、建材、采矿等工业部门及日常生活领域，是精细化工的重要基本原料之一。

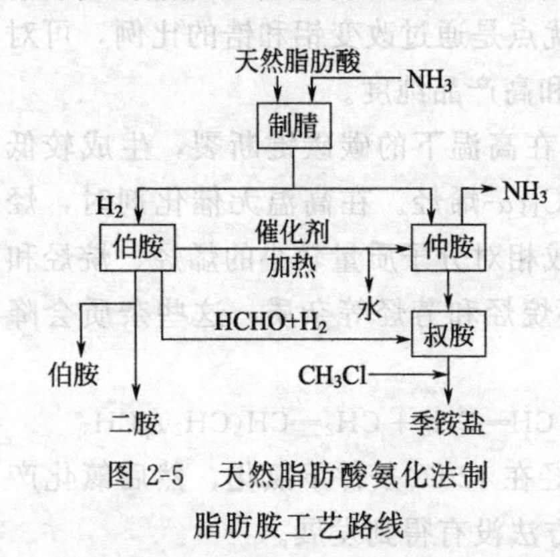


图 2-5 天然脂肪酸氨化法制脂肪胺工艺路线

工业上普遍使用的技术路线是以天然脂肪酸氨化法制脂肪腈，再加氢制得脂肪胺。工艺路线见图 2-5。

约 93%高级脂肪伯胺的生产以天然脂肪酸为原料，以合成脂肪酸为原料的只占 7%左右，少量叔胺的生产以脂肪醇及 $\alpha$-烯烃为原料。在天然油脂中，大多以牛脂和棕榈油为原料生产 $C_{16}\sim C_{18}$ 脂肪胺，而以椰子油和棕榈核仁油生产 $C_{12}\sim C_{14}$ 脂肪胺。我国盛产菜籽油、棉籽油等，但前者因含 $C_{22}$ 酸较高，一般不适用于洗涤用品、化妆品等，而棉籽油虽主要含 $C_{16}\sim C_{18}$ 酸，但其在脂肪酸生产过程中易发生堵塞水解塔等现象，因此也较少采用。不少工厂所用的原料（如棕榈油、椰子油等）主要从东南亚地区进口。以脂肪醇直接与低级胺一步法合成烷基二甲基叔胺具有产品质量好、三废少等优点，但对原料脂肪醇和低级胺的纯度则要求很高（均要求在 99%

以上)。利用合成脂肪酸生产往往因环保问题及有异味，不易被人们所接受，而以 α-烯烃为原料则受原料烯烃质量的影响，得到的是直链和支链脂肪胺的混合物。

**(1) 高碳脂肪伯胺** 工业上高碳脂肪伯胺的合成通常采用两步法，即首先由脂肪酸或天然油脂和氨在催化剂作用下反应制取脂肪腈，然后在催化剂存在下，脂肪腈还原制得脂肪伯胺。反应过程如下：

$$RCOOH + NH_3 \xrightarrow[-H_2O]{\text{催化剂}} RCONH_2 \xrightarrow{-H_2O} RCN$$

$$\begin{array}{l} RCOOCH_2 \\ \quad | \\ RCOOCH \\ \quad | \\ RCOOCH_2 \end{array} + 3NH_3 \xrightarrow{\text{催化剂}} 3RCN + \begin{array}{l} CH_2OH \\ | \\ CHOH \\ | \\ CH_2OH \end{array} + 3H_2O$$

$$RCN + 2H_2 \xrightarrow{Ni} RCH_2NH_2$$

脂肪腈在胺共存下在反应温度 120～150℃，反应压力 310～710MPa 条件下还原，同时加水和氨可提高伯胺的选择性，抑制仲胺生成，从椰油脂肪腈制伯胺产品得率可达 96%。脂肪腈加氢制伯胺时会副产一定量的仲胺和叔胺，在反应过程中加水、氨或氢氧化钠（钾）能抑制仲胺和叔胺的生成。

**(2) 高碳脂肪仲胺** 仲胺可通过伯胺的歧化反应来制取。选择合适的催化剂可减少副产物的生成，提高仲胺的收率。

$$2RCH_2NH_2 \longrightarrow (RCH_2)_2NH + NH_3$$

控制适当的条件，以脂肪酸为原料经脂肪腈加氢还原可制得仲胺。

$$2RCN + 4H_2 \xrightarrow{Ni} (RCH_2)_2NH$$

仲胺在工业上大多采用间歇法生产，将腈加入反应器，在催化剂存在下，加压加热并连续排气除氨，在一定反应时间后，产物泵入过滤器除去催化剂，然后送蒸馏提纯仲胺产品。连续法生产分两步进行，第一步是腈在反应器中连续转变为伯胺和部分仲胺；第二步是将第一步的反应产物在淤浆反应器中转化为仲胺，再滤出催化剂后送去提纯。

制不对称仲胺，可用长链脂肪腈与短链胺反应：

$$C_{17}H_{35}CN + CH_3NH_2 + H_2 \xrightarrow{Ni} \begin{array}{l} C_{18}H_{37}NH \\ \qquad\quad | \\ \qquad\quad CH_3 \end{array} + NH_3$$

仲胺可用长链脂肪醇制备：

$$2ROH + NH_3 \xrightarrow{H_2/\text{催化剂}} R_2NH$$

**(3) 烷基二甲基叔胺** 合成烷基二甲基叔胺的工业方法有伯胺与甲醛或甲醇发生二甲基化的还原甲基化法，脂肪腈与二甲胺的催化加氢脱氨法和脂肪醇直接胺化法等。

① 甲醛催化加氢法

$$RCH_2NH_2 + 2HCHO + 2H_2 \xrightarrow[\text{加压}]{Ni} RCH_2N(CH_3)_2 + 2H_2O$$

② 甲醇催化加氢法

$$RNH_2 + 2CH_3OH \xrightarrow{H_2/\text{催化剂}} RN(CH_3)_2$$

③ 甲醛甲酸法

$$RNH_2 + 2HCHO + 2HCOOH \xrightarrow{\text{丙醇}} RN(CH_3)_2 + 2H_2O + 2CO_2$$

④ 脂肪腈与二甲胺的催化加氢脱氨法

$$RCN+(CH_3)_2NH+2H_2 \xrightarrow{催化剂} RCH_2N(CH_3)_2+NH_3$$

⑤ 脂肪醇直接胺化法

$$RCH_2OH+(CH_3)_2NH \xrightarrow{催化剂} RCH_2N(CH_3)_2+H_2O$$

**(4) 双烷基甲基叔胺** 双烷基甲基叔胺可以由伯胺制取，亦可由脂肪醇与甲胺直接胺化合成。

$$2RCH_2NH_2 \xrightarrow[-NH_3]{催化剂} (RCH_2)_2NH \xrightarrow[HCHO+H_2]{催化剂} (RCH_2)_2N-CH_3$$

$$2RCH_2OH+CH_3NH_2 \xrightarrow[\Delta]{催化剂} (RCH_2)_2N-CH_3+2H_2O$$

## 2.7 烷基苯

烷基苯分子式为 $R-C_6H_5$，其中以 $C_{12}$ 和 $C_{13}$ 烷基苯制得的表面活性剂的洗涤性能最为优良。烷基链可以是直链，也可以是支链。由于支链烷基苯生物降解性差，故洗涤剂中使用的烷基苯为直链烷基苯（LAB），是生产直链烷基苯磺酸盐类表面活性剂的重要原料。

工业上 LAB 主要由 α-烯烃、内烯烃或氯代正构烷烃与苯烷基化制取，见图 2-6。不同烷基化工艺生产的 LAB 的物理性质见表 2-7。

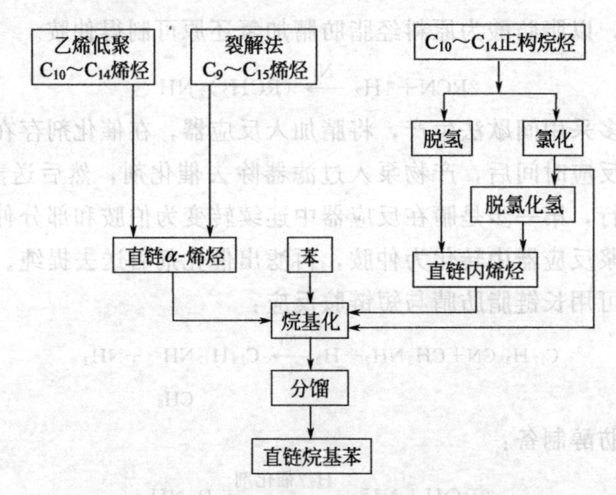


图 2-6 工业上 LAB 的主要生产方法

**表 2-7 不同烷基化工艺生产的 LAB 的物理性质**

| 性 质 | 氯化法(大陆油品公司) | 脱氢法(UOP 公司) | 裂解法(谢尔公司) |
|---|---|---|---|
| 相对分子质量(平均) | 243 | 242 | 243 |
| 相对密度 | 0.865 | 0.862 | 0.869 |
| 溴值 | 0.03 | 0.03 | 0.03 |
| 闪点/℃ | ＞150 | 140 | 146 |
| 可磺化物/% | ＞97.5 | ＞98 | 98.7 |
| 色泽(赛氏) | 30 | 30 | 30 |
| 气味 | — | 无 | — |
| 折射率 $n_D^{20}$ | — | 1.4835 | 1.4865 |
| 馏程/℃ | 290～324 | 284.5～296.7 | 283～313 |
| 2-苯基烷质量分数/% | — | 15 | — |
| 黏度(37.8℃)/mPa·s | 42 | — | — |

常用的工艺是以直链烯烃与苯在催化剂 HF 作用下反应制取烷基苯：

$$CH_3(CH_2)_9CH{=}CH_2 + C_6H_6 \longrightarrow C_{12}H_{25}{-}C_6H_5$$

图 2-7 为烯烃/HF 法生产 LAB 的流程简图。烷基化在两只反应器中串联进行，反应器为钢制筛板塔。反应结束后静置分层，上部产物经脱 HF 塔、脱苯塔去除催化剂和过量的苯，进入烷基苯脱烃塔脱除烃类，再将塔底物经烷基苯再蒸塔分馏，得烷基苯成品。这种缩合工艺反应平稳，易于控制，反应速率快，副反应少，且无泥脚处理及三废污染，是烷基苯生产的较佳方法。国内南京烷基苯厂、抚顺烷基苯厂等均采用该法。

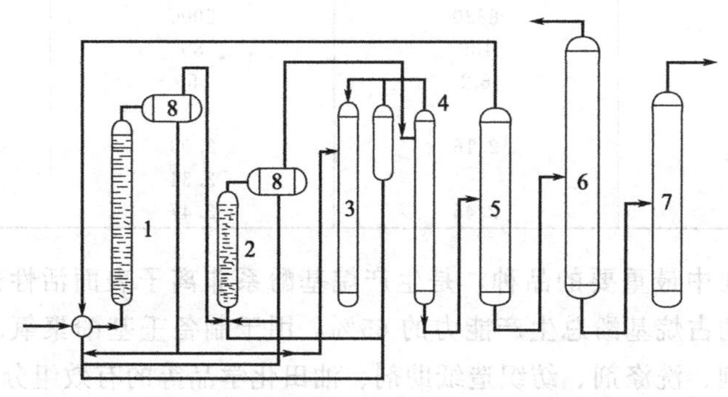


图 2-7 烯烃/HF 法生产 LAB 的流程

1—第一反应器；2—第二反应器；3,4—氟化氢脱除塔；5—脱苯塔；6—脱氢塔；7—烷基苯再蒸塔；8—静置分层器

以直链氯代烷与苯在催化剂无水 $ACl_3$ 作用下反应，反应结束后除去催化剂，然后用稀碱溶液去除副产物盐酸，再进行减压蒸馏得到十二烷基苯，反应式如下：

$$CH_3(CH_2)_{10}CH_2Cl + C_6H_6 \longrightarrow C_{12}H_{25}{-}C_6H_5 + HCl$$

目前绝大多数烷基苯生产采用 UOP 公司的烯烃/HF 工艺，UOP 公司多年来一直致力于对该工艺进行改进，如开发新型脱氢催化剂和 TCR 脱氢反应器，开发 Define 工艺等，目的在于挖掘现有装置潜力，提高烷基苯质量与收率。另外，UOP 公司还开发了固定床烷基化工艺（Detal 工艺），并于 1995 年实现了工业化。Mobil 公司与 Tamilnadu Petroproducts 公司（TPL）联合开发了一种新型沸石烷基化催化剂及相应的固定床烷基化工艺（MOBCAT），并建立了 2t/d LAB 的中试装置。Enichem Augusta 公司开发了一条以 Pacol-Olex 工艺生产的高质量 $C_{10}$～$C_{13}$ 烯烃为原料、$AlCl_3$ 做催化剂的烯烃/$AlCl_3$ 工艺。据欧洲 LAB/LAS 研究中心（ECOSOL）分析，世界 LAB 产能的 75%基于 HF 催化技术，15%基于 Detal 工艺，10%基于氯化铝催化技术。不同烷基化工艺生产的 LAB 的苯基异构体分布见表 2-8。

**表 2-8 不同工艺生产的烷基苯（平均碳数为 12）的苯基异构体分布/%**

| 项 目 | HF | $AlCl_3$ | Detal | MOBCAT | 项 目 | HF | $AlCl_3$ | Detal | MOBCAT |
|---|---|---|---|---|---|---|---|---|---|
| 2-苯烷 | 14 | 31 | 28～30 | >50 | 5-苯烷 | 28 | 19 | | |
| 3-苯烷 | 16 | 19 | | >30 | 7-/6-苯烷 | 23 | 15 | | |
| 4-苯烷 | 19 | 16 | | | 二烷基四氢化萘 | 0.5 | 0.5 | <0.5 | <0.5 |

## 2.8 烷基酚

烷基酚是重要的精细化工原料，在表面活性剂、润滑油添加剂、油溶性酚醛树脂及绝缘材料、纺织印染造纸助剂、橡胶塑料的防老抗氧剂、油田及炼油厂用化学品等领域具有广泛用途。烷基酚中最重要的是壬基酚，其次是辛基酚、十二烷基酚和叔丁基酚。几种工业异构烷基酚的物理性质见表 2-9。

**表 2-9 几种工业异构烷基酚的物理性质**

| 性质 | 辛基酚 | 壬基酚 | 十二烷基酚 |
|---|---|---|---|
| 羟值 | 270 | 249～255 | 210～225 |
| 折射率 $n_D^{20}$ | 1.521 | 1.512～1.514 | 1.511 |
| 沸程/℃ | 150～175(1.3kPa) | 175～188(12.7kPa) | 185～217(3.05kPa) |
| 相对密度 $d_4^{20}$ | 0.996 | 0.948～0.951 | 0.944 |
| 黏度/mPa·s | | | |
| 20℃ | 8830 | 2000 | 12000 |
| 50℃ | 139 | 80 | 245 |
| 100℃ | 6.2 | 5 | 9.52 |
| 比热容/[kJ/(kg·K)] | | | |
| 20℃ | 2.16 | 2.09 | 2.05 |
| 50℃ | — | 2.34 | 2.33 |
| 100℃ | 2.45 | 2.47 | 2.42 |

壬基酚是烷基酚中最重要的品种，是生产烷基酚系非离子表面活性剂（APE）的主要原料之一，壬基酚约占烷基酚总生产能力的 65%，用于制备壬基酚聚氧乙烯醚及磷酸酯和硫酸盐，作为乳化剂、洗涤剂、纺织造纸助剂、油田化学品等的有效组分；同时用于生产抗氧剂、润滑油添加剂和油溶性酚醛树脂及绝缘材料。十二烷基酚主要用于生产润滑油添加剂，少量用于生产非离子表面活性剂。

各种烷基酚的合成原理基本相同，见图 2-8，均为酸催化的芳环亲电取代反应，所用的原料为苯酚与烯烃，反应中烷基主要进入邻、对位，为提高对位烷基酚的产率，降低生产成本，改善产品色泽，必须有高性能的烷基化反应催化剂。

$$C_2H_6 \xrightarrow[H_3PO_4/\text{硅藻土}]{\text{齐聚}} \begin{cases} C_9H_{18} \xrightarrow[\text{催化剂}]{C_6H_5OH} C_9H_{19}-C_6H_4-OH + C_9H_{19}-C_6H_3(C_9H_{19})-OH \\ C_{12}H_{24} \xrightarrow[\text{催化剂}]{C_6H_5OH} C_{12}H_{25}-C_6H_4-OH + C_{12}H_{25}-C_6H_3(C_{12}H_{25})-OH \end{cases}$$

图 2-8 烷基酚的合成反应

目前国外生产壬基酚使用的催化剂主要有分子筛、活性白土、三氟化硼、阳离子交换树脂等，而在生产技术处于领先地位的美国 UOP、德国 Hüls 公司、日本丸善石油化学公司的大规模、连续化装置中都采用阳离子交换树脂或改性离子交换树脂催化剂工艺法，其壬烯转化率为 92%～98%，壬基酚收率为 93%～94%(以壬烯计)。

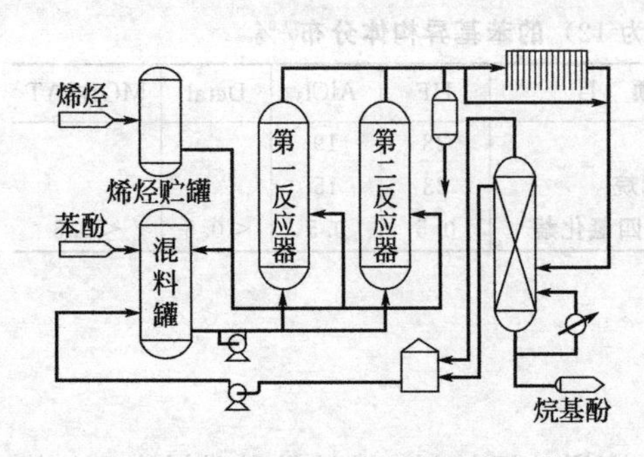


图 2-9 Calument 公司十二烷基酚生产工艺流程

烷基酚生产工艺有间歇法和连续法两种，其中白土催化大多采用间歇式操作，树脂催化采用连续式操作，较早还采用过 $BF_3$ 连续工艺。图 2-9 为 Calument 公司白土催化生产工艺流程，产品为十二烷基酚。

该工艺具有两个显著特点，一是烯烃有25%～50%从反应器中部进入，从而提高了反应初期的酚烯比；二是脱水靠反应物携带完成，这种办法比烘干好，因为烘干会使催化剂减活。目前国外普遍采用离子交换树脂催化固定床连续工艺，其特点是反应速率快，生产能力高，产品质量好，色泽浅且稳定。图 2-10 为 Hüls 公司壬基酚生产工艺流程图。

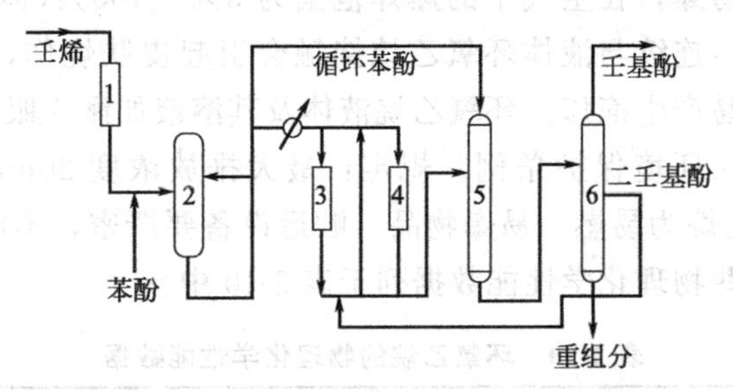


图 2-10　Hüls 公司壬基酚生产工艺流程

1—干燥塔；2—混料罐；3,4—反应器Ⅰ、Ⅱ；5—酚回收塔；6—成品塔

波兰的 Blachownia 化学厂利用阳离子交换的方法生产壬基酚，产量达 12 万吨/年。该技术是波兰有机合成研究所（ICSO）开发出来的，也可用于生产十二烷基酚。包括如下两个步骤：①丙烯齐聚，接着分离三聚丙烯和四聚物；②苯酚与三聚丙烯烷基化，然后分离得到壬基酚；或是苯酚与四聚丙烯烷基化，再分离得到十二烷基酚，流程见图 2-11。

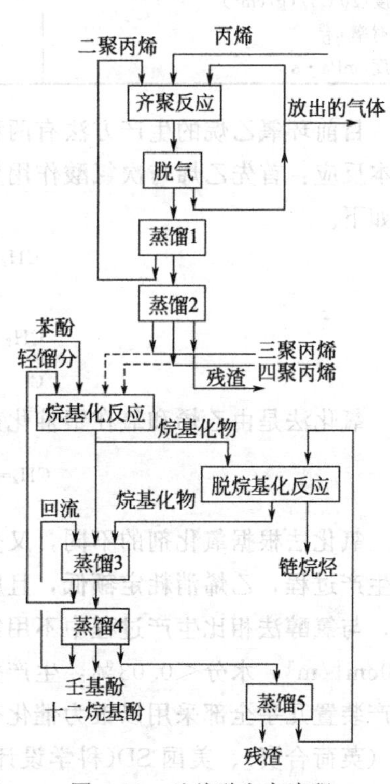


图 2-11　壬基酚生产流程

齐聚反应是在一个管式反应器中进行的。管里充满催化剂，管隙也填满换热介质。反应后混合物（包括丙烯二聚、三聚、四聚物和未转化的丙烯）用 5 个蒸馏塔分离。未转化的丙烯和二聚丙烯被送到齐聚反应器循环使用。其余的气体被分为三聚丙烯和四聚丙烯。

壬基酚是在酸性离子交换树脂催化剂存在下，苯酚与三聚丙烯烷基化制得的。部分烷基化物被送到第二烷基化反应器（里面充满粗孔阳离子交换剂），使得壬烯补充反应和部分双烷基酚脱烷基化。不含壬烯的反应混合物经过连续蒸馏除去由原料带进的惰性气体和水，这样可以防止它们聚积在反应区里。混合在烷基化物气体里未反应的原料在薄膜蒸发器里被分离出来并循环利用；粗壬基酚经真空蒸馏，以得到高纯度的成品。

ICSO 利用苯酚与丙烯合成壬基酚和十二烷基酚的技术有许多优点：由于采用 ICSO 开发的特殊磷催化剂，齐聚反应选择性高；合适的离子交换催化剂体系的应用，提高了烷基化反应的选择性，减少了副产物的产生；高质量的壬基酚和十二烷基酚在性能的某些方面超过了其他生产者的同类产品；原料和公用工程消耗低；催化剂的寿命长；操作过程全自动化。

## 2.9　环氧乙烷

环氧乙烷也称氧化乙烯（EO），分子式为 $C_2H_4O$，相对分子质量为 44.05，结构式为：环氧乙烷结构式 $\underset{\diagdown O \diagup}{CH_2—CH_2}$。

环氧乙烷在低温下是具有乙醚味的无色透明液体，能与水按任何比例混合。其液体不会爆炸，而气体既易燃又易爆，在空气中的爆炸范围为3%～100%(体积)。环氧乙烷属中等毒性化合物，有刺激性。连续与液体环氧乙烷接触会引起皮肤烧伤，与40%～80%浓度的环氧乙烷水溶液接触，易产生疱疹。环氧乙烷液体及其溶液如溅入眼睛，应立即用大量水冲洗，然后请医生诊治。《环境保护条例》规定：最大排放浓度20mg/m$^3$。车间卫生标准：5mg/m$^3$。总之，环氧乙烷为易燃、易爆物品，贮运设备要严密，不能接触火种，运输时不要撞击。环氧乙烷的某些物理化学性能数据列于表2-10中。

**表2-10　环氧乙烷的物理化学性能数据**

| 项目 | 数据 | 项目 | 数据 |
|---|---|---|---|
| 沸点(101.3kPa)/℃ | 10.5 | 表面张力(20/℃)/mN·m$^{-1}$ | 24.3 |
| 凝固点/℃ | −112.5 | 生成热(25℃,101.3 kPa) | |
| 熔点/℃ | −112.51 | 蒸汽生成热/kJ·mol$^{-1}$ | 71.2 |
| 闪点/℃ | <18 | 液体生成热/kJ·mol$^{-1}$ | 96.3 |
| 着火温度(0.101MPa空气中)/℃ | 429 | 汽化热/kJ·mol$^{-1}$ | 25.5 |
| 自燃温度(0.101MPa)/℃ | 571 | 溶解热/kJ·mol$^{-1}$ | 6.28 |
| 密度(20℃)/(g/cm$^3$) | 0.8697 | 聚合热/kJ·mol$^{-1}$ | 92.1 |
| 折射率 $n_D^{20}$ | 1.3597 | 比热容(液态)/[J/(g·℃)] | 1.95 |
| 黏度/mPa·s | 0.32 | | |

目前环氧乙烷的生产方法有两种，即氯醇法和直接氧化法。氯醇法制取环氧乙烷有两个基本反应：首先乙烯与次氯酸作用生成氯乙醇，然后氯乙醇与碱作用生成环氧乙烷，反应过程如下。

$$CH_2{=}CH_2 + HOCl \rightleftharpoons \underset{Cl\quad\ OH}{CH_2—CH_2}$$

$$\underset{Cl\quad\ OH}{CH_2—CH_2} + NaOH \longrightarrow \underset{\diagdown O \diagup}{CH_2—CH_2} + NaCl + H_2O$$

氧化法是由乙烯和氧在银催化剂上催化氧化制取环氧乙烷的方法。

$$CH_2{=}CH_2 + \frac{1}{2}O_2 \xrightarrow[Ag]{250℃} \underset{\diagdown O \diagup}{CH_2—CH_2}$$

氧化法根据氧化剂的不同，又分为空气氧化法和氧气氧化法两种。由于氧气氧化法强化了生产过程，乙烯消耗定额低，且廉价的纯氧易于制得，颇受人们注意。氧化法生产环氧乙烷，与氯醇法相比生产过程中不用氯气，产品质量高，环氧乙烷含量>99.7%，醛含量小于100cm$^3$/m$^3$，水分<0.03%，生产费用低，因此适合大工业生产。目前，世界上EO工业化生产装置几乎全部采用以银为催化剂的乙烯直接氧化法。全球EO生产技术主要被Shell公司（英荷合资）、美国SD(科学设计公司)、美国UCC三家公司所垄断。90%以上的生产能力采用上述三家公司生产技术。此外拥有EO生产技术的还有日本触媒公司、美国DOW公司、德国赫斯公司等。

环氧乙烷的用途十分广泛，是合成许多产品的原料，如用于生产表面活性剂、乙二醇、乙醇胺等产品，以及应用于塑料、印染、电子、医药、农药、纺织、造纸、汽车、石油开采与炼制等众多领域。极大部分非离子表面活性剂是环氧乙烷的衍生物，环氧乙烷的生产直接与非离子表面活性剂及其衍生物的发展有关。以2002年为例，世界EO主要消费领域为：用于生产乙二醇占70.3%，表面活性剂占10.7%，乙醇胺类占5.5%，乙二醇醚占3.8%，其他产品占 9.7%。2017 年，世界环氧乙烷的需求超过 2900 万吨。

我国最早以传统的乙醇为原料经氯醇法生产 EO。20 世纪 70 年代我国开始引进以生产聚酯原料乙二醇为目的产物的环氧乙烷/乙二醇联产装置，至今已经引进十余套 EO 生产装置。2003 年我国 EO 生产能力约为 120 万吨/年。我国多数装置是 EO 与乙二醇联产，仅吉林联合化工厂是单独生产 EO 而没有生产乙二醇，而中石油吉化公司和独山子石化则全部用于生产乙二醇。

随着我国聚酯与表面活性剂等领域的迅猛发展，EO 产量远不能满足市场需求，因此，近年来，有多家企业如北京燕山石化、中海-壳牌石化有限公司、上海石化、天津联化、独山子石化等建设或计划建设规模化 EO 生产装置。这些项目完成后，我国 EO 的生产能力将增至 216 万吨/年。

## 2.10 环氧丙烷

环氧丙烷或称氧化丙烯、甲基环氧乙烷，相对分子质量 58.08，结构式为：

$$\underset{\diagdown O \diagup}{CH_2-CH}-CH_3$$

环氧丙烷是重要的有机化工产品之一。它主要用来制取聚氨酯、丙二醇、环氧树脂和合成硝酸纤维素等。与环氧乙烷嵌段共聚可以制取一系列特殊用途的非离子表面活性剂。

环氧丙烷是具有醚味的无色液体，其化学性质与环氧乙烷极为相似。在空气中的爆炸极限为 2.1%～21.5%(体积)。环氧丙烷是有毒的。《环境保护条例》要求最大排放浓度小于 150mg/m$^3$(车间卫生标准)。制取环氧丙烷的主要方法是氯醇法与丙烯氧化法，其生产工艺和原理与环氧乙烷的制备相同。环氧丙烷的主要物理性质见表 2-11。

**表 2-11 环氧丙烷的主要物理性质**

| 性质 | 数值 | 性质 | 数值 |
|---|---|---|---|
| 沸点(0.1MPa)/℃ | 33.9 | 水在环氧丙烷中的溶解度(质量分数 20℃) | 12.8% |
| 凝固点/℃ | −104.4 | 密度(20℃)/(g/cm$^3$) | 0.8304 |
| 水中溶解度(质量分数 20℃) | 40.5% | 折射率 $n_D^{20}$ | 1.3657 |

# 复习思考题

1. 生产表面活性剂亲油基部分的原料来源主要有哪两大类？

2. 油脂根据其来源不同分哪几类？油脂的主要成分是什么？油脂的主要脂肪酸组成有哪些？

3. 脂肪酸的主要来源有哪些？不同来源的脂肪酸结构上有何异同点？

4. 合成脂肪酸甲酯的工艺有哪些？以脂肪酸甲酯为原料可以合成哪些表面活性剂？

5. 脂肪醇的来源有哪些？以脂肪醇为原料可以合成哪些表面活性剂？

6. 工业上制取 $\alpha$-烯烃的方法有哪些？在表面活性剂工业中 $\alpha$-烯烃有哪些应用？

7. 以高碳脂肪胺为原料可以制备哪些表面活性剂？

8. 烷基苯是生产烷基苯磺酸钠的主要原料，试述烯烃与 HF 法生产烷基苯的工艺过程？

9. 在表面活性剂工业中，烷基酚的主要品种有哪些？

10. 环氧乙烷、环氧丙烷主要用于生产什么类型的表面活性剂？在运输、储藏和生产过程中应注意哪些问题？

# 3 表面活性剂的合成

## 3.1 阴离子表面活性剂

阴离子表面活性剂是发展历史最悠久、产量最大、品种最多、应用最广的一类表面活性剂。其分子一般由长链烃基（$C_{10}$～$C_{20}$）及亲水基羧酸基、磺酸基、硫酸基或磷酸基组成，在水溶液中发生电离，其表面活性部分带有负电荷。另外，有一带正电荷的金属或有机离子与其平衡。如十二烷基硫酸钠，$C_{12}H_{25}SO_4Na$，在水溶液中即离解为 $C_{12}H_{25}SO_4^-$ 和 $Na^+$ 两部分，因其表面活性部分 $C_{12}H_{25}SO_4^-$ 带有负电荷，故称其为阴离子表面活性剂。此类表面活性剂具有极好的去污、发泡、润湿、分散、乳化等性能，所以应用非常广泛，主要用作洗涤剂、润湿剂、乳化剂、发泡剂、增溶剂等。

阴离子表面活性剂通常按其亲水基可分为羧酸盐型、磺酸盐型、硫酸（酯）盐型和磷酸（酯）盐型等。其中产量最大、应用最广的阴离子表面活性剂是磺酸盐型，其次是硫酸（酯）盐型。

### 3.1.1 羧酸盐型阴离子表面活性剂

羧酸盐型阴离子表面活性剂的亲水基为羧基（—COO—），是典型的阴离子型表面活性剂。依亲油基与亲水基的连接方式可分为两种类型：一类是高级脂肪酸的盐类——皂类；另一类是亲油基通过中间键如酰胺键、酯键、醚键等与亲水基连接，可认为是改良型皂类。

**(1) 高级脂肪酸盐** 高级脂肪酸的钠盐、钾盐、铵盐、有机胺盐、锌盐、钙盐和铝盐等统称为高级脂肪酸盐，也称为皂，化学通式为 RCOOM，其中 R 为 $C_7$～$C_{19}$ 的烷基，M 为 $Na^+$，$K^+$，$HN^+(CH_2CH_2OH)_3$，$NH_4^+$，$Ca^{2+}$ 等。

肥皂即属高级脂肪酸盐，从广义上讲是指油脂、蜡、松香或脂肪酸、脂肪酸甲酯与碱（有机碱或无机碱）进行皂化或中和制得的产物。

① 油脂的皂化

$$\begin{array}{l} RCOOCH_2 \\ \quad | \\ RCOOCH + 3NaOH \longrightarrow \\ \quad | \\ RCOOCH_2 \end{array} \quad \begin{array}{l} \qquad\qquad CH_2OH \\ \qquad\qquad\ | \\ 3RCOONa + CHOH \\ \qquad\qquad\ | \\ \qquad\qquad CH_2OH \end{array}$$

② 脂肪酸中和制皂

$$RCOOH + NaOH \longrightarrow RCOONa + H_2O$$

$$RCOOH + Na_2CO_3 \longrightarrow RCOONa + NaHCO_3$$

$$RCOOH + NH(CH_2CH_2OH)_2 \longrightarrow RCOONH_2(CH_2CH_2OH)_2$$

$$RCOOH + NH_4OH \longrightarrow RCOONH_4 + H_2O$$

$$RCOOH + HN\begin{array}{c} H_2C{-}CH_2 \\ \\ H_2C{-}CH_2 \end{array}O \longrightarrow RCOOH_2N\begin{array}{c} H_2C{-}CH_2 \\ \\ H_2C{-}CH_2 \end{array}O$$

而且某些碱土金属皂也可用中和方法制取：

$$2RCOOH + CaO \longrightarrow (RCOO)_2Ca + H_2O$$

③ 脂肪酸甲酯的皂化

$$RCOOCH_3 + NaOH \longrightarrow RCOONa + CH_3OH$$

④ 复分解法制皂　由碱金属皂通过复分解的方法可以制取碱土金属和高价金属皂，如：

$$2C_{17}H_{35}COONa + CaCl_2 \longrightarrow (C_{17}H_{35}COO)_2Ca + 2NaCl$$

$$2C_{17}H_{35}COONa + ZnCl_2 \longrightarrow (C_{17}H_{35}COO)_2Zn + 2NaCl$$

$$2C_{17}H_{35}COOK + BaCl_2 \longrightarrow (C_{17}H_{35}COO)_2Ba + 2KCl$$

工业制皂有盐析法、直接法、中和法等。油脂皂化可分为间歇式和连续式两种，主要包括如下的工艺步骤：a. 皂化（最重要的一步）；b. 盐析；c. 碱析；d. 整理；e. 调和。

步骤 b、c、d 都是为了除去杂质，减少水分，提高脂肪酸的含量，得到符合工艺要求的纯净皂基，皂基通过 e 加入辅料就可以成型。

皂化（或中和）所用的碱通常是氢氧化钠或氢氧化钾。用氢氧化钠皂化油脂得到的肥皂称为钠皂；用氢氧化钾皂化油脂得到的肥皂称为钾皂。洗涤剂用块状肥皂一般为钠皂，液体皂一般为钾皂。钠皂质地较钾皂硬，胺皂最软。肥皂的性能除与金属离子的种类有关外，还与脂肪酸部分的烃基组成有很大关系。脂肪酸的碳链越长，饱和度越大，凝固点越高，成皂越硬。例如，硬脂酸皂最硬、月桂酸皂次之、油酸皂最软。

硬脂酸的钠盐、钾盐和三乙醇胺盐常用作化妆品的乳化剂；月桂酸钾是淡黄色浆状物，易溶于水，起泡作用大，主要用于液体皂的生产；油酸与三乙醇胺制成的皂常用作乳化剂。挥发性氨的脂肪酸盐常用于上光剂中，铵盐水解生成自由氨挥发后，表面涂层中留下拒水性物质脂肪酸，能提高表面的抗水性。水溶性高级脂肪酸盐有良好的发泡性和洗涤性能，但抗硬水能力较差，能与水中的钙、镁等多价金属离子发生复分解反应形成皂垢：

$$RCOONa + Ca^{2+} \rightleftharpoons (RCOO)_2Ca\downarrow + 2Na^+$$

皂垢的形成影响其使用效果，因此，常在肥皂中添加钙皂分散剂以提高其在硬水中的使用效果。高级脂肪酸盐类表面活性剂在 pH 低于 7 时会形成水不溶性的游离脂肪酸：

$$RCOONa + H^+ \rightleftharpoons RCOOH + Na^+$$

因此肥皂只能在中性和碱性条件下使用。肥皂除了作为洗涤用品外，在印染、纺织、冶金、农药化工和建筑业等领域中也得到了广泛的应用。

高级脂肪酸的多价金属盐一般不溶于水，在洗涤制品中极少应用，但某些金属盐具有特殊的工业应用，如硬脂酸钙用于聚氯乙烯无毒稳定剂兼润滑剂，油漆平光剂、耐水剂的原料，制笔工业铅笔芯的原料等。硬脂酸锌用于聚氯乙烯的无毒稳定剂、化妆品的润滑剂、粉末冶金和塑料制品的脱模剂、橡胶制品硫化触媒的活化剂等。硬脂酸钡用于耐热稳定剂、耐高温的润滑剂、橡胶工业的高温脱模剂等。硬脂酸铝可用作涂料、油墨和聚氯乙烯的颜料悬浮分散剂，还可用作润滑脂的增稠剂、润滑剂等。

**（2）*N*-脂肪酰基氨基酸盐**　*N*-脂肪酰基氨基酸盐与高级脂肪酸盐比较，可以看到在亲油基与羧基之间插入了酰胺基，改变了脂肪酸盐的性质，是一类性质温和的多功能表面活性剂。除了具有表面活性剂的基本性能外，还具有抗硬水性、螯合性、缓蚀防锈性、抑菌性等功能，其更重要的特性是低刺激性、低毒性、柔和性、良好生物降解性和对人体较好的亲和性等。由于自身所特有的优良性能，产品设计符合绿色化学基本原则，越来越引起人们的重视。

酰基氨基酸表面活性剂由氨基酸与脂肪酸及其衍生物反应得到。采用的氨基酸主要有谷氨酸（$\alpha$-氨基戊二酸）、肌氨酸（$N$-甲基甘氨酸）、甘氨酸（氨基乙酸）、丝氨酸（$\alpha$-氨基-$\beta$-羟基丙酸）、丙氨酸（$\alpha$-氨基丙酸）、亮氨酸（$\alpha$-氨基异己酸）和乙二胺三乙酸等，其中以谷氨酸、肌氨酸和甘氨酸最为常用。采用的脂肪酸主要有月桂酸、椰子油酸、棕榈酸、硬脂酸、油酸、辛酸和癸酸等。合成时将不同的氨基酸和脂肪酸及其衍生物反应，即可得到结构和性能各异的酰基氨基酸表面活性剂。

酰基氨基酸表面活性剂自问世至今，已形成了几大系列多个品种。其中具有代表性的产品有 $N$-酰基谷氨酸系表面活性剂、$N$-酰基肌氨酸系表面活性剂、$N$-油酰基多缩氨基酸盐和 $N$-酰基甘氨酸系表面活性剂。国外对此类表面活性剂产品的研究、开发和应用较早，日本、美国、德国等国家已有工业化生产，形成了较有影响的产品，如美国的 Hamposyl、德国的 Medialan、日本的 Ajinomoto 等。近些年针对此系列产品的研发仍在不断的进行中，使得酰基氨基酸系表面活性剂的品种不断丰富。

① $N$-酰基肌氨酸盐（Medialan） 通过脂肪酰氯与肌氨酸反应得到系列表面活性剂——梅迪兰（Medialan）。该类表面活性剂性能优良，可用于牙膏、洗面奶、香波、浴液、液体洗涤剂、高档洗涤剂等配方中。亦可用于各种工业领域。

如梅迪兰-A，即 $N$-油酰基肌氨酸钠：

$$3C_{17}H_{33}COOH + PCl_3 \xrightarrow{40\sim45^\circ C} 3C_{17}H_{33}COCl + H_3PO_3$$

$$C_{17}H_{33}COCl + \underset{}{\overset{CH_3}{\overset{|}{N}}}HCH_2COOH \xrightarrow{NaOH} C_{17}H_{33}CON(CH_3)CH_2COONa + H_2O + NaCl$$

肌氨酸合成反应如下：

$$CH_3NH_2 + CH_2O \longrightarrow CH_3N{=}CH_2$$

$$CH_3N{=}CH_2 + HCN \longrightarrow CH_3NHCH_2CN$$

$$CH_3NHCH_2CN + H_2O \xrightarrow{NaOH} CH_3NHCH_2COONa + NH_4OH$$

肌氨酸也可以由甲胺和一氯醋酸钠制得：

$$CH_3NH_2 + ClCH_2COONa \longrightarrow CH_3NHCH_2COONa + HCl$$

此系列表面活性剂中较重要的还有：月桂酰基肌氨酸钠、椰油酰基肌氨酸钠、十四酰基肌氨酸钠等。

② $N$-酰基谷氨酸盐 $N$-脂肪酰基谷氨酸及其盐类是一类性能优越、性质温和的阴离子表面活性剂，具有如下主要性能：良好的表面活性，适当的洗涤力、乳化力、发泡力；出色的耐硬水性；同其他阴离子、非离子表面活性剂配伍性好；水溶液呈微酸性，使皮肤感触舒适、柔滑；对皮肤作用温和，刺激性低，使用安全；还具有一定的缓蚀防锈、抑菌等功能；生物降解性好。

20 世纪 70 年代末在日本、美国实现工业化生产，被研究应用于护肤品、洗面奶、洗手液、泡沫浴、沐浴露、香波、护发素、面膜、洗涤剂和牙膏等日用化学品配方中，此外还用于食品添加剂、农药、金属清洗加工、矿石浮选、石油二次开采、丝绸染整、皮革处理、腐蚀抑制剂、润滑剂、燃料添加剂、发泡剂、纤维清洗剂、抗静电剂和防锈添加剂等的配方中。我国有关方面对该类产品的研制开发也较为活跃，也有一些小批量生产。以 $N$-月桂酰基谷氨酸钠（LGS-11）合成为例，反应过程如下：

$$3C_{11}H_{23}COOH + PCl_3 \longrightarrow 3C_{11}H_{23}COCl + H_3PO_3$$

$$C_{11}H_{23}COCl + HOOCCH_2CH_2CH(NH_2)COONa \longrightarrow HOOCCH_2CH_2\underset{\underset{C_{11}H_{23}CONH}{|}}{C}HCOONa + HCl$$

主要品种有 N-月桂酰基谷氨酸钠（LGS-11），N-椰油酰基谷氨酸钠（CGS-11），N-椰油酰基谷氨酸三乙醇胺（CGT-12），N-硬脂酰基谷氨酸钠（HGS-11），N-油酰基谷氨酸钠（OGS）等。

③ N-酰基多缩氨基酸盐（N-酰基多肽） 用多肽混合物代替氨基酸与油酰氯缩合可制得 N-油酰基多缩氨基酸钠，商品名为雷米邦-A(Lamepon-A)，国内商品名为 613 洗涤剂，合成反应如下：

$$C_{17}H_{33}COCl + H\left[\begin{array}{c} R_1 \quad R_2 \quad\ O \\ | \qquad | \qquad \| \\ N-CH-C \end{array}\right]_n ONa \xrightarrow[\text{碱性}]{60℃} C_{17}H_{33}-\overset{O}{\overset{\|}{C}}\left[\begin{array}{c} R_1 \quad R_2 \quad\ O \\ | \qquad | \qquad \| \\ N-CH-C \end{array}\right]_n ONa + HCl$$

椰油脂肪酰多肽的三乙醇胺盐合成反应如下：

$$C_{11}H_{23}COCl + H\left[\begin{array}{c} R_1 \quad R_2 \quad\ O \\ | \qquad | \qquad \| \\ N-CH-C \end{array}\right]_n OH \longrightarrow C_{11}H_{23}-\overset{O}{\overset{\|}{C}}\left[\begin{array}{c} R_1 \quad R_2 \quad\ O \\ | \qquad | \qquad \| \\ N-CH-C \end{array}\right]_n OH$$

$$\xrightarrow{N(CH_2CH_2OH)_3} C_{11}H_{23}-\overset{O}{\overset{\|}{C}}\left[\begin{array}{c} R_1 \quad R_2 \quad\ O \\ | \qquad | \qquad \| \\ N-CH-C \end{array}\right]_n OH \cdot N(CH_2CH_2OH)_3$$

式中 $R_1$ 和 $R_2$ 可以是 H 或为蛋白质的水解产物（多肽）中的低分子烷基，$n=1\sim6$，蛋白质可选用未着色的铬鞣皮屑、蚕蛹、猪毛、鸡毛、骨胶、豆饼、头发等。该产品在毛纺、丝绸、合成纤维和印染工业中可作为洗涤剂、乳化剂、分散剂使用，也可用作金属清洗剂。它的多肽部分的化学结构与皮肤和毛发的蛋白质结构相似，对皮肤刺激性低，可用于护肤化妆品和个人洗发护发用品中。它在中性和碱性介质中稳定，且在碱性介质中去污力更强，pH 小于 5 时有沉淀析出。它的吸湿性强，通常不宜制成粉状产品，其产品常为黄棕色黏稠液体，活性物含量在 30%～40%。

④ 其他酰基氨基酸盐

a. 酰基天冬氨酸钠：由高级脂肪酰氯与天冬氨酸缩合而得。

$$R-\underset{\underset{O}{\|}}{C}-Cl + NH_2-\underset{\underset{CH_2COOH}{|}}{CH}-COOH \xrightarrow{NaOH} R-\underset{\underset{O}{\|}}{C}-NH-\underset{\underset{CH_2COONa}{|}}{CH}-COONa$$

b. N-β-羟乙基甘氨酸钠：由脂肪酰氯与 N-羟乙基甘氨酸反应而得。

$$RCOCl + HN\begin{array}{l} \diagup CH_2CH_2OH \\ \diagdown CH_2COOH \end{array} \xrightarrow{NaOH} RCON\begin{array}{l} \diagup CH_2CH_2OH \\ \diagdown CH_2COONa \end{array}$$

c. 酰氯还可以与其他氨基酸反应，如氨基丙酸钠、氨基乙酸钠等。

$$RCOCl + CH_3\underset{\underset{NH_2}{|}}{CH}COOH \xrightarrow{NaOH} RCON\underset{\underset{CH_3}{|}}{CH}COONa$$

$$RCOCl + NH_2CH_2COONa \longrightarrow RCONHCH_2COONa$$

**(3) 烷基醚羧酸盐** 烷基醚羧酸盐的主要品种有脂肪醇聚氧乙烯醚羧酸盐（AEC），烷基酚聚氧乙烯醚羧酸盐（NPC，APEC），烷醇酰胺醚羧酸盐（AMEC）。其中，研究和应用较多的是 AEC。

烷基醚羧酸盐的合成方法有氧化法、羧甲基化法、丙烯腈法和丙烯酸酯法。但目前工业化应用的是羧甲基化法，即由烷基醚与氯乙酸在碱性条件下反应制得。

烷基醚和氯乙酸钠反应：

$$ROH + nH_2C\overset{O}{\frown}CH_2 \longrightarrow RO(CH_2CH_2O)_nH$$

$$RO(CH_2CH_2O)_nH + ClCH_2COONa \longrightarrow RO(CH_2CH_2O)_nCH_2COONa$$

烷基醚氧化：

$$RO(CH_2CH_2O)_nH \xrightarrow{[O]} RO(CH_2CH_2O)_{n-1}CH_2COONa$$

烷基醚和丙烯酸酯反应：

$$RO(CH_2CH_2O)_nH + CH_2{=}CHCOOCH_3 \longrightarrow RO(CH_2CH_2O)_nCH_2CH_2COOCH_3$$

$$\xrightarrow{NaOH} RO(CH_2CH_2O)_nCH_2CH_2COONa$$

烷基醚和丙烯腈反应：

$$RO(CH_2CH_2O)_nH + CH_2{=}CHCN \longrightarrow RO(CH_2CH_2O)_nCH_2CH_2CN$$

$$\xrightarrow{NaOH} RO(CH_2CH_2O)_nCH_2CH_2COONa$$

脂肪醇聚氧乙烯醚羧酸盐（AEC）的一般结构式为：$R(OCH_2CH_2)_nOCH_2COONa$，其结构与肥皂十分相似，只是在亲油基和亲水基之间插入了聚氧乙烯基，在酸性条件下呈现出非离子表面活性剂特性。

同肥皂相比，由于聚氧乙烯基的存在而具有优良的水溶性能、抗硬水性能及钙皂分散性能。同脂肪醇聚氧乙烯醚相比，由于羧甲基的引入，产品不仅水溶性好，而且具有良好的润湿性、分散性、去污性和发泡性，对原毛的洗涤能力和柔软效果远比未羧甲基化的脂肪醇醚强。产品的起泡性不受电解质和水硬度的影响。其配伍性能好，能与阴离子，特别是能与阳离子表面活性剂进行复配。同时刺激性小，对眼睛和皮肤非常温和。

由于具有良好的温和性和起泡、洗涤、乳化性能，主要用于各种香波、泡沫浴液和个人保护用品。也可用于民用洗涤剂及工业用乳化剂；作为渗透剂、匀染剂用于纺织和印染工业；作为乳化剂、缓蚀剂、降黏剂用于三次采油和石油输送以及用作发泡剂和润滑剂等。

烷基酚聚氧乙烯醚羧酸盐以烷基酚聚氧乙烯醚为原料，通过上述方法制得。烷基酚聚氧乙烯醚羧酸盐（NPC，APEC）的性质与 AEC 类似，作为洗涤剂、发泡剂、乳化剂而应用于日化产品及工业领域。

烷醇酰胺醚羧酸盐（AMEC）不仅具有优良的洗涤、发泡、助泡、柔软、调理等性能，而且 AMEC 的初始毒性和二次毒性明显低于 AEC，对眼睛和皮肤刺激性低。比较含 AMEC 的洗涤剂与其他合成洗涤剂对皮肤的相容性（数值越大，刺激性越大）结果见表 3-1。可以看出，AMEC 与商品级月桂醇硫酸钠相比对皮肤几乎没有刺激性。经过贴敷实验也说明了其低刺激性。

**表 3-1 Duhring Chamber 测试结果**

| 物质 | 得分 | | |
|---|---|---|---|
| | 红斑 | 开裂程度 | 刺激范围 |
| 月桂醇硫酸钠 | 2.5 | 2.4 | 0.4 |
| 10%酰胺醚羧酸盐溶液 | 0 | 0.4 | 0 |
| 10%皂液 | 3 | 3.4 | 1.3 |
| 10%酰胺醚羧酸盐+皂液 | 0 | 0.4 | 0 |

烷醇酰胺醚羧酸盐（AMEC）是由烷醇酰胺或烷醇酰胺聚氧乙烯醚与氯乙酸钠在 NaOH 或 $NaOCH_3$ 的存在下发生取代反应生成：

$$RCONHCH_2CH_2O(CH_2CH_2O)_nH + ClCH_2COONa \longrightarrow RCONHCH_2CH_2O(CH_2CH_2O)_nCH_2COONa + HCl$$

AMEC 在化学结构上与 *N*-酰基氨基酸，烷醇酰胺聚氧乙烯醚和 AEC，酰胺醚硫酸酯盐

(AMES) 相似。由于烷基和羧基之间嵌入酰胺基和一定加合数的环氧乙烷（EO）而使它兼有阴离子和非离子表面活性剂的许多优良性能，由于分子中同时具有酰胺基、EO链（—$CH_2CH_2O$—）和羧基（—COO—），使它比非离子表面活性剂聚氧乙烯烷醇酰胺和阴离子表面活性剂 *N*-酰基氨基酸具有更大的水化能力。AMEC分子中的酰胺键比AMES分子中的酯键更稳定，具有更好的热稳定性和抗水解能力。

$C_{10}$～$C_{14}$烷基的AMEC溶解度、发泡力和去污力较好；EO数为2～3时发泡性最好；AMEC的碱金属盐如钠、钾，碱土金属盐如镁、钙或链烷醇胺盐中，以镁盐去污力最好，钙盐次之。当含少量二价金属离子的AMEC用于软水中时去污力得到改善，这可能是二价金属离子增加了AMEC分子在油-水界面的面积，因而降低了界面张力的缘故。AMEC的去污能力介于十二烷基硫酸钠（FAS）和十二烷基醚硫酸钠（AES）之间，是理想的洗涤剂活性物。

**(4) 硬脂酰基乳酸盐** 硬脂酰基乳酸盐主要有硬脂酰基乳酸钙（CSL）和硬脂酰基乳酸钠（SSL）两个产品，硬脂酰基乳酸钙是用精制乳酸与硬脂酸酯化后，用石灰水中和而得；硬脂酰基乳酸钠是用精制乳酸与硬脂酸酯化后，用NaOH中和而得。它们是重要的食品乳化剂，用作面包及烘烤食品的改进剂，也用作化妆品乳化剂。

### 3.1.2 磺酸盐型阴离子表面活性剂

凡分子中具有—C—$SO_3M$基团的阴离子表面活性剂，通称为磺酸盐型表面活性剂。磺酸盐型阴离子表面活性剂是产量最大应用最广的一类阴离子表面活性剂，主要品种有烷基苯磺酸盐、烷基磺酸盐、烯基磺酸盐、高级脂肪酸酯 *α*-磺酸盐、琥珀酸酯磺酸盐、脂肪酰胺烷基磺酸盐、脂肪酰氧乙基磺酸盐、烷基萘磺酸盐、石油磺酸盐、木质素磺酸盐等。

**(1) 烷基苯磺酸盐** 烷基苯磺酸盐是阴离子表面活性剂中最重要的一个品种，主要有烷基苯磺酸钠、烷基苯磺酸三乙醇胺、烷基苯磺酸钙等。其中，烷基苯磺酸钠是目前消耗量最大的表面活性剂品种，也是我国合成洗涤剂活性物的主要品种。

烷基苯磺酸钠的化学结构式为 R—⟨苯环⟩—$SO_3Na$，其中R=$C_{11}$～$C_{13}$烷烃。包括直链烷基苯磺酸钠（LAS）和支链烷基苯磺酸钠（ABS）两类。支链烷基苯磺酸钠有良好的发泡力和润湿力，$C_{14}$的ABS的发泡力和润湿力高于LAS。而去污力LAS稍优于ABS，特别是在高温下洗涤时更是如此。但由于ABS生物降解性差，已被LAS所替代。

LAS水溶液的临界胶束浓度及表面张力见表3-2。LAS去污力强、泡沫力和泡沫稳定性好，它在酸性、碱性和某些氧化剂（如次氯酸钠、过氧化物等）溶液中稳定性好，是优良的洗涤剂和泡沫剂。其原料来源充足、成本低、制造工艺成熟。它作为洗涤剂的活性物易喷雾干燥成型，是洗衣粉的必要组分，可适量用于香波、泡沫浴等洗浴液中，也可作纺织工业的清洗剂、染色助剂，金属清洗剂、造纸工业的脱墨剂等。

**表3-2 烷基苯磺酸钠水溶液的临界胶束浓度及表面张力**

| 烷基碳链 | 临界胶束浓度/(mol/L) | 临界胶束浓度下的表面张力/(mN/m) | 烷基碳链 | 临界胶束浓度/(mol/L) | 临界胶束浓度下的表面张力/(mN/m) |
|---|---|---|---|---|---|
| $C_8$ | 3.10±0.05 | 45 | $C_{18}$ | 0.275±0.05 | 59.1 |
| $C_9$ | 0.99±0.01 | 40.8 | 2-乙基己基 | 7.42±0.02 | 30.0 |
| $C_{10}$ | 1.18±0.01 | 40.3 | 2-丙基庚基 | 2.72±0.02 | 30.2 |
| $C_{12}$ | 0.414±0.004 | 39.3 | 2-丁基辛基 | 1.12±0.01 | 27.8 |
| $C_{14}$ | 0.248±0.001 | 38.6 | 四聚丙烯 | 1.31±0.01 | 31.2 |
| $C_{16}$ | 0.215±0.003 | 45.2 | | | |

① 烷基苯的磺化反应　烷基苯磺酸钠是由烷基苯与磺化剂发生磺化反应，生成烷基苯磺酸，然后经碱中和而得。

通过磺化，在苯环上引入磺酸作为亲水基，被磺化物可以用精烷基苯、脱油烷基苯或粗烷基苯。烷基苯质量愈好，副反应愈少，收率愈高，因此倾向于用精烷基苯。

烷基苯的磺化剂有浓硫酸、发烟硫酸、三氧化硫、氯磺酸、氨基磺酸（$H_2NSO_3H$）等。工业上常用的是发烟硫酸和三氧化硫。

$$RC_6H_5 + H_2SO_4 \longrightarrow RC_6H_4SO_3H + H_2O$$
$$RC_6H_5 + H_2SO_4 \cdot SO_3 \longrightarrow RC_6H_4SO_3H + H_2SO_4$$
$$RC_6H_5 + SO_3 \longrightarrow RC_6H_4SO_3H$$

用硫酸做磺化剂，反应中生成的水使硫酸浓度降低，反应速率减慢，转化率低，一般不用；用发烟硫酸时，生成硫酸，该反应是可逆反应，需加入过量的发烟硫酸，其结果产生大量需处理的废酸，产品含盐量高；用 $SO_3$ 反应，最经济，产品含盐量最低。

在磺化反应中，还存在下列副反应。

生成砜：硫酸、发烟硫酸、$SO_3$ 中任何一种做磺化剂都可能生成砜。高温或局部过热会促使砜的生成，高浓度的氢离子也可促使砜的生成。砜是不皂化物，影响产品色泽，且不易去除，因此应尽可能减少砜的生成。控制反应温度不要过高，减少反应物在磺化器内的停留时间，添加苯磺酸钠等都有助于降低砜的生成。

$$2R\text{—}C_6H_5 + H_2S_2O_7 \longrightarrow R\text{—}C_6H_4\text{—}SO_2\text{—}C_6H_4\text{—}R + H_2SO_4 + H_2O$$
$$R\text{—}C_6H_5 + 2SO_3 \longrightarrow R\text{—}C_6H_4\text{—}SO_2OSO_3H$$
$$R\text{—}C_6H_4\text{—}SO_2OSO_3H + R\text{—}C_6H_5 \longrightarrow R\text{—}C_6H_4\text{—}SO_2\text{—}C_6H_4\text{—}R + H_2SO_4$$

生成磺酸酐：以 $SO_3$ 和空气混合磺化时，如果 $SO_3$ 过量，反应温度过高，可生成磺酸酐。老化、中和前加水可使磺酸酐水解成磺酸，否则中和过程中易发生返酸现象。

$$R\text{—}C_6H_4\text{—}SO_2OSO_3H + R\text{—}C_6H_4\text{—}SO_3H \longrightarrow R\text{—}C_6H_4\text{—}SO_2OSO_2\text{—}C_6H_4\text{—}R + H_2SO_4$$
$$R\text{—}C_6H_4\text{—}SO_2OSO_2\text{—}C_6H_5 + H_2O \xrightarrow{H^-} 2R\text{—}C_6H_4\text{—}SO_3H$$

生成多磺酸：一般情况下，由于第一个磺酸基的位阻效应，长链烷基苯不易发生过磺化，但在使用强磺化剂如 $SO_3$、磺化剂用量过高、磺化时间过长或反应温度过高时，会出现过磺化，生成多磺酸。

$$R\text{—}C_6H_4\text{—}SO_3H + SO_3 \longrightarrow R\text{—}C_6H_3(SO_3H)_2$$

当烷基苯中有二苯烷副产物时，很易生成烷基二苯磺酸。

$$CH_3(CH_2)_pCH(C_6H_5)\text{—}(CH_2)_q\text{—}CH(C_6H_5)\text{—}(CH_2)_mCH_3 + 2SO_3 \longrightarrow CH_3(CH_2)_pCH(C_6H_4SO_3H)\text{—}(CH_2)_q\text{—}CH(C_6H_4SO_3H)\text{—}(CH_2)_mCH_3$$

（$p$，$q$，$m$ 可为 0 或正整数）

逆烷基化反应：烷基苯磺酸在强酸中受热易发生逆烷基化反应，脱烷基生成烯烃，使磺化产物带有烯烃气味。用浓硫酸或发烟硫酸做磺化剂时，逆烷基化反应比 $SO_3$ 磺化严重。

$$R\text{—}C_6H_4\text{—}SO_3H \overset{H^+}{\rightleftharpoons} C_6H_5SO_3H + R'CH\text{═}CHR''$$

脱磺反应：烷基苯磺酸在强酸中受热也可能发生脱磺基反应。

$$R-C_6H_4-SO_3H+\overset{+}{H_3}O \rightleftharpoons R-C_6H_5+H_2O+H_2SO_4$$

氧化反应：芳烃上的苯环能被氧化，且随着苯环上烷基链的增加和温度的升高而加剧。氧化产物通常为黑色的醌型或脂环族不饱和环二酮类化合物。苯环上的烷基链较苯环易于氧化，并常伴有氢转移，链断裂，放出质子及环化等反应，生成黑色难以漂白的产物。叔碳的烷基链被氧化时，会生成焦油状的黑色硫酸酯。

② 主浴式连续磺化工艺　发烟硫酸做磺化剂，可采用釜式间歇磺化工艺、罐组式连续磺化工艺或主浴式连续磺化工艺。但前两种工艺存在搅拌速度慢、传质差、传热慢、副反应多、产品质量差等缺点，已被淘汰。目前工业上主要采用主浴式连续磺化工艺，习惯称为泵式磺化工艺。图 3-1 是有代表性的工艺流程。

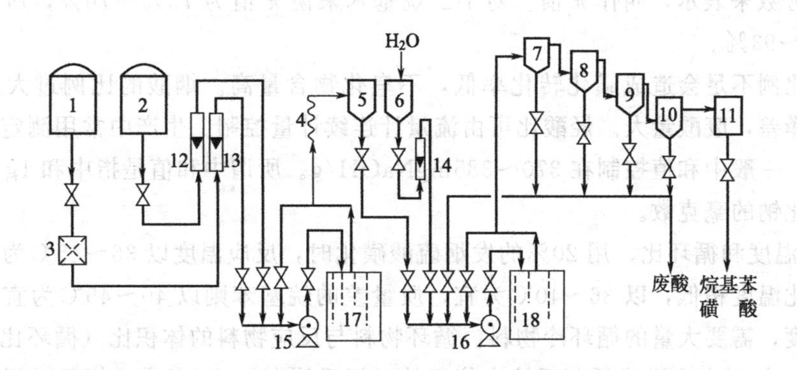


图 3-1　主浴式连续磺化工艺流程

1—烟酸高位槽；2—烷基苯高位槽；3—烟酸过滤器；4,5—老化罐（器）；6—水罐；7～10—分酸罐；11—磺酸贮罐；12—烷基苯流量计；13—烟酸流量计；14—水流量计；15—磺化泵；16—分酸泵；17,18—石墨冷却器

该工艺的主要设备包括磺化泵、冷却器、老化器、分酸泵及分酸罐等。

a. 磺化泵。一般采用耐腐蚀材料如玻璃、不锈钢或硅铁制的离心泵。离心泵由泵壳和泵翼（叶轮）组成。在泵的入口处装有与泵吸入管同心的发烟硫酸注入管，烷基苯由吸入管与循环物料一起进入泵体，烟酸由注入管进入泵体。注入管进口一般与离心泵叶轮中心顶端的距离为 10mm。浆的叶轮转速为 1450～2900r/min。物料一进入泵体即被混合分散。磺化泵具有反应器和输送泵的双重功能。

b. 冷却器。用于移走反应放出的热量。反应段的冷却器可采用块孔式石墨冷却器或列管式不锈钢冷却器。国内大多采用耐腐蚀性好的石墨冷却器，石墨冷却器中有互相垂直错开的管孔，冷却水走小孔，混酸走大孔，通过石墨壁进行热交换。一块石墨冷却器的冷却面积约 $4\sim6m^2$，一个年产 1 万吨洗衣粉的工厂，其磺化工段石墨冷却器的冷却面积约为 $12m^2$，将 2～3 块石墨块堆叠即可。分酸段的冷却也是用石墨冷却器。

c. 老化器。老化器一般采用聚氯乙烯材质，价格便宜，制造方便，耐腐蚀。老化器可制成蛇管式或罐式。用蛇管式老化器物料返混现象少，但阻力大，容积小，适合于量较小的装置。罐式老化器适合于量较大的装置。为减少物料返混，可在老化罐中安装折流板。

d. 分酸泵。它起物料混合和输送循环的作用，而在分酸泵的泵体中不发生化学反应。它输送的介质是 78％的硫酸，因而分酸泵对耐腐蚀的要求比磺化泵高。通常用玻璃离心泵或离心式氟塑料泵。

e. 分酸罐。分酸罐和沉降罐以及所有的循环管路均需采用耐腐蚀的聚氯乙烯或玻璃等材料制成。

磺化过程中应注意控制的工艺条件有以下几条。

a. 烃酸比。烃酸比是指磺化反应中烷基苯与发烟硫酸的比例。生产中为便于计量，常把烷基苯与发烟硫酸的重量比称为烃酸比，烷基苯与20%发烟硫酸（或称104.5%$H_2SO_4$）的烃酸比控制在1∶(1.1～1.15)为宜［相当于摩尔比为1∶(2.7～3)］。

用烟酸做磺化剂除其中的$SO_3$参与磺化反应外，$H_2SO_4$亦参与磺化反应。硫酸参与磺化反应时生成水，水不断稀释硫酸，当硫酸浓度降到一定值后磺化反应达到平衡，反应就不能继续进行。能使磺化反应进行的硫酸最低浓度称为磺化临界浓度，此浓度用磺化剂中$SO_3$的质量分数来表示，叫作$\pi$值。对十二烷基苯来说$\pi$值为73%～76%，所对应的硫酸浓度为90%～93%。

烟酸的比例不足会造成磺化转化率低，不皂化物含量高。烟酸的比例过大会增加副反应，产品色泽差，废酸量大。烃酸比可由流量计连续计量控制。生产中常用测定混酸中和值来进行监控。一般中和值控制在370～385mgNaOH/g。所谓中和值是指中和1g酸类物质所消耗的氢氧化钠的毫克数。

b. 反应温度和循环比。用20%的发烟硫酸磺化时，反应温度以36～45℃为宜。质量好的烷基苯磺化温度稍低，以36～40℃为宜，质量差的烷基苯则以40～45℃为宜。为控制适当的反应温度，需要大量的循环冷物料。循环物料与反应物料的体积比（循环比）需控制在20～30之间。物料在主浴式循环系统中停留的时间平均在5min以内，停留时间过短会使转化率过低，过长也会使副反应增加，色泽变差。

c. 分酸加水量和分酸温度。加水量以废酸浓度为76%～78%进行计算，定量加入。加水量可用流量计控制，以测定废酸中和值进行判断。废酸中和值应控制在620～650mgNaOH/g之间。加水后硫酸被稀释，放出的稀释热由冷却器导出，分酸温度控制在45～60℃。分酸温度过高会使产物色泽加深，过低则物料在分离器中的黏度增大，废酸分离不净，甚至会产生较多的乳化层。

发烟硫酸做磺化剂制备烷基苯磺酸，磺化工艺成熟，易于控制。反应物料转化率可达95%以上，反应比较完全。物料在反应器中停留时间短，副反应少。反应器体积小，设备投资少，目前工业上仍在使用。但产品含盐量高，质量差，并产生大量废酸，污染环境，已逐渐被淘汰。

③ 三氧化硫磺化工艺　以$SO_3$做磺化剂，目前广泛采用的是膜式磺化工艺。虽然设备投资大，但产品含盐量低、质量好、用途广、生产成本低，且无废酸生成，是目前普遍采用的生产技术。用$SO_3$磺化烷基苯生成烷基苯磺酸，再经碱液中和生成烷基苯磺酸钠，反应式如下：

$$R-C_6H_5 + SO_3 \longrightarrow R-C_6H_4-SO_3H$$

$$R-C_6H_4-SO_3H + NaOH \longrightarrow R-C_6H_4-SO_3Na + H_2O$$

虽然各厂家采用的$SO_3$膜式磺化装置各有不同，但工艺流程基本可分为：空气干燥、燃硫、磺化、中和、尾气处理等几个过程。

a. 空气干燥工序。空气中的水分会与$SO_3$反应生成硫酸，硫酸吸收$SO_3$，在温度较低时会形成烟酸雾滴，夹带入磺化反应器，会使局部反应过于激烈，副反应增加，产品色泽加深。因此，磺化工艺使用的是经过处理的干燥空气。一般要经过冷冻脱水、吸附脱水过程除去空气中的水分，使空气的露点≤−60℃。流程如图 3-2。

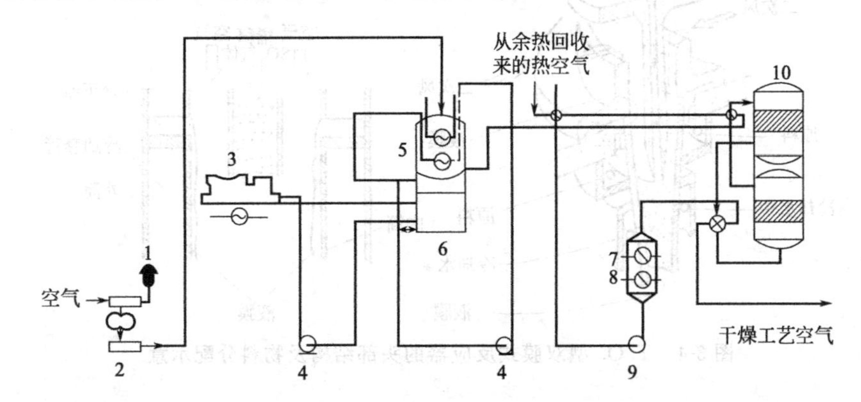


图 3-2 空气干燥工艺流程

1—空气过滤器；2—空气压缩机；3—冷冻机；4—循环泵；5—空气冷却器；6—空气干燥器组；7—冷却器；8—加热器；9—再生空气风机；10—空气干燥器

b. 燃硫工序/$SO_3$ 发生系统。气体 $SO_3$ 的制取主要有液体 $SO_3$ 蒸发、发烟硫酸蒸发、硫磺燃烧等方法。洗涤剂厂常用硫磺燃烧法来制取 $SO_3$。硫磺在过量干空气中直接燃烧生成二氧化硫，二氧化硫再经钒催化氧化转化成 $SO_3$，流程如图 3-3。

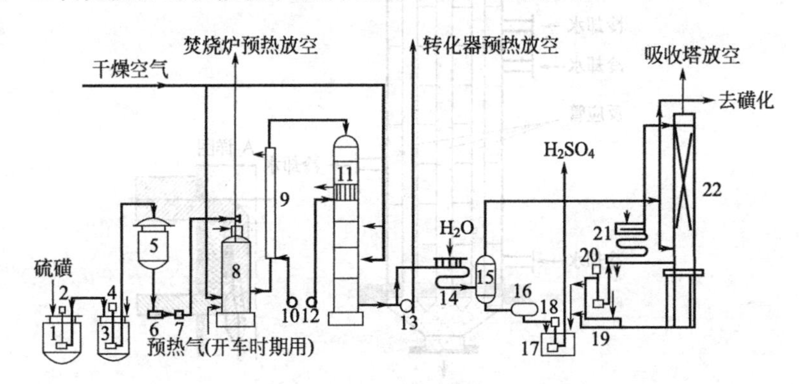


图 3-3 $SO_3$ 发生系统工艺流程

1—熔硫罐；2—粗硫泵；3—精硫罐；4—精硫泵；5—液硫过滤恒位槽；6—过滤器；7—硫磺定量泵；8—焚硫炉；9—二氧化硫冷却器；10—风机；11—转化器；12—转化器冷却风机；13—转化器升温抽风机；14—$SO_3$ 冷却器；15—$SO_3$ 除雾器；16—雾滴放出器；17—硫酸地槽；18—硫酸输送泵；19—硫酸循环槽；20—硫酸循环泵；21—硫酸冷却器；22—$SO_3$ 吸收塔

c. 磺化工序。膜式磺化反应器有单膜式、双膜式和列管式之分，双膜式反应器有 Chemithon、Allied、T. O. 型（如图 3-4 所示）等；列管式反应器有 Mazzoni、Ballestra 等。Ballestra 多管降膜式反应器结构与管壳式换热器颇类似，由若干根相互平行的不锈钢管垂直排列于壳体内，有机物料分配器在反应器的头部，如图 3-5 所示。

膜式磺化是将烷基苯用分布器均匀分布于直立管壁的周围，呈膜状沿管壁由上而下流动。通入的 $SO_3$ 和烷基苯在膜上相遇而发生反应，至下端出口处反应基本完全。由于反应是在膜的表面进行的，而且是液体的烷基苯和气体的 $SO_3$ 之间所发生的液-气两相反应，因

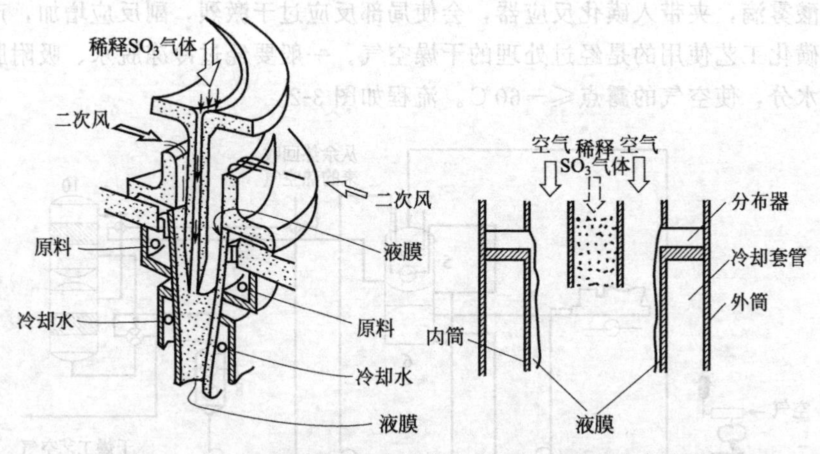


图 3-4 T. O. 型双膜式反应器的头部结构及物料分配示意

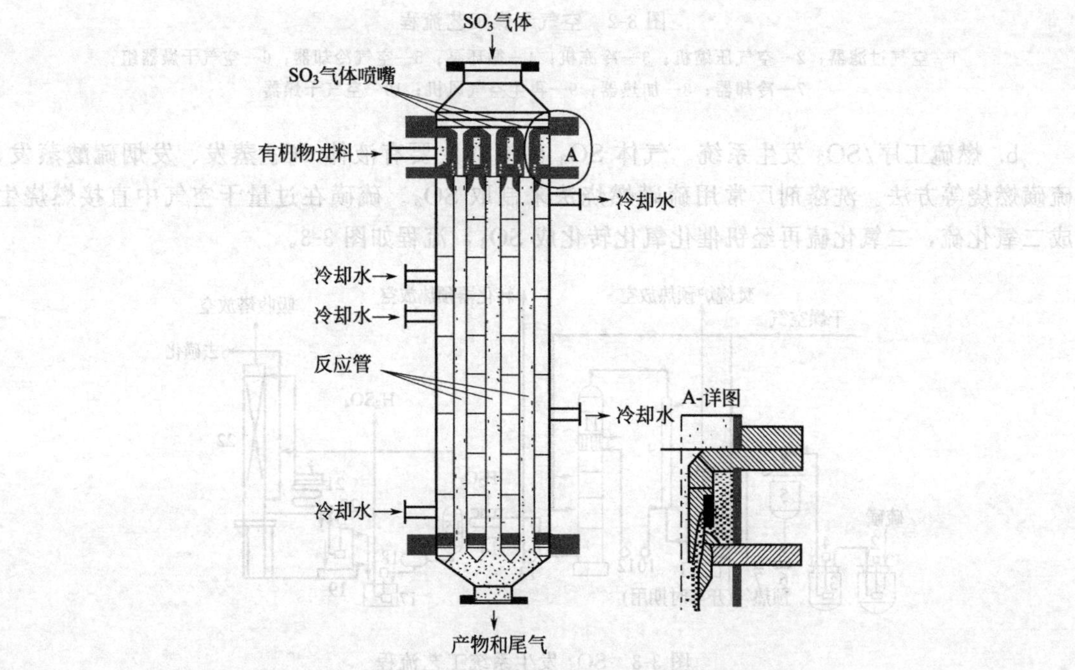


图 3-5 Ballestra 多管降膜式反应器（MT-FFR）结构

而反应时间很短，仅几秒钟便告结束。产物能迅速离开反应区，所以副反应发生的机会很少。

膜式磺化反应工艺流程示例见图 3-6，浓度为 3%～5%的三氧化硫及有机物（烷基苯、脂肪醇、脂肪酸酯、$\alpha$-烯烃等）由供料泵进入磺化器，沿磺化器壁进行反应，磺化反应可在瞬间完成。反应速率受气体扩散速率控制，气体保持高的流速，保证气-液接触呈湍流状态，以达到传热、传质的需要。反应产物流入底部气-液分离器，废气经处理系统后排空。磺酸经老化器，以降低未反应原料及游离酸的含量。然后经水解器，破坏少量酸酐后，进入中和系统，即可制得目标产品。若制取 AOS，则还需进一步水解，然后再用硫酸调整产品的 pH。

d. 尾气处理工序。由磺化反应器排出的尾气除空气外，还夹带少量酸雾及痕量 $SO_3$ 气

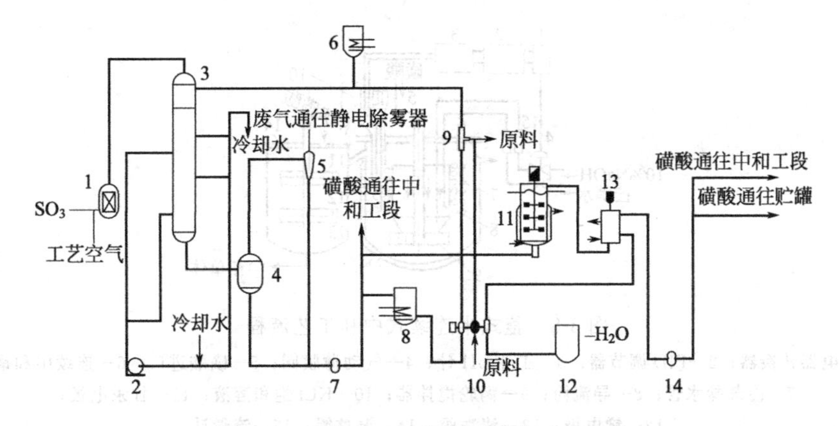


图 3-6 Ballestra 多管膜式磺化工艺流程

1—除雾器；2—循环泵；3—多管膜式反应器；4—气/液分离器；5—旋风分离器；6—应急原料罐；7—输送泵；8—开停车暂存罐；9—静态混合器；10—进料泵；11—老化器；12—工艺水罐；13—水解器；14—输送泵

体以及 $SO_2$ 气体，尾气进入静电除雾器，在强电场作用下除去酸雾。除雾后的气体进入填料吸收塔，与 NaOH 水溶液反应生成亚硫酸钠，再经氧化塔由空气氧化成 $Na_2SO_4$，典型的尾气处理见图 3-7。

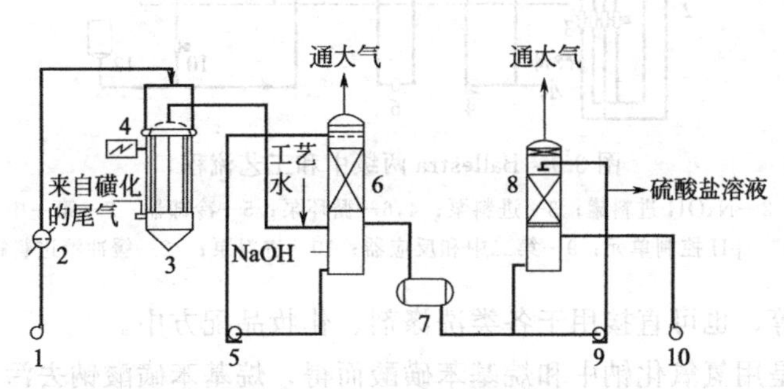


图 3-7 尾气处理工艺流程

1—风机；2—空气加热器；3—静电除雾器；4—变压器；5—循环泵；6—$SO_2$ 吸收塔；7—亚硫酸盐罐；8—亚硫酸盐罐氧化塔；9—循环泵；10—风机

膜式磺化反应器具有如下特点：a. 反应器体积小，结构紧凑。b. 除带转盘的 Chemithon 型之外，一般在反应器内部没有任何活动部件，可节省动力及维修。c. 反应时间极短，适合于热敏有机物的反应，如脂肪醇、$\alpha$-烯烃等。d. 可用于烷基苯磺酸盐、脂肪醇硫酸盐、脂肪醇聚氧乙烯硫酸盐、脂肪酸酯磺酸盐、$\alpha$-烯基磺酸盐等多种产品的制备。e. 设备加工精度及安装要求较高，投资费用大；操作控制严格，不适合经常开停车的情况。f. 反应过程中产生大量磺酸雾，必须设静电除雾器以净化尾气。

④ 烷基苯磺酸的中和　磺化产品烷基苯磺酸，通常是洗衣粉厂自产自用或作为商品出售，在使用前需进行中和，可根据需要选用氢氧化钠、氢氧化铵等中和剂。中和可采用间歇式、连续式等工艺。图 3-8 是一种釜式半连续式中和工艺流程示意图。

膜式磺化工艺中，大多采用环路型的循环连续中和工艺，由高剪切均质器、管壳式换热器和循环泵组成。循环泵的流量大约为单体出料时的 20 倍。典型的两级中和工艺流程见图 3-9。

烷基苯磺酸是不挥发性强有机酸，棕色黏稠液体，易溶于水而不溶于一般的有机溶剂。有很强的吸水性，遇少量水结成团，继续加水可溶解于水中，用来生产钠盐、钙盐、三乙醇

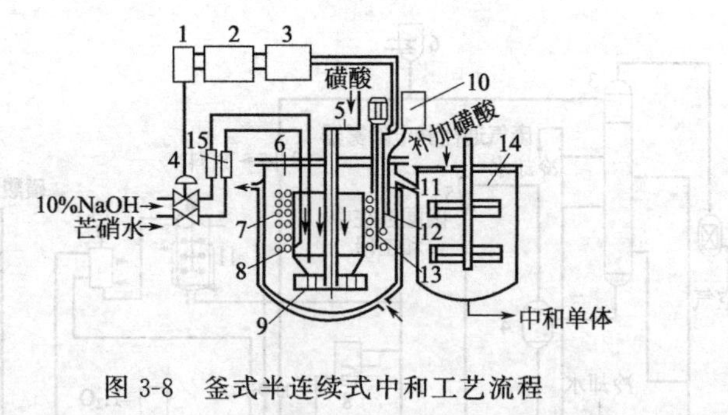


图 3-8　釜式半连续式中和工艺流程

1—电器转换器；2—PID 调节器；3—工业 pH 计；4—气动薄膜阀；5—磺酸进口；6—连续中和锅；7—冷却盐水管；8—导流筒；9—涡轮搅拌器；10—KCl 饱和溶液；11—甘汞电极；12—锑电极；13—清洗阀；14—调整锅；15—流量计

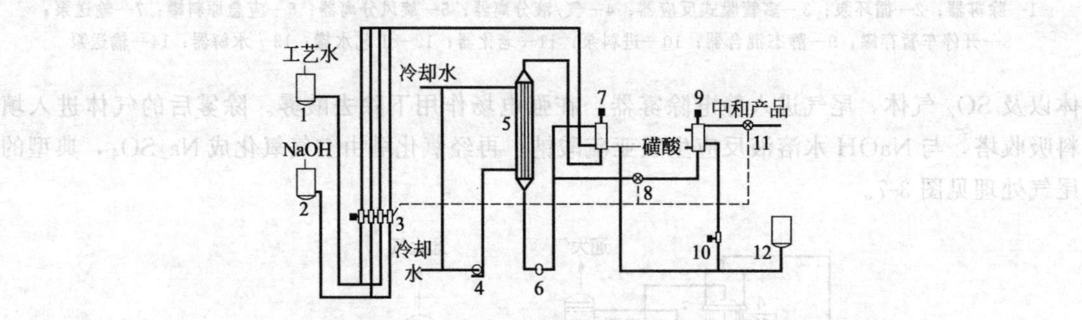


图 3-9　Ballestra 两级中和工艺流程

1—进料罐；2—NaOH 进料罐；3—进料泵；4,6—循环泵；5—冷却器；7—第一中和反应器；8,11—pH 控制单元；9—第二中和反应器；10—进料泵；12—缓冲液进料罐

胺盐、铵盐、钾盐等，也可直接用于各类洗涤剂、化妆品配方中。

烷基苯磺酸钠是用氢氧化钠中和烷基苯磺酸而得，烷基苯磺酸钠去污力强，泡沫力和泡沫稳定性好，它在酸性、碱性和某些氧化物（如次氯酸钠、过氧化物等）溶液中稳定性好，是优良的洗涤剂和泡沫剂，广泛应用于工业及民用洗涤剂、纺织工业染色助剂、电镀工业脱脂剂、造纸工业脱墨剂、石油工业脱油剂等。

烷基苯磺酸三乙醇胺是用三乙醇胺中和烷基苯磺酸而得，琥珀色透明黏稠液体，略带醇味，水溶性好，生物降解性好。可用作洗涤剂、润湿剂、泡沫稳定剂。适用于低浊点液体洗涤剂、餐具洗涤剂、泡沫浴，也可用作乳化剂、颜料分散剂等。

烷基苯磺酸钙是由烷基苯磺酸用石灰水中和而得，为黄色或白色粉末固体，在空气中易吸潮。常用作农药、农用油乳化剂。

**(2) 烷基磺酸盐**　烷基磺酸盐，简称 SAS，其通式为 $RSO_3M$，式中 R 为烷基，平均碳原子数应在 $C_{12}$～$C_{20}$ 范围内，以 $C_{13}$～$C_{17}$ 为佳，在其同系物中，以十六烷基磺酸盐的性能最好。M 为碱金属或碱土金属，作为民用合成洗涤剂的表面活性剂，其金属离子均为 $Na^+$。

烷基磺酸盐表面活性与烷基苯磺酸钠（LAS）相近，在碱、弱酸及水中具有良好的稳定性，抗硬水能力强，在硬水中仍具有良好的润湿、乳化、分散、去污等能力，其生物降解性优于 LAS，与 LAS 相比泡沫能力略低。

用不同方法制造的烷基磺酸盐，其结构、组成和使用性能均有差异。目前生产烷基磺酸盐的主要方法是磺氯化法和磺氧化法。

① 磺氯化工艺　在1936年就有专利报道用Reed反应合成烷基磺酸盐，即为磺氯化工艺。正构烷烃在紫外线照射下与$SO_2$和$Cl_2$反应生成烷基磺酰氯的方法称为磺氯化法，反应式如下：

$$RH + SO_2 + Cl_2 \longrightarrow RSO_2Cl + HCl$$
$$RSO_2Cl + 2NaOH \longrightarrow RSO_3Na + NaCl + H_2O$$

Reed反应历程为自由基反应，引发剂为紫外线或其他光辐射、自由基引发剂（过氧化物），反应副产物很多，所得产物伯烷基磺酸的含量较高，二磺酸的含量也较高。

图3-10为典型的磺氯化工艺流程，主要包括：a. 原料油处理，其中直链烷烃经浓硫酸酸洗、碱洗、水洗、干燥等操作，得到合乎质量要求的原料，如正构烷烃含量大于98%，芳烃含量小于0.06%，碘值小于2，水分小于0.03%。b. 磺氯化反应，通常采用罐组式反应器，反应器内装有做游离基引发源的紫外线灯。c. 脱气和皂化，产物中溶解一部分HCl、$Cl_2$、$SO_2$等气体，这些酸性气体用压缩空气吹脱后进入皂化釜中进行中和。d. 脱油和脱盐，中和后的产物经脱油和脱盐，依磺氯化程度不同，分别得到M-80、M-50和M-30等产品。e. 活性物调整。

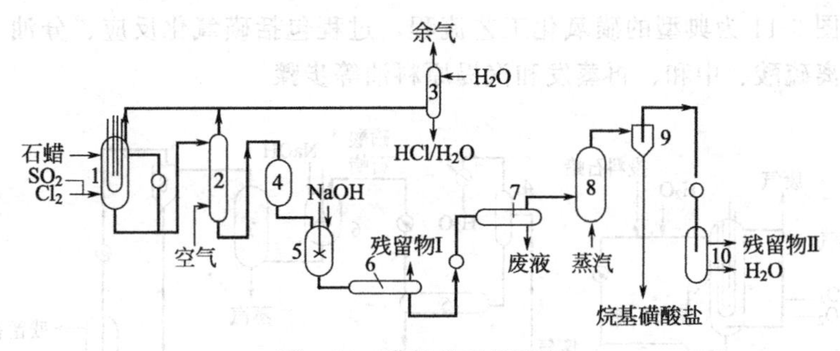


图3-10　磺氯化工艺流程

1—反应器；2—脱气塔；3—气体吸收塔；4—中间贮罐；5—皂化器；6,7—分离器；8—蒸发器；9—磺酸盐分离器；10—油水分离器

磺氯化工艺主要得到伯烷基磺酸盐，主要产品见表3-3。一般为暗棕色黏性液体，有石油味，对酸、碱稳定，耐硬水，耐热性好，洗涤、润湿、乳化能力强，生物降解性好。主要

**表3-3　不同磺氯化程度的产品组成**

| 项　目 | | 产品名称 | | |
|---|---|---|---|---|
| | | M-80 | M-50 | M-30 |
| 磺酰氯含量/% | | 70～80 | 45～55 | 30 |
| 磺酰氯组成 | 单磺酰氯含量/% | 60 | 85 | 95 |
| | 二磺酰氯含量/% | 40 | 15 | 5 |
| 未反应烷烃含量/% | | 30～20 | 55～45 | 70 |
| 烷基链上的氯含量 | | 4～6 | 1.5 | 0.5～1.0 |
| 反应终点时的相对密度 | | 1.02～1.03 | 0.88～0.90 | 0.83～0.84 |
| 质量 | | 副产物多，质量差 | 比M-80好一些 | 副产物少，质量好 |
| 用途(烷基磺酸盐) | | 印染用清洗剂 | 乳化剂、均染剂、制造增塑剂 | 聚氯乙烯聚合乳化剂，制革用硝化剂，泡沫剂，家用洗涤剂 |

用于工业洗涤剂、染色助剂、原油破乳剂、采油助剂、油类增塑剂、选矿用浮选剂、化肥添加剂，也用于皮革、造纸、消防、印染、合成橡胶等工业领域。

② 磺氧化工艺　正构烷烃在引发剂作用下与二氧化硫和氧反应生成烷基磺酸的方法称为磺氧化法，其反应式如下：

$$RH + 2SO_2 + O_2 + H_2O \xrightarrow{\text{引发剂}} RSO_3H + H_2SO_4$$

$$RSO_3H + NaOH \longrightarrow RSO_3Na + H_2O$$

该反应可用紫外线、γ射线、臭氧或过氧化物等游离基引发剂来引发，反应机理如下：

$$RH \xrightarrow{h\nu} R\cdot + H\cdot$$

$$R\cdot + SO_2 \longrightarrow RSO_2\cdot$$

$$RSO_2\cdot + O_2 \longrightarrow RSO_2O_2\cdot$$

$$RSO_2O_2\cdot + RH \longrightarrow RSO_2O_2H + R\cdot$$

$$RSO_2O_2H + H_2O + SO_2 \longrightarrow RSO_3H + H_2SO_4$$

控制该过程的关键中间体为过氧磺酸（$RSO_2O_2H$），它和醋酐及水的反应较快，因而，反应的控制可通过添加醋酐和水来实现，使过氧磺酸不会增加到危险的浓度。过氧磺酸的分解即得所要求的磺酸。在反应器中加水分解烷基过氧磺酸，生成烷基磺酸的工艺称为水-光磺氧化工艺。图3-11为典型的磺氧化工艺流程，过程包括磺氧化反应、分油、汽提二氧化硫、蒸发、分离硫酸、中和、再蒸发和汽提原料油等步骤。

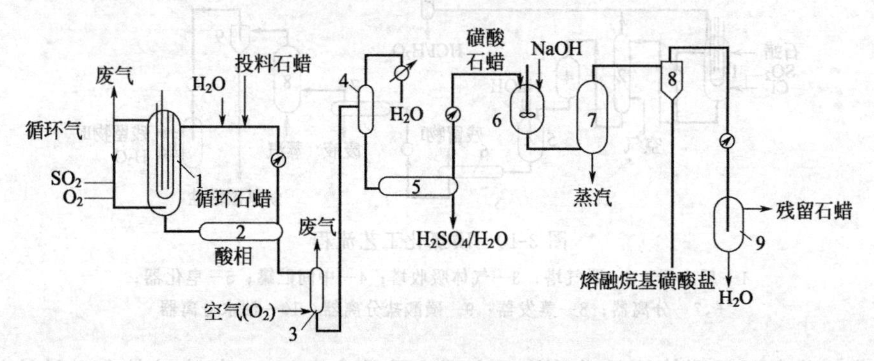


图3-11　磺氧化法工艺流程

1—反应器；2—分离器；3—气体分离器；4—蒸发器；5—分离器；6—中和釜；7—蒸发器；8—分离器；9—油水分离器

磺氧化法的产物中以仲烷基磺酸为主，伯烷基磺酸仅占2%。磺氧化法不需用氯气，副产物少，可以简化纯化工艺、成本低、污染少，因此近年来主要采用磺氧化法生产SAS。

仲烷基磺酸盐溶解性强，可配成高浓度产品，不需增溶剂，润湿力强，有很好的清洗和脱脂性能，在整个pH范围内稳定，耐硬水，耐氧化剂，生物降解性好。主要用于香波、浴液等个人保护用品、民用及工业洗涤剂、乳液聚合乳化剂、石油工业采油助剂、油类增塑剂、磷矿浮选剂，也可用于皮革、纺织、印染等工业助剂，金属加工业的乳化油剂等。

③ 由α-烯烃制取伯烷基磺酸盐

$$RCH{=}CH_2 + NaHSO_3 \longrightarrow RCH_2CH_2SO_3Na$$

引发剂为溶解的氧、紫外线、γ射线、其他游离基引发剂。

④ 烷基磺酸盐的其他合成法

a. 烷烃过氧化物$+NaHSO_3$

$$RH + O_2 \longrightarrow ROOH$$

$$ROOH + 2NaHSO_3 \longrightarrow RSO_3Na + H_2O + NaHSO_4$$

该法缺点是转化率低，活性物含量低，后处理困难，成本高。

b. 氯代烷与亚硫酸钠反应

$$RCH_2OH + HCl \longrightarrow RCH_2Cl + H_2O$$

$$RCH_2Cl + Na_2SO_3 \longrightarrow RCH_2SO_3Na + NaCl$$

如用天然脂肪醇氯化，则得到偶数碳伯烷基磺酸盐。

c. $\alpha$-磺基脂肪酸盐脱羧

$$RCH_2COOH + SO_3 \xrightarrow{\text{二氧六环}} RCH(COOH)SO_3H$$

$$RCH(COOH)SO_3H \xrightarrow[\text{加热熔融}]{NaOH} RCH_2SO_3Na + Na_2CO_3$$

因天然脂肪酸均为偶数碳，脱羧的结果得到奇数碳的伯烷基磺酸盐。

以上三种方法都只适用于特定的研究目的，较少用于工业生产。

**(3) $\alpha$-烯基磺酸盐 (AOS)** $\alpha$-烯基磺酸盐是 1968 年实现工业化生产的表面活性剂。它具有生物降解性好，在硬水中去污、起泡性好以及对皮肤刺激性小等优点。

$\alpha$-烯烃（$C_{14}$～$C_{18}$）与 $SO_3$ 经磺化反应，然后用氢氧化钠水解、中和而得产品称 $\alpha$-烯基磺酸盐（alpha olefine sulfonates），缩写为 AOS。$\alpha$-烯烃与 $SO_3$ 之间的磺化属亲电加成反应，其反应历程符合马尔尼柯夫规则，即 $SO_3$ 分子中带正电性的 S 原子加成到 $\alpha$-烯烃分子中显负电性的含氢较多的双键碳原子上，生成末端磺化物，如 $\gamma$-磺内酯、烯基磺酸、烯基二磺酸等，另外还有焦磺内酯、二磺内酯等少量副产物。$SO_3$ 与 $\alpha$-烯烃的反应速率是与烷基苯反应的 100 倍，反应热与烷基苯的反应相比高 30%，为 210kJ/mol，磺化反应非常剧烈，导致反应温度升高，产物分解。反应机理很复杂，部分反应如：

$$RCH_2CH{=}CH_2 + SO_3 \longrightarrow \overset{\ulcorner\!-\!-O-\!-\!\urcorner}{RCHCH_2CH_2SO_2} \xrightarrow{NaOH} RCH(OH)(CH_2)_2SO_3Na$$

$$\longrightarrow RCH{=}CHCH_2SO_3H \xrightarrow{NaOH} RCH{=}CHCH_2SO_3Na$$

AOS 主要成分：64%～72%的烯基磺酸盐（alkenyl sulfonate）；21%～26%的羟基磺酸盐（hydroxyl alkyl sulfonate）；7%～11%的二磺酸盐。结构式如下：

$$R{-}CH{=}CH{-}(CH_2)_n{-}SO_3Na$$

$$R{-}\underset{\displaystyle OH}{\underset{|}{CH}}{-}CH_2{-}(CH_2)_p{-}SO_3Na \qquad p = 2 \text{ 或 } 3$$

$$R'{-}CH{=}CH{-}\underset{\displaystyle SO_3Na}{\underset{|}{CH}}{-}(CH_2)_q{-}SO_3Na$$

工业上各种类型的降膜式磺化器都可以用来磺化 $\alpha$-烯烃，但效果最好的是 T.O. 型反应器。无论采用哪一种磺化器，其产量均比加工烷基苯时低。AOS 的合成包括磺化、老化、中和、水解和漂白调整等工序，其工艺流程如图 3-12 所示。

磺化选用浓度为 3%～5%的三氧化硫，磺化温度为 40℃，三氧化硫和 $\alpha$-烯烃的摩尔比为 1.05，中和后，在 160～170℃、1MPa 下水解 20min。

AOS 是一种高泡、水解稳定性好的阴离子表面活性剂，具有优良的抗硬水能力，低毒、温和、生物降解性好，尤其在硬水中和有肥皂存在时具有很好的起泡力和优良的去污力，毒性和刺激性低，性质温和。$\alpha$-烯基磺酸盐与非离子和其他阴离子表面活性剂都具有良好的复配性能。

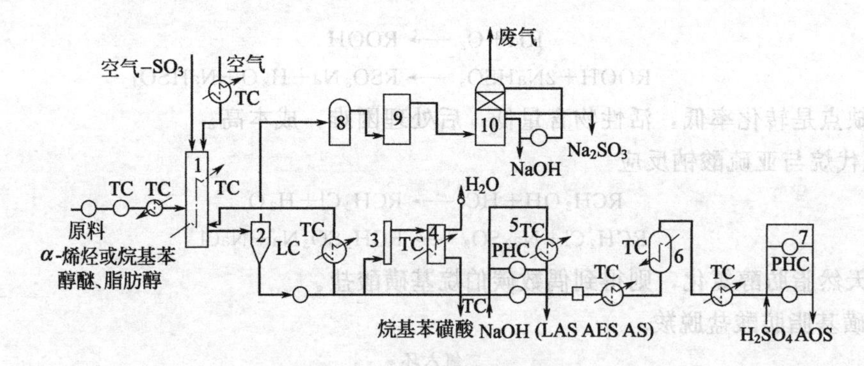


图 3-12 AOS 制备工艺流程

1—T. O. 反应器；2—气液分离器；3—老化器；4—水化器；5—中和系统；6—酯水解器；
7—pH 调整系统；8—雾滴分离器；9—静电除雾器；10—$SO_3$ 吸收塔
PHC—pH 控制；TC—温度控制；LC—液位控制

AOS 适用于配制个人保护卫生用品如各种有盐或无盐的香波、抗硬水的肥皂、牙膏、浴液、泡沫浴等，以及餐具洗涤剂，各种重垢衣用洗涤剂，羊毛、羽毛清洗剂，洗衣用的合成皂、液体皂等家用洗涤剂，还可用来配制家用或工业用的硬表面清洗剂等。工业上 AOS 主要用作乳液聚合乳化剂、配制增加石油采收率的油田化学品，混凝土密度改进剂、发泡墙板、消防用泡沫剂等，还可用作农药乳化剂、润湿剂等。

**(4) 脂肪酸酯 α-磺酸盐** 此类表面活性剂包括高级脂肪酸酯 α-磺酸盐和低碳脂肪酸高碳醇酯 α-磺酸盐。典型的脂肪酸酯 α-磺酸盐见表 3-4。

**表 3-4 典型的脂肪酸酯 α-磺酸盐**

| 种 类 | 总碳数 | 临界胶束浓度/(mol/L) | 润湿时间/s | 钙皂分散力/% |
|---|---|---|---|---|
| 丁酸十二醇酯 α-磺酸钠盐 | 16 | 0.068 | 5.5 | 14 |
| 壬酸戊醇酯 α-磺酸钠盐 | 14 | 0.515 | 12.1 | >100 |
| 壬酸辛醇酯 α-磺酸钠盐 | 17 | 0.080 | 1.3 | 14 |
| 壬酸 2-乙基己基酯 α-磺酸钠盐 | 17 | 0.070 | 瞬时 | 24 |
| 肉豆蔻酸甲酯 α-磺酸钠盐 | 15 | 0.096 | 12.5 | 9 |
| 肉豆蔻酸乙酯 α-磺酸钠盐 | 16 | 0.068 | 6.7 | 8 |
| 棕榈酸甲酯 α-磺酸钠盐 | 17 | 0.015 | 25.0 | 9 |
| 硬脂酸甲酯 α-磺酸钠盐 | 19 | 0.003 | 47 | 9 |

① 高级脂肪酸酯 α-磺酸盐 高级脂肪酸酯 α-磺酸盐化学通式：$RCH(SO_3M)COOR'$。其中，R 为 $C_{10}$～$C_{18}$ 的烷基；R′为 $C_1$～$C_4$ 的烷基，通常为甲基或乙基；M 为碱金属或碱土金属离子。

较高相对分子质量的高级脂肪酸酯 α-磺酸盐，尤其是 $C_{12}$～$C_{20}$ 脂肪酸的产品，都具有良好的表面活性。特别是月桂酸、棕榈酸、硬脂酸经酯化制成低碳醇酯，再通过磺化合成的 α-磺基高碳脂肪酸低碳醇酯的钠盐，是一类重要的阴离子表面活性剂。

代表产品为脂肪酸甲酯 α-磺酸钠盐（MES），通式为 $RCH(SO_3Na)COOCH_3$，MES 的生产方法有以下几种：

a. 以脂肪酸为原料，先酯化，再磺化、中和得 MES。

$$RCH_2COOH \longrightarrow RCH_2COOCH_3 \longrightarrow RCH(SO_3H)COOCH_3 \longrightarrow RCH(SO_3Na)COOCH_3$$

b. 以脂肪酸为原料，先磺化、酯化，然后进行中和得 MES。

$$RCH_2COOH \longrightarrow RCH(SO_3H)COOH$$
$$\longrightarrow RCH(SO_3H)COOCH_3$$
$$\longrightarrow RCH(SO_3Na)COOCH_3$$

c. 油脂与甲醇反应，制得脂肪酸甲酯，经磺化、中和得 MES。

$$RCH_2COOCH_3 + SO_3 \longrightarrow RCH(SO_3H)COOCH_3$$
$$RCH(SO_3H)COOCH_3 + NaOH \longrightarrow RCH(SO_3Na)COOCH_3 + RCH(SO_3Na)COONa$$

上述工艺中，都会产生副产物二钠盐，由于其表面活性差，反应中应控制工艺条件，尽量减少二钠盐的生成。

第 3 种方法生产 MES，虽然投资大，但成本低，适合大规模工业生产。可采用前述膜式磺化反应器，经老化、再酯化和漂白、中和得 MES，见图 3-13。三氧化硫和甲酯的摩尔比为（1.2～1.25）：1，三氧化硫浓度为 5%～7%，反应温度在 70～90℃为好。磺化后应有充分的老化时间，也可考虑采用二级老化装置，一级老化为 90℃，时间为 15min；二级老化为 80℃，停留时间为 20～40min。漂白和再酯化可同时完成，可得到色泽浅的产品。为减少产品的水解，中和 pH 应保持在 8.5 以下，一般以采用二次中和为好，最终产品一般牛油甲酯磺酸盐含量为 35%～40%，椰油甲酯磺酸盐含量为 50%～55%。若再进一步浓缩、干燥，可得到含量为 80%以上的粉状制品。

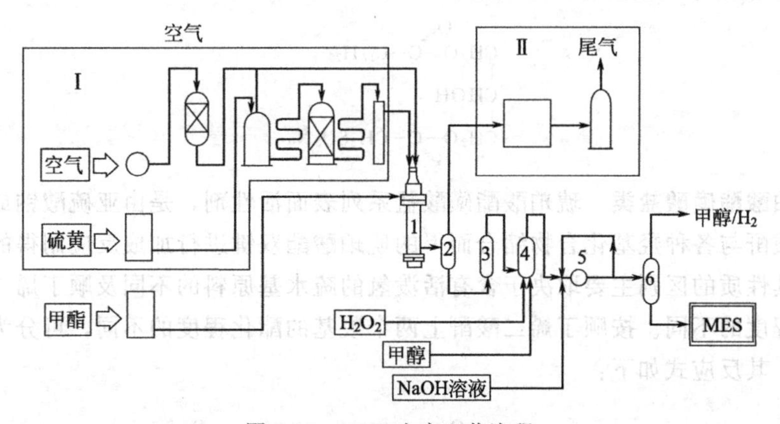


图 3-13 MES 生产工艺流程

1—膜式磺化器；2—分离器；3—老化器；4—再酯化及漂白装置；5—中和装置；6—甲醇回收装置；Ⅰ—空气及 $SO_3$ 系统；Ⅱ—尾气净化系统

MES 具有优良的表面活性、钙皂分散性能和洗涤性能，去污力好，其中 $C_{16}$ 和 $C_{18}$ 产品的去污力优于 LAS 和 AS。抗硬水性能优于 LAS 和 AS，高硬度水中仍有很好的去污力；起泡力与 LAS 相当；增溶性优于 LAS；对沸石、酶有优异的配伍性；生物降解性好，毒性低，$LD_{50}$ 值大于 5g/kg，属于无毒物质。缺点是耐碱性稍差。

MES 可用于块状肥皂、肥皂粉等钙皂分散剂，在粉状、液体和硬表面清洗剂中具有很好的应用前景，尤其适用于加酶浓缩洗衣粉的制造。还可作为乳化剂，矿石浮选剂，皮革加工助剂，橡胶与弹性体的脱模剂，化纤纺纱的整理剂，涂料与润滑油的分散剂，纺织印染助剂，农药的润湿剂、分散剂等。

MES 中的酯键在碱性条件下易水解，但由于酯基附近存在磺酸基，大大减弱了酯的水解活性。在 pH＝3.5～9、温度 80℃时水解极少。如配入洗衣粉，由于 pH 高，存放过程中二钠盐含量会增加。为防止在洗涤和制造过程中 MES 水解成二钠盐，可采用如下措施：加

入 $NaHCO_3$，控制 pH；添加羧酸盐、硼酸盐等抑制水解；将 MES 和碱性助剂在喷粉塔内分别喷雾干燥等。

② 低碳脂肪酸高碳醇酯 α-磺酸盐　低碳脂肪酸高碳醇酯 α-磺酸盐的化学通式为：$RCH(SO_3M)COOR'$，其中 R 为 $C_1 \sim C_4$ 的烷基，R′为 $C_{10} \sim C_{18}$ 的烷基，M 为碱金属或碱土金属离子。

低相对分子质量的 α-磺基单羧酸本身不具有表面活性，但是通过酯化或酰胺化生成较高相对分子质量的衍生物则具有表面活性，例如 α-磺基乙酸十二烷基酯的钠盐。磺基乙酸月桂醇酯用于牙膏、香波、化妆品和洗涤剂中，其钠盐对粗糙、皲裂或破损的皮肤可能具有恢复作用。磺基乙酸与支链醇或醇醚生成的酯可以作为食品乳化剂使用。代表性产品如下。

a. 磺基乙酸高碳醇酯钠盐：

$$ClCH_2COONa + Na_2SO_3 \longrightarrow NaOOCCH_2SO_3Na + NaCl$$

$$NaOOCCH_2SO_3Na + ROH \longrightarrow NaSO_3CH_2COOR + H_2O$$

ROH 为高碳脂肪醇，如月桂醇、椰油醇等。

b. 磺基乙酸胆甾醇酯钠盐：

$$\begin{array}{l} CH_2COOC_{27}H_{45} \\ | \\ SO_3Na \end{array}$$

c. 磺基乙酸的单硬脂酸甘油酯钠盐：

$$\begin{array}{l} CH_2O-\overset{O}{\overset{\|}{C}}-C_{17}H_{35} \\ | \\ CHOH \\ | \\ CH_2O-\underset{O}{\underset{\|}{C}}-CH_2SO_3Na \end{array}$$

**（5）琥珀酸酯磺酸盐类**　琥珀酸酯磺酸盐系列表面活性剂，是由亚硫酸钠或亚硫酸氢钠对顺丁烯二酸酐与各种羟基化合物缩合而得的琥珀酸酯双键进行加成反应制得的阴离子型表面活性剂。其性质的区别主要取决于含有活泼氢的疏水基原料的不同及顺丁烯二酸酐上两个羧基的酯化程度的不同。按顺丁烯二酸酐上两个羧基的酯化程度的不同，可分为单酯型和双酯型两大类。其反应式如下：

$$ROH + \begin{array}{c} HC-C=O \\ \| \quad\ \ \backslash \\ \quad\quad\ O \\ \| \quad\ \ / \\ HC-C=O \end{array} \longrightarrow RO\overset{O}{\overset{\|}{C}}CH=CHCOOH \xrightarrow{Na_2SO_3} RO\overset{O}{\overset{\|}{C}}CH_2\underset{SO_3Na}{\underset{|}{C}H}COONa$$

$$2ROH + \begin{array}{c} HC-C=O \\ \| \quad\ \ \backslash \\ \quad\quad\ O \\ \| \quad\ \ / \\ HC-C=O \end{array} \longrightarrow RO\overset{O}{\overset{\|}{C}}CH=CH\overset{O}{\overset{\|}{C}}OR \xrightarrow{NaHSO_3} RO\overset{O}{\overset{\|}{C}}CH_2\underset{SO_3Na}{\underset{|}{C}H}\overset{O}{\overset{\|}{C}}OR$$

此类产品由于分子中酯基的存在，在酸性或碱性介质中易发生水解，在应用过程中应控制介质 pH 在中性或弱酸性条件下和加入 pH 缓冲剂。

单酯有两个亲水基，一个是磺酸盐基团，另一个是羧酸盐基团。双酯只有一个亲水基团，即磺酸盐基团。可见，当单酯与双酯的 R 相同时，它们的亲水亲油性能会有很大差别。

按羟基化合物 R 来源的不同，琥珀酸酯磺酸盐分为烷基酯盐、脂肪醇聚乙烯醚酯盐、脂肪酰胺基乙酯盐等。琥珀酸单酯磺酸盐目前的主要品种有：磺基琥珀酸单烷基酯盐（ASS，MS）、磺基琥珀酸单脂肪醇聚氧乙烯醚酯盐（AESS）、磺基琥珀酸烷基酚聚氧乙烯醚酯盐、磺基琥珀酸十一烯酸酰胺基乙酯盐（NS）、磺基琥珀酸月桂酰胺基乙酯盐（LASS）、磺基琥珀酸油酰胺基乙酯盐（OASS）、磺基琥珀酸蓖麻油酰胺基乙酯盐、磺基琥珀酸烷醇酰胺聚氧乙烯醚酯盐等。该系列产品普遍具有对皮肤和眼睛刺激性小等特点，属温和型表面活性剂；与 AES、$K_{12}$ 等混合使用，具有极好的发泡性，并可降低 AES、$K_{12}$ 等对皮肤的刺激性；能配成高、中、低黏度的清洁洗涤用品；与其他温和型表面活性剂比较，具有成本低、在低温下能保持清澈等优良性能。因此在化妆品中被用于制作香波、浴液、洗面奶等制品。在其他工业中的应用与双酯型基本类似，如在纺织工业中用作漂白和上浆助剂，在皮革工业中用作鞣革助剂，在造纸工业中用作分散松香胶的乳化剂，在金属加工中用作工业清洗剂等。原料供应充足，生产成本较低，因此发展迅速。

渗透剂 OT(aexosol OT) 是最早问世的一种琥珀酸双酯磺酸盐，是用 2-乙基己基醇做原料经上述反应制得，其结构式如下：

$$\begin{array}{c} \quad C_2H_5 \qquad\quad O \qquad\qquad O \qquad C_2H_5 \\ C_4H_9\overset{|}{C}HCH_2O\overset{\|}{C}CH_2CH\overset{\|}{C}OCH_2\overset{|}{C}HC_4H_9 \\ \qquad\qquad\qquad | \\ \qquad\qquad\qquad SO_3Na \end{array}$$

渗透剂 OT 是优良的润滑剂、渗透剂，广泛用于纺织印染工业。琥珀酸双酯磺酸盐的临界胶束浓度见表 3-5。双酯泡沫性较差，但与 SAS、AES、AOS 等混合则产生丰富泡沫。对皮肤刺激性小，对头发有良好的调理性能，因此可用于香波、浴液、干洗剂及工业清洗剂中，也可用于橡胶、造纸、石油、金属、塑料等工业中。

**表 3-5 琥珀酸双酯磺酸盐的临界胶束浓度**

| 羟基化合物 | 临界胶束浓度/(mol/L) | 温度/℃ | 羟基化合物 | 临界胶束浓度/(mol/L) | 温度/℃ |
|---|---|---|---|---|---|
| 二正丁基 | 0.2 | 25 | 二正辛基 | 0.00068 | 25 |
| 二异丁基 | 0.2 | 25 | 二异辛基 | 0.00224 | 25 |
| 二正戊基 | 0.053 | 25 | 二-(2-乙基己基) | 0.0025 | 25 |
| 二正己基 | 0.0124 | 25 | | | |

**(6) 脂肪酰氧乙基磺酸钠和脂肪酰胺烷基磺酸钠** 脂肪酰氧乙基磺酸钠，代表物为油酰氧乙基磺酸钠，分子式：$C_{17}H_{33}COOCH_2CH_2SO_3Na$，商品名 Igepon A(依捷帮 A，胰加漂 A)。油酸与羟乙基磺酸钠反应制 Igepon A 的反应如下：

$$C_{17}H_{33}COOH + HOCH_2CH_2SO_3Na \longrightarrow C_{17}H_{33}COOCH_2CH_2SO_3Na + H_2O$$

以油酰氯为原料与羟乙基磺酸钠反应制 Igepon A 的反应如下：

$$C_{17}H_{33}COCl + HOCH_2CH_2SO_3Na \longrightarrow C_{17}H_{33}COOCH_2CH_2SO_3Na + HCl$$

采用脂肪酰氯与 *N*-甲基牛磺酸钠在碱性水溶液中反应可制得脂肪酰胺烷基磺酸钠。如油酰氯与 *N*-甲基牛磺酸钠在碱性水溶液中反应，产品为 *N*-油酰基-*N*-甲基牛磺酸钠，商品名 Igepon T(依捷帮 T，胰加漂 T)，反应式如下：

$$3C_{17}H_{33}COOH + PCl_3 \longrightarrow 3C_{17}H_{33}COCl$$

$$\underset{\diagdown O \diagup}{H_2C\text{——}CH_2} + NaHSO_3 \longrightarrow HOCH_2CH_2SO_3Na$$

$$CH_3NH_2 + HOCH_2CH_2SO_3Na \longrightarrow CH_3NHCH_2CH_2SO_3Na$$

$$CH_3NHCH_2CH_2SO_3Na + C_{17}H_{33}COCl \longrightarrow C_{17}H_{33}CON(CH_3)CH_2CH_2SO_3Na$$

除 Igepon A 和 Igepon T 外，脂肪酰氧乙基磺酸钠，脂肪酰胺烷基磺酸钠还有许多系列产品，如依捷帮 TC(*N*-甲基-*N*-椰子油酰基牛磺酸钠)，依捷帮 TK(*N*-甲基-*N*-妥儿油酰基牛磺酸钠)，依捷帮 AM(肉豆蔻酰氧乙基磺酸钠盐)，依捷帮 AC(椰油酰氧乙基磺酸钠盐)。

该类产品具有阴离子表面活性剂的特性，抗硬水能力强；克拉夫特点一般较低，表面张力较小，cmc小，见表3-6。起泡性能及润湿力好，有优良的去污力、润湿力和纤维柔软作用，并且可在酸性条件下使用，因此，最初是作为纺织助剂用于纺织原料的处理、梳毛、纺纱、编织等操作中。

**表 3-6　*N*-酰基-*N*-甲基牛磺酸钠的性质**

| 钠　盐 | 熔点/℃ | Krafft点(1%)/℃ | 0.1%，25℃ | | 临界胶束浓度/mmol·L$^{-1}$ |
|---|---|---|---|---|---|
| | | | 表面张力/mN/m | 界面张力/mN/m | |
| 月桂酰胺 | 207～208 | <0 | 49.6 | 24.5 | 8.7 |
| 肉豆蔻酰胺 | 201～203 | 23 | 41.0 | 13.6 | 1.82 |
| 棕榈酰胺 | 187～188 | 43 | 40.4 | 12.0 | 0.48 |
| 硬脂酰胺 | 171～173 | 58 | 37.8 | 10.3 | 不溶 |
| 油酰胺 | 162～164 | <0 | 39.3 | 10.9 | 0.29 |

由于该类产品中椰油（月桂酸）酰氧乙基磺酸钠具有优良的发泡性、洗涤性和润湿性，在重垢的精纺织品洗涤剂、手洗和机洗餐具洗涤剂、各种形式的香波、泡沫浴剂等配方中都可应用，特别适用于复合香皂和合成香皂的配方，可改善香皂的抗硬水性、发泡性和肤感。在纺织工业中也有广泛用途。

**(7) 其他磺酸盐型表面活性剂**

① 烷基萘磺酸盐　低碳烷基萘磺酸盐，以二取代物表面活性较好。萘环上的取代烷基的总碳数超过10时，磺酸盐的水溶性显著降低。辛基萘磺酸盐去污力优于二丁基萘磺酸钠，但二辛基萘磺酸盐的溶解性差。二高碳烷基萘磺酸盐通常具有油溶性，特别是其碱土金属盐。如二壬基萘磺酸钡是有效的金属防锈剂。

二丁基萘磺酸盐，俗称“拉开粉”，具有很好的润湿、分散和乳化能力，在纺织和印染行业中常用作渗透剂和乳化剂，其制备过程如下。

$$\text{萘} + 2C_4H_9OH \xrightarrow{H_2SO_4} (H_9C_4)_2\text{-萘} + 2H_2O$$

$$(H_9C_4)_2\text{-萘} + H_2SO_4 \longrightarrow (H_9C_4)_2\text{-萘-}SO_3H$$

$$(H_9C_4)_2\text{-萘-}SO_3H + NaOH \longrightarrow (H_9C_4)_2\text{-萘-}SO_3Na + H_2O$$

另一种低碳烷基萘磺酸盐是由亚甲基连接两个或多个萘环的一元或二元磺化产物。这类产品可由两个途径合成：一是由萘、甲醛和硫酸一起加热制取；另一合成途径是由萘磺酸与甲醛反应制得。

$$(Na)HO_3S\text{-萘}-CH_2-\text{萘-}SO_3H(Na)$$

② 石油磺酸盐　石油磺酸盐是用发烟硫酸、三氧化硫处理高沸点石油馏分，然后中和而得到的混合物。另一类是用烷基苯精馏中的高沸物作为原料，经过适当的精制，来合成石油磺酸盐。

石油磺酸盐可用于发动机润滑油的清洗、分散添加剂，作为润滑油添加剂和防锈剂使用的量约占石油磺酸盐总量的 60%；还可用作采油用表面活性剂、金属清洗剂、矿物浮选剂、皮革糅制剂、农药乳化剂等。

其合成主反应为烷基苯的磺化反应。

$$R-C_6H_5 \xrightarrow[\text{或 } H_2SO_4]{SO_3} R-C_6H_4-SO_3H \xrightarrow{NaOH} R-C_6H_4-SO_3Na$$

石油磺酸锌可用如下方法制备：

$$2\,R-C_6H_4-SO_3Na + ZnCl_2 \longrightarrow (R-C_6H_4-SO_3)_2Zn + 2NaCl$$

（油相）（水相）（石油磺酸锌）

碱土金属的石油磺酸盐常制成超碱盐：

$$R-C_6H_4-SO_3H + nCaO + mCO_2 \xrightarrow{NH_3} (R-C_6H_4-SO_3)_2Ca \cdot xCaCO_3$$

[高(或中)碱性石油磺酸钙]

③ 木质素磺酸盐　木质素磺酸盐是原木在造纸工业亚硫酸制浆过程中废水的主要成分。产品有木质素磺酸钙、木质素磺酸钠等。木质素磺酸盐结构复杂，一般认为它含愈疮木基丙基、紫丁香基丙基和对羟苯基丙基的多聚物的磺酸盐。相对分子质量由 200 到 10000 不等，最普通的木质素磺酸盐平均相对分子质量约为 4000，最多可含有 8 个磺酸基和 16 个甲氧基。

$$\cdots O-C_6H_3(OCH_3)-CH_2-CH(SO_3M)-CH_2-O-C_6H_3(CH_3)-CH_2-CH(SO_3M)-CH_2-O-C_6H_4-CH_2-CH(SO_3M)-CH_2-O\cdots$$

木质素磺酸盐在以非石油化学品制造的表面活性剂中是相当重要的一类，用于固体分散剂、水泥减水剂、O/W 型乳状液的乳化剂；制造以水为介质的染料、农药和水泥的悬浮液；石油钻井泥浆配方；矿石浮选剂、矿泥分散剂，也可作为管道输送矿物或输送煤炭的流动助剂；部分脱磺基木质素磺酸盐可用作水处理剂。木质素磺酸盐的主要缺点是色泽深，不溶于有机溶剂，降低表面张力的效果差。木质素磺酸盐的提取流程见图 3-14。

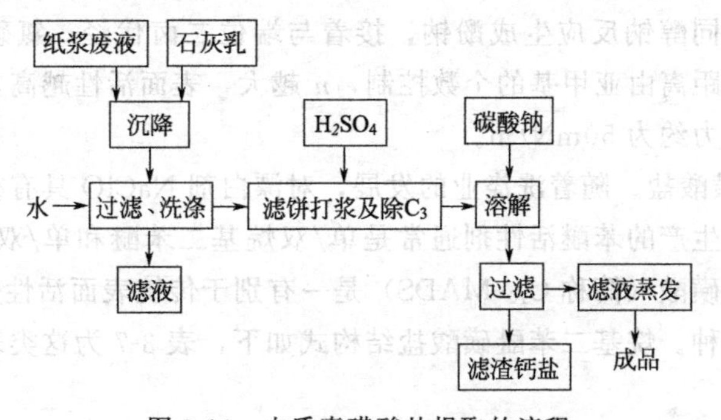


图 3-14　木质素磺酸盐提取的流程

④ 烷基甘油醚磺酸盐（AGS）　烷基甘油醚磺酸盐（alkyl glyceryl ether sulfonates，缩写为 AGS)，是有效的润湿剂、泡沫剂和分散剂，有良好的水溶性，对酸和碱的稳定性高，

有优良的钙皂分散性，良好的抗硬水性。与其他钙皂分散剂相比，在皮肤上的沉积趋势小，适合作为香皂添加物。与一般磺酸盐类表面活性剂相比，价格高，因而限制了它的应用和发展。

$$ROH + ClCH_2HC\underset{O}{—}CH_2 \longrightarrow ROCH_2\underset{|}{CH}\underset{OH}{}—CH_2Cl$$

$$ROCH_2\underset{OH}{CH}—CH_2Cl + Na_2SO_3 \longrightarrow ROCH_2\underset{OH}{CH}CH_2SO_3Na$$

⑤ 1,3-二噁烷环的双磺酸盐　缩醛（酮）类可裂解表面活性剂是近年发展起来的一种新型表面活性剂，这种表面活性剂在中性和碱性条件下很稳定，在酸性条件下可裂解成非表面活性物质。它们能适用于一些特殊应用领域（如生物制药），能形成囊泡或微乳液的可裂解表面活性剂可用于制药，满足代谢物无毒的需要；还可克服普通表面活性剂容易形成乳浊液而在有机合成和分析化学等中受到限制的缺陷。如含 1,3-二氧戊环的可裂解表面活性剂及含 1,3-二噁烷环的可裂解表面活性剂。

有文献报道，以 $N,N$-二甲基甲酰胺（DMF）为溶剂，磷钨酸为催化剂，用微波辐射合成了几种长链 2,2-二羟甲基-1,3-丙二醇（季戊四醇）单缩醛，再与氢化钠和 1,3-丙磺内酯反应合成系列含 1,3-二噁烷环的双磺酸盐表面活性剂。

$$RCHO + C(CH_2OH)_4 \xrightarrow{DMF,HPW} \text{(2-R-5,5-bis(hydroxymethyl)-1,3-dioxane: } HOH_2C,\ CH_2OH,\ H)$$

$$\text{R-dioxane}(HOH_2C)(CH_2OH) + \text{1,3-propane sultone}(SO_2) \xrightarrow[\text{苯}]{NaH} \text{R-dioxane}(CH_2O(CH_2)_3SO_3Na)(CH_2O(CH_2)_3SO_3Na)$$

(a) $R=n\text{-}C_5H_{11}$; (b) $R=n\text{-}C_7H_{15}$; (c) $R=n\text{-}C_8H_{19}$; (d) $R=n\text{-}C_{11}H_{23}$

⑥ 双芳环醚磺酸盐

a. 对称的双芳环表面活性剂。这种表面活性剂分子两端含有对称的苯磺酸基团，苯环之间的多亚甲基通过醚键与苯环连接，具体结构如下：

$$NaO_3S—C_6H_4—O(CH_2)_nO—C_6H_4—SO_3Na$$

其中 $n=2\sim12$ 的结构已经合成出来。这类表面活性剂在固体表面有很好的吸附性能，空间位阻效应比较大，因此可起到分散和稳定固体微粒的作用。它可以通过 Williamson 方法合成。首先，苯酚同醇钠反应生成酚钠，接着与端位二卤代烃、氯磺酸反应得到目标产物。苯磺酸基之间的距离由亚甲基的个数控制，$n$ 越大，表面活性越高，当 $n=12$ 时，它所能达到的最低表面张力约为 50mN/m。

b. 烷基二苯醚磺酸盐。随着洗涤业的发展，对漂白剂 NaClO 具有很好稳定性的苯醚活性剂诞生了。工业化生产的苯醚活性剂通常是单/双烷基二苯醚和单/双磺酸盐的混合产物。如十六烷基二苯醚二磺酸（简称 $C_{16}$-MADS）是一有别于传统表面活性剂的高效、多功能的阴离子表面活性剂品种。烷基二苯醚磺酸盐结构式如下，表 3-7 为这类表面活性剂在氯化钠溶液中的性质。

$$C_6H_5—O—C_6H_3(SO_3Na)—R \qquad NaO_3S—C_6H_4—O—C_6H_3(SO_3Na)—R$$

MAMS　　　　MADS

$NaO_3S-C_6H_4-O-C_6H_3(R)-R$　　　$NaO_3S-C_6H_4-O-C_6H_2(R)(SO_3Na)-R$

DAMS　　　　　　DADS

表 3-7 烷基二苯醚磺酸盐在氯化钠溶液中的性质

| 项　　目 | MAMS | DADS | MADS | $C_{12}H_{25}SO_3Na$ |
|---|---|---|---|---|
| 临界胶束浓度 cmc/(mol/L) | $3.2\times10^{-5}$ | $1.0\times10^{-5}$ | $3.7\times10^{-4}$ | $2.5\times10^{-3}$ |
| 表面张力 $\gamma_{cmc}$/(mN/m) | 29.6 | 40.0 | 51.0 | |
| 分子在界面上的截面积 $A_{min}$/($mm^2$/mol) | 0.48 | 1.01 | 0.75 | |

### 3.1.3 硫酸酯盐型阴离子表面活性剂

硫酸酯盐类主要是由脂肪醇或脂肪醇及烷基酚的乙氧基化物等羟基化合物与硫酸化试剂发生硫酸化作用，再经中和得到的一类阴离子表面活性剂。硫酸酯盐类的通式可表示为 $ROSO_3M$，其中 R 可以是烷基、烯烃、酚醚、醇醚等。由化学式可以看出硫酸酯盐与磺酸盐的区别是：硫酸酯盐的亲水基是通过氧原子即 C—O—S 键与亲油基连接，而磺酸盐则是通过 C—S 键直接连接。由于氧的存在使硫酸酯盐的溶解性能比磺酸盐强，但 C—O—S 键比 C—S 键更易水解，在酸性介质中，硫酸酯盐易发生水解。

$$ROSO_3H + H_2O \longrightarrow ROH + H_2SO_4$$

天然油脂中的羟基或双键可以硫酸化，生成硫酸化油脂，直链烯烃除可以磺化制成 AOS 外，也可以硫酸化成仲烷基硫酸盐。乙氧基化烷基酚的硫酸酯盐，由于生物降解性差，其发展受到限制。硫酸酯盐类表面活性剂中，目前产量最大，应用最广泛的是脂肪醇硫酸酯盐和脂肪醇聚氧乙烯醚硫酸酯盐。

**(1) 硫酸酯盐表面活性剂的合成** 脂肪醇或脂肪醇及烷基酚的乙氧基化物等羟基化合物与硫酸化试剂发生硫酸化作用生成硫酸单酯，再经中和得到硫酸酯盐类。硫酸化试剂种类很多，主要有三氧化硫、浓硫酸、发烟硫酸、氯磺酸和氨基磺酸等。

① $SO_3$ 做硫酸化试剂　$SO_3$ 价格低廉，反应活性高，能定量反应，产品成本低，所得产品中无机盐含量低。$SO_3$ 在发生硫酸化反应时，需用惰性载气稀释，以防止硫酸酯焦化。温度应控制在能使原料和反应混合物成为流体所需的最低温度，在 30～50℃下老化 1min 反应即可完成，硫酸化后要立即中和。工业中采用膜式磺化反应器，但该方法投资较高，适合于大规模工业化生产。

脂肪醇的硫酸化反应

$$ROH + SO_3 \longrightarrow ROSO_3H$$

$$ROSO_3H + NaOH \longrightarrow ROSO_3Na$$

仲醇不适合用 $SO_3$ 硫酸化，因为仲醇易脱水生成烯烃，并使产物焦化，导致硫酸酯盐产率不高，色泽很深。

脂肪醇聚氧乙烯醚（或烷基酚聚氧乙烯醚）的硫酸化反应

$$RO(C_2H_4O)_nH + SO_3 \longrightarrow RO(C_2H_4O)_nSO_3H$$

$$RO(C_2H_4O)_nSO_3H + NaOH \longrightarrow RO(C_2H_4O)_nSO_3Na$$

烷基酚聚氧乙烯醚的硫酸化反应中有苯环上的磺化反应发生。

② 氯磺酸做硫酸化试剂　该方法操作方便，可以液体形式使用，不需稀释，反应中生

成的 HCl 气体可从反应体系中逸出而使反应不可逆，因而反应完全。产品色泽较浅，亦可用溶剂或络合剂改善其反应性，是工业制备硫酸盐的一种重要方法。缺点是腐蚀性强，产品含 NaCl、$Na_2SO_4$。工业上采用间歇的釜式硫酸化工艺，但需配置耐腐蚀设备和 HCl 吸收装置。反应的放热和排气量的不均衡性以及 HCl 的腐蚀性增加了实施连续化工艺的困难。加上氯磺酸价格较高，只适合于小规模生产。反应式为：

$$ROH+ClSO_3H \longrightarrow ROSO_3H+HCl\uparrow$$

$$ROSO_3H+NaOH \longrightarrow ROSO_3Na$$

③ $H_2SO_4$ 及 $H_2SO_4 \cdot SO_3$ 做硫酸化试剂　硫酸和发烟硫酸在硫酸酯表面活性剂制造中仍有一些应用。发烟硫酸在硫酸化中所起的作用和三氧化硫相似，但其操作类似于硫酸。因反应是平衡反应，转化率不高。为提高转化率，酸过量较多，产生大量废酸，中和产物中无机盐含量高，一般不采用。反应式为：

$$ROH+H_2SO_4 \longrightarrow ROSO_3H+H_2O$$

$$ROH+H_2S_2O_7 \longrightarrow ROSO_3H+H_2SO_4$$

④ 氨基磺酸做硫酸化试剂　氨基磺酸作为硫酸化试剂主要用来硫酸化脂肪醇和烷基酚的聚氧乙烯化合物。其优点是能保存双键和其他活性基团，可以保证产品具有高表面活性，所得产品中无机盐含量低，不存在腐蚀性物质，操作安全、简单，硫酸化与中和可以同时进行。其缺点是氨基磺酸为固体，反应需使用溶剂来降低体系黏度，最终产品除铵盐外，制备其他盐类都比较困难，价格比较高，仅在需要特殊质量的制品中才使用。

$$R-C_6H_4-O(C_2H_4O)_nH+H_2NSO_3H \longrightarrow R-C_6H_4-O(C_2H_4O)_nSO_3NH_4$$

⑤ 硫酸单酯的中和　硫酸单酯用 NaOH，$NH_4OH$，单乙醇胺，二乙醇胺和三乙醇胺等中和，得到相应的硫酸酯盐表面活性剂。反应式为：

$$ROSO_3H+NaOH \longrightarrow ROSO_3Na+H_2O$$

$$ROSO_3H+N(C_2H_4OH)_3 \longrightarrow ROSO_3H \cdot N(C_2H_4OH)_3$$

可采用釜式间歇中和或连续中和。由于硫酸单酯的不稳定性，其中和工艺与烷基苯磺酸的中和有一定区别。中和时应避免硫酸酯因未充分分散而形成酸块，并始终保持 pH 在 9 以上进行，pH 最好保持在 9～11。

**(2) 脂肪醇硫酸酯盐（FAS）**　脂肪醇硫酸酯盐也称烷基硫酸盐，简称 FAS。其化学通式为 $ROSO_3M$，R 为 $C_{12}\sim C_{18}$的烷基，其中 $C_{12}\sim C_{14}$的烷基最理想；M 为钠、钾、铵或有机胺（如二乙醇胺或三乙醇胺）等。

脂肪醇硫酸酯盐类表面活性剂具有良好的生物降解性，对硬水不敏感；$C_{12}\sim C_{16}$的 FAS 降低表面张力的效果较好，而以 $C_{14}\sim C_{15}$的效果最佳；$C_{13}\sim C_{16}$FAS 的去污力与 AOS 相接近；具有优良的发泡、润湿、乳化等性能。脂肪醇硫酸酯盐的性质见表 3-8。

在溶解性方面，$C_{12}\sim C_{14}$的溶解性较好；钠盐的溶解度优于钾盐，但比铵盐差，而以有机胺盐的溶解度最好。由于十八醇硫酸酯盐碳链较长，溶解度较低，发泡力最差，在温度较高时才显示出好的去污能力。如果烷基链上有双键存在，如油醇硫酸钠在低温的水溶液中就具有良好的去污力。在刺激性方面，钠盐刺激性较大，而铵盐和乙醇胺盐刺激性较小，且铵盐和乙醇胺盐对织物和头发有柔软效果。因此近年来铵盐产品备受青睐。

脂肪醇硫酸酯盐是香波、合成香皂、浴用品、剃须膏等个人卫生用品中的重要组分，也是轻垢洗涤剂、重垢洗涤剂、地毯清洗剂、硬表面清洗剂等洗涤制品配方中的重要组分。如十二烷基硫酸钠（$K_{12}$），$C_{12}H_{25}OSO_3Na$，用于各类膏霜、乳液等化妆品中做乳化剂以及用

表 3-8 脂肪醇硫酸酯盐的性质

| 脂肪醇硫酸酯盐 | Krafft 点[1] /℃ | cmc /(mmol/L) | 25℃时 0.1%溶液的表面张力和界面张力/(mN/m) | | 60℃时 0.1%溶液的润湿时间/s |
|---|---|---|---|---|---|
| | | | 表面张力 | 界面张力 | |
| $C_{12}H_{25}OSO_3Na$ | 16 | 6.8 | 49.0 | 20.3 | 19.1 |
| $C_{16}H_{33}OSO_3Na$ | 45 | 0.42 | 35.0[2] | 7.5[2] | 11.6 |
| $C_{16}H_{33}OSO_3H \cdot N(C_2H_4OH)_3$ | 0℃时透明 | 0.34 | 41.0 | 10.0 | 14.9 |
| $C_{16}H_{33}OC_2H_4OSO_3Na$ | 36 | 0.24 | 36.2 | 7.2 | 12.1 |
| $C_{16}H_{33}(OC_2H_4)_2OSO_3Na$ | 24 | 0.14 | 39.4 | 8.7 | 16.8 |
| $C_{16}H_{33}(OC_2H_4)_3OSO_3Na$ | 19 | 0.12 | 41.6 | 10.2 | 21.1 |
| $C_{16}H_{33}(OC_2H_4)_4OSO_3Na$ | 1 | 0.12 | 42.5 | 11.7 | 22.9 |
| $C_8H_{17}CH{=}CH(CH_2)_8OSO_3Na$(顺式) | 0℃时透明 | 0.29 | 35.8 | 7.4 | 10.8 |
| $C_8H_{17}CH{=}CH(CH_2)_8OSO_3Na$(反式) | 29 | 0.18 | 36.1 | 6.5 | 10.3 |
| $C_8H_{17}CHClCHCl(CH_2)_8OSO_3Na$ | 0℃时透明 | 0.26 | 35.8 | 5.8 | 15.2 |
| $C_{18}H_{37}OSO_3Na$ | 56 | 0.11 | 40.6[2] | 14.2[2] | 18.4 |
| $C_{18}H_{37}OSO_3H \cdot N(C_2H_4OH)_3$ | 26 | 0.07 | 40.9 | 9.0 | 19.6 |
| $C_{18}H_{37}OC_2H_4OSO_3Na$ | 46 | 0.09 | 39.0[2] | 11.0[2] | 21.8 |
| $C_{18}H_{37}(OC_2H_4)_2OSO_3Na$ | 40 | 0.07 | 39.5 | 8.5 | 24.1 |
| $C_{18}H_{37}(OC_2H_4)_3OSO_3Na$ | 32 | 0.07 | 41.1 | 8.9 | 30.5 |
| $C_{18}H_{37}(OC_2H_4)_4OSO_3Na$ | 18 | 0.07 | 43.1 | 10.3 | 32.8 |

① 逐渐加热至这一温度时，1%的分散液变成透明溶液；② 25℃时是混浊的分散液。

于膏状洗涤剂、牙膏润湿剂、泡沫剂和洗涤剂等；十二烷基硫酸铵（$K_{12}A$），$C_{12}H_{25}OSO_3NH_4$，用于制造香波、浴液、液体洗涤剂等，尤其适于弱酸性儿童香波、浴液及高档香波、浴液等；十二烷基硫酸乙醇胺盐，$C_{12}H_{25}OSO_3H \cdot NH_m(CH_2CH_2OH)_n$，包括单乙醇胺盐（MLS）、二乙醇胺盐（DLS）和三乙醇胺盐（TLS），用于香波、浴液、液体洗涤剂、液体皂、儿童清洁品、医药工业洗涤剂、润湿剂、发泡剂等。此外，还有十四醇硫酸钠（$K_{14}$）、十六烷基硫酸钠（$K_{16}$）、十八烷基硫酸钠（$K_{18}$）等。

月桂基硫酸酯的重金属盐具有杀灭真菌和细菌的作用，可用作杀菌剂。用牛脂和椰子油制成的钠皂与烷基硫酸酯的钾、钠盐配制的富脂皂泡沫丰富、细腻，还能防止皂垢的生成。高碳脂肪醇硫酸盐与两性表面活性剂复配制成的块状洗涤剂具有良好的研磨性和物理性能，并具有调理作用。脂肪醇硫酸酯盐还可做工业清洗剂、柔软平滑剂、纺织油剂组分、灭火剂、电镀添加剂、乳液聚合用乳化剂等。

**(3) 脂肪醇聚氧乙烯醚硫酸酯盐** 脂肪醇聚氧乙烯醚硫酸酯盐，通式为 $RO(CH_2CH_2O)_nSO_3M$，式中 R 和 M 同 FAS；$n$ 通常为 2～3。

由化学式可以看出，AES 与 FAS 不同，其亲水基团是由—$SO_3M$ 和聚氧乙烯醚中—O—基两部分组成，因而兼具非离子和阴离子表面活性剂的一些特性，具有更优越的溶解性和表面活性，且抗硬水性大大增加，抗硬水性依次为 AES＞AOS＞FAS＞LAS。由于它的溶解性能、抗硬水性能、润湿力均优于 FAS，而刺激性低于 FAS，且与 LAS 有较好的复配性能，因而可取代配方中使用的 FAS 而广泛用于香波、浴用品、剃须膏、洁面制品等个人卫生用品中，也是餐具洗涤剂、轻垢洗涤剂、重垢洗涤剂、地毯清洗剂、硬表面清洗剂配方中的重要组分。由于铵盐更温和，且对织物和头发有柔软效果，因此近年来在香波、浴液等产品中，铵盐产品得到了更广泛的应用。

主要品种有：①脂肪醇聚氧乙烯醚硫酸钠（AES），$RO(CH_2CH_2O)_nSO_3Na$。用于香波、浴液、餐具洗涤剂，低磷、无磷洗涤剂，也用于轻垢洗涤剂、重垢洗涤剂、硬表面清洗剂、地毯清洗剂等产品中。②脂肪醇聚氧乙烯醚硫酸铵（AESA），易溶于水，无毒，对皮肤刺激性低，脱脂力低。用于香波、餐具洗涤剂、液体洗涤剂，儿童香波、浴液等。③脂肪醇聚氧乙烯醚硫酸三乙醇胺（TA40），用于香波、浴液、液体洗涤剂，也可用作化纤油剂、纺织助剂。

**(4) 烷基酚聚氧乙烯醚硫酸酯盐（APES）** 是由壬基酚聚氧乙烯醚或辛基酚聚氧乙烯醚经硫酸化反应制得。有良好的乳化、去污、发泡、分散性能。用于手及面部清洁膏，乳液杀菌清洁剂，香波及泡沫浴、液体皂、工业清洗剂，还可用于乳液聚合，纺织助剂，擦洗剂，缺点是对眼睛刺激性大、生物降解性差。

**(5) 仲烷基硫酸酯盐** α-烯烃与 $H_2SO_4$ 进行反应，得到仲烷基硫酸酯，中和后即为仲烷基硫酸酯盐，商品名为“Teepol”（梯波）。表面活性与FAS差不多，溶解度和润湿性好，一般用来制取液体或浆状洗涤剂。

$$RCH{=}CH_2 + H_2SO_4 \longrightarrow \underset{\displaystyle OSO_3H}{\underset{|}{RCHCH_3}} \xrightarrow{NaOH} \underset{\displaystyle OSO_3Na}{\underset{|}{RCHCH_3}} + H_2O$$

**(6) 硫酸化油和硫酸化脂肪酸酯** 是以含有羟基和不饱和键的脂肪酸、脂肪酸酯、油脂等为原料，与硫酸化试剂发生硫酸化作用，再经中和得到的一种工业表面活性剂。选用的油脂有橄榄油、花生油、蓖麻油等；不饱和脂肪酸、羟基脂肪酸有油酸、蓖麻油酸；脂肪酸低碳醇酯包括油酸甲酯、油酸丁酯、蓖麻油酸甲酯、蓖麻油酸丁酯等。

① 硫酸化油　土耳其红油是最古老的硫酸化油：是蓖麻油硫酸化产物，溶于水后呈棕褐色透明状液体，其亲水性较弱，去污力较差，有优良的乳化力和渗透力。用作棉织物煮炼助剂，皮革工业加脂剂、润湿剂、分散剂，农药乳化剂，也用于造纸、金属加工等工业。

$$\begin{array}{l} CH_3(CH_2)_5\underset{OH}{CH}CH_2CH{=}CH(CH_2)_7COOCH_2 \\ CH_3(CH_2)_5\underset{OH}{CH}CH_2CH{=}CH(CH_2)_7COOCH \\ CH_3(CH_2)_5\underset{OH}{CH}CH_2CH{=}CH(CH_2)_7COOCH_2 \end{array} \xrightarrow[\text{②}+NaOH]{\text{①}+H_2SO_4} \begin{array}{l} CH_3(CH_2)_5\underset{OH}{CH}CH_2CH{=}CH(CH_2)_7COOCH_2 \\ CH_3(CH_2)_5\underset{OH}{CH}CH_2CH{=}CH(CH_2)_7COOCH \\ CH_3(CH_2)_5\underset{OSO_3Na}{CH}CH_2CH{=}CH(CH_2)_7COOCH_2 \end{array}$$

② 油酸正丁酯硫酸酯钠（锦油一号） 是油酸丁酯与硫酸化试剂发生硫酸化作用，再经中和得到的一种工业表面活性剂。用于锦纶油剂、黏胶帘子线油剂、印染工业润湿剂及柔软剂等。

$$CH_3(CH_2)_7CH{=}CH(CH_2)_7COOH + C_4H_9OH \xrightarrow{H_2SO_4} CH_3(CH_2)_7CH{=}CH(CH_2)_7COOC_4H_9$$

$$\xrightarrow{\text{浓 }H_2SO_4} CH_3(CH_2)_8\underset{\displaystyle OSO_3H}{\underset{|}{CH}}(CH_2)_7COOC_4H_9$$

$$\xrightarrow{NaOH} CH_3(CH_2)_8\underset{\displaystyle OSO_3Na}{\underset{|}{CH}}(CH_2)_7COOC_4H_9$$

③ 甘油单脂肪酸酯硫酸钠　甘油单脂肪酸酯与硫酸化试剂发生硫酸化作用，再经中和得到甘油单脂肪酸酯硫酸钠，可用于香波、高档液体洗涤剂、皮肤清洁剂，牙膏、膏霜类化妆品等。通式为：

$$RCOOCH_2CH(OH)CH_2OH + H_2SO_4 \longrightarrow RCOOCH_2CH(OH)CH_2OSO_3H$$

$$\xrightarrow{NaOH} RCOOCH_2CH(OH)CH_2OSO_3Na$$

其中，R 为 $C_{11}H_{23}$、$C_{13}H_{27}$、$C_{15}H_{31}$、$C_{17}H_{35}$ 等。

### 3.1.4 磷酸酯盐型阴离子表面活性剂

脂肪醇、脂肪醇乙氧基化物或烷基酚的乙氧基化物与磷酸化试剂反应，可生成磷酸单酯和磷酸双酯，再用碱中和即制得磷酸酯盐表面活性剂。其化学通式可表示为：

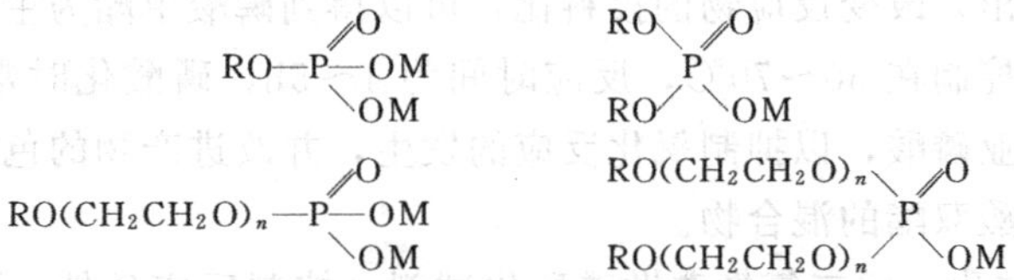

$$RO-P(=O)(OM)_2 \qquad (RO)_2P(=O)OM$$

$$RO(CH_2CH_2O)_n-P(=O)(OM)_2 \qquad [RO(CH_2CH_2O)_n]_2P(=O)OM$$

磷酸单酯盐　　磷酸双酯盐

式中 R 为 $C_8$～$C_{18}$的烷基；M 为 K、Na、二乙醇胺、三乙醇胺；$n=1$～10，一般为3～5。

双十二烷基磷酸酯钠盐与 LAS 等相比具有较低的表面张力。烷基链相同时，单酯的溶解度大于双酯。中和剂对磷酸酯盐的溶解度有影响，三乙醇胺盐溶解度最好，其次是钾、钠盐，二钠盐的溶解度优于一钠盐；磷酸酯二钠盐的发泡力低于一钠盐的发泡力；磷酸双酯盐的去污力大于单酯；抗静电性则单烷基磷酸酯优于双酯；磷酸酯盐的生物降解性优于 LAS；磷酸酯的毒性和刺激性较小，单烷基磷酸酯的刺激性比 AS、AOS、LAS、AES 都小，所以比较安全。烷基磷酸酯对酸碱都比较稳定，可用于酸性或碱性介质中。醇醚磷酸酯盐由于聚氧乙烯链的存在，其洗涤性能、乳化能力、润湿性和抗静电性均优于烷基磷酸酯盐，但在强酸性介质中会发生水解。磷酸酯盐具有优良的抗静电性，被广泛用作化纤油剂的抗静电剂。这类产品还具有优良的润湿、净洗、增溶、乳化、润滑、防锈、缓蚀、分散、螯合等多种功能，且生物降解性好，单酯盐的刺激性低。为此，还可用于塑料、采矿、金属加工、公共清洗、皮革、纸浆和化妆品等行业中。特别是其优良的乳化性和低刺激性，最近几年在膏霜、奶液等化妆品中用作乳化剂、香波、浴液、洗面奶等的洗涤发泡剂等。

由于磷酸酯性能优良，生物降解性好，毒性和刺激性较小，安全性高，引起了人们的广泛兴趣。近年来，国外磷酸酯类表面活性剂发展较快，这类表面活性剂的应用越来越引起人们广泛重视。主要生产公司有日本松本油脂公司、花王石碱公司、德国 BASF 公司、美国 Monsanto 公司。美国近十年的平均年增长率为 5.8%，产量约为 4 万吨，其中，1/3 是脂肪醇磷酸酯，2/3 是烷基醚磷酸酯。日本及西欧等国对含磷表面活性剂的研究亦十分活跃，主要是研究磷酸酯的合成及其复配产品。

我国磷酸酯的开发起步较晚，磷酸酯的生产厂家不多、产量不大、品种不全，与国外相比，差距较大。主要产品为脂肪醇磷酸酯钾盐。近些年由于磷酸酯的特殊性能被应用到各种专用品配方中，制成各种复配物，所以发展较快。其增长速率高于表面活性剂的平均增长率约 10%。已有十余种磷酸酯，包括烷基磷酸酯，醇醚磷酸单酯、双酯，烷基酚醚磷酸酯等。代表性产品有十二烷基磷酸酯钾盐（PK、MPK），烷基磷酸酯二乙醇胺盐（抗静电剂 P），烷基磷酸酯三乙醇胺盐（维纶短丝油剂 PN），脂肪醇聚氧乙烯醚磷酸酯钾盐，烷基酚聚氧乙烯醚磷酸酯盐，酰胺磷酸酯盐，酰胺醚磷酸酯盐，磷酸化油等。

**(1) 烷基磷酸酯的合成** 磷酸酯是由含羟基的有机化合物与磷酸化试剂进行磷酸化反应制得。因为磷酸是三元酸，所以酯化产物中含有单酯、双酯和三酯，主要是单酯和双酯的混合物，其中单酯的质量分数约为 35%～65%。磷酸化试剂有五氧化二磷（$P_2O_5$）、焦磷酸（$H_3P_2O_7$）、三氯化磷（$PCl_3$）、三氯氧磷（$POCl_3$）、磷酸（$H_3PO_4$）等。

① 用 $P_2O_5$ 磷酸化　工业上最重要和应用最普遍的磷酸化试剂是五氧化二磷，以脂肪醇的磷酸化为例，其反应可用下式表示：

$$P_2O_5 + 2ROH + H_2O \longrightarrow 2ROPO(OH)_2$$

$$P_2O_5 + 3ROH \longrightarrow ROPO(OH)_2 + (RO)_2PO(OH)$$

$$P_2O_5 + 4ROH \longrightarrow 2(RO)_2PO(OH) + H_2O$$

从反应式可以看出，改变反应物的投料比，可以得到磷酸单酯为主或以磷酸双酯为主的产品。反应温度一般控制在 60～70℃，反应时间为 4～5h，磷酸化时常加入 1%(以脂肪醇量计）的次亚磷酸或亚磷酸，以抑制氧化反应的发生，并改进产物的色泽。反应产物为烷基磷酸单酯和二烷基磷酸双酯的混合物。

② 用 $POCl_3$ 磷酸化　用三氯氧磷做磷酸化试剂，控制反应条件，可以得到单、双、三烷基磷酸酯。

制备单酯的反应：

$$ROH + POCl_3 \longrightarrow RO\overset{\overset{\displaystyle O}{\|}}{P}Cl_2 + HCl$$

$$RO\overset{\overset{\displaystyle O}{\|}}{P}Cl_2 + 2H_2O \longrightarrow RO\overset{\overset{\displaystyle O}{\|}}{P}(OH)_2 + HCl$$

合成可在 25℃下，将脂肪醇缓慢地滴加到等摩尔的 $POCl_3$ 中，在减压下除去反应生成的氯化氢气体，然后在 25℃下保温反应 1h。再升温至 50℃，继续反应 5h。然后将反应物倒入过量的冷水中，在 30℃水解 5h。用乙醚萃取产物，可得到纯度为 97%～99.5%的单烷基磷酸酯。将酸性酯溶于乙醇中，再加入计算量的碱进行中和。

制备双酯的反应：

$$2ROH + POCl_3 \longrightarrow (RO)_2\overset{\overset{\displaystyle O}{\|}}{P}Cl + HCl$$

$$(RO)_2\overset{\overset{\displaystyle O}{\|}}{P}Cl + H_2O \longrightarrow (RO)_2\overset{\overset{\displaystyle O}{\|}}{P}OH + HCl$$

制备三酯的反应：

$$3R(OC_2H_4)_nOH + POCl_3 \longrightarrow \begin{array}{l} R(OC_2H_4)_nO \diagdown \\ R(OC_2H_4)_nO{-}P{=}O \\ R(OC_2H_4)_nO \diagup \end{array}$$

③ 用 $PCl_3$ 磷酸化　用三氯化磷做磷酸化试剂主要得到双烷基磷酸酯。

$$3ROH + PCl_3 \longrightarrow (RO)_2\overset{\overset{\displaystyle O}{\|}}{P}H + 2HCl + RCl$$

$$(RO)_2\overset{\overset{\displaystyle O}{\|}}{P}H + Cl_2 \longrightarrow (RO)_2\overset{\overset{\displaystyle O}{\|}}{P}Cl + HCl$$

$$(RO)_2\overset{\overset{\displaystyle O}{\|}}{P}Cl + H_2O \longrightarrow (RO)_2\overset{\overset{\displaystyle O}{\|}}{P}OH + HCl$$

$$3ROH + PCl_3 + Cl_2 + H_2O \longrightarrow (RO)_2\overset{\overset{\displaystyle O}{\|}}{P}OH + RCl + 4HCl$$

合成过程如下：在剧烈搅拌下，将 1mol 三氯化磷慢慢地滴入 3mol 脂肪醇中，温度控制在 30～40℃。加完三氯化磷后，保温反应 1h。真空下脱去 HCl 气体，蒸出氯代烷，得到二烷基亚磷酸酯，收率为 99%。然后，在 0～5℃下通入稍过量的氯气，并在此温度下搅拌 15min 后，往反应物中加入大量水，搅拌回流 2h，进行水解反应。然后冷却，分去水层，真空脱水，即得目的产品，收率约 90%。

④ 用缩合磷酸磷酸化　脂肪醇和焦磷酸的摩尔比为 1∶1 时，用苯做溶剂，可得到 90%

以上的烷基磷酸单酯。脂肪醇与三聚磷酸反应，可得磷酸双酯。

$$H_4P_2O_7+ROH \longrightarrow ROP(OH)_2+H_3PO_4$$

$$2ROH+H_5P_3O_{10} \longrightarrow (RO)_2\overset{\overset{O}{\parallel}}{P}OH+H_3PO_4$$

⑤ 用磷酸磷酸化　脂肪醇和无水磷酸的摩尔比为 3∶1，在 40～60℃，$N_2$ 保护下，用 1h 滴加完磷酸后，在 120～130℃下反应 3～4h，得到烷基磷酸酯混合物。

$$H_3PO_4+3ROH \xrightarrow{TsOH} RO\overset{\overset{O}{\parallel}}{P}(OH_2)+(RO)_2\overset{\overset{O}{\parallel}}{P}OH$$

**(2) 酸性磷酸酯的中和**　磷酸单酯和磷酸双酯都是酸性磷酸酯，易水解。中和后大大降低了水解活性，在水中的稳定性和溶解度大为提高，抗硬水的能力增强。

$$(RO)_2PO(OH)+KOH \longrightarrow (RO)_2\overset{\overset{O}{\parallel}}{P}OK+H_2O$$

$$(RO)_2PO(OH)+NaOH \longrightarrow (RO)_2\overset{\overset{O}{\parallel}}{P}-ONa+H_2O$$

$$(RO)_2PO(OH)+NH_4OH \longrightarrow (RO)_2\overset{\overset{O}{\parallel}}{P}ONH_4+H_2O$$

$$ROPO(OH)_2+N(CH_2CH_2OH)_3 \longrightarrow RO\overset{\overset{O}{\parallel}}{P}[OH \cdot N(CH_2CH_2OH)_3]_2$$

## 3.2 阳离子表面活性剂

阳离子表面活性剂在水溶液中发生电离，其表面活性部分带有正电荷。如长链烷基三甲基氯化铵：$\left[ R-\overset{\overset{CH_3}{|}}{\underset{\underset{CH_3}{|}}{N}}-CH_3 \right]^+ Cl^-$ 在水溶液中即离解为 $R-\overset{\overset{CH_3}{|}}{\underset{\underset{CH_3}{|}}{N^+}}-CH_3$ 和 $Cl^-$ 两部分，因其表面活性部分 $R-\overset{\overset{CH_3}{|}}{\underset{\underset{CH_3}{|}}{N^+}}-CH_3$ 带有正电荷，故称其为阳离子表面活性剂。

阳离子表面性剂含有一个或两个长链烃疏水基，亲水基由含氮、磷、硫或碘等可携带正电荷的基团构成，目前最有商业价值的多为含氮化合物。含氮化合物中，氨的氢原子可以被一个或两个长链烃所取代而成为胺盐；也可全部被烷烃取代成为季铵盐。还有一大类是氮杂环化合物。它们是烷基吡啶、咪唑啉、吗啉的盐类。亲水基和疏水基可以直接相连，也可通过酯、醚和酰胺键相连。

阳离子表面活性剂除具有一般表面活性剂的基本性质外（见表 3-9），经常表现出一些特殊性能：如具有良好的杀菌、杀藻、防霉能力（见表 3-10），而且抗菌谱广、用量少；良好的柔软、抗静电、调理性能等。阳离子表面活性剂的典型应用包括柔软剂、杀菌剂、匀染剂、抗静电剂、乳化剂、调理剂、金属缓蚀剂、絮凝剂和浮选剂等。

阳离子表面活性剂带有正电荷，而纺织品、金属、玻璃、塑料、矿物、动物或人体组织等通常带有负电荷，因此它在固体表面上的吸附与阴离子及非离子表面活性剂的情况不同。阳离子表面活性剂的极性基团由于静电引力朝向固体表面，疏水基朝向水相使固体表面呈“疏水状态”，因此不适用于洗涤和清洗。阳离子表面活性剂在固体表面所形成的吸附膜的特

表 3-9 $C_n$ 烷基二甲基苄基氯化铵的性质

| n | 熔点/℃ | 溶解度(25℃)/% | | 表面张力/(mN/m) | | cmc /($\times10^{-2}$mol/L) |
|---|---|---|---|---|---|---|
| | | 水 | 95%乙醇 | 0.1% | 0.01% | |
| 8 | 71.4～72.4 | | | 67.5 | 72.8 | 220 |
| 9 | 67.8～68.0 | | | 64.3 | 72.2 | 84 |
| 10 | 41.5～43.8 | | | 60.8 | 71.9 | 37 |
| 11 | 39.8～41.4 | 70 | 84 | 53.9 | 70.9 | 14.0 |
| 12 | 44.9～46.8 | 50～75 | 75 | 47.6 | 68.7 | 6.9 |
| 13 | 46.8～51.2 | 52 | 81 | 43.6 | 67.1 | 2.7 |
| 14 | 50.5～52.5 | 26.7 | 74.5 | 43.6 | 62.4 | 1.2 |
| 15 | 51.4～53.2 | 16.1 | 74 | 43.5 | 53.9 | 0.60 |
| 16 | 54.0～56.8 | 0.85 | 62 | 43.5 | 43.7 | 0.24 |
| 17 | 62.4～64.0 | 0.48 | 72 | 43.2 | 43.2 | 0.10 |
| 18 | 65.0～66.8 | 0.10 | 52.6 | 43.0 | 43.4 | 0.033 |
| 19 | 64.9～66.4 | 0.098 | 54 | 43.0 | 43.6 | 0.018 |

表 3-10 阳离子表面活性剂的杀菌性

| 阳离子杀菌剂 | 杀菌最大稀释度 20℃,5min | | 表面张力 (0.1%,25℃) /(mN/m) |
|---|---|---|---|
| | 伤寒菌 | 金黄色葡萄球菌 | |
| $[C_{16}H_{33}-N^+C_5H_5]Cl^-$(十六烷基吡啶氯化物) | 4000 | 9000 | 41.7 |
| $[R-N^+(CH_3)_2-CH_2-C_6H_5]Cl^-$ | 15000 | 40000 | 40.2 |
| $[t\text{-}C_8H_{17}-C_6H_4-OCH_2CH_2OCH_2CH_2N^+(CH_3)_2-CH_2-C_6H_5]Cl^-$ | 12000 | 25000 | 36.0 |
| $[t\text{-}C_8H_{17}-C_6H_3(CH_3)-OCH_2CH_2OCH_2CH_2N^+(CH_3)_2-CH_2-C_6H_5]Cl^-$ | 8000 | 20000 | 35.9 |

殊性能决定了阳离子表面活性剂应用的特殊性。

阳离子表面活性剂强的吸附能力，使其易在基质表面上吸附，形成亲油性膜或产生正电性。由于其亲油性膜的形成，而具有憎水作用，可显著降低纤维表面的静摩擦系数，因而具有良好的防水性和柔软平滑性。由于静摩擦系数的降低，使固体表面不易产生静电；同时由于其产生正电性，在固体表面形成易吸湿气的膜，增加导电性，因而具有良好的抗静电作用。由于阳离子表面性剂所带的正电荷吸附于细菌的细胞壁并进一步透过细胞壁，与蛋白质作用而杀死细菌，因而具有杀菌作用。

通常认为，阳离子表面活性剂和阴离子表面活性剂在水溶液中不能混合，否则将相互作用产生沉淀，从而失去表面活性。事实并非如此，在混合表面活性剂体系中，由于阴、阳表面活性离子间强烈的静电作用，混合物具有比单一组分较低的临界胶束浓度和表面张力。这是由于阴、阳离子间的强吸引力，使溶液内部的表面活性分子更易聚集形成胶束，表面吸附层中的表面活性分子的排列更为紧密，表面能更低所致。虽然阴、阳离子混合物具有高的表面活性，但往往在其临界胶束浓度以上发生相分离，溶液变混浊或出现珠光，甚至产生沉淀，这对应用非常不利。且这种因静电作用而形成的离子化合物，会使阳离子表面活性剂失去对织物的柔软和抗静电作用。因此在实际使用过程中，用阴离子表面活性剂洗过的织物，必须冲洗干净，才能使用以阳离子表面活性剂为主的柔软处理液处理，否则将失去柔软和抗静电效能。阳离子表面活性剂除少数情况外很少直接用于洗涤去污，但在一些洗涤液中加入少量游离脂肪胺（如甲基双硬脂酰胺）可作为洗涤增强剂。

阳离子表面活性剂之所以被人们注目，最初是因为其优良的杀菌性能，后来发展很快，应用范围日益扩大。如用作天然和合成纤维的柔软剂、抗静电剂、肥料的抗结块剂、农作物除莠剂、沥青和石子表面的黏结促进剂、金属防腐蚀剂、头发调理剂、化妆品中的乳化剂、矿石浮选剂等。

在阳离子表面活性剂中，最重要的是含氮的表面活性剂。而在含氮的阳离子表面活性剂中，根据氮原子在分子中的位置，又可分为胺盐、季铵盐、杂环类、疏水基通过中间键与氮原子连接阳离子表面活性剂等类型。此外，还有聚合型阳离子表面活性剂及鎓盐型阳离子表面活性剂等。

### 3.2.1 胺盐型阳离子表面活性剂

胺盐主要是指：

$$R\text{-}NH_2 \cdot HX \qquad \begin{matrix} R \\ & \diagdown \\ & & NH \cdot HX \\ & \diagup \\ R_1 \end{matrix} \qquad \begin{matrix} & R_1 & \\ & | & \\ R— & N & \cdot HX \\ & | & \\ & R_2 & \end{matrix}$$

伯胺盐　　仲胺盐　　叔胺盐

其中 $R=C_{10}\sim C_{18}$，$R_1$、$R_2=—CH_3$、$—CH_2CH_3$、$—CH_2CH_2OH$ 等，HX 为无机酸或有机酸，如 HCl、HBr、$H_2SO_4$、$H_3PO_4$、$CH_3COOH$、HCOOH。胺盐由相应的胺用盐酸、醋酸等中和而得。胺盐为弱碱盐，对 pH 较为敏感。在酸性条件下，形成可溶于水的胺盐，具有表面活性；而在碱性条件下游离出胺，失去表面活性。

### 3.2.2 季铵盐型阳离子表面活性剂

季铵盐型阳离子表面活性剂从形式上看是铵离子（$NH_4^+$）的 4 个氢原子被有机基团取代形成的形式。4 个烷基中，有 1～3 个是长碳链的（通常为 $C_{12}\sim C_{18}$），有 1～2 个为短碳链的（如甲基、乙基、羟乙基等），季铵盐表面活性剂的结构如下：

$$\begin{matrix} R_1 & & R_3 \\ & \overset{+}{N} & \\ R_2 & & R_4 \end{matrix}$$

季铵盐阳离子表面活性剂通常是由叔胺与烷基化剂经季铵化反应制取，反应的关键在于各种叔胺的获得，季铵化反应一般较易实现。最重要的叔胺是烷基二甲基胺，二烷基甲基胺及伯胺的乙氧基化物和丙氧基化物。最常用的烷基化剂为卤代烷、氯化苄及硫酸二甲酯。反应式如下：

$$R—\underset{R_2}{\overset{R_1}{N}} + CH_3Cl \longrightarrow \left[ R—\underset{R_2}{\overset{R_1}{N}}—CH_3 \right]^+ Cl^-$$

$$R—\underset{R_2}{\overset{R_1}{N}} + (CH_3)_2SO_4 \longrightarrow \left[ R—\underset{R_2}{\overset{R_1}{N}}—CH_3 \right]^+ CH_3SO_4^-$$

$$R-\overset{R_1}{\underset{R_2}{N}}+C_6H_5CH_2Cl\longrightarrow\left[R-\overset{R_1}{\underset{R_2}{N}}-CH_2C_6H_5\right]^+Cl^-$$

用烷基氯化苄与三甲胺或二甲基苯胺反应，可合成烷基苄基季铵盐，具有杀菌、杀真菌活性。

$$R-C_6H_4-CH_2Cl+N(CH_3)_3\longrightarrow\left[R-C_6H_4-CH_2-\overset{CH_3}{\underset{CH_3}{N}}-CH_3\right]^+Cl^-$$

$$R-C_6H_4-CH_2Cl+\overset{CH_3}{\underset{CH_3}{N}}-C_6H_5\longrightarrow\left[R-C_6H_4-CH_2-\overset{CH_3}{\underset{CH_3}{N}}-C_6H_5\right]^+Cl^-$$

季铵盐与胺盐不同，它在碱性或酸性溶液中都能溶解，且离解为带正电荷的表面活性剂。季铵盐在阳离子表面活性剂中的地位最为重要、产量最大、应用最广，主要用作柔软剂、抗静电剂、杀菌剂等。

最常用的季铵盐型阳离子表面活性剂有：十二烷基三甲基溴（氯）化铵（1231）、十六烷基三甲基溴（氯）化铵（1631）、十八烷基三甲基溴（氯）化铵（1831）、十二烷基二甲基苄基溴（氯）化铵（1227）、双长链烷基二甲基氯化铵等。1231 主要用作杀菌剂、分散剂，纤维抗静电剂、柔软剂，天然或合成橡胶和沥青的乳化剂，水质稳定剂及青霉素发酵工艺过程中的蛋白质凝聚剂等。1631 主要用于各种纤维抗静电剂，橡胶和沥青乳化剂，护发素调理剂，相转移催化剂，皮革加脂剂，涤纶真丝化促进剂等。1831 可用于防水涂料，天然纤维、合成纤维和玻璃纤维柔软剂，皮革加脂剂，硅油、橡胶的乳化剂，相转移催化剂，涤纶真丝化促进剂，乳胶制品隔离剂和消泡剂，头发调理剂等。1227 主要用作杀菌剂，织物柔软抗静电剂，油田助剂，纺织工业的匀染剂，石油化工装置的水质稳定剂等。双长链烷基二甲基氯化铵主要用作杀菌剂，织物柔软剂，头发调理剂，油田杀菌剂，沥青乳化剂等。

### 3.2.3 杂环型阳离子表面活性剂

杂环型阳离子表面活性剂为分子中含有除碳原子外，还含有其他原子且呈现环状结构的化合物。杂环的成环规律和碳环一样，最稳定和最常见的杂环也是五元环或六元环。有的环只含有一个杂原子，有的含有多个或多种杂原子。常见的杂环型阳离子表面活性剂如咪唑啉型、烷基吡啶型、吗啉型、三嗪型、胍型等。

**(1) 咪唑啉型** 所谓咪唑啉型阳离子表面活性剂是指分子中含有咪唑啉环的一类阳离子表面活性剂，是杂环型阳离子表面活性剂中最常应用的品种。重要的有高碳烷基咪唑啉、羟乙基咪唑啉、氨基乙基咪唑啉等。与长碳链季铵盐不同，咪唑啉型中最常见的负离子是甲基硫酸盐负离子。如烷基咪唑啉硫酸甲酯盐，结构式为：

$$\left[R-C\overset{\overset{CH_3}{|}}{=N}-CH_2 \;/\; N(H)-CH_2\right]^+ CH_3SO_4^-$$

式中 R 为 $C_8\sim C_{22}$ 饱和或不饱和烷烃。咪唑啉阳离子表面活性剂具有优良的抑制金属腐蚀、良好的软化纤维和消除静电性能，还有优良的乳化、分散、起泡、杀菌和高生物降解等性能。可做高效有机缓蚀剂、柔软剂、润滑剂、乳化剂、杀菌剂、分散剂、燃料添加剂和抗静电剂等，广泛用于石油开采与炼制、化纤纺织、造纸、家用及工业纺织整理和燃料等工业。

由脂肪酸与适当的二胺（如乙二胺）脱水环化，可得 2-烷基-2-咪唑啉：

$$RCOOH + H_2NCH_2CH_2NH_2 \xrightarrow{-H_2O} RC(=O)NHCH_2CH_2NH_2 \xrightarrow{-H_2O} R-C\begin{matrix}=N-CH_2\\ | \\ -NH-CH_2\end{matrix}$$

如将脂肪酸和亚乙基脲环在 250℃下反应也可生成 2-烷基-2-咪唑啉：

$$RCOOH + O=C\begin{matrix}NH-CH_2\\ | \\ NH-CH_2\end{matrix} \longrightarrow R-C\begin{matrix}=N-CH_2\\ | \\ -NH-CH_2\end{matrix} + H_2O + CO_2$$

脂肪腈与乙醇、盐酸反应生成亚胺醚后，再和乙二胺作用亦可制得 2-烷基-2-咪唑啉：

$$RCN \xrightarrow[HCl]{C_2H_5OH} R-C\begin{matrix}=NH\cdot HCl\\ \\ -OC_2H_5\end{matrix} \xrightarrow{H_2NCH_2CH_2NH_2} R-C\begin{matrix}=N-CH_2\\ | \\ -NH-CH_2\end{matrix} + NH_4Cl + C_2H_5OH$$

将 2-烷基-2-咪唑啉与硫酸甲酯、卤代烷等反应，可得阳离子表面活性剂：

$$R-C\begin{matrix}=N-CH_2\\ | \\ -NH-CH_2\end{matrix} + (CH_3)_2SO_4 \longrightarrow \left[R-C\begin{matrix}=N^{(CH_3)}-CH_2\\ | \\ -NH-CH_2\end{matrix}\right]^+ CH_3SO_4^-$$

*N*-(2-氨基乙基）乙醇胺与脂肪酸进行缩合反应生成 2-烷基-1-羟乙基咪唑啉：

$$NH_2CH_2CH_2NH_2 + H_2C\overset{O}{—}CH_2 \longrightarrow NH_2CH_2CH_2NHCH_2CH_2OH$$

$$RCOOH + H_2NCH_2CH_2NHCH_2CH_2OH \longrightarrow R-C\begin{matrix}=N-CH_2\\ | \\ -N-CH_2\\ | \\ CH_2CH_2OH\end{matrix}$$

脂肪酸和二亚乙基三胺反应生成 2-烷基-1-氨基乙基咪唑啉：

$$RCOOH + H_2NCH_2CH_2NHCH_2CH_2NH_2 \xrightarrow{-H_2O} R-C\begin{matrix}=N-CH_2\\ | \\ -N-CH_2\\ | \\ CH_2CH_2NH_2\end{matrix}$$

将其乙酰化，它的甲酸盐便是合成纤维的优良的柔软剂和抗静电剂：

$$\left[C_{17}H_{35}-C\begin{matrix}=N-CH_2\\ | \\ -N^{(H)}-CH_2\\ \quad CH_2CH_2NHCOCH_3\end{matrix}\right]^+ HCOO^-$$

如含有两个脂肪链，其柔软性特别好。将其季铵化后的产物是一个很好的柔软剂：

$$2RCOOH + H_2NCH_2CH_2NHCH_2CH_2NH_2 \longrightarrow R-C\begin{matrix}=N-CH_2\\ | \\ -N-CH_2\\ | \\ CH_2CH_2NHCOR\end{matrix}$$

$$R-C\begin{matrix}=N-CH_2\\ | \\ -N-CH_2\\ | \\ CH_2CH_2NHCOR\end{matrix} + (CH_3)_2SO_4 \longrightarrow \left[R-C\begin{matrix}=N^{(CH_3)}-CH_2\\ | \\ -N-CH_2\\ | \\ CH_2CH_2NHCOR\end{matrix}\right]^+ CH_3SO_4^-$$

Rewocat W7500

脂肪酸与邻苯二胺反应可生成 2-烷基苯并咪唑，进一步烷基化，可得到季铵盐。

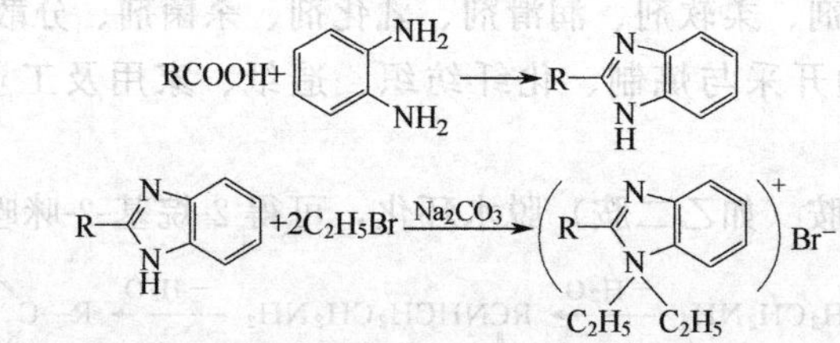

$$RCOOH + C_6H_4(NH_2)_2 \longrightarrow R\text{-}(2\text{-苯并咪唑基})$$

$$R\text{-苯并咪唑} + 2C_2H_5Br \xrightarrow{Na_2CO_3} \left( R\text{-苯并咪唑}(C_2H_5)(C_2H_5) \right)^+ Br^-$$

**(2) 烷基吡啶卤化物型** 由卤代烷与吡啶或甲基吡啶反应而生成的类似季铵盐的化合物。此类表面活性剂主要用作染料固色剂、杀菌剂等。

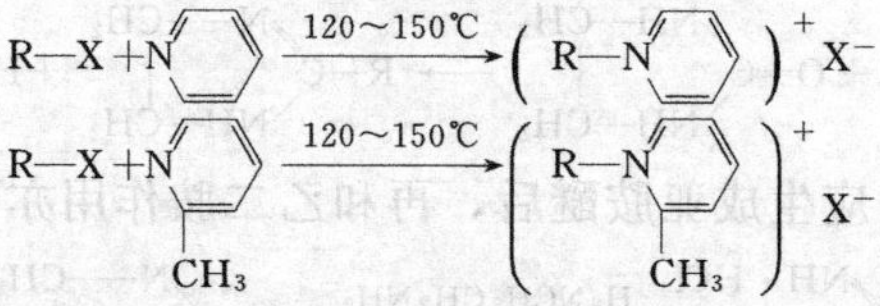

$$R—X + N(\text{吡啶}) \xrightarrow{120\sim150℃} \left( R—N(\text{吡啶}) \right)^+ X^-$$

$$R—X + N(\text{甲基吡啶}, CH_3) \xrightarrow{120\sim150℃} \left( R—N(\text{甲基吡啶}, CH_3) \right)^+ X^-$$

**(3) 吗啉型** 此类表面活性剂主要用作润湿剂、净洗剂、杀菌剂、乳化剂、纤维柔软剂、染料固色剂等。如*N*-高碳烷基吗啉可由长链伯胺和双(2-氯乙基) 醚反应制取：

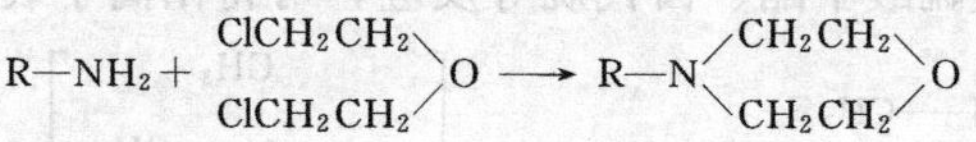

$$R—NH_2 + (ClCH_2CH_2)_2O \longrightarrow R—N(CH_2CH_2)_2O$$

也可由溴代烷和吗啉缩合而成：

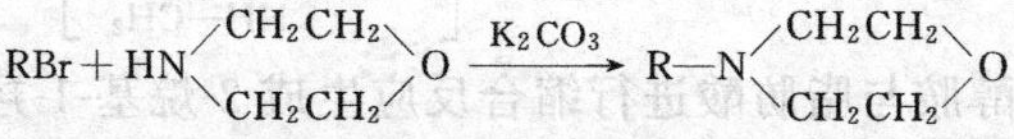

$$RBr + HN(CH_2CH_2)_2O \xrightarrow{K_2CO_3} R—N(CH_2CH_2)_2O$$

*N*-高碳烷基吗啉和硫酸二甲酯、卤代烷等反应，可生成阳离子表面活性剂。仲胺和双(2-氯乙基) 醚反应可一步合成二烷基吗啉阳离子氯化物：

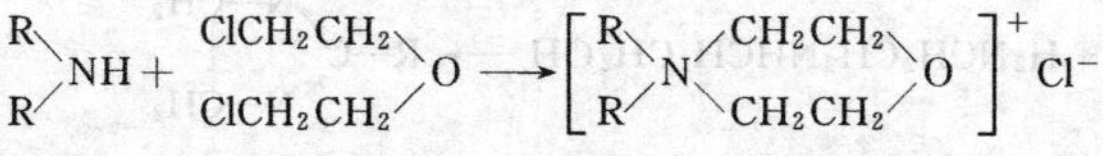

$$R_2NH + (ClCH_2CH_2)_2O \longrightarrow \left[ R_2N(CH_2CH_2)_2O \right]^+ Cl^-$$

高碳卤代烷与低碳烷基吗啉反应可生成相应的吗啉型阳离子表面活性剂：

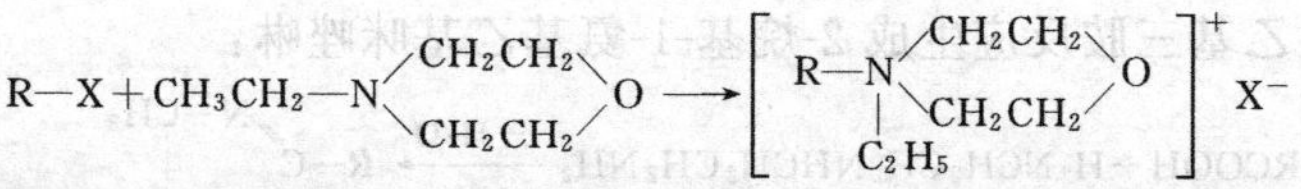

$$R—X + CH_3CH_2—N(CH_2CH_2)_2O \longrightarrow \left[ R—N(C_2H_5)(CH_2CH_2)_2O \right]^+ X^-$$

*N*-甲基吗啉与硫酸长链烷酯反应，亦可制得这类表面活性剂：

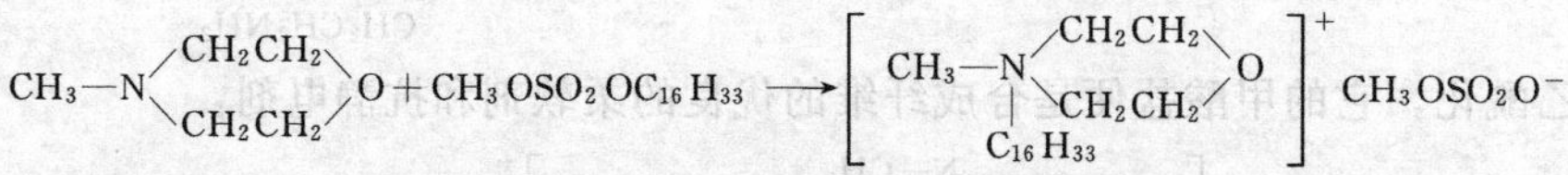

$$CH_3—N(CH_2CH_2)_2O + CH_3OSO_2OC_{16}H_{33} \longrightarrow \left[ CH_3—N(C_{16}H_{33})(CH_2CH_2)_2O \right]^+ CH_3OSO_2O^-$$

将氨基乙基吗啉同脂肪酸一起加热，则可得到具有酰胺基团的吗啉：

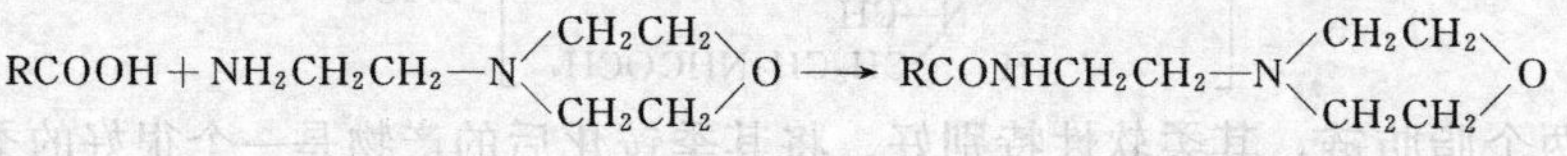

$$RCOOH + NH_2CH_2CH_2—N(CH_2CH_2)_2O \longrightarrow RCONHCH_2CH_2—N(CH_2CH_2)_2O$$

**(4) 三嗪型** 此类表面活性剂主要用作纤维处理剂、纸张处理剂、柔软剂、匀染剂等。这类产品一般是以三聚氰胺或三氯均三嗪为原料合成的。

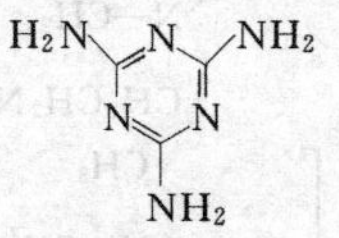

$$C_3N_3(NH_2)_3 \qquad\qquad C_3N_3Cl_3$$

三聚氰胺 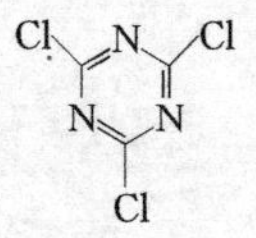　　　　三氯均三嗪

由三聚氰胺合成的柔软剂，如 Permel：

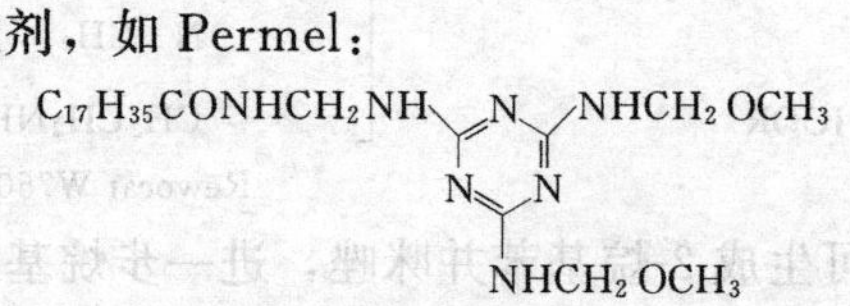

$$C_{17}H_{35}CONHCH_2NH—C_3N_3(NHCH_2OCH_3)_2$$

三氯均三嗪与亚甲基环亚胺的反应产物是很好的织物整理剂：

$$\text{2,4,6-三氯-1,3,5-三嗪} + 3H_2C\overset{N\text{-}H}{—}CH_2 \longrightarrow \text{2,4,6-三(氮丙啶基)-1,3,5-三嗪}$$

脂肪腈同氰基胍在碱性催化剂存在下反应，得到6-烷基-2,4-二氨基三嗪，它与甲醛反应，得到羟甲基化的树脂类物质。用它来处理纤维，可使纤维具有柔软、防水效果。

$$R—CN + NH_2—C(=NH)—NH—CN \longrightarrow \text{2-R-4,6-二氨基-1,3,5-三嗪}$$

$$\text{2-R-4,6-}(NH_2)_2\text{-三嗪} + CH_2O \longrightarrow \text{2-R-4,6-}[N(CH_2OH)_2]_2\text{-三嗪}$$

### 3.2.4 疏水基通过中间键与氮原子连接的阳离子表面活性剂

由于高碳脂肪胺价格昂贵，因此可采用脂肪酸作原料与低碳有机胺衍生物反应，来制备阳离子表面活性剂。如先合成含酰胺、酯或醚等基团的叔胺，然后再用烷基化试剂进行季铵化，得到疏水基通过中间键与氮原子连接的阳离子表面活性剂。

**(1) 萨帕明 (Sapamine) 型** 萨帕明型阳离子表面活性剂是典型的酰胺基铵盐。萨帕明可做纤维柔软剂、直接颜料固色剂使用，其中酰胺键耐水解能力较好。其基本结构为：

$$C_{17}H_{33}CONHCH_2CH_2N(C_2H_5)_2 \cdot HX$$

按其成盐的负离子（HX）不同，得到不同产品，如 Sapamine A（HX 为乙酸）、Sapamine CH(HX 为盐酸)、Sapamine L(HX 为乳酸) 等。Sapamine A 的合成途径如下：

$$C_{17}H_{33}COCl + H_2NCH_2CH_2N(C_2H_5)_2 \xrightarrow[-H_2O]{\triangle} C_{17}H_{33}\overset{O}{\overset{\|}{C}}—HNCH_2CH_2N(C_2H_5)_2 \xrightarrow{CH_3COOH}$$

$$C_{17}H_{33}\overset{O}{\overset{\|}{C}}—NHCH_2CH_2\overset{+}{N}H(C_2H_5)_2CH_3COO^-$$

(Sapamine A)

上述中间体用硫酸二甲酯季铵化得到 Sapamine MS：

$$C_{17}H_{33}—\overset{O}{\overset{\|}{C}}—NHCH_2CH_2N(C_2H_5)_2 + SO_2(OCH_3)_2 \longrightarrow \left(C_{17}H_{33}—\overset{O}{\overset{\|}{C}}—NHCH_2CH_2N(C_2H_5)_2—CH_3\right)^+ CH_3OSO_3^-$$

其中，*N*,*N*-二乙基乙二胺可以由二乙胺与二亚甲基环亚胺反应制得，也可以由二乙氨基乙腈还原制得：

$$(C_2H_5)_2NH + H_2C\overset{N\text{-}H}{—}CH_2 \xrightarrow[\text{或 } NH_4Cl]{AlCl_3} (C_2H_5)_2N—CH_2CH_2NH_2$$

$$(C_2H_5)_2NCH_2CN \xrightarrow[Ni]{H_2} (C_2H_5)_2N—CH_2CH_2NH_2$$

可以用 *N*,*N*-二甲基-1,3-丙二胺来代替 *N*,*N*-二乙基乙二胺，作为合成萨帕明表面活性剂的原料。

**（2）索罗明（Soromine）型** 索罗明型阳离子表面活性剂是典型的酯基铵盐，是由脂肪酸与三乙醇胺在160～180℃下加热缩合得到的中间体脂肪酰氧乙基二乙醇胺，经季铵化而得。

$$C_{17}H_{35}COOH + N(C_2H_4OH)_3 \xrightarrow[-H_2O]{\triangle} C_{17}H_{35}\overset{O}{\overset{\|}{C}}-OCH_2CH_2N(C_2H_4OH)_2 \xrightarrow{HCOOH} \left[C_{17}H_{35}\overset{O}{\overset{\|}{C}}-OCH_2CH_2NH(C_2H_4OH)_2\right]^+ HCOO^-$$

（Soromine A）

此类产品原料便宜，制造简单，性能良好，可做纺织助剂，是重要的纤维柔软剂。但此类化合物含酯基，耐水解性能差。使用中应加以注意。

脂肪酰氧乙基二乙醇胺用1-油酰氨基-2-氯乙烷季铵化，得到的化合物可作纤维柔软剂及抗静电剂：

$$C_{17}H_{35}\overset{O}{\overset{\|}{C}}-OCH_2CH_2N(C_2H_4OH)_2 + C_{17}H_{35}\overset{O}{\overset{\|}{C}}-NHCH_2CH_2Cl \longrightarrow \left[\begin{matrix} C_{17}H_{35}\overset{O}{\overset{\|}{C}}-OCH_2CH_2 & & CH_2CH_2OH \\ & N & \\ C_{17}H_{35}\overset{O}{\overset{\|}{C}}-NHCH_2CH_2 & & CH_2CH_2OH \end{matrix}\right]^+ Cl^-$$

**（3）阿柯维尔（Ahcovel）型** 脂肪酸与多胺衍生物反应，可生成一系列阳离子表面活性剂。反应产物可做柔软剂，如：

$$C_{17}H_{35}COOH + H_2NCH_2CH_2NHCH_2CH_2NH_2 + 2CH_3COOH \longrightarrow C_{17}H_{35}\overset{O}{\overset{\|}{C}}-NHCH_2CH_2-\underset{\underset{CH_3}{|}}{\underset{C=O}{|}}{N}-CH_2CH_2NH-\overset{O}{\overset{\|}{C}}-CH_3$$

**（4）威兰（Velan）和泽兰（Zelan）型** 威兰是卜内门公司的产品，泽兰是杜邦公司的产品，威兰型、泽兰型、Noran型产品可用作织物纤维的永久性柔软防水剂。

① 威兰型

$$C_{16}H_{33}OH \xrightarrow[HCl]{CH_2O} C_{16}H_{33}O-CH_2Cl \xrightarrow{C_5H_5N} \left[C_{16}H_{33}O-CH_2-N^{+}C_5H_5\right]^+ Cl^-$$

Velan P.F

② 泽兰型

$$C_{17}H_{35}\overset{O}{\overset{\|}{C}}-NH_2 + CH_2O \longrightarrow C_{17}H_{35}\overset{O}{\overset{\|}{C}}-NH-CH_2OH \xrightarrow{C_5H_5N\cdot HCl} \left[C_{17}H_{35}\overset{O}{\overset{\|}{C}}-NH-CH_2-NC_5H_5\right]^+ Cl^-$$

③ Noran型

$$C_{17}H_{35}\overset{O}{\overset{\|}{C}}-Cl + CH_2O + C_5H_5N \longrightarrow \left[C_{17}H_{35}\overset{O}{\overset{\|}{C}}-O-CH_2-NC_5H_5\right]^+ Cl^-$$

（Noran）

Velan、Zelan、Noran型表面活性剂的亲水基除吡啶外还可以用三甲胺。

### 3.2.5 聚合型阳离子表面活性剂

如聚季铵盐-16：由乙烯咪唑鎓甲基氯化物和乙烯吡咯烷酮聚合制得，用于发用化妆品及护肤化妆品有护发、调理、定型作用和滋润、柔肤作用，可与阴离子表面活性剂良好复配。

HS-100 阳离子树脂，由乙烯吡咯烷酮和甲基丙烯酰胺丙基三甲基氯化铵聚合制得。易溶于水，对毛发、皮肤有良好的调理性，可与阴离子表面活性剂良好配伍。易于漂洗，不会产生聚积。

### 3.2.6 鎓盐型阳离子表面活性剂

由其他可携带正电荷的元素作为阳离子表面活性剂的亲水基时，称为鎓盐型阳离子表面活性剂。根据亲水基的不同，大致可分为：鏻化物、锍化物和碘鎓化合物三类。

**(1) 鏻化合物** 三烷基膦与卤代物反应可生成四烷基鏻卤化物，主要作为乳化剂、杀虫剂和杀真菌剂。

$$R_3P + R'X \longrightarrow \left( R'-\overset{\overset{R}{|}}{\underset{\underset{R}{|}}{P}}-R \right)^+ X^-$$

**(2) 氧化锍和锍化合物** 在非含氮的阳离子表面活性剂中，从商品化观点来看，氧化锍化合物可能是最有前途的，是有效的杀菌剂。如十二烷基甲基亚砜用硫酸二甲酯甲基化。

$$C_{12}H_{25}\overset{\overset{O}{\uparrow}}{S}CH_3 + (CH_3)_2SO_4 \longrightarrow \left[ C_{12}H_{25}\overset{\overset{O}{\uparrow}}{S}(CH_3)_2 \right]^+ (CH_3SO_4)^-$$

**(3) 碘鎓化合物** 碘鎓化合物具有抗微生物效果，可以与阴离子表面活性剂相容，对次氯酸钠的漂白作用具有稳定性。

$$\text{2-碘联苯} \xrightarrow{CH_3\overset{\overset{O}{\|}}{C}-OOH} \text{2-亚碘酰基联苯 (IO)} \xrightarrow{H_2SO_4} \left[ \text{二苯并碘鎓} \right]^+ HSO_4^-$$

## 3.3 两性离子表面活性剂

在英文名称中，“amphoterics(两性表面活性剂)”和“zwitterionics(两性离子表面活性剂)”可以区分得很清楚，但中文名称却不能清楚区分。因此，广义的“两性表面活性剂”是狭义的“两性表面活性剂”和“两性离子表面活性剂”的统称：是指分子结构中，同时具有阴离子、阳离子和非离子两种及以上亲水基的表面活性剂。这里主要讨论两性离子表面活性剂。

两性离子表面活性剂（zwitterionic surfactants）是指在同一分子结构中同时存在被桥链（碳氢链、碳氟链等）连接的一个或多个正、负电荷中心（或偶极中心）的表面活性剂。换言之，两性离子表面活性剂也可以定义为具有表面活性的分子残基中同时包含彼此不可被电离的正、负电荷中心（或偶极中心）的表面活性剂，如 $N$-十二烷基二甲基甜菜碱：

$$C_{12}H_{25}-\overset{\overset{\large CH_3}{|}}{\underset{\underset{\large CH_3}{|}}{N^+}}-CH_2COO^-$$

尽管两性离子表面活性剂分子中不带净电荷，但在其正、负偶极间存在强电场。阴离子或阳离子表面活性剂虽然电离时也产生正负电荷中心，但具有表面活性的分子残基上只带一种电荷，而两性离子表面活性剂在电离时产生的正、负电荷中心（或偶极中心）则共存于表面活性残基上，互相不能分开。因而在溶液中显示出独特的等电点性质，这是与其他类型表面活性剂的最大和最根本的区别。

两性离子表面活性剂的正电荷中心往往显示碱性，而负电荷中心往往显示酸性。酸性基本都是羧基、磺酸基或磷酸基等；碱性基则为胺基或季铵基。这一结构特征决定了两性离子表面活性剂在溶液中既有释放一个质子的能力，又有吸收一个质子的能力。以烷基甘氨酸（AG）型两性离子表面活性剂为例：

$$RN^+H_2CH_2COOH \underset{HCl}{\overset{NaOH}{\rightleftharpoons}} RN^+H_2CH_2COO^- \underset{HCl}{\overset{NaOH}{\rightleftharpoons}} RNHCH_2COO^-$$

在强酸性水溶液中呈现阳离子性；在强碱性溶液中呈现阴离子性；而在 pH 值接近中性（等电点）时，则以内盐的形式存在即显示两性，这种内盐一般称为两性离子（zwitterionics）。此时在水中的溶解度较小，泡沫、润湿、去污性能亦稍差。这种在不同 pH 范围内，两性离子表面活性剂在三种离子形式之间转换是这类含弱碱性 N 原子的两性离子表面活性剂的显著特征。

但含强碱性 N 原子的两性离子表面活性剂则显示出另外两种不同的离子变换特征，如羧基甜菜碱：

$$R-\overset{\overset{\large CH_3}{|}}{\underset{\underset{\large CH_3}{|}}{N^+}}-CH_2COOH \underset{HCl}{\overset{NaOH}{\rightleftharpoons}} R-\overset{\overset{\large CH_3}{|}}{\underset{\underset{\large CH_3}{|}}{N^+}}-CH_2COO^- \underset{HCl}{\overset{NaOH}{\rightleftharpoons}} R-\overset{\overset{\large CH_3}{|}}{\underset{\underset{\large CH_3}{|}}{N^+}}-CH_2COO^-$$

在强酸性溶液中呈现阳离子性，与阴离子相混，易生成沉淀；在中性或强碱性溶液中均呈现两性，因而在整个 pH 范围内只在两种离子形式间变换。

另有一类两性离子表面活性剂对 pH 不敏感，在任何 pH 情况下，均以内盐或两性离子的形式存在，因而它只有一种离子形式。这类两性离子表面活性剂主要是磺基甜菜碱及硫酸基甜菜碱，在任何 pH 值条件下吸附至带电表面不会形成疏水性表面。

$$R-\overset{\overset{\large CH_3}{|}}{\underset{\underset{\large CH_3}{|}}{N^+}}-CH_2CH_2CH_2SO_3^- \underset{HCl}{\overset{NaOH}{\rightleftharpoons}} R-\overset{\overset{\large CH_3}{|}}{\underset{\underset{\large CH_3}{|}}{N^+}}-CH_2CH_2CH_2SO_3^- \underset{HCl}{\overset{NaOH}{\rightleftharpoons}} R-\overset{\overset{\large CH_3}{|}}{\underset{\underset{\large CH_3}{|}}{N^+}}-CH_2CH_2CH_2SO_3^-$$

在外界电场作用下，以阴离子形式存在的两性离子表面活性剂会向阳极迁移，而以阳离子形式存在的两性离子表面活性剂将会向阴极迁移。但是以内盐形式存在的两性离子表面活性剂在外界电场中既不会向阳极迁移，也不会向阴极迁移。因此，此种无迁移状态相应的溶液的 pH 就被称作两性离子表面活性剂的等电点（pI）。若以 $pK_a$ 和 $pK_b$ 分别表示两性离子表面活性剂酸性基团和碱性基团的解离常数，该两性离子表面活性剂的等电点（pI）可由下式表示：$pI=(pK_a+pK_b)/2$。

两性离子表面活性剂的等电点可以反映两性离子表面活性剂正、负电荷中心的相对解离强度。若 pI＜7，则表明负电荷中心的解离强度大于正电荷中心的解离强度；pI＞7，则相反。等电点可用酸碱滴定的方法确定，一般在 2～10 之间，如表 3-11，表 3-12 所示。

**表 3-11 甜菜碱型两性离子表面活性剂的等电点**

| 结构式 | R碳原子数 | 等电点(pI) |
| --- | --- | --- |
| $R-CH(-{}^{+}N(CH_3)_3)-COO^-$ | $C_8$<br>$C_{10}$<br>$C_{12}$ | 5.45～9.5<br>6.10～9.5<br>6.65～9.5 |
| $R-{}^{+}N(CH_3)_2-CH_2COO^-$ | $C_{12}$<br>$C_{18}$ | 5.1～6.1<br>4.8～6.8 |
| $R-{}^{+}N(CH_2CH_2OH)_2-CH_2COO^-$ | $C_{12}$<br>$C_{18}$ | 4.7～7.5<br>4.6～7.6 |

**表 3-12 *N*-烷基-*β*-氨基丙酸（$RNHCH_2CH_2COOH$）的等电点**

| R | $C_{12}$～$C_{14}$ | $C_{12}$ | $C_{18}$ |
| --- | --- | --- | --- |
| 等电点(pI) | 2～4.5 | 6.6～7.2 | 6.8～7.5 |

两性离子表面活性剂的熔点较高，如甜菜碱型大都在 120～180℃左右。两性离子表面活性剂可溶于水，不大容易溶解于有机溶剂中。两性离子表面活性剂虽然其化学结构各有所不同，但均具有下列共同性能：①耐硬水，钙皂分散力强，耐高浓度电解质；②可与阴、阳、非离子表面活性剂混配，产生增效的协同效应；③与阴离子表面活性剂混合使用时与皮肤相容性好；④低毒性和对皮肤、眼睛的低刺激性；⑤有一定的抗菌性和抑霉性；⑥良好的生物降解性；⑦对硬表面及织物有较好的润湿性和去污性；⑧具有抗静电及织物柔软平滑性能；⑨有良好的乳化性和分散性。由于两性离子表面活性剂的上述特性，在日用化工、纺织工业、染料、颜料、食品、制药、机械、冶金、洗涤等领域得到广泛应用。

两性离子表面活性剂在洗涤剂中一般不作为主剂，而主要是利用它兼有洗涤和抗静电、柔软作用来改善洗后的手感。两性离子表面活性剂若按亲水基中的阴离子结构分类，可分为羧酸盐类、硫酸酯盐类、磺酸盐类、磷酸酯盐类等；若按阳离子结构分类，可分为甜菜碱型、咪唑啉型、氨基酸型、氧化胺型等。

## 3.3.1 甜菜碱型两性离子表面活性剂

甜菜碱是由 Sheihler 于 1869 年从甜菜中提取出来的一种天然含氮化合物，其化学名称为三甲基乙酸铵，化学结构式为：

$$CH_3-\overset{\displaystyle CH_3}{\underset{\displaystyle CH_3}{\overset{|}{\underset{|}{N^+}}}}-CH_2COO^-$$

1876 年 Briihl 建议将甜菜碱（betaines）命名所有具有类似结构的化合物。现在，这一名称也用于描述含硫及含磷的类似化合物。天然甜菜碱因为分子中不具备足够长的疏水基而缺乏表面活性，只有当分子结构中一个—$CH_3$ 被一个 $C_8$～$C_{20}$长链烷基取代后才具有表面活性。具有表面活性的甜菜碱被统称为甜菜碱型两性离子表面活性剂。最简单的甜菜碱取代产物的分子中只含有一个长链烷基（$R=C_8$～$C_{18}$），称作烷基甜菜碱：

$$R-\overset{CH_3}{\underset{CH_3}{\overset{|}{\underset{|}{N^+}}}}-CH_2COO^-$$

当然，天然甜菜碱分子中的甲基也可以被其他取代基取代，得到诸如烷基芳基甜菜碱或烷基酰胺丙基甜菜碱（AAPB）等；连接正、负电荷中心的碳链可以增长，得到丙基甜菜碱、丁基甜菜碱等；乙酸基也可被其他基团取代、得到磺乙基甜菜碱、磺丙基甜菜碱或硫酸乙基甜菜碱、磷酸乙基甜菜碱等。

甜菜碱型两性离子表面活性剂与其他两性离子表面活性剂的区别在于：由于分子中季铵氮的存在，使其在碱性溶液中不具有阴离子性质。在不同的 pH 范围，甜菜碱两性离子表面活性剂只会以两性离子或阳离子表面活性剂的形式存在。因此，在等电点区，甜菜碱两性离子表面活性剂不会像其他具有弱碱性氮的两性离子表面活性剂那样出现溶解度急剧降低的现象。甜菜碱型两性离子表面活性剂为一内盐，与阳离子表面活性剂这类“外季铵盐型表面活性剂”不同，甜菜碱型两性离子表面活性剂可以与阴离子表面活性剂配伍使用，不会形成水不溶性“电中性”化合物。

目前生产和应用最为广泛的甜菜碱型两性离子表面活性剂主要有：烷基甜菜碱、烷基酰胺甜菜碱、磺基甜菜碱等。

**(1) 烷基甜菜碱** 烷基甜菜碱也称烷基二甲基甜菜碱，其中烷基一般为 $C_{12}\sim C_{14}$，国内习惯将十二烷基甜基碱（LB）或椰油基甜菜碱（COB）称作 BS-12。工业上一般采用十二叔胺或椰油叔胺与氯乙酸钠在碱性水溶液中反应制得，其反应式如下：

$$C_{12}H_{25}-\overset{CH_3}{\underset{CH_3}{\overset{|}{\underset{|}{N}}}} + ClCH_2COONa \xrightarrow{NaOH} C_{12}H_{25}-\overset{CH_3}{\underset{CH_3}{\overset{|}{\underset{|}{N^+}}}}-CH_2COO^- + NaCl$$

在水溶液中反应制得的甜菜碱两性离子表面活性剂的浓度一般在 30%～35%之间。易溶于水，具有优良的去污、柔软、抗静电、发泡和润湿性能，对皮肤刺激性小，手感好，易生物降解、毒性低，有良好的抗硬水性和对金属的缓蚀性。可广泛用于配制洗发香波、泡沫浴和儿童用浴剂，也用作纺织品的柔软剂、抗静电剂、羊毛缩绒剂、杀菌清毒剂、金属防蚀剂、乳化剂及橡胶工业的凝胶乳化剂等。

用十二叔胺或椰油叔胺与丙烯酸或其酯反应，制得丙酸型甜菜碱：

$$C_{12}H_{25}-\overset{CH_3}{\underset{CH_3}{\overset{|}{\underset{|}{N}}}} + CH_2{=}CH_2COOH \longrightarrow C_{12}H_{25}-\overset{CH_3}{\underset{CH_3}{\overset{|}{\underset{|}{N^+}}}}-CH_2CH_2COO^-$$

以 $\alpha$-溴长链脂肪酸与三甲基反应，则得到 $\alpha$-长链烷基甜菜碱：

$$CH_3(CH_2)_nCH_2COOH + Br_2 \longrightarrow CH_3(CH_2)_n\overset{Br}{\overset{|}{C}}HCOOH \xrightarrow{2(CH_3)_3N} \begin{array}{c} CH_3(CH_2)_nCHCOO^- \\ | \\ CH_3-N^+-CH_3 \\ | \\ CH_3 \end{array}$$

烷基链中引入其他官能团如醚键、羟基等，可得到改良型烷基甜菜碱。

$$\overset{CH_3}{\underset{CH_3}{\overset{|}{\underset{|}{N}}}}-CH_2COONa + CH_3(CH_2)_nOCH_2Cl \longrightarrow CH_3(CH_2)_nOCH_2-\overset{CH_3}{\underset{CH_3}{\overset{|}{\underset{|}{N^+}}}}-CH_2COO^-$$

$$C_{12}H_{25}N(CH_2CH_2OH)_2 + ClCH_2COONa \longrightarrow C_{12}H_{25}N^+(CH_2CH_2OH)_2—CH_2COO^-$$

**(2) 烷基酰胺甜菜碱 (AAPB)** 烷基酰胺甜菜碱一般先由低相对分子质量的叔-伯型二胺如 *N*,*N*-二甲基丙二胺与脂肪酸、脂肪酸甲酯或甘油酯反应生成烷基酰胺基叔胺。与脂肪酸反应副产物为水；与脂肪酸甲酯反应，则副产物为甲醇，可经蒸馏除去；如与甘油酯反应，则副产物为甘油，一般留在成品里不予分离。例如与脂肪酸（$R=C_{12}\sim C_{18}$）反应式如下：

$$RCOOH + H_2NCH_2CH_2CH_2—N(CH_3)_2 \longrightarrow RCONHCH_2CH_2CH_2—N(CH_3)_2 + H_2O$$

第二步则由上述反应生成的烷基酰胺基叔胺与氯乙酸钠作用生成烷基酰胺甜菜碱，其反应式如下：

$$RCONHCH_2CH_2CH_2—N(CH_3)_2 + ClCH_2COONa \longrightarrow RCONHCH_2CH_2CH_2—N^+(CH_3)_2—CH_2COO^-$$

以环氧氯丙烷、磷酸盐和烷基酰胺丙基二甲基叔胺为原料，经过如下反应得到烷基酰胺磷酸酯甜菜碱。

$$NaH_2PO_4 + ClCH_2\underset{O}{CHCH_2} \longrightarrow ClCH_2CH(OH)CH_2OPO_2(OH)Na \xrightarrow{RCONH(CH_2)_3N(CH_3)_2} RCONH(CH_2)_3N^+(CH_3)_2CH_2CH(OH)CH_2OPO_2(OH)^-$$

该表面活性剂的 cmc 为 $3.6\times10^{-4}$ mol/L，表面张力 27.5mN/m，泡沫 198mm，钙皂分散指数 LSDP10%。

烷基酰胺甜菜碱成品中一般活性物含量为 30%。烷基酰胺甜菜碱与烷基甜菜碱的区别仅在于起始原料叔胺的不同。烷基甜菜碱由于分子中季铵氮的特性，在酸性和碱性介质中均具有很好的化学稳定性。烷基酰胺甜菜碱由于分子中酰胺键的存在，在强酸性或强碱性溶液中表现出水解稳定性。烷基酰胺甜菜碱由于烷基碳原子数的不同有各种产品，主要有月桂酰胺丙基甜菜碱（LAB）、椰油酰胺丙基甜菜碱（CAB）、油酰胺丙基甜菜碱（OAB）等，该类表面活性剂与阳离子、阴离子、非离子表面活性剂配伍性好，不但具有理想的洗涤、调理、抗静电和杀菌作用，而且刺激性低、柔软性好，对皮肤作用温和，泡沫丰富，有良好的黏度调节作用。可广泛用于配制香波、浴液、洗面奶、婴儿洗涤用品、餐洗等。由于其优良的性能，在商业应用上的地位愈来愈重要，大有超过烷基甜菜碱的发展趋势。

**(3) 磺基甜菜碱 (SB)** 磺基甜菜碱（SB）与烷基甜菜碱相似，也是三烷基铵内盐化合物，只是用烷基磺酸取代了羧基甜菜碱中的烷基羧酸，故名磺基甜菜碱。典型的磺基甜菜碱结构式如下：

$$R—N^+(CH_3)_2—(CH_2)_n—SO_3^- \quad R=C_8\sim C_{18} \quad n\geqslant 2$$

羧酸型甜菜碱在强酸性（如盐酸）介质中能够形成一种外盐（如前所述），而显示阳离子特征。但磺基甜菜碱因分子结构中的负电荷中心是强酸性的磺酸基官能团，强碱性的季铵离子与具有同样强酸性的磺酸基离子相平衡，因而其情形与羧基甜菜碱不一样，它们不会形成外盐，在几乎所有 pH 范围内均维持两性离子状态，并可与其他所有表面活性剂配伍。它们可在酸、碱和强电解质中稳定存在，可以与碱金属、碱土金属及其他金属离子配伍。羧基甜菜碱性能温和，但化学稳定性、钙皂分散性不强，而磺基甜菜碱在这些性能上有所改善。

磺基甜菜碱的合成有多种途径，但目前认为比较可行的技术路线是采用长链烷基叔胺和丙烯氯或环氧氯丙烷（表氯醇）、亚硫酸氢钠为原料合成。以烷基叔胺和丙烯氯、亚硫酸氢钠作用制得磺丙基甜菜碱，反应式如下：

$$RN(CH_3)_2 + ClCH_2CH{=}CH_2 \longrightarrow \left[RN(CH_3)_2CH_2CH{=}CH_2\right]^+ Cl^- \xrightarrow{NaHSO_3} RN^+(CH_3)_2CH_2CH_2CH_2SO_3^-$$

表氯醇和亚硫酸氢钠作用制得 2-羟基-3-氯丙基磺酸钠，以该化合物与烷基叔胺反应制得羟磺基甜菜碱（HSB），反应式如下：

$$ClCH_2-\underset{\diagdown O \diagup}{CH-CH_2} + NaHSO_3 \longrightarrow ClCH_2CH(OH)CH_2SO_3Na \xrightarrow{RN(CH_3)_2} RN^+(CH_3)_2-CH_2CH(OH)CH_2SO_3^-$$

以烷基叔胺和氯乙基磺酸钠反应，是制备磺基甜菜碱的传统方法：

$$C_{12}H_{25}N(CH_3)_2 + ClCH_2CH_2SO_3Na \longrightarrow C_{12}H_{25}N^+(CH_3)_2-CH_2CH_2SO_3^-$$

磺基甜菜碱化学结构中连接 N 与 S 的次甲基数—$CH_2$—与产物的性能有关。当次甲基数为 3 时，其去污力、水溶性、钙皂分散力均比取其他值时为优。磺基甜菜碱的水溶性要比羧基或硫酸基甜菜碱为低。为此人们对其进行改进，如烷基酰胺基羟磺基甜菜碱，其合成反应如下：

$$RCOOCH_3 + H_2NCH_2CH_2CH_2N(CH_3)_2 \xrightarrow{Na} RCONHCH_2CH_2CH_2N(CH_3)_2$$

$$ClCH_2-\underset{\diagdown O \diagup}{CH-CH_2} + NaHSO_3 \longrightarrow ClCH_2CH(OH)CH_2SO_3Na$$

$$RCONHCH_2CH_2CH_2N(CH_3)_2 + ClCH_2CH(OH)CH_2SO_3Na \xrightarrow{NaCO_3} RCONHCH_2CH_2CH_2N^+(CH_3)_2-CH_2CH(OH)CH_2SO_3^-$$

烷基酰胺羟磺基甜菜碱除了保持烷基磺基甜菜碱的优点外，其钙皂分散性、水溶性、临界胶束浓度等性能均有所改善。

磺基甜菜碱具有优良的钙皂分散力，常用于洗涤剂及纺织制品的配方中。在洗涤剂配方中使用少量的磺基甜菜碱，可提高产品的润湿、起泡和去污等性能，更适合在硬水和海水中使用。磺基甜菜碱性能温和，刺激性低，与阴离子表面活性剂混合，可降低其刺激性，因此，广泛用于配制香波、浴液、洗面奶等个人保护用品。

除上述主要品种外，还有其他各种甜菜碱型两性离子表面活性剂，如硫酸基甜菜碱、磷酸基甜菜碱、锍鎓型甜菜碱、鏻鎓型甜菜碱等。

① 硫酸基甜菜碱

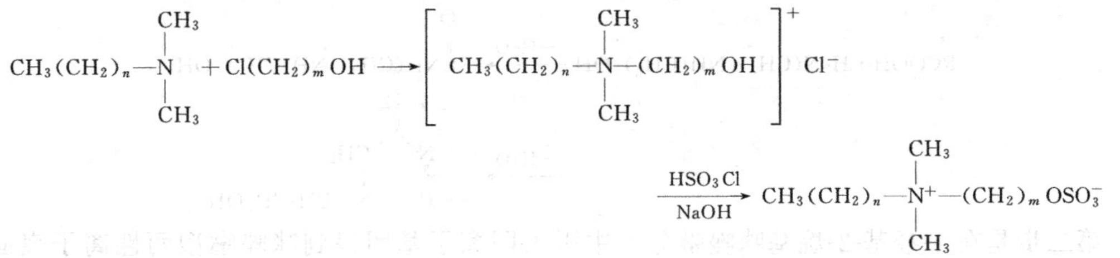

$$CH_3(CH_2)_n-N(CH_3)_2 + Cl(CH_2)_mOH \longrightarrow [CH_3(CH_2)_n-N(CH_3)_2-(CH_2)_mOH]^+Cl^-$$

$$\xrightarrow[NaOH]{HSO_3Cl} CH_3(CH_2)_n-N^+(CH_3)_2-(CH_2)_mOSO_3^-$$

② 磷酸基甜菜碱

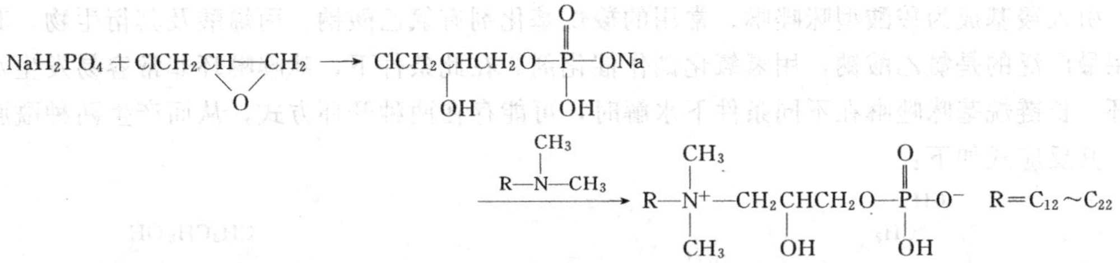

$$NaH_2PO_4 + ClCH_2CH\underset{O}{-}CH_2 \longrightarrow ClCH_2CH(OH)CH_2O-P(=O)(OH)-ONa$$

$$\xrightarrow{R-N(CH_3)-CH_3} R-N^+(CH_3)_2-CH_2CH(OH)CH_2O-P(=O)(OH)-O^- \quad R=C_{12}\sim C_{22}$$

③ 亚硫酸基甜菜碱

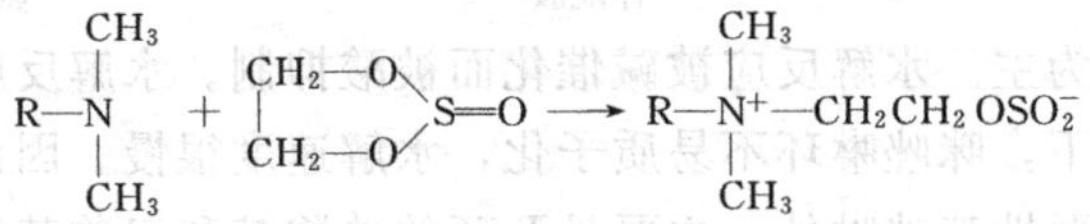

$$R-N(CH_3)_2 + \begin{matrix}CH_2-O\\ |\\ CH_2-O\end{matrix}\!\!>S=O \longrightarrow R-N^+(CH_3)_2-CH_2CH_2OSO_2^-$$

④ 锍鎓型甜菜碱

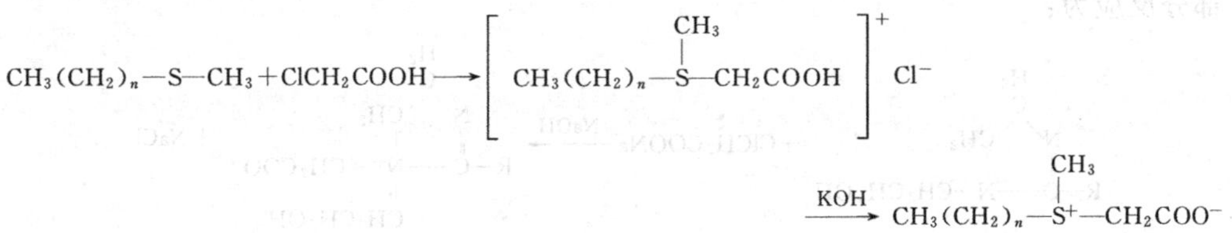

$$CH_3(CH_2)_n-S-CH_3 + ClCH_2COOH \longrightarrow [CH_3(CH_2)_n-S(CH_3)-CH_2COOH]^+Cl^-$$

$$\xrightarrow{KOH} CH_3(CH_2)_n-S^+(CH_3)-CH_2COO^-$$

⑤ 鏻鎓型甜菜碱

$$CH_3(CH_2)_n-PH(CH_3) + CH_2=CHCOOH \longrightarrow CH_3(CH_2)_n-P^+(CH_3)(CH_2CH_2COOH)-CH_2CH_2COO^-$$

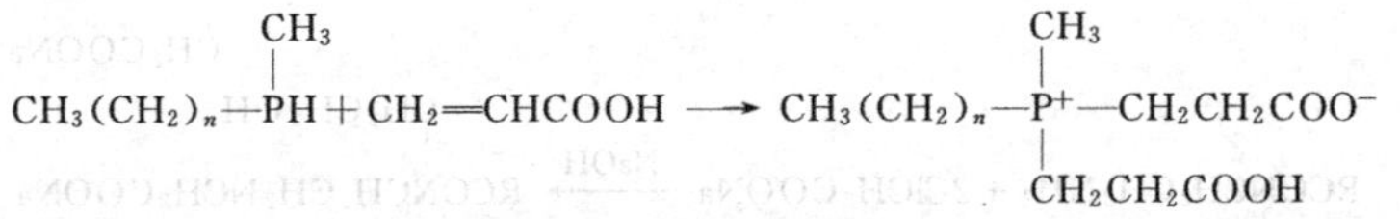

## 3.3.2 咪唑啉型两性离子表面活性剂

咪唑啉的母体结构咪唑是分子结构包含叔氮和亚胺基团的五元杂环。二氢代咪唑被命名为咪唑啉。

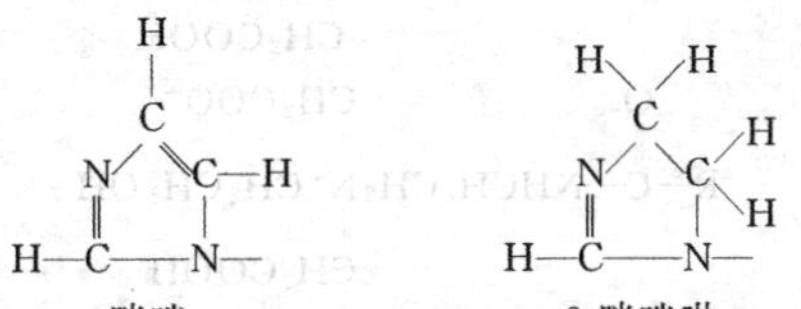

咪唑　　2-咪唑啉

凡分子结构中含有咪唑啉结构的一类两性离子表面活性剂称为咪唑啉型两性离子表面活性剂。咪唑啉两性离子表面活性剂合成包括两步，第一步是合成长链烷基咪唑啉，第二步是引入阴离子基团。

长链烷基咪唑啉的工业生产方法是由脂肪酸或其衍生物与羟乙基乙二胺反应，生成1-羟乙基-2-烷基咪唑啉。反应分两步进行，首先用脂肪酸与羟乙基乙二胺反应生成酰胺基胺，酰胺基胺在高温下分子内部失去一分子水形成环状的 1-羟乙基-2-烷基咪唑啉：

$$RCOOH + H_2N(CH_2)_2NH(CH_2)_2OH \xrightarrow{-H_2O} RC(=O)NH(CH_2)_2NH(CH_2)_2OH \xrightarrow{-H_2O} \text{R—C(=N—CH}_2\text{—CH}_2\text{—N—)—CH}_2CH_2OH$$

第二步是在1-羟基-2-烷基咪唑啉分子中引入阴离子基团得到咪唑啉型两性离子表面活性剂，有羧基、磺基、硫酸基、磷酸基等，其中主要的是羧基和磺基。

引入羧基成为羧酸型咪唑啉。常用的羧烷基化剂有氯乙酸钠、丙烯酸及其衍生物，其中使用最广泛的是氯乙酸钠，用氢氧化钠作催化剂。在此条件下，咪唑啉环非常容易发生水解开环，长链烷基咪唑啉在不同条件下水解时，可能存在两种开环方式，从而产生两种酰胺基胺，其反应式如下：

$$\text{(1-羟乙基-2-烷基咪唑啉)} \xrightarrow{H_2O} \underset{\text{仲酰胺}}{RCONHCH_2CH_2NHCH_2CH_2OH} + \underset{\text{叔酰胺}}{RCON(CH_2CH_2OH)CH_2CH_2NH_2}$$

水解产物以仲酰胺为主。水解反应被碱催化而被酸抑制。水解反应速率随碱浓度的增加而增加，而在酸性条件下，咪唑啉环不易质子化，水解速度很慢。因此，在此条件下引入羧基，产物除有少量环状两性咪唑啉外，主要是开环的单羧基和双羧基结构的两性咪唑啉混合物，部分反应为：

$$\text{(1-羟乙基-2-烷基咪唑啉)} + ClCH_2COONa \xrightarrow{NaOH} \text{R—C(咪唑啉环)—}N^+(CH_2CH_2OH)\text{—}CH_2COO^- + NaCl$$

$$RCONHCH_2CH_2NHCH_2CH_2OH + ClCH_2COONa \xrightarrow{NaOH} RCONHCH_2CH_2N(CH_2COONa)CH_2CH_2OH$$

$$RCON(CH_2CH_2OH)CH_2CH_2NH_2 + 2ClCH_2COONa \xrightarrow{NaOH} RCON(CH_2CH_2OH)CH_2CH_2N(CH_2COONa)_2$$

主要产物为两个仲酰胺烷基化产品，还有少量叔酰胺烷基化产品及环状两性咪唑啉：

$$R\text{—}C(=O)\text{—}NHCH_2CH_2N(CH_2COOH)CH_2CH_2OH$$

$$R\text{—}C(=O)\text{—}NHCH_2CH_2N^+(CH_2COO^-)(CH_2COOH)CH_2CH_2OH$$

$$R\text{—}C(=O)\text{—}N(CH_2CH_2OH)CH_2CH_2NHCH_2COOH$$

$$R\text{—}C(=O)\text{—}N(CH_2CH_2OH)CH_2CH_2N(CH_2COOH)CH_2COOH$$

$$R\text{—}C(=O)\text{—}N(CH_2CH_2OH)CH_2CH_2N^+(CH_2COO^-)(CH_2COOH)CH_2COOH$$

用丙烯酸衍生物代替氯乙酸钠可制得无盐型产品（用氯乙酸钠所得产物含有大量氯化钠），如以丙烯酸甲酯反应，预期得到下列产物（再水解得到环状两性咪唑啉）。

$$\text{R—C(=N—CH}_2\text{—CH}_2\text{—)N—(CH}_2)_2\text{OH} \xrightarrow{CH_2=CHCOOCH_3} \text{R—C(=N—CH}_2\text{—CH}_2\text{—)N—(CH}_2)_2\text{O(CH}_2)_2\text{COOCH}_3$$

因此，除非在特定无水条件下合成时才有可能保持分子中的咪唑啉环结构，通常合成的两性咪唑啉产品中活性物主要是开环咪唑啉结构，也可以说是一种酰胺基氨基酸结构。但该类物质脱水后仍可形成咪唑啉环，所以习惯仍称该类表面活性剂为咪唑啉型两性离子表面活性剂。

引入磺基成为磺酸型咪唑啉。用环氧氯丙烷、亚硫酸氢钠与咪唑啉反应，可生成如下磺酸盐：

$$ClCH_2\text{—}\underset{\backslash O/}{CH\text{—}CH_2} + NaHSO_3 \longrightarrow ClCH_2\underset{|\atop OH}{CH}CH_2SO_3Na$$

$$\text{R—C(=N—CH}_2\text{—CH}_2\text{—)N—CH}_2\text{CH}_2\text{OH} + ClCH_2\underset{|\atop OH}{CH}CH_2SO_3Na \xrightarrow{NaOH} \text{R—CONHCH}_2\text{CH}_2\text{N(CH}_2\text{CH}_2\text{OH)CH}_2\underset{|\atop OH}{\text{CH}}\text{CH}_2\text{SO}_3\text{Na}$$

烷基咪唑啉和溴乙基磺酸钠反应得到如下磺酸型咪唑啉。

$$\text{RC(=N—CH}_2\text{—CH}_2\text{—)N—CH}_2\text{CH}_2\text{OH} + BrCH_2CH_2SO_3Na \longrightarrow \text{RC(=N—CH}_2\text{—CH}_2\text{—)N}^+\text{(CH}_2\text{CH}_2\text{OH)—CH}_2\text{CH}_2\text{SO}_3^-$$

引入其他阴离子基团，得到其他咪唑啉产品，如硫酸基咪唑啉：

$$\text{RC(=N—CH}_2\text{—CH}_2\text{—)N—(CH}_2)_2\text{OH} \xrightarrow{ClSO_3H} \text{R—C(=}\overset{+}{\text{N}}\text{H—CH}_2\text{—CH}_2\text{—)N—(CH}_2)_2\text{OSO}_3^- + HCl$$

$$\text{RC(=N—CH}_2\text{—CH}_2\text{—)N}^+\text{—CH}_2\text{CH}_2\text{OH} + H_2NSO_3H \longrightarrow \text{RC(=N—CH}_2\text{—CH}_2\text{—)N}^+\text{(H)—CH}_2\text{CH}_2\text{OSO}_3^-$$

磷酸型咪唑啉：

$$\text{HO—}\underset{|\atop OH}{\overset{O\atop \|}{P}}\text{—ONa} + ClCH_2CH\underset{\backslash O/}{\text{—}}CH_2 \xrightarrow{\triangle} ClCH_2\underset{|\atop OH}{CH}CH_2O\text{—}\underset{|\atop OH}{\overset{O\atop \|}{P}}\text{—ONa}$$

$$\xrightarrow{\text{RC(=N—CH}_2\text{—CH}_2\text{—)N—(CH}_2)_2\text{OH}} {}^-\text{O—}\underset{|\atop ONa}{\overset{O\atop \|}{P}}\text{—CH}_2\underset{|\atop OH}{\text{CH}}\text{CH}_2\text{—}\overset{+}{\text{N}}\text{(—CH}_2\text{—CH}_2\text{—)(=C—R)N—(CH}_2)_2\text{OH}$$

有机硼系咪唑啉：

$$RCOOH + HOCH_2CH_2NHCH_2CH_2NH_2 \xrightarrow{-2H_2O} \text{RC(=N—CH}_2\text{—CH}_2\text{—)N—CH}_2\text{CH}_2\text{OH} \xrightarrow{H_3BO_3} \text{RC(=N—CH}_2\text{—CH}_2\text{—)N}^+\text{(H)—CH}_2\text{CH}_2\text{OBO}_2^-$$

咪唑啉两性离子表面活性剂无毒、性能温和、无刺激、生物降解性好，具有优良的洗涤、润湿、发泡性和优良的柔软、抗静电性。与阴离子、阳离子和非离子表面活性剂有良好的配伍性。常用于香波、浴液、洗面奶中，也常用作织物柔软剂和纺织纤维加工助剂，在金属加工中用作润滑剂、清洗剂、防锈剂，尤其用于酸性溶液中金属防锈，对硫酸、盐酸、氢氟酸、磺酸等的抗蚀能力有很好的效果。

### 3.3.3 氨基酸型两性离子表面活性剂

氨基酸分子中有氨基和羧基，本身就是两性化合物。当氨基酸分子上存在适当长链作为亲油基时，就成为有表面活性的氨基酸型两性离子表面活性剂。主要分为两类，一类是羧酸型氨基酸两性离子表面活性剂，一类是磺酸型氨基酸两性离子表面活性剂。

羧酸型氨基酸两性离子表面活性剂如 $\alpha$-氨基乙酸可由脂肪胺和氯乙酸反应制得，当氯乙酸量增加时，可生成叔胺或季铵（甜菜碱）型。这些化合物在酸、碱性介质中均有表面活性，是有效的钙皂分散剂。

$$RNH_2+ClCH_2COOH \longrightarrow RNHCH_2COOH$$

$$RNHCH_2COOH \xrightarrow{ClCH_2COOH} RN(CH_2COOH)_2 \xrightarrow{ClCH_2COOH} \overset{+}{R}N(CH_2COOH)_3$$

商品 Tego 是很好的杀菌剂，也是羧酸型氨基酸两性离子表面活性剂的典型品种，Tego51 的结构及合成步骤如下：

$$RNHCH_2CH_2NHCH_2CH_2NHCH_2COOH\cdot HCl \quad R 为 C_8\sim C_{18}$$

$$RCl+NH_2CH_2CH_2NHCH_2CH_2NH_2 \longrightarrow RNHCH_2CH_2NHCH_2CH_2NH_2+HCl$$

$$RNHCH_2CH_2NHCH_2CH_2NH_2+ClCH_2COOH \longrightarrow RNHCH_2CH_2NHCH_2CH_2NHCH_2COOH\cdot HCl$$

Tego103 则有如下的结构：

$$\begin{matrix} RNHCH_2CH_2 \diagdown \\ \quad NCH_2COOH\cdot HCl \\ RNHCH_2CH_2 \diagup \end{matrix}$$

单取代和二取代的氨基羧酸也可以用胺、甲醛、氰化物反应合成：

$$RNH_2+CH_2O+HCN \longrightarrow RNHCH_2CN \xrightarrow{H_2O} RNHCH_2COOH$$

$$RNH_2+2CH_2O+2HCN \longrightarrow RN(CH_2CN)_2 \xrightarrow{2H_2O} RN(CH_2COOH)_2$$

脂肪胺与丙烯酸或其酯反应，制得氨基丙酸型两性离子表面活性剂，如以下制备的产品可用作特殊用途的洗涤剂：

$$RNH_2+CH_2=CHCOOCH_3 \longrightarrow RNHCH_2CH_2COOCH_3$$

$$RNHCH_2CH_2COOCH_3+NaOH \longrightarrow RNHCH_2CH_2COONa$$

$$ROCH_2CH_2CH_2NH_2+CH_2=CHCOOCH_3 \longrightarrow$$

$$ROCH_2CH_2CH_2NHCH_2CH_2COOCH_3 \xrightarrow{NaOH} ROCH_2CH_2CH_2NHCH_2CH_2COONa$$

采用丙烯腈代替丙烯酸酯反应，可望降低产品的成本。反应如下：

$$RNH_2+CH_2=CHCN \longrightarrow RNHCH_2CH_2CN \xrightarrow{NaOH+H_2O} RNHCH_2CH_2COONa$$

氨基磺酸型两性离子表面活性剂的制备方法主要有两种：一种是脂肪胺类与磺烷基化试剂反应：

$$RNH_2+BrC_2H_4SO_3Na \longrightarrow RNHC_2H_4SO_3Na+HBr$$

$$RNH_2+BrCH_2CH_2CH_2SO_3Na \longrightarrow RNHCH_2CH_2CH_2SO_3Na$$

另一种是利用带有苯环或聚氧乙烯醚的卤化物与牛磺酸或甲基牛磺酸反应：

$$R-C_6H_4-CH_2Cl+NH_2(CH_2)_2SO_3Na \longrightarrow R-C_6H_4-CH_2NH(CH_2)_2SO_3Na$$

$$R-C_6H_4-(OCH_2)_nOH \xrightarrow{SOCl_2} R-C_6H_4-(OCH_2)_nCl$$

$$\xrightarrow{CH_3NH(CH_2)_2SO_3Na} R-C_6H_4-(OCH_2)_nN(CH_3)(CH_2)_2SO_3Na$$

含硫酸基的氨基酸两性离子表面活性剂可以由含双键或羟基的脂肪胺进行硫酸化得到。如油酸与多元胺生成的酰胺，用硫酸处理使双键硫酸化：

$$CH_3(CH_2)_7CH{=}CH(CH_2)_7CONH(CH_2)_2NH_2 \xrightarrow{H_2SO_4} CH_3(CH_2)_7CH(OSO_3H)CH_2(CH_2)_7CONH(CH_2)_2NH_2$$

关于磷酸基氨基酸两性离子表面活性剂也有一些报道，如：

$$RCONH(CH_2)_2OH + POCl_3 \xrightarrow{H_2O} RCONH(CH_2)_2OPO_3H_2 \xrightarrow{HOCH_2CH_2NH_2} RCONH(CH_2)_2OP(=O)(OH)O(CH_2)_2NH_2$$

$$RBr + H_2NCH_2CH_2OH \longrightarrow RNHCH_2CH_2OH \xrightarrow{P_2O_5} RN^+H_2CH_2CH_2OPO_3^-$$

以溴代烷和二乙醇胺为原料，经过两步反应制得硼酸酯型两性离子表面活性剂：

$$RBr + NH(CH_2CH_2OH)_2 \longrightarrow RN(CH_2CH_2OH)_2 \xrightarrow{H_3BO_3} RN(CH_2CH_2O)_2BOH \longrightarrow RN^+H(CH_2CH_2O)_2BO^-$$

上式所示两性离子表面活性剂在水溶液中的状态与 pH 有关，在 $pH<6.6$ 时呈阳离子性，$pH>9.1$ 时呈阴离子性，$pH=6.6\sim9.1$ 时为两性。$pH=7$ 时，它的表面张力为 25.6mN/m，cmc 为 $1.03\times10^{-3}$ mol/L。

氨基酸型两性离子表面活性剂可用作代磷助剂，具有酶稳定性、漂白与护色作用。是一种低刺激性的表面活性剂，还具有杀菌作用，用于化妆品、洗涤剂、杀菌剂以及其他制品。

### 3.3.4 卵磷脂两性离子表面活性剂

卵磷脂是在所有的生物机体中都存在的天然两性离子表面活性剂。在大豆和蛋黄中含量最高。卵磷脂分子是由甘油、两个脂肪酸基、磷酸和一个含氨基的基团组成。从化学结构上看，只有磷脂酸的胆碱盐才是真正的卵磷脂。

| α-磷脂酸 | β-磷脂酸 | 卵磷脂 | 脑磷脂 |
|---|---|---|---|
| $CH_2O-C(=O)-R$ | $CH_2O-C(=O)-R$ | $CH_2OCOR$ | $CH_2OCOR$ |
| $CHO-C(=O)-R'$ | $CHO-P(=O)(OH)-OH$ | $CHOCOR$ | $CHOCOR$ |
| $CH_2O-P(=O)(OH)-OH$ | $CH_2O-C(=O)-R'$ | $CH_2OP(=O)(OH)OCH_2CH_2N^+(CH_3)_3$ | $CH_2OP(=O)(OH)OCH_2CH_2NH_2$ |

工业上，卵磷脂主要是从大豆和蛋黄中提取。大豆磷脂质量好、价格低廉、乳化性好，因此大多生产大豆磷脂。蛋黄卵磷脂质量更好，但价格较高，多用于医药。

卵磷脂有很好的乳化和润湿性能，其胶体效应、抗氧化性、柔软性和生理学性质都较好，大量用于食品及动物饲料工业，还可用于化妆品、医药、农药、染料、涂料等领域。卵磷脂不溶于水，不能用作洗涤剂。

### 3.3.5 氧化胺型两性离子表面活性剂

氧化胺的分子结构为四面体，其氮原子以配位键与氧原子相连，呈半极性，有些书中将它归入阳离子型，也有将它归入非离子型。因其化学性质与两性离子型相似，它既能与阴离子表面活性剂相容，也能和非离子或阳离子表面活性剂相容，故并入两性离子型表面活性剂中。它在中性和碱性溶液中显示出非离子特性，在酸性介质中显示弱阳离子性质。

氧化胺分子式如下：

$$R-N(R_1)(R_2)\rightarrow O \qquad R=C_{10}\sim C_{18} \qquad R_1、R_2 为 CH_3 或 CH_2CH_2OH$$

氧化胺通常采用叔胺与双氧水反应制取，其反应式如下：

$$R-N(CH_3)_2 + H_2O_2 \longrightarrow R-N(CH_3)_2\rightarrow O$$

$$RC(=O)-NHCH_2CH_2CH_2N(CH_3)_2 + H_2O_2 \longrightarrow RC(=O)-NHCH_2CH_2CH_2N(CH_3)_2\rightarrow O$$

氧化胺具有优良的发泡、洗涤、乳化、增溶、增稠等作用，对氧化剂、酸碱的化学稳定性较好，对皮肤和眼睛刺激性低，与阴离子表面活性剂有协同效应，生物降解性好，广泛用于洗涤剂，香波、浴液、洗面奶、婴儿洗涤剂、餐具洗涤剂和硬表面清洗剂等产品中。

## 3.4 非离子表面活性剂

非离子表面活性剂就是在水溶液中不会离解成带电的阴离子或阳离子，而以中性非离子分子或胶束状态存在的一类表面活性剂。它的疏水基是由含活泼氢的疏水性化合物如高碳脂肪醇、烷基酚、脂肪酸、脂肪胺等提供的，其亲水基是由含能与水形成氢键的醚基、自由羟基的化合物如环氧乙烷、多元醇、乙醇胺等提供的。

由于羟基和醚基的亲水性较弱，只靠一个羟基或醚基是不能将很大的疏水基溶解于水中的。要达到一定的亲水性，就必须有几个羟基或醚基。羟基或醚基越多，亲水性越强，反之，亲水性越弱。因此根据疏水碳链的长短和结构的差异以及亲水基的数目，可人为地控制非离子表面活性剂的性质和用途。

非离子表面活性剂，特别是含有醚基或酯基的非离子表面活性剂，在水中的溶解度随温度的升高而降低，开始是澄清透明的溶液，当加热到一定温度，溶液就变混浊，溶液开始呈现混浊时的温度叫作浊点。这是非离子表面活性剂区别于离子型表面活性剂的一个特点。溶液之所以受热变混浊，是水分子与醚基、酯基之间的氢键因温度升高而逐渐断裂，使非离子表面活性剂的溶解度降低。当疏水基相同时，加成的环氧乙烷分子数越多，亲水性越强，浊点越高。当加成的环氧乙烷数相同时，疏水基的碳链越长，疏水性越大，浊点就越低。因此可用浊点来衡量非离子表面活性剂的亲水性。

非离子表面活性剂具有高表面活性，其水溶液的表面张力低，临界胶束浓度低，胶束聚集数大，增溶作用强，不仅具有良好的乳化、润湿、分散、去污、加溶等作用，而且具有良好的抗静电、柔软、杀菌、润滑、缓蚀、防锈、保护胶体、匀染、防腐蚀等多方面作用，且泡沫适中。除大量用于合成洗涤剂和化妆品工业作为洗涤剂活性物外，还广泛用于纺织、造纸、食品、塑料、皮革、玻璃、石油、化纤、医药、农药、油漆、染料、化肥、胶片、照相、金属加工、选矿、建材、环保、消防等工业部门。由于非离子表面活性剂性能优越，用途广泛，发展非常迅速，产量上是目前仅次于阴离子表面活性剂的第二大种类。

非离子表面活性剂的种类繁多，按亲水基的种类和结构的不同，主要分为聚氧乙烯型、多元醇型、烷醇酰胺型以及烷基多苷等。

### 3.4.1 聚氧乙烯型非离子表面活性剂

聚氧乙烯型非离子表面活性剂是由含活泼氢的疏水性化合物与多个环氧乙烷加成而得的含有聚氧乙烯基的化合物。是非离子表面活性剂中品种最多、产量最大、应用最广的一类。合成这类表面活性剂的重要反应是乙氧基化反应，即由含活泼氢的化合物与环氧乙烷（EO）在催化剂作用下进行加成反应，引入聚氧乙烯链：

$$RXH + n\underset{\diagdown O \diagup}{CH_2{-}CH_2} \longrightarrow RX(CH_2CH_2O)_nH$$

式中，RXH 为脂肪醇、烷基酚、脂肪酸、脂肪胺、烷醇酰胺、硫醇等含活泼氢的化合物；$n$ 为环氧乙烷加成数。

实际上，上述反应终产物的环氧乙烷加成数总有一定的分布，大体上符合泊松分布规律，亦即它是不同聚氧乙烯链长（同系物）的混合物，$n$ 代表其平均值。环氧乙烷加成反应所用催化剂的性质不同，反应的机理也不相同，终产物的环氧乙烷加成数分布亦不同。一般酸性催化剂（如三氟化硼、酸性陶土等）可得窄分布产品，但因存在对设备腐蚀性大及副产物多等缺点，实际生产中很少使用。目前工业上多应用强碱性催化剂（如 NaOH、KOH、$NaOCH_3$ 等），主要得到宽分布产物。如用碱土金属氢氧化物为催化剂，则得到窄分布产物。

一般认为，乙氧基聚合度分布同产物性质间的关系为：单一 EO 加成数的醇醚的浊点要比具有一般分布的产品高 10～12℃，但去污力和渗透力无明显差别；单一 EO 加成数的烷基酚醚起泡性高但稳泡性差，而一般分布的产品则乳化力较好；窄分布产品脂肪醇含量低，去油污性较好；用窄分布醇醚制取 AES 时，产品中的二噁烷含量较低。

聚氧乙烯型非离子表面活性剂根据其疏水基的种类不同，主要品种有脂肪醇聚氧乙烯醚、烷基酚聚氧乙烯醚、脂肪酸聚氧乙烯酯、聚氧乙烯烷基胺、聚氧乙烯基酰胺等。

**(1) 脂肪醇聚氧乙烯醚（AEO）** 脂肪醇聚氧乙烯醚的通式为 $RO(CH_2CH_2O)_nH$，是脂肪醇与环氧乙烷的加成物：

$$ROH + n\underset{\diagdown O \diagup}{CH_2{-}CH_2} \longrightarrow RO(CH_2CH_2O)_nH$$

式中，R 为 $C_8$～$C_{18}$烷基，$n$ 一般为 2～30。脂肪醇聚氧乙烯醚的性能与脂肪醇的碳原子数和环氧乙烷加成数有关。通常溶解度随环氧乙烷加成数的增加而显著增加，含 1～5mol 环氧乙烷的产品是油溶性的，当环氧乙烷摩尔数增加到 7～10 左右时，能在水中分散或溶解于水。一些脂肪醇聚氧乙烯醚的浊点见表 3-13。

十二醇聚氧乙烯醚的表面张力和界面张力随 EO 数的增加而增加，直链醇醚的增加速度高于支链仲醇醚的。脂肪醇相对分子质量增加时，润湿力有所下降，支链醇比直链醇的润湿

表 3-13 脂肪醇聚氧乙烯醚的浊点

| 脂肪醇聚氧乙烯醚 | 浊 点/℃ | 脂肪醇聚氧乙烯醚 | 浊 点/℃ |
|---|---|---|---|
| $C_{12}H_{25}(EO)_4OH$ | 7 | $C_{12}H_{25}(EO)_{15}OH$ | >100 |
| $C_{12}H_{25}(EO)_5OH$ | 31 | $C_{18}H_{37}(EO)_{10}OH$ | 55 |
| $C_{12}H_{25}(EO)_7OH$ | 44 | $C_{18}H_{37}(EO)_{15}OH$ | 79 |
| $C_{12}H_{25}(EO)_9OH$ | 88 | $C_{18}H_{37}(EO)_{20}OH$ | >100 |
| $C_{12}H_{25}(EO)_{10}OH$ | 95 | | |

性能更好。醇的结构相同时润湿力与 EO 数有关，不同碳数的醇达到最短润湿时间（润湿力最好）所需的环氧乙烷数不同，相对分子质量越大的醇达到最短润湿时间所需的 EO 数愈大。十二醇的 EO 数为 7 时润湿力最好。直链醇比支链醇泡沫力好，对不同的脂肪醇来说与最大泡沫力相对应的环氧乙烷数不同。就十二醇而言，EO 数高于 9 以后，泡沫力好。但同离子型表面活性剂相比，起泡力较低，且泡沫稳定性亦较差，适合于配制低泡洗涤剂。去污力随脂肪醇碳链的增加而提高，对碳数相同的醇来说，支链醇醚的洗涤性比直链醇好，对十二醇而言 EO 数为 8～10 时洗涤力最佳。

脂肪醇聚氧乙烯醚系列表面活性剂由于脂肪醇的碳原子数和环氧乙烷加成数的不同有许多品种。低碳醇 $C_7$～$C_9$ 与 5～6mol 的 EO 加成的产物（商品名称渗透剂 JFC）具有优良的润湿和渗透性能，应用于纤维的各种加工过程中。

当脂肪醇的碳原子为 $C_{12}$～$C_{14}$ 时，通常称作 AEO。$AEO_{2\sim3}$ 不溶于水，通常用作合成 AES、AEC、AESS 等阴离子表面活性剂的原料，且具有乳化、匀染、渗透等性能，可用作纺织工业的匀染剂、润湿剂和各种油剂的组分；$AEO_{4\sim6}$ 为油溶性乳化剂；$AEO_7$，$AEO_9$，$AEO_{10}$ 具有良好的润湿、乳化、去污等性能，用作洗涤剂的活性物，纺织工业的洗净剂、润湿剂等；$AEO_{15}$，$AEO_{20}$ 具有很好的乳化、分散、去污等性能，用作纺织工业的匀染剂，金属加工的清洗剂，化妆品、农药、油墨等的乳化剂。

当脂肪醇的碳原子数为 $C_{14}$～$C_{18}$ 时，通常称作平平加。其中 $C_{14}$～$C_{16}$ 称作平平加 OS；$C_{16}$～$C_{17}$ 称作平平加 O，$C_{18}$ 称作平平加 A 等。该系列具有良好的乳化、分散等性能，特别是对矿植物油具有独特的乳化性能，常用作乳化剂，纺织、印染助剂等。

仲醇的乙氧基化物生物降解性好、黏度低、溶解度大、胶凝范围窄，抗硬水性好，具有良好的润湿力和去污力；破泡性好、易于漂洗；对皮肤的刺激性低，易于和其他物质相混合。可在洗涤用品、化学特制品、塑料、皮革和纺织等领域中用作洗涤剂、乳化剂、润湿剂、匀染剂、分散剂和增塑剂。

总之，脂肪醇聚氧乙烯醚系列表面活性剂具有优良的润湿、乳化、分散、匀染、去污等性能，因而作为洗涤剂、乳化剂、匀染剂、发泡剂、润湿剂、渗透剂等，在民用洗涤剂，化纤油剂、纺织、印染、皮革、农药、冶金、造纸以及化妆品等行业中均有着极其广泛的应用。

**(2) 烷基酚聚氧乙烯醚（APE）**

烷基酚聚氧乙烯醚的通式为：$R-C_6H_4-O(CH_2CH_2O)_nH$

它是烷基酚与环氧乙烷的加成物：

$$R-C_6H_4-OH + n\,\underset{\backslash O/}{CH_2-CH_2} \longrightarrow R-C_6H_4-O(CH_2CH_2O)_nH$$

式中，R 为 $C_8$～$C_9$ 烷基，也可以是 $C_{10}$～$C_{16}$ 烷基，但以 $C_9$ 烷基即壬基酚为主；$n$ 为

环氧乙烷加成数。壬基酚聚氧乙烯醚商品名称为NP，亦常称作OP系列、TX系列或OΠ系列；辛基酚聚氧乙烯醚商品名称为OP，亦常称作OΠ系列，但近来两者并不严格区分。

壬基酚聚氧乙烯醚的环氧乙烷加成数在15以上的产品，在室温下是固体，环氧乙烷加成数在8以上的产品具有很好的水溶性，各种不同环氧乙烷加成数的产品均可溶解在四氯化碳、低碳醇和多数的芳香族溶剂中。

壬基酚聚氧乙烯醚的表面活性与环氧乙烷加成数有关，见表3-14。环氧乙烷加成数为6左右时，在水中呈分散状态，但降低表面张力的能力最大。环氧乙烷加成数增加，降低表面张力的能力降低，但发泡力和泡沫稳定性随之增强，且环氧乙烷质量分数达75%左右时，发泡力达最高值。环氧乙烷加成数为10时洗涤能力最强，大于12以后去污力下降。

**表3-14 壬基酚聚氧乙烯醚的性质**

| 表面活性剂 | EO/% | 浊点/℃（1%溶液） | 泡沫高度/mm | | 表面活性剂 | EO/% | 浊点/℃（1%溶液） | 泡沫高度/mm | |
|---|---|---|---|---|---|---|---|---|---|
| | | | 初始 | 5min | | | | 初始 | 5min |
| NPE-6 | 54 | 不溶解 | 15 | 10 | NPE-30 | 86 | 100 | 120 | 105 |
| NPE-9.5 | 65 | 54.4 | 80 | 60 | NPE-40 | 89 | 100 | 115 | 105 |
| NPE-10.5 | 68 | 71.1 | 110 | 80 | NPE-50 | 91 | 100 | 100 | 85 |
| NPE-15 | 75 | 93.3 | 130 | 110 | NPE-100 | 95 | 100 | 75 | 50 |
| NPE-20 | 80 | 100 | 120 | 110 | NPE-S | 47 | — | 170 | 150 |

根据环氧乙烷加成数的多少，可发挥各自优良的乳化性、润湿性、分散性、增溶性、去污能力和渗透能力。因此作为乳化剂、润湿剂、分散剂、清洗剂、增溶剂等在民用洗涤剂和各个工业领域中均有着极为广泛的应用，见表3-15。

**表3-15 烷基酚聚氧乙烯醚的用途**

| EO的摩尔数 | 用途 |
|---|---|
| 1.5 | 消泡剂，破乳剂，石油中分散剂，油溶性洗涤剂 |
| 4 | 油溶性洗涤剂，分散剂和乳化剂，合成阴离子表面活性剂的中间体 |
| 5 | 造纸、机械、毛毯洗涤剂，纸张脱墨剂，农药的乳化剂，纺织加工整理剂，制革工业润湿剂和渗透剂 |
| 10 | 轻垢型和重垢型洗涤剂，酸洗和碱洗润湿剂 |
| 15 | 高温分散剂，合成橡胶乳液聚合的乳化剂，脂肪、蜡和油乳化剂 |
| 20 | 高浓度电解质润湿剂，合成胶乳稳定剂 |
| 30 | 醋酸乙烯乳液聚合乳化剂、匀染剂、钙皂分散剂 |

烷基酚聚氧乙烯醚曾大量用于洗涤剂配方中，但因其生物降解性差，在民用洗涤剂中已限制使用，目前主要广泛用作工业用表面活性剂。

**(3) 脂肪酸聚氧乙烯酯** 可由脂肪酸与环氧乙烷在碱性条件下加成制得：

$$\mathrm{RCOOH} + n\,\mathrm{CH_2{-}CH_2}\ (\text{环氧乙烷, }\mathrm{-O-}) \longrightarrow \begin{cases} \mathrm{RCOO(CH_2CH_2O)_{\mathit{n}}H} \\ \mathrm{RCOO(CH_2CH_2O)_{\mathit{n}}OCR} \\ \mathrm{HO(CH_2CH_2O)_{\mathit{n}}H} \end{cases}$$

产物为单酯、双酯和聚乙二醇的混合物。为了得到特定相对分子质量的脂肪酸聚氧乙烯酯，常采用脂肪酸与聚乙二醇的酯化法：

$$\mathrm{RCOOH + HO(CH_2CH_2O)_{\mathit{n}}H \rightleftharpoons RCOO(CH_2CH_2O)_{\mathit{n}}H + H_2O}$$

$$\mathrm{2RCOOH + HO(CH_2CH_2O)_{\mathit{n}}H \rightleftharpoons RCOO(CH_2CH_2O)_{\mathit{n}}OCR + 2H_2O}$$

产物中单酯和双酯的相对含量，取决于反应物的摩尔比，为了得到单酯含量高的产品，一般使聚乙二醇过量。反应中常用硫酸、苯磺酸、甲苯磺酸、萘磺酸等做催化剂。由于酯化反应为可逆反应，为使反应完全，应及时除去反应生成的水。常用的方法有真空脱水，使用氮气等惰性气体带走酯化生成的水，或采用能与水形成共沸物但不溶于水的溶剂（如苯、甲苯、二甲苯、四氯化碳、正己烷等）共沸脱水等。

脂肪酸聚氧乙烯酯的典型产品见表 3-16。根据环氧乙烷加成数的多少，可以由完全油溶性到完全水溶性，溶解性比醇醚略差。通常加成 1～8mol EO 的产品是油溶性的，加成 12～15mol EO 时在水中分散或溶解。当脂肪酸相同时，加成的 EO 数越多，密度越大，黏度也越高。脂肪酸聚氧乙烯酯在强酸和强碱溶液中易发生水解，与醇醚和酚醚相比润湿、去污和发泡性均较差。常用作化妆品的乳化剂、增稠剂，也可作为纺织工业的柔软剂和抗静电剂。在金属加工中作为去油脱脂和冷却润滑的添加剂，低聚合度的加成物可做消泡剂。月桂酸与 9mol EO 的加成物有良好的洗净、平滑和乳化性，常用于合成纤维油剂。

**表 3-16 典型的脂肪酸聚氧乙烯酯**

| 脂肪酸 | 相对密度(25℃) | 相对分子质量 | 环氧乙烷加合数 | HLB 值 | 脂肪酸 | 相对密度(25℃) | 相对分子质量 | 环氧乙烷加合数 | HLB 值 |
|---|---|---|---|---|---|---|---|---|---|
| 椰油酸 | 0.997 | 440 | 5 | 10.6 | 油酸 | 0.992 | 490 | 5 | 8.6 |
| 椰油酸 | 1.059 | 868 | 15 | 15.0 | 油酸 | 1.028 | 720 | 10 | 12.0 |
| 硬脂酸 | 0.930 | 490 | 5 | 8.8 | 牛油脂肪酸 | 1.03 | 720 | 10 | 11.8 |
| 硬脂酸 | 0.960 | 720 | 10 | 12.6 | 牛油脂肪酸 | 1.081 | 945 | 15 | 12.2 |
| 硬脂酸 | 0.988 | 940 | 15 | 14.2 | | | | | |

**(4) 聚氧乙烯烷基胺** 由脂肪胺与环氧乙烷加成反应制得：

$$RNH_2 + n\ \underset{\diagdown O \diagup}{CH_2—CH_2} \longrightarrow R—N\begin{cases}(CH_2CH_2O)_xH \\ (CH_2CH_2O)_yH\end{cases} \qquad x+y=n$$

聚氧乙烯烷基胺在某种程度上具有阳离子表面活性剂的特征，但随着聚乙氧基链的增加，逐渐由阳离子性向非离子性转化。当氧乙烯基数目较少时，不溶于水而溶于油。能溶于酸性介质，有一定杀菌作用，环氧乙烷加成数高可溶于中性及碱性溶液中，用无机酸中和会增加其水溶性，而用有机酸中和则会增加其油溶性。

聚氧乙烯烷基胺有多种应用，如在中性或酸性溶液中做乳化剂、起泡剂、腐蚀抑制剂、破乳剂、润湿剂、钻井泥浆添加剂、染料匀染剂和纺织加工助剂等。常用于人造丝生产中，可以使再生纤维素丝的强度得到改进，并保持喷丝孔的清洁，不使污垢沉积。

**(5) 其他**

① 烷醇酰胺聚氧乙烯化合物　烷醇酰胺引入聚氧乙烯基，可改善烷醇酰胺的水溶性，产品可用于香波、浴液、液体洗涤剂中。

$$RCONHCH_2CH_2OH + nEO \longrightarrow RCONHCH_2CH_2O(C_2H_4O)_nH$$

② 脂肪酸酯聚氧乙烯化合物　一些多元醇的酯类如甘油酯引入聚氧乙烯基，可改善甘油单脂肪酸酯的水溶性，乙氧基化甘油单脂肪酸酯的分散性、乳化力、起泡力和渗透力都很好，可用于配制洗面奶、奶液、高级雪花膏、香波、浴液、液体洗涤剂等，也可作香料、色素、药品的增溶剂。

$$\begin{array}{l}RCOOCH_2 \\ | \\ CH—OH \\ | \\ CH_2—OH\end{array} + n\ \underset{\diagdown O \diagup}{CH_2—CH_2} \longrightarrow \begin{array}{l}RCOOCH_2 \\ | \\ CHO(CH_2CH_2O)_xH \\ | \\ CH_2O(CH_2CH_2O)_yH\end{array} \qquad x+y=n$$

③ 脂肪酸甲酯乙氧基化物（FMEE） 是以脂肪酸甲酯为原料，在合适的催化剂如 Al-MgO 作用下，直接与环氧乙烷（EO）发生加成反应制得的产品。

$$RCOOCH_3 + n\ \underset{CH_2-CH_2}{\overset{O}{\wedge}} \xrightarrow[N_2,加热]{催化剂} RCO(OCH_2CH_2)_nOCH_3$$

与传统的脂肪醇乙氧基化物（AEO）相比，具有原料便宜，产品低泡、水溶速度快、对油脂增溶能力强、皮肤刺激性小、生物降解性好等特点。20 世纪 90 年代以来，FMEE 引起了各国研究者的注意，日本狮子公司、德国康迪雅公司及汉高公司等比较了月桂酸甲酯乙氧基化物与月桂酸醇醚的物化性能，发现二者在表面张力、润湿力、去污力等方面有相似的特性，而前者的发泡力、稳泡力和浊点均低于醇醚，水溶性稍差于醇醚。汉高公司的研究表明，40℃下，对于苛刻的化妆品污垢，含质量分数为 60%EO 的月桂酸/肉豆蔻酸甲酯乙氧基化物具有比相同碳数醇醚更为显著的去污力，专利文献表明甲酯乙氧基化物优良的表面性能和温和性使其具有广泛的应用前景。

**(6) 聚氧乙烯型非离子表面活性剂的生产工艺** 聚氧乙烯型非离子表面活性剂的生产分两个阶段：即含活泼氢的疏水性化合物的制取（参见第 2 章）和含活泼氢的疏水性化合物的乙氧基化。这里主要介绍乙氧基化工艺，如间歇式乙氧基化、Press 乙氧基化、Buss 回路反应器、管式反应器等。

① 带搅拌的单釜间歇法 带搅拌的间歇式乙氧基化典型流程如图 3-15 所示。首先，将醇加入反应釜中，然后加入催化剂，氢氧化钾可直接加入醇中，氢氧化钠可配成 50%水溶液加入。在搅拌条件下夹套蒸汽加热至 120℃，真空下脱水 1h。充氮气，再抽真空。也可从安全考虑，保持一定的氮气剩余压力。然后，将温度升至 140℃左右，将计量好的环氧乙烷从贮罐用氮气以液体状态压入反应釜，至 $1.5\times10^5\sim2.0\times10^5$ Pa。待反应开始，温度上升，压力开始下降，继续通入环氧乙烷，用夹套及盘管中的冷却水将反应温度保持在 160～180℃，并严格控制操作压力在 $2\times10^5\sim3\times10^5$ Pa。为防止环氧乙烷倒吸入贮罐，必须严格将操作压力控制在低于环氧乙烷贮罐内压力的状态。当全部环氧乙烷加完后，尚需继续搅拌、老化，直到压力完全下降，并伴随出现降温现象。这时，冷却至 100℃以下，用氮气将反应物压入漂白釜内，用冰醋酸中和至微酸性。再滴加反应物量 1%的双氧水于 60～80℃漂白，保温半小时后冷却出料。

采用直接氧化法制得的高纯度环氧乙烷，产品可不需漂白。乙氧基化反应器的体积可大

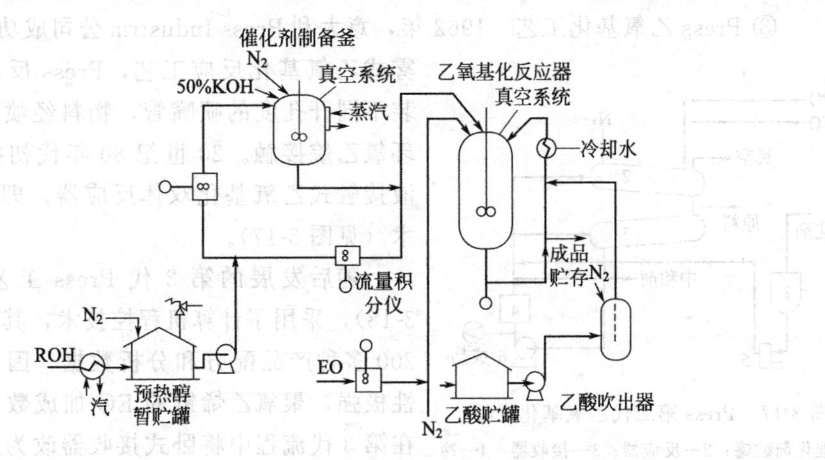


图 3-15 间歇式乙氧基化流程

至20～46$m^3$，搅拌器转速90～120r/min，反应压力0.2～0.4MPa。

该工艺技术成熟、设备简单、投资少，既可用于乙氧基化反应，又可用于酯化、磺化等。因此，目前国内外年产万吨以下的中、小厂仍然采用该工艺。但反应速率低、生产周期长、生产能力小，由于设备落后，易引起环氧乙烷的爆炸、污染和中毒等事故。此外，产物的聚氧乙烯链长较短，聚氧乙烯链分布宽，聚乙二醇含量高，副产物较多，相对分子质量较小，欲制得高相对分子质量产品，需进行多次加成反应。针对以上缺点，国内外做了大量的技术改进，如德国的Hüls公司、BASF公司、日本的竹本公司和国内的一些科研单位，采用计算机智能控制，或引入外循环强化传递反应热的先进技术，或者在釜式外循环冷却的基础上，在釜内引入雾化喷头以强化传质的先进设计与技术，使传统的间歇釜式生产工艺获得了新的生命力。

② 反应物料循环喷雾反应的间歇式操作法　流程如图3-16所示。采用反应物料循环喷雾反应来代替搅拌混合。脂肪醇和催化剂经脱水干燥后由循环泵经喷头喷入反应器，与同时吸入的气相环氧乙烷混合、反应、喷出。反应物料用泵不断地从反应器抽出，通过热交换器进行冷却后，再进入喷嘴与EO反应并喷入反应釜，如此连续进行循环、反应，反应温度维持在150～170℃。反应物料的循环速度决定于物料的黏度，通常反应物料完成一个循环需1～10min。

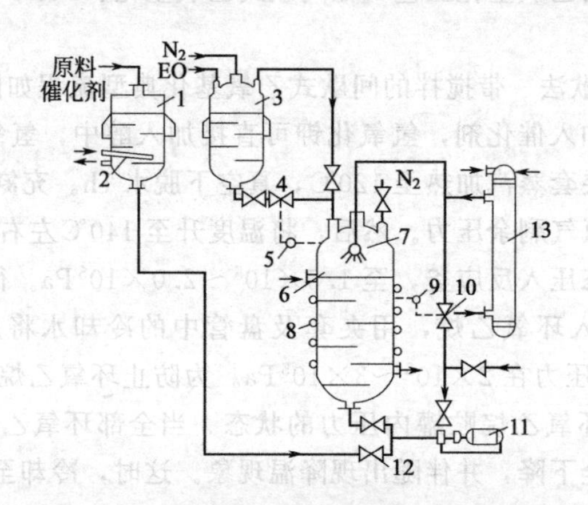


图3-16　循环喷雾反应间歇式乙氧基化流程

1—原料和催化剂脱水器；2,8—加热蛇管；3—环氧乙烷贮罐；4,10,12—阀门；5—压力调节器；6—反应器；7—喷头；9—温度调节器；11—泵；13—热交换器

③ Press乙氧基化工艺　1962年，意大利Press Industria公司成功地开发了间歇喷雾式乙氧基化反应工艺，Press反应器为卧式，内装不同开孔度的喷嘴管，物料经喷嘴雾化后与气相环氧乙烷接触。20世纪80年代初推出了第2代气液接触式乙氧基化双体反应器，即Press第2代技术（见图3-17）。

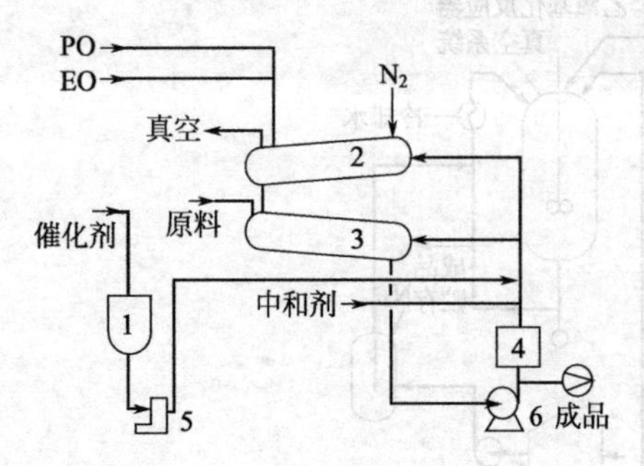


图3-17　Press第二代乙氧基化流程

1—催化剂贮罐；2—反应器；3—接收器；4—冷却、加热系统；5—催化剂输送泵；6—循环泵

随后发展的第3代Press工艺技术中（见图3-18），采用了计算机程控技术，其数据库中储存有200多种产品配方和分析数据，因此，对产品适应性极强，聚氧乙烯链的EO加成数可达到50以上。在第3代流程中将卧式接收器改为立式接收器（老化釜），并采取双循环体系，以适应生产高相对分子

质量产品。乙氧基化反应温度 150～160℃，压力 0.4～0.5MPa。催化剂制备与釜式相同。Press 工艺还配有一套 EO 排放装置，保证正常排放的尾气中 EO 浓度<$1\times10^{-6}$g/m³，避免大气污染。由于 Press 工艺的创新设计、安全可靠和高产率，已为美国、英国、法国、日本、俄罗斯、中国等国家引进采用。

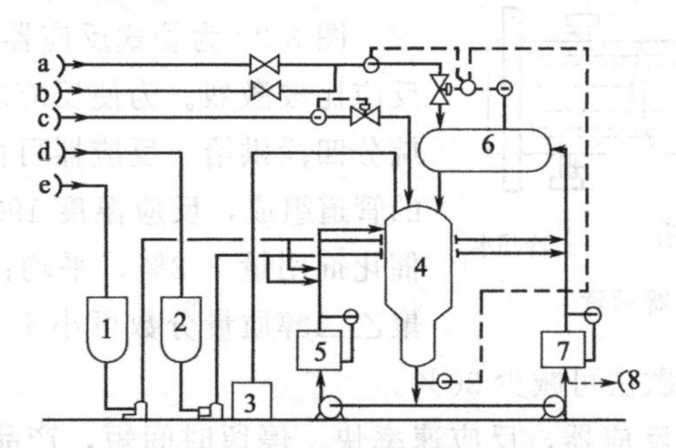


图 3-18 Press 第三代乙氧基化流程

1—催化剂贮罐；2—起始剂贮罐；3—真空系统；4—反应罐；5,7—冷却和加热系统；6—气液接触器；8—终产物

a—环氧乙烷；b—环氧丙乙烷；c—原料；d—起始剂；e—催化剂

④ Buss 乙氧基化回路反应器 1988 年，瑞士 Buss 公司将其拥有 30 多年工业运行经验的回路反应器应用于乙氧基化反应中，成功地开发了 Buss 回路乙氧基化的工业装置。其工艺流程见图 3-19。液体物料（含催化剂）由底部循环泵经热交换器进入充 $N_2$ 的反应器顶部，由喷嘴喷入反应器内，在高速流动下局部形成负压。同时液相环氧乙烷由隔膜泵打入反应器顶部，并立即汽化。环氧乙烷和 $N_2$ 一起由顶部气相循环通道被高速液流喷嘴吸入，与液体物料充分混合后喷向反应器底部。整个反应是在气相与液相两个回路不断循环状态下进行，反应热由外部换热器移走。反应温度 150～170℃，反应总压力小于 1.2MPa。当环氧乙烷达到预定量后，停止进料，再循环约 10min，至气相中环氧乙烷浓度小于 $10^{-6}$mol/L 时将产物冷至 80℃出料。

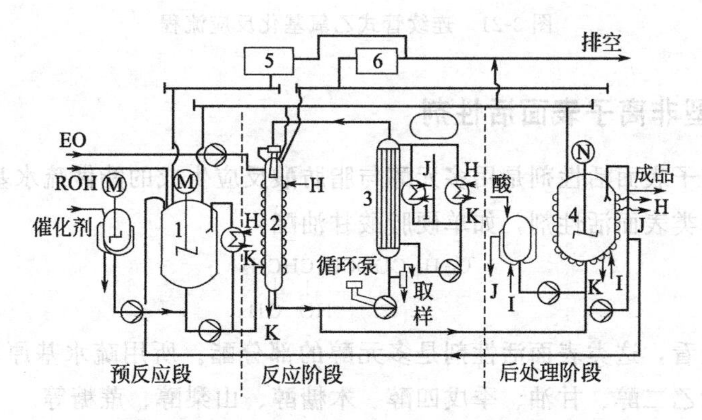


图 3-19 Buss 回路反应乙氧基化流程

1—脱水釜；2—反应器；3—热交换器；4—中和釜；5,6—真空系统

H—蒸汽；K—冷凝水；I—冷却进水；J—冷却出水

Press 和 Buss 工艺反应速率快，生产效率高（Buss 工艺更高），产品相对分子质量分布窄，色泽浅，杂质含量低，质量好。Buss 法生产的 $AEO_3$ 中二噁烷含量可低于 2mg/kg。设备无机械传动部件，无环氧乙烷泄漏及着火、爆炸的危险，生产安全。Press 的设备操作条件较温和，而 Buss 公司的反应压力较高。目前，采用这两种乙氧基化工艺的装置日渐增多。

⑤ 管式连续乙氧基化工艺　为便于掌握反应及其产物的组成，适应非离子表面活性剂原料的变换与多品种小批量的特点，乙氧基化反应常采用间歇操作。但近年来非离子表面活性剂的需要量增长很快，因此对连续法亦有研究。连续法有槽式和管式两种。

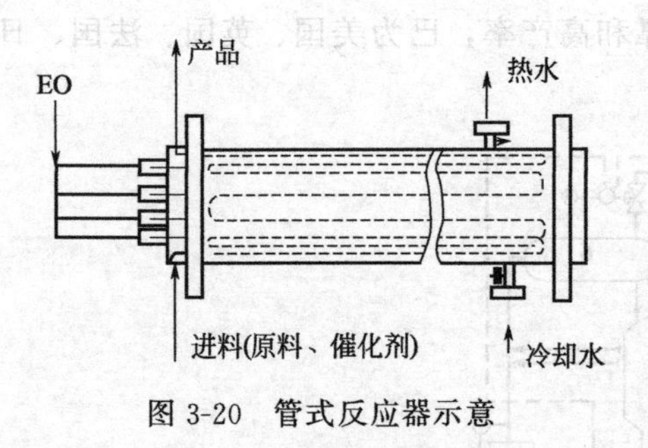

图 3-20　管式反应器示意

图 3-20 为管式反应器示意图。由于连续操作，反应比较激烈。为使反应缓和，散热容易，环氧乙烷分四段供给。反应器可由直径 9.4mm、长 2.5m 的管道组成，反应温度 190～250℃，压力 2.2MPa，催化剂用量 0.2%，平均停留时间 15min。产品中聚乙二醇质量分数可小于 1%，聚合度分布与间歇法的相同。本法投资比间歇法可减少 30%。

管式反应器近于理想反应器，反应速率快、停留时间短，产品分布均匀、副产物含量低、色泽好，液相反应操作控制较方便，乙氧基化度可调、散热好。图 3-21 为国内开发的连续管式乙氧基化反应流程。

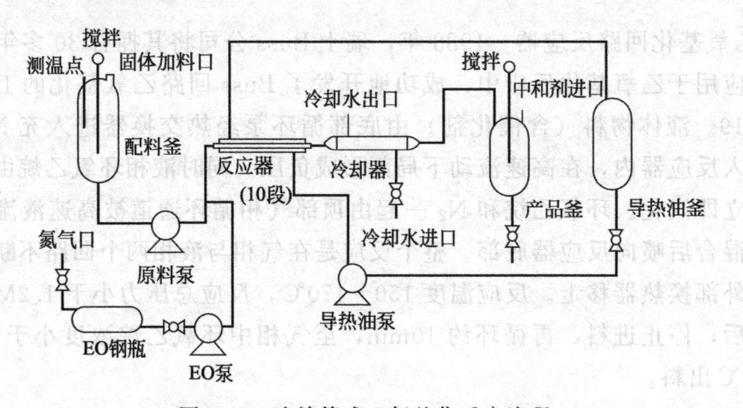

图 3-21　连续管式乙氧基化反应流程

## 3.4.2　多元醇型非离子表面活性剂

多元醇型非离子表面活性剂是用多元醇与脂肪酸反应生成的酯做疏水基，其余未反应的羟基做亲水基的一类表面活性剂，如单硬脂酸甘油酯：

$$C_{17}H_{35}COOCH_2\underset{\displaystyle |\atop\displaystyle HO}{CH}\underset{\displaystyle |\atop\displaystyle OH}{CH_2}$$

从化学结构上看，这类表面活性剂是多元醇的部分酯。所用疏水基原料主要为脂肪酸，主要亲水基原料为乙二醇、甘油、季戊四醇、木糖醇、山梨醇、蔗糖等。

商品多元醇型非离子表面活性剂都是组分复杂的混合物。混合物的组成取决于脂肪酸的组成、酯化度和酯化位置。选择不同的原料和亲水-疏水原料的投料比，可以合成具有宽范围亲水与疏水特性的多元醇型表面活性剂，它们具有不同的溶解特性、表面性质和其他物理性质，其中的极大部分为低毒和无毒物质，现已广泛用于食品、药品、化妆品和许多其他工业领域做乳化剂、分散剂，也可用作纺织油剂等。

此类表面活性剂的亲水性比较差，很少用作洗涤剂、发泡剂，为提高其亲水性，将多元醇部分酯聚氧乙烯化，生成的化合物具有很好的亲水性。

**(1) 乙二醇酯** 乙二醇同脂肪酸直接酯化生成单酯和双酯的混合物。其反应式如下：

$$2HOCH_2CH_2OH+3RCOOH \longrightarrow RCOOCH_2CH_2OH+RCOOCH_2CH_2OOCR+3H_2O$$

通常用碱做催化剂，也可用氧化镁、碳酸、硫酸、磷酸和金属细粉做催化剂。从酯化反应中连续移走反应生成的水有利于反应向生成物方向移动。乙二醇过量愈多，则单酯含量愈高。不论单酯或双酯均具有珠光、增稠、调理和抗静电等性能，广泛用作化妆品的增稠剂和珠光剂。

**(2) 甘油酯** 甘油酯一般为单酯、双酯和三酯的混合物。混合物的组成取决于反应物的相对比例、反应温度、反应时间和催化剂品种及用量等。甘油的单脂肪酸酯如甘油的单硬脂酸酯、单棕榈酸酯、单油酸酯、单月桂酸酯等可做食品和化妆品的油溶性乳化剂。二酯和三酯基本不具备乳化能力，所以产品中的单脂肪酸酯含量越高越好。工业产品可分为单脂肪酸酯质量分数40%～55%的普通甘油单脂肪酸酯和90%以上的蒸馏甘油单脂肪酸酯，90%以上甘油单脂肪酸酯产品的HLB值为3.5～4。工业上制取甘油单脂肪酸酯的主要方法是甘油和油脂在催化剂存在下的酯化反应：

$$\begin{array}{c}RCOOCH_2\\|\\RCOOCH\\|\\RCOOCH_2\end{array} + \begin{array}{c}\\ \\CH_2CHCH_2\\|\quad|\quad|\\OH\ OHOH\end{array} \longrightarrow \begin{array}{c}RCOOCH_2\\|\\HOCH\\|\\HOCH_2\end{array} + \begin{array}{c}RCOOCH_2\\|\\HOCH\\|\\RCOOCH_2\end{array}$$

为缩短反应时间或降低反应温度，醇解反应时可加入碱金属或碱土金属的氧化物或氢氧化物，如NaOH、KOH、CaO、$Ca(OH)_2$等做催化剂。反应产物为单酯、二酯和三酯的混合物，其中甘油单脂肪酸酯质量分数可达40%～55%。然后蒸馏除去甘油并将低沸程物的产物进行分子蒸馏，便可得到甘油单脂肪酸酯质量分数90%以上的产品。

甘油酯也可由脂肪酸和甘油的直接酯化来制取，反应产物同样为单酯、二酯和三酯的混合物。

$$RCOOH + \begin{array}{c}CH_2OH\\|\\CHOH\\|\\CH_2OH\end{array} \longrightarrow \begin{array}{c}RCOOCH_2\\|\\CHOH\\|\\CH_2OH\end{array} + H_2O$$

为制得高收率的单酯，也有人曾用缩水甘油（2,3-环氧-1-丙醇）或环氧氯丙烷与羧酸反应来合成，反应式分别如下：

$$RCOOH + \underset{\diagdown O \diagup}{CH_2—CHCH_2OH} \longrightarrow RCOOCH_2—\underset{\displaystyle OH}{\underset{|}{CH}}—CH_2OH$$

$$RCOOH + \underset{\diagdown O \diagup}{CH_2—CH—CH_2Cl} \longrightarrow RCOOCH_2—\underset{\displaystyle OH}{\underset{|}{CH}}—CH_2Cl$$

$$RCOOCH_2\underset{\displaystyle OH}{\underset{|}{CH}}CH_2Cl + NaOH \longrightarrow RCOOCH_2\underset{\displaystyle OH}{\underset{|}{CH}}—CH_2OH$$

在碱或酸的催化下，将甘油加热，发生分子内脱水，形成聚甘油，因而可制得脂肪酸聚甘油酯。根据甘油的聚合度，脂肪酸的种类，酯化度的不同组合，可以得到从亲水性到亲油性，从液体到固体等不同的产品。脂肪酸聚甘油酯是重要的食品乳化剂，也可用于医药、化妆品和地板蜡等产品中做乳化剂，表3-17给出了一些脂肪酸聚甘油酯的HLB值。

**(3) 失水山梨醇脂肪酸酯及其环氧乙烷加成物** 失水山梨醇脂肪酸酯，又叫作脱水山梨醇酯或山梨醇酐烷基酯，商品名称Span（司盘），可由脂肪酸与山梨醇酯化或由油脂与山梨醇酯交换反应制得。由于山梨醇受热达一定温度时易发生分子内脱水形成失水山梨醇，因此脂肪酸与山梨醇的酯化反应又可分为先酯化后醚化和先醚化后酯化两种方法。但不论何种方

表 3-17 脂肪酸聚甘油酯的 HLB 值

| 名　　称 | HLB 值 | 名　　称 | HLB 值 |
|---|---|---|---|
| 四聚甘油单硬脂酸酯 | 8 | 六聚甘油单月桂酸酯 | 13 |
| 四聚甘油五硬脂酸酯 | 2 | 八聚甘油单硬脂酸酯 | 13 |
| 四聚甘油单油酸酯 | 8 | 八聚甘油八硬脂酸酯 | 3 |
| 四聚甘油五油酸酯 | 2 | 八聚甘油单油酸酯 | 13 |
| 四聚甘油单月桂酸酯 | 10 | 八聚甘油单月桂酸酯 | 15 |
| 六聚甘油单硬脂酸酯 | 11 | 十聚甘油单硬脂酸酯 | 12 |
| 六聚甘油五硬脂酸酯 | 4 | 十聚甘油五硬脂酸酯 | 4.5 |
| 六聚甘油单油酸酯 | 11 | 十聚甘油单油酸酯 | 14.5 |
| 六聚甘油五油酸酯 | 4 | 十聚甘油单月桂酸酯 | 15.5 |

法，其产物均为单酯、双酯和三酯的混合物。

反应投料比和反应条件不同，产物的组成是有差别的。酸性催化剂的醚化温度较低，碱性催化剂的醚化温度较高，因此，一般醚化催化剂采用对甲苯磺酸、$H_2SO_4$、磷酸等酸性催化剂。酯化催化剂可采用 NaOH、KOH、醋酸钠、硬脂酸钠和磷酸钠等。Span 的碱催化合成反应与酸催化合成反应可有不同的反应机理，产物均是失水山梨醇脂肪酸酯的混合物。

$$\text{山梨醇} + RCOOR' \xrightarrow[NaOH]{190℃} \text{(CH}_2\text{OOCR)山梨醇单酯} + \text{(CH}_2\text{OOCR)山梨醇二酯} \xrightarrow{230\sim260℃} \text{(失水山梨醇-}CH_2OOCR) + \text{(失水山梨醇-}CHOHCH_2OOCR)$$

$$\text{山梨醇} \xrightarrow[H^+]{140℃} \text{(失水山梨醇-}CH_2OH) + \text{(失水山梨醇-}CHOHCH_2OH) + \text{(二失水山梨醇)} \xrightarrow{RCOOR'} \text{(失水山梨醇-}CH_2OOCR) + \text{(失水山梨醇-}CHOHCH_2OOCR) + \text{(二失水山梨醇-OOCR)}$$

脂肪酸可采用月桂酸、棕榈酸、硬脂酸和油酸等，其相应单酯的商品代号为 Span 20、Span 40、Span 60 和 Span 80。硬脂酸和油酸的三酯代号为 Span 65 和 Span 85。

Span 类产品具有低毒、无刺激等特性，在医药、食品、化妆品中广泛用作乳化剂和分散剂，也可用来配制纺织油剂，它对纤维表面具有良好的平滑作用。失水山梨醇酯不溶于水，在许多情况下限制了它的使用，但如果与其他水溶性表面活性剂复配，具有良好的乳化力，尤其与聚氧乙烯失水山梨醇脂肪酸酯复配最有效。

Span 类产品同环氧乙烷进行加成反应生成聚氧乙烯（$n$）失水山梨醇脂肪酸酯，商品代号为 Tween(吐温)。以单酯为例，其结构式可表示为：

$$\text{(失水山梨醇环)}: O(CH_2CH_2O)_zH,\ CH_2OCR(=O),\ H(OCH_2CH_2)_xO,\ O(CH_2CH_2O)_yH$$

式中 $x+y+z=n$，为环氧乙烷加成数。实际上，环氧乙烷不仅加成到羟基上，而且由于酰基转移作用也嵌入到酯键里，因此，Tween 是比 Span 更复杂的混合物。一般讲，Tween 20、40、60、80、65、85 是在相应的 Span 20、40、60、80、65、85 的基础上，加成 18～22mol 环氧乙烷而得，Tween 21、41、61、81 是在相应 Span 20、40、60、80 的基础上加成 4～5mol 环氧乙烷而得。Tween 系列产品的 HLB 值在 10～17 范围内（见表 3-18），其水溶性和分散性较 Span 类产品好。

**表 3-18　Span 及 Tween 系列产品的 HLB 值**

| 商品名称 | 化学组成 | HLB | 商品名称 | 化学组成 | HLB |
|---|---|---|---|---|---|
| Span-85 | 失水山梨醇三油酸酯 | 1.8 | Tween-65 | 聚氧乙烯(20)失水山梨醇三硬脂酸酯 | 10.5 |
| Span-65 | 失水山梨醇三硬脂酸酯 | 2.1 | Tween-85 | 聚氧乙烯(20)失水山梨醇三油酸酯 | 11.0 |
| Span-80 | 失水山梨醇单油酸酯 | 4.3 | Tween-21 | 聚氧乙烯(4)失水山梨醇单月桂酸酯 | 13.3 |
| Span-60 | 失水山梨醇单硬脂酸酯 | 4.7 | Tween-60 | 聚氧乙烯(20)失水山梨醇单硬脂酸酯 | 14.9 |
| Span-40 | 失水山梨醇单棕榈酸酯 | 6.7 | Tween-80 | 聚氧乙烯(20)失水山梨醇单油酸酯 | 15.0 |
| Span-20 | 失水山梨醇单月桂酸酯 | 8.6 | Tween-40 | 聚氧乙烯(20)失水山梨醇单棕榈酸酯 | 15.6 |
| Tween-61 | 聚氧乙烯(4)失水山梨醇单硬脂酸酯 | 9.6 | Tween-20 | 聚氧乙烯(20)失水山梨醇单月桂酸酯 | 16.7 |
| Tween-81 | 聚氧乙烯(5)失水山梨醇单油酸酯 | 10.0 | | | |

Tween 系列产品中，HLB 值在 9～14 的产品，亲水性较小、分散力较强；HLB 值在 15 以上者，分散力较小，亲水性较强。Tween 系列产品具有低毒，无刺激等特性。在药品、食品、化妆品中广泛用作乳化剂、分散剂、增溶剂。用于香波，可使毛发柔软、易梳理，对头皮无刺激、对眼睛刺激小。在洗涤剂生产中，同阴离子烷基苯磺酸钠复配，可以提高去污能力，起泡能力和抗多价金属离子的能力。在油田开发中，可用作油井生产防蜡剂、降黏剂和原油集输的降阻剂等。Span 与 Tween 复配，广泛用作化妆品、药品的乳化剂等。

**(4) 蔗糖酯**　蔗糖酯即蔗糖脂肪酸酯，由蔗糖与脂肪酸衍生物反应制得，可有以下方法：

① 直接脱水法

蔗糖 $+RCOOH \longrightarrow$ 蔗糖酯（$CH_2OOCR$） $+H_2O$

② 酯交换法

蔗糖 $+RCOOCH_3 \longrightarrow$ 蔗糖酯（$CH_2OOCR$） $+CH_3OH$

③ 酰氯酯化法

蔗糖 $+R-\overset{O}{\overset{\|}{C}}-Cl \longrightarrow$ 蔗糖酯（$CH_2OOCR$） $+HCl$

合成工艺主要有溶剂法和无溶剂法两类。溶剂法的产品是低取代度蔗糖酯，需通过精制除去反应溶剂。甘油三脂肪酸酯（油脂）同蔗糖在常压下发生酯交换反应，为一种无溶剂法，具有反应温度低，工艺比较简单等特点。

蔗糖有八个羟基，所以同羟基结合的脂肪酸数可为1～8个，即产物为单酯到八酯的混合物。但由于蔗糖只有三个伯羟基，在温和条件下，主要得到单酯、二酯和三酯的混合物。因此通过调节蔗糖同脂肪酸的结合比例以及脂肪酸的碳链长度，可以制得具有各种亲水亲油性质的产物。

表3-19给出了用Dunovy法测定0.1%蔗糖酯溶液的表面张力数据。

**表3-19 蔗糖酯的表面张力**

| 蔗糖酯 | 表面张力/(mN/m) | 蔗糖酯 | 表面张力/(mN/m) |
|---|---|---|---|
| 蔗糖单月桂酸酯 | 33.7 | 蔗糖单油酸酯 | 31.5 |
| 蔗糖单肉豆蔻酸酯 | 34.8 | 蔗糖单蓖麻醇酸酯 | 34.5 |
| 蔗糖单棕榈酸酯 | 33.7 | 蔗糖二棕榈酸酯 | 39.8 |
| 蔗糖单硬脂酸酯 | 34.0 | 蔗糖二蓖麻醇酸酯 | 33.2 |

蔗糖酯易生物降解，可为人体吸收，对人体无害、不刺激皮肤和黏膜，具有良好的乳化、分散、润湿、去污、起泡、黏度调节、防止老化、防止析晶等性能，是联合国国际粮农组织和世界卫生组织（FAO/WHO）推荐的可作为食品添加剂的表面活性剂，可用作食品乳化剂、食品用洗涤剂、食品水果保鲜剂、糖果润滑脱模剂和快干剂等。在化妆品中用作乳化剂、润肤剂、保湿剂等，可促进皮肤柔软、滋润。在医药方面可用作维生素A、D的增溶剂，维生素K的悬浮剂，BHT、BHA等的分散剂，片剂的保护膜材料、黏合剂、赋形剂等。

蔗糖酯因结构不同有广泛的HLB值范围，可作为多种体系的乳化剂。因制造工艺复杂，目前价格比较高，使它的应用受到一定的限制。

### 3.4.3 烷醇酰胺类非离子表面活性剂

烷醇酰胺是分子中具有酰胺键的一类特殊的非离子型表面活性剂，其结构通式如下：

$$RCONH_m(CH_2CH_2OH)_n$$

式中$n=m=1$时，为脂肪酸单乙醇酰胺；当$n=2$、$m=0$时，为脂肪酸二乙醇酰胺，可采用脂肪酸、脂肪酸甲酯或天然油脂与单乙醇胺或二乙醇胺缩合反应制得：

$$RCOOH+NH_{m+1}(CH_2CH_2OH)_n \longrightarrow RCONH_m(CH_2CH_2OH)_n+H_2O$$

$$RCOOCH_3+NH_{m+1}(CH_2CH_2OH)_n \longrightarrow RCONH_m(CH_2CH_2OH)_n+CH_3OH$$

$$\begin{array}{l}RCOOCH_2\\ |\\ RCOOCH\\ |\\ RCOOCH_2\end{array} +3NH_{m+1}(CH_2CH_2OH)_n \xrightarrow{110\sim130℃} 3RCONH_m(CH_2CH_2OH)_n+\begin{array}{l}CH_2OH\\ |\\ CHOH\\ |\\ CH_2OH\end{array}$$

单乙醇酰胺一般为1∶1型即脂肪酸与单乙醇胺投料比为1∶1。二乙醇酰胺有3种：当脂肪酸与二乙醇胺的摩尔比为1∶2时，制得水溶性产物，商品名称为Ninol(尼纳尔)，酰胺质量分数60%～70%；当摩尔比为1∶1时，制得水难溶性产物，称其为高活性烷醇酰胺，酰胺质量分数在90%以上；当摩尔比为1∶1.5时，制得水溶性产物。

脂肪酸与乙醇胺的缩合反应中，乙醇胺除氨基可与脂肪酸反应生成烷醇酰胺外，它的羟基也可与脂肪酸反应生成酯，因此为制得高活性的烷醇酰胺，必须采用适宜的工艺条件。脂肪酸与乙醇胺的反应为脱水反应，反应温度较高（150～170℃），副反应较多，Ninol合成时的各种反应如下：

$$R-\overset{O}{\overset{\|}{C}}-OH+2HN(CH_2CH_2OH)_2 \longrightarrow R-\overset{O}{\overset{\|}{C}}-N(CH_2CH_2OH)_2 \cdot NH(C_2H_4OH)_2$$

$$R-\overset{O}{\overset{\|}{C}}-OH+NH(C_2H_4OH)_2 \longrightarrow R-\overset{O}{\overset{\|}{C}}-OC_2H_4-NH-C_2H_4OH$$

乙醇胺单酯

$$2R-\overset{O}{\overset{\|}{C}}-OH+NH(C_2H_4OH)_2 \longrightarrow R-\overset{O}{\overset{\|}{C}}-OC_2H_4NHC_2H_4O-\overset{O}{\overset{\|}{C}}-R$$

乙醇胺双酯

$$2R-\overset{O}{\overset{\|}{C}}-OH+NH(C_2H_4OH)_2 \longrightarrow R-\overset{O}{\overset{\|}{C}}-N\begin{cases}CH_2CH_2O-\overset{O}{\overset{\|}{C}}-R\\CH_2CH_2OH\end{cases}$$

酰胺单酯

$$3R-\overset{O}{\overset{\|}{C}}-OH+NH(C_2H_4OH)_2 \longrightarrow R-\overset{O}{\overset{\|}{C}}-N\begin{cases}CH_2CH_2O-\overset{O}{\overset{\|}{C}}-R\\CH_2CH_2O-\overset{O}{\overset{\|}{C}}-R\end{cases}$$

酰胺双酯

$$R-\overset{O}{\overset{\|}{C}}-OH+NH(C_2H_4OH)_2 \longrightarrow R-\overset{O}{\overset{\|}{C}}-OH \cdot NH(C_2H_4OH)_2$$

产物中除含有烷基醇酰胺（质量分数60%）外，还有乙醇胺的单酯和双酯（10%）、酰胺的单酯和双酯（10%）、胺盐（5%）等。二乙醇胺的分子间缩和可生成 $N,N$-二(2-羟乙基）哌嗪，约占1%左右。

$$2NH(C_2H_4OH)_2 \longrightarrow HOC_2H_4N\begin{matrix}CH_2-CH_2\\CH_2-CH_2\end{matrix}N-C_2H_4OH$$

为减少副反应的发生，以采用两步法（即先在脂肪酸过量下生成酰胺单、双酯，再加入剩余乙醇胺，使单酯、双酯转化为产物的方法）较为有利。

脂肪酸甲酯与乙醇胺的反应为脱甲醇反应，反应温度较低（100～130℃），反应易于进行，且由于反应温度低，氨基酯等副产物的生成少，是合成高活性烷醇酰胺较为有利的方法。

采用天然油脂与乙醇胺直接缩合，工艺过程简单，但由于生成的甘油分不出来，影响产品的稳泡和增稠性能，但去污力相当。油脂与二乙醇胺缩合所得产品商品名称6502，但目前国内有将其统称为6501的习惯，在选购和使用时应予以注意。

烷醇酰胺的制备方法不同，烷基链长度不同，乙醇胺的种类不同以及脂肪酸与乙醇胺投料的摩尔比不同，产品的性能有很大差别。当乙醇胺相同时，由高碳脂肪酸衍生的产品熔点高，溶解性差；当脂肪基相同时，二乙醇酰胺的溶解性优于单乙醇酰胺；当脂肪基和乙醇胺均相同时，随乙醇胺投料比的增加，溶解性提高。通常情况下，单乙醇酰胺和1∶1型二乙醇酰胺的水溶性都很差，但在其他水溶性表面活性剂存在下，它们都很容易溶解。

烷醇酰胺分子中由于酰胺键的存在，使其具有强的耐水解性能。它与其他非离子表面活性剂不同，没有浊点。烷醇酰胺具有增泡、稳泡、增稠、去污、钙皂分散、乳化、抗污垢再沉积以及缓蚀等性能。在洗涤剂和个人卫生用品的配方中做增稠剂、增泡剂和稳泡剂，广泛用于香波、浴液、家用液体洗涤剂、工业清洗剂、防锈剂、纺织助剂等。脂肪酸单乙醇酰胺还可用作润滑油添加剂、沥青添加剂、染色助剂、鸡饲料添加剂等。

### 3.4.4 烷基多苷（APG）

烷基多苷，也称烷基多甙，是糖类化合物与脂肪醇的反应产物，其分子结构可以用通式 $RO(G)_n$ 表示。其中 R 代表烷基，一般为 $C_8 \sim C_{18}$ 饱和直链烷基；G 代表葡萄糖单元；$n$ 表示糖单元的个数，若 $n=1$ 称为烷基单糖苷，$n \geqslant 2$ 的苷称为烷基多苷（简称 APG）。工业生产的烷基多苷（APG）是既含有单糖苷又含有多糖苷的非常复杂的混合物，糖苷的平均聚合度 $n$ 一般为 1.4～1.8，其化学结构式可表示为：

从结构式可以看出，烷基多苷与多元醇脂肪酸酯不同，糖类亲水基是通过醚键（—O—）与亲油基连接，其耐酸、碱性较强，不仅溶解于酸、碱溶液中，而且在一定的酸碱浓度中保持稳定，适合于配制高碱性或酸性的液体清洗剂，如工业和公共设施用清洗剂。

**(1) 烷基糖苷的合成** 合成方法有直接糖苷法、转糖苷法、Koenings-Knorr 反应合成法、酶催化法、原酯法、糖的缩酮物醇解法。Koenings-Knorr 方法使用贵重金属作为催化剂，工艺成本高，操作复杂，产率不高，存在环境污染，其应用受到限制，没有被工业化生产。酶催化法选择性好，条件温和易行，收率高，产品纯度高，但因酶的制取存在问题，没有被广泛采用，但仍是一种有发展前途的工艺。目前，工业上采用的只有直接糖苷法和转糖苷法。

① 直接糖苷法 直接糖苷法也称一步法、直接法，是高碳链脂肪醇在酸性催化剂存在下直接和葡萄糖反应，反应完成后经蒸馏除去脂肪醇，然后经中和、漂白等即得烷基糖苷，反应方程式如下：

由于脂肪醇和糖极性差异较大，葡萄糖在醇中的溶解度较小，因此催化剂和工艺选择是关键。如果选择具有乳化性能的有机酸，如十二烷基苯磺酸、十二烷基硫酸、烷基萘磺酸等做催化剂，对糖苷化十分有利，同时可减少糖的自聚物生成。利用真空和氮气除去反应过程中生成的水分，可提高反应收率。一步法合成路线简单，生产成本较低，产品质量好、色泽浅、无气味，对车间、厂房无特殊要求，适合大规模工业装置生产。但反应难度大，对搅拌传质要求高，易生成焦糖而使反应无法进行完全。为控制糖的自聚必须使用充分过量的脂肪醇，且反应速率慢，反应时间较长。

② 转糖苷法 转糖苷法又称两步法、间接法，是利用低碳醇（如丁醇）和淀粉或葡萄糖在硫酸、对甲苯磺酸等酸性催化剂存在下先生成低碳醇糖苷如丁苷。然后再与 $C_8 \sim C_{18}$ 的脂肪醇进行醇交换（或缩醛交换，转糖苷化）反应，生成长链烷基多苷和低碳醇，低碳醇可再回用。反应式如下：

$$n\,(\text{CH}_2\text{OH},\ \text{O},\ \text{OH},\ \text{HO},\ \text{OH})\text{—OH} + \text{C}_4\text{H}_9\text{OH} \xrightleftharpoons{H^+} \text{H}\text{—}[\text{O}(\text{CH}_2\text{OH},\ \text{O},\ \text{OH},\ \text{OH})]_n\text{—OC}_4\text{H}_9 + n\text{H}_2\text{O}$$

$$\text{H}\text{—}[\text{O}(\text{CH}_2\text{OH},\ \text{O},\ \text{OH},\ \text{OH})]_n\text{—OC}_4\text{H}_9 + \text{ROH} \xrightleftharpoons{H^+} \text{H}\text{—}[\text{O}(\text{CH}_2\text{OH},\ \text{O},\ \text{OH},\ \text{OH})]_n\text{—OR} + \text{C}_4\text{H}_9\text{OH}$$

过量的脂肪醇在真空下连续进行二次真空分离。卸料后溶于水，用双氧水漂白、调整pH值即得产物APG。

糖在低碳醇中的溶解度较小，反应时采取分批或缓慢连续加入的方式，既可避免糖的自聚又可保证反应顺利进行。低碳醇糖苷化速率远远大于高碳醇糖苷化速率，通过控制蒸出低碳醇的量可控制反应深度，为使粗产物黏度不致太大以利精制，可残留少量的低碳醇糖苷于反应混合物中。

两步法设备要求较低，反应条件温和，生产过程易控制，反应时间较短，但产品质量不如一步法，需在防爆环境下进行，且增加了低碳醇的分离工序和相应设备，生产成本较高。

一步法与两步法各有利弊，实际工业化生产两步法的报道居多。从原料的经济性和环保的角度，以淀粉代替葡萄糖直接做原料合成烷基糖苷无疑是一条引人注目的途径，但淀粉的醇解工艺，淀粉中含有的杂质对反应的影响及处理尚需进一步研究。

**(2) 烷基糖苷的性能与应用** 烷基糖苷是一类温和的新型非离子表面活性剂，兼有普通非离子和阴离子表面活性剂的优点，其特殊结构决定了它具有许多显著特性。

① 表面活性高，在相对低浓度时就能明显影响体系的表面性质，如使表面张力显著降低。烷基单糖苷达到临界胶束浓度时的表面张力大致在27～32mN/m，而通常表面活性剂在32～45mN/m，因此APG降低表面张力的效能较高，且随烷基链的增长表面张力逐渐降低。

② 去污力强，与LAS和AES相当；泡沫丰富、细腻而稳定，泡沫力属中上水平，优于醇醚型非离子表面活性剂，与阴离子表面活性剂接近。

③ 水溶性好，在高浓度无机助剂存在下也有较大的溶解度，且形成稳定的无浊度溶液，不会形成凝胶。

④ 作用温和，与皮肤相容性好，对皮肤和眼黏膜刺激较小，生态毒性低，属于无毒或低毒物质，具有一定的抗菌活性。

⑤ 生物降解性能好，降解快而安全，对环境污染程度轻。

⑥ 复配性能极佳，对大多数表面活性剂具有明显的增效作用，且可缓解降低它们的刺激性。如25%APG与75%AES复配，可使AES的刺激性降低70%以上。在常用餐具洗涤剂复配体系LAS-AES-烷醇酰胺中配入少量APG，可使配方的刺激性下降一个等级。烷基糖苷与其他表面活性剂的性能对比见表3-20。

APG性能良好，可溶性及稳定性好，与阴离子、非离子和阳离子表面活性剂复配具有协同效应，提高表面活性，并降低其他表面活性剂的刺激性。APG的刺激性低于两性离子表面活性剂，毒性低、易生物降解。

鉴于上述特性，APG具有广泛的用途，如烷基糖苷特别适用于化妆品以及与人体相关

表 3-20 烷基糖苷与其他表面活性剂的性能比较

| 表面活性剂 | $LD_{50}$/(mg/kg) | 兔眼膜刺激 | | 兔皮刺激指数 |
|---|---|---|---|---|
| | | 活性物浓度/% | 刺激性指数(24h) | |
| $C_{12/14}$烷基糖苷 | 7500 | 12.0 | 11.0 | 1.2 |
| 十二烷基苯磺酸钠 | 1300 | 9.0 | 32.3 | 5.6～6.0 |
| 月桂醇醚硫酸钠 | 1800 | 12.0 | 25.0 | 1.6～6.5 |
| 月桂醇聚氧乙烯(7)醚 | 4100 | | | 3.1～5.0 |

的餐具洗涤剂、香波、浴液、护肤品、衣用洗涤剂等日化用品。还可作为乳化剂、增稠剂、破乳剂、分散剂、润湿剂、发泡剂、防尘剂，广泛用于纺织、食品、造纸、皮革、制药、选矿、金属加工、纤维和纺织工业等行业。

① 烷基糖苷对表皮层、黏膜和活细胞刺激性极低，适宜用于化妆品和盥洗品。用APG配制的香波和洗浴液起泡力强，泡沫细腻，对皮肤及深层孔隙清洁效果优于其他表面活性剂，对皮肤有柔软作用，对眼睛无刺激，对受损毛发有良好调理养护作用，显著改善干梳性，使头发蓬松柔顺。烷基糖苷用于制造牙膏或其他口腔卫生产品，使制品对口腔黏膜更加温和，提高口腔卫生制品的泡沫效果；烷基糖苷用作膏霜类护肤品的表面活性剂成分，除具有优越的乳化性能外，还兼有润湿、保湿、柔软、滋润皮肤的功效。

② APG与阴离子表面活性剂复配的手洗餐具洗涤剂，泡沫性能好，脱脂能力强，具有爽快舒适的感觉。它免漂洗、无斑痕的特点，既能提高对餐具残留污渍的洗涤性能，又能满足对皮肤的低刺激、无毒要求，同时生物降解迅速、彻底，对环境的破坏小。配有APG的洗衣剂能有效地除去泥土油污，兼有柔软性、抗静电和防缩性，在硬水中可正常使用。APG用作厕所清洁剂能有效保护马桶的橡胶和塑料部件。

③ 利用APG优良的复配性和对皮肤的无刺激性，与中草药复配，可制备各种保健护肤品，不仅具有保护、营养和治疗等多种功能，而且作用缓和持久。APG具有广谱的抗菌活性，对革兰阴性菌、阳性菌和真菌有抗菌活性，可用作卫生洗洁净。

④ APG用作食品添加剂可有效改善焙烤食品的组织结构、孔隙和感观性质。在冰激凌中加入APG做乳化剂，使空气易于渗入形成细密的气孔结构而增大体积，制成的冰激凌形状坚挺、稳定。

此外，以APG为活性组分，可配制成强酸条件下的硬表面清洗剂，用于汽车及机械的清洗，能防止金属被氧化及被酸侵蚀。APG用于制革，能使皮革柔软，有干燥感，改善染色效果，减弱形变。APG在高新技术领域如纳米级新材料的制备方面也有应用研究。

烷基糖苷表面活性优良、性能温和、生物降解迅速完全，作为一种新型的绿色表面活性剂，其优势是其他的表面活性剂所不能比拟的，并吻合了表面活性剂的绿色无公害的发展趋势。但是，烷基糖苷在发展中还存在诸多问题，整体生产技术尚未完全成熟，实际生产量远低于设计生产能力。烷基糖苷的原料成本与脂肪醇醚类相近，但糖苷转移反应的复杂性、产品精制的溶剂回收等，使其生产成本高于AE和AES。以淀粉代替葡萄糖直接做原料合成烷基糖苷从原料的经济性和环保角度来说都是一条有利的途径。

## 3.5 特种表面活性剂和功能性表面活性剂

含有C、H、O、N、S、Cl、Br、I等8种元素的表面活性剂称为一般表面活性剂。含有非金属元素 F、Si、P、B、Se、Te 等 6 种元素的表面活性剂称为特种表面活性剂。目前特种表面活性剂主要是指含氟、含硅、含硼表面活性剂。

近 20 年来，一些具有特殊结构的新型表面活性剂被相继开发。它们有的是在普通表面活性剂的基础上进行结构修饰，有的是对一些本来不具表面活性的物质进行结构修饰，有些是从天然产物中发现的具有两亲结构的物质，更有一些是合成的具有全新结构的表面活性剂。这些新型表面活性剂不仅增加了表面活性剂的新品种，而且具有传统表面活性剂所不具备的特殊功能，可满足某些特殊需要。

### 3.5.1 含氟表面活性剂

含氟表面活性剂主要是指碳氢链上的氢原子为氟原子所取代的表面活性剂。近年来含氟表面活性剂发展较快，种类亦多。这类表面活性剂性能特殊，具有憎水、憎油双重性质，降低溶液表面张力的能力极为显著，在工业上的应用颇令人注目。代表性产物有以下几种：

$C_8F_{17}SO_3H$　　$C_8F_{17}COONa$

$(CF_3)_2CHO(CH_2)_6OSO_3Na$　　$CF_3(CF_2)_2CH_2O(C_2H_4O)_nH$

**(1) 合成方法**　从分子结构看含氟表面活性剂与烃系表面活性剂的差别在于疏水基。含氟表面活性剂的特性是碳氟链决定的，因此，制取一定结构的碳氟链是合成含氟表面活性剂的关键。合成含氟表面活性剂的基本方法是首先制得碳氟链，然后按设计要求引入连接基和亲水基。引入连接基和亲水基的方法与碳氢链表面活性剂的合成方法相类似。目前工业上制氟碳链单体的合成方法主要有电解氟化法、调聚法和离子齐聚法等。

① 电解氟化法　该法由 Simons 在 1937 年首先开发。他把磺酰氯或羧酰氯溶于无水氢氟酸液体中，以镍板做阳极，在 4～6V 极间电压下进行电化学氟化。原料中的氢与氯全部被氟取代，生成全氟化的氟化物。该法使用了较廉价的氢氟酸，并且从原料经一步合成即得到具有反应性官能团的全氟化合物。但是在电解氟化过程中，由于 C－F 键的结合能力大，因而出现 C—C 键断裂和环化等副反应。一般羧酰氯电解氟化的收率在 10%～15%，磺酰氯则为 25%左右。

a. 羧酰氯电解氟化　羧酰氯电解氟化得到全氟羧酰氟：

$$C_7H_{15}COCl+16HF \longrightarrow C_7F_{15}COF+HCl+\text{副产物}$$

由全氟羧酰氟可以合成多种含氟表面活性剂。如：

$$C_7F_{15}COF+MOH+H_2O \longrightarrow C_7F_{15}COM$$

b. 磺酰氯电解氟化　磺酰氯电解氟化得到全氟磺酰氟：

$$C_8H_{17}SO_2Cl+18HF \longrightarrow C_8F_{17}SO_2F+HCl+\text{副产物}$$

由全氟磺酰氟可以合成多种含氟表面活性剂。如：

$$C_8F_{17}SO_2F+MOH+H_2O \longrightarrow C_8F_{17}SO_3M$$

② 调聚法　这类合成方法的特点是利用不同的调聚剂全氟烷基碘、低级醇等和四氟乙烯反应，得到不同相对分子质量分布的低相对分子质量的调聚物。产物是不同链长的混合物，可按需要予以分离。

全氟低级烷基碘化物和四氟乙烯调聚：

$$R_fI+nCF_2=CF_2 \longrightarrow R_f(CF_2CF_2)_nI$$

式中，$R_f$ 为—$CF_3$，—$CF_2$，—$CF_3$，—$CF(CF_3)_2$。

由 $CF_3I$ 或 $CF_3CF_2I$ 与四氟乙烯调聚，可制得直链状的奇数或偶数碳原子的全氟碘化物。工业上考虑产物的经济性，常用五氟碘乙烷。它由四氟乙烯、碘、五氟化碘反应制得：

$$CF_2=CF_2+IF_5+I_2 \longrightarrow CF_3CF_2I$$

$$CF_3CF_2I+nCF_2=CF_2 \longrightarrow CF_3CF_2(CF_2=CF_2)_nI \quad (n=0\sim15)$$

用 $(CF_3)_2CFI$ 与四氟乙烯调聚，可得到末端为支链的全氟烷基碘化物。

$$(CF_3)_2CFI+nCF_2=CF_2 \longrightarrow (CF_3)_2CF(CF_2=CF_2)_nI \quad (n=0\sim10)$$

由这些全氟烷基碘化物可以合成多种含氟表面活性剂。如：

$$R_f(CF_2CF_2)_nI+H_2SO_4\cdot SO_3 \longrightarrow R_f(CF_2CF_2)_nSO_2Cl$$

用调聚法可合成不同碳氟链长度的疏水基，如能以不同的比例混合使用，可提高含氟表面活性剂的表面活性。但它的合成工艺与电氟化法相比复杂得多。

③ 离子齐聚法　四氟乙烯、六氟丙烯、六氟丙烯环氧化物在非质子极性溶剂中，以氟阴离子催化进行聚合，生成齐聚体。如：

$$nCF_2=CF_2 \longrightarrow (CF_2CF_2)_n \qquad n=4,5,6,7$$

由齐聚体可以合成多种含氟表面活性剂。

**(2) 双憎结构及表面化学性能**　常用表面活性剂的疏水基主要由碳、氢两种元素组成，而含氟表面活性剂的疏水基主要由碳、氟两种元素组成。这两类表面活性剂的亲水基化学结构是相同的，因此含氟表面活性剂和常用的碳氢链表面活性剂一样，按亲水基的结构，可分为阴离子型、阳离子型、非离子型和两性离子型四种。

含氟表面活性剂的特性主要决定于疏水基的碳氟链。氟原子与氢原子及卤素原子 Cl 相比，氟原子的电负性最大，使共价结合的 C—F 键具有离子键的性能，因而 C—F 的键能较高，达 490kJ/mol。并且，由于氟原子的半径比氢原子的大，因而屏蔽碳原子的能力较大，使原来键能不太高的 C—C 键的稳定性有所提高。它与常用的碳氢链表面活性剂相比，化学稳定性和热稳定性较好。如 $C_8F_{17}C_6H_4SO_3K$ 的分解温度在 335℃以上，使用温度可在 300℃左右。它在强酸性介质或氧化剂中仍具有良好的表面活性。

由于碳氟键不易极化，碳氟化合物分子间的范德华引力小，碳氟链分子间的作用力较小，含氟表面活性剂具有高表面活性。它与碳氢链的表面活性剂相比，它的水溶液具有极低的表面张力，且表面吸附能力很强，达到饱和吸附的浓度要低得多，临界胶束浓度也小得多。如一般碳氢表面活性剂的使用浓度为 0.1%～1.0%，表面张力降到 30～35mN/m；而碳氟表面活性剂的使用浓度为 0.005%～0.1%，表面张力降到 20mN/m 以下。

由于碳氟化合物分子间的范德华引力小，它不仅与水的亲和力小，而且与碳氢化合物的亲和力也小，这就造成它不仅"憎水"，而且"憎油"。含氟表面活性剂不易吸附至油-水界面上，降低油-水间界面张力的能力小，不宜用作油-水体系乳化剂。一般烃类表面活性剂的疏水基链长为 $C_{12}\sim C_{18}$ 最合适，而含氟表面活性剂的疏水基链长为 $C_6\sim C_{10}$。

碳氟表面活性剂分子结构的不同将影响其表面张力，支链含氟表面活性剂降低表面张力的效率比直链的大，但直链含氟表面活性剂降低表面张力的效能比支链大。一般直链疏水基的含氟表面活性剂降低水溶液表面张力的效果较好。含氟表面活性剂和碳氢链的烃系表面活性剂混合在改进水溶液的润湿性和降低界面张力方面能产生良好的效果。

**(3) 应用**　含氟表面活性剂的极性基为亲水基，则在水中显示表面活性。同样，极性基端具有亲油基时，在有机溶剂中也能显示表面活性。因而根据不同用途可选择合适结构的表面活性剂。

① 水溶性含氟表面活性剂　它对氟化物的乳化有效，$C_8F_{17}COONH_4$ 常用作含氟树脂

(聚四氟乙烯树脂和偏氟乙烯树脂)乳液聚合用乳化剂。单独的含氟表面活性剂虽不能得到烃类化合物的稳定乳化体系,但和烃系表面活性剂并用,可减少表面活性剂的总用量。对水溶性涂料,乳化剂的存在会妨碍涂膜的耐水性。而在常用的烃系表面活性剂中加入含氟表面活性剂,即可提高涂膜的耐水性。

鉴于含氟表面活性剂的耐化学稳定性,将它添加于强酸性的浸蚀浴或电镀浴中,能在浴液表面形成泡沫,防止酸雾的飞散并降低浸蚀液的表面张力,既提高了浸蚀速度又使电镀或浸蚀均匀,能赋予金属表面光泽性。

含氟表面活性剂和一般的烃系表面活性剂复配具有良好的去污效果。尤其与阴离子型表面活性剂的复配效果更好,可用于照相机镜头等洗净度要求高的场合。

含氟表面活性剂水溶液的表面张力为15～17mN/m,低于油的表面张力(约20mN/m)。因此,若能设法降低油-水间的界面张力,使铺展系数$S>0$,则含氟表面活性剂水溶液和发泡剂等配合,以泡沫形式喷射到燃烧着的油面时,不仅能迅速灭火,而且在油面上能铺展成水合膜,密封着油的蒸气,能够防止再次着火。这种灭火剂主要扑灭地下停车场、机场、储油罐处的油火。

含氟表面活性剂水溶液中加入烃系表面活性剂后,能使水溶液在烃油表面上铺展成膜,从而抑制烃油蒸发,减少蒸发损耗,稳定油品质量。

含氟表面活性剂能提高物质表面的润湿性,例如,在照相胶片制造时将其加入明胶乳液中,可以保证均匀地涂布在聚酯胶片上。在彩色胶卷上进行多层涂布时效果更佳。此外,还可用作地板蜡或水系涂料、印刷油墨等的均质剂以及染色助剂和农药渗透剂。

在面膜和涂料中加入含氟表面活性剂,可以提高其润湿性,且涂膜上不易黏附污物。含氟表面活性剂还可作为复印机载体用的表面改性剂和农用塑料薄膜防浊、防雾添加剂,录音带磁粉分散剂。

② 油溶性含氟表面活性剂　涂料、油墨中加入油溶性含氟表面活性剂,可提高颜料的分散性、载色剂的均匀性,降低溶剂的表面张力而增强了润湿性。

黏合剂中加入此类含氟表面活性剂,由于树脂表面张力的降低,提高了对被黏合物表面微细低凹部分的渗透性,可提高固定效果、增强黏合强度。

全氟烷基具有疏水、疏油性,与氟树脂以外的树脂完全没有相容性。在含氟表面活性剂中导入与树脂具有相容性的亲油基,会产生某种程度的树脂相容性,使用少量物质,就能使表面改性。可用来防止胶片粘连、增塑剂移动和降低摩擦系数等。

### 3.5.2 含硅表面活性剂

含硅表面活性剂具有很高的表面活性与稳定性,耐高温,对皮肤无刺激,无毒,十分安全。有些品种还是一种很好的抑泡剂。20世纪50年代初,美国Union Carbide公司首先合成了含硅聚醚非离子表面活性剂。德国Bayer A-G Mobey化学公司将它用作聚氨酯泡沫体中的稳泡剂。此后阴、阳含硅表面活性剂相继问世,它的应用领域不断扩大。

含硅表面活性剂的分子结构与一般的碳氢链(烃系)表面活性剂相似,都由亲水基和疏水基两部分组成。不同的是疏水部分是由硅烷基、硅亚甲基或硅氧烷基构成。与烃系表面活性剂相似,含硅表面活性剂按亲水基的不同可分为阴离子、阳离子、非离子和两性离子四种主要类型。例如:

阴离子型　$(CH_3)_3Si(CH_2)_{10}SO_3Na$

阳离子型　$(CH_3)_3Si(CH_2)_8N(CH_3)_3Br$

非离子型　$(CH_3)_3Si(CH_2)_6O(CH_2CH_2O)_{6.3}H$

两性离子型　$H_3C-Si(CH_3)_2-O-[Si(CH_3)_2-O]_{18}-[Si(CH_3)((CH_2)_3N^+(CH_3)_2CH_2COO^-)-O]_3-Si(CH_3)_2-CH_3$

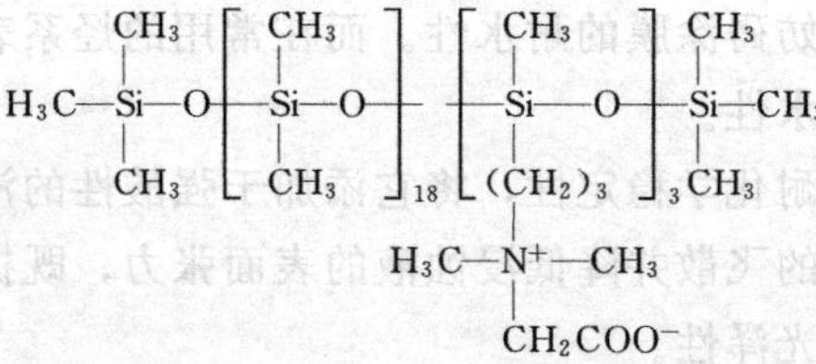

**(1) 合成方法**　离子型含硅表面活性剂可以从环氧基硅氧烷合成，如下图：

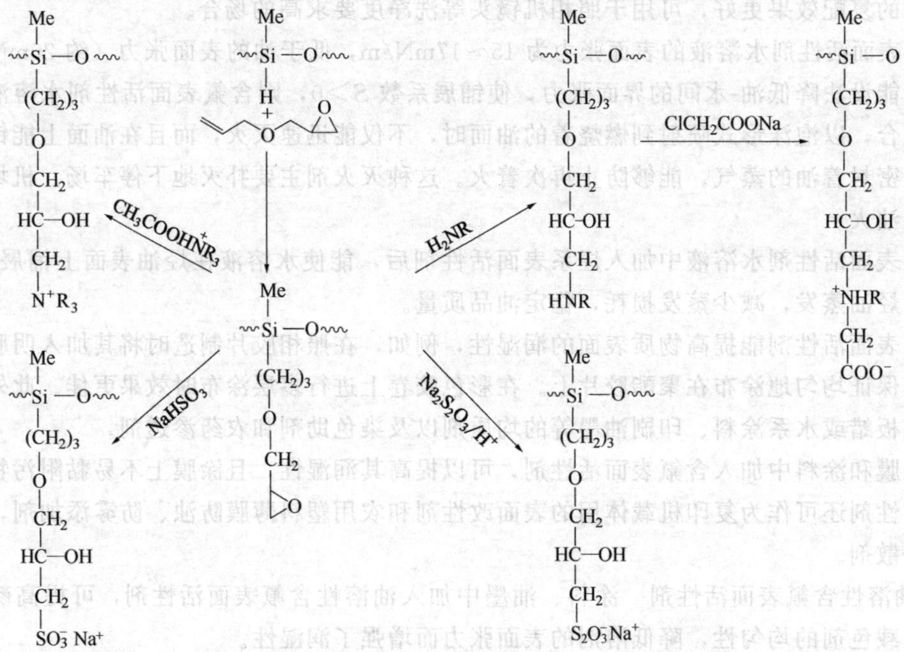

Me
~~Si—O~~
(CH₂)₃
O
CH₂
HC—OH
CH₂
N⁺R₃

$CH_3COOH\overset{+}{N}R_3$

Me
~~Si—O~~
H
+
（烯丙基缩水甘油醚）

Me
~~Si—O~~
(CH₂)₃
O
CH₂
(环氧基)

$H_2NR$

Me
~~Si—O~~
(CH₂)₃
O
CH₂
HC—OH
CH₂
HNR

$ClCH_2COONa$

Me
~~Si—O~~
(CH₂)₃
O
CH₂
HC—OH
CH₂
$\overset{+}{N}HR$
CH₂
COO⁻

$NaHSO_3$

Me
~~Si—O~~
(CH₂)₃
O
CH₂
HC—OH
CH₂
$SO_3^-$ Na⁺

$Na_2S_2O_3/H^+$

Me
~~Si—O~~
(CH₂)₃
O
CH₂
HC—OH
CH₂
$S_2O_3^-Na^+$

很多水解稳定的聚醚基硅氧烷非离子表面活性剂都是通过硅氢化反应来制备的，利用含有 Si—H 基的甲基硅氧烷和烯丙基聚氧乙烯醚进行反应：

$$—SiH + H_2C{=}CHCH_2(OCH_2CH_2)_nOR \longrightarrow —Si(CH_2)_3(OCH_2CH_2)_nOR$$ R 为极性有机基团。

**(2) 性能**　含硅表面活性剂中的 Si—O 的键能为 452kJ/mol，比 C—C 的键能（348kJ/mol）大。因此，Si—O 键要比 C—C 键稳定，不易断裂。在 Si—O 键中，硅原子和氧原子的相对电负性差数大。氧原子上的电负性对硅原子上连接的烃基有偶极感应影响，可提高硅原子上连接烃基的氧化稳定性，因而含硅表面活性剂具有较高的耐热稳定性。如聚二甲基硅氧烷的聚醚共聚物在 250℃时仅轻微裂解，而分子中的 Si—O—Si 键 350℃时才开始断裂。

含硅表面活性剂的疏水部分与烃系表面活性剂不同，硅油的表面张力较低，为 16～21mN/m。因此含硅表面活性剂有可能使水溶液的表面张力降至 20～25mN/m，比烃系表面活性剂的低。

含硅表面活性剂的润湿性比烃类表面活性剂好得多，尤其是三硅氧烷，如 Silwet L-77。含硅表面活性剂在有机液体中也能形成单分子膜，可将表面张力降至 20～25mN/m，在有机系和水系中都能发挥优良的表面活性。相对改变硅氧烷和聚醚的相对分子质量、聚醚中聚氧乙烯、聚氧丙烯的聚合度以及二者间的比例和聚醚链末端官能团的种类，可使硅氧烷具有不同的特性，适合各种不同的用途。

**(3) 应用** 硅氧烷系表面活性剂在涂平性、润滑性、渗透性、脱模性、平滑性、抗静电性、乳化性、分散性、消泡性、防雾性等方面均较优良。在涂料、油墨、印刷、橡胶、塑料、化妆品、盥洗用品、金属加工、化学工业等领域有着广泛的应用。

含硅表面活性剂具有润滑性、光泽性，硅氧烷的特殊触感、调理性和疏水性等优良特性，已在化妆品中广泛用作调理剂。如硅氧烷的阳离子和两性离子表面活性剂大多用于洗发剂和调理香波中，它们能改善头发的梳理性、光泽和触感。氨基硅氧烷也用于护发剂中。

在含水体系中，非离子聚二甲基硅氧烷系表面活性剂的起泡能力较低。若水温低于浊点，则可起稳泡作用。若水温高于浊点，则起消泡作用。

季铵盐含硅表面活性剂的杀菌能力很强。一般配成0.1～100mg/kg稀溶液，就能杀死各种细菌，如革兰阴性菌、葡萄球菌、真菌等，能抑制很多种类的有害微生物的繁殖。

含氟硅氧烷比普通硅氧烷性能更特殊。它的耐热稳定性和化学稳定性更好，表面张力值更低。它不仅可赋予防水、防污能力，还可赋予防油能力。常将产品配成溶液，对织物进行防水、防污和防油处理，使其具有特殊的性能。

### 3.5.3 生物表面活性剂

表面活性剂在工业生产和人类日常生活中的应用越来越广泛。而目前使用的绝大多数表面活性剂都是采用化学方法合成的，这不可避免地给人类生存环境带来污染和破坏。20世纪80年代后期，利用生物工程技术来研制生物表面活性剂（biosurfactant）成为国际生物工程领域中的一个新兴课题。

微生物在代谢过程中常分泌一些具有表面活性的代谢产物，如简单脂类、复杂脂类或类脂衍生物。在这些物质分子中存在着非极性的疏水基团和极性的亲水基因。非极性基大多为脂肪酸链或烃链，极性部分多种多样，如脂肪酸的羟基，单或双磷酸酯基团，多羟基基团或糖、多糖、缩氨酸等。这些物质是微生物细胞的组成部分，并在一定条件下可分泌于细胞体外。

用微生物制取生物表面活性剂可以合成难以用化学方法合成的产物，引进新的化学基团。制得的产物易于被生物完全降解，无毒性，在生态学上是安全的。用发酵法生产这些产物，工艺简单，可与目前生产的一些表面活性剂相竞争。近年来采用休止细胞、固相细胞和代谢调节等手段可使代谢产物的产率大大提高，工艺简化，成本降低，有利于实现生物表面活性剂的工业化生产。

生物表面活性剂是指利用酶或微生物通过生物催化和生物合成方法得到的具有表面活性的物质。根据亲水基的类别可分为糖脂系生物表面活性剂、酰基缩氨酸系生物表面活性剂、磷脂系生物表面活性剂、脂肪酸系生物表面活性剂和高分子生物表面活性剂。

**(1) 生物表面活性剂的性能** 生物表面活性剂分子结构的多样性决定了它功能的多样性。生物表面活性剂的分子结构中既具有极性基团，又具有非极性基团，是一类两性分子。因此，它们能在两相界面定向排列形成单分子层，降低界面的能量，即表面张力，多数生物表面活性剂可将表面张力减小至30mN/m。

其主要特征如下：①表面性能优良，具有渗透、润湿、乳化、增溶、发泡、消泡、洗涤去污等一系列表面性能。②一些生物表面活性剂还具有抗菌、抗病毒、抗肿瘤等药理作用和免疫功能，例如，由 *Rhodococcus erythropolis* 在含甘油的培养基中分泌产生的单琥珀酰海藻糖脂能显著地抑制 *Herpessimplex* Ⅰ型病毒。③分子结构类型多样化，一些结构复杂的大分子化合物是采用传统的化学方法难以合成的。④生物表面活性剂的合成原料多是在自然界中广泛存在、无毒副作用的物质，如甘油三酯、脂肪酸、磷脂、氨基酸等，原料来源方便，价格便宜。⑤生物表面活性剂具有良好的热及化学稳定性，如由地衣芽孢杆菌（*B. licheniformis* JF-2）生产菌产生的脂肽在75℃时至少可耐热140h。生物表面活性剂在pH5.5～12之间保持稳定，当pH小于5.5时，会逐渐失活。⑥最重要的特点是，生物表面活性剂产品本身无毒，并且能够在自然界完全、快速地被微生物降解，不会对环境造成污染和破坏，与化学合成表面活性剂相比，这是一类对环境友好的物质。

随着人们环保意识的增强，研制和应用生物表面活性剂显得越来越重要。生物表面活性剂逐渐代替化学合成的表面活性剂是不可避免的趋势，各国对生物表面活性剂的研制和开发应用都给予了高度重视。已经有许多生物表面活性剂，如槐糖脂、鼠李糖脂、脂多糖等应用于日化、食品、石油等领域。

目前，主要有两种方法用于生物表面活性剂的生产：一种是微生物法，另一种是酶催化法。

**（2）微生物法在生物表面活性剂合成中的应用** 一些微生物在一定条件下进行培养后，可分泌具有表面活性的代谢物于体外，如单糖脂类、多糖脂类、脂蛋白类或类脂衍生物类。它们与一般的表面活性剂类似，即在结构中不仅含有脂肪烃链组成的非极性亲油基团，而且还含有极性亲水基团，例如，单或双磷脂基团、多羟基基团或糖类、氨基酸类、多肽类片段等。

微生物方法生成的表面活性剂分子一般结构较复杂，用其他方法不易合成。图3-22表示几种由微生物法合成的生物表面活性剂分子。

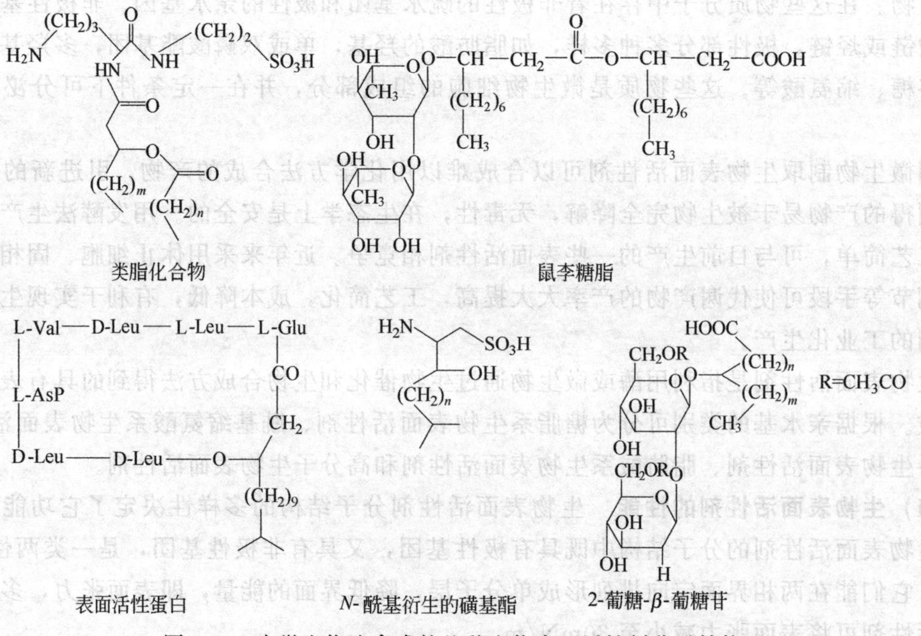

类脂化合物　鼠李糖脂

表面活性蛋白　*N*-酰基衍生的磺基酯　2-葡糖-*β*-葡糖苷

图3-22　由微生物法合成的几种生物表面活性剂分子结构

自然界中能生成表面活性剂的微生物有许多种，常见类型如表3-21所示。

表 3-21 生物表面活性剂主要类型及微生物种类

| 生物表面活性剂 | 微生物来源举例 | 生物表面活性剂 | 微生物来源举例 |
|---|---|---|---|
| 糖脂 | | 黏液菌素 | 荧光假单胞菌(*P. fluorescens*) |
| 鼠李糖脂 | 铜绿假单胞菌(*Pseudomonas aeruginosa*) | 枯草菌素 | 枯草芽孢杆菌(*B. subtilis*) |
| 海藻糖脂 | 红串红球菌(*Rhodococcus erythropolis*) | 短杆菌肽 | 短芽孢杆菌(*B. brevis*) |
| | 灰暗诺卡菌(*Nocardia erythropolis*) | 多黏菌素 | 多黏芽孢杆菌(*B. polymyza*) |
| 槐糖脂 | 球拟酵母(*Torulopsis bombicola*) | 脂肪酸、磷脂 | 红串红球菌(*Rhodococcus erythropolis*) |
| | 茂物假丝酵母(*Candida bigariensis*) | | 氧化硫硫杆菌(*Thiobacillus thiooxidans*) |
| 纤维二糖脂 | 玉米黑粉菌(*Ustilago maydis*) | 多聚表面活性剂 | 热带假丝酵母(*Candida tropicalis*) |
| 胞肽 | 地衣芽孢杆菌(*Bacillus lincheniformis*) | | 乙酸钙不动杆菌(*Acinetobacter calcoaceticus*) |
| Surfactin | 枯草芽孢杆菌(*B. subtilis*) | | |

利用微生物法制备生物表面活性剂时，微生物的培养一般采用发酵路线。根据不同的微生物和目标分子，生产表面活性剂的微生物发酵法可分为以下 4 种。

① 生长细胞法　该法中底物的消耗、细胞的生长、表面活性剂的生成同步进行。培养基中的碳源很重要，不同碳源对表面活性剂的产量和成分都有影响。例如，*Pseudomonas* 菌在以正烷烃为唯一碳源的培养基中生长，产生大量的鼠李糖脂，而在果糖或葡萄糖培养基中只能产生少量的鼠李糖脂。另外一些因素，如培养基中氮源的种类和加入方式、pH、温度、搅拌速度、通气速度，以及氧气在气-液界面的传输速度等，都对表面活性剂的生成有影响。

生长细胞法的优点是由于底物的存在诱导细胞体内产生大量的酶，从而提高了细胞的转化活力，且操作简便。缺点是发酵过程中易被杂菌感染，此外还要求底物对细胞的生长不能有抑制作用。

② 控制细胞生长法　通过限制一种或几种培养基成分以达到较高产率获得表面活性剂的方法，通常是限制培养基中氮源的成分。例如，在以 *Pseudomonas* 菌生成鼠李糖脂时，抑制氮源 NaNO 的用量，以控制氮源代谢。当 NaNO 将近消耗完时，鼠李糖脂的生成会有一个大幅度的增长。此外，也可以抑制培养基中的碳源成分，或者是多价微量元素成分，如 $Fe^{2+}$，$Mg^{2+}$或 $Ca^{2+}$ 等。

③ 休止细胞法　先将正在培养的、处于生长期的细胞通过离心或过滤方式从培养液中分离出来，悬浮在缓冲溶液中保持其活性，再加入底物进行转化。有时为了延长细胞的寿命，可以向缓冲液中加入葡萄糖等营养物。

这种方法的优点是细胞的生长和底物的生物转化是在不同条件下进行的，排除了底物和产物对细胞生长可能存在的不利影响；反应体系较简单，副产物少，产物的分离纯化容易；并且分离出的菌体还可以继续使用。

④ 加入前体法　许多研究表明，向培养基中加入表面活性剂前体后，微生物发酵产物的产率会有大幅度提高。例如，分别加入单糖、双糖或多糖会使 *A. paraffineus* 菌分别产生收率较高的单糖脂、双糖脂和多糖脂。

与其他方法比较，采用微生物法合成表面活性剂具有下列优点。

a. 由于是利用微生物的整个能量代谢和物质代谢过程来进行目标分子的合成，原料和产物的分子结构差别很大。简单的正烷烃、葡萄糖等经过微生物发酵后，得到的代谢产物往往是结构相当复杂的分子。这些复杂的分子一般用其他方法来合成是很麻烦的。此外，还可以通过基因工程等手段修饰或改变微生物的生物转化途径，从而改造复杂的表面活性剂分子结构，使其性能更优越。

b. 原料通常在自然界广泛存在，生成的表面活性物质也可完全降解。而且一般发酵液对生物体无毒，对环境和人类的危害很小。

c. 发酵生产的工艺简单，成本低廉，安全经济，具有良好的工业应用价值。

应该看到，微生物法也有缺点：a. 由于过高的底物或产物浓度会对细胞和酶有毒害作用，所以加入的底物浓度不能太高，这使得发酵液中产物浓度过低；b. 绝大多数发酵产物是分泌到胞外的水相中，且由于微生物体内存在多种酶，不可避免地产生副产物，所以，最终产物的分离和纯化相当复杂。

**(3) 酶在生物表面活性剂合成中的应用** 与微生物法相比，酶法合成的表面活性剂分子多是一些结构相对简单的分子，但同样具有优越的表面活性。酶法合成还具有其他一些优点，如反应条件温和，常温、常压的操作没有危险，原料价廉，反应专一性强，副反应少，产物容易分离纯化，以及固定化酶可以重复使用等。但是，酶制剂昂贵的价格是酶法合成实现工业化的一大障碍。

应用酶法合成的生物表面活性剂主要有以下 5 种类型。

① 酶法合成单肽化甘油酯类生物表面活性剂 工业上单肽化甘油酯的合成多是在 260℃高温和高压下进行，能源消耗大且产物不易分离。利用酶法在常温和常压下合成则可以节省能源，同时减少热降解副反应的发生。单肽化甘油酯主要是通过 1,3-特异性脂酶催化动植物油类或脂肪的甘油解（glycerolysis）、水解或醇解反应得到。甘油解反应是在温和的温度和近似无溶剂状态下发生的，产率可达 90%。1,3-特异性脂酶催化水解反应得到的多是单肽化和双肽化甘油酯的混合物，它们具有良好的乳化性能。1,3-特异性脂酶催化的醇解反应则得到纯度很高的单肽化甘油酯。

对于特殊的单肽化甘油酯也可以通过酶催化甘油和脂肪酸的直接缩合生成。例如，使用特殊的带有疏水性微孔膜的装置就可以在脂酶（源于 *Chromobacterium viscosum*）的催化下连续地从甘油和脂肪酸出发得到单肽化甘油酯。

② 酶法合成糖脂类生物表面活性剂 糖脂是由糖和长碳链羧酸（或羧酸酯）发生酯化（或酯交换）反应得到的化合物，在自然界中广泛存在。按结构上含糖基的多少来划分，糖脂可以分为单糖脂，如甘露糖脂；双糖脂，如海藻糖脂；多糖脂，如 Emulsan。三类糖脂的分子结构如图 3-23 所示。

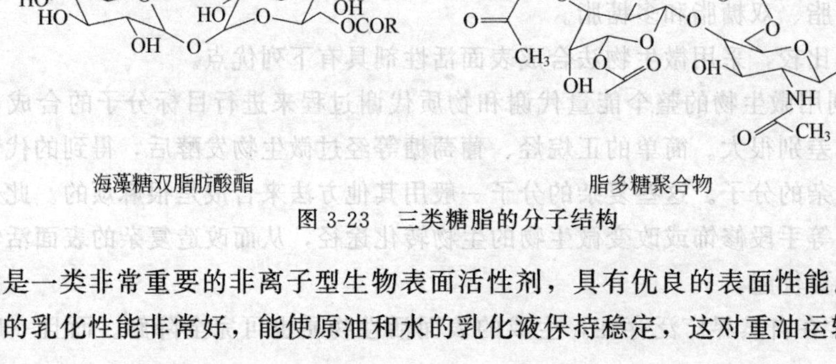

甘露糖单酯

海藻糖双脂肪酸酯

脂多糖聚合物

图 3-23 三类糖脂的分子结构

糖脂是一类非常重要的非离子型生物表面活性剂，具有优良的表面性能。例如，多糖脂 Emulsan 的乳化性能非常好，能使原油和水的乳化液保持稳定，这对重油运输和油水乳化后作为燃料以节省能源有着重要意义。

若以传统的化学方法合成糖脂，由于糖环上的羟基较多，环境相似，且酯化反应中糖环上的酰基容易发生分子内迁移，这使得直接酯化反应的位置选择性较差，易产生大量的副产物。在这些副产物中，有些容易引起人体的过敏反应，有些甚至是致癌物。

如果采用化学法合成酯化位置特定的糖脂，往往需要多步保护和脱保护反应，增加了反应和操作步骤，不利于推广应用。在应用酶制剂合成糖脂方面，应用最多的是脂酶。利用脂酶的区域选择性，可以很容易地从糖类和脂肪酸或甘油三酯等价廉易得的原料出发合成酯化位置特定的糖脂，且反应条件温和，操作方便。

由于反应底物糖类是亲水物，仅能溶解于一些亲水性很强的有机溶剂，如吡啶、DMF等中，而长链脂肪酸具有很强的憎水性。所以，必须找到一种合适的溶剂或方式，既能维持脂酶的活性又能增加两者的互溶程度（mixsubility），以使反应顺利进行。

使用有机溶剂做反应介质时，如果直接用甘油三酯作为提供酰基的反应底物，反应进程较慢。为了加快反应速率，在使用$RCOOCH_2CCl_3$，$RCOOCH_2CF_3$等做底物时，应先对其进行活化，$CCl_3CH_2OH$，$CF_3CH_2OH$是很好的离去基团，有利于反应的进行。脂酶在使用前也需做一些处理，如以无水吡啶为溶剂，用PPL(porcine pancreatic lipase）催化时，需事先将酶在真空中保存3天，使其含水量从3.6%降至0.5%，以维持酶在吡啶中的稳定性。因为有机溶剂对酶有一定的毒性，反应时间过长时，绝大多数酶会失活。

另一种重要的方法是无溶剂状态下酶促合成糖脂。一般是先将糖进行修饰，然后在酶的催化作用下同长链脂肪酸生成有修饰的糖脂，最后脱去修饰基团得到目标糖脂。其过程如图3-24所示。

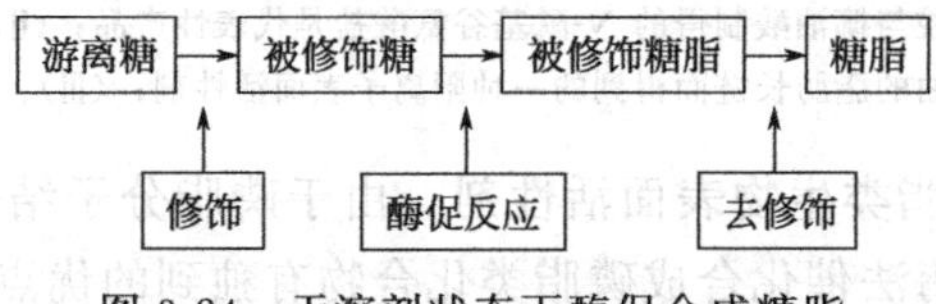

图 3-24 无溶剂状态下酶促合成糖脂

在糖基上引入异亚丙基或烷基的目的是修饰，也就是增加糖和熔融脂肪酸的互溶性，使它们更易形成均相，更有利于反应向右进行。

对糖的修饰有多种方式，常见的有缩酮式和烷基糖苷式。图3-25表示的是一些修饰后

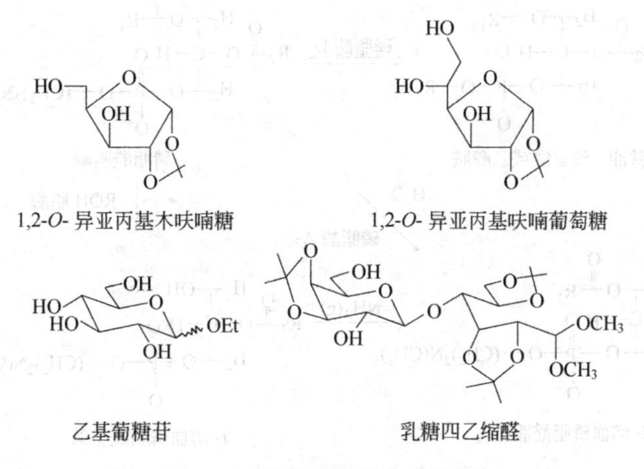

图 3-25 修饰后的糖分子结构

的糖分子结构。

采用缩酮式修饰糖时，经过无溶剂状态酶催化反应后，要在温和的酸解条件下脱去亚基丙酮，最后得到单糖脂或双糖脂，产率较高。但是，引入亚基丙酮基团和脱去亚基丙酮基团的反应在一定程度上使糖脂的合成变得复杂。

采用烷基糖苷式修饰则相对简单。引入烷基修饰基团的反应很简单，而且无溶剂状态酶促反应后得到的产物本身就是很好的表面活性剂，无需再脱去修饰基团。

③ 酶法合成氨基酸类生物表面活性剂　氨基酸类生物表面活性剂是一类表面性能良好的表面活性剂，乳化作用良好、去污能力强，与其他各种表面活性剂的相容性好，具有优良的抗微生物性能，能抑制 *Escherichia coli*、*Pseudomonas aeruginosa* 等革兰阳性菌、革兰阴性菌以及一些真菌的生长。它们在合成洗涤剂、化妆品、食品工业以及制药等方面的应用越来越受到人们的重视。

一般来说，氨基酸类表面活性剂的基本结构有以下几种，如图 3-26 所示。

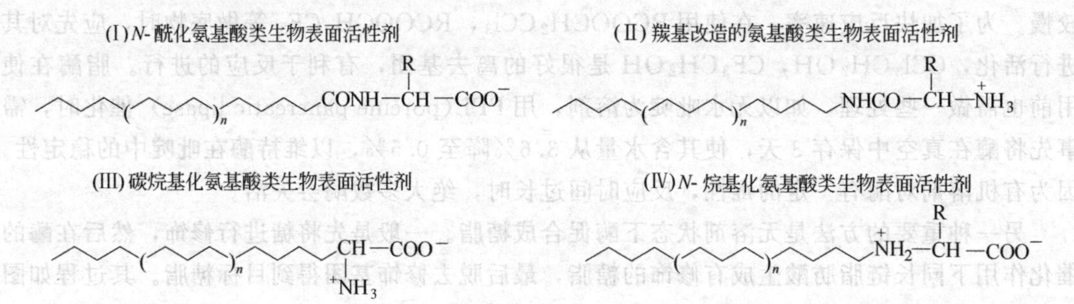


图 3-26　氨基酸类表面活性剂的基本结构

(Ⅰ) 是阴离子表面活性剂，谷氨酸与椰油酸制得的 *N*-酰基谷氨酸盐是代表性产品；(Ⅱ) 是将原来氨基酸的羧基改造成酰胺或酯的结构，同时引入亲油的脂肪长链而得到的一种阳离子表面活性剂；(Ⅲ)、(Ⅳ) 是两性离子表面活性剂。

④ 酶法合成和修饰磷脂类生物表面活性剂　由于磷脂分子结构中有多个官能团，利用酶的选择性和专一性，用酶法催化合成磷脂类化合物有独到的优点。由磷脂酰胆碱出发经过不同的酶催化可以生成磷脂酰丝氨酸、磷脂酰甘油、溶血磷脂等一系列具有表面活性的物质，详见图 3-27。

⑤ 酶法合成异头碳上构型单一的烷基糖苷类生物表面活性剂　化学方法合成糖苷时多

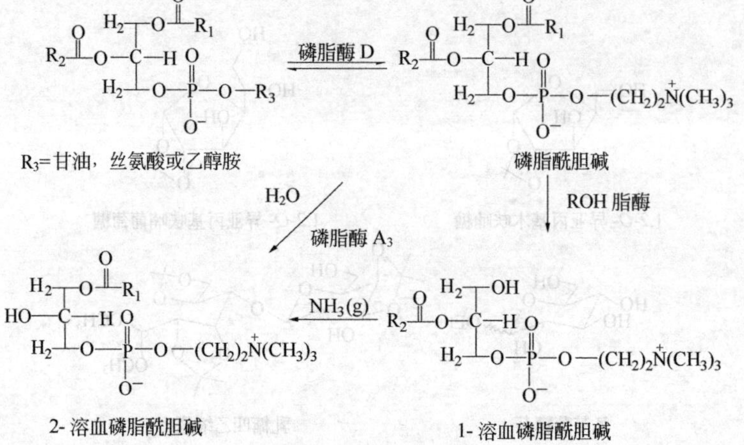

$R_3$=甘油，丝氨酸或乙醇胺　　磷脂酶 D　　磷脂酰胆碱

$H_2O$　磷脂酶 $A_3$　　ROH 脂酶　　$NH_3(g)$

2-溶血磷脂酰胆碱　　1-溶血磷脂酰胆碱

图 3-27　修饰磷脂类生物表面活性剂

会产生端基异构体。采用糖苷酶则可以控制产物异头碳上键的空间构象，生成异头碳上构型单一的烷基糖苷的纯度可达95%。

**(4) 生物表面活性剂的应用** 生物表面活性剂的功能和工业应用范围列于表3-22。

**表3-22 生物表面活性剂的功能和工业应用范围**

| 作用 | 工业应用领域 | | | | | | | | | | | | |
|---|---|---|---|---|---|---|---|---|---|---|---|---|---|
| | 医药工业 | 饲料工业 | 弹性体和塑料 | 建筑材料 | 食品饮料 | 工业清洗 | 皮革 | 金属 | 造纸工业 | 油漆涂料 | 石油及石化产品 | 纺织工业 | 化妆品 |
| 乳化 | + | + | + | | + | | + | + | | + | + | + | + |
| 破乳 | | | | | | | | | | | + | | |
| 润湿、铺展、渗透 | + | + | + | + | + | + | + | + | + | + | + | + | + |
| 增溶、固体分散 | + | + | + | | + | | | | | | + | + | + |
| 加气发泡 | | + | + | + | + | | | + | | | + | | + |
| 消泡作用 | | + | | | + | | | + | | | | | |
| 去污洗涤 | | | | | + | + | + | | + | | + | + | + |
| 抗静电作用 | | | + | | | | | | | + | | + | + |
| 抗腐蚀作用 | | | | | | + | | | | | + | | |
| 抗氧化作用 | | | + | | | + | | + | | | + | | |

① 在石油开采中的（MEOR技术）应用 这是生物表面活性剂的一个重要的应用领域。在油田开采中，运用一次及二次采油技术开采后，仍有大约70%的原油滞留于储油层中，为进一步采集这些极为可观的残留原油，通常采用向油井中注入化学合成的表面活性剂，以降低原油与水的界面张力，使地层毛细管孔隙中所夹持的原油大量释放出来，从而提高石油采集率。但化学合成的表面活性剂通常难以生物降解，会造成严重的环境污染。

三次采油或强化采油（MEOR）技术是指往石油层中注入某些微生物，同时注入一些微生物生长所必需的营养物，这些微生物在生长的同时，能产生生物表面活性剂。这些生物表面活性剂可降低原油与水两相的界面张力，从而可提高油田的开采量。由于生物表面活性剂可被生物降解，不会对环境造成污染，因此，生物表面活性剂为石油开采业所看好。

如从油田盐水中分离出来的地衣芽孢杆菌，能耐10%NaCl及50℃的高温，这种菌在好氧及厌氧条件下能产生生物表面活性剂，其主要成分是脂肽，将这种生物表面活性剂应用于石油开采业，可使石油采收率提高20%左右。

② 在农业方面的应用 生物表面活性剂在农业中的用途也很广，可用于土壤的改良，用作肥料，喂养小牛，清洁，植物保护以及用作杀虫剂等方面。如由假单胞菌通过分批发酵或低稀释速率下连续发酵产生的生物表面活性剂，其主要成分是鼠李糖脂，它能去除不饱和土壤中的脂肪族及芳香族污染物，从而不会引起土壤的堵塞，并可将48%的六氯二苯从污染土壤中回收，可用于土壤的生物治理。

③ 在其他方面的应用 生物表面活性剂还可用于高效细胞破碎和快速测定微生物的数量。由于生物表面活性剂可将细菌和真菌的细胞破碎，细胞内的ATP释放后可与荧光素酶和荧光素系统反应，产生荧光，通过测定所产生荧光的量即能推算出细胞的数量，从而达到快速测定的目的。

生物表面活性剂在许多工业领域中有着广泛的应用。食品加工的许多过程都必须借助于表面活性剂的作用而进行，因此，生物表面活性剂可用作食品加工业中的乳化剂、保湿剂、防腐剂、润湿剂、起泡剂、增稠剂、润滑剂等，安全地用作化妆品的添加剂。此外，生物表面活性剂还可用于洗涤剂制造、增加感光乳剂的稳定性等。

目前，生物表面活性剂因其成本高还没有进行大规模的工业化生产。但我们相信，通过广大科技工作者的努力，通过采用诱变育种和构建基因工程高产菌，提高生物表面活性剂的发酵产率和提取得率，以大大降低它的生产成本，使生物表面活性剂成为表面活性剂家族中的后起之秀。

### 3.5.4 高分子表面活性剂

一般表面活性剂的相对分子质量在400左右，当相对分子质量大到某种程度以上，且具有表面活性的化合物称为高分子表面活性剂。它们可吸附在界面上，将引起界面或溶液状态的变化。有些物质如聚乙烯醇既可制成纤维，亦可制成薄膜来使用，但其本身又有乳化、凝聚作用，所以也是高分子表面活性剂。高分子表面活性剂的相对分子质量界限并无严格规定，一般说来相对分子质量在2000以上具有表面活性的都属高分子表面活性剂。聚氧乙烯聚氧丙烯嵌段共聚物的相对分子质量从一千至数千，这里可将它们列入高分子表面活性剂范畴，但也有人把它们列入低分子表面活性剂中的非离子部分。

高分子表面活性剂同样具有阴离子、阳离子、非离子、两性离子等四种类型。亦有天然的如海藻酸钠、淀粉衍生物、蛋白质或多肽类衍生物等天然高分子表面活性剂，还有半合成的如纤维素醚，或全合成的如聚氧乙烯高聚物等。

高分子表面活性剂降低表面张力和界面张力的能力小，渗透力也较弱，而乳化稳定性很好。这是因为低分子表面活性剂吸附在表面上时取向性要比高分子表面活性剂好。高分子表面活性剂在较高浓度时由于分子内或分子间的缠绕复杂，在表面上的吸附量进一步减少，导致表面张力降低能力更小。但当恢复到低浓度时，缠绕松开，表面上定向吸附量增加，其表面张力降低能力可增大些。除了相对分子质量外，构成高分子表面活性剂单体的组成对其物化性能亦有影响。此外，高分子表面活性剂多数情况下不形成胶束，起泡性较差，而一旦发泡就会形成稳定的泡沫。

高分子表面活性剂因相对分子质量高，一部分吸附在粒子表面，另一部分则溶解于作为连续相的分散介质中。相对分子质量较低时能够阻止粒子间缔合所产生的凝聚，发挥分散剂功能，具有胶体保护作用；相对分子质量较高时则吸附在许多粒子上，在粒子间产生架桥，形成絮凝物。因此，相对分子质量数万以下的适合用作分散剂，百万以上的用作絮凝剂。例如，添加相对分子质量为36万的Palyclear H，只需100～120mg/kg就可使浑浊啤酒变清。而当加入浓度较高时，由于粒子被许多高分子活性剂分子包围而分散，从而可防止凝聚。羧甲基纤维素（CMC）加入洗涤液中可防止污垢再吸附于棉布，其羟基的醚取代度为0.6～0.8，聚合度以200～300较好。若是合成纤维织物，宜用聚乙烯吡咯烷酮。

聚乙烯醇是较好的油脂乳化剂。有高黏度（相对分子质量17万～25万）、中黏度（相对分子质量12万～13.5万）、低黏度（相对分子质量3万～3.5万）3种，以高、中黏度性能较好。一般均与其他表面活性剂混合使用。

高分子表面活性剂的去污洗涤作用通常是较低的。聚乙烯醇无增溶作用。聚合皂具有增溶作用，乙二胺聚氧乙烯聚氧丙烯高聚物可作为无毒增溶剂及乳化剂使用。

许多高分子表面活性剂保水性强，且有增稠作用，成膜性和黏附性能优良。高分子表面活性剂也可用在防水、防油、消泡、抗静电等领域。

**(1) 天然高分子表面活性剂** 许多天然水溶性高分子化合物具有表面活性，但降低表面张力的能力不大，大都作为胶体保护剂使用，例如，牛乳中的脂质因有蛋白质的存在而形成稳定的胶体。天然高分子表面活性剂同样是根据疏水基和亲水基的平衡而表现出不同的表面活性。

多糖类高分子表面活性剂，这里包括羧甲基纤维素、羧甲基淀粉等。纤维素是一种含$\beta$-1,4-糖苷的葡聚糖。这些羧基所形成的氢键使纤维素分子间的相互作用力很大而不能溶于水。但经甲基醚化生成CMC后，就成为水溶性的，水溶液的表面张力亦随之降低；羧乙基纤维素在水中的溶解度根据取代度的大小而变化，疏水基的取代度增大，则其水溶性就差。又如乙基羟乙基纤维素含有疏水性乙基和亲水性羟乙基，当乙基的取代度高于羟乙基的取代度时，乙基羟乙基纤维素溶液的表面张力就降低。如果在乙基纤维素中引入乙氧基，可抑制纤维素分子间相互作用力，而使羟基发生水合，易溶于水。因此分子间相互作用力与水合力的平衡是多糖溶液保持稳定的必要条件。一般天然高分子表面活性剂不单独利用其有限的表面活性，而是用作乳化稳定剂、胶体稳定剂或增稠剂、分散剂使用。

此外，阿拉伯树胶、阿拉伯半乳聚糖也是具有表面活性的多糖物。

蛋白质是由疏水性氨基酸与亲水性氨基酸以适当比例结合而成，因此具有表面活性。明胶、卵蛋白、酪蛋白、大豆以及棉籽蛋白质都有良好的起泡性和保护胶体的作用。微生物表面活性剂中述及的糖脂或脂蛋白也是天然高分子化合物。

**(2) 聚乙烯醇类** 聚乙烯醇可由聚醋酸乙烯在碱性或酸性中水解制取。通常这一反应在无水甲醇的碱液中进行，反应式如下：

$$\left(\mathrm{CH_2-\underset{\underset{\displaystyle O-\underset{\underset{\displaystyle O}{\|}}{C}-CH_3}{|}}{CH}}\right)_n \xrightarrow[\mathrm{NaOH}]{85℃} \left(\mathrm{CH_2-\underset{\underset{\displaystyle OH}{|}}{CH}}\right)_n$$

聚乙烯醇常用作化妆品和药物等产品中的乳化剂、织物上浆、聚酰胺类织物处理和合成树脂工业中悬浮聚合的分散剂。

聚乙烯醇的酯类可由聚醋酸乙烯部分水解制得：

$$\left[\mathrm{CH_2-\underset{\underset{\displaystyle OCOCH_3}{|}}{CH}-CH_2-\underset{\underset{\displaystyle OCOCH_3}{|}}{CH}}\right]_m \xrightarrow{\mathrm{HOH}} \left[\mathrm{CH_2-\underset{\underset{\displaystyle OH}{|}}{CH}-CH_2-\underset{\underset{\displaystyle OCOOCH_3}{|}}{CH}}\right]_m$$

它的用途和聚乙烯醇相仿，但水溶性较差，将聚乙烯醇的部分羧基缩醛化，可增加其油溶性：

$$\mathrm{-\underset{\underset{\displaystyle OH}{|}}{CH}-CH_2-\underset{\underset{\displaystyle O\ H}{|}}{CH}-CH_2-\underset{\underset{\displaystyle H\ O}{|}}{CH}-}\ +\ \mathrm{RCH{=}O} \longrightarrow \mathrm{-\underset{\underset{\displaystyle OH}{|}}{CH}-CH_2-CH-CH_2-CH-}\ \text{（两个 O 与 }\mathrm{\underset{\underset{\displaystyle R}{|}}{CH}}\text{ 成环：O—CH—O）}$$

实际上，在反应过程中分子中的乙酸基不能全部水解，因此，反应产物为聚乙烯醇、聚醋酸乙烯、聚乙烯醇缩醛的混合物。

将聚乙烯醇部分硫酸化，中和后即为硫酸酯盐型阴离子表面活性剂。

聚乙烯醇是一种水溶性高分子表面活性剂，又有良好的分散作用、乳化作用和保护胶体的作用，广泛用于医药、农药及化学工业中。在纺织工业中可用作织物上浆剂及聚酰胺织物整理剂。它的缺点是表面活性不高，极易吸水。为克服这一缺点，可在分子链中引入有机硅化合物，以提高其表面活性和防水能力。

聚乙烯醇与聚二甲基硅氧烷的接枝共聚。环状二甲基硅氧烷三聚体以正丁基锂为引发剂，在四氢呋喃中进行聚合，然后加入1,1-二甲基乙烯基氯化硅烷终止剂，使之形成末端具有乙烯基的二甲基硅氧烷。再用偶氮二异丁腈为引发剂，与醋酸乙烯酯共聚，得到聚醋酸乙烯与聚硅氧烷的接枝共聚物。共聚物与 NaOH 水溶液作用，便得到聚乙烯醇与聚二甲基硅氧烷的接枝共聚物。接枝共聚体中硅氧烷含量增加，产物逐渐由水溶性变为油溶性。当含量达 20%时防水效果好。这类共聚体是一种优良的乳化剂和分散剂。

烷基与一氯二甲基硅烷作用生成一氯二甲基硅烷游离基。然后再与醋酸乙烯酯作用，得到具有一氯硅烷端基的聚醋酸乙烯酯聚合体。将这种聚合体与含有硅氧烷的链段偶合，即得到二者的嵌段共聚体。在碱性溶液中水解，得到有机硅改性聚乙烯酯。嵌段共聚体具有较高的表面活性，能够润湿疏水性合成树脂表面。它和接枝共聚体一样是优良的乳化剂和分散剂。

**(3) 高分子阳离子表面活性剂** 为了改善洗发香波洗后头发的梳理性，人们合成了许多高分子阳离子表面活性剂。如纤维素和蛋白质水解物的季铵化物、阳离子瓜尔胶(GHPTA)、乙烯基吡咯烷酮和季铵化乙烯基咪唑单体的共聚物等。

聚合物 JR 是羟乙基纤维素与 2-羟丙基三甲基氯化铵的反应产物。根据聚合物的黏度分为 JR125、JR400 等，其中最常用的为 JR400(25℃，2%水溶液的黏度为 400mPa·s)。小分子季铵化的羟乙基纤维素聚合物（如聚季铵-10)，可改善湿梳和抗缠结性，有助于改善干性头发的可梳理性和外观。另一种产品硬脂基二铵羟乙基纤维素，在改善干发的梳理性和调理性方面优于前者。

阳离子蛋白肽是季铵盐型阳离子聚合物，在分子结构中具有多肽链（通常由胶原蛋白水解得到）和脂肪烷基。多肽链的主干相对分子质量在 2000 左右，约有 80%的有效活性氨基被季铵化。Croquat L 含十二烷基，Croquat M 含椰子基，Croquat S 含硬脂基。在调理香波、头发调理漂洗剂、膏霜、摩丝、卷发液中用作调理添加剂，效果优于 JR400。其他一些蛋白质，如角蛋白、蚕丝蛋白、大豆蛋白亦可作为季铵化多肽的起始原料。

阳离子瓜尔胶为季铵化的多糖化合物，CTFA 命名为聚季铵 55，它的商品代号为 Jaguar C-13-S。瓜尔胶基本上是一种直链上有 1～4 个甘露糖单元，侧链上有 1～6 个半乳糖单元的多糖化合物。半乳甘露聚糖的相对分子质量可在 22 万左右。阳离子瓜尔胶由瓜尔胶的游离羟基与 2,3-环氧丙烷（或 3-氯-2-羟丙基）三甲基氯化铵反应生成。瓜尔羟丙基氯化物的取代度约 0.13。该产物对头发和皮肤具有调理性，作为调理剂使用时，它能提高阴离子表面活性剂的效果。它还可用作香波增稠剂、乳化稳定剂和织物柔软剂等。它与多种表面活性剂、硅氧烷、增调剂和调理树脂有很好的相容性。

乙烯基吡咯烷酮（VP）和季铵化乙烯基咪唑（VI）单体在水中聚合生成的聚季铵树脂，二者的比例不同，性能不一样。用聚季铵-16 配制的洗涤剂，可使皮肤、头发平滑，无油腻感。加入聚季铵-16 的摩丝产品，使用后头发梳理性、柔和性、蓬松感、平滑性和光泽度等特性均较好。

**(4) 聚醚类高分子非离子表面活性剂** 以含有一个或一个以上活性氢原子的有机化合物为引发剂加聚环氧丙烷、环氧乙烷等烯烃的氧化物得到的具有表面活性的嵌段共聚物，简称为聚醚。

聚醚是一类高分子型非离子表面活性剂，其聚氧丙烯部分作为亲油基，聚氧乙烯部分作为亲水基。引发剂的种类，环氧丙烷、环氧乙烷的加聚次序和加聚物的相对分子质量均会影响到产品的性质，因此这类产品的品种很多。根据引发剂上官能团（羟基或活性氢）的数目，可将产物分为单官能团、二官能团直至八官能团等不同类别的产品。每类产品中按加聚次序的不同又可分为整嵌型、杂嵌型和全杂型三种。

整嵌型聚醚是在引发剂上先加成一种氧化烯烃，然后再加成另一种氧化烯烃得到的产物，如以丙二醇为引发剂而得到的产品丙二醇聚醚（Pluronic），以乙二胺为引发剂而得到的产品乙二胺聚醚（Tetronic）和以甘油为引发剂而得到的产品 Pologlycol 等。

杂嵌型聚醚有两种：一种是引发剂上先加成一种氧化烯烃，然后加成两种或多种氧化烯烃混合物得到的产物；另一种是引发剂上先加成混合的氧化烯烃，然后再加成单一的氧化烯烃得到的产物，如以单官能团活性氢化合物一元醇为引发剂得到的产物 Tergitol。

全杂型聚醚是引发剂上先加成一定比例的两种或多种氧化烯烃混合物，然后再加成比例不同的同样混合物，或比例相同而氧化烯烃不同的混合物而得到的产物，如 Pluradot。

上述介绍的各类聚醚型表面活性剂，可通过调节其组成，使其具有各种特性，以适应各种特殊的需要。在各种聚醚中整嵌型聚醚最为重要，其中以 Pluronic 和 Tetronic 更为重要。

① 丙二醇聚醚　Pluronic 是以丙二醇为引发剂而得到的整嵌型聚醚产品，其通式为：

$$HO-(CH_2CH_2O)_a-(CH_2\underset{|}{\overset{CH_3}{C}}HO)_b-(CH_2CH_2O)_c-H$$

Pluronic 相对分子质量一般在 1000～20000。亲油基为聚氧丙烯（POP）部分，亲水基为聚氧乙烯（POE）部分。POE 含量增大时，亲水性能增加；POE 含量小，分子质量亦小时，渗透能力增大，起泡能力减小；而当 POE 含量高，分子质量亦大时，渗透能力下降，起泡能力升高。

Pluronic 的外观形态随相对分子质量的不同而有液体、浆状和片状，分别以 L、P 和 F 表示，见图 3-28。字母后面的第一个数字×300 表示疏水基的相对分子质量，第二个数字×10表示亲水基的百分含量。

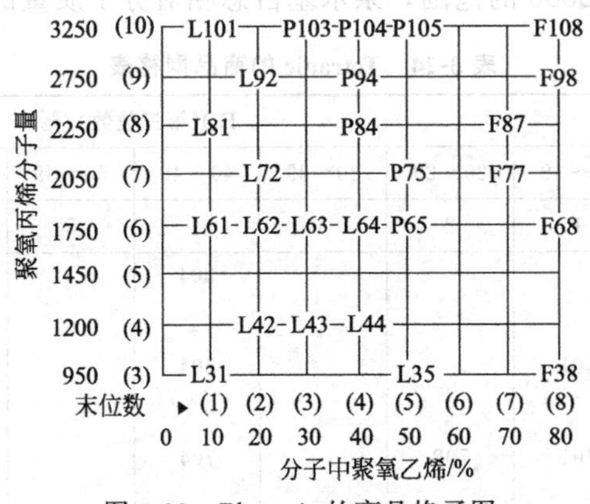


图 3-28　Pluronic 的商品格子图

Pluronic 有宽广的 HLB 值范围，见表 3-23，如 L101 的 HLB 值为 1；F38 的 HLB 值为 30。用于洗涤剂的产品以相对分子质量 2000～3000 的 L64 的去污力较佳，L68 的分散性好，它起泡低、消泡快，L64、L68 与肥皂配合可制取高效低泡洗涤剂，对钙皂也有较强的分散力。

由于 Pluronic 类产品具有无刺激性、毒性小、不使头皮脱脂等特点，因而可用于洗发剂，耳、鼻、眼各种滴剂，口腔洗涤、牙膏等配方中。也可用作乳化剂及乳液稳定剂、增稠剂。Pluronic 的某些品种可做破乳剂，尤其是它们的无机酸酯或有机酸酯，作为原油破乳剂具有较好的效果。在塑料工业中，是软、硬泡沫塑料的主要添加剂。在纺织印染工业中，可用作纤维抽丝的润滑剂、抗静电剂、柔软剂等，也可用于某些产品的促染及增色剂等。

**表 3-23 商品 Pluronic 的 HLB 值**

| 疏水基的相对分子质量 | 环氧乙烷质量分数/% | | | | | | | |
|---|---|---|---|---|---|---|---|---|
| | 10 | 20 | 30 | 40 | 50 | 60 | 70 | 80 |
| 4000 | | 4 | | | | | 22 | |
| 3250 | 1 | | | 9 | 13 | 15 | | 27 |
| 2750 | 1 | 5 | | | | | | |
| 2250 | 2 | | | | 14 | 16 | 24 | 28 |
| 2050 | | 6 | | | | | | |
| 1750 | 3 | 7 | | 11 | 15 | 17 | | 29 |
| 1200 | | 8 | | 12 | 16 | | | |
| 950 | 4 | | | | | 18 | | 30 |

② 乙二胺聚醚　Tetranic 是以乙二胺为引发剂而得到的整嵌型聚醚产品，其通式为：

$$\begin{array}{c}H-(OCH_2CH_2)_a-(OCH_2\underset{|}{\overset{CH_3}{|}}CH)_k \\ H-(OCH_2CH_2)_b-(OCH_2\overset{CH_3}{\overset{|}{C}H})_l\end{array}\Big> NCH_2CH_2N \Big<\begin{array}{c}(CH_2\overset{CH_3}{\overset{|}{C}H}O)_m-(CH_2CH_2O)_c-H \\ (CH_2\underset{CH_3}{\underset{|}{C}H}O)_n-(CH_2CH_2O)_d-H\end{array}$$

Tetranic 的商品常用三位数字来表示，见表 3-24。第一、二位常表示为憎水基的平均相对分子质量，第三位数字是亲水基占总相对分子质量的百分数，例如 501 表示为憎水基的平均相对分子质量在 1501～2000 的范围，亲水基占总相对分子质量的 10%～19%。

**表 3-24 Tetranic 的商品网格表**

| 憎水基分子量 | 第一、二位数字 | EO(第三位数)/% | | | | | | | |
|---|---|---|---|---|---|---|---|---|---|
| | | 10～19 | 20～29 | 30～39 | 40～49 | 50～59 | 60～69 | 70～79 | 80～89 |
| | | 1 | 2 | 3 | 4 | 5 | 6 | 7 | 8 |
| 501～1000 | 30 | | | | 304 | | | | |
| 1001～1500 | 40 | | | | | | | | |
| 1501～2000 | 50 | 501 | | | 504 | | | | |
| 2001～2500 | 60 | | | | | | | | |
| 2501～3000 | 70 | 701 | 702 | | 704 | | | 707 | |
| 3001～3600 | 80 | | | | | | | | |
| 3601～4500 | 90 | 901 | | | 904 | | | | 908 |

Tetranic 相对分子质量一般在 2000～30000，HLB 值范围为 2～33，见表 3-25。根据嵌段共聚物中环氧丙烷、环氧乙烷的数量及排列不同，Tetranic 的外观形态分别呈液体、浆状和片状。Tetranic 具有弱阳离子性，某些产品具有良好的分散作用、乳化作用、润湿作用、抗静电作用，可用作分散剂、泡沫调节剂、破乳剂等。

该类产品的水溶性变化范围很大，从不溶于水的 701 或 901 至浊点高于水的沸点的 908。加入稀酸，其水溶性增加。和其他非离子表面活性剂一样，它在水中的溶解度也随温度上升而下降。它们不溶于煤油及矿物曲，但能溶于很多有机溶剂。

表 3-25 Tetranic 的性质①

| 编 号 | 表面张力/(mN/m) | | 界面张力/(mN/m) | | 润湿时间(0.1%)/s | HLB |
|---|---|---|---|---|---|---|
| | 0.1% | 0.01% | 0.1% | 0.01% | | |
| 304 | 53.0 | 57.9 | 22.0 | 28.5 | >1800 | 17 |
| 501 | 不溶 | 46.3 | 不溶 | 17.5 | 不溶 | 4 |
| 504 | 44.2 | 47.8 | 15.3 | 19.8 | >1800 | 16 |
| 701 | 不溶 | 40.9 | 不溶 | 10.8 | 不溶 | 3 |
| 702 | 36.8 | 41.1 | 5.5 | 11.5 | 38.3 | 7 |
| 704 | 40.3 | 43.6 | 10.0 | 14.5 | 185 | 15 |
| 707 | 47.6 | 50.6 | 20.1 | 24.0 | >1800 | 27 |
| 901 | 不溶 | 37.3 | 不溶 | 7.0 | 不溶 | 2 |
| 904 | 36.4 | 38.8 | 6.8 | 11.0 | 88 | 14 |
| 908 | 45.7 | 50.3 | 18.0 | 23.0 | >1800 | 28 |

① 测定全部在 25℃进行。

## 3.5.5 冠醚型表面活性剂

冠醚是一种大环化合物，它主要由与非离子表面活性剂的极性基相似的聚氧乙烯链构成。根据聚氧乙烯链长短、环结构的形状和环中是否含有 N、S 等元素，可形成许多冠醚类化合物，有的相对分子质量可高达数千。

冠醚型表面活性剂是在环状的聚氧乙烯，即冠醚环上引入疏水基后的化合物。这类两亲化合物具有表面活性，能形成胶束。根据冠醚环的型式和疏水基的种类而有许多不同品种，如烷基冠醚（Ⅰ，Ⅲ）、烷氧基甲基（羟基）冠醚（Ⅱ）、单氮杂冠醚、双氮杂冠醚、三嗪环冠醚、苯并冠醚、长链烷基穴状配体醚等。

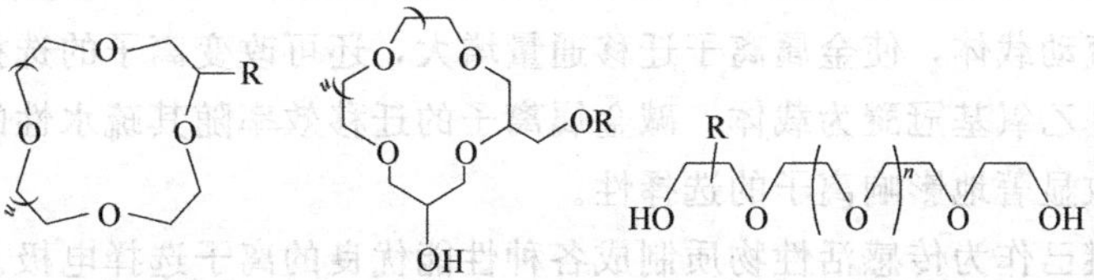

(Ⅰ) (Ⅱ) (Ⅲ)

冠醚型表面活性剂的冠醚环上具有长链烷基，因此它的合成方法与冠醚略有不同。按引入长链烷基的次序可分成如下两类。

**(1) 直接在冠醚环上引入疏水基**

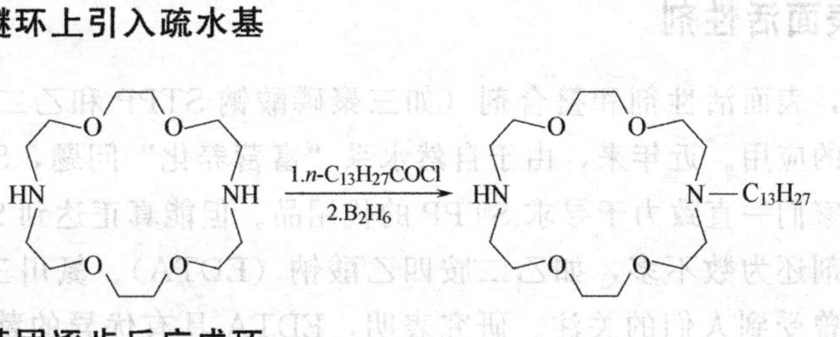

1.$n$-$C_{13}H_{27}COCl$；2.$B_2H_6$

**(2) 通过末端基团逐步反应成环**

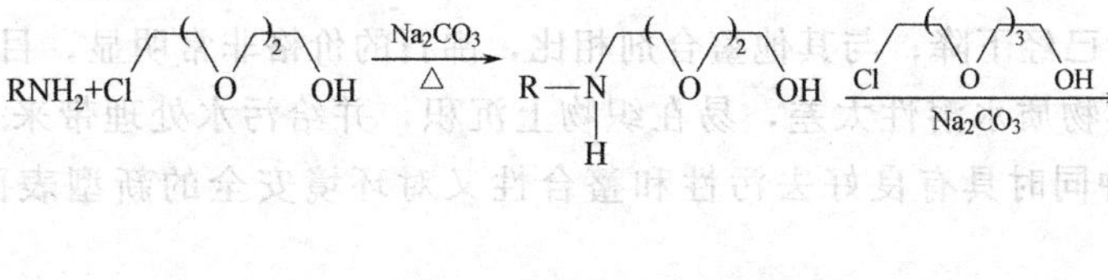

$Na_2CO_3$，△；$Na_2CO_3$

RN O O OH O O O OH

p-TsCl KOH, 

R—N O O O m

p-TsCl：对位甲苯磺酰氯　　：二噁烷

冠醚类表面活性剂分子结构中具有聚氧乙烯大环，是一种非离子表面活性剂，其性能与开链的聚氧乙烯化合物有一些区别。对于一般的聚氧乙烯型非离子表面活性剂溶液，加入盐可使浊点下降，这种效应称盐析效应。在冠醚类表面活性剂水溶液中加入盐，变化较为复杂。在第一种冠醚表面活性剂中，加入 Na、K 等的氯化物，可使浊点升高，这就是冠醚类表面活性剂水溶液的盐溶效应，其原因为冠醚环能与金属离子形成络合物。当金属离子直径与冠醚腔孔直径刚好匹配时，形成稳定的络合物时盐溶效应最大。一般的规律为，当盐浓度较低时，盐溶效应可占优势，使浊点上升；当盐浓度逐渐增大，盐析效应增强，使浊点下降。对于具有烷氧基和羟基的冠醚表面活性剂，由于亲水性较强，加入盐，盐析效应占优势，浊点略有下降。

由于冠醚化合物具有特殊的环状结构，它能选择性地络合阳离子、阴离子以及中性分子。冠醚类表面活性剂随着长链烷基的增大，脂溶性增强。脂溶性好的冠醚在相转移催化剂、金属离子萃取和离子选择性电极等方面的应用前景很好。

冠醚类表面活性剂能与阳离子形成络合物，从而使伴随的阴离子能连续地从水溶液相转移到有机相。且此时的阴离子完全裸露，活性很高。因此，采用阴离子促进的二相反应，冠醚表面活性剂是一种非常有效的相转移催化剂，其催化效率远远大于一般冠醚催化剂。

液膜分离技术中的液膜具有高度的定向性、特效的选择性和极大的渗透性，液膜中的流动载体决定了液膜的性能。将冠醚表面活性剂作为流动载体可获得通量大、选择性高的液膜。羧酸冠醚做流动载体，使金属离子迁移通量增大，还可改变离子的选择性顺序。在氯仿液膜体系中以烷基乙氧基冠醚为载体，碱金属离子的迁移效率随其疏水性的增加而增大，且其疏水烷基的碳数显著地影响离子的选择性。

长链烷基冠醚已作为传感活性物质制成各种性能优良的离子选择电极。例如，饱和漆酚冠醚与聚氯乙烯成膜制成钾离子选择电极，测定复合肥料中的氧化钾含量。用通过酯键与冠醚环相连的表面活性剂制成钾、铯离子选择电极，性能优良，具有较高的实际应用价值。

### 3.5.6 螯合型表面活性剂

在洗涤剂领域，表面活性剂和螯合剂（如三聚磷酸钠 STPP 和乙二胺四乙酸盐 EDTA 等）得到了最广泛的应用。近年来，由于自然水系“富营养化”问题，STPP 受到非议。洗涤剂制造商和科学家们一直致力于寻求 STPP 的代用品。但能真正达到 STPP 的螯合性能又对环境无害的螯合剂还为数不多，如乙二胺四乙酸钠（EDTA）、氮川三乙酸（NTA）、柠檬酸和沸石等，都曾受到人们的关注。研究表明，EDTA 具有优异的螯合能力，但生物降解速度太慢；NTA 虽具有足够的螯合能力和良好的生物降解性，但似乎存在安全上的隐患，在美国的用量已经下降；与其他螯合剂相比，沸石的价格非常明显，目前在洗衣粉中的用量较大，但这类物质水溶性太差，易在织物上沉积，并给污水处理带来一定的难度。因此，如能开发一种同时具有良好去污性和螯合性又对环境安全的新型表面活性剂是人们所期盼的。通常用来螯合金属离子的螯合剂是乙二胺四乙酸盐［EDTA，(a)］，而乙二胺三乙酸盐［$ED_3A$，(b)］也是一种性能优良的螯合剂。研究发现，EDTA 螯合金属离子时，由于空间效应，四个乙酸基团往往只有三个在起作用，另一个游离不起作用，成了多余的部分，恰恰是这个多余的位置提供了形成新的衍生物的可能。如果在 $ED_3A$ 分子上引入一个脂肪酰基，就可以形成一个具有螯合性能的表面活性剂，这就是 N-酰基 $ED_3A$(c)。

$$(^{-}OOC-H_2C)_2NCH_2CH_2N(CH_2-COO^{-})_2$$

(a)

$$(^{-}OOC-H_2C)(H)NCH_2CH_2N(CH_2-COO^{-})_2$$

(b)

$$(^{-}OOC-H_2C)(C_{11}H_{23}C{=}O)NCH_2CH_2N(CH_2-COO^{-})_2$$

(c)

这类物质同时具有良好的螯合性和表面活性，还具备良好的生物降解性、温和性、抗硬水性和金属表面的成膜性等许多特性。合成过程如下：

$$CH_3(CH_2)_9CH_2C(=O)Cl + (^{-}OOC-H_2C)(H)N-CH_2-CH_2-N(CH_2-COO^{-})_2 \longrightarrow$$

$$(^{-}OOC-H_2C)(CH_3(CH_2)_9CH_2C{=}O)N-CH_2-CH_2-N(CH_2-COO^{-})_2$$

用无水乙二胺与1-溴代十二烷的合成工艺如下：

$$C_{12}H_{25}OH+HBr \longrightarrow C_{12}H_{25}Br+H_2O$$

$$C_{12}H_{25}Br+H_2NCH_2CH_2NH_2 \longrightarrow C_{12}H_{25}NHCH_2CH_2NH_2+HBr$$

$$C_{12}H_{25}NHCH_2CH_2NH_2+ClCH_2COOH \longrightarrow (C_{12}H_{25})(NaOOCCH_2)NCH_2CH_2N(CH_2COONa)_2+NaCl+H_2O$$

100℃以上时，N-月桂酰 $ED_3A$ 酸呈细白立方晶体，难溶于有机溶剂。用碱如 NaOH、氨、乙醇胺中和至 pH=4.6 时，生成完全水溶性的 N-月桂酰 $ED_3A$ 盐。这种水白色的液体，在 30%以上浓度时是透明的，流动性很强。其性质如表面活性、泡沫稳定性以及溶解度等受体系 pH 的影响很大，N-月桂酰 $ED_3A$ 的钠盐分子中羧基具有缓冲作用，当羧基有一半离子化后，成为最有效的缓冲剂。

N-酰基 $ED_3A$ 螯合性表面活性剂的 cmc 值很低，表面张力最小值在 25mN/m 左右，表面活性及降低表面张力的效率均优于月桂醇硫酸钠，且它的表面张力在 cmc 之上时随 pH 的改变而有所不同。

N-酰基 $ED_3A$ 的泡沫能力与酰基链长、水的盐度（NaCl 的质量分数）和水硬度等因素有关。硬脂酰基 $ED_3A$ 在软水中的泡沫稳定性很差，壬酰基 $ED_3A$ 在软水、硬水中起泡力都很差。值得关注的是月桂酰基 $ED_3A$($LED_3A$)，在软水中泡沫稳定性较月桂醇硫酸钠略差，随着水中 NaCl 质量分数的增加，泡沫稳定性急剧增强，而月桂醇硫酸钠则呈下降趋势。

与传统螯合剂不同，月桂酰基 $ED_3A$ 螯合 $Ca^{2+}$ 的能力与其质量浓度有关，在浓度低于 cmc 时，螯合能力很差，但当质量浓度高于 cmc 时螯合 $Ca^{2+}$ 的效率极高，最终可达到1：1。N-酰基 $ED_3A$ 对金属离子螯合能力强弱的顺序如下：

$$Mg^{2+} < Cd^{2+} < N^{2+} \approx Cu^{2+} < Pb^{2+} \leqslant Fe^{3+}$$

由于*N*-酰基$ED_3A$盐具有良好的表面活性并具有强的螯合能力，它可以强烈地吸附在金属表面，形成一层黏附紧密的疏水膜，减缓或避免了金属表面的电化学腐蚀。相反，非表面活性的螯合剂的吸附和脱附非常快，因此加快了金属的腐蚀速度。

$LED_3A$是易生物降解物质，对哺乳动物几乎无毒，对水生动物的毒性远低于传统的阴离子表面活性剂。

### 3.5.7 反应型表面活性剂

反应型表面活性剂带有反应基团，它能与所吸附的基体发生化学反应，从而永久地键合到基体表面，对基体起表面活性作用，同时也成了基体的一部分，它可以解决许多传统表面活性剂所不能解决的问题。

反应型表面活性剂至少应包括两个特征：其一它是表面活性剂，其二它能参与化学反应，而且反应之后也不丧失其表面活性。反应型表面活性剂除了包括亲水基和亲油基之外还应包括反应基团。反应基团的类型和反应活性对于反应型表面活性剂有特别重要的意义，根据反应基团类型及应用范围的不同，反应型表面活性剂可分为可聚合乳化剂、表面活性引发剂、表面活性链转移剂、表面活性交联剂、表面活性修饰剂。如：

$$CH_2{=}\overset{\displaystyle R}{\overset{|}{C}}{-}COO{-}(CH_2{-}\overset{\displaystyle R'}{\overset{|}{C}H}{-}O{-}O)_nSO_3M$$

R：H，$CH_3$；R′：H，$C_1$～$C_{22}$；*n*：1～3；M：$NH_4^+$，Na，K，Li

将丙烯酸和甲基丙烯酸与烷基烯烃的环氧化物的酯化产物用氨基磺酸磺化，即可得铵盐产品，也可转化为钠、钾、锂盐。反应中常采用有机酰胺（如尿素）做催化剂，采用对苯二酚做阻聚剂，反应温度90～120℃，反应一段时间，即可得到预期产品。该产品可作为乳液聚合的乳化剂和单体，也可作为膜和高分子电解质络合物制备的单体，在制备丙烯腈和聚氯乙烯的过程中作为染色剂接受体的功能聚合单体。

聚氧化烯基烯丙基醚硫酸盐的通式如下：

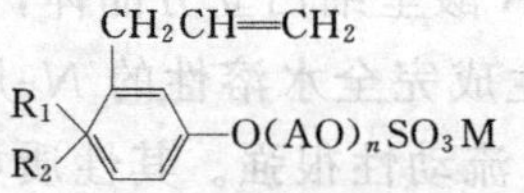

(苯环：取代基 $CH_2CH{=}CH_2$、$R_1$、$R_2$、$O(AO)_nSO_3M$)

$R_1$：$C_4$～$C_{18}$烷基、烯基、芳烷基；$R_2$：H、$C_4$～$C_{18}$烷基、烯基、芳烷基；A：$C_2$～$C_4$（非）取代烯烃；*n*：1～200；M：碱金属、烷醇胺、$NH_4^+$

其合成方法为：40～220℃和搅拌下，在5g $K_2CO_3$存在时，用84g烯丙基氯处理220g壬基酚得到209g烯丙基壬基酚，在130℃和0.15MPa下用环氧乙烷处理上述产品，得10mol加成物，用该加成物350g在120℃下，用58.2g氨基磺酸处理3h，得聚氧化烯基烯丙基醚硫酸盐反应型乳化剂。该产品还具有优良的炭黑分散作用和煤油乳化能力。

可聚合乳化剂、表面活性引发剂及表面活性链转移剂主要应用于乳液聚合中，在聚合体系中它们一方面始终发挥乳化剂的各种作用，另一方面分别在乳液聚合的链引发、链增长、链转移三个不同过程中使乳化剂分子键接到乳胶粒表面，其中可聚合乳化剂的反应基团是双键，它能参与链增长过程中的自由基聚合反应。使用可聚合乳化剂所得到的产品具有稳定性增加、耐水性增强等许多优点。

表面活性引发剂既是乳化剂，又是引发剂，它可以形成胶束、并能被吸附于胶粒表面。

表面活性引发剂的分解行为强烈依赖于它们的浓度是高于还是低于临界胶束浓度。这是由于表面活性引发剂由于能形成胶束或吸附于胶粒表面，产生了屏蔽效应，导致了初始自由基终止速度加快。表面活性引发剂最大的优点是可以减少乳液聚合的组分，这样可以降低乳液中的电解质含量，减少泡沫的形成及产品中的杂质。有研究报道：使用表面活性引发剂可以实现较高的总聚合速率和生成高相对分子质量的聚合物以及单分散的大粒子。

固体表面可以通过吸附一层反应型表面活性剂并使其聚合以达到表面修饰的目的，由于表面活性剂分子是充分交联的，故这层很薄的表面膜将是很稳定的，这样亲水性的表面将变为亲油性，当然也可以将亲油表面变为亲水性表面或进行特殊的功能化。绝大部分表面活性修饰剂都是双链型，它们包括一个亲水部分和两条碳链。这种结构对于材料表面的覆盖效果很好。

有机聚合物是表面活性修饰剂应用的主要方面，Regen 等较为详细地研究了用表面活性修饰剂对聚乙烯进行表面修饰的工作。例如，他们把低密度的聚乙烯膜用带一至两个可聚合基团（如甲基丙烯酸或二乙炔）的表面活性剂进行处理，缓冲溶液中的表面活性剂被吸附到聚乙烯表面，然后在紫外辐射的引发下聚合。他们同时研究了高分子表面活性剂，表面活性单体，单可聚合基团反应型表面活性剂及双可聚合基团的反应型表面活性剂对聚合物的表面修饰，并对结果进行比较。发现双可聚合基团反应型表面活性剂效果最好，因为它们在聚合物的表面形成了一层交联网状结构，非常牢固。

表面活性修饰剂也能聚合为双层，由可聚合表面活性剂得到的双层结构能形成网状而非常牢固。有报道将十一烯酸吸附在带正电荷的氧化铝表面，并通过紫外光引发聚合，经过处理的氧化铝表面有很高的负电荷密度、分散稳定性得到改善。

涂料的漆膜也能用表面活性修饰剂来修饰，其原理是向涂料中加入少许可聚合表面活性剂，这样当涂料被刷到物体表面后，溶解在涂料中的可聚合表面活性剂就会由于其两亲性而逐渐向涂料表面迁移，这些迁移后的表面活性剂在紫外线的引发下会发生聚合，在涂料表面形成一层表面活性剂膜，从而改变漆膜的性能。表面活性修饰剂为我们提供了一种新的，并且非常简单、有效的有机聚合物材料、无机物粒子等的表面修饰方法。这对于改善材料的互容性、制备复合材料是很有利的，同时对提高膜材料性能也是一个非常好的方法。这类反应型表面活性剂主要用于涂料中的交联剂。它们在涂料干燥成膜进程中通过自氧化或其他物质引发进行交联聚合从而保证涂料的机械性能等。

许多传统的表面活性剂都有一定的链转移性。表面活性链转移剂是表面活性剂带上了一个典型的链转移的基团巯基，这种表面活性剂分别被用在低于临界胶束浓度下的苯乙烯乳液聚合和种子聚合。

反应型表面活性剂可以广泛用于乳液聚合、溶液聚合、分散聚合、无皂聚合、功能性高分子的制备等各个方面。在这些方面传统表面活性剂被反应型表面活性剂全部或部分代替后，产品的性能得到了很大的改善或制得了新的产品，自从 1956 年 Bistline 等应用反应型表面活性剂进行聚合反应以来，大量的反应型表面活性剂被合成，并被应用到各个方面，得到了性能优良的各种材料。当然反应型表面活性剂也存在着一些不足：聚合过程中水溶性聚合物的含量增加；乳液聚合中固含量不能超过 50%，否则不稳定；表面活性剂分子结构复杂，影响因素多，没有规律性。

### 3.5.8 双子表面活性剂

双子表面活性剂是通过连接基团将两个两亲体在头基处或紧靠头基处连接（键合）起来

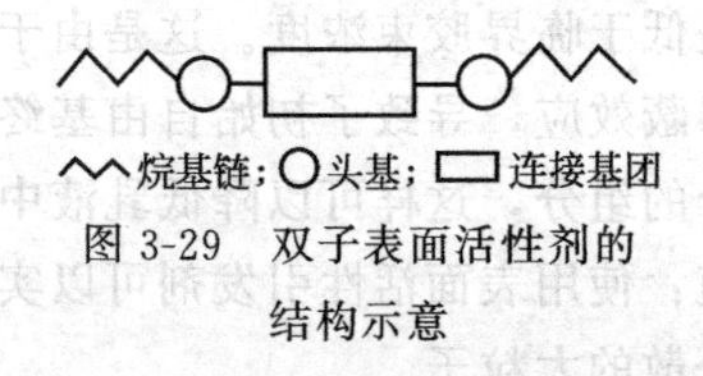

图 3-29　双子表面活性剂的结构示意

的化合物。双子表面活性剂的结构示意如图 3-29 所示。

传统型表面活性剂只有一个亲油基和一个亲水基，改变和提高其表面活性是有限的，而双子表面活性剂分子中有两个疏水基团、两个亲水基团和一个连接基，通过改变连接基团的长度即可轻易改变其性能，且具有比传统表面活性剂更为优良的物化性能和应用性能，是近年来国际上研究较多的一类表面活性剂。

据统计，国外已合成出阳离子、阴离子、两性离子和非离子四类双子表面活性剂，并在新材料制备、污水和土壤治理、抗菌、基因工程、化合物分离和金属防腐等领域显示出优异的应用性能。

由各种疏水基、亲水基和连接基的组合可以获得多种多样构造的双子表面活性剂。按连接基的不同可分为亲水柔性间隔基型，亲水刚性间隔基型，疏水柔性间隔基型，疏水刚性间隔基型双子表面活性剂。刚性指碳链较短的碳氢链、苯环、亚二甲苯基、对二苯代乙烯基等；柔性指较长的碳氢链、聚氧乙烯链、聚氧丙烯基等。

按疏水基不同可分为烷基型，烷烯基型，烷基芳基型及碳氟链或碳氢-碳氟混合烷链型等双子表面活性剂；按亲水基不同分，一些典型的双子表面活性剂有阳离子类（如双季铵盐）、阴离子类（如双硫酸盐、双羧酸盐和双磷酸盐）、非离子类（如双磷酸酯和双糖衍生）、两性离子类（如双磺基甜菜碱）。

近年还合成出带有相反电荷双离子基团的双子表面活性剂，含有两个酯键，可分解的双酯季铵盐及一些多肽、氨基酸、糖苷或脂环族衍生双子表面活性剂等。

根据其对称性，又可将其分为对称型和非对称型双子表面活性剂。

**(1) 合成路线**

① 阳离子型双子表面活性剂的合成　阳离子类双季铵盐双子表面活性剂是最早进行研究的双子表面活性剂。最常用的合成路线是用连接基团将两个（或多个）两亲体在头基处键合起来，如两分子烷基二甲基胺和适当的 $\alpha,\omega$-二卤代烷反应：

$$2C_{12}H_{25}N(CH_3)_2+XCH_2CH(OH)CH_2X \longrightarrow$$
$$C_{12}H_{25}N^+X^-(CH_3)_2CH_2CH(OH)CH_2X^-N^+(CH_3)_2C_{12}H_{25}$$

采用不同的连接基如聚氧乙烯、亚甲基链，芳环、$-C_6H_4-CH{=}CH-C_6H_4-$ 或不同的反应机理如二卤取代烷烃的取代反应，二醇或酚的取代或酯化反应等可得到不同的双子表面活性剂。也可用连接基团先将两个尾链联结起来，再接上或形成头基：

$$HO-CH_2-C{\equiv}C-CH_2-OH \xrightarrow{PBr_2} Br-CH_2-C{\equiv}C-CH_2-Br$$
$$\xrightarrow[0℃,90\%]{\text{吡咯烷(NH)}} (CH_2)_4N-CH_2-C{\equiv}C-CH_2-N(CH_2)_4 \xrightarrow[\triangle]{RBr} (CH_2)_4\overset{+}{N}(R)-CH_2-C{\equiv}C-CH_2-\overset{+}{N}(R)(CH_2)_4\cdot 2Br^-$$

另外，还可用连接基团先将头基联结起来，再接上尾链。

② 阴离子型双子表面活性剂的合成　阴离子双子表面活性剂通常需要两步以上反应。如：

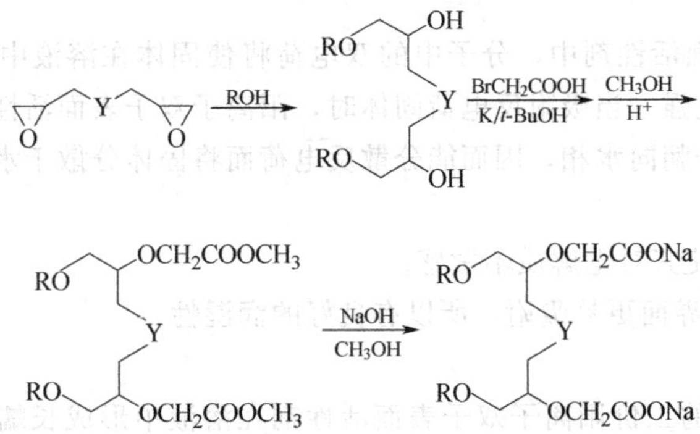

其中，R 是烷基链，Y 可以是—O—、—$OCH_2CH_2O$—、—$O(CH_2CH_2O)_2$—、—$O(CH_2CH_2O)_3$—等亲水性烷氧基链。

同样按上述三种路线，采用适当的方法可合成双磷酸盐类阴离子型双子表面活性剂，如：

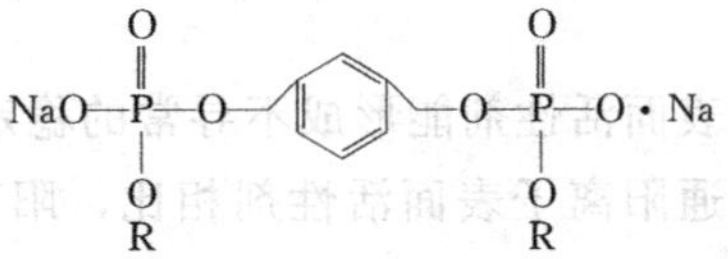

③ 非离子型双子表面活性剂的合成　双磷酸酯类和双糖衍生类非离子型如：

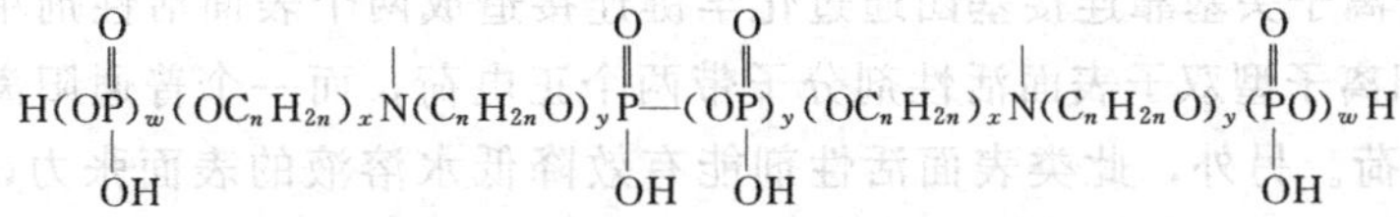

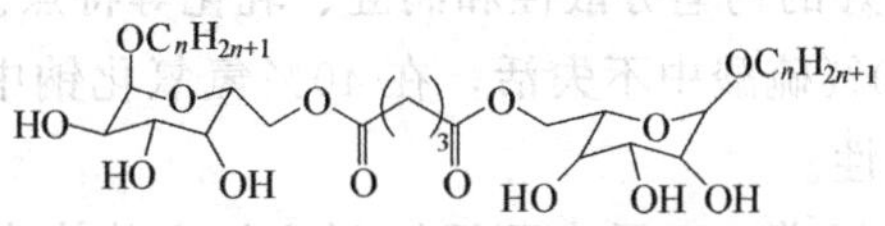

$$H(OP)_w(OC_nH_{2n})_xN(C_nH_{2n}O)_yP—(OP)_y(OC_nH_{2n})_xN(C_nH_{2n}O)_y(PO)_wH$$

④ 两性离子型双子表面活性剂的合成　两性类端基的选择可为两性甜菜碱型，也可为阴离子型与阳离子型的组合，如：

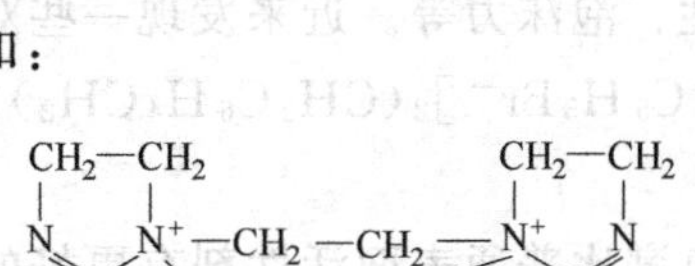

同时，双子表面活性剂的多样性和多功能性启发人们合成类似双子的三聚体和多聚体以及高分子材料。如当用连接基将更多的疏水基、亲水基和间隔基组装起来时，得到三联体和多联体。

**(2) 双子表面活性剂的性能**　由于双子表面活性剂如 [$C_{12}H_{25}N(CH_3)_2(CH_2)_nN(CH_3)_2C_{12}H_{25}$]$Br_2$ 具有特殊结构，而比其单体表面活性剂具有许多特性，如低的 cmc、较好的润湿性、更好的分散力、溶解性、泡沫力和相行为等优良的性能，受到化学工作者的青睐。其特性可概括如下：

① 双子表面活性剂比具有相似亲水亲油基的单体表面活性剂更易在界面吸附，吸附量大约为后者的 10～100 倍。

② cmc 约为对应普通表面活性剂的 1/10～1/100，因而对皮肤刺激性更小。

③ 其亲油基在界面堆积比对应普通表面活性剂更紧密，特别是当两亲水基间的碳链中

碳数为 4 或更少时。

④ 离子型双子表面活性剂中，分子中的双电荷将使固体在溶液中的分散更有效，和其他类型活性剂间作用更强。当吸附反电荷固体时，阳离子双子表面活性剂只有一个亲水基在固体表面吸附，另一个朝向水相，因而能分散反电荷而将固体分散于水中，这恰与相应的普通表面活性剂相反。

⑤ 双电荷的存在使其对电解质不敏感。

⑥ 因为其在气-液界面更易吸附，所以有良好的润湿性。

⑦ 优良的发泡性。

⑧ 短亲油间隔基的二价阳离子双子表面活性剂在溶液中形成长蠕虫状胶束并在质量分数低到 1.5%时也能增加溶液黏度，可用作溶液增黏剂。

⑨ 二价阳离子双子表面活性剂具有较好的抗菌能力，约为一般表面活性剂如十四烷基苯酰二甲基铵溴或 2-十五烷基苯二甲铵溴的 100 倍。

⑩ 可适用于做微乳液。在合成中，通过改变间隔基链长可得到最佳微乳液所需的适当界面韧性曲率值。

⑪ 能形成稳定囊泡。双子表面活性剂能形成不寻常的稳定囊泡。

⑫ 优良的复配性能。与普通阳离子表面活性剂相比，阳离子型双子表面活性剂与阴离子型普通表面活性剂复配体系在生成胶束能力方面有很强的协同作用。这主要由以下两个因素决定：a. 两个离子头基靠连接基团通过化学键连接造成两个表面活性剂单体离子的紧密连接；b. 一个阳离子型双子表面活性剂分子带两个正电荷，而一个普通阳离子表面活性剂只带有一个正电荷。另外，此类表面活性剂能有效降低水溶液的表面张力，很低的 Krafft 点，更大的协同效应以及良好的钙皂分散性和润湿、乳化等特点。单烷基二苯醚二磺酸可耐高浓度的强酸和强碱，在 50%硫酸中不失活，在 40%氢氧化钠中不凝聚，并有良好的抗氧化、抗还原、耐硬水和低泡性。

**(3) 应用** 据有关资料报道，双子表面活性剂比相应单体表面活性剂有更好的表面活性、润湿作用、分散力、溶解性、泡沫力等。近来发现一些双子表面活性剂有新奇的荧光作用，例如结构为 $[C_mH_{2m+1}N^+C_5H_5Br^-]_2(CH_2C_6H_4CH_2)$ 的阳离子双子表面活性剂，可能用作胶束相探针。

双子表面活性剂用于电泳色谱比普通表面活性剂有更好的分离效果。双季铵盐类具有优越的萃取能力，广泛用于相转移催化。有些品种如 $[C_{16}H_{33}N^+(CH_3)_2Br^-]_2(CH_2)_n$ 还用于中孔硅构件合成，能够形成类似表面活性剂六方、立方或层状液晶般结构。

双子表面活性剂由于其特殊的分子结构，可形成一些特殊结构的聚集体，因而可作为模板合成具有特殊结构需要的材料。如在酸介质中用双子表面活性剂双季铵 halide，C-(16-4-16) 做模板合成纯硅和铝硅酸盐微孔结构材料。

结构选择使阳离子双子表面活性剂可以有多重亲水-亲油功能，是优良的浮选助剂和增稠剂。短间隔基双子表面活性剂大多具有较理想的流变学性能。$C_mH_{2m+1}-(OCH_2CH_2)_xOC_mH_{2m+1}$ 类非离子双子表面活性剂有优越的增稠性能，可以有效控制流变性，被用于印刷、涂料、采油等方面。

双子表面活性剂用于化妆品和盥洗品也有报道。一些阴离子双子表面活性剂如 $[C_mH_{2m+1}CON(CH_2COONa)]_2(CH_2)_2$ 等可用作护肤品和护发品中的乳化剂或分散剂。它们可以与共乳化剂脂肪醇、脂肪酸、山梨醇脂肪酸酯、烷基葡糖苷等复合制成小粒径分散态产品。

### 3.5.9 Bola型表面活性剂

Bola型表面活性剂是以一个疏水链连接两个亲水基团构成的两亲化合物，作为一类新型的、具有特殊性能的表面活性剂，近十多年来引起了科研人员的广泛关注。由于Bola型分子的特殊结构，它在溶液表面是以U型构象，即两个亲水基伸入水相，弯曲的疏水链伸向气相。故在气液界面形成的单分子膜表现出一些独特的物化性能，因此在自组装、制备超薄分子薄膜、催化和生物矿化、药物缓释、生物膜破解、纳米材料的合成等方面具有广阔的应用价值。但国内外对Bola型两亲化合物的研究较少，开发研究Bola型表面活性剂是一项很有意义的课题。

已经研究的Bola化合物有三种类型：单链型、双链型和半环形，如图3-30所示。

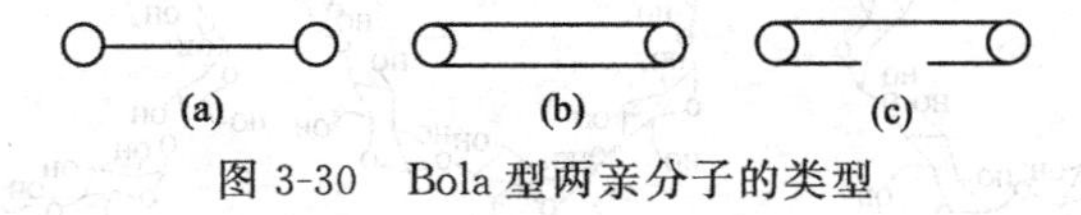


图3-30 Bola型两亲分子的类型

Bola化合物的亲水基既有离子型，也有非离子型；疏水基可以是支链或直链饱和烷烃或碳氟基团，也可以是不饱和的、带分枝的或带有芳香环的基团。

Bola化合物的性质随疏水基和亲水基的性质不同而不同。Bola化合物溶液的表面张力有两个特点：一是降低表面张力的能力不是很强，如十二烷基二硫酸钠水溶液的最低表面张力为47～48mN/m，而十二烷基硫酸钠水溶液的最低表面张力为39.5mN/m。二是Bola化合物溶液的表面张力-浓度曲线往往出现两个转折点，在溶液浓度大于第二转折点后溶液表面张力保持恒定。

与疏水基碳原子数相同、亲水基也相同的一般表面活性剂相比，Bola型表面活性剂的cmc较高，Krafft点较低，常温下具有较好的溶解性。但按亲水基与疏水基碳原子数的比值来看，在比值相同时Bola型表面活性剂的水溶性仍较差。

以聚丙二醇为原料，经过氯磺酸磺化以及NaOH中和，可合成一类新的阴离子表面活性剂聚丙二醇硫酸钠盐（PPGS）。

$$HO(C_3H_6O)_nH+2HSO_3Cl \longrightarrow HSO_3O(C_3H_6O)_nSO_3H+2HCl$$

此种表面活性剂水溶液的表面张力和临界胶束浓度（cmc）见图3-31，可以看出，随着浓度的增加，曲线出现两个比较明显的转折，这两个转折（两个cmc）所对应的浓度为第一cmc和第二cmc。第一cmc的值为$5.01\times10^{-4}$ mol/L，第二cmc的值为$6.61\times10^{-2}$ mol/L。出现这种现象的原因是Bola型表面活性剂在低浓度时生成聚集数很低的“预胶束”。这种胶束的聚集数很低，以至于对油溶性染料几乎没有增溶能力。而且，即使是在浓度达到第二cmc后形成的胶束，也是强烈水化的，胶束结构极为松散。

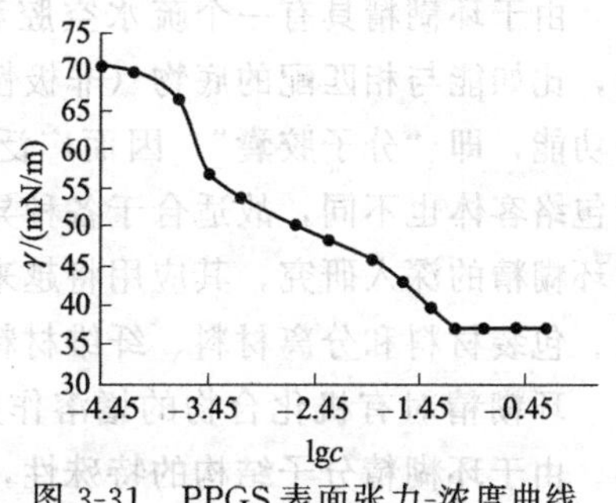


图3-31 PPGS表面张力-浓度曲线

### 3.5.10 环糊精及其衍生物

多个葡萄糖单元彼此按α-1,4位的碳原子连接成串结构的化合物，叫直链糊精，简称糊精。如果直链糊精两端的葡萄糖单元也按 $\alpha$-1,4 位的碳原子连接起来，形成闭合的筒状结构，就叫环状糊精，简写成 CD。CD 由环状糊精转移酶（软腐芽孢杆菌和好碱芽孢杆菌）作用于淀粉、直链糊精或其他葡萄糖聚合物生成，根据葡萄糖单元数（6,7,8）可分为 $\alpha$，$\beta$，$\gamma$-环糊精等。其最显著的特征是具有一个环外亲水、环内疏水且有一定尺寸的立体手性空腔，可以和许多底物（或称为客体、被包合物）分子包络形成包合配合物，因而是一类研究最广泛的类酶天然生物大分子。它们的分子表面分布众多化学反应性相同的羟基，这些可修饰也可生成氢键的基团与邻近的疏水空腔共存，其结构如图 3-32 所示。一般性质见表 3-26。

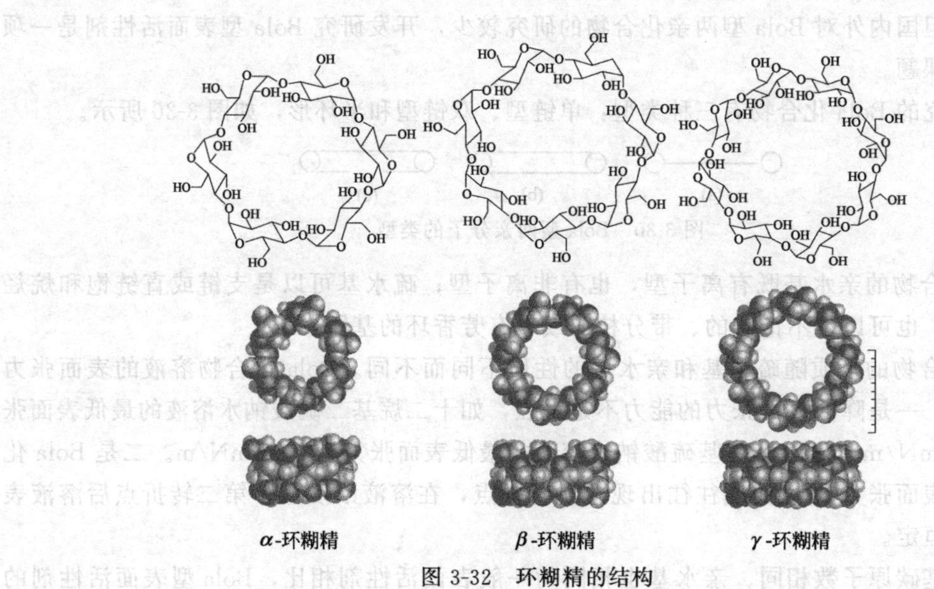


图 3-32 环糊精的结构

**表 3-26 环糊精的一般性质**

| 一般性质 | $\alpha$-环糊精 | $\beta$-环糊精 | $\gamma$-环糊精 | 一般性质 | $\alpha$-环糊精 | $\beta$-环糊精 | $\gamma$-环糊精 |
|---|---|---|---|---|---|---|---|
| 葡萄糖单元数 | 6 | 7 | 8 | 环柱高 $10^{-10}$m | 7 | 7 | 7 |
| 相对分子质量 | 973 | 1135 | 1297 | 结晶形状 | 针状 | 板状 | 板状 |
| 环内径 $10^{-10}$m | 6 | 8 | 10 | | | | |

由于环糊精具有一个疏水空腔和表面分布着众多反应性羟基，使它具有很多特别的性能，比如能与相匹配的底物（非极性物）形成包合物，对底物有屏蔽、控制释放、活性保护等功能，即“分子胶囊”，因而广泛应用到医药和食品领域。同时，由于空腔的大小不同，所包络客体也不同，故适合于各种异构体的分离，即分子识别应用到分离材料等领域。随着对环糊精的深入研究，其应用将越来越广泛，比如化学分离、医药、食品、化妆品、卫生用品、包装材料和分离材料、纤维材料的改性等方面都有环糊精的应用。

环糊精对有机化合物的增溶作用主要是由有机物与环糊精空腔形成主客体包合物引起的。由于环糊精分子结构的特殊性，其分子中的空腔内部是疏水的，而空腔的外侧由于羟基的聚集而呈现亲水性。环糊精对不同化合物的增溶效果主要与化合物的分子大小与环糊精空腔的匹配程度有关。客体分子的大小与空腔体积越匹配，形成的包合物越稳定，增溶作用就越大。

环糊精是迄今为止所发现的类似酶结构能包络有机分子的理想主体分子，可建立一类主客识别传感器。司士辉等运用这一特性借助于 $\beta$-环糊精/$TiO_2$ 纳米微粒修饰层实现了压电石英晶体传感器对苯环化合物的高灵敏检测。其原理是增加主体识别物β-环糊精在传感界面上的固载量，并使之能有效地与客体待测物充分作用，提高其检测灵敏度；$TiO_2$ 纳米粒比表面积大、性能稳定，可作为其固载物。经β-环糊精修饰的压电传感器对气相中苯环化合物的检测具有选择性和可逆性，可显著提高压电晶体传感器的响应灵敏度。研究表明β-环糊精/纳米 $TiO_2$ 多孔膜修饰的压电传感器对含苯环的化合物检测下限可低至 40mg/mL，可广泛应用于分析化学、环境监测及工业过程分析等领域。

从 1984 年第一个具有 GPX（谷胱甘肽过氧化酶）活力的有机硒化合物（ebselen）合成后，又合成了大量的小分子模拟物，但这些具有 GPX 的小分子化合物没有底物结合部位，活力不高。环糊精因具有类似于天然 GPX 结构中疏水微环境的疏水空腔，且其两端的羟基可衍生出多种功能基团，可作为酶和介体的固定化基质，因而越来越受到广泛关注。

与客体分子形成包合物是环糊精最重要的性质之一。所谓“包合”就是主体与客体通过分子间相互作用，完成彼此间的识别过程，最终使得客体分子部分或全部嵌入主体内部的现象。众所周知，当化合物粒子的直径降到纳米级后通常可表现出一些独特的效应，例如表面积大增、吸附能力增强、稳定性提高、容易透过血管进入外围组织等等。同时，由于肿瘤细胞膜的通透性增加，纳米微粒也较其他微粒更易进入肿瘤细胞内。因此，在众多靶向制剂中，纳米微粒以其良好的稳定性、缓释性、靶向性和表面可修饰性而备受关注。

## 复习思考题

1. 肥皂的主要组成是什么？

2. 简述氨基酸系表面活性剂的未来发展。

3. 什么是磺化剂，具体有哪些磺化剂，并比较各磺化剂的特点？

4. 简述 $SO_3$ 磺化生产烷基苯磺酸的工艺过程，为什么 $SO_3$ 磺化工艺过程中必须使用干燥空气？$SO_3$磺化烷基苯的反应特点是什么？

5. $SO_3$ 磺化反应器有哪几种类型，目前用的较多的是哪种？为什么？这种方法除了能磺化烷基苯制备烷基苯磺酸盐外，还能生产烯基磺酸盐、脂肪醇聚氧乙烯醚硫酸盐、高级脂肪酸甲酯磺酸盐等？试写出各磺化反应机理。

6. $SO_3$ 磺化工艺的尾气怎样处理？试述其原理。

7. 试比较 $SO_3$ 磺化生产 LAS 及 MES 的工艺流程的异同点。

8. 写出下列表面活性剂的化学名称和化学结构式：

AEC　LAS　AESA　AES　NS　$K_{12}$A　MES　MAP　AOS　AS(FAS)　琥珀酸酯 202　OASS　LASS

9. 什么是磷酸化剂，具体有哪些磷酸化剂，并比较各磷酸化剂的特点？

10. 试比较 AS 和 AES 结构与性能的异同点？

11. 试比较 AS 和 LAS 结构与性能的异同点？

12. 什么是阳离子表面活性剂，与其他类型的离子表面活性剂有何不同？阳离子表面活性剂分哪些类型？

13. 合成阳离子表面活性剂所用主要原料有哪些？请写出合成 1227 的反应式。

14. 胺盐型阳离子表面活性剂与季铵盐型阳离子表面活性剂有何异同点？

15. 阳离子表面活性剂三大基本性能是什么？

16. 什么是两性表面活性剂？试比较两性离子表面活性剂与其他离子表面活性剂的主要

异同点。

17. 什么是两性表面活性剂的等电点？有什么意义？

18. 两性表面活性剂和阴离子表面活性剂复配使用时应注意哪些问题？

19. 非离子表面活性剂分哪几大类型？试从环保和安全角度简要说明各类非离子表面活性剂在应用中应注意的问题？

20. 多元醇型非离子表面活性剂有哪些种类？在化妆品中经常应用的代表性品种有哪些？

21. 烷醇酰胺与其他非离子表面活性剂主要异同点有哪些？

22. 简述烷基糖苷的性能与应用。

23. 简述含氟表面活性剂的主要性能及应用。

24. 简述含硅表面活性剂的主要性能及应用。

25. 简述高分子表面活性剂的主要种类、性能及应用。

26. 简述双子表面活性剂的结构、性能及应用。

27. 简述环糊精及其衍生物的结构、性能及应用。

# 4 表面活性剂的溶液性质

## 4.1 表面活性剂的溶解度

在实际应用中，表面活性剂的水溶性和油溶性（即所谓的亲水性和亲油性）的大小是合理选择表面活性剂的一个重要依据。一般来说，表面活性剂亲水性越强其在水中的溶解度越大，亲油性越强则易溶于“油”，因此表面活性剂的亲水性和亲油性也可以用溶解度或与溶解度有关的性质来衡量。

表面活性剂分子由于其亲水基和亲油基结构的不同，它们在水中的溶解度也不一样，临界溶解温度和浊点分别是表征离子型表面活性剂和非离子型表面活性剂溶解性能的特征指标。

### 4.1.1 离子型表面活性剂的临界溶解温度

离子型表面活性剂在水中的溶解度随着温度的上升而逐渐增加，当到达某一特定温度时，溶解度陡升。该温度称为临界溶解温度（Krafft point），以 $T_k$ 表示。此点亦即是离子型表面活性剂在该温度下胶束形成之时。由于胶束粒径小于光的波长，溶液呈透明状，更确切地说，$T_k$ 是表面活性剂的溶解度/温度曲线与临界胶束浓度（cmc）/温度曲线的交叉点，胶束只存在于该点以上的温度区域。因此，可以说在 $T_k$ 时，该表面活性剂的溶解度即等于其临界胶束浓度。

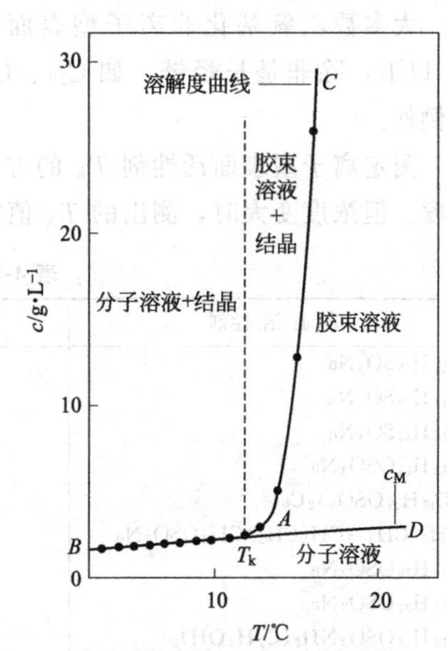


图 4-1　十二烷基硫酸钠/水体系部分相图

图 4-1 为十二烷基硫酸钠表面活性剂溶液与温度有关的相图。*BAD* 曲线下面部分为分子态的单体溶液相。*CAD* 曲线右侧为胶束溶液相，*CAB* 左侧温度低于 $T_k$ 的部分为单体与水合结晶固体的混合溶液。这些水合结晶固体是过量表面活性剂在较低温度下因溶解度降低而析出，在较高温度下水合结晶固体则与胶束共存。*BAC* 为溶解曲线。*AD* 为临界胶束浓度曲线，在温度高于 $T_k$ 时，表面活性剂浓度增加，促使胶束形成，而水合结晶固体则相应大大减少，并迅即消失。*AD* 曲线很平坦，说明了温度对于临界胶束浓度的影响很小。但要注意的是，在 $T_k$ 以下增加表面活性剂量，只析出水合固体而不会形成胶束。

离子型表面活性剂之所以有这种现象是由于当干燥表面活性剂浸入水中时，水穿入表面活性剂的亲水层，使双分子间的距离增大。温度低于 $T_k$ 时，此水合结晶固体析出并与单分散表面活性剂的饱和溶液相平衡。反之，高温度下水合分子转为液态，并由热运动形成有一定聚集数的胶束溶液，溶解度增加，热力学值如偏摩尔自由能、热焓、熵及活性均保持恒

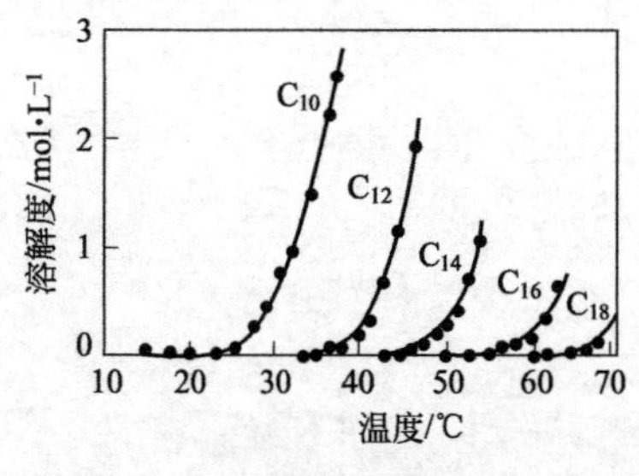


图 4-2 系列烷基苯磺酸盐的溶解度与温度关系

定。因此，胶束的形成可以看作新相——“拟相”的形成，而 $T_k$ 取决于此三相平衡点。

常用表面活性剂 $C_{12}H_{25}SO_3Na$、$C_{12}H_{25}SO_4Na$ 和 $C_{12}H_{25}N(CH_3)_3Br$ 的 $T_k$ 分别为 38℃、16℃和 25℃。同系物表面活性剂的 $T_k$ 因亲油基链长的增加而上升（图 4-2），但奇数碳与偶数碳同系物的 $T_k$ 变化有所不同（见图 4-3），这是由于二者结晶的构造不同所致。cmc 值因形成胶束时无结晶相产生，也就没有这种变化。

烃链支化或不饱和都能降低表面活性剂的熔点，同样亦能降低 $T_k$。甲基或乙基等小支链愈接近长烃链中央其 $T_k$ 愈小。同系烷基硫酸钠中，邻近两个组分混合时犹如最低共熔点一样可使 $T_k$ 产生一个极小值，但是如果两个组分链长相距太大，则 $T_k$ 反而更大。

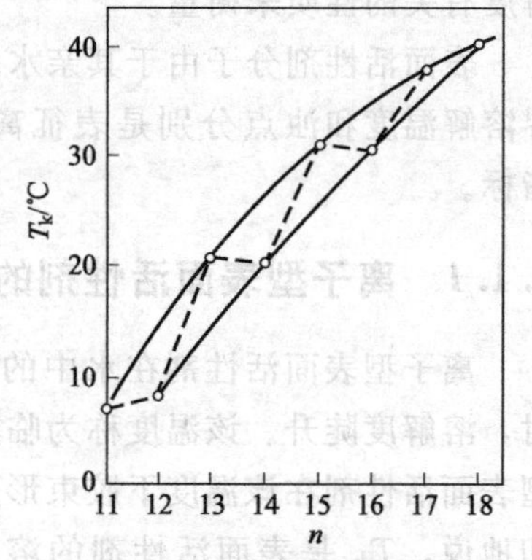


图 4-3 脂肪醇硫酸钠碳原子数与 $T_k$

反离子种类能显著地影响 $T_k$。不同亲水基的 $T_k$ 亦有差异。例如，十二烷基硫酸钠的 $T_k$ 要比相应的钾盐小。而其羧酸钠则反之，其 $T_k$ 要比羧酸钾的大。钙、锶、钡盐的 $T_k$ 则顺次比钠盐为大（见表 4-1）。阴离子表面活性剂分子中引入乙氧基可显著地降低 $T_k$，加入电解质则提高 $T_k$，添加醇及导致水结构变化的物质如 *N*-甲基乙酰胺等亦可降低 $T_k$。

大多数乙氧基化非离子型表面活性剂可假设 $T_k$ 在 0℃以下，除非是长烃链，如 $C_{16}$、$C_{18}$ 脂肪醇聚氧乙烯醚等例外。

测定离子型表面活性剂 $T_k$ 的方法是，在稀溶液中观察溶液（1%溶液）突然清亮时的温度。但浓度变大时，测出的 $T_k$ 值将高出几度。

**表 4-1 离子型表面活性剂的 $T_k$**

| 表面活性剂 | $T_k$/℃ | 表面活性剂 | $T_k$/℃ |
|---|---|---|---|
| $C_{12}H_{25}SO_3Na$ | 38 | $C_{12}H_{25}(OCH_2CH_2)_2OSO_3Na$ | −1 |
| $C_{14}H_{29}SO_3Na$ | 48 | $[C_{12}H_{25}(OCH_2CH_2)_2OSO_3]_2Ca$ | <0 |
| $C_{16}H_{33}SO_3Na$ | 57 | $[C_{12}H_{25}(OCH_2CH_2)_2OSO_3]_2Ba$ | 35 |
| $C_{12}H_{25}OSO_3Na$ | 16 | $C_{10}H_{21}COO(CH_2)_2SO_3Na$ | 8 |
| $(C_{12}H_{25}OSO_3)_2Ca$ | 50 | $C_{12}H_{23}COO(CH_2)_2SO_3Na$ | 24 |
| $CH_3(CH_2)_8CH(CH_3)CH_2OSO_3Na$ | <0 | $C_{14}H_{29}COO(CH_2)_2SO_3Na$ | 36 |
| $C_{14}H_{29}OSO_3Na$ | 30 | $C_{10}H_{21}OOC(CH_2)_2SO_3Na$ | 12 |
| $C_{16}H_{33}OSO_3Na$ | 45 | $C_{12}H_{25}OOC(CH_2)_2SO_3Na$ | 26 |
| $C_{16}H_{33}OSO_3NH_2(C_2H_4OH)_2$ | <0 | $C_{14}H_{29}OOC(CH_2)_2SO_3Na$ | 39 |
| $C_{10}H_{21}CH(CH_3)C_6H_4SO_3Na$ | 32 | $n$-$C_7F_{15}SO_3Na$ | 56 |
| $C_{12}H_{25}CH(CH_3)C_6H_4SO_3Na$ | 46 | $n$-$C_7F_{15}SO_3Li$ | <0 |
| $C_{14}H_{29}CH(CH_3)C_6H_4SO_3Na$ | 54 | $n$-$C_8F_{17}SO_3Na$ | 75 |
| $C_{16}H_{33}CH(CH_3)C_6H_4SO_3Na$ | 61 | $n$-$C_7F_{15}SO_3K$ | 80 |
| $C_{12}H_{25}(OCH_2CH_2)OSO_3Na$ | 11 | $n$-$C_8F_{17}SO_3NH_4$ | 41 |
| $C_{16}H_{33}(OCH_2CH_2)OSO_3Na$ | 36 | $n$-$C_7F_{15}COOLi$ | <0 |
| $C_{16}H_{33}(OCH_2CH_2)_2OSO_3Na$ | 24 | $n$-$C_7F_{15}COONa$ | 8 |
| $C_{16}H_{33}(OCH_2CH_2)_3OSO_3Na$ | 19 | | |

### 4.1.2 非离子型表面活性剂的浊点

乙氧基化非离子型表面活性剂在水中的溶解度随温度而变化，但完全不同于离子型表面活性剂。乙氧基化非离子型表面活性剂借助氢键，使水分子能与乙氧基上的醚氧呈松弛的结合(结合能为29.3kJ/mol)，从而使表面活性剂溶解于水中，成为氧鎓化合物（图4-4）。但当将溶液加热时，分子运动加剧，氢键结合力减弱直至消失。当超过某一温度范围时，非离子表面活性剂不再水合，溶液出现浑浊，分离为富胶束及贫胶束两个液相。此状态为可逆的，溶液一经冷却即可恢复成清亮的均相。当温度低于某点，混合物再变为均相时的温度即称浊点（$T_p$）。

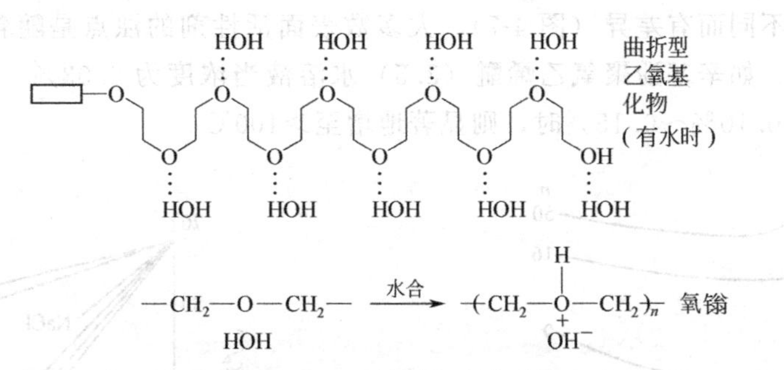


图4-4 乙氧基化非离子型表面活性剂与水分子结合示意（$T_p$ 以下）

乙氧基化非离子型表面活性剂水溶液之所以出现相分离是由于乙氧基团因温度上升失去水合而导致胶束聚集数增加的结果。一般来说，在表面活性剂水溶液中，表面活性剂与水的性质差距愈大，则表面活性剂胶束的聚集数亦愈大。因此，提高温度，乙氧基化非离子型表面活性剂的胶束逐渐变大，溶液变浑浊，随着富胶束和贫胶束相密度的不同而出现相分离。

浊点的大小取决于乙氧基化非离子型表面活性剂的结构。对一特定亲油基来说，乙氧基在表面活性剂分子中所占比重愈大，则浊点愈高。但并非直线关系，在100℃以上时浊点上升极慢（图4-5）。如壬基酚聚氧乙烯醚的8mol环氧乙烷的浊点约为30℃，9mol、10mol、11mol、16mol环氧乙烷加成物的浊点分别约为50℃、65℃、75℃和96℃（表4-2）。如果乙氧基含量固定，促使浊点下降的因素有：减少表面活性剂相对分子质量（图4-6）、增加乙氧基链长的分布、亲油基支链化、乙氧基移向表面活性剂分子链中央、末端羟基被甲氧基取代、亲水基与亲油基间的醚键被酯键取代等。

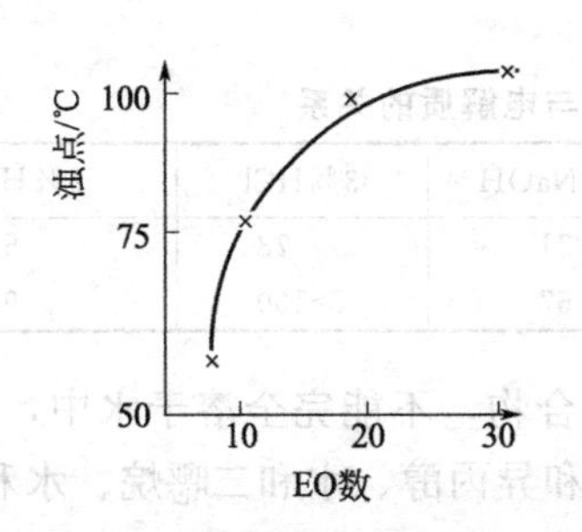


图4-5 异辛基酚聚氧乙烯醚的浊点

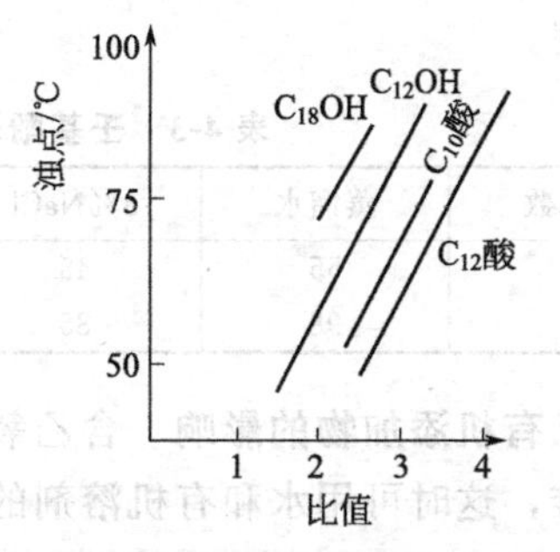


图4-6 亲油基/EO量比

表4-2 两种非离子型表面活性剂的浊点

| 表面活性剂 | $C_{12}H_{25}O(EO)_nH$ | | $C_9H_{19}C_6H_4O(EO)_nH$ | | | | | |
|---|---|---|---|---|---|---|---|---|
| $n$ | 9.5 | 15 | 8 | 9 | 10 | 11 | 12 | 16 |
| 浊点/℃ | 40 | 98 | 30 | 50 | 65 | 75 | 81 | 96 |

在相同乙氧基数下，亲油基中碳原子数愈多，其浊点愈低。亲油基结构不同对浊点的影响还表现在支链、环状及位置方面。例如，邻壬基酚聚氧乙烯醚（10.8）的 $T_p$ 为31℃，而对壬基酚聚氧乙烯醚 $T_p$ 为47℃。含有同样6个乙氧基的烷基聚氧乙烯醚，癸基、十二烷基、十六烷基化合物的 $T_p$ 分别为60℃、48℃和32℃。同碳数的亲油基，其结构与 $T_p$ 按如下关系递减：3环＞单链＞单环≥1支链的单环≫3支链＞2支链。这些因素是受亲油基的疏水性与乙氧基的水合性所制约。

除了上述结构因素之外，许多环境因素也会影响乙氧基化非离子型表面活性剂的 $T_p$。

**(1) 浓度的影响** 浊点是体现分子中亲水疏水比率的一个指标，一般用1%溶液进行测定。浊点随浓度不同而有差异（图4-7），大多数表面活性剂的浊点是随着浓度的增加而增加，但也不尽然。如辛基酚聚氧乙烯醚（8.5）水溶液当浓度为0.03%～0.05%时，$T_p$ 为48～50℃，而在0.10%～0.15%时，则显著地增至＞100℃。

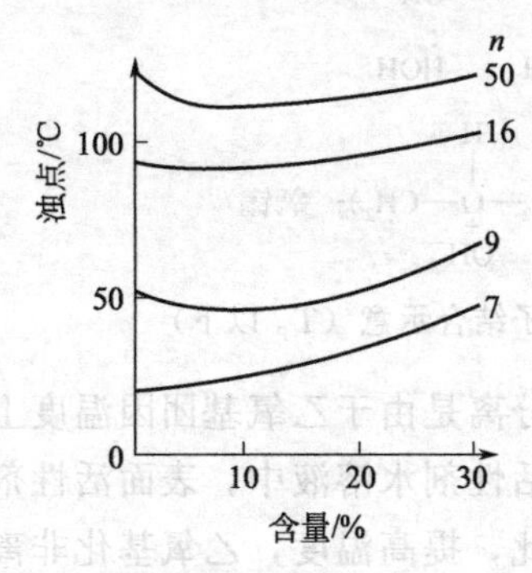


图4-7 异辛基酚聚氧乙烯（$n$）醚浓度与浊点关系

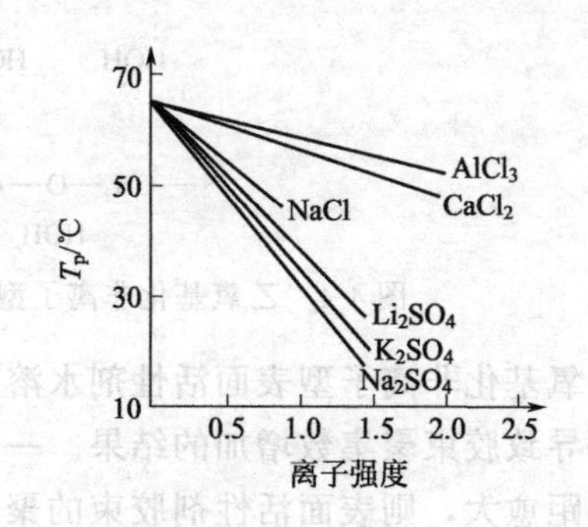


图4-8 辛基酚聚氧乙烯醚（10）浊点与电解质的关系（2%水溶液）

**(2) 电解质的影响** 一般而言，随着电解质的加入，都会使浊点降低，并随电解质浓度增加而呈线性下降。氢氧化钠降低的影响最大，其次是碳酸钠。在各种无机酸中，硫酸使浊点略有下降。盐酸则使浊点上升。盐类的作用如硫酸盐则使水分子缔合加强，有机相内的水分减少，亦即水分子与醚氧原子结合的氢键脱开。这种脱水机理使表面活性剂聚集数增加，因而降低了浊点。浊点上升则与胶束聚集相的水合作用有关。加入高氯酸盐、硫氰化钠等均可使浊点提高。表4-3及图4-8分别以壬基酚和辛基酚聚氧乙烯醚为例说明不同电解质对浊点的影响。

**表4-3 壬基酚聚氧乙烯醚水溶液浊点与电解质的关系**

| 乙氧基数 | 蒸馏水 | 3%NaCl | 3%$Na_2CO_3$ | 3%NaOH | 3%HCl | 3%$H_2SO_4$ |
|---|---|---|---|---|---|---|
| 9 | 55 | 45 | 32 | 31 | 73 | 51 |
| 15 | 98 | 85 | 70 | 67 | ＞100 | 96 |

**(3) 有机添加物的影响** 含乙氧基较少的乙氧基化合物，不能完全溶于水中，测定 $T_p$ 就有困难，这时可用水和有机溶剂的混合液。例如，水和异丙醇、水和二噁烷、水和丁基二甘醇等。聚乙二醇的存在及其量的多少对浊点的影响不同。通常认为少量的如1%聚乙二醇对1%乙氧基化合物溶液的浊点无甚影响。加入10%时稍有提高，当到达30%时浊点从77.5℃升到100℃以上。

加入低分子烃调节相对分子质量可使浊点下降；加入高分子烃，使浊点上升。与此相反，加入高分子醇，浊点下降；而加入低分子醇使浊点上升。水溶助长剂如尿素、甲基乙酰胺的加入将显著地提高浊点。

通过加入合适的阴离子表面活性剂，如十二烷基苯磺酸钠使其形成混合胶束，可提高乙氧基化合物的浊点，这在实用上是很有帮助的。

浊点与除去织物油污的作用密切相关。最佳去污效果必然与表面活性剂的吸附与增溶有关，而以在浊点附近为宜，因为这时非离子表面活性剂的吸附及增溶均处于最佳状态。

### 4.1.3 表面活性剂在非水溶剂中的溶解性

许多情况下表面活性剂溶解于水中，形成表面活性剂水溶液。但表面活性剂溶解于非水溶剂中也不少见。例如，涂料和油漆工业、萃取过程、微乳状液、胶束催化等，都涉及表面活性剂非水溶液问题。

非水溶剂有许多品种，可以分为非极性溶剂和极性溶剂两大类。非极性溶剂又分为脂肪族溶剂和芳香族溶剂，还有特殊性质的全氟烃和硅氧烷等。极性溶剂又分为氢键液体，如甘油、低级醇、乙二醇、甲酰胺等；非氢键液体，如酮类、醚类、二甲亚砜、二氧六环等。

表面活性剂视分子结构不同，如碳链长短、支链化程度、极性基种类及位置变化等，可不同程度地溶解于各种有机溶剂中。它们的溶解性可以用正规溶液理论推定。在某一定温度下，溶液熵、焓及混合自由能变化（$\Delta G_{mix}$）是控制溶解度的重要因素。其关系如下：

$$\Delta G_{mix}=RT(X_1\ln X_1+X_2\ln X_2)+V_m\Psi_1\Psi_2(\delta_1-\delta_2)^2$$

式中，$V_m$ 为每 1mol 混合物的体积，$X$、$\Psi$、$\delta$ 分别为摩尔分数、体积分数及溶解度参数。下标 1、2 表示组分。$\delta=(\Delta E/V)^{1/2}$ 表示每单位体积的凝聚能（$\Delta E$），上式右面第一项为混合时的熵变化，第二项为焓变化。两组分的 $\delta$ 值愈接近，$\Delta G_{mix}$值愈小，表明两组分愈易混合，亦即易溶解。因此，如表面活性剂和溶剂的溶解度参数为已知，即可测出该表面活性剂在非水溶液中的溶解性。用气液色谱可测出各种非离子表面活法剂的溶解度参数，其关系如下。

令表面活性剂为静止相，有机溶剂为溶质相，则溶质的溶解热（$\Delta H_s$）与其溶解度参数（$\delta_1$）的关系可用下式表示。

$$\frac{-\Delta H_s}{V_1}=\delta_1\delta_2-\delta_2^2 \tag{4-1}$$

此处，$V_1$、$\delta_2$ 分别代表有机溶剂的摩尔体积及表面活性剂的溶解度参数。$-\Delta H_s/V_1$ 对 $\delta_1$ 作图为一直线，从图可测出 $\delta_2$ 值。$\Delta H_s$ 值可由下式求得：

$$\lg V_g=\frac{\Delta H_s}{2.303R}\times\frac{1}{T_c}+常数 \tag{4-2}$$

式中，$V_g$ 为有机溶剂的比保留时间，$T_c$ 为柱温。例如，壬基酚聚氧乙烯醚（4,6,8,10）的 $\delta_2$ 值为 9.3，十二烷聚氧乙烯（8）醚为 9，失水山梨醇单月桂酸酯为 8.4，而甘油单月桂酸酯为 8.2。从壬基酚聚氧乙烯醚在有机溶剂中的混溶温度可知，混溶温度愈小，则 $\Delta G_{mix}$亦愈小，亦即 $\delta_1$ 与 $\delta_2$ 间的差值愈小，愈易溶解。壬基酚聚氧乙烯醚在有机溶剂中的混溶温度按下列次序递减：庚烷（$\delta_1=7.4$）>环己烷（$\delta_1=8.2$）>间二甲苯（$\delta_1=8.8$）。

极性基位于烷基链中心、烷基呈支链或两个以上烷基的表面活性剂，其分子间凝聚能较小，容易溶解于有机溶剂中，特别是醇类、酮类、烯烃类等溶剂。

如同离子型表面活性剂的水溶液有一升温至某点溶解度陡增（Krafft 点）一样，表面活性剂在有机溶剂中的溶解度也从某一温度开始急剧地增加，此温度称临界溶液温度（CST），亦即溶剂化固体的熔点。

## 4.2 表面活性剂的界面性质

表面活性剂既然能够大幅度地降低溶液的表面（界面）张力，它就必然有往表面（界面）吸附的趋势。本节介绍在一定的温度和压力下这种吸附与溶液浓度、表面（界面）张力之间的关系，同时也讨论吸附结构以及液面吸附层的状态方程式。

### 4.2.1 Gibbs 吸附定理

**(1) Gibbs 公式的建立** 设有 $\alpha$ 相和 $\beta$ 相，其界面为 $SS$[图 4-9(a)]。实验证明，在两相交界处交界面不是一个几何平面，而是一个约有几个分子层厚的过渡层，此过渡层的组成和性质都不均匀，是连续地变化着的。为便于介绍，将该薄层视为平面。在该薄层附近（但又在体相中）画两个平行面 $AA$ 和 $BB$[图 4-9(b)]，使 $AA$ 处的性质与 $\alpha$ 相相同，$BB$ 处的性质与 $\beta$ 相一样，这样界面上发生的所有变化都包括在 $AA$ 面和 $BB$ 面之间。通常将此薄层称为表面相。

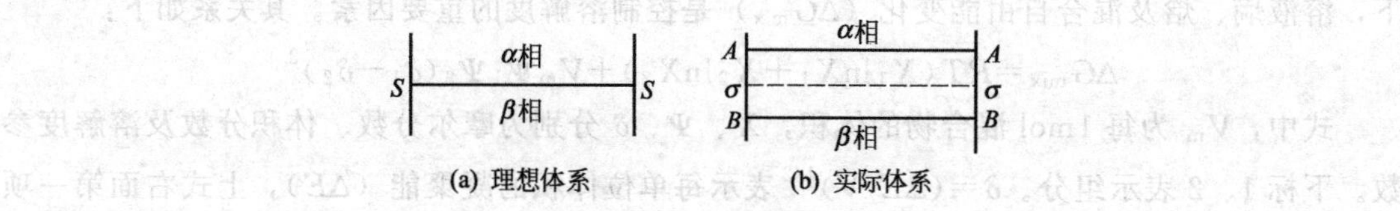


图 4-9 表面相示意

以 $V^\alpha$ 和 $V^\beta$ 分别代表自体 $\alpha$ 相和 $\beta$ 相到 $SS$ 面时两相的体积。若 $V^\alpha$ 和 $V^\beta$ 中浓度皆是均匀的，则整个体系中 $i$ 组分的总物质的量（mol）为 $c_i^\alpha V^\alpha + c_i^\beta V^\beta$，$c_i^\alpha$ 和 $c_i^\beta$ 分别为 $i$ 组分在 $\alpha$ 相和 $\beta$ 相中浓度。但因表面相中的浓度是不均匀的，故此值与实际的物质的量（mol）$n_i$ 有差异，以 $n_i^\delta$ 表示此差值，则

$$n_i^\delta = n_i - (c_i^\alpha V^\alpha + c_i^\beta V^\beta) \tag{4-3}$$

这个差值叫表面过剩。单位面积上的过剩叫比表面过剩，或者说组分 $i$ 的比表面过剩为：

$$\Gamma_i = \frac{n_i^\delta}{A} \tag{4-4}$$

式中，$\Gamma_i$ 为 $i$ 组分的吸附量，$mol \cdot cm^{-2}$；$A$ 为 $SS$ 的面积。

在《物理化学》中，曾导出过二组分体系的自由焓为：

$$G = n_1\mu_1 + n_2\mu_2 \tag{4-5}$$

式中，$G$ 为自由焓；$\mu$ 为化学位。式(4-5) 表示在恒温、恒压下，体系自由焓等于体系内各组分化学位与物质的量（mol）乘积之和。

对于表面相，表面能 $\gamma A$ 对 $G^\sigma$ 也有贡献，故，

$$G^\sigma = n_1^\sigma \mu_1^\sigma + n_2^\sigma \mu_2^\sigma + \gamma A \tag{4-6}$$

式中，$G^\sigma$ 为表面相自由焓；$\gamma$ 为表面张力。因为体系在一定温度和压力下达到了平衡，故在各相和界面中，各成分的化学位 $\mu_1$ 和 $\mu_2$ 是一定的。若在恒温恒压下，体系发生一无限小变化，则根据式(4-6) 得：

$$dG^\sigma = n_1^\sigma d\mu_1^\sigma + \mu_1^\sigma dn_1^\sigma + n_2^\sigma d\mu_2^\sigma + \mu_2^\sigma dn_2^\sigma + \gamma dA + A d\gamma \tag{4-7}$$

若在恒温恒压下，体系中只有界面面积发生变化，则界面上组分 1 和组分 2 的数量有变化。从而过剩量 $n_1^\sigma$ 和 $n_2^\sigma$ 也相应地变化。表面自由焓的微小变化应为：

$$\mathrm{d}G^\sigma = \mu_1^\sigma \mathrm{d}n_1^\sigma + \mu_2^\sigma \mathrm{d}n_2^\sigma + \gamma \mathrm{d}A \tag{4-8}$$

比较式(4-7) 和式(4-8)，得

$$n_1^\sigma \mathrm{d}\mu_1^\sigma + n_2^\sigma \mathrm{d}\mu_2^\sigma + A\mathrm{d}\gamma = 0 \tag{4-9}$$

两端除以 $A$，得

$$-\mathrm{d}\gamma = \frac{n_1^\sigma}{A}\mathrm{d}\mu_1^\sigma + \frac{n_2^\sigma}{A}\mathrm{d}\mu_2^\sigma \tag{4-10}$$

即

$$-\mathrm{d}\gamma = \Gamma_1 \mathrm{d}\mu_1^\sigma + \Gamma_2 \mathrm{d}\mu_2^\sigma \tag{4-11}$$

组分 1 和组分 2 在界面上的比表面过剩与界面的平面 $SS$ 的位置有关，界面的位置按 Gibbs 划面法确定。对于溶液，是按体系中的一个组分（通常是溶剂）无过剩的条件来划界。即选取界面位置须满足

$$n_1 = n_1^\alpha + n_1^\beta = c_1^\alpha V^\alpha + c_1^\beta V^\beta \tag{4-12}$$

图 4-10 的 $SS$ 代表 Gibbs 界面的位置，图 4-10(b) 示出溶剂（组分 1）的情况，其中面积 $AB_1O$ 等于面积 $DEO$；对于溶质（组分 2）

$$n_2 = n_2^\alpha + n_2^\beta = c_2^\alpha V^\alpha + c_2^\beta V^\beta + \Gamma_2^{(1)} A \tag{4-13}$$

$\Gamma_2^{(1)}$ 是指在组分 1(溶剂) 在表面过剩为零的情况下，组分 2(溶质) 在表面的过剩量，参见图 4-10(c)。

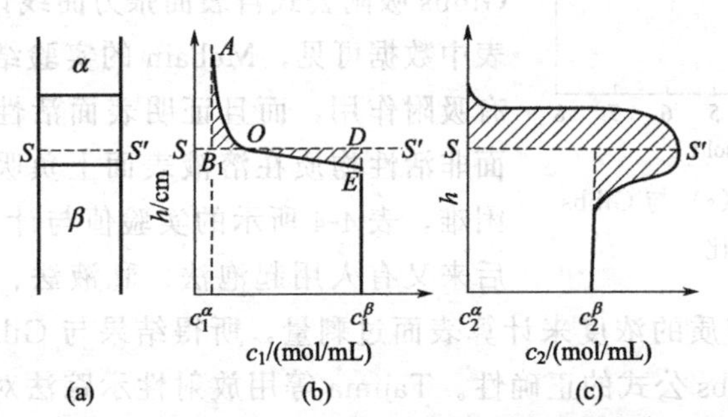


图 4-10 界面相、Gibbs 界面与表面过剩示意

由于 Gibbs 界面的划分保证组分 1 的表面过剩 $\Gamma_1$ 为零，则式(4-11) 可变为

$$-\mathrm{d}\gamma = \Gamma_2 \mathrm{d}\mu_2^\sigma \tag{4-14}$$

因为在平衡时，溶质（组分 2）在表面相和体相中化学位相等，即 $\mu_2^\sigma = \mu_2$(体相中)。在体相中 $\mathrm{d}\mu_2 = RT\mathrm{dln}a_2$，代入式(4-14)，得

$$\Gamma_2 = -\frac{1}{RT}\left(\frac{\partial \gamma}{\partial \ln a_2}\right)_T = -\frac{a_2}{RT}\left(\frac{\partial \gamma}{\partial a_2}\right)_T \tag{4-15}$$

式(4-15) 即 Gibbs 吸附公式。式中 $\Gamma_2$ 为溶质的吸附量，其意义是：相应于同样的溶剂时，表面层中单位面积上溶质的量比溶液内部多出的量（亦即所谓的过剩量），而不是单位面积上溶质的表面浓度。若溶液的浓度很低（如小于 0.1mol/L），则表面过剩量将远远大于溶液内部的浓度，这时吸附量 $\Gamma$ 可近似地看作表面浓度。式(4-15) 中 $a_2$ 是溶液中溶质的活度；$\gamma$ 为溶液的表面张力；其他符号意义同前。

如果溶液的浓度不大，则可用浓度 $c$ 代替活度 $a$。因此，在恒温恒压下略去脚注，式(4-15) 可写作：

$$\Gamma=-\frac{c}{RT}\frac{d\gamma}{dc} \tag{4-16}$$

或：

$$\Gamma=-\frac{1}{RT}\frac{d\gamma}{d\ln c} \tag{4-17}$$

式中的单位：$R$ 为 8.31J/(mol·K)；$\Gamma$ 为 $mol/cm^2$；$\gamma$ 为 mN/m；$c$ 为 mol/L；$T$ 为绝对温度，K。

若一种溶质能降低溶剂的表面张力 $\gamma$（即 $d\gamma/dc$ 是负值），则根据式(4-16) $\Gamma$ 为正值，即溶质在表面层中的浓度大于在溶液内部的浓度，这叫正吸附。反之，若溶质能增加溶剂的 $\gamma$（即 $d\gamma/dc$ 是正值），则 $\Gamma$ 为负值，即溶质在表面层中的浓度小于在溶液内部的浓度，这叫负吸附。

**（2）Gibbs 公式的验证** 为了验证 Gibbs 公式的正确性，20 世纪 30 年代，Mcbain 和他的学生们精心设计了一个装置，让一个刀片以 11m/s 的速度从溶液表面刮下一薄层液体，其厚度大约为 0.1mm。测定被刮下液体（质量 $W$）的溶质浓度 $c$ [以 1g 溶剂含有的溶质质量（g）表示]，以及原用溶液的浓度 $c_0$、刮过的液面面积 $A$ 和溶液的相对分子质量 $M$，可按下式计算出表面吸附量：

$$\Gamma=\frac{W(c-c_0)}{AM} \tag{4-18}$$

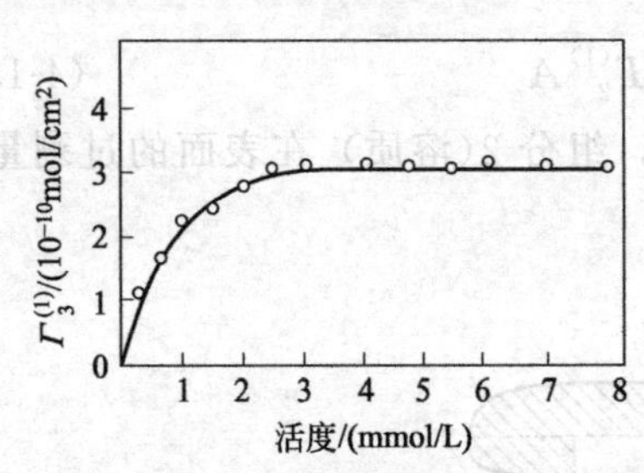


图 4-11 放射性示踪（∘）与 Gibbs 公式结果对比

表 4-4 列出他们的一些典型的结果，并与应用 Gibbs 吸附公式自表面张力曲线计算的数值相比较。从表中数据可见，Mcbain 的实验结果不但证明溶液表面有吸附作用，而且证明表面活性物质发生正吸附；表面非活性物质在溶液表面上负吸附。考虑到实验上的困难，表 4-4 所示的实验值与计算值的符合度比较高。后来又有人用起泡法、乳液法、放射性示踪法等多种方法直接测定界面区溶质的浓度来计算表面过剩量，所得结果与 Gibbs 公式计算结果很相符，进一步证明了 Gibbs 公式的正确性。Tajima 等用放射性示踪法对十二烷基硫酸钠水溶液表面的吸附的测定结果见图 4-11。

**表 4-4 Mcbain 等验证 Gibbs 吸附公式的实验结果**

| 水溶液 | 浓度/(mol/L) | $\Gamma/(\mu mol/m^2)$ | | 水溶液 | 浓度/(mol/L) | $\Gamma/(\mu mol/m^2)$ | |
|---|---|---|---|---|---|---|---|
| | | Mcbain 法测定值 | Gibbs 法计算值 | | | Mcbain 法测定值 | Gibbs 法计算值 |
| 4-氨基甲苯 | 0.0187 | 5.7 | 4.9 | 己酸 | 0.0452 | 5.3 | 5.4 |
| | 0.0164 | 4.3 | 4.6 | 3-苄基丙酸 | 0.0100 | 3.7 | 3.4 |
| 苯酚 | 0.218 | 4.4 | 5.1 | | 0.0300 | 3.6 | 5.3 |
| 己酸 | 0.0223 | 5.9 | 5.4 | 氯化钠 | 2.0 | −0.0074 | −0.0064 |
| | 0.0258 | 4.4 | 5.6 | | | | |

**（3）Gibbs 吸附方程在表面活性剂溶液表面吸附中的应用** 式(4-16) 和式(4-17) 适用于稀的脂肪醇或脂肪酸溶液，对表面活性剂溶液需要进行相应的修正。

① 非离子型表面活性剂 非离子表面活性剂在水溶液中不发生离解，其 Gibbs 吸附方程与式(4-16) 相同，即：

$$\Gamma=-\frac{c}{RT}\frac{d\gamma}{dc}$$

② 离子型表面活性剂　离子型表面活性剂在水中会发生离解，电离的正负离子都将对 $d\gamma$ 有影响。如对 $R^-M^+$ 水溶液体系，吸附量与表面张力因浓度而变化的关系如下：

$$-d\gamma = RT\Gamma_{M^+}\ln a_{M^+} + RT\Gamma_{R^-}\ln a_{R^-} + RT\Gamma_{H^+}\ln a_{H^+} + RT\Gamma_{OH^-}\ln a_{OH^-}$$

水的离解极小，所以可假设 $da_{H^+} = da_{OH^-} = 0$，$\Gamma_{H^+} = \Gamma_{OH^-} = 0$，而离子型表面活性剂完全电离情况下，$\Gamma_{M^+} = \Gamma_{R^-} = \Gamma$，因此，在离子型表面活性剂中，对于1—1价型强电解质，例如十二烷基硫酸钠、烷基苯磺酸钠、烷基三甲铵盐、烷基吡啶盐等，此类化合物在水溶液中发生离解，以表面活性离子和反离子的形式存在，其 Gibbs 吸附等温式应为：

$$\Gamma = -\frac{c}{2RT}\frac{d\gamma}{dc}$$

在极稀溶液中写成一般式为：

$$\Gamma = -\frac{c}{nRT}\frac{d\gamma}{dc} \tag{4-19}$$

这里 $n$ 为常数，它取决于表面活性剂的类型与离解程度，对于1－1价型离子表面活性剂，$n=2$；对1－2价型离子表面活性剂，$n=3$。

③ 在无机盐存在下表面活性剂的吸附公式　如果在离子型表面活性剂中加入无机电解质，如氯化钠，其浓度超过表面活性剂浓度（0.01mol/L）时，离子强度得到调整，上式中仍然可应用 $n=1$。

如果加入的电解质量少于应加入量时，则上式中的 $n$ 值为：$n=(1+c)/(c+c_s)$，$c_s$ 为加入盐的浓度。

④ 混合表面活性剂　在溶液中存在多种表面活性剂成分时，Gibbs 吸附公式写为

$$-d\gamma = \sum \Gamma_i d\mu_i \tag{4-20}$$

各组分的表面吸附量可采用下述方法得到。

总吸附量：测定溶液各组分浓度按比例改变时溶液的表面张力曲线。用任一溶质的活度或溶质总活度作 $\gamma$-$\ln a$ 图，求出 $d\gamma/d\ln a$ 值，根据溶液条件应用式(4-16) 或式(4-17) 求出体系的总吸附量。

单组分吸附量：配制只有一种溶质 $i$ 的浓度改变、其余溶质（$j$）浓度皆保持不变的系列溶液，测定其 $\gamma$-$\ln a_i$ 曲线，如上述方法求出吸附量，这样得到的是组分 $i$ 在相应溶液表面的吸附量。

### 4.2.2 表面活性剂在溶液界面上的吸附

**(1) 表面活性剂在溶液界面吸附**　表面活性剂的分子由亲油基和亲水基组成。当表面活性剂分子进入水溶液后，表面活性剂的亲油基为了尽可能地减少与水的接触，有逃离水相的趋势。但由于表面活性剂分子中的亲水基的存在，又无法完全逃离水相，其平衡的结果是表面活性剂分子在溶液表面上富集，即亲油基朝向空气，而亲水基插入水相［图4-12(a)］。随

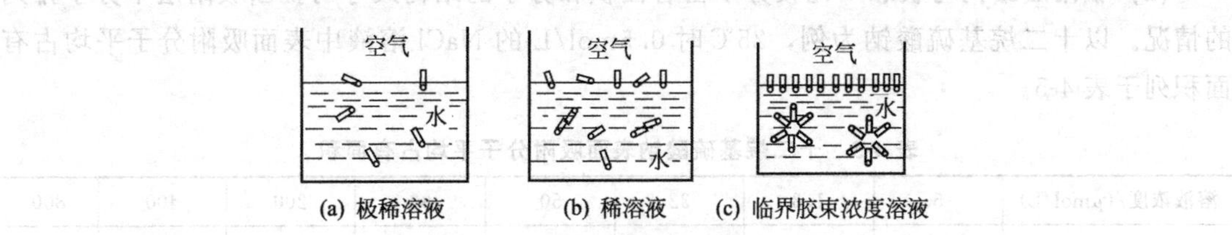

(a) 极稀溶液　(b) 稀溶液　(c) 临界胶束浓度溶液

图 4-12　溶液表面吸附层

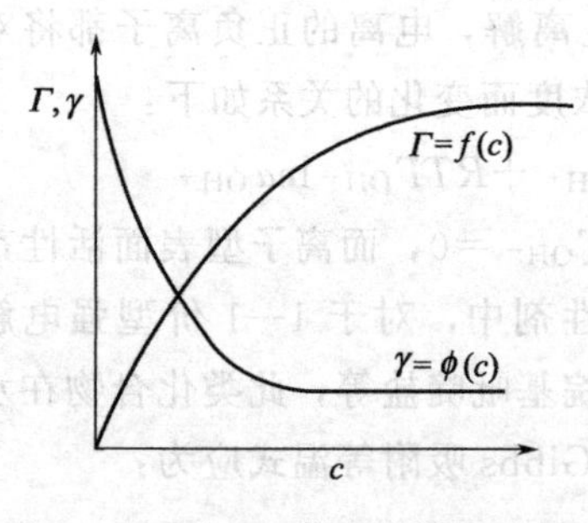


图 4-13　表面吸附量与体相浓度

着体相中表面活性剂浓度的增加，在溶液的表面上表面活性剂分子的数目逐渐增加，原来由水和空气形成的界面逐渐由“油”（表面活性剂的亲油基）和空气界面所替代［图 4-12(b)］。因为油分子间的作用力小，油和空气间的界面张力也小。表观上，随着表面活性剂浓度的增加，水溶液的表面张力降低（图 4-13）。但当表面上表面活性剂分子的浓度达到一定值后，表面活性剂基本上是竖立紧密排列，完全形成了一层“油”［图 4-12(c)］，再继续增加体相中的表面活性剂浓度时，并不能改变界面上表面活性剂的紧密排列状态，故对表面张力不会产生影响，出现了图 4-13 所示的水平段。

同时表面活性剂在溶液表面的过剩吸附 $\Gamma$ 也是随着体相中表面活性剂的浓度增加而增大，最后达到最大值——吸附平衡（图 4-13）。从图可见，当溶液浓度很小时，$\Gamma$ 与 $c$ 成正比，几乎为一直线。

Gibbs 方程式对稀溶液有效，但没有与吸附极限联系起来，而实际上吸附是有极限的。将 Langmuir 吸附式与 Gibbs 吸附式联系起来可得：

$$\Gamma=-\frac{c}{RT}\frac{\mathrm{d}\gamma}{\mathrm{d}c}=\Gamma_{\infty}\frac{kc}{1+kc} \tag{4-21}$$

从上式可见，对表面活性剂稀溶液来说：

$1+kc\rightarrow1$（稀），$\Gamma\infty\Gamma_{\infty}kc$，此时 $\Gamma$ 与 $c$ 成正比，$\mathrm{d}\gamma/\mathrm{d}c$ 为一定值，即图 4-13 中的直线部分。

对高浓度溶液 $1+kc\rightarrow kc$，则 $\Gamma\infty\Gamma_{\infty}$，此时吸附与浓度无关，如图 4-13 中的平坦部分。

对中浓度溶液，$\Gamma$ 与 $c$ 的关系为图 4-13 中曲线部分。

式(4-21) 中的 $k$ 也可以说是吸附平衡常数，故与标准吸附自由能 $\Delta G_{\mathrm{ad}}^{0}$ 有如下关系：

$$k=\exp\left(-\frac{\Delta G_{\mathrm{ad}}^{0}}{RT}\right) \tag{4-22}$$

Gibbs 吸附为等温、热力学可逆过程。温度升高，发生脱附。不同温度下具有不同的吸附等温线。吸附为一放热反应，但活化能小，温度系数也较小。

因为吸附量 $\Gamma$ 的单位是 $\mathrm{mol/cm^2}$，如果知道了吸附量，就可以求出每个分子在界面上占据的截面积 $A$：

$$A=\frac{1}{\Gamma N_0} \tag{4-23}$$

从图 4-13 和式(4-23) 可以看出，随着表面活性剂浓度增加，$\Gamma$ 逐渐增大，分子截面积 $A$ 逐渐变小。当吸附达到饱和时，分子截面积不再改变，这时的分子截面积最小，称为分子最小截面积（$A_{\min}$）。

**(2) 吸附层结构与状态**　比较分子占有面积和分子的结构尺寸可推断吸附层中分子排列的情况。以十二烷基硫酸钠为例，25℃时 0.5mol/L 的 NaCl 溶液中表面吸附分子平均占有面积列于表 4-5。

**表 4-5　十二烷基硫酸钠表面吸附分子平均占有面积**

| 溶液浓度/(μmol/L) | 5 | 1.3 | 32 | 50 | 80 | 200 | 400 | 800 |
|---|---|---|---|---|---|---|---|---|
| 分子面积/nm² | 4.75 | 1.75 | 1.0 | 0.72 | 0.58 | 0.45 | 0.39 | 0.34 |

从分子结构来看，十二烷基硫酸酯离子呈棒状（图 4-14），它的最大长度约 2.1nm，宽度约 0.47～0.5nm。由此估计分子平躺时占有面积在 $1nm^2$ 以上，直立则占有约 $0.25nm^2$。将此数据与表 4-5 所列数据对比，可以看出在溶液浓度较大时（$>3.2\times10^{-5}$ mol/L），吸附分子已不可能在表面上成平躺状态。而当浓度达到 $8.0\times10^{-5}$ mol/L 时吸附分子只能相当紧密的直立定向排列。只有溶液浓度很稀的时候，溶液表面吸附的表面活性离子很少，才有可能采取平躺的方式存在于界面上（参见图 4-12）。

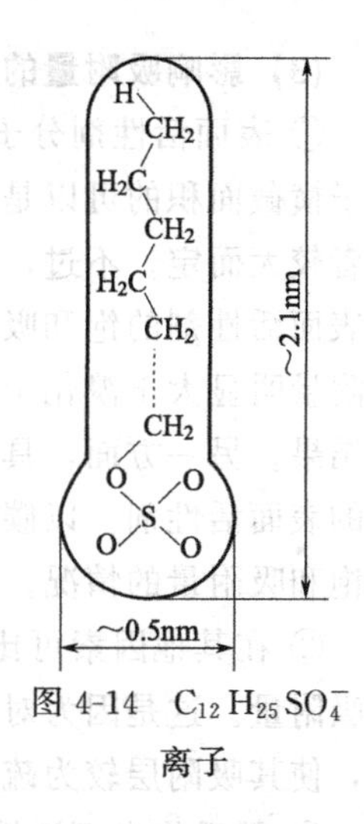


图 4-14 $C_{12}H_{25}SO_4^-$ 离子

从表 4-6 数据表明，同系物的分子最小截面积随亲油基链长增加不是变大，而是变小。这只能用饱和吸附时吸附分子采取基本直立的定向排列和亲油基间相互作用加强来解释。从溶液的表面张力和吸附量数据可计算表面压 $\pi(\pi=\gamma_0-\gamma)$ 随分子占有面积 $A$ 变化的曲线。

图 4-15 是溴化十六烷基三甲基铵水溶液的 $\pi$-$A$ 曲线和二维空间理想气体的 $\pi A(=RT)$ 曲线。它表明只有浓度非常稀的时候表面活性剂吸附层才接近二维空间理想气体状态。

**表 4-6　一些表面活性剂在水溶液表面的饱和吸附量和分子最小截面积**

| 表面活性剂 | 温度/℃ | 饱和吸附量 $\Gamma_\infty$ /($\times10^{-10}$ mol/cm²) | 分子最小截面积 $A_{min}$/nm² | 表面活性剂 | 温度/℃ | 饱和吸附量 $\Gamma_\infty$ /($\times10^{-10}$ mol/cm²) | 分子最小截面积 $A_{min}$/nm² |
|---|---|---|---|---|---|---|---|
| $n$-$C_{10}H_{21}SO_4Na$ | 25 | 3 | 0.56 | $n$-$C_{18}H_{37}N(CH_3)_3Br$ | 25 | 2.6 | 0.64 |
| $n$-$C_{12}H_{25}SO_4Na$ | 25 | 3.16 | 0.53 | $n$-$C_{12}H_{25}O(EO)_3H$ | 25 | 3.98 | 0.42 |
| $n$-$C_{12}H_{25}SO_4Na$ | 60 | 2.65 | 0.63 | $n$-$C_{12}H_{25}O(EO)_4H$ | 25 | 3.63 | 0.46 |
| $n$-$C_{14}H_{29}SO_4Na$ | 25 | 3.7 | 0.45 | $n$-$C_{12}H_{25}O(EO)_5H$ | 25 | 3.0 | 0.56 |
| $n$-$C_{10}H_{21}SO_3Na$ | 10 | 3.37 | 0.49 | $n$-$C_{12}H_{25}O(EO)_7H$ | 25 | 2.6 | 0.64 |
| $n$-$C_{10}H_{21}SO_3Na$ | 25 | 3.22 | 0.52 | $n$-$C_{12}H_{25}O(EO)_8H$ | 10 | 2.56 | 0.65 |
| $n$-$C_{10}H_{21}SO_3Na$ | 40 | 3.05 | 0.54 | $n$-$C_{12}H_{25}O(EO)_8H$ | 25 | 2.52 | 0.66 |
| $n$-$C_{14}H_{29}N(CH_3)_3Br$ | 30 | 2.7 | 0.62 | $n$-$C_{12}H_{25}O(EO)_8H$ | 40 | 2.46 | 0.67 |
| $n$-$C_{14}H_{29}N(C_3H_7)_3Br$ | 30 | 1.90 | 0.88 | $n$-$C_{12}H_{25}O(EO)_{12}H$ | 25 | 2.3 | 0.73 |
| $n$-$C_{16}H_{33}N(C_3H_7)_3Br$ | 30 | 1.8 | 0.91 | $n$-$C_{12}H_{25}O(EO)_{12}H$ | 25 | 1.9 | 0.88 |

离子型表面活性剂溶液中反离子在表面相富集并导致吸附层的双电层结构，其机理是：表面活性离子因具有疏水效应而吸附于表面，形成定向排列的、带电的吸附层。在其电场的作用下，反离子被吸引，一部分进入吸附层（固定层），另一部分以扩散形式分布，形成双电层结构（图 4-16）。

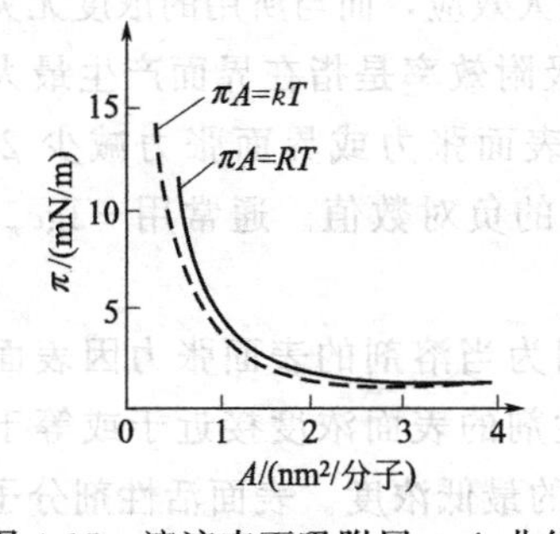


图 4-15　溶液表面吸附层 $\pi$-$A$ 曲线

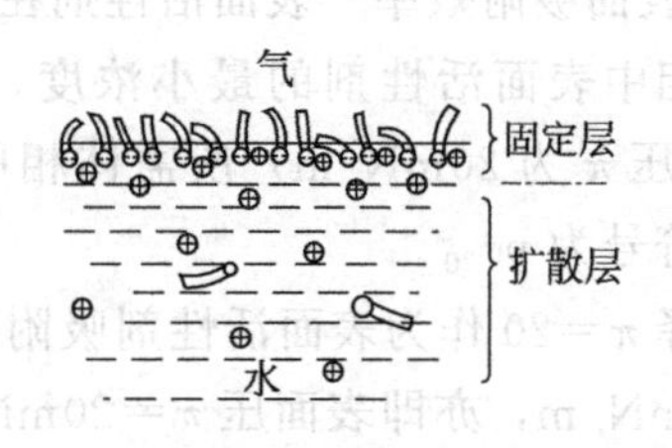


图 4-16　离子型表面活性剂吸附层

**(3) 影响吸附量的因素** 从大量的饱和吸附量实验数据可以归纳出下列规律。

① 表面活性剂分子横截面积小者饱和吸附量较大。对一个表面活性剂分子来说，决定分子横截面积的可以是它的亲水基，也可以是它的亲油基，关键视其在吸附层中定向排列时何者较大而定。不过，多数情况下是水合亲水基的截面积起决定作用。例如，乙氧基非离子型表面活性剂的饱和吸附量通常随极性基聚合度增加而变小；溴化十四烷基三甲基铵的饱和吸附量明显大于溴化十四烷基三丙基铵的饱和吸附量，都是亲水基变大使分子横截面积变大的结果。另一方面，具有分枝亲油基的表面活性剂，饱和吸附量一般小于同类型的直链亲油基的表面活性剂。以碳氟链为亲油基的常小于相应的碳氢链表面活性剂，都是亲油基大小控制饱和吸附量的情况。

② 在其他因素可比时，非离子型表面活性剂的饱和吸附量大于离子型表面活性剂的饱和吸附量。这是因为对离子型表面活性剂，吸附的表面活性离子间存在同电相间的库仑斥力，使其吸附层较为疏松。

③ 同系物表面活性剂的饱和吸附量差别不太大。一般的规律是随链长增长饱和吸附量有所增加，但疏水链过长（碳原子数>16）往往得到相反的效果。

④ 温度影响的规律是：温度升高饱和吸附量减少。不过，在低浓度时非离子型表面活性剂的吸附量往往随温度上升而增加。这是非离子表面活性剂与水分子间的氢键作用力下降，吸附效率提高的结果。

⑤ 加入无机电解质对离子型表面活性剂的吸附有明显的增强作用；对非离子型表面活性剂吸附的影响不明显。因为只有在离子型表面活性剂溶液中，电解质浓度增加会导致更多的反离子进入吸附层而削弱表面活性离子（亲水基）间的电性排斥，使吸附分子排列更紧密。

表面活性剂溶液表面吸附效率可以用达到饱和吸附时的浓度来表示，也可以用吸附常数 $k$ 来代表。一般说来，表面活性剂浓度大约在 3/4 cmc 处达到饱和吸附。因此 cmc 值可以大致反映其吸附效率。表面活性剂的吸附效率主要受亲油基性质影响。疏水性越强，吸附效率越高。因此，表面活性剂同系物中，随碳原子数增加 cmc 变小、$k$ 值变大、吸附效率增加。亲油基链长相同时，碳氟链和硅氧烷链的疏水性都强于碳氢链，而碳氢链又强于聚氧丙烯链。

### 4.2.3 降低表面张力的效率与效能

**(1) 表面吸附效率与效能** 众所周知，效率与效能是两个不同含义的名词，但它们都用来表示不同的功效。效率是表示功效的速率，用来表示在液相中产生一定效应所必需的表面活性剂浓度。效能则表示表面活性剂在界面过程中能产生的最大效应，而与所用的浓度无关。

① 表面吸附效率 表面活性剂在水-空气界面上的吸附效率是指在界面产生最大吸附时所需体相中表面活性剂的最小浓度，通常是使溶剂的表面张力或界面张力减少 20mN/m（或表面压 $\pi$ 为 20mN/m）所需体相中表面活性剂浓度的负对数值。通常用 $-\lg c_{\pi=20}$ 表示之，其符号为 $pc_{20}$。

选择 $\pi=20$ 作为表面活性剂吸附效率的表征，是因为当溶剂的表面张力因表面吸附而减少 20mN/m，亦即表面压 $\pi=20$mN/m 时，表面活性剂的表面浓度接近于或等于它的饱和值。这时的体相浓度接近于界面上产生饱和吸附所需的最低浓度。表面活性剂分子从液相内部转移到界面所包括的标准自由能变化 $\Delta G^0_{ad}$，可以分解成与分子中不同基团组合的作用相联系的标准自由能的各个变化，这样表面活性剂在表面上的吸附效率可以与分子中不同结构的基团联系起来。简化的关系可以用下式表示：

$$\Delta G^0_{ad}=m\Delta G^0_{ad}(\text{—CH}_2\text{—})+\Delta G^0_{ad}(\text{W})+K_1 \qquad (4\text{-}24)$$

$$-\lg c_{\pi=20}=\mathrm{p}c_{20}=m[-\Delta G^0(\text{—CH}_2\text{—})/2.3RT]+[\Delta G^0(\text{W})/2.3RT]+K_2 \qquad (4\text{-}25)$$

对于同系物，相同亲水基、相同温度，而且 $\Delta G^0$(W) 与亲油基长度无关条件下，上式变为

$$\mathrm{p}c_{20}=n[-\Delta G^0(\text{—CH}_2\text{—})/2.3RT]+K_3 \qquad (4\text{-}26)$$

从上式可知效率因子 $\mathrm{p}c_{20}$ 随着直链亲油基中碳原子数的增加而增大。$\mathrm{p}c_{20}$ 值越大，它就越有效地被吸附于界面，越有效地降低表面张力。也就是说，为达到饱和吸附将表面张力降低大约 20mN/m 所需的体相浓度越小。$\mathrm{p}c_{20}$ 值增大一个单位，其效率大 10 倍，亦即达到表面饱和吸附只需 1/10 的体相浓度。

② 表面吸附效能　从 $\gamma$-lg$c$ 曲线可以看出，到达临界胶束浓度（cmc）后，$\gamma$ 就不再降低，这样可以将到达 cmc 时的表面张力降低值作为衡量某表面活性剂降低溶剂表面张力效能的标志（图 4-17）。

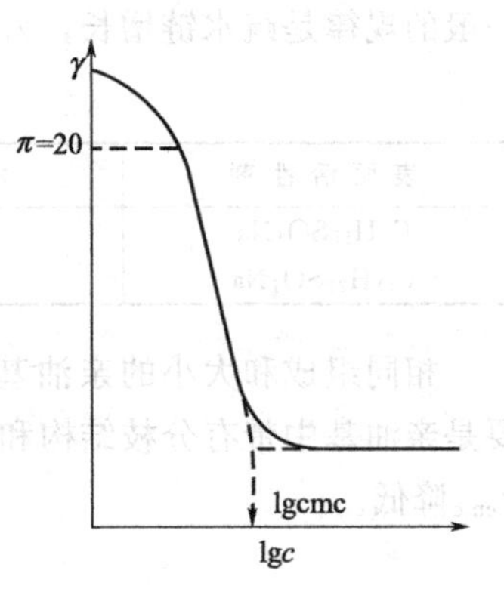


图 4-17　$\gamma$-lg$c$ 曲线

**(2) 影响吸附效率与效能的结构因素与环境因素**

① 表面活性剂类型的影响　非离子型表面活性剂因相互间无电斥力，所以吸附效率要比离子型表面活性剂大得多。乙氧基链长的增加，分子的吸附自由能变化很小，因此吸附效率下降得极少。与此相反，吸附效能却下降得很快。在庚烷/水界面上表面活性剂的吸附效率见表 4-7。

**表 4-7　在庚烷/水界面上表面活性剂的吸附效率**

| 表面活性剂 | 温度/℃ | $\mathrm{p}c_{20}$ | 表面活性剂 | 温度/℃ | $\mathrm{p}c_{20}$ |
|---|---|---|---|---|---|
| $n$-$C_{10}H_{21}SO_4Na$ | 50 | 2.11 | $p$-$C_{12}H_{25}C_6H_4SO_3Na$ | 70 | 3.10 |
| $n$-$C_{12}H_{25}SO_4Na$ | 50 | 2.72 | $n$-$C_{12}H_{25}N$(吡啶环)Br | 30 | 2.27 |
| $n$-$C_{12}H_{25}SO_4Na$(0.1mol NaCl) | 25 | 3.8 | $n$-$C_{12}H_{25}O(EO)_7H$(0.1mol NaCl) | 55 | 5.62 |
| $n$-$C_{18}H_{37}SO_4Na$ | 50 | 4.42 | $n$-$C_{12}H_{25}O(EO)_{30}H$ | 55 | 5.39 |

对吸附效能来说，离子型表面活性剂与同样疏水链长的非离子表面活性剂相比其 $\gamma_{cmc}$ 值总是较大。特别是极性头大小相近的，例如 $C_{10}H_{21}SOCH_3$ 与 $C_{10}H_{21}SO_4Na$，差别更为明显。即使是大极性头的非离子表面活性剂，如 $C_{10}H_{21}O(EO)_3H$，其 $\gamma_{cmc}$ 值也比相应的离子型表面活性剂小（表 4-8）。

**表 4-8　表面活性剂类型与 $\gamma_{cmc}$**

| 表面活性剂 | $\gamma_{cmc}$/(mN/m) | 表面活性剂 | $\gamma_{cmc}$/(mN/m) |
|---|---|---|---|
| $C_{10}H_{21}SO_4Na$ | 40.5 | $C_{10}H_{21}SOCH_3$ | 24.5 |
| $C_{10}H_{21}N(CH_3)_3Br$ | 40.6 | $C_{10}H_{21}O(EO)_3H$ | 27.0 |

② 不同亲油基的影响　亲油基的不同包括三种情况：一是化学成分不同；二是长度不同；三是结构不同。

吸附效率随直链亲油基中碳原子数的增加而增大，直至 20 个碳原子。离子型表面活性

剂的亲油基增加 2 个—$CH_2$—，则 $pc_{20}$ 增大 0.56～0.60，相当于达到饱和的表面浓度只需原来需要表面活性剂体相浓度的 25%～30%。侧链上的碳原子大约相当于直链中碳原子作用的 2/3。两个亲水基之间的亚甲基大约相当于带有单个链端亲水基的直碳链中的半个亚甲基。亲油基的一个苯环相当于直碳链中的 3.5 个碳原子。

亲油基具有不同化学组成的表面活性剂降低水表面张力的能力有明显差别。碳氟链表面活性剂的 $\gamma_{cmc}$(mN/m) 可低达十几，远低于碳氢链表面活性剂。硅表面活性剂的 $\gamma_{cmc}$ 也比较低，如非离子型表面活性剂 $(CH_3)_3Si[OSi(OCH_3)_2]Si(CH_3)_2CH_2(EO)_{8.2}CH_3$ 的 $\gamma_{cmc}$ 只有 22mN/m。

亲油基长度变化对 $\gamma_{cmc}$ 的影响相对较小。表 4-9 给出亲油基碳链长度影响的典型数据。一般的规律是疏水链增长，$\gamma_{cmc}$ 变小。

**表 4-9　亲油基链长度对 $\gamma_{cmc}$ 的影响**

| 表面活性剂 | $\gamma_{cmc}$/(mN/m) | 表面活性剂 | $\gamma_{cmc}$/(mN/m) |
|---|---|---|---|
| $C_8H_{17}SO_4Na$ | 41.5 | $C_{12}H_{25}SO_4Na$ | 39.5 |
| $C_{10}H_{21}SO_4Na$ | 40.5 | $C_{14}H_{29}SO_4Na$ | 35.0 |

相同组成和大小的亲油基，结构不同时，表面活性剂水溶液的 $\gamma_{cmc}$ 有显著的差别。主要是亲油基中带有分枝结构和端基结构不同的影响（表 4-10），疏水链中存在分枝结构会使 $\gamma_{cmc}$ 降低。

**表 4-10　亲油基分枝结构与 $\gamma_{cmc}$**

| 表面活性剂 | $\gamma_{cmc}$/(mN/m) | 表面活性剂 | $\gamma_{cmc}$/(mN/m) |
|---|---|---|---|
| $C_{16}H_{33}N(CH_3)_3Br$ | 38.0 | $C_6H_{13}OCOCH_2$ ｜ $C_6H_{13}OCOCHSO_3Na$ | 28.0 |
| $(C_6H_{13})_2NC_2H_4OH(CH_3)Cl$ | 29.6 | $C_{13}H_{27}CH(CH_3)SO_4Na$ | 40.0 |
| $C_{12}H_{25}SO_4Na$ | 39.5 | $(C_7H_{15})_2CHSO_4Na$ | 36 |

亲油基末端基团的性质对 $\gamma_{cmc}$ 有明显影响（表 4-11），在碳氢链亲油基中，以 $CH_3$ 为端基的与以 $CH_2$ 为端基的相比，有较低的 $\gamma_{cmc}$ 值。对比 $H(CF_2)_8COONH_4$ 与 $F(CF_2)_8COONH_4$ 的 $\gamma_{cmc}$，可以看出 $CF_3$ 端基比 $CF_2H$ 端基有较大的降低水表面张力的能力。

**表 4-11　亲油基末端基团结构与 $\gamma_{cmc}$**

| 表面活性剂 | $\gamma_{cmc}$/(mN/m) | 表面活性剂 | $\gamma_{cmc}$/(mN/m) |
|---|---|---|---|
| $CH_3(CH_2)_{10}COOK$ | 36 | $H(CF_2)_8COONH_4$ | 24 |
| $CF_3(CF_2)_6COONa$ | 26 | $F(CF_2)_8COONH_4$ | 15 |
| $(CF_3)_2CF(CF_2)_4COONa$ | 20 | | |

综合上述亲油基对 $\gamma_{cmc}$ 影响的规律可见：表面活性剂降低水表面张力的能力主要取决于它在水溶液表面饱和吸附时最外层的原子或原子团。对分子间相互作用贡献大的原子或原子团占据表面，$\gamma_{cmc}$ 值就较高，反之，$\gamma_{cmc}$ 较低。一般来说，最外层带有极性基团比带非极性基团表面张力高。非极性基团对降低表面张力能力的贡献有下列次序：

$$-CF_3>-CF_2->-CH_3>-CH_2->-CH=CH-$$

③ 环境因素　对吸附效率而言，单价离子型亲水基电荷的变化对吸附效率有影响。将中性电解质加到无电解质离子型表面活性剂水溶液中，可显著增加其吸附效率。例如在 0.1mol/L NaCl 中，离子型表面活性剂的链长增加 2 个亚甲基时，$pc_{20}$ 增大 0.7。这是由于

双电层压缩，电排斥作用减小，从而促使吸附效率增加。当表面活性剂的反离子被另一与表面活性剂离子结合得较紧的反离子所取代时，由于水合程度较低，能有效地中和表面活性剂离子上的电荷，降低电斥力，表面吸附效率就显著升高，例如磺酸钾就比磺酸钠更为有效。温度对液-气界面吸附作用的影响表现在 $pc_{20}$ 稍有降低。尿素等一类水结构破坏剂的加入，会增加空间障碍，促使 $pc_{20}$ 下降。

### 4.2.4 表面张力测定方法

测定液体表面张力的方法很多，这里只简单介绍几种常用测定方法的原理。

**(1) 毛细管上升法** 这是一种最简单也是最准确的方法。当干净的玻璃毛细管插入液体中时，若此液体能润湿毛细管壁，则因表面张力的作用，液体沿毛细管上升，直到上升的力（$2\pi r\gamma\cos\theta$）被液柱的重力（$\pi r^2\rho gh$）所平衡（见图 4-18）而停止上升，这时：

$$2\pi r\gamma\cos\theta=\pi r^2\rho gh \tag{4-27}$$

或

$$\gamma=r\rho gh/(2\cos\theta) \tag{4-28}$$

式中，$r$ 为毛细管半径；$\gamma$ 为表面张力；$g$ 为重力加速度；$h$ 为液柱高；$\theta$ 为接触角，当液体能完全润湿毛细管时，$\theta=0°$。因此测得液柱上升高度便能计算表面张力。

此法的理论基础完整，仪器简单，常用作标准方法。但要得到内径完全均匀的毛细管不容易。液体对毛细管接触角必须是零，$\theta=2.5°$则会使表面张力引入 0.1%的误差。

**(2) 环法** 环法（也称 du Nouy 法）通常用铂丝制成圆挂环，将它挂在扭力天平上，然后转动扭力丝，使环缓缓上升，这时拉起来的液体呈圆筒形（图 4-19）。当环与液面突然脱离时（随时保持金属杆的水平位置不变），所需的最大拉力为 $F$，它和拉起液体的重力 $mg$ 相等，也和沿环周围的表面张力反抗向上的拉力 $F$ 相等。因液膜有内外两面，所以圆环的周长为 $4\pi R$，故

$$F=mg=4\pi R\gamma \tag{4-29}$$

式中，$m$ 为拉起液体的质量；$R$ 为环的平均半径。设环的内半径为 $R'$，铂丝本身的半径为 $r$，环的平均半径即为 $R=R'+r$（见图 4-20）。由式(4-29) 可得：

$$\gamma=\frac{F}{4\pi R} \tag{4-30}$$

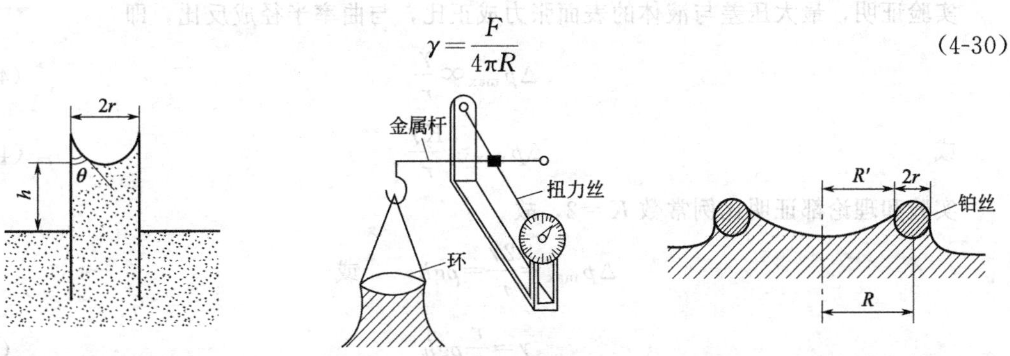


图 4-18 毛细管上升法 图 4-19 环法表面张力仪示意 图 4-20 铂环的平均半径 $R$

若实验测出 $F$ 便可以求得 $\gamma$。但实际上拉起的液体并不是圆筒形，故式(4-30) 必须乘一个校正因子 $f$，从而：

$$\gamma=\frac{F}{4\pi R}f \tag{4-31}$$

大量实验表明，校正因子 $f$ 是 $R^3/V$ 和 $R/r$ 的函数。此外 $V$ 是圆环拉起的液体体积，$V$ 可自 $F=mg=V\rho g$ 关系求出。$f$ 值可自图 4-21 查到。如需更精确的数据，可查阅有关专著。

此方法经典，有较高准确度，被国家标准采用，对纯溶剂的相对误差≤0.1%。但当接触角不为零时会影响结果的准确性。同时铂环必须保持水平，环面只要倾斜1°就引入0.5%的误差。

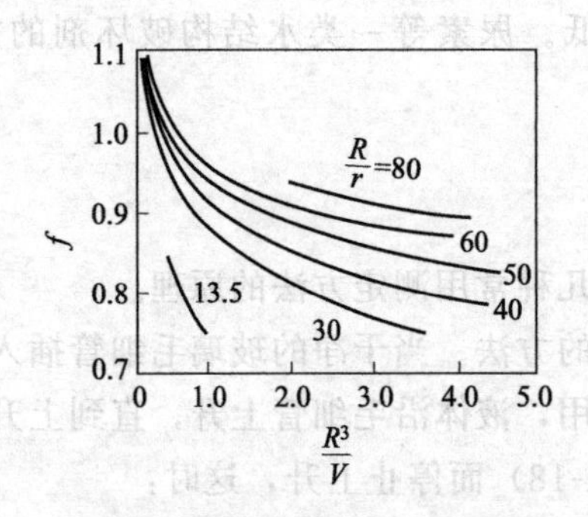


图 4-21 环法校正因子曲线

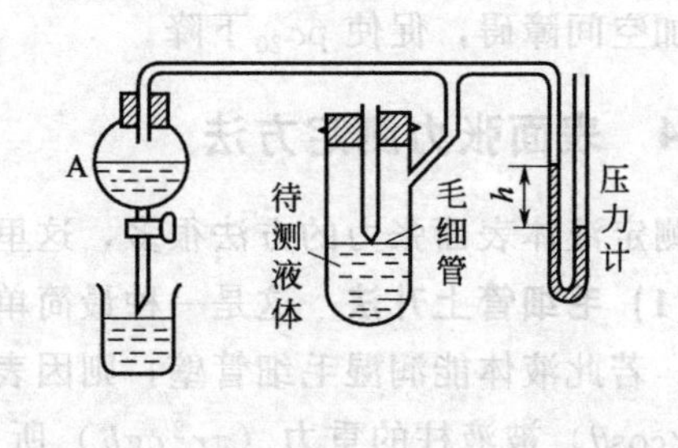


图 4-22 气泡最大压力法装置图

**(3) 气泡最大压力法** 本法装置见图 4-22。试验时令毛细管管口与被测液体的表面接触，然后从 A 瓶放水抽气，随着毛细管内外压差的增大，毛细管口的气泡慢慢长大，泡的曲率半径 $R$ 开始时从大变小，直到形成半球形（这时曲率半径 $R$ 与毛细管半径 $r$ 相等），$R$ 达最小值（此时压差最大）；尔后 $R$ 又逐渐变大（见图 4-23）。在泡内外压差最大（即泡内压力最大）时压差计上的最大液柱差为 $h$，则

$$\Delta p_{\max}=\rho g h \tag{4-32}$$

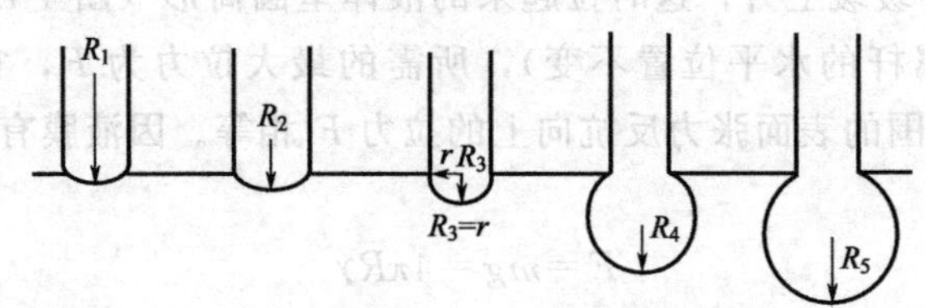


图 4-23 气泡从管端产生时曲率半径的变化

实验证明，最大压差与液体的表面张力成正比，与曲率半径成反比，即

$$\Delta p_{\max}\propto\frac{\gamma}{r} \tag{4-33a}$$

或

$$\Delta p_{\max}=\frac{K\gamma}{r} \tag{4-33b}$$

实验和理论都证明比例常数 $K=2$，故

$$\Delta p_{\max}=\frac{2\gamma}{r}=\rho g h \quad 或$$

$$\gamma=\frac{r}{2}\rho g h \tag{4-34}$$

实验时若用同一支毛细管和压差计对表面张力分别为 $\gamma_1$ 和 $\gamma_2$ 的两种液体进行测试，其相应的液柱差为 $h_1$ 和 $h_2$，则据式(4-34) 可得：

$$\frac{\gamma_1}{\gamma_2}=\frac{h_1}{h_2} \tag{4-35}$$

自此可从已知表面张力的液体求得待测液的表面张力。

本方法与接触角无关，也不需要液体密度数据，而且装置简单，测定迅速，因此被

广泛应用，除了测定常温液体或溶液的表面张力外，还常用来测定熔融金属或熔盐的表面张力。

但此法是一种产生新鲜表面的准动态方法，不能用来研究到达平衡慢的表面张力。同时引入的气体可能引起液面污染及改变液体表面温度。

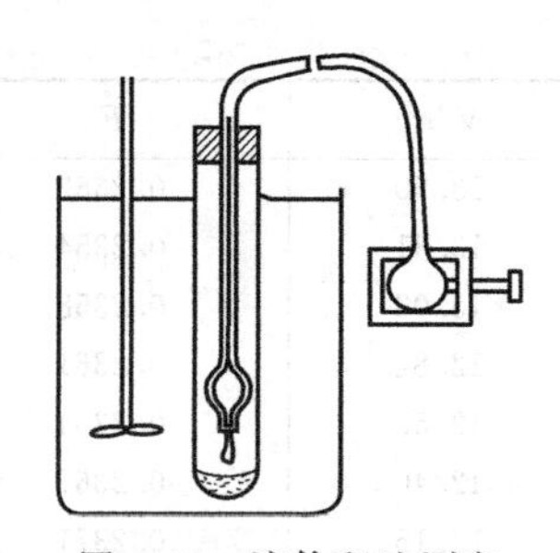
图 4-24　滴体积法测定表面张力装置

**(4) 滴体积法（滴重法）**　当液体自管口滴落时，液滴的大小与液体的密度和表面张力有关。这就是滴重法或滴体积法的基本原理，其装置见图 4-24，滴体积管可采用 0.2mL 的微量刻度移液管加工而成。落滴重量与管口半径及液体表面张力有关。如果液滴滴落瞬间的形状如图 4-25(a) 所示，并自管口完全脱落，则落滴重量 $mg$ 与表面张力 $\gamma$ 和管口半径 $r$ 有如下关系：

$$mg=2\pi r\gamma \tag{4-36}$$

但实际情况并非如此。用高速摄影得到滴落过程如图 4-25(b) 所示。液滴长大时先发生变形，形成细颈，再在细颈处断开。一部分滴落，一部分残留管口。因此式(4-36) 并不正确，需加校正系数 $F$。于是，滴体积法或滴重法的计算公式写作：

$$\gamma=\frac{Fmg}{r}=\frac{FV\Delta\rho g}{r} \tag{4-37}$$

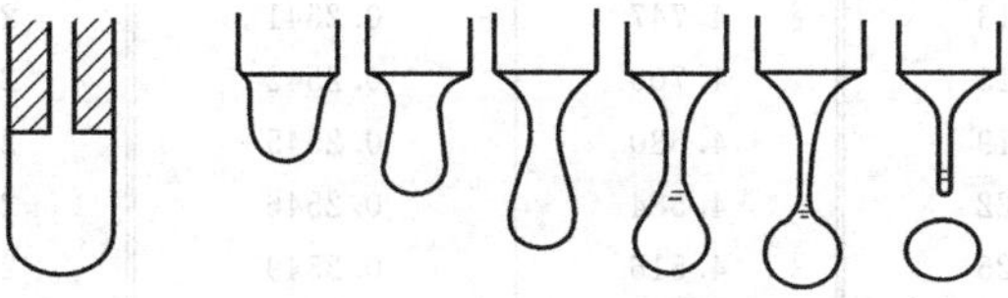

(a) 理想情况　(b) 实际情况

图 4-25　滴落过程示意

其中，$\Delta\rho$ 是界面两侧密度差，对于气液界面可以用液体密度代替。前人已从经验和理论两方面得出 $F$ 是 $r/V^{1/3}$ 或 $r^3/V$ 的函数，提供了函数关系和数值表。表 4-12 给出滴体积法校正系数表。此法实验测定的数据是一定滴数液体的重量或体积。

**表 4-12　滴体积法测定表面张力之校正系数 $F$ 数值表**

| $V/r^3$ | $F$ | $V/r^3$ | $F$ | $V/r^3$ | $F$ |
|---|---|---|---|---|---|
| 37.04 | 0.2198 | 25.44 | 0.2248 | 18.22 | 0.2300 |
| 36.32 | 0.2200 | 25.00 | 0.2250 | 17.94 | 0.2303 |
| 35.25 | 0.2203 | 24.35 | 0.2254 | 17.52 | 0.2307 |
| 34.56 | 0.2206 | 23.93 | 0.2257 | 17.25 | 0.2309 |
| 33.57 | 0.2210 | 23.32 | 0.2261 | 16.86 | 0.2313 |
| 32.93 | 0.2212 | 22.93 | 0.2263 | 16.60 | 0.2316 |
| 31.99 | 0.2216 | 22.35 | 0.2267 | 16.23 | 0.2320 |
| 31.39 | 0.2218 | 21.98 | 0.2270 | 15.98 | 0.2323 |
| 30.53 | 0.2222 | 21.43 | 0.2274 | 15.63 | 0.2326 |
| 29.95 | 0.2225 | 21.08 | 0.2276 | 15.39 | 0.2329 |
| 29.13 | 0.2229 | 20.56 | 0.2280 | 15.05 | 0.2333 |
| 28.60 | 0.2231 | 20.23 | 0.2283 | 14.83 | 0.2336 |
| 27.83 | 0.2236 | 19.74 | 0.2287 | 14.51 | 0.2339 |
| 27.33 | 0.2238 | 19.43 | 0.2290 | 14.30 | 0.2342 |
| 26.60 | 0.2242 | 18.96 | 0.2294 | 13.99 | 0.2346 |
| 26.13 | 0.2244 | 18.66 | 0.2296 | 13.79 | 0.2348 |

续表

| $V/r^3$ | $F$ | $V/r^3$ | $F$ | $V/r^3$ | $F$ |
|---|---|---|---|---|---|
| 13.50 | 0.2352 | 6.177 | 0.2495 | 3.325 | 0.2594 |
| 13.31 | 0.2354 | 6.110 | 0.2497 | 3.295 | 0.2595 |
| 13.03 | 0.2358 | 6.010 | 0.2500 | 3.252 | 0.2597 |
| 12.84 | 0.2361 | 5.945 | 0.2502 | 3.223 | 0.2598 |
| 12.58 | 0.2364 | 5.850 | 0.2505 | 3.180 | 0.2600 |
| 12.40 | 0.2367 | 5.787 | 0.2507 | 3.152 | 0.2601 |
| 12.15 | 0.2371 | 5.694 | 0.2510 | 3.111 | 0.2603 |
| 11.98 | 0.2373 | 5.634 | 0.2512 | 3.084 | 0.2604 |
| 11.74 | 0.2377 | 5.544 | 0.2515 | 3.044 | 0.2606 |
| 11.58 | 0.2379 | 5.486 | 0.2517 | 3.018 | 0.2607 |
| 11.35 | 0.2383 | 5.400 | 0.2519 | 2.979 | 0.2609 |
| 11.20 | 0.2385 | 5.343 | 0.2521 | 2.953 | 0.2611 |
| 10.97 | 0.2389 | 5.260 | 0.2524 | 2.915 | 0.2612 |
| 10.83 | 0.2391 | 5.206 | 0.2526 | 2.891 | 0.2613 |
| 10.62 | 0.2395 | 5.125 | 0.2529 | 2.854 | 0.2615 |
| 10.48 | 0.2398 | 5.073 | 0.2530 | 2.830 | 0.2616 |
| 10.27 | 0.2401 | 4.995 | 0.2533 | 2.794 | 0.2618 |
| 10.14 | 0.2403 | 4.944 | 0.2535 | 2.771 | 0.2619 |
| 9.95 | 0.2407 | 4.869 | 0.2538 | 2.736 | 0.2621 |
| 9.82 | 0.2410 | 4.820 | 0.2539 | 2.713 | 0.2622 |
| 9.63 | 0.2413 | 4.747 | 0.2541 | 2.680 | 0.2623 |
| 9.51 | 0.2415 | 4.700 | 0.2542 | 2.657 | 0.2624 |
| 9.33 | 0.2419 | 4.630 | 0.2545 | 2.624 | 0.2626 |
| 9.21 | 0.2422 | 4.584 | 0.2546 | 2.603 | 0.2627 |
| 9.04 | 0.2425 | 4.516 | 0.2549 | 2.571 | 0.2628 |
| 8.93 | 0.2427 | 4.471 | 0.2550 | 2.550 | 0.2629 |
| 8.77 | 0.2431 | 4.406 | 0.2553 | 2.518 | 0.2631 |
| 8.66 | 0.2433 | 4.363 | 0.2554 | 2.498 | 0.2632 |
| 8.50 | 0.2436 | 4.299 | 0.2556 | 2.468 | 0.2633 |
| 8.40 | 0.2439 | 4.257 | 0.2557 | 2.448 | 0.2634 |
| 8.25 | 0.2442 | 4.196 | 0.2560 | 2.418 | 0.2635 |
| 8.15 | 0.2444 | 4.156 | 0.2561 | 2.399 | 0.2636 |
| 8.00 | 0.2447 | 4.096 | 0.2564 | 2.370 | 0.2637 |
| 7.905 | 0.2449 | 4.057 | 0.2566 | 2.352 | 0.2638 |
| 7.765 | 0.2453 | 4.000 | 0.2568 | 2.324 | 0.2639 |
| 7.673 | 0.2455 | 3.961 | 0.2569 | 2.305 | 0.2640 |
| 7.539 | 0.2458 | 3.906 | 0.2571 | 2.278 | 0.2641 |
| 7.451 | 0.2460 | 3.869 | 0.2573 | 2.260 | 0.2642 |
| 7.330 | 0.2464 | 3.805 | 0.2575 | 2.234 | 0.2643 |
| 7.236 | 0.2466 | 3.779 | 0.2576 | 2.216 | 0.2644 |
| 7.112 | 0.2469 | 3.727 | 0.2578 | 2.190 | 0.2645 |
| 7.031 | 0.2471 | 3.692 | 0.2579 | 2.173 | 0.2645 |
| 6.911 | 0.2474 | 3.641 | 0.2581 | 2.148 | 0.2646 |
| 6.832 | 0.2476 | 3.608 | 0.2583 | 2.132 | 0.2647 |
| 6.717 | 0.2480 | 3.559 | 0.2585 | 2.107 | 0.2648 |
| 6.641 | 0.2482 | 3.526 | 0.2586 | 2.091 | 0.2648 |
| 6.530 | 0.2485 | 3.478 | 0.2588 | 2.067 | 0.2649 |
| 6.458 | 0.2487 | 3.447 | 0.2589 | 2.052 | 0.2649 |
| 6.351 | 0.2490 | 3.400 | 0.2591 | 2.028 | 0.2650 |
| 6.281 | 0.2492 | 3.370 | 0.2592 | 2.013 | 0.2651 |

续表

| $V/r^3$ | $F$ | $V/r^3$ | $F$ | $V/r^3$ | $F$ |
|---|---|---|---|---|---|
| 1.990 | 0.2652 | 1.056 | 0.2618 | 0.7412 | 0.2525 |
| 1.975 | 0.2652 | 1.046 | 0.2616 | 0.7372 | 0.2523 |
| 1.953 | 0.2652 | 1.040 | 0.2614 | 0.7311 | 0.2520 |
| 1.939 | 0.2652 | 1.306 | 0.2613 | 0.7273 | 0.2518 |
| 1.917 | 0.2654 | 1.024 | 0.2611 | 0.7214 | 0.2516 |
| 1.903 | 0.2654 | 1.015 | 0.2609 | 0.7175 | 0.2514 |
| 1.882 | 0.2655 | 1.009 | 0.2608 | 0.7116 | 0.2511 |
| 1.868 | 0.2655 | 1.000 | 0.2606 | 0.7080 | 0.2509 |
| 1.847 | 0.2655 | 0.994 | 0.2604 | 0.7020 | 0.2506 |
| 1.834 | 0.2656 | 0.9852 | 0.2602 | 0.6986 | 0.2504 |
| 1.813 | 0.2656 | 0.9793 | 0.2601 | 0.6931 | 0.2501 |
| 1.800 | 0.2656 | 0.9706 | 0.2599 | 0.6894 | 0.2499 |
| 1.781 | 0.2657 | 0.9648 | 0.2597 | 0.6842 | 0.2496 |
| 1.768 | 0.2657 | 0.9564 | 0.2595 | 0.6803 | 0.2495 |
| 1.758 | 0.2657 | 0.9507 | 0.2594 | 0.6750 | 0.2491 |
| 1.749 | 0.2657 | 0.9423 | 0.2592 | 0.6714 | 0.2489 |
| — | — | 0.9368 | 0.2591 | 0.6662 | 0.2486 |
| 1.705 | 0.2657 | 0.9286 | 0.2589 | 0.6627 | 0.2484 |
| 1.687 | 0.2658 | 0.9232 | 0.2587 | 0.6575 | 0.2481 |
| — | — | 0.9151 | 0.2585 | 0.6541 | 0.2479 |
| 1.534 | 0.2658 | 0.9098 | 0.2584 | 0.6488 | 0.2476 |
| 1.519 | 0.2657 | 0.9019 | 0.2582 | 0.6457 | 0.2474 |
| — | — | 0.8967 | 0.2580 | 0.6401 | 0.2470 |
| 1.457 | 0.2657 | 0.8890 | 0.2578 | 0.6374 | 0.2468 |
| 1.443 | 0.2656 | 0.8839 | 0.2577 | 0.6336 | 0.2465 |
| 1.433 | 0.2656 | 0.8763 | 0.2575 | 0.6292 | 0.2463 |
| 1.418 | 0.2655 | 0.8713 | 0.2573 | 0.6244 | 0.2460 |
| 1.395 | 0.2654 | 0.8638 | 0.2571 | 0.6212 | 0.2457 |
| 1.380 | 0.2652 | 0.8589 | 0.2569 | 0.6165 | 0.2454 |
| 1.372 | 0.2649 | 0.8516 | 0.2567 | 0.6133 | 0.2453 |
| 1.349 | 0.2648 | 0.8468 | 0.2565 | 0.6086 | 0.2449 |
| 1.327 | 0.2647 | 0.8395 | 0.2563 | 0.6055 | 0.2446 |
| 1.305 | 0.2646 | 0.8349 | 0.2562 | 0.6016 | 0.2443 |
| 1.284 | 0.2645 | 0.8275 | 0.2559 | 0.5979 | 0.2440 |
| 1.255 | 0.2644 | 0.8232 | 0.2557 | 0.5934 | 0.2437 |
| 1.243 | 0.2643 | 0.8163 | 0.2555 | 0.5904 | 0.2435 |
| 1.223 | 0.2642 | 0.8117 | 0.2553 | 0.5864 | 0.2431 |
| 1.216 | 0.2641 | 0.8056 | 0.2551 | 0.5831 | 0.2429 |
| 1.204 | 0.2640 | 0.8005 | 0.2549 | 0.5787 | 0.2426 |
| 1.180 | 0.2639 | 0.7940 | 0.2547 | 0.5440 | 0.2428 |
| 1.177 | 0.2638 | 0.7894 | 0.2545 | 0.5120 | 0.2440 |
| 1.167 | 0.2637 | 0.7836 | 0.2543 | 0.4552 | 0.2486 |
| 1.148 | 0.2635 | 0.7786 | 0.2541 | 0.4064 | 0.2555 |
| 1.130 | 0.2632 | 0.7720 | 0.2538 | 0.3644 | 0.2638 |
| 1.113 | 0.2629 | 0.7679 | 0.2536 | 0.3280 | 0.2722 |
| 1.096 | 0.2625 | 0.7611 | 0.2534 | 0.2963 | 0.2806 |
| 1.079 | 0.2622 | 0.7575 | 0.2532 | 0.2685 | 0.2888 |
| 1.072 | 0.2621 | 0.7513 | 0.2529 | 0.2441 | 0.2974 |
| 1.062 | 0.2619 | 0.7472 | 0.2527 | | |

此法具有方法简便、对接触角无严格限制、结果准确等优点，已成为测定液体表面张力最常用的方法之一。如果液体对滴定管的端口润湿，式(4-37) 中的半径 $r$ 为滴定管的端口的外径；如果液体对滴定管的端口不润湿，式(4-37) 中的半径 $r$ 为滴定管的端口的内径。

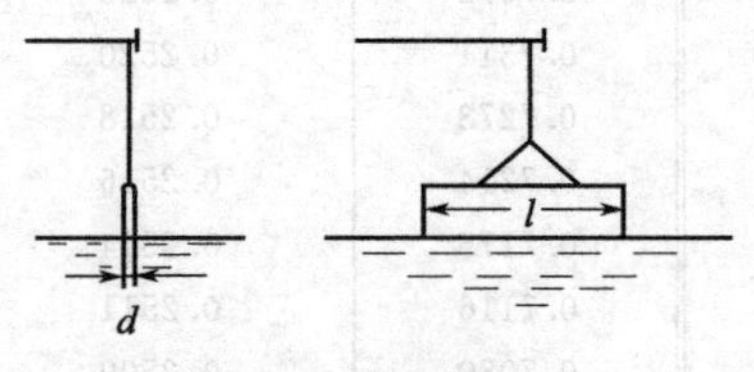

图 4-26 吊片法示意

此法除了测定表面张力外，也可以测定液-液界面张力，式(4-37) 中的 $\Delta\rho$ 是两种液体的密度差。

**(5) 吊片法** 此法为 Wilhelmy 在 1863 年首先使用，故常称为 Wilhelmy 法（图 4-26）。实际上是用片代替环测定从液面拉脱时最大拉力。后经改进，成为测定当片的底边平行于液面并刚好接触液面时所受到的拉力，此法具有完全平衡的性质。此拉力应为沿吊片一周作用的液体表面张力 $f$。

显然，以任何测力的方法得到 $f$ 值即可按下式计算出液体的表面张力值。

$$\gamma=\frac{f}{2(l+d)} \tag{4-38}$$

吊片法是最常用的方法之一。完全平衡性是它突出的优点。该法实验简便，不需要密度数据，也无需麻烦的计算，采用电子天平测力便于自动记录。自动表面张力仪大多采用这种方法。为保证测定结果准确，唯一的要求是液体必须很好地润湿吊片，否则测定值明显偏低。这是吊片法最大的弱点和限制。常用的吊片材质有铂金、玻璃、云母等。将吊片沿垂直方向打毛有利于改善润湿性。

## 4.2.5 单分子层的形成

**(1) 铺展** 将一滴油放在纯净水面上可发生什么情况？一种是油滴不铺展而停留在水面上的平衡位置。例如煤油、液体石蜡等无极性基的烃类（RH）。另一种是含有极性基的脂肪烃（RX），X 可以是—OH，—COOH，—CN，$—CONH_2$ 或—COOR′，$—SO_3^-$，$—SO_4^-$，$—NR_3^+$，这种脂肪油滴能在水面上铺展，形成一个单分子层。双亲表面活性剂如肥皂、表面活性剂等可溶于水，此类物质可自溶液中吸附到表面，定向排列形成可溶性单分子层。不溶于水的双亲有机物如硬脂酸、月桂醇、棕榈酸乙酯等溶解在适当易挥发的有机溶剂中，能在水面上铺展，待溶剂蒸发后在水面上形成不溶性单分子表面膜，其中所有溶质分子都处于单分子层。此表面层的性质取决于沉积的溶质量和所占面积的大小。如果恰好使水面为一分子厚的溶质所覆盖，则此表面膜被称为单分子层。如果单位面积上引入的物质量少于或多于生成单分子层所需量，则分别称为亚单层和多分子层。

能否形成单分子层，主要视该物质在水面上的起始铺展系数是否大于零而定。

$$S=\gamma_{W/A}-(\gamma_{O/A}+\gamma_{O/W}) \tag{4-39}$$

式中，$S$ 为起始铺展系数，W 为水相，O 为油相，A 为空气相。显然只有 $S>0$ 才是自动铺展过程。例如，正十六烷的 $S=72.8-(30.0+52.1)=-9.3\text{mN}\cdot\text{m}^{-1}$，不能铺展。而正辛醇的 $S=72.8-(27.8+8.5)=36.8$，能完全铺展。

单分子层的形成可降低水相的表面张力，这可以用铺展压 $\pi$ 表示之，通常用 Langmuir-Adam 膜天平测定（图 4-27），也可用表面张力仪测定纯水表面张力与有单分子层覆盖表面时表面张力之间的差，亦即用表面压来间接算得：$\pi=\gamma_0-\gamma$。

表面单分子层的厚度除计算外，也可用电子显微镜直接观察计算而得。表面膜从基质转入火棉胶支持物上，金属原子束以 15°角（$\alpha$）投射于表面，量出未覆盖区域的宽度 $x$，则厚

度 $x\tan\alpha$ 即可计算出来（见图 4-28）。如测得 $n$-$C_{36}H_{73}COOH$ 膜厚为 5nm，此值与单分子垂直定向排列相符合。

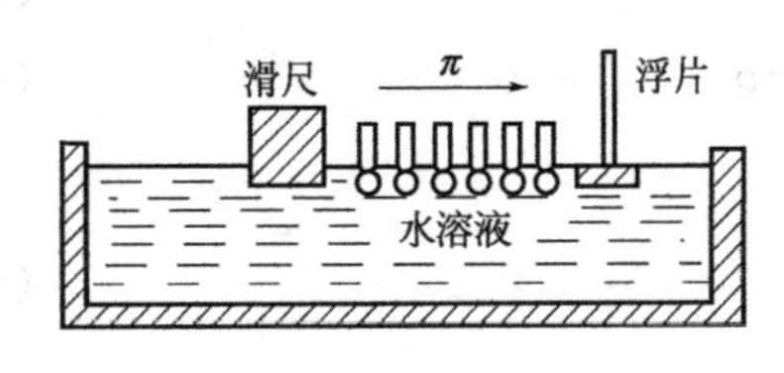


图 4-27 Langmuir-Adam 膜天平

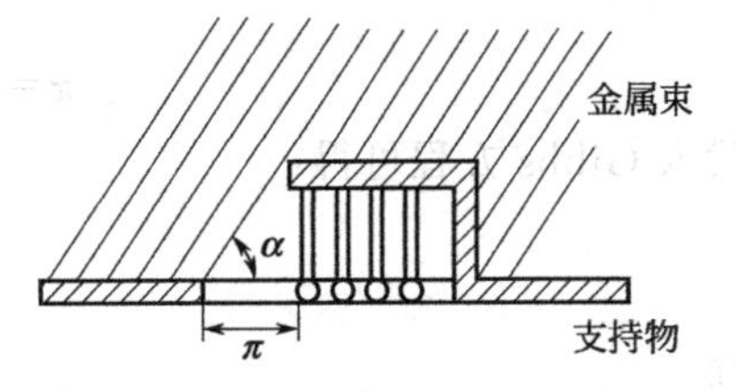


图 4-28 电子显微镜测量表面膜厚度

**(2) 单分子膜的物理状态** 单分子表面膜的物理状态可以用不同的二维物理状态来描述。对于表面层中一定量的物质来说，在恒温条件下，表面压 $\pi$ 与膜面积 $A$ 成反比，这与三维体系中物质的压力与其体积成反比（图 4-29，图 4-30）相似。单分子层的物理状态可粗略地分为以下几类。

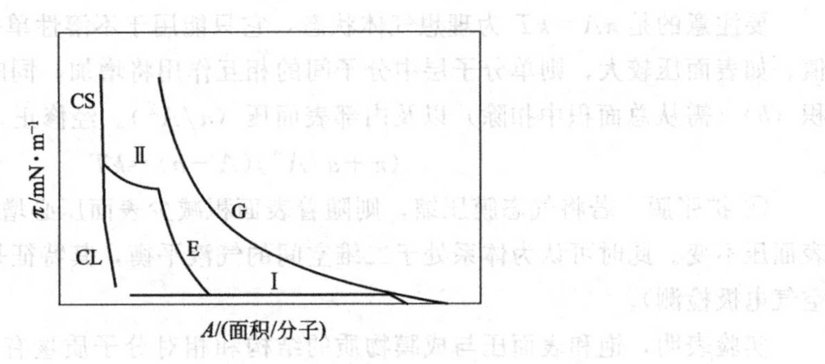


图 4-29 典型 $\pi$-$A$ 等温线

G—气态；E—膨胀液体层；CL—凝聚液体层；CS—凝聚固体层；Ⅰ，Ⅱ—过渡层

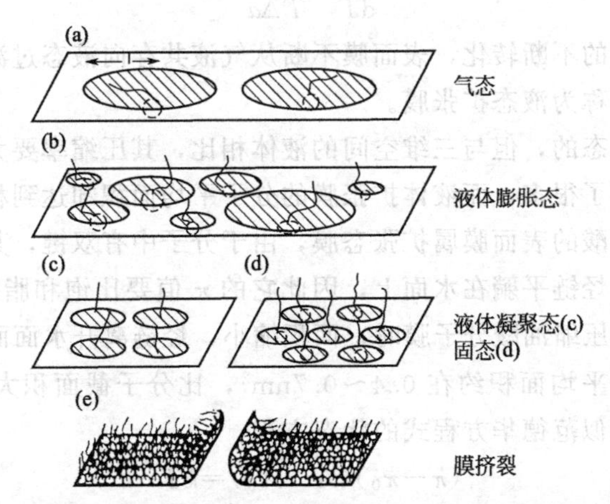


图 4-30 单分子层被压缩的各个阶段（每分子的有效面积以阴影表示）

① 气态膜（或蒸气膜） 若每个成膜分子平均占有面积很大（一般大于 $40nm^2$），表面压便很低（一般低于 $0.5mN \cdot m^{-1}$），这时表面膜中的分子彼此分开，可独立地在表面上自由运动，分子大小可以不计，相互间无作用力。这种膜服从二维理想气体方程 $\pi A = RT$，亦即 $\pi$-$A$ 曲线为矩形双曲线。虽然这与实际情况并不完全符合，但是对于许多不溶膜，尤其对低压表面膜、大面积情况下是比较近似的。如将表面活性剂溶液稀释至表面

层溶质与溶质之间的相互作用可以忽略时，那么表面张力的降低近似地与浓度呈线性关系。即

$$\gamma=\gamma_0-bc \tag{4-40}$$

$$\pi=bc,\ d\gamma/dc=-b \tag{4-41}$$

代入 Gibbs 方程可得：

$$\Gamma=\frac{1}{A}=\frac{\pi}{kT} \tag{4-42}$$

即
$$\pi A=kT \tag{4-43}$$

例如，溴化十六烷基三甲基铵溶液，对一定分子面积来说，油水界面的表面压大于气水界面的表面压。这是因为油穿入膜分子烃链之间，消除了链间大部分吸引力。气水界面由于链间吸引力与电斥力相当，因而表现出 $\pi A=kT$。油水界面由于相互电斥力大于相互链引力而 $\pi A>kT$。脂肪酸或脂肪醇，其碳原子数为 12 或更少，铺展在水面（室温）上呈不完全的气体膜。这样，在高的表面压及低的表面积下，则 $\pi A<kT$。

要注意的是 $\pi A=kT$ 为理想气体状态，它只能用于不溶性单分子层，严格限于很低的 $\pi$ 值。如表面压较大，则单分子层中分子间的相互作用将增加，同时，考虑到分子本身的表面积（$b$）（需从总面积中扣除）以及内部表面压（$a/A^2$）。经修正，下式更接近实际。

$$(\pi+a/A^2)(A-b)=kT \tag{4-44}$$

② 扩张膜　若将气态膜压缩，则随着表面积减少表面压必增大。当压缩到某一压力时，表面压不变。此时可认为体系处于二维空间的气液平衡，其特征是表面膜呈现不均匀（可用空气电极检测）。

实验表明，饱和表面压与成膜物质的结构和相对分子质量有关，对同系物，碳链越长，饱和表面压越小。二维空间的饱和表面压与温度的关系可用下式描述：

$$\frac{d\pi}{dT}=\frac{\Delta H}{T\Delta a}$$

随着气液两相间量的不断转化，表面膜不断从气液共存向液态过渡。随着压缩系数的增大，表面膜进入液态，称为液态扩张膜。

这种膜本质上是液态的，但与三维空间的液体相比，其压缩率要大得多。三维空间的液体密度一般比固体小不了很多，而液体扩张膜的分子平均面积却达到相应固态膜的 2～3 倍，这时烃链是直立的。油酸的表面膜属扩张态膜，由于分子中有双键，其内聚力比饱和脂肪酸为弱。油酸分子分散，烃链平躺在水面上，因此它的 $\pi$ 值要比饱和脂肪酸为大，有压缩性，可将—$CH_2$—挤出。当压缩油酸分子膜时，面积缩小，烃链离开水面而直立，亦即一部分平躺，一部分离开表面。平均面积约在 0.4～0.7nm$^2$，比分子截面积大好几倍，排列比较松散。液体扩张膜服从类似范德华方程式的状态方程：

$$(\pi-\pi_0)(A-A_0)=kT \tag{4-45}$$

Langmuir 认为单分子层类似双面层，分子的头部基团处在二维动力搅动区，而烃链间的相互吸引力保持了膜的紧密状态。由此可知，分子间的内聚力对单分子层的物理状态影响较大。如对直链脂肪酸或醇的链长及温度作适当选择，就可形成各种物理状态的单分子层：每增加一个 $CH_2$，相当于 5～8K 的温度变化。所有膜分子的几何形态及定向排列，例如大的极性基，极性基多于一个、二个以上，烃链处于极性基部分位置的不同，弯曲的烃链以及支链烃链等都有利于扩张膜的形成。

③ 凝聚态　扩张膜进一步压缩，如前一样发生第二个中间态区域（曲线Ⅱ），表面膜进入另一种状态，称为转变膜或中间膜。转变膜的压缩系数比扩张膜大，本质上仍为液态。其特点是：不均匀性；是介于扩张膜与凝聚膜间的一种过渡态，不具有一级相变的特点；Langmuir 认为由扩张膜向转变膜的转变过程是形成二维胶束的过程。

如果继续压缩，然后进入凝聚态膜，最后引向完全排列的二维固体结构（CS）。高级脂肪酸如硬脂酸等在室温下吸附在表面的单分子膜属于凝聚态膜，由于烃链间的内聚力很强，膜分子聚集而不完全分开，膜表面压低，但当它们挤紧时，表面压就突然升高。此时，$\pi=b-aA$，式中 $b$、$a$ 为常数。$A_0$ 值约为 0.205nm²/分子，而 X 射线衍射法测得的横截面积为 0.185nm²/分子，两者比较接近，比烃分子横截面大 20%，表明膜分子是直立的。进一步压缩则呈固体凝聚膜，烃链紧密排列，硬而有可塑性。通常，极性物质长链低温下呈凝聚态膜，如继续给予压缩导致膜破裂。短链高温则呈扩张膜或气态膜。上述各种状态可以归入统一的 $\pi$-$A$ 等温线（图 4-31）。

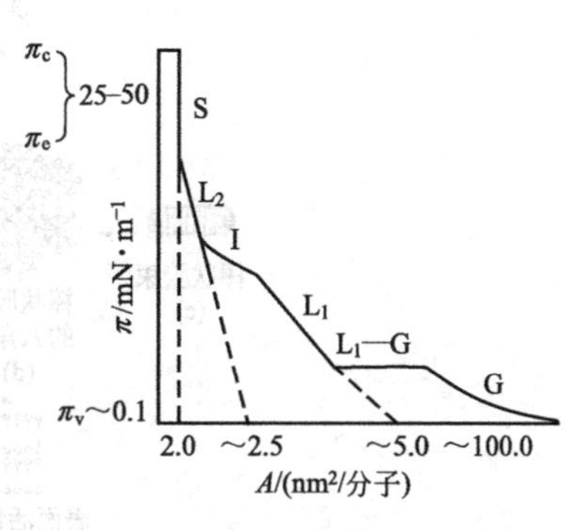


图 4-31　$\pi$-$A$ 等温线（示意图）

水溶性表面活性剂所形成的吸附单分子层，在恒温下与体相中分子为动态平衡，这种可溶性单分子层的表面压不因分子所占面积的变化而变化。因此不可能直接测出 $\pi$-$A$ 等温线。但可用电镜法、椭圆对称法、示踪法等来测定吸附量。而每一吸附分子的面积可通过 Gibbs 方程计算得到，当然，此式必须在临界胶束浓度以下方可利用。

单分子膜在工业上用处很广。例如稻田及水库防止水分蒸发，化妆品中的护肤霜等。一般来说，单分子膜防止水分蒸发的能力随成膜物质相对分子质量的增大而增加，亦随膜表面压的增大而提高。这种表面膜大都属凝聚态膜，其蒸发阻力（$r$）与温度（$T$）成反比。

$$r=a\mathrm{e}^{E/RT} \tag{4-46}$$

式中，$a$ 为常数；$E$ 为能垒。

可压缩性表面膜很难具有阻止蒸发的作用，常见的如烃类（含氟烃例外）、十六酸乙酯、亚油酸乙酯等均属可压缩性表面膜；而脂肪酸、脂肪醇类如硬脂酸、硬脂酸乙酯、十八醇、十六醇等均属不可压缩性膜。十六醇膜可降低水蒸发量达 90%，但刮风或掺入有机杂质对膜有破坏。

## 4.3　表面活性剂在溶液中的状态

### 4.3.1　分子有序组合体

**(1) 分子有序组合体及其类型**　表面活性剂分子是由难溶于水的疏水基和易溶于水的亲水基组成，因而称为两亲分子。由于疏水基的疏水作用，表面活性剂分子在水溶液中发生自聚，即疏水基链相互靠拢在一起形成内核，远离环境，而将亲水基朝外与水接触。表面活性剂分子在水溶液中的自聚（或称自组装、自组）形成多种不同结构、形态和大小的聚集体。由于这些聚集体内的表面活性剂分子排列有序，所以常把这些聚集体称为分子有序组合体，将这种溶液称为有序溶液。

表面活性剂分子在溶液内部自聚形成多种不同结构、形态和大小的分子有序组合体。如在水溶液中自聚形成胶束和囊泡等（疏水链向里靠在一起，亲水基朝水），在油溶液中形成反胶束（亲水基向里，疏水链朝外），在油水混合体系中形成微乳（疏水链向油相，亲水基向水相）。分子有序组合体有多种形态和结构，如胶束有球状、椭球状、扁球状、棒状，囊泡有单室、多室和管状囊泡等。结构见图 4-32。

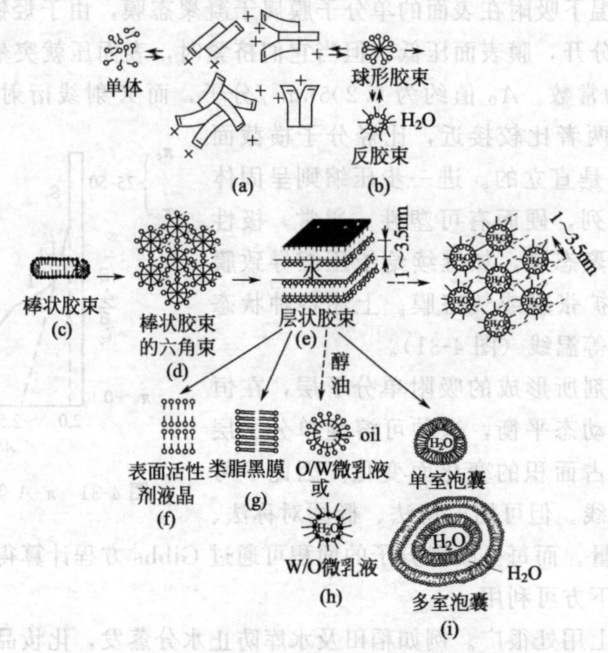


图 4-32 两亲分子有序聚集体示意

最常见的分子有序组合体是胶束或称胶团，另外还有反胶束、囊泡等。聚集体之间再聚集形成更为高级的复杂聚集结构，称为有序高级结构分子聚集体，如棒状胶束的六角束（六方相液晶）、平行排列且无限延伸的双分子层（层状液晶）、球状胶束堆积形成的立方结构（立方液晶）。棒状胶束可搭在一起形成三维网状结构。具有一定刚性的这种网状结构体系即为凝胶（网状结构的孔隙中填满了液体）。分子有序组合体聚在一起形成包含大量水的结构可从本体溶液中析出形成双水相体系。这些都是由于分子有序组合体的再聚集形成高级结构的结果。

分子有序组合体尽管结构形态各异，有各自独特的性质和功能。但是又都有一个共同的特点，即都是由表面活性剂分子或离子以其极性基向着水、非极性基远离水或向着非水溶剂形成的。缔合在一起的非极性基团在水溶液中形成非极性微区，聚集在一起的极性基团也在非水液体中形成极性微区。

分子有序组合体表现出与一般表面活性剂不同的物理化学性能和多种多样的应用功能，是构成生命物质和非生命物质世界的一个不可缺少的结构层次。在生命科学、材料科学及其他高新技术中起着十分重要的作用，成为化学、物理学、生物学及材料科学共同关注的新兴研究领域。

**(2) 分子有序组合体的形成机制** 表面活性剂分子的自聚过程及分子有序组合体的形成主要由以下两种因素引起。

① 能量因素 表面活性剂的碳氢链由于具有疏水性，与水分子间的亲和力弱，因此表

面活性剂的疏水碳氢链与水的界面能较高。为了降低这种高界面自由能，疏水碳氢链往往呈卷曲状态。正是由于表面活性剂分子结构的两亲性使疏水的碳氢链具有从水中逃逸的这种趋势，而使表面活性剂在其溶液浓度低于 cmc 时，以单分子状态吸附于溶液表面，使界面自由能减少。当溶液的浓度达到 cmc 时，由于表面活性剂在溶液表面的吸附达到饱和状态，而溶液内部的表面活性剂为了减少界面自由能，从水中逃逸的途径只能是形成缔合物。

② 熵驱动机理——冰山结构理论　表面上看，胶束的形成是表面活性剂离子或分子从单个无序状态向有一定规则的有序状态变迁的过程，从熵的角度来看是一个熵减小过程，这是与自发进行的过程相反的现象。因此对界面自由能的减少是形成胶束的主要因素提出了疑问，于是又提出了熵驱动机理。

通过计算胶束生成的热力学参数，其 Gibbs 标准自由能为负值，如 AS 的 $\Delta G^0=-21.74\text{J/mol}$，这说明胶束的形成是自发进行的。由于胶束的生成焓较小甚至出现小的负值，如 AS 的 $\Delta H^0=-1.25\text{J/mol}$。由 $\Delta G^0=\Delta H^0-T\Delta S^0$ 可知，$\Delta G^0$ 变为负值的重要因素是由于 $\Delta S^0$（胶束的生成熵）有较大的正值而引起的，即胶束形成的过程是一个熵增过程，那么这个过程应该是趋向于无序状态。

为了解释表面活性剂的离子或分子形成胶束的过程导致无序状态的增加，引入了水结构变化的概念。认为液态水是由强的氢键生成的正四面体型的冰状分子和非结合的自由水分子所组成。而非极性的烃类分子溶解时，将助长这种水结构。于是当表面活性剂的离子（或分子）溶解在水中时，水分子就会在表面活性剂的疏水碳氢链的周围形成有序的冰样结构即所谓的“冰山”结构。表面活性剂离子（或分子）在形成胶束的过程中，这种“冰山”结构逐渐被破坏，恢复成自由水分子使体系的无序状态增加，因此从整个体系看这个过程是一个熵增加过程，胶束的生成熵 $\Delta S^0$ 具有较大的正值。所以胶束的形成不能单纯地认为是由水分子与疏水碳氢链之间的相斥或疏水基之间的范德华力而引起的。

疏水效应和 $\Delta S^0$ 具有较大的正值还有另外一种解释：在水溶液中，非极性基的分子内运动受到周围水分子网络结构的限制，而在聚合体内部则有较大自由度。

## 4.3.2　胶束的结构与性质

**（1）胶束化作用**　表面活性剂分子在低浓度时以单分子状或离子状分散于溶液中，表现出表面吸附、表面张力降低等界面现象；但是当表面活性剂达到一定浓度时（即临界胶束浓度），表面上吸附的表面活性剂分子或离子已将表面布满，多余的分子或离子除了一部分仍分散于体相外，随着浓度的增加，不少这种分子或离子为了降低其在环境中的表面能，借分子间引力而相互聚集；开始只有几个分子相聚集，然后逐渐增大，成为类似球状的聚集体，其亲水基朝向水相，亲油基朝向内部，这种离子或分子的缔合体称为胶束。在达到一定浓度界限时，溶液的物理化学性能如渗透压、当量导电度、表面张力、密度、比黏度、去污力等即发生急剧的变化（图 4-33）。由表面活性剂分子构成胶束的过程称为胶束化。该浓度界限称为临界胶束浓度（cmc）。

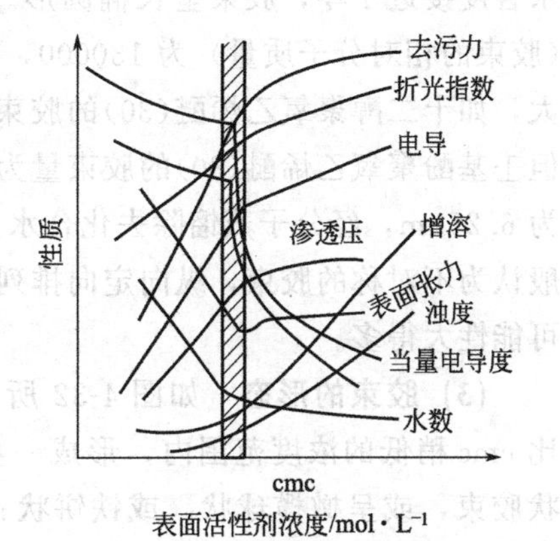


图 4-33　表面活性剂溶液的物理化学性质与浓度的关系

**（2）胶束的结构**　胶束的基本结构包括两大部分：

内核和外层。既然胶束是由多个双亲分子表面活性剂缔合而成，在水溶液中必然亲水基朝向水相，而亲油基朝向内部，并有水化层附在胶束外层。如果是离子型胶束，则还有亲水基电荷，其平衡离子或束缚在胶束上，或扩散至水相中。即在水溶液中胶束的内核由彼此结合的亲油基构成，形成胶束水溶液中的非极性微区。胶束内核与溶液之间为水化的表面活性剂极性基构成的外层。离子型表面活性剂胶束的外层包括由表面活性离子的带电基团、电性结合的反离子及水化水组成的固定层，和由反离子在溶剂中扩散分布形成的扩散层。图 4-34 是表面活性剂胶束基本结构示意图。实际上，在胶束内核与极性基构成的外层之间还存在一个由处于水环境中的 $CH_2$ 基团构成的栅栏层。

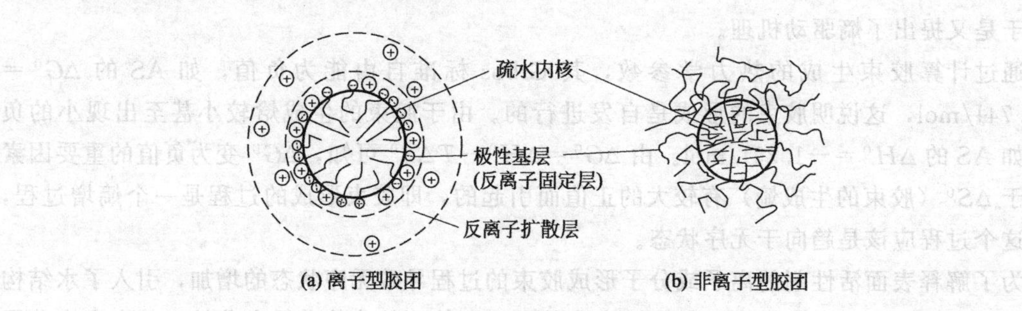


图 4-34 表面活性剂胶束基本结构示意

离子型胶束表面的电荷密度比以单体存在时相对为大，固定在胶束表面的平衡离子也就增大。这一认识是在早期由哈特莱提出，现在一般仍被承认。例如，$K_{12}$胶束固定的平衡离子约为 70%～75%。

非离子型胶束无电荷，但由于亲水基较大，水化层较厚，同样比较稳定。不过根据聚氧乙烯链的长短，胶束的形状和大小，水化度是有差别的。聚氧乙烯链比烃链更富有挠性，有的伸长，有的无规则地缠成一团，两种形式的聚氧乙烯链的熵差比烃链的更大，长聚氧乙烯链很可能是无规则地缠绕在胶束烃核上，长链密织的网络不像短链聚氧乙烯链结合疏松，也无法吸收更多水分子，因此其水合度要比短链为低。从光散射及流体动力学测定数据表明，水合度随胶束由小至大逐渐减少，最小的胶束最易水合。例如聚集数小于 100 的小胶束，每个醚氧原子结合 2.5～4 个水分子，呈扁平椭圆状；聚集数为 100～150 时，每一醚氧原子结合 0.5 个水分子，胶束呈球状；胶束聚集数超过 150，达到 600 时的大胶束，水合度接近于零，胶束呈长椭圆形。又如月桂醇聚氧乙烯醚(23)的胶束为扁平状，胶束量(胶束的相对分子质量) 为 130000，而月桂醇聚氧乙烯醚(8)为长条状。水合胶束使直径变大，如十二醇聚氧乙烯醚(30)的胶束量为 82000，胶束直径 6.4nm，水合胶束直径 8.5nm。但壬基酚聚氧乙烯醚(30)的胶束量为 29700，胶束呈球状，直径 4.5nm，水合球状胶束直径为 6.25nm，经分子蒸馏除去化合水后，胶束量为 67000。在乙醇溶液中则不生成胶束。一般认为不对称的胶束，纵向定向排列胶束模型（腊肠式）要比分子辐射定向排列胶束模型的可能性大得多。

**(3) 胶束的形态** 如图 4-32 所示，胶束的形状随着表面活性剂的浓度变化而变化，比 cmc 稍低的浓度范围内，形成一些二聚体或三聚体的小胶束；如浓度稍高，则形成球状胶束，或呈橄榄球状，或铁饼状；更高浓度形成圆筒状或棒状胶束，并向六方型胶束、层状（黏性）胶束、反六方型胶束转化，当加入油或短链醇，则形成结晶或油包水型微乳液。

通常，在简单的表面活性剂溶液中 cmc 附近形成的多为球形胶束。溶液浓度到达10倍 cmc 附近或更高时，胶束形状趋于不对称，变为椭球、扁球或棒状。有时形成层状胶束。

乙氧基非离子型表面活性剂因常温下亲水基较大，其胶束中心为烃链，周围为浓厚的聚氧乙烯链，呈球状胶束，或桶球状胶束，从而难以形成层状胶束。

研究认为：胶束形态取决于表面活性剂的几何形状，特别是亲水基和亲油基在溶液中各自横截面积的相对大小。Isrealachvili 定义了临界排列参数 $p$：

$$p=\frac{v}{a_0 l_c} \tag{4-47}$$

其中，$v$ 是表面活性剂分子疏水部分体积；$l_c$ 是疏水链最大伸展长度；$a_0$ 是亲水基的头基面积。当 $p<0.33$ 时，易于形成球形或椭球形胶束；$0.33<p<0.5$ 时易于形成较大的柱状或棒状胶束；当 $p$ 为 0.5～1.0 时则易形成层状胶束；$p$ 值大于 1.0 的表面活性剂分子易于生成反胶束。定量地说，有许多情况不符合此规则。但是定性地看，这个概念是适用的。由此，可以得出一些有用的规律：

① 具有较小头基的分子，例如带有两个疏水尾巴的表面活性剂，易于形成反胶束或层状胶束；

② 具有单链亲油基和较大头基的分子或离子易于形成球形胶束；

③ 加电解质于离子型表面活性剂水溶液将促使棒状胶束生成。

应该强调的是，胶束溶液是一个平衡体系。各种聚集形态之间及它们与单体之间存在动态平衡。因此，所谓某一胶束溶液中胶束的形态只能是它的主要形态或平均形态。另外，胶束中的表面活性剂分子或离子与溶液中的单体交换速度很快，大约在 1～10μs 之内。因此，胶束表面是不平整的，不停地活动的。

**(4) 胶束的大小** 胶束大小的量度是胶束聚集数 $n$，即缔合成一个胶束的表面活性剂分子（或离子）平均数。胶束的大小可用光子相关技术（PCS)、X 射线衍射法、扩散法、超离心法或透射电镜进行测定。胶束的大小为 5～10nm 之间。常用光散射方法测定胶束聚集数的原理是，利用光散射法测出胶束的“相对分子质量”——胶束量，再除以表面活性剂的相对分子质量得到胶束的聚集数。表 4-13 列出一些表面活性剂溶液的胶束聚集数。

**表 4-13 一些表面活性剂溶液的胶束聚集数**

| 表面活性剂 | 温度/℃ | $n$ | 表面活性剂 | 温度/℃ | $n$ |
|---|---|---|---|---|---|
| $C_8H_{17}SO_4Na$ | 23 | 20 | $C_{12}H_{25}NH_3Cl$ | 25 | 55.5 |
| $C_{10}H_{21}SO_4Na$ | 23 | 50 | $C_{14}H_{29}N(C_2H_5)_3Br$ | 25 | 55 |
| $C_{12}H_{25}SO_4Na$ | 23 | 71 | $C_{14}H_{29}N(C_4H_9)_3Br$ | 25 | 35 |
| $(C_8H_{17}SO_4)_2Mg$ | 23 | 51 | $C_{12}H_{25}(OC_2H_4)_6OH$ | 15 | 140 |
| $(C_{10}H_{21}SO_4)_2Mg$ | 60 | 103 | $C_{12}H_{25}(OC_2H_4)_6OH$ | 25 | 400 |
| $(C_{12}H_{25}SO_4)_2Mg$ | 60 | 107 | $C_{12}H_{25}(OC_2H_4)_6OH$ | 35 | 1400 |
| $C_{12}H_{25}SO_4Na$ (0.01mol/L NaCl) | 25 | 89 | $C_{12}H_{25}(OC_2H_4)_6OH$ | 45 | 4000 |
| $C_{12}H_{25}SO_4Na$ (0.03mol/L NaCl) | 25 | 102 | $C_{12}H_{25}(OC_2H_4)_8OH$ | 25 | 123 |
| $C_{12}H_{25}SO_4Na$ (0.05mol/L NaCl) | 25 | 105 | $C_{12}H_{25}(OC_2H_4)_{12}OH$ | 25 | 81 |
| $C_{12}H_{25}SO_4Na$ (0.1mol/L NaCl) | 25 | 112 | $C_{12}H_{25}(OC_2H_4)_{18}OH$ | 25 | 51 |
| $C_{10}H_{21}N(CH_3)_3Br$ | 25 | 36 | $C_{12}H_{25}(OC_2H_4)_{33}OH$ | 25 | 40 |
| $C_{12}H_{25}N(CH_3)_3Br$ | 25 | 50 | $C_{10}H_{21}(OC_2H_4)_6OH$ | 35 | 260 |
| $C_{14}H_{29}N(CH_3)_3Br$ | 25 | 70 | $C_{14}H_{29}(OC_2H_4)_6OH$ | 34 | 16600 |

对于加盐的$K_{12}$(脂肪醇硫酸钠)，从小角X散射数据测定，在cmc以上形成的胶束是球状，较高浓度时形成棒状。未加盐时$K_{12}$在cmc时聚集数约为60，而在0.3mol/L NaCl时，聚集数增大到约120，将变成铁饼状胶束。离子型表面活性剂的缔合数不受亲水基种类的影响，$n=50\sim60$。而非离子活性剂的cmc很低，亲水基之间没有离子性电荷相斥，因而缔合数就很大。

从表4-13数据可以归纳出以下规律：

① 对表面活性剂同系物，随亲油基碳原子数增加，胶束聚集数增加；

② 非离子型表面活性剂的亲油基固定时，聚氧乙烯链长增加，胶束聚集数降低；

③ 加入无机盐对非离子型表面活性剂胶束聚集数影响不大，而使离子型表面活性剂胶束聚集数上升；

④ 温度升高对离子型表面活性剂胶束聚集数影响不大，往往使之略为降低。对于非离子型表面活性剂，温度升高总是使胶束聚集数明显增加。

⑤ 加入极性或非极性有机物可使聚集数增加。

⑥ 表面活性剂分子与溶剂分子之间的不相似性愈大，则聚集数亦增加。非水溶剂中加水亦可使聚集数增加。

**(5) 胶束的性质** 胶束是表面活性剂分子的聚集体或缔合体，在溶液中与单体分子形成平衡。因此，其溶液既有分子态显示的表面性质，亦有胶束态显示的胶体性质。前者如表面张力的降低、表面吸附、表面单分子层及润湿等；后者如溶液的黏度，不溶物质的增溶、分散、去污等。表面性质随着表面活性剂的体相浓度而增加，直到cmc，而在cmc以上增加就不明显。实际上这是表面活性剂的稀溶液性质。另一方面，表面活性剂的胶体性质只有在cmc时才有意义，并且在cmc以上继续增加，这亦可称之为表面活性剂的浓溶液。胶束的性质是着重表面活性剂浓溶液的胶体性质。对于离子型表面活性剂胶束来说，围绕胶束还有束缚离子层及扩散离子层，形成胶体电解质。通常，对胶束化的胶体性质有要求时，应使cmc尽量小，反之，在对表面性质有更多要求时，cmc应尽可能大。

表面活性剂溶液在cmc出现胶束时，不少物理化学性质发生突变。诸性质随浓度而变化的曲线度如图4-33所示。由图可得以下几点结论。

① 渗透压 渗透压的斜率在cmc处变小，在此以上，由于胶束的形成，渗透压不再增加。

② 电导率与当量电导 溶液电导率随浓度升高而增大，但在cmc处，由于胶束形成而减慢。电导率除以浓度可变换成当量电导，在cmc处当量电导突然下降。

③ 浊度 浊度与浓度曲线的斜率大致正比于浓度，在cmc处由于胶束的胶体性质，浊度增加较大，正比于溶质相对分子质量的增大。

④ 折光指数 折光指数随浓度升高而上升，在cmc处上升趋缓。

⑤ 表面张力（界面张力） 表面张力随浓度升高而降低,在cmc处，表面张力不再降低。

⑥ 增溶 增溶作用，只有出现胶束后才产生，并随cmc以后浓度的增加而增长。

⑦ 去污力 去污能力随浓度升高而增加，至cmc处去污增加速度趋缓，cmc后并不因浓度的增加而使去污能力增加。

### 4.3.3 临界胶束浓度

**(1) 测定临界胶束浓度的方法** 表面活性剂溶液的性质在cmc时发生突变的这一特性

可用来测定其 cmc。测定的方法很多，如折光指数法、染料增溶法、电导法、表面张力法、光散射法等。各种方法测得的数据稍有差异，但比较接近。通常，采用表面张力法，电导法或染料法进行测定。

① 表面张力法　这是测定 cmc 的标准方法。表面活性剂稀溶液随浓度增高，表面张力急剧降低，当达到 cmc 后，再增加浓度，表面张力不再改变或者改变很小。利用这一特殊性质可测定该表面活性剂的 cmc。将表面张力与浓度的对数作图，曲线上转折点的相应浓度，就是 cmc（图 4-17）。浓度单位用 mol/L。这种方法可用来测定离子型及非离子型表面活性剂的 cmc，方法的灵敏度不受表面活性剂类型、活性高低等的影响。同时可测知 $\pi_{cmc}$，还可以利用 cmc 前的吸附曲线计算表面吸附量及界面分子占有面积，用处较大。本法的另一优点是测定表面张力不受电解质盐类所干扰，但离子型表面活性剂的 cmc 因有盐类的加入而变小。测定时，如表面活性剂溶液中有微量杂质（极性有机物）时，cmc 处将出现最低谷点，而难于正确测定。此外，必须注意表面张力应在到达平衡状态下进行测定，因为有些表面活性剂需数分钟，有些则需数十分钟才能在溶液中达到平衡，当然，被测表面活性剂需预提纯。此方法的均方根误差约在 2%～3%。

② 电导法　从表面活性剂溶液的电导率或当量电导对浓度的关系曲线找出其转折点，即可得到其 cmc 值（图 4-35）。如转折点不明显，可作当量电导对浓度平方根的曲线，以获得明显转折点。当溶液达到 cmc 时，胶束形成，反离子固定于胶束表面而使胶束电荷被部分中和，这时电导或当量电导迅速降低。

$$\lambda=\lambda_0-kc^{1/2} \tag{4-48}$$

式中，$\lambda$ 为溶液当量电导；$\lambda_0$，$k$ 均为常数；$c$ 为浓度。

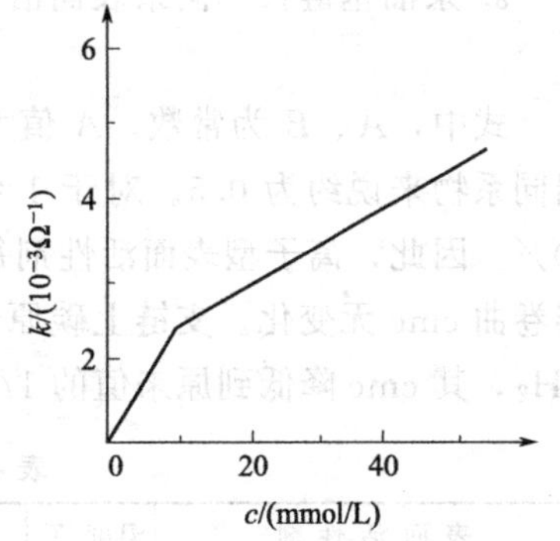


图 4-35　十二烷基磺酸水溶液电导率

电导法测定 cmc 亦较准确，均方根误差小于 2%。但对于有电解质、盐类存在的溶液误差就大。本法不适用于非离子型表面活性剂。

③ 染料增溶法　此类方法的原理是利用某些具有光学特性的油溶性物质作为探针来探明溶液中开始大量形成胶束的浓度。最先使用的是染料法。油溶性染料加溶于胶束中使溶液呈现特殊的颜色，因此可用来指示胶束的存在。染料在水中呈一定颜色，待表面活性剂溶液到达 cmc 时，染料被增溶到胶束内部而导致颜色改变，此点的浓度即为 cmc。例如，频哪氰醇染料在阴离子表面活性剂水溶液中，低于 cmc 时呈红色，高于 cmc 时显现蓝色，可用分光光度计测定其变色点。还可用罗丹明 6G 做测定用的染料。阳离子表面活性剂可采用曙红荧光染料，它在 cmc 前后所显示的荧光强度显著不同。

非离子表面活性剂溶液可用碘做指示剂。低于 cmc 时，碘在溶液内呈褐色，高于 cmc 时碘与胶束形成络合物而现黄色（特征吸收波长 360nm）。

一般采用的实验方法是在浓度大于 cmc 的胶束溶液中加入少量适宜的染料，使胶束溶液呈现某种颜色。然后用溶剂逐步定量地冲稀此溶液，直至溶液颜色突变为止。此突变点的浓度就是临界胶束浓度。

本法简便快速，但准确度稍差，特别是染料的存在可能影响表面活性剂的 cmc。

④ 折光指数法、光散射法　表面活性剂溶液浓度在到达 cmc 时，其折光指数因胶束的存在而发生突变，因此，折光指数值变化与浓度关系曲线上的转折点即为 cmc 点，其均方

根误差<1%

光散射法是根据表面活性剂溶液到达 cmc 时，光散射增强，作浓度与光散射曲线，其转折点即为 cmc。

应该指出，临界胶束浓度虽然是表面活性剂的重要参数，但它并不像沸点、冰点、溶解度等物理常数那样，在一定物理状态下有精确的值。临界胶束浓度实际上是一个范围不宽的浓度区域，随测定方法的不同而稍有不同。

**(2) 影响临界胶束浓度的因素** 临界胶束浓度（cmc）是在一定温度下某表面活性剂形成胶束的最低浓度，单位通常用 mol/L 或 g/L 表示。一般离子型表面活性剂的 cmc 大致在 $10^{-1}$～$10^{-3}$ mol/L 之间，非离子型表面活性剂的 cmc 则要小两个数量级，在 $10^{-4}$ mol/L 以下。

影响 cmc 的结构因素或环境因素对实际应用十分重要，这是因为 cmc 的大小对胶体性的出现及降低表面张力的效率有着重要的作用，这些都涉及胶束化自由能的变化。

① 影响 cmc 的结构因素

a. 亲油基链长　同系表面活性剂的 cmc 随亲油基链长 $n$ 的增加而减小。

$$\lg cmc = A - Bn \tag{4-49}$$

式中，$A$、$B$ 为常数，$A$ 值大都在 1.2～1.9，$B$ 值对于非离子和两性离子型表面活性剂同系物来说约为 0.5。对于 1∶1 离子型表面活性剂 $B$=0.29，大约相当于非离子型的 60%。因此，离子型表面活性剂每增加一个 $CH_2$，cmc 降低 1/2，但链长大于 $C_{18}$ 时，由于链卷曲 cmc 无变化。支链上碳原子的增加，其影响仅为直链的一半。非离子型每增加一个 $CH_2$，其 cmc 降低到原来值的 1/3～1/5。一些表面活性剂的 $A$、$B$ 值参见表 4-14。

表 4-14　一些表面活性剂的 *A*、*B* 值

| 表面活性剂 | 温度/℃ | *A* | *B* | 表面活性剂 | 温度/℃ | *A* | *B* |
|---|---|---|---|---|---|---|---|
| 羧酸钠 | 20 | 1.85 | 0.30 | 直链烷基氯化铵 | 25 | 1.25 | 0.27 |
| 羧酸钾 | 25 | 1.92 | 0.29 | 溴化直链烷基三甲基铵 | 25 | 1.72 | 0.30 |
| 直链烷基硫酸钠(钾) | 25 | 1.51 | 0.30 | 氯化直链烷基三甲基铵(加盐) | 25 | 1.23 | 0.33 |
| 直链烷基苯磺酸钠 | 25 | 1.68 | 0.29 | 溴化直链烷基吡啶 | 30 | 1.72 | 0.31 |

b. 亲油基链结构　支链的存在，使 cmc 增大，降低表面张力的效率降低，而效能增加。双烷基硫酸盐可用下式表示。

$$\lg cmc = A - B(n + cm) \tag{4-50}$$

式中，$n$ 为较长支链的链长；$m$ 是短链链长；$c \approx 0.5$。当短链移到较长链一边时，$c$ 值增加到 1。

不饱和链的存在，使 cmc 稍微增大，而顺式异构体比反式异构体稍大些。苯核的引入，促使 cmc 下降，一个苯的影响相当于 3.5 个 $CH_2$ 的影响。羟基的引入可使 cmc 上升 4 倍。Pluronic 聚醚链中增加一个聚氧丙烯，相当于增加 0.4 个 $CH_2$ 的影响。

含 F 原子的表面活性剂的 cmc 明显低于同长度碳氢链表面活性剂的 cmc。如全氟辛基磺酸钠的 cmc 为 8.0mmol/L，而辛基磺酸钠的 cmc 为 0.16mol/L。从亲油基碳原子数对 cmc 的影响来看，一个 $CF_2$ 基团相当于 1.5 个 $CH_2$ 基团。

c. 亲水基　亲水基的极性增大，使 cmc 上升。$COO^- > SO_3^- > SO_4^-$，但差别不大。亲水基多，不易形成胶束，因此 cmc 增大。亲水基如处于烃链中部，烃链弯曲而不易形成胶束，促使 cmc 增大。

非离子表面活性剂的cmc较离子型为小，大约小2个数量级。但每一个EO的影响不及一个$CH_2$的大。如亲油基较长而EO链较短时，则增加一个EO的影响就变大。当烷基链长一定时，EO数$p$、cmc与聚集数$n$之间有如下关系。

$$\lg cmc = A + Bp, \quad n = a/p - b \tag{4-51}$$

式中，$A$，$B$，$a$，$b$均为常数，其值随亲油基及温度而异。表4-15列出一些表面活性剂系列的$A$、$B$值。

**表4-15 一些非离子表面活性剂的$A$、$B$值**

| 表面活性剂 | 温度/℃ | $A$ | $-B$ | 表面活性剂 | 温度/℃ | $A$ | $-B$ |
|---|---|---|---|---|---|---|---|
| $n\text{-}C_{12}H_{25}O(EO)_mH$ | 23 | 4.4 | 0.046 | $C_9H_{19}C_6H_4O(EO)_mH$ | 25 | 4.3 | 0.020 |
| $n\text{-}C_{12}H_{25}O(EO)_mH$ | 55 | 4.8 | 0.013 | $n\text{-}C_{16}H_{33}O(EO)_mH$ | 25 | 5.9 | 0.024 |
| $p\text{-}t\text{-}C_8H_{17}C_6H_4O(EO)_mH$ | 25 | 3.8 | 0.029 | | | | |

② 影响cmc的环境因素

a. 温度　温度变化对离子型和非离子型表面活性剂的cmc的影响不同。离子型表面活性剂的cmc较少受温度的影响。非离子表面活性剂的cmc随温度变化较大，温度上升cmc下降。表4-16给出几个典型体系的数据。

**表4-16 温度对cmc的影响**

| 表面活性剂 | 临界胶束浓度/(mmol/L) | | |
|---|---|---|---|
| | 10℃ | 25℃ | 40℃ |
| $C_{10}H_{21}SO_4Na$ | 48 | 43 | 40 |
| $C_{12}H_{25}N$(吡啶环)Br | 11.7 | 11.4 | 11.2 |
| $C_{12}H_{25}O(EO)_4H$ | 0.028 | 0.063 | 0.059 |

b. 反离子极性及价数　反离子浓度增加，促使表面电位降低，cmc也随之降低，如下式所示：

$$\lg m_1 + \beta \lg m_2 = K_1 \tag{4-52}$$

式中，$m_1$，$m_2$分别为在cmc时表面活性离子和反离子的总浓度；$K_1$是常数；对1：1型表面活性剂当反离子为一价时，其$\beta$值为0.6～0.7，当反离子为二价时，$\beta$值降低1/2。反离子浓度增加，聚集数$n$亦增加，但在胶束表面结合的反离子数与胶束聚集数的比值$m/n$不变，即反离子结合度不变。十二醇硫酸盐cmc受反离子的影响，按以下次序递减：

$$Li^+ > Na^+ > K^+ > N(CH_3)_4^+ > N(C_2H_5)_4^+ > Ca^{2+}, Mg^{2+}$$

c. 电解质　电解质加入表面活性剂溶液中，如表面活性剂为离子型，一方面有共同离子效应，中和一部分电荷，另外将减少水化率，使cmc下降。lgcmc随盐浓度增加而下降，聚集数增加。

$$\lg cmc = A - B\lg c_0 \tag{4-53}$$

式中，$c_0$为盐浓度；$A$、$B$为常数。对非离子型活性剂的cmc也有影响，但比离子型小得多。

电解质的阴离子也会有影响，次序如下：

$$PO_4^{3-} > B_2O_7^{2-} > OH^- > CO_3^{2-} > SO_4^{2-} > NO_3^- > Cl^-$$

d. 长链有机物　长链极性有机物如醇、酰胺能吸附于胶束芯的外层，这样可减少胶束化所需的功，并减少离子头在胶束中的斥力。链愈长则影响愈大，直至与表面活性剂亲油基相当时影响最大。同时长链极性有机物的直链结构较支链结构对 cmc 的影响为大。乙醇、二氧六环的链较短，仅吸附于胶束表面外层，因此，其影响不显著。添加剂链末端的极性基如有几个能与水形成氢键，则可使 cmc 降低。

e. 水结构改进剂　尿素是一种水结构破坏剂，它可提高亲水基的水化作用，属反胶束剂，因此可使 cmc 增大。乙二醇、甲酰胺能降低水的内聚能密度，增加表面活性剂在水中的溶解度，使其不易形成胶束，从而使 cmc 增大。

### 4.3.4 胶束形成的热力学和热力学参数

**(1) 胶束形成热力学**　胶束的形成与水结构改变及水分子的强内聚力有关。其主要推动力是由于—$CH_2$—基从水溶液转移到胶束时熵的增加，胶束化自由能随之减少。已知非离子型表面活性剂的亲油基链增加一个—$CH_2$—基时，胶束化自由能减少大约 2.72～3.14kJ/mol，其中约一半归因于热效应，其余则归因于熵变。

在热力学上，处理胶束的形成有多种模型。其中应用较广的有拟相分离模型、质量作用模型。

① 拟相分离模型　拟相分离模型是把胶束的形成看作是一个新相的出现，相分离在 cmc 时开始。它之所以称为“拟相”或“准相”，是因为并不是真正形成新相。此理论认为，cmc 以上的溶质化学势（$\mu$）和活度（$f$）是一定值，与浓度无关。

$$nS \rightleftharpoons S_n \quad 其平衡常数\ K=c_m/c_s^n$$

对胶束成为一个新相来说，胶束相中单体的化学势 $\mu_m$ 不随胶束浓度（摩尔分数）$X_m$ 而变化，故可认为 $\mu_m=\mu_m^0(p,T)$。胶束形成时 Gibbs 自由能变化及标准自由能的变化分别为 $\Delta G_m$ 和 $\Delta G_m^0$，二者关系为 $\Delta G_m=\Delta G_m^0-RT\ln X_2-\beta RT\ln X_3-RT\ln f_2 f_3^\beta$。其中，$\beta$ 为反离子结合度，$\beta=m/n$，$m$ 为反离子性胶束表面的结合数，$n$ 为聚集数，$f$ 为活度系数，下标 2 代表活性剂离子，3 代表反离子。当在 cmc 以上，对胶束形成的平衡而言，则有 $\Delta G_m=0$，$X_2=\text{cmc}$。因此，$\Delta G_m^0=RT\ln\text{cmc}+\beta RT\ln X_3+RT\ln f_2 f_3^\beta$。实验表明，lncmc 随 $\ln X_3$ 呈直线下降。$RT\ln f_2 f_3^\beta$ 与 $X_3$ 无关。对没有添加盐的体系，$X_2=\text{cmc}$，胶束浓度很小，$X_3\neq\text{cmc}$，上式中第三项可以忽略不计，则为

$$\Delta G_m^0=(1+\beta)RT\ln\text{cmc} \tag{4-54}$$

对于非离子表面活性剂溶液，胶束形成有如下平衡：

$$nN \rightleftharpoons M \tag{4-55}$$

N 为分子单体，M 为胶束。

同样处理可得：

$$\Delta G_m^0=RT\ln\text{cmc} \tag{4-56}$$

对 1-1 型离子型表面活性剂　$\Delta G_m^0=2RT\ln\text{cmc}$

拟相分离模型在应用中有些是合适的，但把表面活性剂活度在 cmc 以上看作恒定来进行处理是不够确切的。

② 质量作用模型　胶束与单体是一个平衡过程，质量作用定律可以应用于此平衡。它不同于拟相分离模型，浓度在 cmc 以上活性剂的活度随浓度而改变，单个分子或离子与胶束处于缔合-解离的动态平衡。

设平衡反离子为 $C^+$，活性离子为 $D^-$，胶束为 $D_m$，平衡常数为 $K_m$。$p$ 为胶束离子数，$n$ 为表面活性剂离子数，则

$$nD^- + (n-p)C^+ \rightleftharpoons D_m^{p-}$$

$$K_m = \frac{[D_m^{p-}]}{[D^-]^n [C^+]^{n-p}} \tag{4-57}$$

设溶液很稀，胶束生成的标准自由能变化为：

$$\Delta G_m^0 = -\frac{RT}{n}\ln K_m \tag{4-58}$$

$$\Delta G_m^0 = -\frac{RT}{n}\ln\frac{[D_m^{p-}]}{[D^-]^n [C^+]^{n-p}} \tag{4-59}$$

如溶液浓度很小，胶束聚集数（$m$）较大，则：

$$\Delta G_m^0 = \left(2-\frac{p}{n}\right)RT\ln\mathrm{cmc} \tag{4-60}$$

如果平衡离子都没有与胶束结合，或者是非离子型表面活性剂，则上式变为

$$\Delta G_m^0 = RT\ln\mathrm{cmc} \tag{4-61}$$

如果胶束的有效电荷为零，即平衡离子都与胶束结合，则

$$\Delta G_m^0 = RT\ln\mathrm{cmc} \tag{4-62}$$

**(2) 胶束形成过程中热力学参数的变化** 胶束生成的机理不如稀溶液表面活性剂分子表面吸附那样清楚。亲油基烃与水之间的界面能较大，要使表面活性剂分子缔合，烃链就必须卷曲以减少这种大的界面自由能。但胶束的形成一般认为不是单纯地由于水分子与烃之间的排斥或者是亲油基烃之间的范德华引力所引起的。这是因为从热力学参数看，表面活性剂离子从单个无序状态向有序胶束缔合体的变化是一种自发的标准自由能 $\Delta G_m^0$ 值减少的过程。由 $\Delta G_m^0 = \Delta H_m^0 - T\Delta S_m^0$ 式，$\Delta H_m^0$（生成胶束的焓）值很小，要使 $\Delta G_m^0$ 有较大的负值，$\Delta S_m^0$ 必须为正。而这又与无序走向有序胶束相矛盾。所以 $\Delta S_m^0$ 为正值的原因，一般认为烃基附近相邻的水比普通水有更多的氢键结合，此有序的水结构（冰山，iceberg）因生成胶束而被破坏。当表面活性剂在水中以单分子状态溶解时，亲油基部分形成了冰山结构，这一部分熵会减少。使亲油基从水中排出，烃链间发生缔合，冰山结构破坏，恢复成自由水分子，使熵增加，正是 $\Delta S_m^0$ 具有较大正值，成为生成胶束的推动力。有关胶束形成机理，仍在不断研究中。

### 4.3.5 反胶束

两亲分子在非水溶液中也会形成聚集体。此种聚集体的结构与水溶液中的胶束相反。它是以亲油基构成外层，亲水基（常有少量水）聚集在一起形成内核（图 4-36）。因此，称之为反胶束。

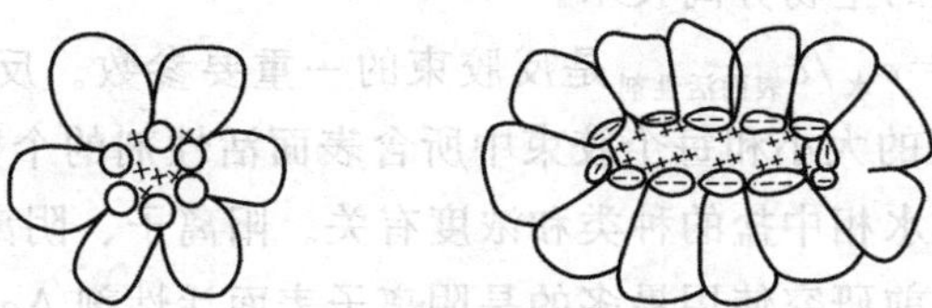

图 4-36 表面活性剂分子的反胶束

反胶束的聚集数和尺寸都比较小。聚集数常在 10 左右（参见表 4-17）。有时只由几个单体聚集而成。反胶束形成的动力往往不是熵效应，而是水和亲水基彼此结合或者形成氢键的

结合能。也就是说过程的焓变起重要作用。反胶束的形态，也不像在水溶液中那样变化多端，主要是球形。

**表 4-17　一些表面活性剂反胶束的 cmc 和聚集数**

| 表面活性剂 | 溶剂 | cmc/(mmol/L) | 聚集数 |
| --- | --- | --- | --- |
| $n\text{-}C_{12}H_{25}O(EO)_2H$ | 苯 | 7.6 | 34 |
| $n\text{-}C_{12}H_{25}O(EO)_6H$ | 苯 |  | 1.22 |
| $n\text{-}C_{12}H_{25}\overset{+}{N}H_3C_2H_5COO^-$ | 四氯化碳 | 23 | 42 |
| $n\text{-}C_{12}H_{25}\overset{+}{N}H_3C_2H_5COO^-$ | 苯 | 6 | 42 |
| $n\text{-}C_{12}H_{25}\overset{+}{N}H_3C_3H_7COO^-$ | 苯 | 3 | 3 |
| $(C_9H_{19})_2C_{10}H_5SO_3Li$ | 环己烷 | 质量分数 0.5% | 8 |
| $(C_9H_{19})_2C_{10}H_5SO_3Na$ | 苯 | $10^{-3}\sim10^{-4}$ | 7 |
| AOT | 四氯化碳 | 0.6 | 20 |
|  | 苯 | 3 | 23 |
| $n\text{-}C_{12}H_{25}C_6H_4O(EO)_9H$ | 甲酰胺 | 1.6 | 45～46 |
|  | 乙二醇 | 0.157 |  |
|  |  | 0.125 |  |

关于反胶束的研究还很不充分。从分子几何特征来说，排列参数 $p$ 大于 1 的两亲分子易于形成反胶束。通常，带有两个具有分枝结构的疏水尾巴的小极性头的两亲分子，例如异构的琥珀酸酯磺酸盐（AOT）等，属于这一类。另外，极性基的性质在缔合过程中起主要作用。通常，离子型表面活性剂形成较大的反胶束，其中阴离子型硫酸盐又优于阳离子型季铵盐。

与普通胶束相比，反胶束有以下特征。

① 反胶束的聚集数和尺寸都比较小。聚集数常在 10 左右，有时只由几个单体聚集而成。

② 反胶束形态，也不像在水溶液中那样变化多端，主要是球形。

③ 反胶束也具有增溶能力，不过，被增溶的是水、水溶液和一些极性有机物。水和水溶液加溶位置主要是在反胶束的核里。极性化合物，例如有机酸，在有机相中可能有一定的溶解度，也可能像在水胶束中那样插在形成反胶束的两亲分子中间。反胶束因此而长大，对水的加溶能力也随之增强。

反胶束的极性核溶入水后形成"水池"，在此基础上还可以溶解一些原来不能溶解的物质，即所谓二次增溶原理。例如，反胶束的极性内核在溶解了水后，在内核形成了"水池"，可以进一步溶解蛋白质、核酸、氨基酸等生物活性物质。由于胶束的屏蔽作用，即水和表面活性剂在蛋白质分子表面形成一层"水壳"，使蛋白质不与有机溶剂直接接触，而水池的微环境又保护了生物物质的活性，达到了溶解和分离生物物质的目的。因此，利用反胶束将蛋白质溶解于有机溶剂中的水壳模型这种技术既利用了溶剂萃取的优点，又实现了生物物质的有效分离，成为一种新型的生物分离技术。

反胶束的含水量 $w_0=c_{水}/c_{表面活性剂}$ 是反胶束的一重要参数。反胶束物理性质主要取决于 $w_0$。$w_0$ 决定了反胶束的大小和每个胶束中所含表面活性剂的个数。$w_0$ 值与表面活性剂的种类、助表面活性剂、水相中盐的种类和浓度有关。阳离子、阴离子、非离子的表面活性剂都可以形成反胶束。目前研究使用最多的是阴离子表面活性剂 Aerosol OT(丁二酸-2-乙基己基酯磺酸钠，简称 AOT)。该表面活性剂易得，分子极性头小，有双链，形成反胶束时不必加入助表面活性剂，形成的反胶束大，有利于蛋白质分子的进入。AOT-异辛烷-水体系最常用，它的尺寸分布相对来说是均一的。

## 4.3.6 液晶

从 20 世纪 60 年代开始，人们就已制得比较简单的类脂液晶，得到了有关其结构和性质的许多新认识，并被成功地用作研究生物膜的模型体系。20 世纪 70 年代，生物学家已比较深入地认识了液晶在生物器官和组织中存在的广泛性及液晶聚集状态与生物组织功能的关系。近年来，生物学家们则主要致力于生物能量的获得形式、光信号响应以及物质代谢等方面的研究。目前表面活性剂液晶已广泛地应用于食品、化妆品、三次采油、液晶功能膜、液晶态润滑剂等与人民生活息息相关的各领域。现在人们研究的新的应用热点主要集中在生物矿化、纳米材料和中孔材料的制备等方面，如酶促反应、模板合成纳米和介孔材料、纳米粒子的载体等。

液晶是物质处于液态与固态之间的一种状态，具有液体的流动性和连续性，也有晶体的各向异性，而保留晶体的有序性。液晶根据其形成条件和组成分为热致液晶和溶致液晶，热致液晶的结构和性质决定于体系的温度；而溶致液晶则取决于溶质分子与溶剂分子间的特殊相互作用。在分析化学领域研究的主要是热致液晶，在生物学和仿生学领域研究的主要是溶致液晶。溶致液晶是两亲表面活性剂缔合形成的一种重要的分子有序组合体，除天然脂肪酸皂外，所有表面活性剂液晶都是溶致液晶。

当表面活性剂溶液浓度达到 cmc 以上时，随浓度的继续增大，胶束将进一步缔合形成液晶。一般表面活性剂-水体系中，液晶有三种：层状相、六方相和立方相，其中立方相比较少见，如图 4-37 所示。产生液晶相需通过三个性质来确定。

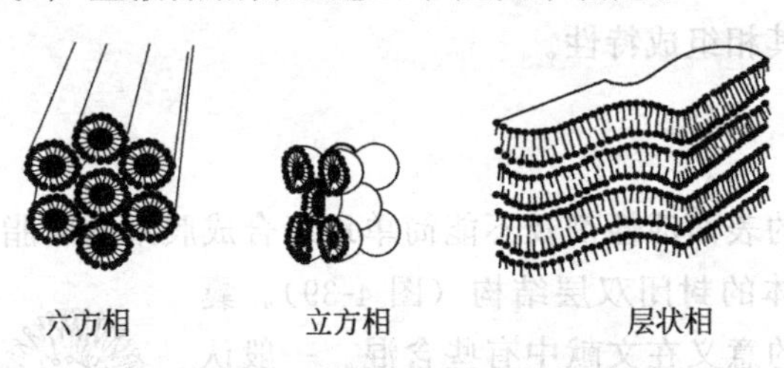


图 4-37　表面活性剂液晶的结构

① 电荷　胶束电自由能增加的次序为：球状＜圆柱体＜层状。

② 烃链/水相互作用　烃链/水相互作用自由能增加的次序是，层状＜圆柱状＜球状。

③ 分子形状　体积大的头基分子（楔形）容易排列成六角形相，两个烃链的活性剂（如磷脂）易排成层状。单链离子表面活性剂，因头基带电而相斥，易生成六角形，加入不带电的加溶物或相反电荷的表面活性剂，使自由能降低而出现层状结构。例如辛酸钠，因加入辛醇使六角形转为层状。

表面活性剂与水组成的液晶体系的特征归纳于表 4-18。

**表 4-18　表面活性剂-水液晶体系的性质**

| 名　称 | 表观特征 | 光学性质 | 符　合 | 名　称 | 表观特征 | 光学性质 | 符　合 |
|---|---|---|---|---|---|---|---|
| 层状相 | 中等黏度 | 各向异性，双折射 | $L_{\alpha,\beta,\alpha\beta}$ | 立方相 | 非常黏稠 | 各向同性 | $V_{I}$，$Q_{I}$ |
| 六方相 | 黏稠 | 各向异性，双折射 | $H_1$，$M_1$ | 反立方相 | 非常黏稠 | 各向同性 | $V_{II}$，$Q_{II}$ |
| 反六方相 | 黏稠 | 各向异性，双折射 | $M_{I}$，$M_2$ | | | | |

六方相和层状相都具有各向异性的结构，都显示双折射性质，故可借助偏光镜来检知其存在。和它们不同，立方相是各向同性的，无双折射性质。层状液晶可以看作为流动化的或

增塑的表面活性剂晶体相。它的基本单元是双层，与双层膜、多层膜很相似。在此类结构中碳氢链具有显著的混乱度和运动性。这与在晶体相中不同，在晶体中碳氢链通常是锁定成反式构象。层状相的无序程度可以突然改变，也可以逐步变化，随体系而异。因此，一种表面活性剂可能形成几种不同的层状相。由于层间可能发生相对滑动，层状相的黏度不大。与此不同，六方液晶是高黏流体相，由紧密排列的柱状组合体构成。理论上说，这些柱状组合体的轴向尺寸是无限的。它们的结构可以是"正式"——极性基处于柱体的外表面，这是在水中的情况；也可以反过来，极性基处于内部（"反式"），这是在非水溶剂中的情形。

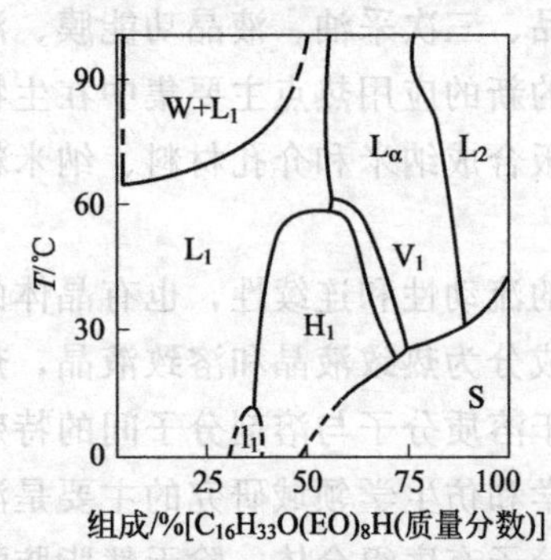


图 4-38　表面活性剂-水体系相图

W—单体溶液；$L_1$—胶束；$L_2$—反胶束；$L_\alpha$—层状相；$V_1$—立方相；S—表面活性剂相；$H_1$—六方相；$l_1$—未知相

如上所述，表面活性剂液晶一般都是溶致液晶，故体系的特性高度依赖于溶剂的质和量。向一种表面活性剂固体中连续加入溶剂（水），体系可能发生一系列相变，经过一系列相态，包括多种液晶相，最后变为表面活性剂单体稀溶液。为研究某一体系形成液晶的特性，常采用制作相图的方法。为此，首先配制一系列浓度的溶液，通过检测物理化学性质，如偏光性、流动性、X射线衍射等，确定各个样品的相性质，再在相图上标明各种相形成的浓度区域。其中，液晶相可能覆盖一个很大的区域。图 4-38 是一张典型的表面活性剂-水体系相图。这是最简单的体系，实用中遇到的体系往往复杂得多。当体系中存在添加剂时则需要用三角相图或立体相图来描述其相组成特性。

## 4.3.7　囊泡

许多天然的和合成的表面活性剂及不能简单地缔合成胶束的磷脂，分散于水中时会自发形成被称为囊泡或脂质体的封闭双层结构（图 4-39）。囊泡和脂质体这两个术语的意义在文献中有些含混。一般认为脂质体是一类特殊的囊泡，它特指由磷脂形成的这种结构，是人类最先发现的囊泡体系。也有人用脂质体一词代表具有多层的封闭双层结构的体系。

图 4-39　囊泡示意图

**（1）囊泡的结构、形状与大小**　囊泡是由两个两亲分子定向单层尾对尾地结合成封闭的双层所构成的外壳，和壳内包藏的微水相构成。从结构上看脂质体或囊泡可分为两类，即单层的和多层。前者只有一个封闭双层包裹着水相；后者则是多个两亲分子封闭双层成同心球式的排列，不仅中心部分，而且各个双层之间都包有水。因此，这两类囊泡又称为单室囊泡和多室囊泡。囊泡的线性尺寸大约在 30～100nm 左右，也有大到 10μm 左右的单层囊泡。囊泡的形状多为大致球形、椭球形或扁球形，也曾观察到管状的囊泡。

**（2）囊泡的形成**　为形成囊泡可采用多种方法。最简单的是让两亲化合物在水中溶胀，自发生成囊泡。例如，将磷脂溶液涂于锥形瓶内壁，待溶剂挥发后形成磷脂膜附着在瓶上。加水于瓶中，磷脂膜便自发卷曲，形成囊泡进入溶液中。另一个形成囊泡的方法叫作乙醚注射法。即将两亲化合物制成乙醚溶液，然后注射到水中，除去有机溶剂即可形成囊泡。反过来，将水溶液引入磷脂的乙醚溶液中，再除去有机溶剂，也能制备多室脂质体。有的两亲化合物不能自发形成囊泡，但可以在超声的条件下形成。这样制备的囊泡多为大小不一的多室囊泡。将此液压过孔径由大到小的系列聚碳酸酯膜，可以得到尺寸较小和多分散性较小的多室囊泡。另外，多室脂质体经过超声处理可能得到单室脂质体。

不是所有的两亲分子都能形成囊泡。开始时只知道某些磷脂可以形成囊泡。它们是类脂中具有只溶胀不溶解特性的一类化合物。从分子结构上看，其特点是带有两条碳氢尾巴和较大头基的两亲分子，例如双棕榈酰磷脂酰胆碱。随后发现合成的双子表面活性剂，例如双烷基季铵盐和双烷基磷酸酯盐也可以形成囊泡。这说明囊泡生成与表面活性剂分子的几何因素有关。

一般认为它要求满足临界排列参数 $p$ 略小于 1 的条件。最近又发现混合表面活性剂体系，特别是混合阴-阳离子型表面活性剂可以自发形成囊泡，甚至在尚无胶束生成的低浓区已有囊泡生成。

**(3) 囊泡的性质** 稳定性囊泡分散液与胶束溶液不同，它不是均匀的平衡体系，而是表面活性剂的有序组合体在水中的分散体系，其分散相的尺寸在胶体分散的范围。它只具有暂时的稳定性，有的可以稳定几周甚至几月。这是因为形成囊泡的物质在水中的溶解度很小，转移的速度很慢。而且，相对于层状结构，囊泡结构具有熵增加的优势。已经发现，多室囊泡越大越稳定。有时也采用可聚合的表面活性剂，在形成囊泡后进行聚合，以增强囊泡的稳定性。

包容性囊泡的一个重要特性是能够包容多种溶质。它可以按照溶质的极性把它们包容在不同部位。较大的亲水溶质包容在它的中心部位。小的亲水溶质包容在它的中心部位及极性基层之间的区域，也就是它的各个“水室”之中。疏水溶质则在各个两亲分子双层的碳氢基夹层之中。本身就具有两亲性的分子，例如胆固醇之类的化合物，可参加到定向的双层中形成混合双层。这种特殊的包容性使囊泡具有同时运载水溶性和水不溶性药物的能力。有时，这样做可以提高药效。

## 4.4 表面活性剂溶液的电化学性质

### 4.4.1 界面电荷

许多分散粒子或固体表面与极性物质如水等接触，在界面上就产生电荷。它对界面、分散体系的性质有显著影响。由于活性物的吸附而产生界面电荷的变化，对接触角、界面张力、乳液稳定性、防止再沉积、凝聚和分散、沉降和扩散等现象都有重要作用。与界面电荷符号相反的离子被吸向界面称反离子，相同符号的离子排离界面，称为同离子。吸附的离子有水合的，也有非水合的。由于热运动使这些离子均匀混合，在带电界面上形成扩散双电层，其过量的反离子是以扩散形式分布的，而不是整齐排列在界面周围。整个体系保持电中性，此种界面上电荷非对称范围称作双电层。界面电荷产生的机理就目前所知是由于电离、离子吸附及离子溶解造成的：①电离。这里有固体表面分子的电离或者是吸附液体后电离，或者是胶束在水中电离（产生负电）。②离子吸附。表面吸附液相中过剩反离子，形成双电层。水化的表面比憎水基表面吸附离子要差些。③离子溶解。离子晶体物质构成的分散在介质中发生不等性溶解使界面上带电。离子型表面活性剂胶束则经常带有电荷。④非水介质中胶束荷电原因：胶束和介质两相对电子的亲和力不同时，在热运动摩擦中可使电子从一相流入另一相而引起带电。根据 Coehn 规则：当两种物体接触时，相对介电常数 $D$ 较大的一相带正电，另一相带负电。

### 4.4.2 双电层

早在 1853 年，Helmholtz 提出了一个简单的双电层模型，两种符号相反的电荷借静电引力整齐地排列在平板式界面（如电容器）的两边，有一个分子厚度，但没有考虑到反离子热运动搅乱的影响。后来 Gouy-Chapman 在 1910～1917 年对此提出修正，认为反离子一面受静电作用向界面靠近，一面又受热运动的扩散影响向介质中扩散分布，因此离界面处的反离子密度由近及远逐渐变小，形成扩散双电层，其厚度远大于一个分子。用这一理论来解释电动现象，区分了热力学电位与 $\zeta$ 电位（动电位——滑动面处电位与溶液内部电位之差），并能说明电解质对 $\zeta$ 动电位的影响。但这仍仅从静电学来考虑。Stern 于 1924 年提出 Gouy-Chapman 的扩散双电层由内外两层组成（图 4-40）。内层类似 Helmholtz 的紧靠粒子表面，外层为 Gouy-Chapman 扩散层相当的扩散层，其电位呈指数下降。在电动现象中溶剂分子与粒子作整体运动，Stern 层外有滑动面，Stern 层与扩散层间电位差称为 Stern 电位 $\Psi_s$，在极稀溶液中 $\Psi_s$ 电位与 $\zeta$ 电位近似相等。在浓电解质溶液中，$\zeta$ 和 $\Psi_s$ 之差就增大。

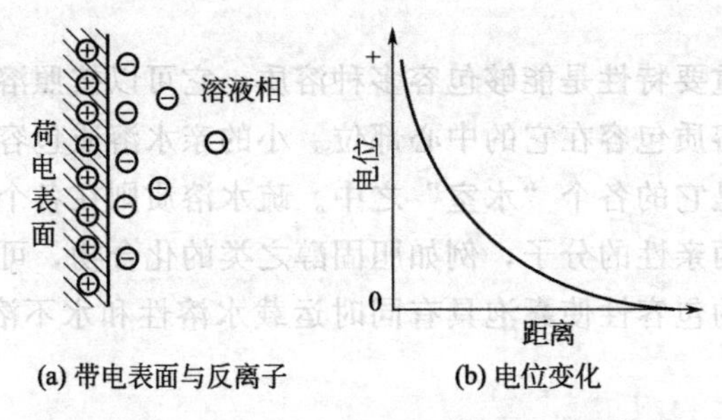


图 4-40 Gouy-Chapman 的扩散双电层模型

质点吸附非离子表面活性物时，滑动面外移，$\zeta$ 和 $\Psi_s$ 差别也大。粒子表面如吸附大量同离子活性剂，则 Stern 层电位高于表面电位 $\Psi_0$；如溶液中含有高价反离子，Stern 层电位呈反向符号，粒子所带电荷亦相反（图 4-41）。

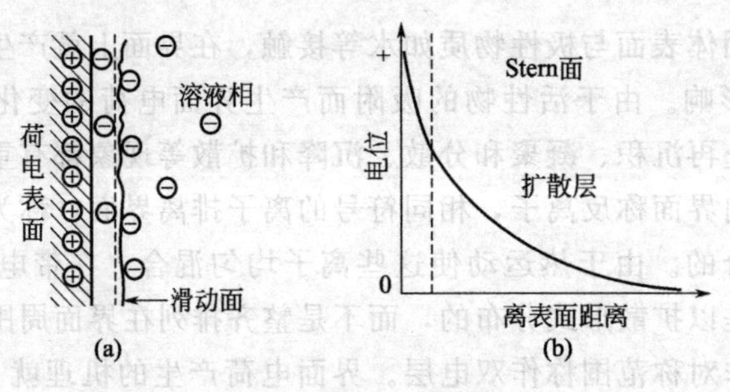


图 4-41 Stern 层模型

比较受注意的是 1947 年 Grahame 发展了的 Stern 双电层概念。他将内层再分为两层：一层是内 Helmholtz 层，由未溶剂化（水化）离子组成，也有一层水分子紧靠界面，相当于 Stern 内层；另一层是外 Helmholtz 层，由溶剂化离子组成，与界面吸附较密，可随粒子一起运动。此层与溶液间有滑动面，也相当于 Stern 型外层中反离子密度较大的部分。外层即扩散层，由溶剂化离子组成，不随粒子一起运动。粒子与介质做相对运动时滑动面上的电位称为 $\zeta$ 电位，亦称电动电位，$\Psi_0$ 为表面电位，$\Psi_s$ 为 Stern 层处的电位。由粒子表面到内 Helmholtz 层，电位呈直线下降，由内 Helmholtz 层到外 Helmholtz 层并向外延伸到扩散层，电位分布按指数关系下降。此理论指出，电荷在粒子表面上的分布是不均匀的（图 4-42）。

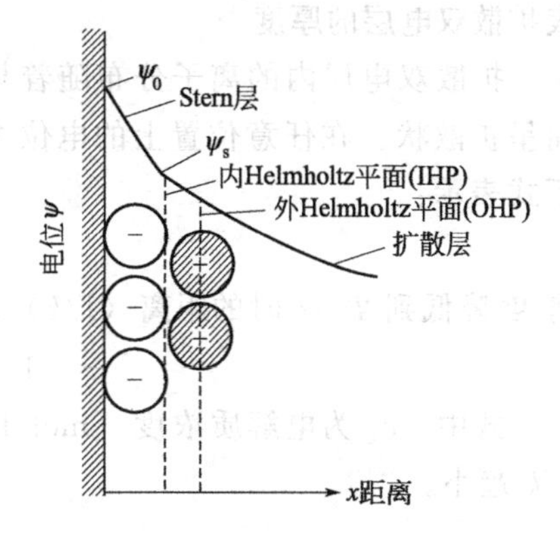


图 4-42　Grahame-Stern 双电层

一般认为典型的扩散双电层如图 4-43 所示，内层为 Stern 层，有被吸附离子及一部分反离子和水，其厚度约是离表面一个离子的直径，外层为含过剩自由反离子的扩散层，分散相界面以化学吸附与界面带同样电荷的去水化的阴离子，内 Helmholtz 平面（IHP）经过其中心。其外面是 Stern 层，为静电吸附的阳离子。外 Helmholtz(OHP) 经过其离子中心，标志着扩散层开始。要注意大部分界面为溶剂水所占领，即使电荷高的表面，吸附离子的表面浓度仍低（如 1.0nm$^2$/离子）。该溶剂分子是高度定向，有效偶极矩较低。界面上如吸附有大量反离子，则 Stern 层电位符号 $\Psi_1$ 与 $\Psi_0$ 相反，亦即粒子所带电荷也相反。如果界面吸附大量同号离子，则 Stern 层电位高于表面电位 $\Psi_0$(热力学电位)(图 4-44)。

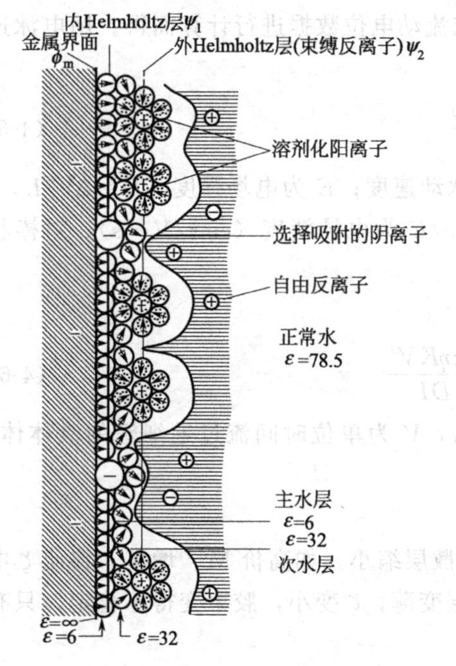


图 4-43　双电层详图

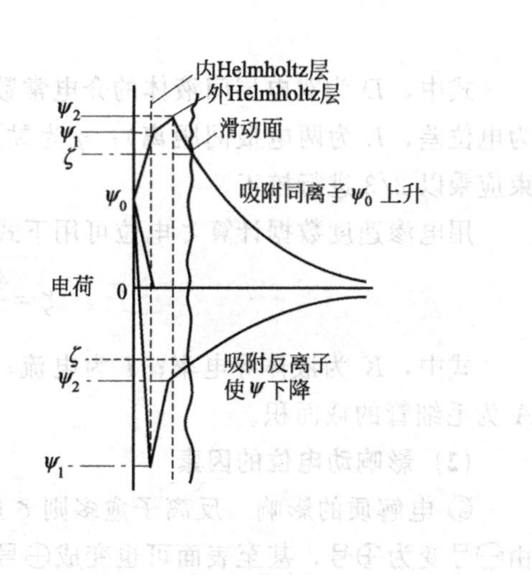


图 4-44　电解质对双电层的影响

由于双电层的计算模型在不断发展中，还不能定量地精确求得。扩散双电层厚度以及表面电荷密度和表面电位的关系可以用 Gouy-Chapman 理论处理。不论表面电位高低，粒子表面电荷密度 $\sigma$ 和表面电位 $\Psi_0$ 有如下关系：

$$\sigma=\frac{\varepsilon k}{4\pi}\Psi_0=\frac{\varepsilon}{4\pi k^{-1}}\Psi_0 \tag{4-63}$$

式中，$\varepsilon$ 为介电常数；$k$ 为扩散双电层厚度的倒数（或离子氛半径的倒数）。$1/k$ 通常代表扩散双电层的厚度。

扩散双电层内的离子分布随着与 OHP(电位 $\Psi_0$) 距离的增加，正负电荷逐渐被中和而呈扩散状。在任意位置上的电位 $\Psi$ 随 $x$ 而降低，在体相时 $\Psi$ 值接近于 0，可近似地以下式表示：

$$\Psi=\Psi_0\exp(1-kx) \tag{4-64}$$

将 $\Psi$ 降低到 $\Psi_0/e$ 时的距离 $(1/k)$ 作为双电层厚度时，可得：

$$1/k=3\times10^{-8}/(Zc_e^{1/2}) \tag{4-65}$$

式中，$c_e$ 为电解质浓度 (mol/L)；$Z$ 为平衡离子的原子价，即离子强度增加、厚度 $1/k$ 趋小。

### 4.4.3 动电位

动电位 $\zeta$ 是带电表面与电解质溶液之间发生相对运动时滑动面上的电位 $\zeta$。滑动面的确切位置尚不明确，但已知在位于 Stern 面靠外一段距离的面上，它是在水化层之外，$\zeta$ 电位通常小于 $\Psi_0$。在稀电解质溶液中，扩散层厚度大，电位变化慢，Stern 层厚度 $\delta$ 只有一个分子直径，$\zeta$ 与 $\Psi_0$ 值可以近似地相当。但当电解质浓度增大，电位高时，扩散层压缩，厚度变小，$\zeta$ 与 $\Psi_0$ 的差就大。非离子表面活性剂被吸附时，水化层厚，滑动面离开 Stern 面就大，$\zeta$ 比 $\Psi_0$ 更小。

**(1) 动电位的计算** $\zeta$ 电位可由电泳、电渗或流动电位数据进行计算而得。用电泳速度数据计算球形胶束的 $\zeta$ 如下式：

$$\zeta=\frac{6\pi\eta v}{DE} \tag{4-66a}$$

式中，$D$ 为双电层间液体的介电常数；$v$ 为泳动速度；$E$ 为电场强度 ($E=\Delta V/L$，$\Delta V$ 为电位差，$L$ 为两电极间距离)；$\eta$ 为黏度；$U=v/E$ 为电泳淌度 ($cm^2/V\cdot s$)，对棒状胶束应乘以 2/3 进行校正。

用电渗速度数据计算 $\zeta$ 电位可用下式：

$$\zeta=\frac{4\pi\eta v}{DE}=\frac{4\pi\eta KV'}{DI} \tag{4-66b}$$

式中，$K$ 为液体导电率；$I$ 为电流；$V'=VA$，$V$ 为单位时间流过毛细管的液体体积，$A$ 为毛细管的截面积。

**(2) 影响动电位的因素**

① 电解质的影响　反离子愈多则 $\zeta$ 愈小，扩散层缩小。如高价 $M^{3+}$ 增多，将使 $\zeta$ 电位由㊀号变为㊉号，甚至表面可也变成㊉号，水化层变薄，$\zeta$ 变小，胶束变得不稳定，只有水化层变厚才能使水化层更稳定。

② 活性剂的影响　增加阴离子活性剂，则 $\zeta$ 增加，而趋稳定。例如，棉籽油在水中的 $\zeta$ 为 $-74$mV，而在 0.0036mol/L 油酸钠溶液中，$\zeta$ 为 ~151mV。阳离子活性剂可使纤维吸附阳离子，使 $\zeta$ 减小，甚至变为零或正电荷，这将不利于去污。非离子表面活性剂吸附于表面后，可使吸附层变厚，滑动面移向液相中，水化层变厚，虽然此时 $\zeta$ 也同时减少，但仍很稳定。

③ 不同固体在水中的 $\zeta$ 电位　不同固体在水中的 $\zeta$ 电位如下：羊毛为 $-48$mV，棉织品 $-38$mV，丝为 $-1$mV。

各种粒子在水中及 NaOH 液中的 $\zeta$ 电位亦不一样。如石蜡油在水中的 $\zeta$ 电位为 $-80mV$，在 NaOH 溶液中为 $-151mV$；棉籽油在水中的 $\zeta$ 电位为 $-74mV$，在 NaOH 溶液中为 $-140mV$。

**(3) 表面活性剂胶束的动电位与双电层** 阴离子表面活性剂胶束的动电位 $\zeta$ 与双电层变化示于图 4-45。胶束的内核由疏水部分烷烃链组成，亲水阴离子基头组成核芯外的水化层，$\zeta$ 电位的滑移面即位于水化层外。滑移面外为扩散层。

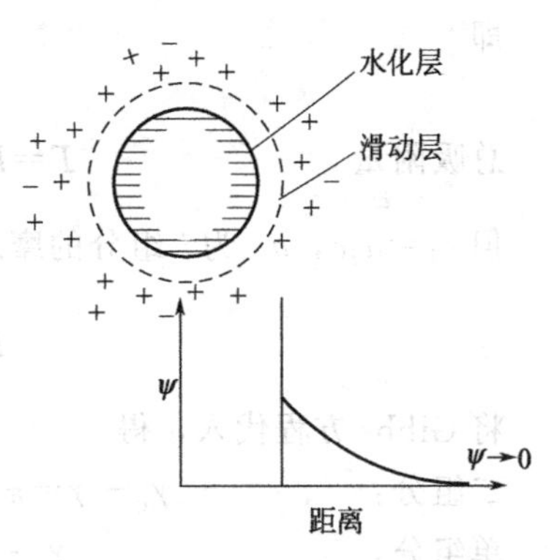


图 4-45 胶束动电位与双电层

双电层在实际中很有用处。双电层因具有相同电荷及水化层可防止粒子的凝集，而加入与分散介质有亲和力的溶剂如乙醇、丙酮或加入电解质（$Mg^{2+} > Ca^{2+} > Ba^{2+} > Na^{+}$）均可除去水层而产生凝集。

# 4.5 混合表面活性剂溶液的性质

表面活性剂的实际应用总是混合物。这并不是说无法得到单一的表面活性剂，而是混合表面活性剂的应用价值在大多数情况下要比单一表面活性剂大得多。例如，农药乳化剂、香波、洗涤剂都需配方，选出恰当的表面活性剂混合物，才能达到最佳功能。因此，研究混合表面活性剂间的相互作用是十分重要的。

## 4.5.1 混合表面活性剂溶液的表面吸附

以二元组分混合溶液为例，$\Gamma_1$、$\Gamma_2$ 为组分 1 与 2 的表面吸附（过剩量），$c_1$、$c_2$ 为组分 1、2 的体相浓度：

吸附速率：

$$\frac{dn_{ads}}{dt}=k_{ads}(\Gamma_\infty-\Gamma_1-\Gamma_2)c_1 \quad (4\text{-}67)$$

脱附速率：

$$\frac{-dn_{des}}{dt}=k_{des}\Gamma_1 \quad (4\text{-}68)$$

平衡时：

$$\frac{dn_{ads}}{dt}+\frac{dn_{des}}{dt}=0 \quad (4\text{-}69)$$

令

$$\frac{k_{ads}}{k_{des}}=K_1 \quad (4\text{-}70)$$

$$\Gamma_1=\frac{K_1c_1(\Gamma_\infty-\Gamma_2)}{1+K_1c_1}=\frac{K_1c_1\Gamma_\infty}{1+K_1c_1+K_2c_2} \quad (4\text{-}71)$$

$$\Gamma_2=\frac{K_2c_2(\Gamma_\infty-\Gamma_1)}{1+K_2c_2}=\frac{K_2c_2\Gamma_\infty}{1+K_1c_1+K_2c_2} \quad (4\text{-}72)$$

即 $$\Gamma_i=\frac{K_ic_i\Gamma_\infty}{1+\sum K_ic_i} \tag{4-73}$$

总吸附量 $$\Gamma=\Gamma_1+\Gamma_2=\frac{\Gamma_\infty(K_1c_1+K_2c_2)}{1+K_1c_1+K_2c_2} \tag{4-74}$$

但 $c_i=a_ic$，$a_i$ 为 $i$ 组分的摩尔分数，所以

$$\Gamma=\frac{\Gamma_\infty c(K_1a_1+K_2a_2)}{1+c(K_1a_1+K_2a_2)} \tag{4-75}$$

将 Gibbs 方程代入，得

二组分： $$\gamma_0-\gamma=\pi=\Gamma_\infty RT\ln[c(K_1a_1+K_2a_2)+1] \tag{4-76}$$

单组分： $$\gamma_0-\gamma=\pi=\Gamma_\infty RT\ln(K_ia_i+1) \tag{4-77}$$

对表面活性剂同系混合物，混合体系的总饱和吸附量一般介于两组分单独溶液的饱和吸附量。多组分形成的混合物中，组分 $i$ 在表面吸附中的含量如下：

$$x_i^s=\Gamma_i/\sum\Gamma_i$$

混合表面吸附层的组成常不同于原混合表面活性剂的组成。活性较高的组分在吸附层中的比例相对升高。这是两种表面活性剂在溶液表面竞争吸附的结果。表面活性高者竞争力强，于是在表面上占有较大的比例。

### 4.5.2 混合表面活性剂的胶束形成

混合表面活性剂形成的胶束属混合胶束，这种混合胶束有来自同类或同系的表面活性剂分子，这类大都是理想溶液的混合胶束。来自不同类型表面活性剂如阴离子-非离子，阴离子-阳离子等，很多是属于非理想溶液的混合胶束。二元混合表面活性剂体系胶束形成时的浓度计算已可处理，多元混合表面活性剂体系由于活度系数求取不易，就难以计算，但均可从实验中获得其表面现象的变化。

现从热力学来剖视混合表面活性剂胶束的形成：

$$\Delta G_m=\mu_i^0+RT\ln c_TX_i=\mu_{im}^0+RT\ln X_{im} \tag{4-78}$$

式中，$\Delta G_m$ 为胶束形成时自由能的变化值；$\mu_i^0$ 为 $i$ 表面活性剂在水溶液中的标准化学势；$c_T$ 为总浓度；$X_i$ 为 $i$ 表面活性剂在总表面活性剂中的摩尔分数；$c_TX_i$ 为 $i$ 组分在溶液中与胶束平衡的浓度；$X_{im}$为 $i$ 组分在胶束中摩尔分数。

在理想状态时：

$$RT\ln c_TX_i=(\mu_{im}^0-\mu_i^0)+RT\ln X_{im}-m_iN_0\omega+N_0e\Psi_0 \tag{4-79}$$

或 $$\ln c_TX_i=(\mu_{im}^0-\mu_i^0)/(RT)+\ln X_{im}-m_iN_0\omega/(kT) \tag{4-80}$$

式中，$\omega$ 为—$CH_2$—的内聚能；$m_i$ 为直链烃的碳原子数；$m_iN_0\omega$ 为分子内聚能；$N_0e\Psi_0$ 为有效电功。如有效电功为 $K_0e\Psi_0$，则

$$\ln c_TX_i=-m_i\omega/(kT)-K_0\ln(c_T+c_0)+\ln X_{im}+A \tag{4-81}$$

式中，$A=A_1+K_0\ln[2000\pi\sigma^2/(DN_0kT)]$，$A_1=\ln\frac{1000}{N_0V}$；$V$ 为分子的自由体积；$\sigma$ 为表面电荷数；$D$ 为介电常数；$K_0$ 为与反离子结合度有关的经验常数。

与适用于单组分表面活性剂公式相联系，即

$$\ln c_s=-\frac{m_i\omega}{kT}=-K_0\ln c_i'+A \tag{4-82}$$

并使其 $c_i'=c_i+c_s$，$c_s$ 为外加盐（1∶1型）的浓度。则得

$$\ln\frac{c_i X_{im}}{c_T X_i}=\ln\left(\frac{c_T+c_s}{c_i+c_s}\right)^{K_0} \tag{4-83}$$

或

$$\frac{c_i X_{im}}{c_T X_i}=\frac{c_T(c_T+c_s)^{K_0}}{c_i(c_i+c_s)^{K_0}} \tag{4-84}$$

因 $\sum X_{im}=1$，所以

$$\frac{1}{c_T(c_T+c_s)^{K_0}}=\sum\frac{X_i}{c_i(c_i+c_s)^{K_0}} \tag{4-85}$$

$$c_T(c_T+c_s)^{K_0}=\sum X_{im}c_i(c_i+c_s)^{K_0} \tag{4-86}$$

如果无盐 $c_s=0$，式(4-85) 变为

$$\frac{1}{c_T^{(1+K_0)}}=\sum\frac{X_i}{c_i^{(1+K_0)}} \tag{4-87}$$

式(4-86) 变为

$$c_T^{(1+K_0)}=\sum X_{im}c_i^{(1+K_0)} \tag{4-88}$$

当无机盐过量时 $c_s \gg c_T$，$c_i$，或非离子表面活性剂 $K_0=0$

则式(4-85) 成为 $1/c_T=\sum X_i/c_i$

式(4-86) 成为 $c_T=\sum X_{im}/c_i$

亦即

$$c_T=\frac{1}{\sum X_i/c_i} \quad 理想溶液$$

$$c_T=\frac{1}{\sum X_i/f_i c_i} \quad 非理想溶液$$

式中，$c_T$ 为混合胶束浓度；$c_i$ 为 $i$ 组分胶束浓度。

对表面活性剂同系物来说，应用胶束热力学可以导出混合表面活性剂水溶液的临界胶束浓度与两组分单独溶液的临界胶束浓度间的关系。对于二元非离子型表面活性剂混合体系或加过量具有共同反离子的中性电解质的二元离子型表面活性剂混合体系，用 $\text{cmc}^T$ 为混合表面活性剂水溶液的临界胶束浓度，$x_1$、$x_2$、$x_1^m$ 和 $x_2^m$ 分别为组分 1 和 2 在表面活性剂混合物和在混合胶束的摩尔分数。在胶束溶液中表面活性剂分子在溶液相和胶束相间成平衡。于是：

$$1/\text{cmc}^T= \ =x_1/\text{cmc}_1^0+x_2/\text{cmc}_2^0$$

其中 $\text{cmc}_1^0$ 和 $\text{cmc}_2^0$ 分别为组分 1 和 2 在各自单组分溶液中的临界胶束浓度。

在混合胶束中，组分 1 和 2 的含量如下：

$$x_1^m=\text{cmc}^T\cdot x_1/\text{cmc}_1^0$$

$$x_2^m=\text{cmc}^T\cdot x_2/\text{cmc}_2^0$$

### 4.5.3 表面活性剂混合溶液的协同效应

两种或两种以上非同系物表面活性剂互相混合时，其溶液的性质有别于单独表面活性剂，它们之间因分子相互作用或成为络合物、或静电吸引或相斥、或其他物理的或化学的作用，因而产生增效作用或对抗作用。通常表面活性剂间的相互作用指分子间的键结合，其溶液性质有时介于两者之间，有时比两者中任一个单独存在时都高或低，有时还会出现两个cmc。如果产生的效果比单独组分时好，称为具有协同效应；如果相反，则称为具有对抗作

用。不仅如此，表面活性剂亦可与其他助剂或辅助剂如螯合剂、钙皂分散剂、柔软剂、抗静电剂、杀菌剂、漂白剂、高分子化合物及电解质等也可产生程度不等的增效或对抗作用。有些场合，即使不同表面活性剂分子间并无特殊的相互作用，由于某种功能的需要，如乳化聚合等，也需将数种表面活性剂混合。这在实际工作中用处很大，这是多功能表面活性剂混合物应用的基础。

**(1) 表面活性剂混合溶液分子间的相互作用**

① 强相互作用形成络合物　两种不同表面活性剂例如阴离子与两性离子表面活性剂（烷基硫酸酯盐与烷基甜菜碱）相混合时，离子间相互作用形成络合物，该新络合物不同于原单一表面活性剂，表面活性显著提高。阳离子表面活性剂与阴离子表面活性剂混合时，由于正、负电荷作用更为强烈，相互作用更强，表面活性更为显著。如十二烷基硫酸钠（$K_{12}$）与溴化十二烷基三甲基铵（NDA）1∶1 的混合物似一个非离子表面活性剂，表面压比单个组分溶液增加近 40mN/m，$R^+R^-$ 新结合物远远优先吸附于表面。在四种电中性结合形式 $Na^+R^-$，$R^+Br^-$，$R^+R^-$，$Na^+Br^-$ 中，$R^+R^-$ 对表面过剩的贡献远远超过其他结合的贡献（图 4-46）。以 NDA 在表面的吸附作为参照，$K_{12}$ 在表面上的吸附不如 NDA，只是 NDA 的 13%，而 NDA-$K_{12}$ 络合物在表面的吸附是 NDA 的 32.9 倍。

—O—S(=O)(=O)—O⁻ ⁺N(—)(CH₃)(CH₃)—CH₂—CH₂—COO⁻ ⇌（离解常数 K）—O—S(=O)(=O)—O···N(—)(CH₃)(CH₃)—CH₂—CH₂—COO⁻

阳离子表面活性剂氯化双十八烷基羟乙基甲基铵（A）常用于织物柔软剂及抗静电剂，但如加入少量阴离子硬脂酸钠（B）(B/A=0.8 时)，则此络合物在丙纶织物上的吸附及抗静电性能因产生协同效应而得到加强（图 4-47）。

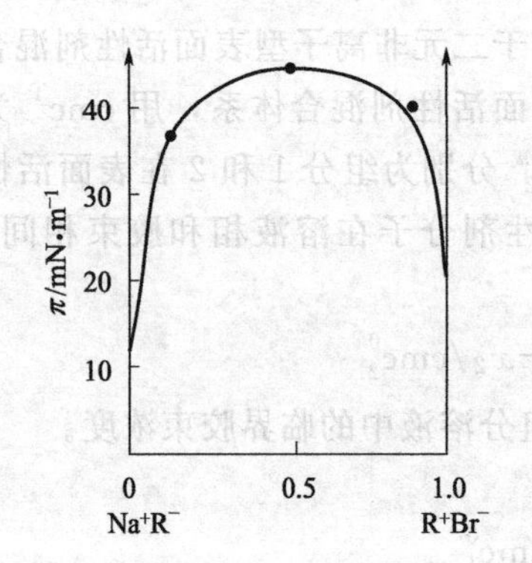

图 4-46　可溶单层中阴、阳离子增效作用图

（总浓度 $3\times10^{-4}$mol/L）

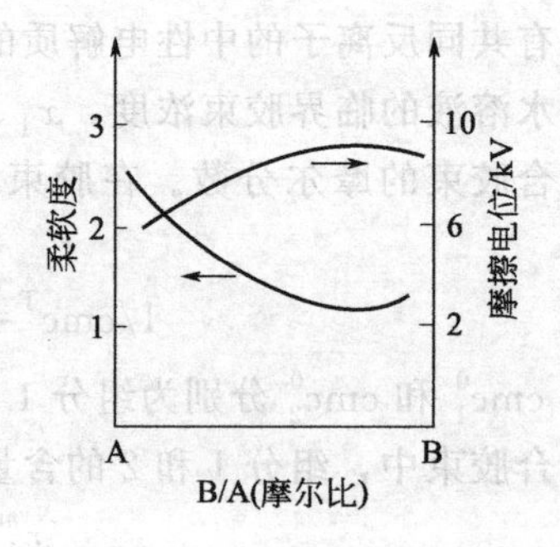

图 4-47　A 与 B 混合表面活性剂的柔软性和抗静电性

图 4-48 表示阴离子的烷基碳原子数与阳离子的碳数相同时，其协同效应最好（cmc 最小）。

② 弱相互作用的协同效应　这类混合溶液如两种以上非离子表面活性剂混合用作乳化剂，阴离子与脂肪醇或油脂以增强泡沫稳定性，阴离子与非离子表面活性剂相混合提高清洗污垢的能力。例如，烷基苯磺酸钠与烷醇酰胺相混合即可提高前者的去污及泡沫性，烷基苯磺酸钠中加入少量脂肪醇聚氧乙烯醚硫酸钠也有同样效果。少量脂肪醇加入十二烷基硫酸盐

中可增加泡沫量是由于提高了泡沫的表面黏度而不易破裂。在油脂存在下，十二烷基硫酸钠与十二酸烷醇酰胺以不同比例混合时，其泡沫性能开始因油脂的存在而下降，但随着十二酸烷基醇酰胺的增加，泡沫力即很快上升，如图 4-49 所示。

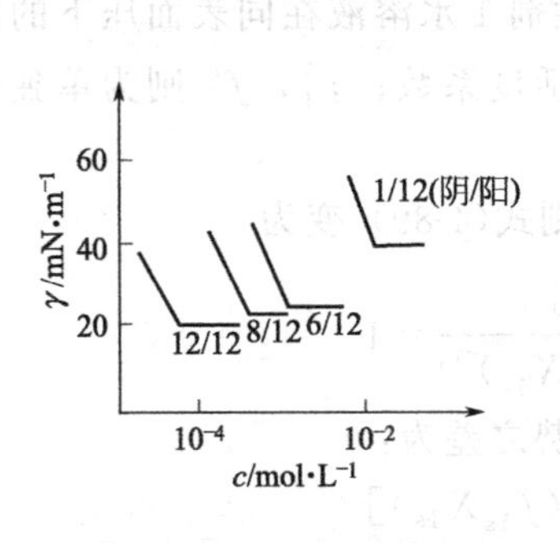


图 4-48 $R_m$SNa 与 $R_n$NMeBr 混合溶液的 $\gamma$-$c$ 曲线

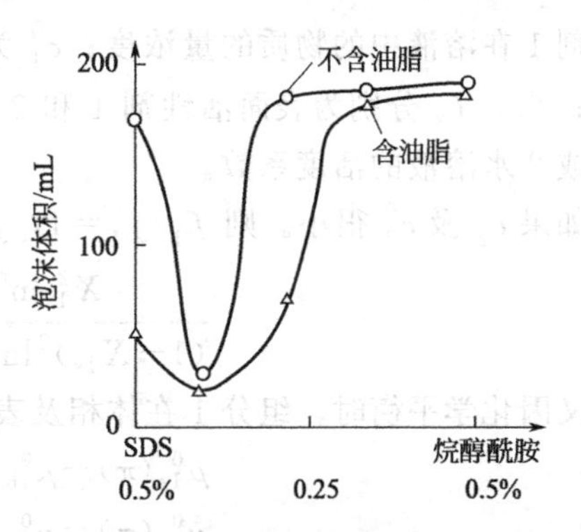


图 4-49 $K_{12}$与尼纳尔在油脂存在下混合液的泡沫性（25℃）

制备水包油乳状液，如仅加入油酸单甘酯或失水山梨醇单油酸酯，并不能得到稳定性好的乳状液。但如果此类乳化剂中添加少量山梨酸或氨基酸水溶液时，由于表面活性剂在油/水界面形成层状结构，乳液稳定性即大为增强。这里并不是由于表面活性剂之间的相互作用，而是由于表面活性剂混合物与山梨酸或氨基酸之间的作用。以上所有这些现象可以认为是由于两者亲油基链之间相互凝聚结合而产生某种结构所致，这些作用有亲油基间的氢键、偶极-偶极、离子-偶极等。

**(2) 混合胶束** 不同表面活性剂以一定比例存在于溶液中时，由于两者分子间的相互作用，当达到一定浓度时即构成混合胶束。最佳协同效应的产生往往发生混合胶束的首先形成，如阴、阳离子表面活性剂混合时因电荷中和及亲油基静电吸引力而排列十分紧密，因此表面张力的降低更为显著，cmc 亦趋更小。又如在一般阴离子表面活性剂溶液中，加入少许非离子表面活性剂或脂肪醇，因离子头相斥力减小，亲油基链间的分子吸引力增加，促使胶束易于形成，cmc 减小。混合胶束结构有多种，具代表性的如图 4-50 所示。图中 LAS 与 $C_{12}$EO 形成混合胶束，$C_{12}$EO 嵌在 LAS 分子之间，π 电子云被 POE 链影响而极化，构成紧密结构的混合胶束。

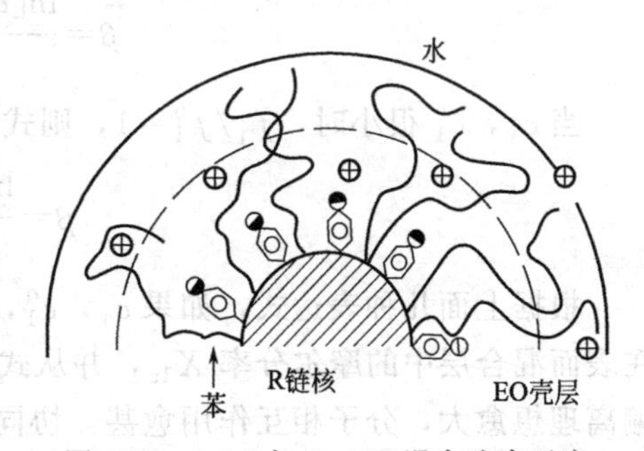


图 4-50 LAS 与 $C_{12}$EO 混合胶束示意

**(3) 最佳协同效应** 混合表面活性剂的相互作用对同系物或同一类型表面活性剂来说大都属理想混合，相互作用较小，而不同类型表面活性剂的混合，则属于或接近于非理想混合，其偏离理想混合的程度，视两者分子结构、亲水基类型差异的大小而有不同。应用正规溶液理论处理此种关系，虽然不够精确，但尚能较好地描述其实际结果，因此，为一般研究者所采用。

Lange、Rubingh、Rosen 等对二元混合表面活性剂溶液的表面吸附与胶束形成曾从热力学对表面相、胶束相及体相中组分的化学位、活度系数间的关系进行研究，得出如下关系：

$$\frac{X_{1s}^2\ln[c_1f_1/(c_1^0f_1^0X_{1s})]}{(1-X_{1s})^2\ln\{c_2f_2/[c_2^0f_2^0(1-X_{1s})]\}}=1 \tag{4-89}$$

式中，$X_{1s}$为表面活性剂1在表面相中的摩尔分数，即$X_{1s}=\Gamma_1/(\Gamma_1+\Gamma_2)$；$c_1$为表面活性剂1在溶液中的物质的量浓度；$c_1^0$为纯表面活性剂1水溶液在同表面压下的物质的量浓度；$f_1$，$f_2$分别为表面活性剂1和2在溶液中的活度系数；$f_1^0$，$f_2^0$则为单独表面活性剂1或2水溶液的活度系数。

如果$c_2$及$c_2^0$很小。则$f_1/f_1^0=1$，$f_2/f_2^0=1$，则式(4-89)变为

$$\frac{X_{1s}^2\ln[c_1/(c_1^0X_{1s})]}{(1-X_{1s})^2\ln\{c_2/[c_2^0(1-X_{1s})]\}}=1 \tag{4-90}$$

又因化学平衡时，组分1在体相及表面相的化学势之差为：

$$\mu_{1s}^0(\pi)-\mu_{1b}^0=RT\ln[f_1/(f_{1s}X_{1s})] \tag{4-91}$$

$$\mu_{1s}^0(\pi)=\mu_{1b}^0+RT\ln[f_{1s}/(f_1X_{1s})] \tag{4-92}$$

经整理上式得

$$f_{1s}X_{1s}=c_1f_1/(c_1^0f_1^0) \tag{4-93}$$

同样可得

$$f_{2s}X_{2s}=c_2f_2/(c_2^0f_2^0) \tag{4-94}$$

由Marules级数展开，取其首项得

$$f_{1s}=\exp[\beta(1-X_{1s})^2] \tag{4-95}$$

$$f_{2s}=\exp(\beta X_{1s}^2) \tag{4-96}$$

式中，$\beta$为混合物与理想状态的差异，与表面活性剂1、2在表面层中的相互作用有关，$\beta$称为分子相互作用参数。

从式(4-93)和式(4-95)可得

$$\beta=\frac{\ln[c_1f_1/(c_1^0f_1^0X_{1s})]}{(1-X_{1s})^2} \tag{4-97}$$

当$c_1$，$c_1^0$很小时，$f_1/f_1^0=1$，则式(4-97)变为

$$\beta=\frac{\ln[c_1/(c_1^0X_{1s})]}{(1-X_{1s})^2} \tag{4-98}$$

根据上面几种表达式，如果$c_1$，$c_1^0$，$c_2$，$c_2^0$已知，即可从式(4-90)求出表面活性剂1在表面混合层中的摩尔分率$X_{1s}$，并从式(4-98)求得分子相互作用参数$\beta$值，$\beta$值愈负表示偏离理想愈大，分子相互作用愈甚，协同效应就愈强。

活度系数则可由式(4-95)和式(4-96)求得。处理后协同效应的必要条件可归纳为：

$$\frac{c_1^0\exp\beta(1-X_{1s})^2}{c_2^0\exp\beta(X_{1s})^2}=1 \tag{4-99}$$

亦即

$$\ln(c_1^0/c_2^0)=-\beta(1-2X) \tag{4-100}$$

式中$X$为总表面活性剂混合物中表面活性剂1在表面相中的摩尔分数，其值小于1。

为满足式(4-100)，亦即要获得协同效应，则必须使：

① $0<X<1$，即$\beta$值为负值。

② $|\ln(c_1^0/c_2^0)|<|\beta|$，方有协同效应。

③ 如果$c_1^0<c_2^0$，即$c_1^0$的表面活性较大，则只有$X>0.5$时方有效。如果$c_1^0>c_2^0$，即$c_2^0$的表面活性较大，则只有$X<0.5$时方有效。

最佳协同效应时表面活性剂混合溶液的最低浓度为：

$$c_{1,2\min}=c_1^0\exp\left\{\beta\left[\frac{\beta-\ln(c_1^0/c_2^0)}{2\beta}\right]^2\right\} \tag{4-101}$$

该处表面活性剂 1 的浓度为

$$c_{s1}=\alpha^* c_{1,2\min}=\frac{\ln c_1^0/c_2^0}{2\beta}c_{1,2\min} \tag{4-102}$$

$\alpha^*$ 为在最佳协同效应时体相中表面活性剂 1 在总表面活性剂中的摩尔分数。

表面活性剂 2 的浓度为 $$c_{s2}=c_{1,2\min}-c_{s1} \tag{4-103}$$

混合胶束形成时达到最小 cmc 的协同效应条件，类似上述处理方法（图 4-51）。

对于液-液界面，混合表面活性剂（二元）协同效应的必要条件，可用同样方法获得：

① $\beta_{L\text{-}L}$＝负值。

② $|\beta_{L\text{-}L}|>|\ln(c_1^0/c_2^0)|$。

③ $$c_{1,2\min}=c_1^0\exp\left\{\beta\left[\frac{\beta_{L\text{-}L}-\ln(c_1^0/c_2^0)}{2\beta_{L\text{-}L}}\right]^2\right\} \tag{4-104}$$

根据 $\beta$ 值的大小，可以将表面活性剂相互作用的强弱分为几类：

① 强相互作用

$$|\beta^\gamma \text{或} \beta^M|>10$$

阴-阳离子体系具有大的负 $\beta$（$\beta^\gamma$ 指从溶液表面张力的角度评价，$\beta^M$ 指从 cmc 的角度评价）值，并随链长 R 的增加而增加（图 4-52）。一些阴阳离子表面活性剂体系的 $\beta$ 值见表 4-19。

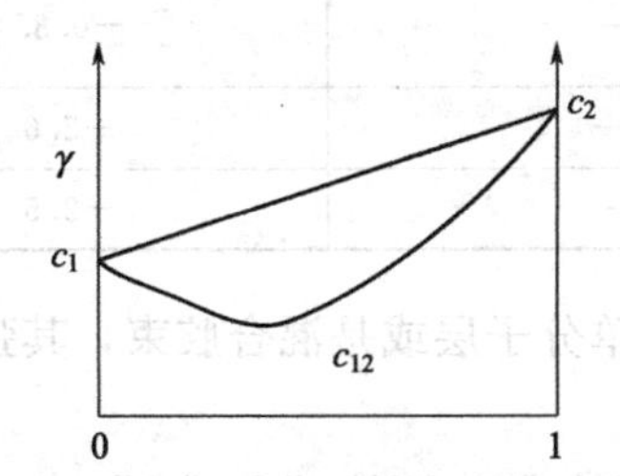


图 4-51　二元表面活性剂混合溶液

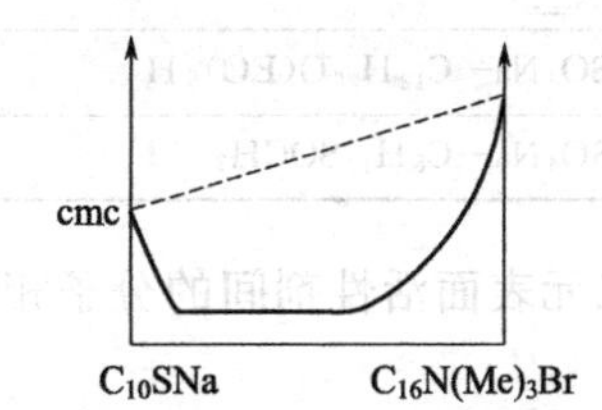


图 4-52　阴、阳离子表面活性剂相互作用

**表 4-19　一些阴、阳离子表面活性剂体系的 β 值**

| 混合表面活性剂 | $\beta^\gamma$ | $\beta^M$ | 混合表面活性剂 | $\beta^\gamma$ | $\beta^M$ |
|---|---|---|---|---|---|
| $C_8H_{17}SO_4Na—C_8H_{17}NMe_3Br$ | －14.2 | －10.2 | $C_{10}H_{21}SO_4Na—C_{10}H_{21}NMe_3Br$ | — | －18.5 |
| $C_{12}H_{25}SO_4Na—C_{12}H_{25}NMe_3Br$ | －27.8 | －25.5 | $C_8F_{17}COONa—C_8H_{17}NMe_3Br$（加 NaCl 0.5mol/L） | — | －26.8 |

② 中等相互作用

$$|\beta^\gamma \text{或} \beta^M|=3\sim10$$

阴离子-两性，阴离子-非离子混合表面活性剂属于这一类（图 4-53）。一些表面活性剂混合体系的 $\beta$ 值见表 4-20。

**表 4-20　一些表面活性剂混合体系的 β 值**

| 混合表面活性剂 | $\beta^\gamma$ | $\beta^M$ |
|---|---|---|
| $C_{12}H_{25}SO_4Na—C_8H_{17}O(EO)_4H$ | — | －3.1 |
| $C_{12}H_{25}SO_4Na—C_{12}H_{25}O(EO)_8H$ | －2.7 | －3.9 |
| $C_{12}H_{25}SO_4Na—C_8H_{17}O(EO)_{12}H$ | — | －4.1 |

③ 弱相互作用

$$|\beta^{\gamma}\ 或\ \beta^{M}|<3$$

非离子烷基聚氧乙烯醚与阳离子表面活性剂，非离子－非离子，及同一离子型仅烃链长短不同均属此类（图 4-54）。|$\beta$|值随离子强度的增加或温度的升高而稍有下降。一些表面活性剂混合体系的$\beta$值见表 4-21。

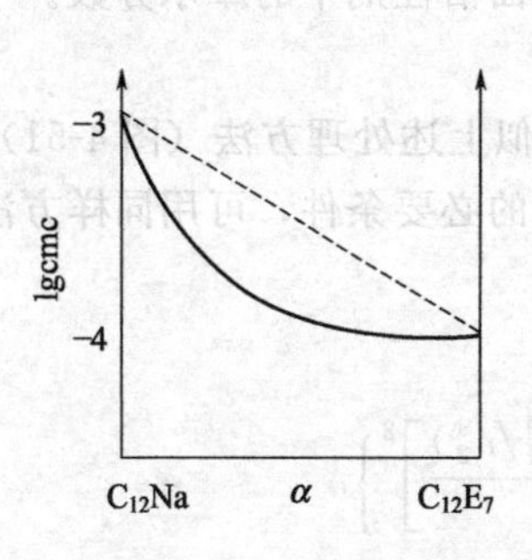


图 4-53　$C_{11}H_{23}COONa$ 与 $C_{12}H_{25}O(EO)_7H$ 混合液与 cmc 间的关系

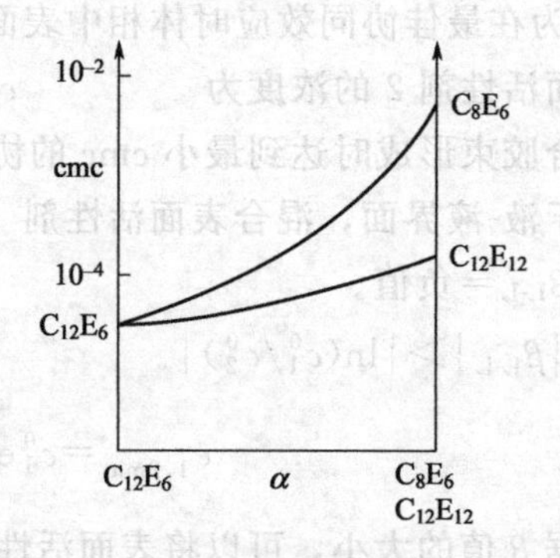


图 4-54　AEO 二元混合液与 cmc 关系

表 4-21　一些表面活性剂混合体系的 $\beta$ 值

| 混合表面活性剂 | $\beta^{\gamma}$ | $\beta^{M}$ |
|---|---|---|
| $C_{12}H_{25}N$(吡啶环)$Br—C_8H_{17}(EO)_8OH$ | — | −0.85 |
| $C_{12}H_{25}SO_4Na—C_{12}H_{25}O(EO)_5H$ | — | −2.6 |
| $C_{10}H_{21}SO_4Na—C_8H_{17}SOCH_3$ | — | −2.5 |

通常二元表面活性剂间的分子相互作用不论是混合单分子层或是混合胶束，其强度次序如下：

阳-阴＞两性-阴≫乙氧基非离子-离子（阴或阳）＞两性-阳＞两性-非＞非-非。

离子型表面活性剂中，加入脂肪醇等极性有机物时的增效作用，可用下式表示。

$$c_{m}=c_{i}X_{s}^{k_{a}}=c_{i}(1-X_{a})^{k_{a}} \tag{4-105}$$

式中，$c_m$，$c_i$ 分别为混合胶束在溶液中的 cmc 及表面活性剂 $i$ 的 cmc；$X_s$ 及 $X_a$ 为脂肪醇及表面活性剂在胶束中的摩尔分数；$k_a$ 为与束缚反离子结合度有关的经验常数（约为 1～2）。

## 4.6　添加剂对表面活性剂溶液性质的影响

工业表面活性剂都是复杂的混合物。由于经济上的原因，原料不可能很纯，同时在合成制备过程中不可避免的副反应会引入杂质，产品不可能制备得纯而又纯。在实际应用中，没有必要使用纯表面活性剂；恰好相反，是使用含有各种添加剂的按一定比例调和而成的产品。在很多情况下，复配的表面活性剂具有比单一表面活性剂更好的使用效果。例如，在合成洗涤剂中，表面活性剂的成分仅占 20% 左右，其余大部分是无机物（如 $Na_2SO_4$、$Na_2SiO_3$、$Na_5P_3O_{10}$ 等）和少量有机物（如增白剂、香料、稳泡剂或消泡剂等）。而所用的表面活性剂也不是十二烷基苯磺酸钠（LAS）一种，常与其他表面活性剂，如 $AEO_9$ 进行复配，使得洗涤剂具有更好的洗涤效果。

因此，研究添加剂对表面活性剂性质的影响有理论上与实践上的重要意义。从理论上而言，是表面活性剂之间或表面活性剂与添加剂之间的相互作用的物理化学问题。就实践上而言，则是摸清表面活性剂复配的基本规律，以寻求适于各种实际用途的高效配方问题。

## 4.6.1 无机电解质

存在于表面活性剂溶液中的无机电解质（一般为无机盐），往往使溶液的表面活性提高。对于离子表面活性剂，在其溶液中加入与表面活性剂有相同离子的无机盐时（如在 $RSO_4^- Na^+$ 溶液中加入 $Na^+ Cl^-$），表面活性得到提高，cmc 降低。cmc 与所加盐浓度的关系为

$$\ln cmc = A_2 - K_0 \ln c_i' \tag{4-106}$$

式中，$A_2 = A_1 - m_i\omega/(kT)$，对于一定的表面活性剂为一常数；$c_i'$为表面活性剂反离子的浓度。此式又可写为

$$\lg cmc = A_3 - K_0 \lg c_i' \tag{4-107}$$

式中，$A_3 = A_2/2.303$。经验公式 $\lg cmc = A - B\lg c_i'$与式(4-107) 完全相符。由此可知，经验公式所包含的物理意义是：反离子浓度的增加，影响表面活性离子胶束的扩散双电层(减小平均厚度)，从而使胶束较易形成，cmc 降低。公式中常数 $B$(直线斜率) 即胶束反离子结合度常数 $K_0$，也具有明确的物理意义。

图 4-55 为反离子浓度影响 cmc 的一个实例。$\lg cmc$ 与 $\lg c_i'$有很好的直线关系。自此实验关系可以求出 $K_0$ 值（即直线的斜率）为 0.65，接近于前面得出的 0.67。

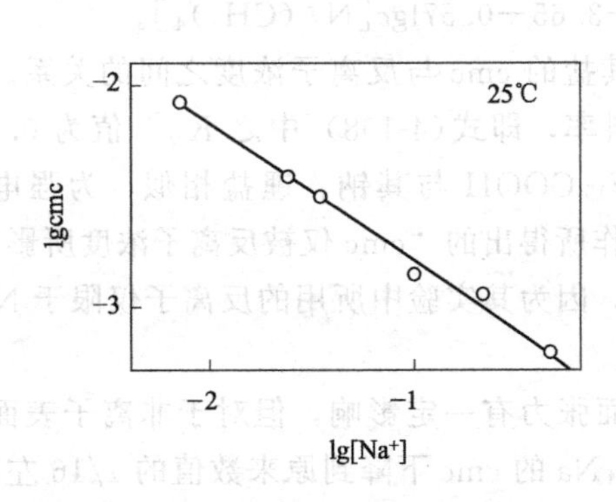


图 4-55 $K_{12}$ 的 cmc 与反离子浓度关系

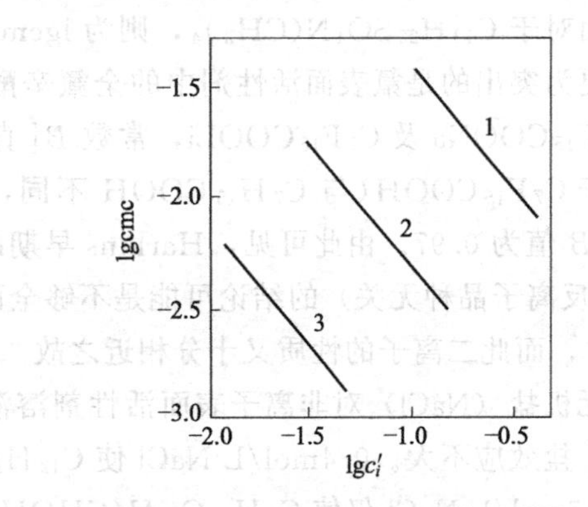


图 4-56 $RCH(COOK)_2$ 的 cmc

1—$R=C_{12}H_{25}$；2—$R=C_{14}H_{29}$；3—$R=C_{16}H_{33}$

对于有两个离子基团的表面活性剂，斜率将两倍于 $K_0$：

$$\lg cmc = A_3' - 2K_0 \lg c_i' \tag{4-108}$$

图 4-56 表示出此类表面活性剂的 cmc 与反离子浓度的关系。自直线的斜率求出 $K_0 = 0.57$。以上情况皆对一价反离子而言。若为多价反离子，则 cmc 与反离子浓度的关系为

$$\lg cmc = A_3 - \frac{K_0}{z} \lg c_i' \tag{4-109}$$

在实验中已证明，$\lg cmc$ 与 $\lg c_i'$的上述直线关系并非普遍存在，一般限制在一定浓度范围内，浓度过大时，往往不能得到很好的直线。

加到表面活性剂溶液中的无机盐，在降低溶液 cmc 的同时，也使其表面张力大大下降。

图 4-57 表示出在不同 NaCl 浓度下十二烷基硫酸钠溶液的表面张力。应注意到，NaCl 不但大为降低同浓度（表面活性剂浓度）溶液的表面张力和十二烷基硫酸钠的 cmc，而且使溶液的最低表面张力（≥cmc 时之表面张力）降得更低。图 4-58 表示出另一种类型的表面活性剂溶液在不同无机盐浓度时的表面张力。从图中不难看出，增加较少的反离子浓度即可使表面活性剂溶液的最低表面张力明显地下降（大约 3～5mN/m）；当无机盐浓度更大时，最低表面张力将下降得更多。

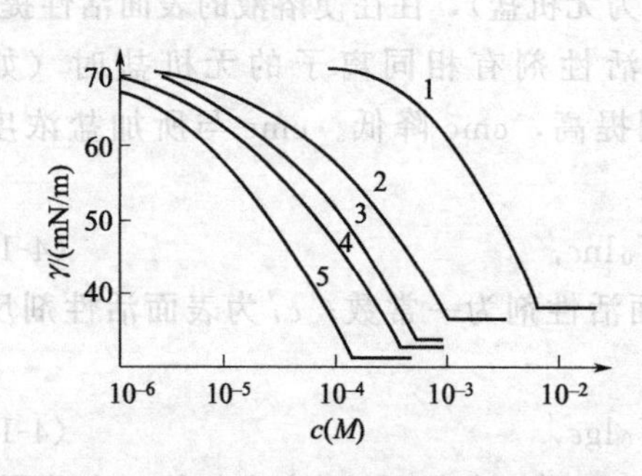


图 4-57 NaCl 对 $K_{12}$ 溶液表面张力的影响

NaCl 浓度 1—0；2—0.1；3—0.3；
/(mol/L) 4—0.5；5—1

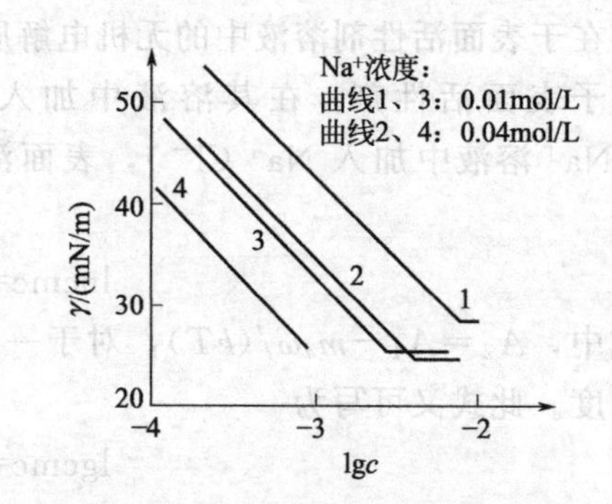


图 4-58 $Na^+$ 对溶液表面张力影响

$C_7H_{15}(SO_3Na)COOC_6H_{13}$（曲线 1、2）

$C_7H_{15}(SO_3Na)COOC_7H_{15}$（曲线 3、4）

对于一种表面活性离子，反离子不同时（即使价数相同），会有不同的 cmc；因而，同价反离子的浓度与 cmc 之间的关系也不相同。例如，对于 $C_{12}H_{25}SO_4Na$，关系式为

$$\lg cmc = -3.6 - 0.66\lg c(Na^+) \quad (4\text{-}110)$$

而对于 $C_{12}H_{25}SO_4N(CH_3)_4$，则为 $\lg cmc = -3.65 - 0.57\lg c[N^+(CH_3)_4]$。

更为突出的是氟表面活性剂中的全氟辛酸及其盐的 cmc 与反离子浓度之间的关系。对于 $C_7F_{15}COONa$ 及 $C_7F_{15}COOLi$，常数 $B$[直线斜率，即式(4-108) 中之 $K_0$] 值为 0.52；而对于 $C_7F_{15}COOH$(与 $C_7H_{15}COOH$ 不同，$C_7F_{15}COOH$ 与其钠、锂盐相似，为强电解质)，$B$ 值为 0.97。由此可见，Harkins 早期的工作所得出的“cmc 仅被反离子浓度所影响”(而与反离子品种无关）的结论可能是不够全面的，因为其实验中所用的反离子仅限于 $Na^+$ 与 $K^+$，而此二离子的性质又十分相近之故。

无机盐（NaCl）对非离子表面活性剂溶液表面张力有一定影响，但对于非离子表面活性剂，盐效应不大。0.4mol/L NaCl 使 $C_{12}H_{25}SO_4Na$ 的 cmc 下降到原来数值的 1/16 左右，而 0.47mol/L NaCl 仅使 $C_8H_{17}OCH(CHOH)_5$(CHOH 为糖苷键）的 cmc 降至原值的 2/3，0.86mol/L NaCl 也只能使 $C_9H_{19}C_6H_4O(C_2H_4O)_{15}H$ 的 cmc 下降大约一半。同时应看到，NaCl 不能使非离子表面活性剂溶液的最低表面张力降得更低。

在形成胶束的缔合度（聚集数）性质上，无机盐对两类表面活性剂的影响也是不一样的。无机电解质能明显地促进离子表面活性剂的缔合，而对非离子表面活性剂则影响不大。

无机电解质对两类表面活性剂的作用，在本质上是不同的。对于离子表面活性剂，主要是离子之间的电性相互作用，压缩表面活性剂离子头的离子氛厚度，减少它们之间的排斥作用，从而容易吸附于表面并形成胶束。对于非离子表面活性剂，则主要在于对亲油基团的“盐析”或“盐溶”作用，而不是对亲水基的作用。起“盐析”作用时，表面活性剂的 cmc 降低；起“盐溶”作用时则反之。对电解质的盐效应应当综合考虑：要考虑到溶质（表面活性剂）分子的各个部分。表面活性剂的极性头部分，无论是处于单体状态或是胶束状态，都与水相接触，而非极性部分则仅在单体状态时与水相接触。因此，非极性的亲油基是水溶液中最易于受无机电解质影响的部分。

电解质加到溶液中以后，可以降低非离子表面活性剂的浊点，这就是电解质的盐析作用。它与降低 cmc，增加胶束聚集数相对应，使得表面活性剂易缔合成更大的胶束，到一定程度即分离出新相，溶液出现浑浊（“浊点”现象）。图 4-59 为各种电解质对非离子表面活性剂溶液浊点的影响。自此可以看出，欲使非离子表面活性剂溶液的浊点发生较大的变化，则必须有较大的盐浓度（也即有较大的离子强度）。另外，金属离子的价数并非决定因素，酸根离子则起了主要影响。总括起来说，盐效应是正、负离子作用的总和。

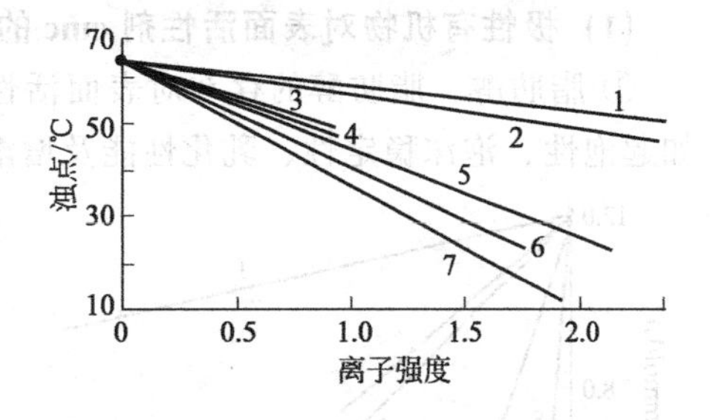


图 4-59　电解质对 2%TX-10 浊点的影响

1—$AlCl_3$；2—$CaCl_2$ 及 LiCl；3—NaCl；4—KCl；5—$Li_2SO_4$；6—$K_2SO_4$；7—$Na_2SO_4$

实验表明，在降低非离子表面活性剂 cmc 的效率上，正离子的作用大小的次序是：$NH_4^+ > K^+ > Na^+ > Li^+ > 1/2Ca^{2+}$，负离子的次序则为：$1/2SO_4^{2-} > F^- > Cl^- > Br^- > NO_3^-$。四烷基季铵盐正离子似乎有增加 cmc 之作用，其次序为 $(C_3H_7)_4N^+ > (C_2H_5)_4N^+ > (CH_3)_4N^+$；这与它们对非极性溶质的“盐溶”作用的次序相同。

虽然无机电解质对非离子表面活性剂溶液性质的影响主要是“盐析作用”，但也不能完全忽略电相互作用。对于聚氧乙烯链为极性头的非离子表面活性剂，链中的氧原子可以通过氢键与 $H_2O$ 及 $H_3O^+$ 结合，从而使这种非离子表面活性剂分子带有一些正电性。对于无机电解质对非离子表面活性剂 cmc 以及浊点等所起的作用进行分析，就可以得到比较清楚的说明：图 4-59 中的数据表明，$CaCl_2$ 降低 cmc 的作用不比 NaCl 大（甚至更小），而 $Na_2SO_4$ 的作用却比 NaCl 大。三价的 $Al^{3+}$ 和 $Ca^{2+}$ 及 $Li^+$ 差不多。这些事实皆说明非离子表面活性剂在水溶液中具有一定的正电性。

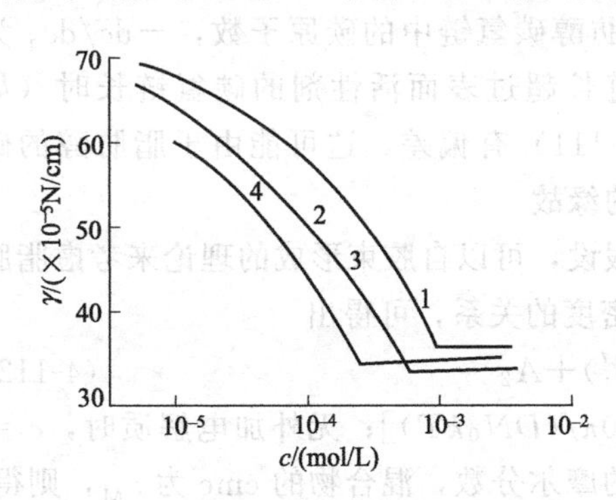


图 4-60　金属盐对 $K_{12}$ 溶液表面张力的影响（29℃）

1—NaCl；2—$MgCl_2$；3—$MnCl_2$；4—$AlCl_3$

（$Cl^-$ 浓度均为 0.1mol/L）

在电性作用占主导地位的离子表面活性剂与其相反电荷离子的相互作用中，电解质中的离子价的高低影响甚大。图 4-60 表明，相同当量浓度的钠、镁（及二价锰）、铝盐（0.03mol/L），降低十二烷基硫酸钠的 cmc 的能力有所不同，其中以价数高者居于首位。同时，高价离子也比一价离子（$Na^+$）有更大的降低表面活性剂溶液最低表面张力的能力。

## 4.6.2　极性有机物

由于少量有机物的存在，常能导致表面活性剂在水溶液中的 cmc 很大的变化，同时也常常会增加表面活性剂的表面活性，例如出现了溶液表面张力有最低值的现象。表面活性剂的工业产品几乎不可避免地含有少量未被分离出去的副产品或原料以杂质存在，而这些杂质往往是对表面活性剂溶液性质影响极大的极性有机物，如十二烷基硫酸钠中含有少量的月桂醇。另外，在表面活性剂的实际应用配方中，为了调节配方的应用性质，也常常加入极性有机物作为添加剂。例如，在表面活性剂配方中加入增泡剂、助洗剂以及其他助剂，以求达到一定的应用目的。因此，讨论极性有机物在表面活性剂溶液中所起的作用，具有重要的实际意义。

**(1) 极性有机物对表面活性剂 cmc 的影响**

① 脂肪醇　脂肪醇的存在对表面活性剂溶液的表面张力、临界胶束浓度以及其他性质(如起泡性、泡沫稳定性、乳化性能及增溶作用等)皆有显著的影响，一般是随脂肪醇碳氢链加长其作用增大。对于表面活性剂 cmc 的影响，图 4-61 清楚地表明：脂肪醇的碳氢链越长，影响越大，但长碳氢链醇的浓度则要受其在水溶液中低溶度的限制。实际上，脂肪醇对各种表面活性剂的 cmc 都有影响，不论是阳离子表面活性剂还是阴离子表面活性剂，脂肪醇的影响皆相似，其 cmc 都是随醇浓度增加而下降。

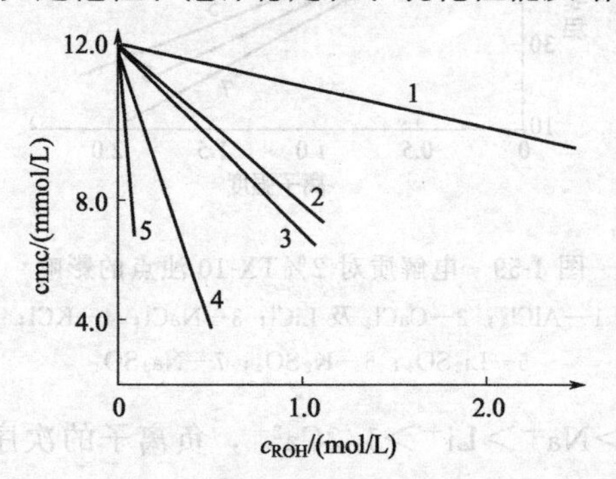


图 4-61　脂肪醇对 $C_{12}H_{25}NH_3Cl$ 的 cmc 影响（25℃）

1—$C_2H_5OH$；2—$i$-$C_3H_7OH$；3—$C_3H_7OH$
4—$C_4H_9OH$；5—$(C_2H_5)_3COH$

在所研究的浓度范围内，表面活性剂的 cmc 随脂肪醇浓度呈直线变化；而且，对于一定的脂肪醇，表面活性剂 cmc 随醇浓度的变化率的对数与表面活性剂分子碳链中碳原子数呈线性关系。对于表面活性剂 $C_nH_{2n+1}COOK$（$n=5$、7、9、11、13）系列及脂肪醇 $C_nH_{2n+1}OH$（$n=2\sim10$）系列，实验结果符合下列关系：

$$\ln(-\mathrm{d}c/\mathrm{d}c_a)=-0.69m_i+1.1m_a+K \tag{4-111}$$

式中，$m_i$ 及 $m_a$ 分别为表面活性剂碳氢链及脂肪醇碳氢链中的碳原子数，$-\mathrm{d}c/\mathrm{d}c_a$ 为表面活性剂 cmc 随醇浓度的变化率。当醇的碳氢链长超过表面活性剂的碳氢链长时（如 $C_{10}H_{21}OH$—$C_7H_{15}COOK$ 体系），实验结果与式(4-111) 有偏差，这可能由于脂肪醇的碳氢链不易（或不完全）插入有较短碳氢链的胶束中的缘故。

基于脂肪醇能插入（参加）表面活性剂胶束的假设，可以自胶束形成的理论来考虑脂肪醇对表面活性剂 cmc 的影响。cmc 与胶束表面电荷密度的关系，可得出

$$\ln c_i=K_0(\ln\sigma^2-\ln c_i')+A_2 \tag{4-112}$$

式中，$\sigma$ 为表面电荷密度，$A_2=A_1+K_0\ln[2000\pi/(DN_0kT)]$；无外加电解质时，$c_i=c_i'$。设 $x_a$ 及 $x_s$ 分别为醇及表面活性离子在胶束中的摩尔分数，混合物的 cmc 为 $c_M$，则得

$$\ln c_M=K_0(\ln x_s^2\sigma^2-\ln c_M)+\ln x_s+A_2 \tag{4-113}$$

结合式(4-112) 及式(4-113) 即得

$$\ln\frac{c_M}{c_i}=\frac{1+2K_0}{1+K_0}\ln x_s=K_a\ln x_s \tag{4-114}$$

或

$$c_M=c_i x_s^{K_a}=c_i(1-x_a)^{K_a} \tag{4-115}$$

对于一般离子表面活性剂，$K_a\approx1.4$（当 $K_0\approx0.6$ 时）。由此可见，$c_M<c_i$，即溶液中加入脂肪醇后使表面活性剂的 cmc 下降，这与实验事实相符。

若脂肪醇分子的碳氢链部分自水溶液中迁移至胶束内的能量降低值与其碳原子数成正比，则可应用下列分布定律的表达式：

$$c_a/x_a=A_3\exp[-m_a\omega/(kT)] \tag{4-116}$$

式中，$c_a$ 为醇在溶液中的浓度，$m_a$ 为醇分子的碳原子数，$A_3$ 为一常数。

当脂肪醇分子参加胶束的比例较小，即 $x_a \ll 1$ 时，则式(4-114) 或式(4-115) 简化为

$$c_M = c_i(1-K_a x_a) \tag{4-117}$$

将式(4-116) 及式(4-117) 合并，得

$$c_M = c_i[1-K_a c_a A_3^{-1}\exp(m_a\omega/kT)]$$

即

$$\frac{c_i - c_M}{c_a} = A_4 c_i \exp(m_a\omega/kT) \tag{4-118}$$

或

$$\ln\frac{c_i - c_M}{c_a} = \ln c_i + \frac{m_a\omega}{kT} + A_5 \tag{4-119}$$

其中，$A_4 = K_a A_3^{-1}$，$A_5 = \ln A_4$。与式(4-82) 合并，即得

$$\ln\frac{c_i - c_M}{c_a} = \frac{-m_i\omega}{(1+K_0)kT} + \frac{m_a\omega}{kT} + A_6 \tag{4-120}$$

式中，$A_6 = A_5 + A/(1+K_0)$，为一常数。此式与经验公式(4-111) 相当。

比较式(4-120) 与式(4-111)，可得

$$\omega/[(1+K_0)kT] = 0.69 \tag{4-121}$$

及

$$\omega/(kT) = 1.1 \tag{4-122}$$

若 $K_0=0.6$，自此二关系皆得出 $\omega=1.1kT$，这一结果与自同系物在水溶液中的胶束形成理论所得出的数据相符，进一步确定了碳氢链中 $CH_2$ 基自水溶液迁移至胶束中的自由能变化值，也说明了胶束形成理论基本上与事实相符。

一般认为碳原子数少的脂肪醇也有破坏水结构的作用。但在醇浓度较小时，醇分子本身的碳氢链周围即有“冰山”结构，所以醇分子参与表面活性剂胶束形成的过程是容易自发进行的自由能降低过程，溶液中醇的存在使胶束容易形成，cmc 降低。在浓度小时，$CH_3OH$ 及 $C_2H_5OH$ 使表面活性剂的 cmc 降低；在浓度高时，则 cmc 随醇浓度变大而增加，此时脂肪醇也起着与尿素类相似的破坏水结构的作用。在脂肪醇中从甲醇直到己醇皆有此性质。丙醇、丁醇、戊醇、己醇、环己醇、环戊醇的浓度变化对阳离子表面活性剂及阴离子表面活性剂 $K_{12}$ 的 cmc 的影响见图 4-62。所有这些碳原子较多的醇类皆有上述甲醇和乙醇的性质。由于浓度增加，溶剂性质改变，使表面活性剂（未缔合分子）的溶解度变大，从而使 cmc 上升；或是由于浓度增加而使溶液的介电常数变小，于是胶束的离子头之间的排斥作用增加，不利于胶束形成，cmc 变大。

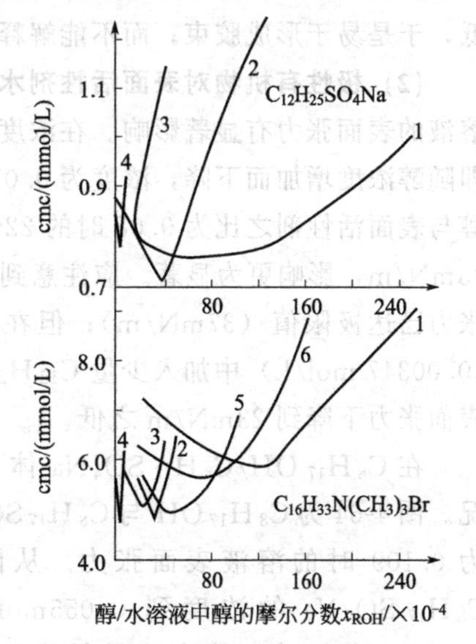


图 4-62 醇对 cmc 的影响（30℃）

1—正丙醇；2—正丁醇；3—正戊醇；4—己醇；5—环戊醇；6—环己醇

② 水溶助长剂 与上述脂肪醇不同，某些水溶性较强、极性较强的极性有机物添加剂，不使表面活性剂 cmc 下降而是上升。最常见的这类添加剂有尿素、*N*-甲基乙酰胺、乙二醇，1,4-二氧六环等。溴化十烷基三甲基铵的 cmc 是随添加剂二氧六环及乙二醇浓度增加而上升。不管在纯水中还是在稀的盐溶液中，碘

化十二烷基吡啶的 cmc 都随尿素浓度的增加显著上升。

几种添加剂对非离子表面活性剂$C_8H_{17}C_6H_4O(C_2H_4OH)_9H$水溶液表面张力的影响见图 4-63。*N*-甲基乙酰胺使表面活性剂的表面活性大为降低（比较曲线 1 和 2），表面张力升高，cmc 亦变大（相差近十倍）。对于这种现象，一般认为是水结构生成或破坏之结果。尿素及 *N*-甲基乙酰胺类化合物，在水中易于通过氢键与水分子结合；相对说来就使水本身的结构易于破坏，而胶束不易形成。对表面活性剂胶束同样起破坏作用，使其不易形成。这就会使表面活性剂吸附于表面及形成胶束的趋势减小，于是显示出表面活性降低和临界胶束浓度升高的现象。

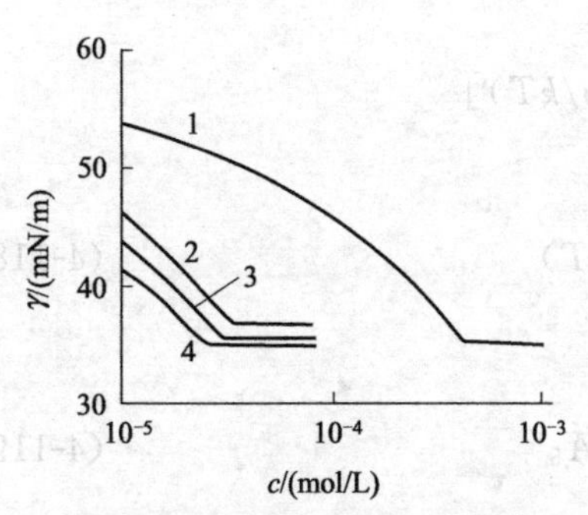


图 4-63　添加剂对 TX-10 溶液表面张力影响

1—*N*-甲基乙酰胺（3mol/L）；2—无添加剂；3—果糖（1mol/L）；4—木糖（1mol/L）

与 *N*-甲基乙酰胺相似，尿素等水溶性的、强极性的添加物也能使聚氧乙烯链的非离子型表面活性剂的 cmc 有比较大的改变。此类能使表面活性剂的 cmc 增加的强极性添加物，也能使表面活性剂在水中的溶解度大为增加。例如，在 28℃时 $C_{16}H_{33}SO_4Na$ 在水中几乎不溶（$<10^{-4}$mol/L），而在 3mol/L *N*-甲基甲酰胺水溶液中，$C_{16}H_{33}SO_4Na$ 的溶解度剧增至 0.01mol/L 以上。

③ 多羟基化合物　另外一类强极性的、水溶性的多羟基化合物，如果糖、木糖（见图 4-63）以及山梨糖醇、环己六醇则使表面活性剂的 cmc 降低。环己六醇对表面活性剂 cmc 的下降作用大于山梨糖醇。当环己六醇浓度为 0.5mol/L 时，$C_9H_{19}C_6H_4O(C_2H_4OH)_{13}H$（NP-13）的 cmc 可降至无醇时的 1/4(甚至还小)。当溶液中有尿素（6mol/L）存在时，加入多元醇仍然能降低 cmc，但由于尿素这一水结构破坏者的影响，降低 cmc 的效率较差。这两种多元醇对聚氧乙烯链较长的 $C_9H_{19}C_6H_4O(C_2H_4OH)_{31}H$ 亦有类似作用，只是作用较小。认为山梨糖醇与环己六醇的主要作用是使表面活性剂分子的亲油基在水中的稳定性降低，于是易于形成胶束；而不能解释为降低水之活度。

**(2) 极性有机物对表面活性剂水溶液表面张力的影响**　极性有机物的存在对表面活性剂溶液的表面张力有显著影响。在浓度一定的十二烷基硫酸钠溶液中加入十二醇后，表面张力即随醇浓度增加而下降，浓度为 0.0174mol/L 溶液的表面张力从无醇时的 37mN/m 下降到醇与表面活性剂之比为 0.08 时的 22mN/m。浓度为 0.00347mol/L 溶液约为 45mN/m 降至 23mN/m，影响更为显著。应注意到，0.0174mol/L 这一浓度已超过 $K_{12}$ 的 cmc，溶液表面张力已达极限值（37mN/m）；但在低于 cmc 的溶液（0.00347 mol/L）中加入少量 $C_{12}H_{25}OH$ 后，却能使表面张力下降到 23mN/m 之低。

在 $C_8H_{17}OH/C_8H_{17}SO_4Na$ 体系中也有类似情况。图 4-64 为 $C_8H_{17}OH$ 与 $C_8H_{17}SO_4Na$ 物质的量比为 0.109 时的溶液表面张力。从图可以看出，当 $C_8H_{17}SO_4Na$ 的浓度到 0.055mol/L 以后（直到 0.11mol/L），表面张力达最低值 22mN/m；浓度为 0.02mol/L 时的表面张力也仅为 28mN/m。与无醇的 $C_8H_{17}SO_4Na$ 溶液相比较，醇的存在使溶液表面张力

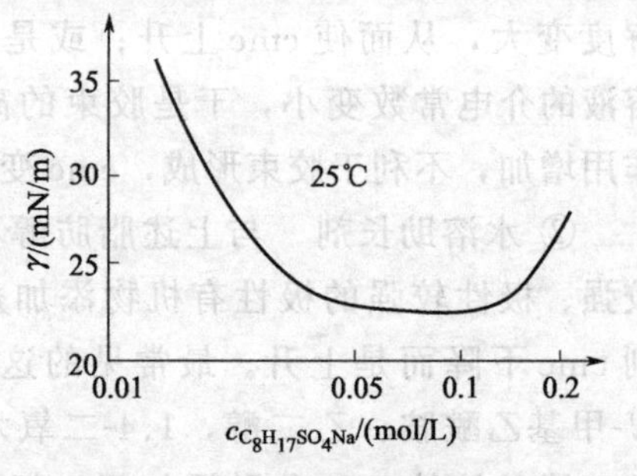


图 4-64　正辛醇对辛基硫酸钠水溶液表面张力影响

大为降低：0.02mol/L、0.05mol/L 及 0.1mol/L $C_8H_{17}SO_4Na$ 溶液的表面张力分别为 64mN/m、53mN/m、43mN/m 左右；浓度在 0.11mol/L 以上时，溶液表面张力又上升，这是由于 $C_8H_{17}OH$ 参加胶束形成，被加溶于胶束之中的缘故。0.0015mol/L 正辛醇水溶液的表面张力为 42mN/m，而加入 $C_8H_{17}SO_4Na$ 溶液（0.1mol/L）中后，却使表面张力降至 25mN/m。这可能由于 $C_8H_{17}OH$ 与 $C_8H_{17}SO_4Na$ 的分子间有较强烈相互作用（碳氢链间的疏水作用加极性头间的氢键结合），因而醇分子及表面活性离子在表面上的定向排列很紧密，大大改变了水表面性质，使之接近非极性表面，表现出很低的表面张力。对于 $C_{12}H_{25}OH/C_{12}H_{25}SO_4Na$ 体系溶液的表面，情况亦是如此。

加醇后的表面活性剂溶液，在其他一些性质上也有突出的变化。溶液的表面黏度，由于加入醇后而增加。当溶液中无醇或仅有极少量醇时，表面黏度与水无异；当醇与表面活性剂浓度比达 3/100 以上时，则表面黏度大为增加。表面黏度的增加似乎和上述的表面吸附分子的紧密定向排列有关。实验中发现，气体透过液膜的速度，在 $C_{12}H_{25}SO_4Na$ 溶液中有 $C_{12}H_{25}OH$存在时，比无醇时慢，这也间接表明有醇时的表面吸附膜比较致密，抑制了气体通过。

在有醇存在的表面活性剂溶液中，表面张力随表面形成时间的变化与无醇时不同，到达平衡需要较长的时间。图 4-65 表明十二烷基硫酸钠溶液的表面张力与浓度的关系。曲线 1 及曲线 2 为同一样品而表面陈化时间不同所得的结果。曲线 2、3、4 则为陈化时间相同而溶液不同的结果，在曲线转折点以下浓度的表面张力值基本上重合在一起。实验中发现，高度提纯的 $C_{12}H_{25}SO_4Na$ 溶液，其平衡表面张力曲线与陈化 1s 的表面张力曲线相近。对于较长链的脂肪酸及脂肪醇，其水溶液的表面张力的平衡值也能在较快的时间内达到。但对于含有少量 $C_{12}H_{25}OH$“杂质”的 $C_{12}H_{25}SO_4Na$ 溶液，其表面张力的时间效应则很长。因此，可以认为溶液表面张力的长时间效应可能是由于醇与表面活性剂竞争吸附的结果。此种时间效应在用振荡射流法研究动表面张力时也有明显的表现。

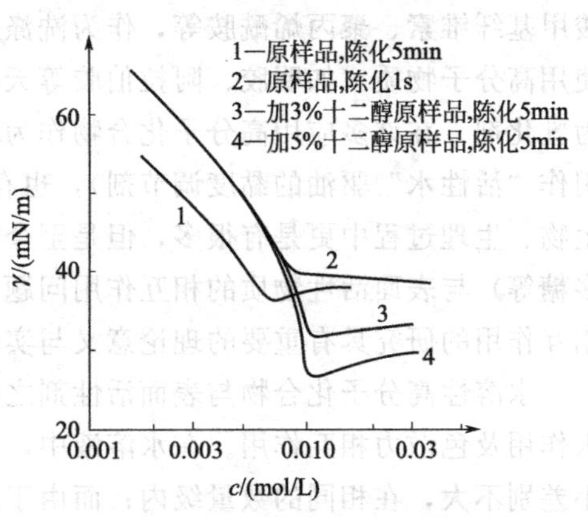

图 4-65 $K_{12}$溶液的表面张力

**(3) 极性有机物对表面活性剂在水中溶解度的影响** 烷基苯磺酸盐，其中特别是从四聚丙烯生产出来的烷基苯磺酸盐，在水中的溶解度太小，于应用不利，在需要以其制成“液体肥皂”时则更是如此。因此，需要在配方中加入增加溶解度的添加剂（即助溶剂）。前面叙述过的极性有机物 $CH_3CONCH_3$，对于$C_{16}H_{33}SO_4Na$即为一种助溶剂。尿素也有助溶作用。除了这类一般极性有机物，更常用作助溶剂的是二甲苯磺酸钠一类化合物。这类化合物实际上已非一般极性有机物，而是有机盐（有机电解质）。30%二甲苯磺酸钠与 70%十二烷基苯磺酸钠的混合物，比单纯的十二烷基苯磺酸钠的水溶性要好得多，而且其他特性亦与单纯的表面活性剂很接近，并不因混入相当大量的非表面活性剂而显著降低表面活性。一些助溶剂对十二烷基苯磺酸钠水中溶解性的影响见图 4-66。

从图 4-66 可以看出，在所研究的范围内，单独一种助剂的作用并不大，但当有另一种添加剂存在时，则助溶剂的效率大大提高，在浓度较稀时即可将表面活性剂的溶解（到 10%浓度）温度显著降低。助溶作用的机理比较复杂。一般在长链表面活性剂分子之间的相互作用相当强烈，在溶液中容易形成不溶的晶体（即表面活性剂的 Krafft 点较低），或是产

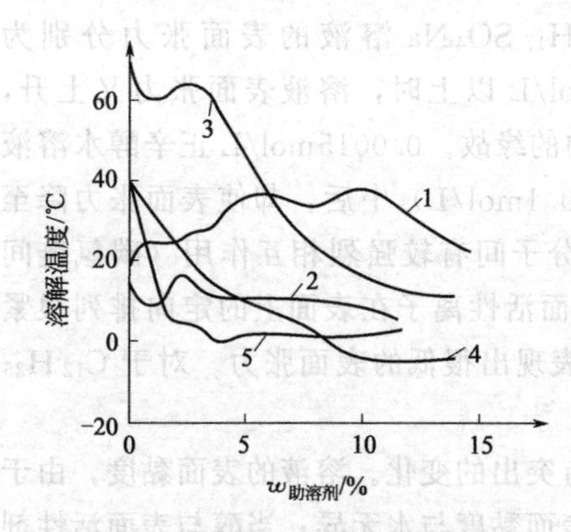


图 4-66 助溶剂对 LAS 溶解性的影响
1—二甲苯磺酸钠；2—辛基硫酸钠；3—二甲苯磺酸钠+4%$Na_2SO_4$；4—二甲苯磺酸钠+5%椰子油酰二乙醇胺；5—辛基硫酸钠+5%椰子油酰二乙醇胺

生液晶；前者是表面活性剂溶解度都甚低的情况下，未形成胶束即已不能溶解而结晶、沉淀。助溶剂的作用在于防止溶液中表面活性剂晶相（或液晶相）形成。由于助溶剂分子有较大的极性头和较小的亲油基，根据聚集体的分子几何排列考虑，此种混合体系容易形成球形胶束，而不易形成晶状、液晶结构。助溶剂的这种防止或破坏结晶形成的作用增加了表面活性剂在水相中的溶解度。

## 4.6.3 水溶性高分子化合物

在实际应用中，表面活性剂往往和一些水溶性高分子一起复配使用。例如，照相乳剂中一个主要成分是明胶（一种蛋白质），而表面活性剂在其中也是不可缺少的助剂；在洗涤剂配方中，常加入一些羧甲基纤维素、聚丙烯酰胺等，作为洗涤过程中的污垢悬浮、分散剂；在乳状液中往往同时使用高分子物质（如明胶、阿拉伯胶等天然高分子及其他合成高分子）和表面活性剂一起作为乳化剂。在许多应用高分子化合物作为增稠剂的场合（如在油田化学中，高分子化合物常用作“活性水”驱油的黏度调节剂），也存在着高分子化合物与表面活性剂的相互作用；在生物、生理过程中更是有很多，但是至今尚未清楚了解的生物高分子（特别是各种蛋白质、多糖等）与表面活性物质的相互作用问题。总之，对水溶性高分子化合物与表面活性剂之间相互作用的研究具有重要的理论意义与实际意义。

水溶性高分子化合物与表面活性剂之间的作用一般可以分为三种，即电性相互作用、疏水作用及色散力相互作用。在水溶液中，水与水分子和水与碳氢链之间的色散力相互作用大小差别不大，在相同的数量级内；而由于水这种溶剂具有特殊的液体结构而引起的碳氧链之间的疏水作用则较强。因此，对于一般非电解质的中性水溶性高分子，与表面活性剂的相互作用主要是碳氢链间的疏水结合。几乎所有研究工作皆表明，高分子化合物的疏水性越强，则越容易与表面活性剂相互作用而成“复合物”，此即疏水作用为水溶性高分子化合物与表面活性剂的主要相互作用的一个明证。

通过加入水溶性高分子化合物对表面活性剂溶液性质的影响之研究，可以逐步了解二者之间相互作用的本质。因此，一般适于研究表面活性剂溶液性质的方法，也常用于研究高分子化合物与表面活性剂之间的相互作用，例如，溶液表面张力、黏度、电导率等性质的测定，对染料等的加溶作用的研究以及光谱研究等。

在表面活性剂中加入聚乙二醇（PEG）或聚氧乙烯（PEO）对溶液性质的影响，已有不少研究。溶液表面性质上发生的变化，其特点是表面活性剂溶液 $\gamma$-lg$c$ 曲线上出现两个转折点（图 4-67）。第一个转折点的溶液浓度低于纯表面活性剂的 cmc，但表面张力高于纯表面活性剂 cmc 时的最低表面张力。

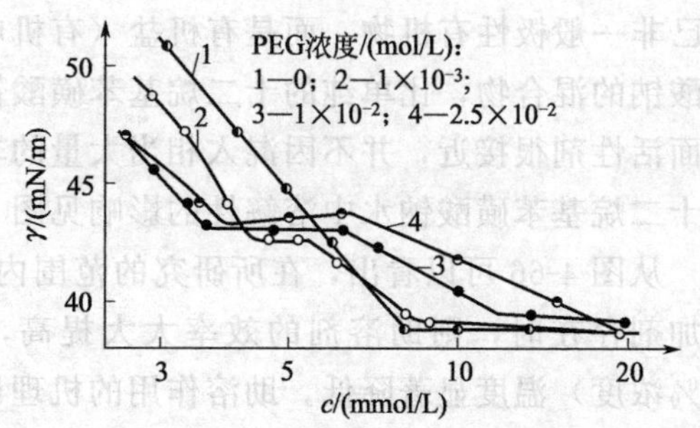


图 4-67 PEG 对 LAS 溶液表面张力的影响（25℃）

图 4-68 则为高分子化合物相对分子质量

的影响。当相对分子质量较小时，第一转折点的表面活性剂浓度较大，而在此浓度时的表面张力则较低，接近纯表面活性剂 cmc 时的表面张力。这种在表面张力曲线中出现两个转折点的现象，普遍存在于表面活性剂与水溶性高分子化合物的混合溶液中。

聚乙烯吡咯烷酮（PVP）对十二烷基硫酸钠溶液表面张力的影响见图 4-69。图中的 $\gamma$-lg$c$ 曲线皆显示出两个转折点，对于非极性基（碳氢链部分）比例较大的高分子化合物，在水溶液中表面活性较高（即降低水的表面张力的能力较强），则当其相对分子质量较大或浓度较大时，与表面活性剂的混合溶液的表面张力曲线不易显示出两个转折点，甚至有时没有清楚的转折点。

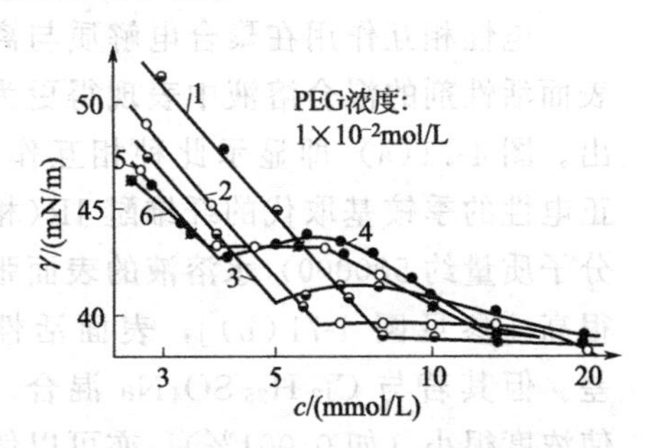


图 4-68 PEG 相对分子质量对 LAS 溶液表面张力的影响（25℃）

1—无 PEG；2—PEG600；3—PEG550；4—PEG4000；5—PEG12000；6—PEG20000

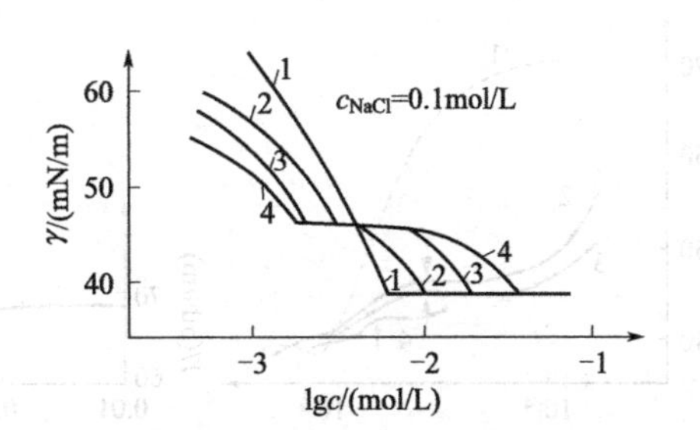


图 4-69 PVP 对 LAS 溶液表面张力的影响（30℃）

$w_{PVP}$%：1—0；2—0.01；3—0.05；4—0.1

可以认为，这种在表面张力曲线中存在两个转折点的现象，是高分子化合物与表面活性剂在水溶液中通过彼此碳氢链之间的疏水相互作用而结合的结果。此种结合常被称为形成“复合物”，或是大分子“吸附”了表面活性剂分子。在第一转折点时，大分子开始明显地“吸附”表面活性剂，溶液中表面活性剂的活度与无高分子化合物存在时相比显著降低。于是溶液表面吸附随浓度增加而增加的量不多，故表面张力下降率变小。至吸附达到饱和时，未被吸附的表面活性剂（“单体”，未缔合者）浓度亦达到胶束形成所需浓度，此后即不断形成胶束，溶液表面张力不再发生明显变化。

通过对高分子化合物与表面活性剂混合溶液的渗析实验，可以测定出高分子化合物对表面活性剂的“吸附”量。图 4-70 为聚乙烯吡咯烷酮（PVP）对几种烷基硫酸钠（$RSO_4Na$）在水溶液中的吸附量与表面活性剂浓度的关系。吸附曲线的起点浓度与表面张力-浓度对数曲线的第一转折点相应，可见上述关于两个转折点的情况分析是合理的。表面活性剂的 cmc 及第二转折点的浓度（$T_2$），可作出（$T_2-$cmc）对高分子浓度（$c$）的图。此种关系基本上是一直线。（$T_2-$cmc）实际上可以看作是由于被高分子“吸附”而引起的表面活性剂浓度变化。此浓度变化随高分子的浓度增加而增加，基本上成直线关系。因此可以推测，高分子“吸附”表面活性剂后所形成的“复合物”有一定的组成，即高分子与表面活性剂的比例有恒定的值。

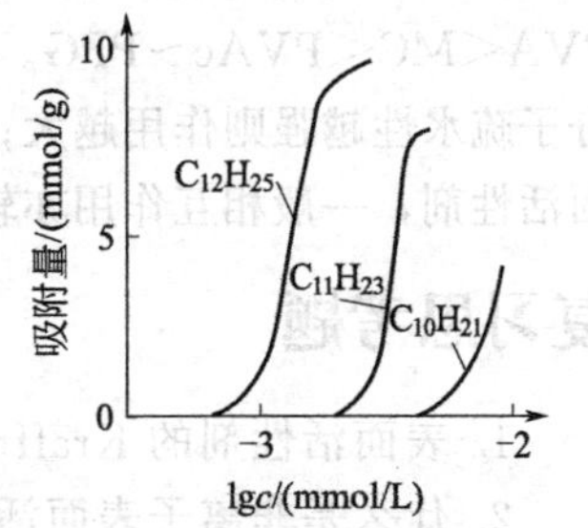


图 4-70 烷基硫酸钠在 PVP 上的吸附

在高分子化合物与表面活性剂的相互作用中，除碳氢链间的疏水结合作用外，有些体系尚需考虑电性相互作用。在研究聚乙二醇（PEG）与表面活性剂之间的相互作用时发现，阳离子表面活性剂与阴离子表面活性剂有所不同。如前所述，PEG 的存在使 $C_{12}H_{25}SO_4Na$ 溶液的 $\gamma$-

lg$c$ 曲线出现两个转折点；但 $C_{12}H_{25}N(CH_3)_3Cl$ 溶液在有 PEG12000 存在时，$\gamma$-lg$c$ 曲线无第二个转折点。一般来说，只有当表面活性剂的碳氢链长增加时，在 $\gamma$-lg$c$ 线上才有两个转折点出现。$C_{18}H_{37}N(CH_3)_3Cl$ 与 PEG 混合溶液的电导测量表明，在温度较低时（25℃）电导率-浓度曲线上有两个转折点，位置与 $\gamma$-lg$c$ 曲线的两个转折点相应。但温度升高之后（60℃），则仅有一个转折点，表示高分子化合物与表面活性剂间无明显作用，未生成复合物。

产生这种现象的原因，可以归因于聚乙二醇分子中的"醚键"氧原子（—O—）有未成键的孤对电子，在水溶液中有与 $H^+$ 结合的趋势。于是，聚氧乙烯链稍带正电性，易于与表面活性阴离子结合，而不易与表面活性阳离子结合。

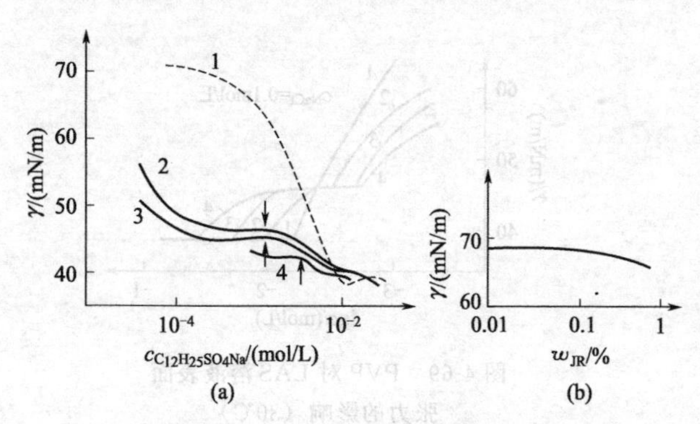


图 4-71 JR 对 LAS 溶液表面张力的影响

JR 的质量分数：1—0；2—0.001%；3—0.01%；4—0.1%（↓或↑表示沉淀或相分离）

电性相互作用在聚合电解质与离子表面活性剂的混合溶液中表现得更为突出。图 4-71(a) 即显示此种相互作用。正电性的季铵基取代的纤维醚 JR（相对分子质量约 500000）水溶液的表面张力很高［参见图 4-71(b)］，表面活性甚差。但其若与 $C_{12}H_{25}SO_4Na$ 混合，即使浓度很小（如 0.001%），亦可以使表面张力自无 JR 时的 70mN/m 左右降至 46mN/m 左右。由此可见高分子化合物与表面活性剂的正、负电性的强烈作用（阳离子表面活性剂或甜菜碱类两性离子表面活性剂则与 JR 无明显作用）。

综合有关中性水溶性高分子化合物与表面活性剂相互作用的实验结果，大致可以得到下述一些规律。对于阴离子表面活性剂，高分子化合物与之作用强烈程度的次序一般为：PVA＜PEG＜MC（即甲基纤维素）＜PVAc＜PPG～PVP。高分子化合物与阳离子表面活性剂作用较弱，也研究得较少。以 $RNH_2 \cdot HCl$ 为例，其作用次序为：PEO＜PVP＜PEG＜PVA＜MC＜PVAc～PPG。从上述次序不难看出，有两个主要因素影响相互作用的大小：高分子疏水性越强则作用越大；高分子与表面活性剂的电性差异越大则作用越强。对于非离子表面活性剂，一般相互作用亦较弱；表面活性剂的碳氢链越长则与高分子的相互作用越强。

# 复习思考题

1. 表面活性剂的 Krafft point 是什么？影响 Krafft point 的因素有哪些？

2. 什么是非离子表面活性剂的浊点？影响非离子表面活性剂浊点的因素有哪些？哪些类型的非离子表面活性剂有浊点的性能，为什么？

3. 表面活性剂在溶液界面上的吸附状态是什么？影响吸附量的因素有哪些？如何测定液体的表面张力？

4. 简述表面活性剂在溶液中的状态。

5. 什么是表面活性剂的临界胶束浓度？影响临界胶束浓度的因素有哪些？

6. 简述界面电荷产生的机理。

7. 什么是表面活性剂混合溶液的协同效应？在实际应用中如何利用表面活性剂混合溶液的协同效应？

8. 添加剂对表面活性剂溶液性质的影响有哪些？

# 5 表面活性剂的基本作用与应用

表面活性剂的分子由疏水基和亲水基组成。依据“相似相亲”的原则，当表面活性剂分子进入水溶液后，表面活性剂的疏水基为了尽可能地减少与水的接触，有逃离水体相的趋势，但由于表面活性剂分子中亲水基的存在，又无法完全逃离水相，其平衡的结果是表面活性剂分子在溶液的表面上富集，即疏水基朝向空气，而亲水基插入水相。当表面上表面活性剂分子的浓度达到一定值后，表面活性剂基本上是竖立紧密排列，形成一层界面膜，从而使水的表面张力降低，赋予表面活性剂润湿、渗透、乳化、分散、起泡、消泡、去污等作用。

由于表面活性剂疏水基的疏水作用，表面活性剂分子在水溶液中发生自聚，即疏水基链相互靠拢在一起形成内核，远离环境，而将亲水基朝外与水接触。表面活性剂分子在水溶液中的自聚（或称自组装、自组）形成多种不同结构、形态和大小的聚集体（参见第 4 章)。使表面活性剂具有增溶以及衍生出胶束催化、模板功能、模拟生物膜等多种特殊功能。

表面活性剂已广泛应用于日常生活、工农业生产及高新技术领域，是最重要的工业助剂之一，被誉为“工业味精”。在许多行业中，表面活性剂起到画龙点睛的作用，只要很少量即可显著地改善物质表面（界面）的物理化学性质，改进生产工艺、降低消耗和提高产品质量。根据应用领域的不同，表面活性剂分民用表面活性剂和工业用表面活性剂两大类。

民用表面活性剂主要是用作洗涤剂，如衣用、厨房用、餐具用、居室用、卫生间用、消毒用和硬表面用以及个人卫生用品如香波、浴液和洗脸、洗手用的香皂、液体皂、块状洗涤剂等。其次是用作各种化妆品的乳化剂。

工业用表面活性剂可以分成两大类。一类是工业清洗，例如火车、船舶、交通工具的清洗，机器及零件的清洗，电子仪器的清洗，印刷设备的清洗，油贮罐、核污染物的清洗，锅炉、羽绒制品、食品的清洗等等。根据被洗物品的性质及特点而有各种配方，借助表面活性剂的乳化、增溶、润湿、渗透、分散等作用和其他有机或无机助剂的助洗作用，并施以机械力搅动，达到去除油渍、锈迹、杀菌及保护表面层的目的。另一类是利用表面活性剂的派生性质作为工业助剂使用，应用于如润滑、柔软、催化、杀菌、抗静电、增塑、消泡、去味、增稠、防锈、防水、驱油、防结块、浮选、相转移、电子工业、仿生材料、聚合、基因工程、生物技术等方面，还有许多应用正在不断开发中。

工业表面活性剂除了一般的阴离子、非离子、阳离子、两性离子表面活性剂以外，为满足合成橡胶、合成树脂、涂料生产中乳液聚合的需要，还开发了功能性表面活性剂，如反应性表面活性剂，分解性表面活性剂，含硅、氟、硼等特种表面活性剂等而广泛应用于纺织印染、合成纤维工业、石油开采、化工、建材、冶金、交通、造纸、水处理、农药乳化、化肥防结块、油田化学品、食品、胶卷、制药、皮革和国防等各个领域。

## 5.1 润湿作用

### 5.1.1 润湿

当固体与液体接触时，原来的固-气、液-气表面消失形成了新的固-液界面，这种固体表面上气体被液体所替代的过程叫润湿。

润湿一般分为三类：附着润湿——粘湿；浸入润湿——浸湿；铺展润湿——铺展。不论何种润湿过程，其实都是界面性质及界面能量的变化过程。

**(1) 粘湿** 指液体与固体接触，变液-气界面和固-气界面为固-液界面的过程。该过程体系的吉布斯自由能降低值$-\Delta G=W_a$，$W_a$称为黏附功。若以$\gamma_{sg}$代表固-气界面张力，$\gamma_{lg}$代表液-气界面张力，$\gamma_{sl}$代表固-液界面张力，则$W_a=\gamma_{sg}+\gamma_{lg}-\gamma_{sl}$。恒温恒压下，$W_a>0$，即自发粘湿。

**(2) 浸湿** 指固相浸入液体中的过程，即固-气界面为固-液界面所代替的过程。该过程体系的吉布斯自由能降低值$-\Delta G=W_i=\gamma_{sg}-\gamma_{sl}$，$W_i$称为浸湿功。恒温恒压下，$W_i>0$，能自发浸湿。

**(3) 铺展** 指液体在固体表面铺展的过程，即固-气界面为固-液界面所代替的过程。该过程体系的吉布斯自由能降低值$-\Delta G=W_s=S=\gamma_{sg}-\gamma_{sl}-\gamma_{lg}$。$W_s$称为铺展功，也称铺展系数$S$。恒温恒压下，$S>0$，液体可以在固体表面上自动铺展，连续地从固体表面上将气体取代。

从以上讨论可知，三种润湿发生的条件为：

$$\left.\begin{array}{ll}\text{粘湿} & W_a=\gamma_{sg}+\gamma_{lg}-\gamma_{sl}\geqslant 0\\ \text{浸湿} & W_i=\gamma_{sg}-\gamma_{sl}\geqslant 0\\ \text{铺展} & W_s=\gamma_{sg}-\gamma_{sl}-\gamma_{lg}\geqslant 0\end{array}\right\}\tag{5-1}$$

对于同一体系，$W_a>W_i>S$。因此，当$S\geqslant 0$时，必有$W_a>W_i>0$。若液体能在固体上铺展，则必能粘湿与浸湿，亦即铺展是润湿的最高标准。因此，常以铺展系数$S$作为体系润湿性能的指标。式(5-1)中，固体的表面张力$\gamma_{sg}$和固-液界面张力$\gamma_{sl}$难以直接从实验测定，所以需要引入接触角的概念。

### 5.1.2 接触角和润湿方程

如图5-1所示，(a)、(b)、(c)、(d)分别表示在一固体表面上滴一滴不同组成液体所出现的四种情况。其中，(a)为完全润湿，(b)为部分润湿，(c)为基本不润湿，(d)为完全不润湿。

把在气、液、固三相交界处的气-液界面和固-液界面之间的夹角叫接触角，以$\theta$表示。当$\theta=0°$时，表示完全润湿；当$0°<\theta<90°$时，为部分润湿；当$90°<\theta<180°$时，为基本不润湿；当$\theta\geqslant 180°$时，为完全不润湿。

现以图5-1中的(b)为例，平衡时，$\gamma_{sg}$，$\gamma_{sl}$，$\gamma_{lg}$及$\theta$的关系为：

$$\gamma_{sg}-\gamma_{sl}=\gamma_{lg}\cos\theta \tag{5-2}$$

式(5-2)即为润湿方程，亦即杨氏（Young）方程。将式(5-2)分别代入式(5-1)中，则有：

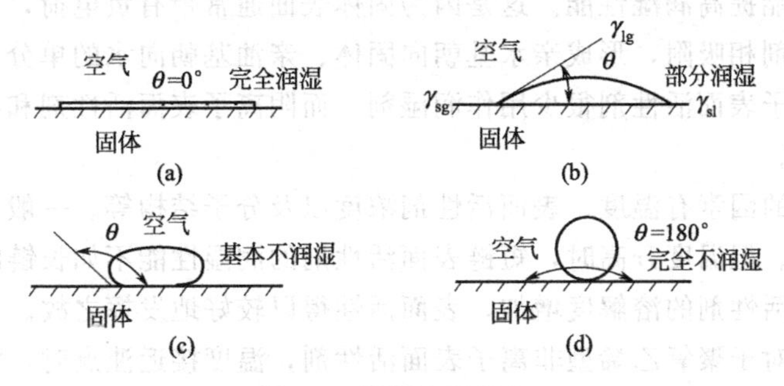


图 5-1 润湿与接触角

$$\left.\begin{aligned}W_a&=\gamma_{lg}(\cos\theta+1)\\W_i&=\gamma_{lg}\cos\theta\\W_s&=\gamma_{lg}(\cos\theta-1)\end{aligned}\right\}\tag{5-3}$$

由此可以看出，只要测出液体的表面张力 $\gamma_{lg}$ 和接触角 $\theta$ 后，即可求得 $W_a$，$W_i$ 和 $W_s$ 值，从而可解决应用各种润湿条件的困难。

从式(5-3) 可以看出，接触角的大小也是润湿好坏的判据，它与前述能量判据有如下关系：

粘湿 $W_a=\gamma_{lg}(\cos\theta+1)\geqslant0$ $\theta\leqslant180°$

浸湿 $W_i=\gamma_{lg}\cos\theta\geqslant0$ $\theta\leqslant90°$

铺展 $W_s=\gamma_{lg}(\cos\theta-1)\geqslant0$ $\theta=0°$

通常可用液体在固体表面受力达到平衡时形成的接触角大小来判断润湿或不润湿。$\theta>90°$称为不润湿；$\theta<90°$，称为润湿。$\theta$ 越小，润湿性越好；当 $\theta=0°$时称为铺展。

## 5.1.3 表面活性剂的润湿作用

由润湿方程可以看出，固体表面能愈高，即 $\gamma_{sg}$ 越大，越易润湿，即高能表面固体比低能表面固体易于润湿。但是固体表面能的测定比较困难，只能知道一个范围。一般液体的表面张力都在 0.1N/m 以下，我们把表面张力大于 0.1N/m 的固体称为高能表面固体，如金属及其氧化物、硫化物、无机盐等无机固体；而表面张力小于 0.1N/m 的固体称为低能表面固体，如有机固体、高聚物等。高能固体表面如与一般液体接触，体系表面的吉布斯自由能将有较大降低，故可被一般液体润湿；低能固体表面一般润湿性能不好。

在液体中加入某种表面活性剂，可改变液体对固体表面的润湿性能。把水滴在石蜡上，石蜡几乎不被润湿，如在水中加入少量表面活性剂，就很容易润湿石蜡表面。这是因为当在水滴中加入表面活性剂形成水溶液时，由于表面活性剂有降低液-气表面张力和液-固界面张力的作用，改变了上述界面上的受力关系，结果水滴就可以在石蜡表面铺展，由不润湿变为润湿。这种借助表面活性剂来润湿物体的作用叫润湿作用，帮助润湿作用发生的表面活性剂叫作润湿剂。

如纺织纤维是一种多孔性物质，有着巨大的表面。当溶液沿着纤维铺展时，会渗入到纤维间的空隙里，并将空气驱赶出去，把原来的空气-纤维接触面变成了液体与纤维的接触面，这就是一个典型的润湿过程。而溶液同时会进入纤维内部，这一过程叫渗透。帮助渗透作用发生的表面活性剂叫做渗透剂。

作为润湿剂的表面活性剂应具有强的降低表面张力的能力，但并不是所有能降低表面张力的表面活性剂都能提高润湿性能。这是因为固体表面通常带有负电荷，易于与带相反电荷的阳离子表面活性剂相吸附，形成亲水基朝向固体、亲油基朝向水的单分子膜，反而不易被水润湿，所以阳离子表面活性剂很少用作润湿剂。而阴离子表面活性剂和某些非离子表面活性剂适合做润湿剂。

影响润湿作用的因素有温度、表面活性剂浓度以及分子结构等。一般来说，提高温度有利于提高润湿性能。但温度升高时，短链表面活性剂的润湿性能不如长链的好。这是因为温度升高，长链表面活性剂的溶解度增加，表面活性得以较好地发挥之故。而温度低时，长链的不如短链的好。对于聚氧乙烯型非离子表面活性剂，温度接近浊点时，润湿性能最佳。

通常，在低于表面活性剂 cmc 的情况下，润湿时间的对数与浓度的对数呈线性关系，浓度提高，润湿性能趋好。当浓度高于 cmc 时，不再呈线性关系。因此，作为润湿剂使用的表面活性剂浓度不宜过高，一般略高于 cmc 即可。

对于直链烷基表面活性剂来说，如果亲水基在链的末端，直链碳原子数在 8～12 时表现出最佳的润湿性能。对于相同亲水基的表面活性剂，随碳链增长，HLB 值下降，当 HLB 值在 7～15 范围时润湿性能最好。支链烷基苯磺酸钠的润湿性能优于直链烷基苯磺酸钠。

一般情况下，亲水基在分子中间者的润湿性能比在末端的好。对于聚氧乙烯型非离子表面活性剂，当 R 为 $C_7$～$C_{10}$时，润湿性能最好。以碳链为 $C_8$～$C_9$ 为例，当 EO 数为 10～12 时，润湿性能最好。

### 5.1.4 润湿作用的应用

**(1) 矿物浮选** 许多重要的金属，如铜、钼等，在粗矿中的含量很低，因此在冶炼之前，必须设法使有用的矿石与脉石或矿石中的杂质分离来提高矿石中金属的含量，使其有利用的经济价值，为此常采用浮选的方法。工业上可用浮选法处理的矿石包括镍矿、金矿以及方解石、重晶石（硫酸钡）、白钨矿（即钨酸钙）、碳酸锰、氧化锰、氧化铁、石榴石、氧化钛、硅石和硅酸盐类、煤、石墨、硫黄、可溶性盐类如氯化钾等。

矿物浮选是借助气泡浮力来浮选矿石实现矿石和脉石分离的方法，称为固-固分离浮选。所用浮选剂由捕集剂、起泡剂、pH 调节剂、抑制剂和活化剂等成分按适当比例配制而成。其中的主成分有捕集剂和起泡剂。

捕集剂是将亲水的矿物表面变为疏水的表面，以利于矿物易黏附于气泡上的药剂。捕集剂的吸附机理有两种：一种是依靠粒子表面和捕集剂离子之间的化学作用；另一种是依靠静电作用进行吸附。常用的表面活性剂捕集剂主要是阴离子和阳离子表面活性剂。阴离子表面活性剂捕集剂如黄原酸盐用于硫化矿的浮选；羧酸盐、烷基磺酸盐、烷基硫酸盐等用于非硫化矿的浮选。阳离子表面活性剂捕集剂如伯胺、仲胺、叔胺及季铵盐类常用于表面电荷呈阴离子的 pH 范围内，如钼酸盐、磷酸盐和硫黄的浮选。

为了使有用矿物有效地富集在空气与水的界面上，必须利用起泡剂产生大量泡沫，造成大量的界面。在浮选时加入起泡剂，还能够防止气泡的并聚，也能延长气泡在矿浆表面存在的时间。起泡剂必须具有良好的起泡性和选择性，且来源广、价格低。主要的起泡剂有松油、粗甲氧基甲基苯酚、异丁基甲氧苄醇、聚乙二醇类、三乙氧基丁烷、烷基苯磺酸钠、二聚乙二醇甲基叔丁基醚及三聚丙二醇甲醚等。

矿物浮选涉及气、液、固三相，泡沫浮选可用图 5-2 来描述。

将粉碎好的矿粉倒入水中，加入浮选剂，浮选剂中的捕集剂以亲水基吸附于矿粉晶体表

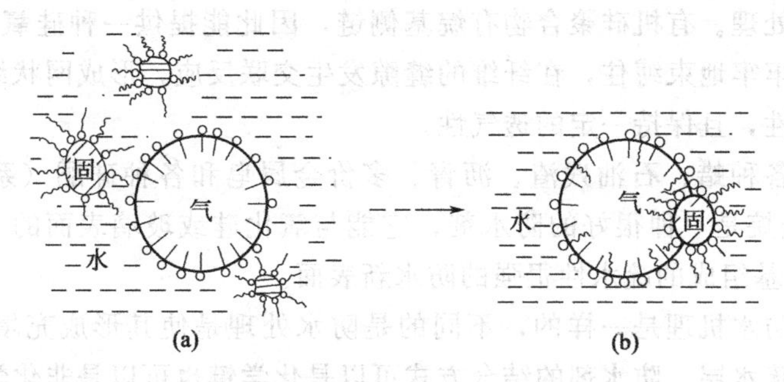


图 5-2 矿物浮选过程示意

面晶格缺陷处或带有相反电荷处作定向排列，疏水基进入水相，矿粉亲水的高能表面被疏水的碳氢链形成的低能表面所替代，如图 5-2(a) 所示，接触角 $\theta$ 会变大，矿粉有力图从水中逃逸出去的趋势。另一方面浮选剂中的发泡剂，在通空气时，就会产生气泡，发泡剂的两亲分子就会在气-液界面作定向排列，将疏水基伸向气泡内而亲水的极性头留在水中。在气-液界面形成的这种单分子膜使气泡稳定如图 5-2(a) 所示。吸附了捕集剂的矿粉由于表面的疏水性，于是就会向气-液界面迁移，与气泡发生"锁合"效应。即矿粉表面的捕集剂会以疏水的碳氢链插入气泡内，同时起泡剂也可以吸附在固-液界面上进入捕集剂形成的膜内。也就是说在锁合过程中，由起泡剂吸附在气-液界面上形成的单分子膜和捕集剂吸附在固-液界面上的单分子膜可以互相穿透形成固-液-气三相的稳定接触，将矿粉黏附在气泡上，如图 5-2(b) 所示。这样气泡就可以依靠浮力把矿粉带到水面上，达到选矿的目的。

**(2) 织物的防水与防油** 塑料薄膜和油布制成的雨衣，最大的缺点是不透气，穿久了很不舒服。将纤维织物用防水剂进行处理，可使处理后的纤维表面变为疏水性，具有防水性而空气和水蒸气的透过性不受阻碍。

织物防水问题实际上就是孔性固体表面的渗透现象，即伴随着毛细现象发生。防水织物由于表面的疏水性使织物与水之间的接触角 $\theta>90°$，在纤维与纤维间形成的"毛细管"中的液面成凸液面，凸液面表面张力的合力产生的附加压力 $\Delta p$ 的方向指向液体内部，因此有阻止水通过毛细管渗透下来的作用，如图 5-3(a) 所示。与此相反如图 5-3(b) 所示，非防水织物的表面是亲水性的，织物与水之间的接触角 $\theta<90°$，纤维间"毛细管"中的液面为凹液面，凹液面的表面张力合力产生的附加压力 $\Delta p$ 指向气相，有利于液体通过毛细管渗透下来。

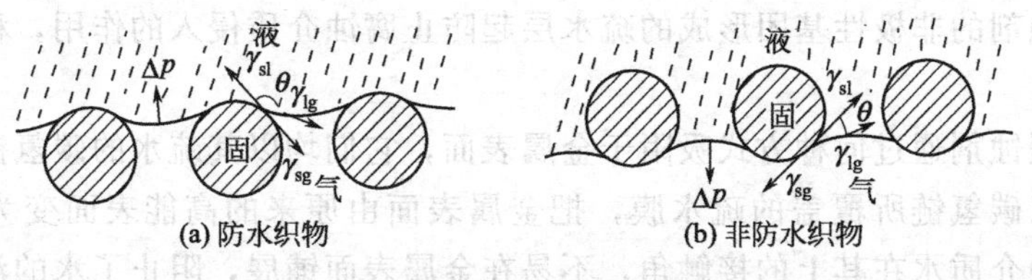


图 5-3 接触角对织物防水性的影响

织物防水处理后因仍保留多孔性结构，因此仍有良好的透气性。所以，防水织物只能说有防水作用，而不能说不透水，当施以足够的静压，水仍然可以通过。

对纤维防水处理可使用具有能与纤维亲水基反应的官能团和长链脂肪族疏水链的防水处理剂，在纤维表面形成极薄的强疏水性涂膜，经过这样处理的织物具有耐久的防水效果，所以称为永久性防水处理。有机硅聚合物有烷基侧链，因此能提供一种硅氧化合物型的表面，它们同样能被织物牢牢地束缚住，在纤维的缝隙发生交联反应，形成网状结构的表面层，使纤维表面变成疏水性，且保持一定的透气性。

防水材料包括各种蜡、石油残渣、沥青、多价金属皂和各种硅酮（系指聚硅氧烷，下同）。二甲基二氯硅烷是一种很好的防水剂，它能与氧化硅或玻璃表面的—OH 基反应、放出 HCl 而得到由甲基组成的疏水性很强的防水新表面。

纤维的防油与防水机理是一样的，不同的是防水处理是使其形成充填—$CH_3$ 基团的表面层或长碳氢链的疏水层，防水剂的结合方式可以是化学键也可以是非化学键。而纤维的防油处理是形成充填—$CF_3$ 基团的表面层，采用全氟碳化合物，使经处理后的临界表面张力要低于油的表面张力。代表性的处理剂是全氟烷基聚丙烯酸酯。

**(3) 金属的防锈与缓蚀** 金属在大气中、水中、土壤中都会发生腐蚀。金属和液体中的水相接触时，由于在金属表面存在晶格缺陷和晶界以及产生应力变形等，造成了金属表面的不均匀性，或由于溶液的电解质浓度以及氧浓度等的局部差异，形成局部电池而引起电化学腐蚀。电镀、喷涂油漆、衬里等可使金属避免腐蚀，但有些金属表面无法进行这类处理，这就需要应用腐蚀抑制剂。腐蚀抑制剂包括缓蚀剂和防锈添加剂两种。

常用的缓蚀剂有有机缓蚀剂和无机缓蚀剂两类，它们是用来加入水中或腐蚀介质中达到控制腐蚀速率的添加剂。无机缓蚀剂包括氧化性物质如铬酸盐、硝酸盐和非氧化性物质如硅酸钠、磷酸钠等，它们可阻止金属离子进入溶液或在金属表面形成表面膜。

有机缓蚀剂按其阻滞电化学反应机理来看，可分为阳极型、阴极型和混合型缓蚀剂。与无机缓蚀剂不同的是，有机缓蚀剂在金属表面是以形成吸附膜为主，也有形成钝化膜和沉淀膜的。有机缓蚀剂通常是由电负性较大的 O、N、S 和 P 等原子为中心的极性基和 C、H 原子组成的非极性基（如烷基）所构成，如胺类（单胺、二胺、酰胺、季铵盐或胺、酰胺的乙氧基化物等）、咪唑啉衍生物、酰基肌氨酸盐或氨基酸衍生物、硫脲衍生物、磷酸酯、多元醇等。极性基团吸附于金属表面，改变了双电层的结构，提高金属离子化过程的活化能；而非极性基团远离金属表面作定向排列，形成一层疏水的薄膜，成为腐蚀反应有关物质扩散的屏障，使腐蚀反应受到抑制，特别是在腐蚀性强的酸性介质中，有机缓蚀剂具有很好的缓蚀效果。

当缓蚀剂加入腐蚀介质中时，它的极性基团（即亲水基）通过物理吸附或化学吸附紧贴在金属表面，而非极性基（疏水基）则远离金属表面作定向排列。这样整个金属表面就形成一层疏水性的保护膜。这层膜对金属离子向外扩散和腐蚀介质或水向金属表面的渗透构成障碍。这种由缓蚀剂的非极性基团形成的疏水层起防止腐蚀介质侵入的作用，称为非极性基的屏蔽效应。

无论有机缓蚀剂通过何种方式吸附于金属表面，它们均以其疏水的碳氢链伸向水相，在金属表面形成以碳氢链所覆盖的疏水膜，把金属表面由原来的高能表面变为疏水的低能表面，增大了腐蚀介质水在其上的接触角，不易在金属表面铺展，阻止了水的渗入达到对金属的缓蚀目的。

防锈添加剂是油溶性表面活性剂。在金属表面涂上含有防锈添加剂的防锈油，添加剂的两亲分子在金属-油界面上以极性基吸附于金属表面而非极性的亲油基伸向油中，形成定向吸附的单分子膜，替代了原来的金属高能表面。在油相中，当添加剂的浓度超过临界胶束浓度后，添加剂还会自动聚集生成反胶束，正是这些胶束的存在，能将油中的腐蚀介质水加溶在胶束中，从而显著地降低了油膜的透水率。如石油磺酸钡、石油磺酸钙、二壬基萘磺酸钡、硬脂酸铝、山梨糖醇单油酸酯等。

防锈添加剂在金属-油界面上的定向吸附膜对金属表面起到屏蔽作用。由疏水基组成的吸附膜属低能表面，水和腐蚀介质在膜上会形成大的接触角而不易渗透，从而阻止了与金属表面的接触，达到防腐蚀的目的。

有些有机缓蚀剂具有水膜置换性能。将带有水膜的金属试片浸在含有某些缓蚀剂的矿物油中，水膜会被油膜取代，而有机缓蚀剂黏附于金属表面，并保护金属不锈。如图 5-4 所示。

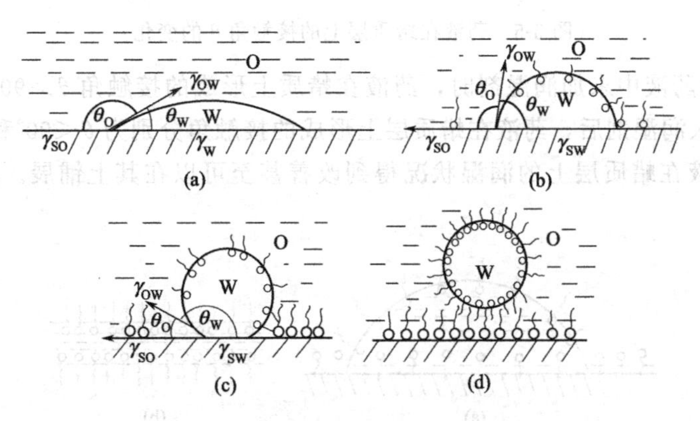


图 5-4　油溶性缓蚀剂的水膜置换作用

图 5-4(a) 为一接触角很小的水滴近于平铺在金属试片上，当把试片浸入矿物油中时，试片上的水膜几乎无变化。若在矿物油中加入十八胺，经过一段时间后，会出现图 5-4(b) 的状况，水膜开始收缩成水滴，若将试片竖起最后水滴会从试片上脱落下来，如图 5-4(c) 所示。这是因为当试片处于图 5-4(a) 的状态时，在油（O）、水（W）和金属表面（S）三相界面上存在下列平衡：

$$\gamma_{SW}=\gamma_{SO}+\gamma_{OW}\cos\theta_O$$

当矿物油中加入十八胺后，由于十八胺是油溶性的，可溶于矿物油中，而不能溶于水膜中。于是十八胺以氨基上孤电子与金属表面晶格中的金属原子中的空 d 轨道形成反馈键而吸附于金属表面，而以疏水的碳氢链伸入油相中的吸附态吸附于金属-油的固-液界面上，使 $\gamma_{SO}$ 下降。同时十八胺还可以极性的氨基伸入水相、亲油的碳氢链伸入油相的吸附态吸附于油-水界面上使 $\gamma_{OW}$ 下降，十八胺由于不溶于水而不能吸附于固-水界面上，因此 $\gamma_{SW}$ 不会发生变化。为了达成固-油-水三相间新的平衡。$\cos\theta_O$ 值必须增大即 $\theta_O$ 变小，反之 $\theta_W$ 增大。于是水膜就开始卷缩起来出现了图 5-4(b) 的状态，随着十八胺的不断溶解在固-油和油-水界面上的吸附量的增加，$\gamma_{SO}$ 和 $\gamma_{OW}$ 不断下降就出现了图 5-4(b) 的状态，水膜继续“卷缩”，$\theta_W$ 继续增大 $\theta_O$ 不断变小，当 $\theta_O=0°$ 时，金属-水界面完全被金属-油界面代替，油膜在金属表面铺展，水膜就完全变成水珠脱离金属表面完成水膜被置换的全过程。

由于十八胺的单分子膜其临界表面张力 $\gamma_c$ 可低至 22mN/m，因此，不但水不能在其单分子膜上铺展，就是油也不可能在上面铺展，因此在用十八胺做缓蚀剂进行水膜置换时，最后金属试片上只能留下十八胺的单分子吸附膜，连油膜也不可能在其上存在。若缓蚀剂改为其 $\gamma_c$ 较矿物油的表面张力稍大的其他缓蚀剂，在进行水膜置换后可留下一层油膜。十八胺由于单分子膜的 $\gamma_c$ 很低，因此不仅能防水还能起到防油的作用。

**(4) 在农药中的应用** 许多植物和害虫、杂草不易被水和药液润湿，不易黏附、持留，这是因为它们表面常覆盖着一层疏水蜡质层，这一层疏水蜡质层属低能表面，水和药剂在上面会形成接触角$\theta>90°$的液滴。加之蜡质层表面的粗糙会使$\theta$更进一步增大，造成药液对蜡质层的润湿性不好。如图 5-5 所示。

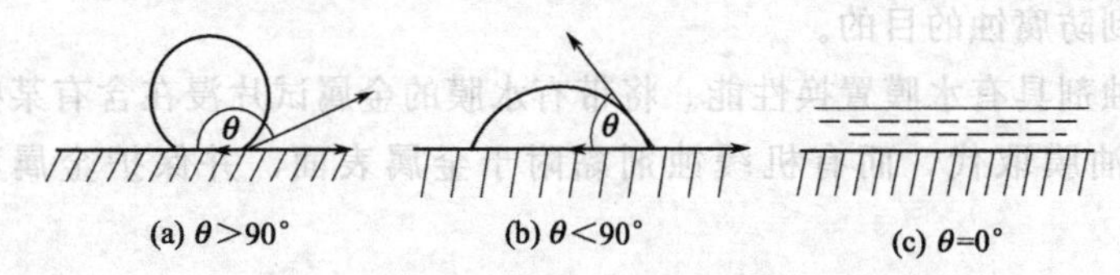


图 5-5 药液在蜡质层上的接触角$\theta$的变化

图 5-5(a) 为药液中未加润湿剂时，药液在蜡质上形成的接触角$\theta>90°$；图 5-5(b) 和 (c) 为药液中加入润湿剂后，药液在蜡质层上形成的接触角分别为$\theta<90°$和$\theta=0°$。说明加入润湿剂后，药液在蜡质层上的润湿状况得到改善甚至可以在其上铺展。其作用机理如图 5-6 所示。

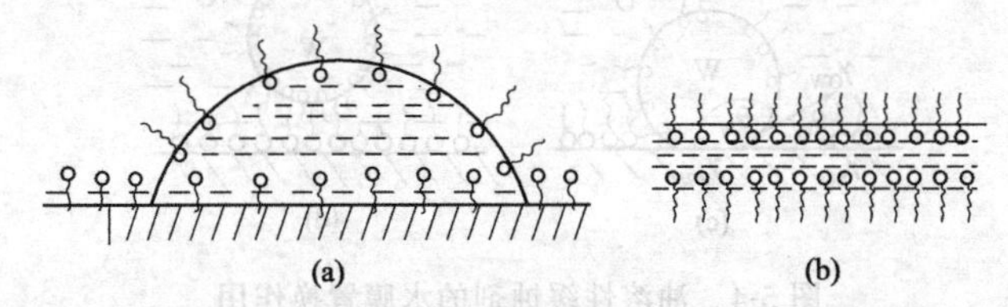


图 5-6 表面活性剂在蜡质层和药液表面的吸附对接触角的影响

当药液中添加了润湿剂后，润湿剂会以疏水的碳氢链通过色散力吸附在蜡质层的表面，而亲水基则伸入药液中形成定向吸附膜取代了疏水的蜡质层。由于亲水基与药液间有很好的相容性所以$\gamma_{sl}$下降，润湿剂在药液表面的定向吸附也使得$\gamma_{lg}$下降。为了维持杨氏方程两边相等，$\cos\theta$必须增大，接触角减小，这样药液润湿性得到改善，如图 5-6(a) 所示，药液在润湿剂形成的定向吸附膜上的液滴接触角$\theta<90°$。随着表面活性剂在固-液和气-液界面吸附量的增加，$\gamma_{sl}$和$\gamma_{lg}$会进一步下降，接触角由$\theta>90°$变到$\theta<90°$甚至$\theta=0°$，使药液完全在其上铺展，如图 5-6(b) 所示，药液在润湿剂形成的定向吸附膜上铺展，接触角$\theta=0°$。

由于植物、害虫和杂草的表面有很多的气孔，因此可以把药液在植物、害虫和杂草表面的润湿问题看成是多孔性固体的渗透问题。

渗透问题实际上是一种毛细现象。依据 Young-Laplace 和杨氏方程有：

$$\Delta p=\frac{2\gamma_{lg}\cos\theta}{\gamma}=\frac{2(\gamma_{sg}-\gamma_{sl})}{\gamma}$$

毛细管力$\Delta p$是渗透过程发生的驱动力。当药液中未加入渗透剂时，药液在蜡质的孔壁上形成的接触角$\theta>90°$，药液在孔中形成的液面为凸液面，$\Delta p<0$，方向指向药液内部起到阻止药液渗入孔里的作用，如图 5-7(a) 所示。孔径越小这种阻力越大，使药液难以渗入孔中。在药液中加入渗透剂后，渗透剂会在孔壁上形成定向排列的吸附膜以疏水基吸附在蜡质层孔壁上，亲水基伸向药液内，提高了孔壁的亲水性，使药液在孔壁上的接触角$\theta$减小，同时渗透剂在药液表面的吸附使$\gamma_{sl}$降低，更促使药液的接触角$\theta$进一步减小，随着渗透剂在孔壁和药液表面上吸附量的增加，接触角会由$\theta>90°$变至$\theta<90°$，毛细管力

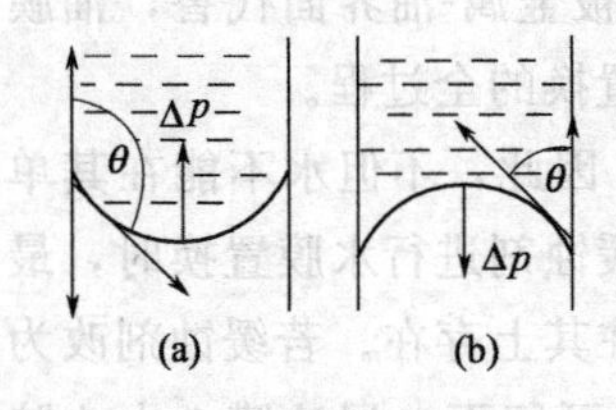


图 5-7 药液在孔中的流动状态

由 $\Delta p<0$ 变为 $\Delta p>0$，药液的表面由凸液面变为凹液面，$\Delta p$ 与药液扩展方向一致起到促进药液渗透的作用，如图 5-7(b) 所示。若 $\theta=0°$，则药液可在孔壁中完全铺展。如聚氧乙烯烷基酚甲醛缩合物、琥珀酸单酯磺酸钠、脂肪酰胺-*N*-甲基牛磺酸钠、琥珀酸双酯磺酸钠可用于草甘膦和百草枯等水剂中做润湿剂和渗透剂。

不溶于水的固体有机农药，疏水性很强，只有加入表面活性剂降低水的表面张力，药粒才有可能被水润湿。可湿性粉剂、水悬剂都是添加了润湿剂加工而成的。润湿剂主要有阴离子、非离子两类表面活性剂。阴离子型主要有烷基硫酸盐、$\alpha$-烯烃磺酸盐、烷基苯磺酸盐、琥珀酸单酯磺酸盐、脂肪醇聚氧乙烯醚硫酸盐、烷基酚聚氧乙烯醚硫酸钠、烷基萘磺酸钠、脂肪酸或酯的磺酸钠等；非离子型主要有烷基酚聚氧乙烯醚、脂肪醇聚氧乙烯醚等。

可湿性粉剂是含有表面活性剂、能分散得很细的农药母粉，其中表面活性剂可使母粉在稀释成田间使用浓度时，形成稳定的可喷雾的悬浮液。润湿剂可用脂肪醇聚氧乙烯醚，烷基酚聚氧乙烯醚。磺酸盐型阴离子表面活性剂特别适宜做润湿剂，当烷基为直链、碳原子数为10时，润湿性能最优良；当烷基为支链时，以碳原子数为12的润湿性最好。硫酸盐型阴离子表面活性剂，润湿效果以碳原子数为13的最好，此类润湿剂的特点是润湿性好，在较大的pH范围内均有活性。

**(5) 在活性水驱油中的应用** 在原油的开采中，为了提高油层采收率而使用各种驱油剂，驱油剂也叫注水剂。由于水价格低、易得，能大量使用，所以目前油田使用的最普遍的驱油剂是水。为了提高水驱油的效率，采用添加有表面活性剂的水，称之为活性水。活性水中添加的表面活性剂主要是润湿剂，它具有较强的降低油-水界面张力和使润湿反转的能力。有代表性的润湿剂有：带支链的壬基酚聚氧乙烯醚、带支链的十二烷基磺酸钠（四聚丙烯磺酸钠）、烷基硫酸钠、聚氧乙烯聚氧丙烯丙二醇醚。

活性水驱油的原理如图 5-8 所示。由图 5-8(a) 可以看出，当岩石孔壁上吸附了原油中活性物后，由于活性物以极性头吸附在岩石孔壁的高能表面上，孔壁被亲油的非极性链形成的膜所覆盖，因此与原油的相容性好，于是残油在其上形成了接触角 $\theta_O<90°$ 的油滴，而不易被水流带走给注水驱油造成困难。此时的平衡状态可由杨氏方程表示。

$$\gamma_{SO}=\gamma_{SW}+\gamma_{OW}\cos\theta_W$$

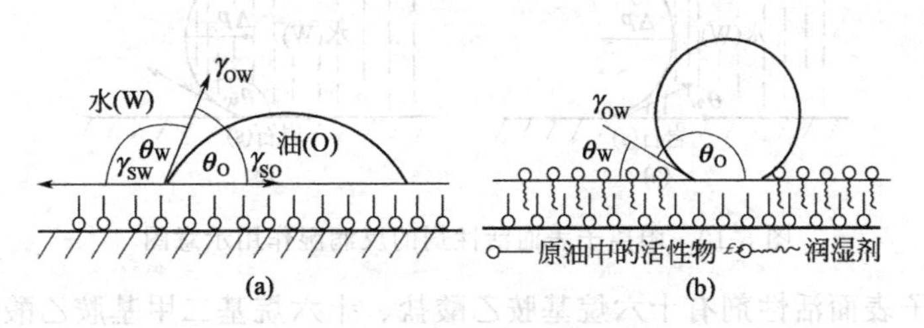


图 5-8 活性水驱油原理

当注入活性水后润湿剂可吸附于油水界面使 $\gamma_{OW}$ 降低，同时也可以通过疏水基吸附于水与原油中活性物形成的膜间的界面上，亲水基伸进水相使 $\gamma_{SW}$ 降低。而水溶性的润湿剂因不能溶于原油中，不能吸附于原油与原油中活性物形成的膜间的界面上，所以 $\gamma_{SO}$ 维持不变，为了满足上式的平衡只有使 $\cos\theta_W$ 增大，因此 $\theta_W$ 变小，$\theta_O$ 变大。于是油滴就“卷缩”成接触角 $\theta_O>90°$ 的油滴，如图 5-8(b) 所示而容易被水流带走，提高了水驱油的效率。

在稠油开采和输送中，加入含有润湿剂的水溶液，即能在油管、抽油杆和输油管道的内表面形成一层亲水表面，从而使器壁对稠油的流动阻力降低，以利于稠油的开采和输送。这种含润湿剂的水溶液即为润湿降阻剂，润湿剂降阻原理示意如图 5-9 所示。适宜的表面活性剂有脂肪酸聚氧乙烯（4～100）酯、聚氧乙烯（4～100）烷醇酰胺、聚氧乙烯失水山梨醇脂肪酸酯等。

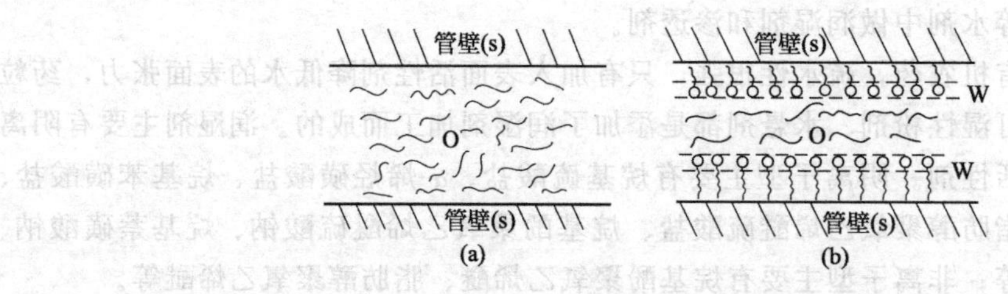


图 5-9 润湿剂降阻原理示意图

输油管一般多为金属制成，因此管壁为高能表面，于是管壁与原油间的黏附功很大。原油在管壁上的黏附作用很强，输送过程中的阻力很大。当加入含有润湿剂的水于管道中时，水就会在管壁上铺展。如图 5-9(b) 中的状态，润湿剂以疏水的碳氢链吸附于管壁上，带有一层水膜的极性基伸入管内的状态存在于管壁上，原来高能表面的管壁被水膜覆盖。此时原油的流动是在水膜上进行的，由于黏附功的降低使输油的阻力大为下降，节省了能源。

采收原油，遇到油水同层时，常使用选择性封堵剂堵水；遇到油水不同层时，使用非选择性封堵剂堵水。阳离子表面活性剂水溶液是一种选择性封堵剂，当它进入水层时，阳离子表面活性剂吸附在被水冲刷出来的砂岩表面，使出水层位由亲水转变为亲油，增加了水的流动阻力，起到堵水作用。其原理如图 5-10 所示。在岩石孔隙壁与水接触时往往由于吸附水中的负离子或因自身的解离而使其岩石孔隙壁带负电荷，因此带正电荷的阳离子表面活性剂就很容易以带正电荷的离子头通过静电引力吸附于岩石孔隙壁带负电荷的部位，而以疏水的碳氢链伸入水中形成了在高能表面的岩石孔隙壁上覆盖了一层疏水的碳氢链的低能表面，代替了原来的高能表面，使得水在岩石孔隙壁上不能润湿，毛细管力的方向指向液体内部，与地层水前进的方向相反，毛细管力起到阻止液面前进的作用，于是起到了堵水作用。

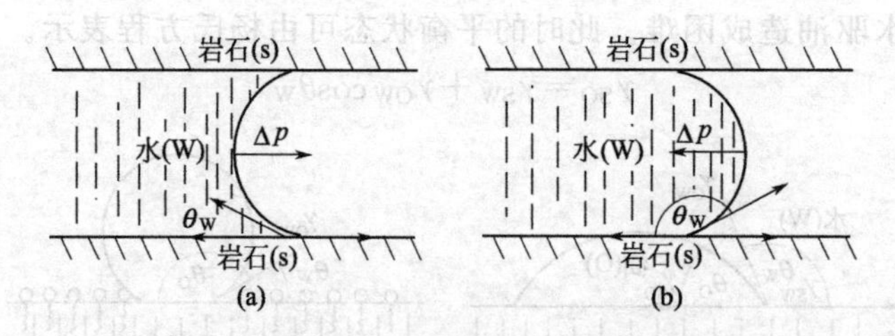


图 5-10 阳离子表面活性剂的反润湿作用示意图

常用的阳离子表面活性剂有十六烷基胺乙酸盐、十六烷基二甲基胺乙酸盐、十六烷基氯化吡啶、十六烷基二甲基苄基氯化铵、十八烷基胺乙酸盐、双（十八烷基）二甲基氯化铵、十八烷基氯化吡啶、十八烷基二乙烯基三胺二乙酸盐等。用阳离子表面活性剂乳化石蜡做堵水剂，也能达到选择性堵水目的。

**(6) 在皮革加工中的应用**

① 浸水 制革浸水应用表面活性剂的主要目的是加速浸水作用，缩短浸水时间，提高浸水质量，使生皮浸软、浸透，利于生皮恢复鲜皮状态。表面活性剂可以乳化皮中油脂，增加水对皮纤维的润湿作用，因此一般选用润湿、渗透性能良好，兼有防腐性能的表面活性剂。常用的大多数是羧酸盐型的阴离子表面活性剂和聚氧乙烯型非离子表面活性剂，其中以

非离子表面活性剂的效果为好。如拉开粉、雷米邦、渗透剂 T、快速浸水剂、渗透剂 JFC、平平加等，以及同时具有杀菌、抗硬水等作用的几种阴离子和非离子表面活性剂的复配产品，而其中以脂肪醇聚氧乙烯醚的增效复配混合物为主。

② 脱脂　脱脂是将皮表面和皮脂腺中的油脂除去。脱脂效果的好坏，直接关系到鞣制、染色、加脂等的效果，对革制品质量影响也很大。皮革脱脂时，与一般的织物不同，因为生皮中油脂主要存在于游离脂肪细胞和皮脂腺内。脱脂时，脱脂剂进入生皮后，还必须渗透到脂肪细胞或脂腺内乳化溶解脂肪并使油脂返回溶液中，所以要求脱脂剂必须同时具有良好的渗透性、乳化性、去污和洗涤性，特别是对脂肪细胞和脂肪组织要有强的穿透性。故皮革用脱脂剂主要成分是表面活性剂，而且为阴离子和非离子表面活性剂。考虑到需在不同工序中脱脂，因此还要求脱脂剂应具备一定的耐酸碱能力。试验表明：非离子型表面活性剂比阴离子型表面活性剂脱脂效果好。一般脱脂用非离子表面活性剂主要有烷基酚聚氧乙烯醚（如 OP-5、OP-7、OP-10、TX-10）、脂肪醇聚氧乙烯醚（如 JFC、$AEO_3$、$AEO_9$、平平加 O-20）、烷醇酰胺（如 6501、6502）脂肪酸聚氧乙烯酯（SG-5）等。阴离子表面活性剂主要有十二烷基苯磺酸盐 LAS(钠盐或烷醇胺盐)、烷基磺酸盐 AS、雷米邦 A、拉开粉 BX、脂肪醇聚氧乙烯醚磷酸酯盐、烷基磷酸酯盐等。

③ 浸灰　所谓浸灰是生皮在碱溶液的作用下，发生进一步充水作用（即补加水合作用），使生皮外观表现为厚度、弹性、透明度增加。在该工序中使用表面活性剂的目的是为了增强浸灰材料的渗透效果、缩短浸灰过程、抑制生皮过度膨胀、乳化天然油脂。如使用硫化钠—石灰浸灰助剂，可以改善皮革的质量。新的浸灰助剂要求其能促进硫化钠、硫氢化钠的吸收，以减少硫的污染；能增加石灰的溶解度，以减少石灰用量；能促进脱毛等性能。因此新开发的浸灰助剂大多是几种表面活性剂增效复配的产品。

**(7) 润湿作用的其他应用**

① 塑料防雾滴剂　表面活性剂可以在塑料薄膜表面形成亲水基伸向水相，亲油基伸向油相（树脂相）的定向排列，从而使水易于润湿薄膜表面，凝结的细小雾滴能迅速扩散连结形成水膜，在膜内凝结成雾滴极易顺膜流下，这样可以避免细微雾滴的光散射造成雾化，使薄膜透明如初。

塑料防雾滴剂主要为非离子表面活性剂，主要有失水山梨醇单脂肪酸酯、聚氧乙烯失水山梨醇单脂肪酸酯、甘油或缩甘油脂肪酸酯、烷基酚聚氧乙烯醚、脂肪醇聚氧乙烯醚、脂肪酸聚氧乙烯酯和其他多元醇（木糖醇、甘露醇等）脂肪酸酯，疏水性非离子表面活性剂有氟代烃衍生物和有机硅化合物等。

② 废纸脱墨　废纸脱墨就是在废纸解离过程中利用渗透、润湿使纤维和油墨膨胀，分解固着在纤维上的油墨，最后使油墨从纤维上剥离。常用的脱墨剂由表面活性剂与无机药品组成，或是多种表面活性剂的复配物。在脱墨剂配方中常使用钾皂、磺化油、直链烷基苯磺酸钠、脂肪醇硫酸钠、磺基琥珀酸二辛酯钠盐、脂肪醇聚氧乙烯醚硫酸酯钠盐等阴离子表面活性剂，以及烷基酚聚氧乙烯醚、脂肪醇聚氧乙烯醚、聚醚、聚氧乙烯失水山梨醇脂肪酸酯、脂肪酸聚氧乙烯酯等非离子表面活性剂。

## 5.2 乳化作用

乳状液是一个多相分散体系，其中至少有一种液体以液珠的形式均匀地分散于另一个和它不相混溶的液体之中，液珠的直径一般大于0.1μm。其实只有很少乳状液的液珠直径小于0.25μm，最大的比此值约高100倍。即使在同一个乳状液中，液珠的直径也相差很大。在其他条件相同时，在一个乳化液中，小半径的液珠越多，乳状液的稳定性越大。

乳状液是由两种不相混合的液体，如水和油所组成的两相体系，即由一种液体以球状微粒分散于另一种液体中所组成的体系，分散成小球状的液体称为分散相或内相；包围在外面的液体称为连续相或外相。当油是分散相，水是连续相时称为水包油（油/水或O/W）型乳状液；反之，当水是分散相，油是连续相时，称为油包水（水/油或W/O）型乳状液。

乳化是指两种不相混溶的液体（如油和水）中的一种以极小的粒子均匀地分散到另一种液体中形成乳状液的过程。不相混溶的油和水两相借机械力的振摇搅拌之后，由于剪切力的作用使两相的界面积大大增加，从而使某一相呈小球状分散于另一相之中形成暂时的乳状液。这种暂时的乳状液是不稳定的，因为两相之间的界面分子具有比内部分子较高的能量，它们有自动降低能量的倾向，所以小液珠会相互聚集，力图缩小界面积，降低界面能，这种乳状液经过一定时间的静置后，分散的小球会迅速合并，从而使油和水重新分开成为两层液体。表面活性剂（乳化剂）能显著降低分散物系的界面张力，在其微液珠的表面上形成薄膜或双电层等，来阻止这些微液珠相互凝结，增大乳状液的稳定性。这种能够帮助乳状液形成的作用叫乳化作用。能够帮助乳化作用发生的表面活性剂叫作乳化剂。

### 5.2.1 乳状液的物理性质

一般乳状液的外观常呈乳白色不透明液体，乳状液之名即由此而得。乳状液的这种外观，是和乳状液中分散相质点的大小有密切关系的。一般多相分散体系的分散相与分散介质的折光率不同，光照射在分散质点上可以发生折射、反射、散射等现象。当液珠直径远大于入射光的波长时，主要发生光的反射（也可能有折射、吸收），体系表现为不透明状。当液珠直径远小于入射光波长时，则光可以完全透过，体系表现为透明状。当液珠直径稍小于入射光波长时，则有光的散射现象发生，体系呈半透明状。一般乳状液的分散相液珠的大小大致在0.1～10μm(甚至更大）的范围之间，可见光波长为0.4～0.8μm，所以乳状液中光的反射比较显著，因而一般的乳状液是不透明的，呈现乳白色，此即乳状液的质点大小与外观特征。

在显微镜下观察多相分散体系，可以看见小质点不断地进行毫无规则的曲折运动，此种现象称为布朗运动。这是由于质点在介质中受介质分子不断冲撞的结果。在一般的乳状液中，多数液珠没有布朗运动，但对于比较小的液珠，此种运动是可观的。这是因为在悬浮体中比较大的质点每秒钟可以从各方面受到几百次的撞击，结果这些碰撞都互相抵消，这样就观察不到布朗运动。如果质点较小，小到胶体程度，那么小质点受到的撞击次数比大质点所受到的要少得多，因此从各方面撞击而彼此完全抵消的可能性很小，所以各质点就发生了不断改变方向的无规则的运动即布朗运动。由于布朗运动增加了质点间的碰撞机会，因此就增加了聚沉的速度。当然，聚沉到一定程度后，此种效应就不那么重要了，但是布朗运动对于小液珠的稳定性仍然是不利的。

乳状液是一种流体，所以黏度（流动性质）为其主要性质之一。通常，乳状液的黏度愈大，就愈稳定。因此在实际生产过程中，必须考虑如何使乳状液达到一个合适的黏度，并维持其稳定性。影响乳状液黏度的因素主要有：①外相的黏度是决定乳状液黏度的重要因素。当分散相的浓度不大时，乳状液的黏度主要是由分散介质所决定的，即分散介质的黏度越大，乳状液的黏度也越大。②内相的浓度对乳状液的黏度影响很大，通常随着内相体积分数的改变而发生明显变化，乳状液的黏度随内相浓度的变大而增加。③两相间界面膜的存在对乳状液的黏度也将产生影响，而界面膜及其性质是由乳化剂的性质所决定的。乳化剂对乳状液的黏度影响较大，这主要是由于乳化剂溶于外相之中，使外相的黏度大为增加之故。例如，在 O/W 型乳状液中，若乳化剂为水溶性高分子物质（如明胶等），则外相的黏度将大增，从而使乳状液的黏度也增加。其次，不同的乳化剂所形成的界面膜具有不同的界面流动性，因而对乳状液整体的黏度也有一定的影响。④分散相液珠越小，越均匀，乳状液的黏度也越大。⑤无论乳状液珠所带电荷为正或为负，电荷的效应总是使黏度增加。一个带电荷的体系，其黏度比不带电荷的同样体系为大，这是因为邻近液珠上的电荷互相影响的结果，因此当乳状液冲淡后，液珠间的距离增加，电荷之间的相互作用降低（因为引力与距离的平方成反比），电黏度效应降低，当无限稀释时，电黏度效应等于零。

乳状液的一个重要电性质是电导。电导性质主要决定于乳状液的外相即连续相。由于 O/W 型乳状液善于导电，而 W/O 型乳状液不善于导电。所以 O/W 型乳化液的电导比 W/O型乳状液大。此种性质常被用以辨别乳状液的类型，研究乳状液的变型过程。乳状液分散相质点的电泳也是一种重要的电性质。质点在电场中的运动速度（淌度）的测量，可以提供与乳状液的稳定性密切相关的质点带电情况，也是研究胶体稳定性的一个重要方面。

## 5.2.2 影响乳状液类型的因素

如前所述，乳状液的类型一般分为“水包油（O/W）”型和“油包水（W/O）”型两种，乳状液类型的鉴别方法有稀释法、染料法、电导法等。乳状液是一种复杂的体系，影响其类型的因素很多，很难简单地归结为某一种，下面叙述一些可能影响乳状液类型的因素。

**(1) 相体积** 对于乳状液的类型，起初人们总以为由两种液体构成的乳状液量多的应为外相。事实证明，这种看法是不对的，现在可以制得内相体积＞95%的乳状液。若分散相液滴是大小均匀的圆珠，则可计算出最密堆积时，液滴的体积占总体积的 74.02%，即其余 25.98%应为连续相。若分散相体积大于 74.02%，乳状液就会发生破乳或变型。若水相体积占总体积的 25.98%～74.02%，O/W 型和 W/O 型乳状液均可形成；若＜25.98%，则只能形成 W/O 型；若＞74.02%，则只能形成 O/W 型乳状液。

但是，分散相液珠不一定是均匀的球，多数情况下是不均匀的，有时呈多面体，于是相体积和乳状液类型的关系就不能限于上述范围了，内相体积可以大大超过 74.02%，当然制成这种稳定的乳状液是困难的，需要相当量的合适的高效率乳化剂。

**(2) 乳化剂的分子构型** 乳化剂分子在分散相液滴与分散介质间的界面形成定向的吸附层，经验表明，钠、钾等一价金属的脂肪酸盐作为乳化剂时，容易形成水包油型乳状液；而钙、镁等二价金属皂作为乳化剂时易形成油包水型乳状液。由此提出了乳状液类型的“定向楔”理论，即乳化剂分子在界面定向吸附时，极性头朝向水，碳氢链朝向油相。自液珠的曲面和乳化剂定向分子的空间构型考虑，有较大极性头的一价金属皂有利于形成 O/W 型乳状液，而有较大碳氢链的二价金属皂则有利于形成 W/O 型乳状液，乳化剂分子在界面的定向排列就像木楔插入内相一样，故名“定向楔”理论。此理论与很多实验事实相符，但也常有例外，如银皂做乳化剂时，按此理论本应形成O/W型乳状液，实际上却为 W/O 型。另外，此理论在原则上也有不足之处：乳状液滴的大小比起乳化剂分子来说要大得多，故液滴的曲面对于在其上面定向的分子而言，实际上近于平面，因而分子两端的大小与乳状液的类型就不甚相关了。再者，钠、钾的极性头（$—COO^-$、$Na^+$、$K^+$）的截面积实际比碳氢链的截面积小，但却能形成 O/W 型乳状液，这也是与理论不符之处。

**(3) 乳化剂的亲水性** 经验表明，易溶于水的乳化剂易形成 O/W 型乳状液；易溶于油者则易形成 W/O 型乳状液。这一经验规律有很大的普遍性，"定向楔"理论不能说明的银皂为 W/O 型乳状液的乳化剂，可用此经验规律进行解释。这种对溶解度的考虑推广到乳化剂的亲水性（即使都是水溶性的，也有不同的亲水性），就是所谓 HLB（亲水-亲油平衡）值。HLB 值是人为的一种衡量乳化剂亲水性大小的相对数值，其值越大，表示该乳化剂亲水性越强。

例如，油酸钠的 HLB 值为 18，甘油单硬脂酸酯的 HLB 值为 3.8，则前者的亲水性要大得多，是 O/W 型乳状液的乳化剂；后者是 W/O 型乳状液的乳化剂。从动力学观点出发，在乳化剂存在下，将油和水一起搅拌时，生成的乳状液的类型，可归因于两个竞争过程的相对速度；①油滴的聚结；②水滴的聚结。可以想象，搅拌会使油相和水相同时分裂成为液滴，而乳化剂是吸附在围绕液滴的界面上的，成为连续相的一定是聚结速度较快的那一相，如果水滴聚结速度远大于油滴，则生成 O/W 型，反之则形成 W/O 型，当两相聚结速度相当时，则体积较大的相成为连续相。

通常界面膜中乳化剂的亲水基团组成对油滴聚结的阻挡层，而界面膜中乳化剂的憎水基团组成对水滴聚结的阻挡层。因此界面膜乳化剂的亲水性强，则形成 O/W 型乳状液；若憎水性强，则形成 W/O 型乳状液。

**(4) 乳化器材料性质** 乳化过程中器壁的亲水性对形成乳状液的类型有一定影响。一般情况是，亲水性强的器壁易得到 O/W 型乳状液，而憎水性强的则易形成 W/O 型乳状液。有实验结果得出：乳状液的类型和液体对器壁的润湿情况有关。一般说，润湿器壁的液体容易在器壁上附着，形成一连续层，搅拌时这种液体往往不会分散成为内相液珠。

### 5.2.3 影响乳状液稳定性的因素

关于乳状液的稳定性理论，还很不成熟，直到现在为止还没有一个比较完整的理论。人们的研究还仅限于特殊物系。在某种情况下对某物系所得的正确结果，而对于其他物系就未必可以采用。影响乳状液稳定性的因素非常复杂，但可以对其中最主要的方面，即界面膜的作用作更多的考虑，因为乳状液的稳定与否，与液滴间的聚结密切相关，而界面膜则是聚结的必由之路。下面主要联系界面性质，讨论影响乳状液稳定性的一些因素。

**(1) 界面张力** 为了得到乳状液，就要把一种液体高度分散于另一种液体中，这就大大地增加了体系的界面积，也就是要对体系做功，增加体系的总能量，这部分能量以界面能的形式保存于体系中，这是一种非自发过程。相反，液珠聚结，体系中界面减少（也就是说体系自由能降低）的过程才是自发过程，因此，乳状液是热力学不稳定体系。为了尽量减少这种不稳定程度，就要降低油水界面张力，达到此目的的有效方法是加入乳化剂（表面活性剂）。由于表面活性剂具有亲水和亲油的双重性质，溶于水中的表面活性剂分子，其憎水基受到水的排斥而力图把整个分子拉至界面（油水界面）；亲水基则力图使整个分子溶于水中，这样就在界面上形成定向排列，使界面上的不饱和力场得到某种程度上的平衡，从而降低了界面张力。例如，石蜡油对水的界面张力为 40.6mN/m，加入乳化剂油酸将水相变成 0.001mol/L 的油酸溶液，界面张力即降至 30.05mN/m，此时可形成相当稳定的乳状液。若加入油酸钠，则界面张力降至 7.2mN/m，此时分散了的液珠再聚结就相对困难些。但无论如何，对于乳状液体系，总是存在相当大的界面积，因而就有一定量的界面自由能，这样的体系总是力图减小界面积而使能量降低，最终发生破乳、分层。总之，界面张力的高低主要表明了乳状液形成之难易，并非乳状液稳定性的必然的衡量标志。

**(2) 界面膜的强度** 在油-水体系中加入乳化剂，在降低界面张力的同时，根据 Gibbs 吸附定理、乳化剂（表面活性剂）必然在界面发生吸附，形成界面膜，此界面膜有一定强度，对分散相液珠有保护作用，使其在相互碰撞时不易聚结。如加入阴离子型表面活性剂做乳化剂时，乳化剂分子的亲油基一端吸附在油滴微粒表面而亲水基一端伸入水中，并在油滴表面定向排列形成一层亲水性分子膜使油-水界面张力降低，并且减少了油滴之间的相互吸引力，防止油滴聚集后重新分为两层。如图 5-11 所示。

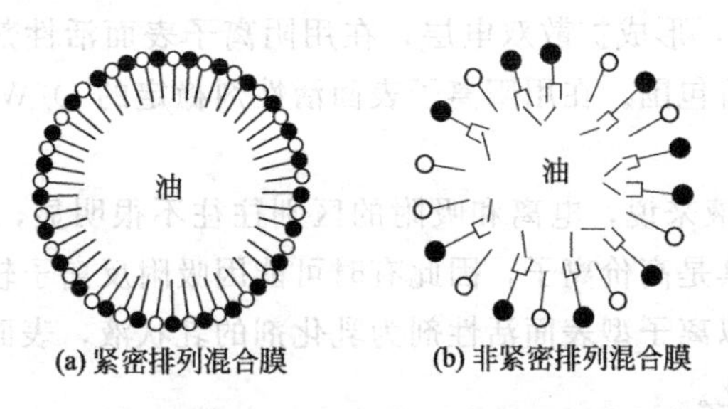


图 5-11 阴离子表面活性剂在油-水界面上形成界面膜

King 认为，决定乳状液稳定性的最主要因素是界面膜的强度和它的紧密程度。除了能影响膜的性质者外，其他一切因素都是次要的。下面讨论一下影响膜强度的因素。

首先是表面活性剂（乳化剂）的浓度。与表面吸附膜的情形相似，当表面活性剂浓度较低时，界面上吸附分子较少，界面膜的强度较差，所形成的乳状液稳定性也较差。当表面活性剂浓度增高到一定程度后，界面膜即由比较紧密排列的定向的吸附分子组成，膜的强度也较高，乳状液珠聚结时所受到的阻力比较大，故所形成的乳状液其稳定性也较好。大量事实说明此种规律确实存在，用表面活性剂作为乳化剂时，需要加入足够量（即达到一定浓度），才能达到最佳乳化效果。当然，不同的表面活性剂达到最佳乳化效果所需之量也不同，效果也不同，这就与其形成的界面膜强度有关。一般来讲，吸附分子间相互作用越大，形成的界面膜的强度也越高；相互作用越小，其膜强度也越小。

其次是混合乳化剂的膜。在表面活性剂水溶液的表面吸附膜的研究中发现，在表面膜中如同时有脂肪醇、脂肪酸及脂肪胺等极性有机物存在时，则表面活性大大增加，膜强度大为提高（表现为表面黏度增大）。如经提纯的十二烷基硫酸钠，cmc 为 $8\times10^{-3}$ mol/L，此浓度时表面张力约为 38mN/m。一般商品中常含有十二醇，其 cmc 大为降低，表面张力可下降到 22mN/m。而且此混合物溶液的表面黏度及起泡力大大增加，上述现象说明由于十二醇的存在，表面膜的强度增加，不易破裂，如图 5-11(a) 所示。如油醇代替十二醇，由于油醇分子中存在顺式异构体，产生空间效应，阻碍了分子的相互靠近，形成非紧密排列混合膜，如图 5-11(b) 所示。

根据上述结果，人们认为：在表面吸附层中表面活性剂分子（或离子）与醇等极性有机物相互作用，形成“复合物”增加了表面膜的强度，在油水界面也有类似情况，如用十二烷基硫酸钠与月桂醇等可制得比较稳定的乳状液。这种现象也存在于油溶性表面活性剂与水溶性表面活性剂构成的混合乳化剂所形成的乳状液中。混合乳化剂具有如下特点：混合乳化剂组成中一部分是表面活性剂（水溶性），另一部分是极性有机物（油溶性），其分子中一般含有—OH、—$NH_2$、—COOH 等能与其他分子形成氢键的基团。混合乳化剂中的两组分在界面上吸附后即形成“复合物”，定向排列较紧密，其界面膜为一混合膜，具有较高的强度。自上述情况可以看出，提高乳化效率，增加乳状液稳定性的一种有效方法是使用混合乳化剂。混合表面活性剂的表面活性比单一表面活性剂的表面活性往往要优越得多。

**(3) 界面电荷的影响** 大部分稳定的乳状液液滴都带有电荷，界面电荷的来源有三个：即电离、吸附和摩擦接触。

① 电离 界面上若有被吸附的分子，特别是对于O/W型乳状液，不难理解界面电荷主要来源于界面上水溶性基团的电离。以离子型表面活性剂作为乳化剂时，表面活性剂分子在界面上吸附时，碳氢链（或其他非极性基团）插入油相，极性头在水相中，其无机离子部分（如 $Na^+$、$Br^-$ 等）电离，形成扩散双电层，在用阴离子表面活性剂稳定的O/W型乳状液中，液珠被一层负电荷所包围。在用阳离子表面活性剂稳定的O/W乳状液中，液珠被一层正电荷所包围。

② 吸附 对于乳状液来说，电离和吸附的区别往往不很明显，已带电的表面常优先吸附符号相反的离子，尤其是高价离子，因此有时可能因吸附反离子较多，而使表面电荷的符号与原来的相反。对于以离子型表面活性剂为乳化剂的乳状液，表面电荷的密度必然与表面活性离子的吸附量成正比。

③ 摩擦接触 对于非离子型表面活性剂或其他非离子型乳化剂，特别是在W/O的乳状液中，液珠带电是由于液珠与介质摩擦而产生，带电符号可用柯恩规则来判断：即二物接触，介电常数较高的物质带正电荷。在乳状液中水的介电常数（78.6）远较其他液体高，故O/W型乳状液中的油珠多半带负电荷，而W/O型中的水珠则带正电荷。

乳状液珠表面由于上述原因而带有一定量的界面电荷，在带电的油珠周围还会有反离子呈扩散的状态分布，形成扩散双电层，如图5-12所示。

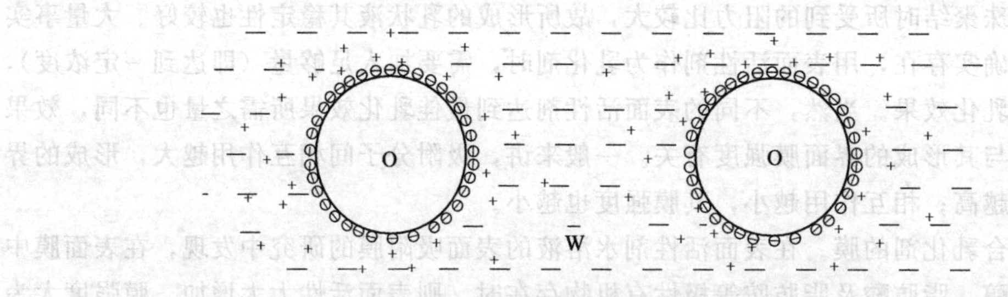

图5-12 O/W型乳状液中油珠表面带电示意

由于这些电荷的存在，一方面，由于液珠表面所带电荷符号相同，故当液珠相互接近时相互排斥，从而防止液珠聚结，提高了乳状液的稳定性。另一方面，界面电荷密度越大，就表示界面膜分子排列得越紧密，于是界面膜强度也将越大，从而提高了液珠的稳定性。

**(4) 黏度的影响** 乳状液连续相的黏度越大，则分散相液珠的运动速度越慢，有利于乳状液的稳定，因此许多能溶于连续相的高分子物质常被用作增稠剂，以提高乳状液的稳定性。当然，高分子物质的作用不仅限于此，往往还可以形成比较坚固的界面膜。

上面讨论了一些与乳状液有关的因素，事物是复杂的，对具体情况要作具体分析，在所述各种因素中，界面膜的形成和强度是影响乳状液稳定性的主要因素。对于应用表面活性剂作为乳化剂的体系，与界面膜的性质有相辅相成作用的一种性质是界面张力，界面张力降低的同时，界面膜中的分子排列趋于紧密，膜强度增大，有利于乳状液的形成和稳定。如果表面活性剂是离子型的，则在界面上的吸附为油珠所带电荷的主要来源（主要对 O/W 型乳状液而言）构成增加乳状液稳定性的另一因素。由此看来，乳化剂在界面上的吸附与影响乳状液稳定性的许多因素有重要关系。所以要得到比较稳定的乳状液，首先应考虑乳化剂在界面上的吸附性质，吸附强者，界面浓度大，界面张力降低较多，界面分子排列紧密，相互作用强，因而界面膜强度大，形成的乳状液较稳定；反之，则形成的乳状液就不稳定。总之，提高乳状液的稳定性主要应考虑增加膜强度，其次再考虑其他影响因素。可见，研究界面混合膜的形成与性质是相当重要的。

### 5.2.4 乳状液的不稳定性

乳状液的稳定性与不稳定性理论是对立的两个方面，只有弄清楚了这两个方面，才能保证稳定性的条件，避免不稳定的因素，使乳状液更稳定。

乳状液的不稳定性有三种表示方式：即分层、变型和破乳。下面就这三种不稳定形式分别进行讨论。

**(1) 分层** 分层并不意味着乳状液的真正破坏，而是分为两个乳状液。在一层中分散相比原来的多，而在另一层中则比原来的少。例如牛奶放时间长了可分为两层，上层较浓，含乳脂成分高一些；下层较稀含乳脂成分低一些。这是因为分散相乳脂的比重比水轻之故，如果一个乳状液，其分散相比重比介质大，则分层后，下层将浓些，上层将稀些。

在许多乳状液中，分层现象或多或少总会发生，改变制备技术或配方可以将分层速度降低到无足轻重的地步。

根据 Stokes 定律，一个刚性小球在黏性液体中的沉降速度可用下式表示：

$$u=\frac{2gr^2(d_1-d_2)}{9\eta}$$

式中，$g$ 是重力加速度；$r$ 为小球半径；$\eta$ 是液体的黏度；$d_1$，$d_2$ 分别是小球与液体的密度。显然当 $d_1<d_2$ 时，小球即上升，当 $d_1>d_2$ 时小球即下降。

从上式可以看出，液珠的半径越小，分散相与分散介质密度相差越少，连续相的黏度越大，乳状液就越稳定，然而液珠半径越小就意味着界面积越大，这本身就是一种不稳定因素。

**(2) 变型** 变型也是乳状液不稳定性的一种表现形式。一个乳状液可以突然从 O/W (W/O) 变为 W/O(O/W) 型，此种现象称之为变型。对于变型虽然有不少研究，但在许多方面仍不很清楚，其中最大的困难是想象不出此过程发生的物理机理。

在前面介绍影响乳状液类型的因素时，曾介绍过根据立体几何的观点提出的乳状液类型的相体积理论。若此理论是严格正确的，则无论是哪种乳状液，只要内相的相体积大于 74.02%，将导致乳状液的变型或破坏。有些乳状液的实际几何形状并不是像相体积理论所假定的刚性圆球，所以变型很可能在其他相体积处发生。

变型的机理一般分为三个步骤：①对于 O/W 型乳状液的液珠来说，液珠表面带有负电荷，如在乳状液中加入高价正离子（如 $Ca^{2+}$、$Mg^{2+}$ 等）后，表面电荷即被中和，液珠聚集在一起。②聚集在一起的液珠，将水相包围起来，形成不规则的水珠。③液珠破裂，油相变成连续相，水相变成了分散相，这时 O/W 型乳状液即变成了 W/O 型乳状液。

**(3) 破乳** 破乳即乳状液的完全破坏，当然破乳与分层或变型可以同时发生。分散相的聚沉分两步进行：第一步是絮凝。在此过程中，分散相的液珠聚集成团，但各液珠仍然存在，此过程通常是可逆过程；第二步是聚结，在此过程中，聚结成团的液珠合成一个大滴，是不可逆过程，导致液珠数目之减少以及乳状液最终之完全破坏。在这个由两个连串反应所组成的过程中，絮凝在前，聚结在后，总的速度由慢的过程控制。在极稀的 O/W 型乳状液中，絮凝速度远小于聚结速度，因此乳状液的稳定性将由影响絮凝速度的各因素所决定。若增加油相的浓度只能稍微增加聚结的速度，却使絮凝速度大大增加，在高浓度的乳状液中，聚结的速度成为决定乳状液稳定性的主要因素。但如加入表面活性剂，即使在极稀的乳状液中也可以使聚结成为决定因素。因为表面活性剂对絮凝影响很小，但能防止聚结。

影响絮凝和聚结速度的因素主要有以下几点。

① 电解质　在 O/W 型乳状液中，加入电解质，可以增加液珠的聚沉速度，加速破乳，电解质浓度越大，这种作用越明显，多价电解质（$MgCl_2$）比低价电解质（NaCl）作用明显。

② 电场　对于在电场中带电的液珠，在一定的电压或场强时，聚结变成瞬时的，而且一步完成。在此临界值以下，液珠聚结速度随电压增加而稳步增加。对于在电场中不带电的液珠，在较低的场强时，液珠的稳定性即下降，在高场强时，聚结是瞬时的，且一步完成。当有非离子型乳化剂存在时，在很低的电场下，液珠的聚结速度即明显增加。

③ 温度　温度升高，布朗运动增加，导致絮凝速度的增加。此外，温度升高会使体系的内部黏度显著降低，使得界面膜易于破裂，从而增加了聚结速度。

### 5.2.5　乳化剂的选择

影响乳状液性能的因素（颗粒、稳定性、类型）的因素很多，如乳化剂的结构和种类、相体积、温度等，其中乳化剂的结构和种类的影响最大。选择适宜的乳化剂不仅可以促进乳状液的形成，有利于形成细小的颗粒、提高乳状液的稳定性，而且可控制乳状液的类型。所以为要制得稳定的乳状液，正确的选择适宜的乳化剂是很重要的。

一般讲，作为乳化剂必须满足如下要求：具有好的表面活性，产生低的界面张力。这就要求表面活性剂趋集于界面，而不存留于任一体相，也就是要求表面活性剂的亲水、亲油部分有恰当地比例；在界面上形成相当结实的吸附膜，也即表面活性剂分子之间有较大的侧向引力，这也和表面活性剂分子的亲水、亲油部分的大小、比例有关。

因此表面活性剂（乳化剂）的亲水、亲油平衡值——HLB 值在乳状液的配制过程中是非常重要的。HLB 值表明了表面活性剂同时对水和油的相对吸引作用：HLB 值低表示其亲油性强；HLB 值高表示其亲水性强。HLB 值的作用在于可以预见乳化剂的性能、作用与用途，如表 5-1 所示。

**表 5-1　HLB 值的范围及其应用**

| HLB 值的范围 | 应用领域 | HLB 值的范围 | 应用领域 |
|---|---|---|---|
| 1.5～3.0 | 消泡剂 | 8～18 | O/W 型乳化剂 |
| 3～6 | W/O 型乳化剂 | 13～15 | 洗涤剂 |
| 7～9 | 润湿剂 | 15～18 | 增溶剂 |

由表 5-1 可以看出，只有 HLB 值在 3～6 的表面活性剂（或混合物）才适宜作 W/O 型乳化剂；只有 HLB 值在 8～18 的表面活性剂（或混合物）才适宜作 O/W 型乳化剂。

HLB 值可以用实验方法测定，但测定的方法需要很麻烦的实验。Davies 将 HLB 值作为结构因子的总和来处理，把乳化剂结构分解为一些基团，根据每个基团对 HLB 值的贡献大小，来计算这种乳化剂的 HLB 值：

$$\mathrm{HLB}=\sum(\text{亲水基团数值})-\sum(\text{亲油基团数值})+7$$

式中各种基团的基团数值列于表 5-2 中。

**表 5-2 各种基团的基团数值**

| 亲水基团 | 基团数值 | 亲油基团 | 基团数值 |
| --- | --- | --- | --- |
| $-SO_4Na$ | 38.7 | $-CH_2-$ | −0.475 |
| $-COOK$ | 21.1 | $-CH_3$ | −0.475 |
| $-COONa$ | 19.1 | $=CH-$ | −0.475 |
| $-\overset{\mid}{\underset{\mid}{N}}$(叔胺) | 9.4 | $-CF_2-$ | −0.870 |
|  |  | $-CF_3$ | −0.870 |
|  |  | $-(CH_2CH_2CH_2O)-$(衍生基团) | −0.15 |
| $-COO-$酯(缩水山梨醇环) | 6.8 |  |  |
| $-COO-$酯(游离) | 2.4 |  |  |
| $-COOH$ | 2.1 |  |  |
| $-OH$ 羟基(游离) | 1.9 |  |  |
| $-O-$醚 | 1.3 |  |  |
| $-OH$ 羟基(缩水山梨醇环) | 0.5 |  |  |
| $-(CH_2CH_2O)-$(衍生基团) | 0.33 |  |  |

表列基团数值中亲油基团的基团数值为负值，表示该基团是亲油性的，在用经验公式进行计算时，必须用该数值的绝对值代入才能得到正确的结果。

但是应用此式计算乳化剂的 HLB 值也有一定的局限性。即此式对阴离子、阳离子以及两性离子表面活性剂，用此法可以较方便的求出，而且结果也比较满意。对于某些非离子表面活性剂如甘油的酯类以及 Span、Tween 系列表面活性剂，其计算值与文献值相差不大，结果也不错。而对于其他类型的表面活性剂，此式不能适用，可参考其他相应的公式进行计算，这里不多述。

当两种或两种以上乳化剂混合使用时，其 HLB 具有加和性，也就是说可用算术平均法计算，如 A、B 两种乳化剂混合之后的 HLB 值可由下式求得：

$$\mathrm{HLB}_{A,B}=\frac{W_A\times \mathrm{HLB}_A+W_B\times \mathrm{HLB}_B}{W_A+W_B}$$

式中，$W_A$，$W_B$ 分别是混合乳化剂中乳化剂 A 和 B 的质量百分数；$\mathrm{HLB}_A$、$\mathrm{HLB}_B$ 分别是乳化剂 A 和 B 的 HLB 值。

制备不同油相的乳状液对乳化剂的 HLB 值要求也不同，表 5-3 列出了一些乳化油、脂、蜡所需要的 HLB 值。

**表 5-3 乳化各种油相所需 HLB 值**

| 油相原料 | W/O 型 | O/W 型 | 油相原料 | W/O 型 | O/W 型 |
| --- | --- | --- | --- | --- | --- |
| 矿物油(轻质) | 4 | 10 | 月桂酸、亚油酸 | — | 16 |
| 矿物油(重质) | 4 | 10.5 | 硬脂酸、油酸 | 7～11 | 17 |
| 石蜡油(白油) | 4 | 9～11 | 硅油 | — | 10.5 |
| 油相原料 | W/O 型 | O/W 型 | 棉籽油 | — | 7.5 |
| 凡士林 | 4 | 10.5 | 蓖麻油、牛油 | — | 7～9 |
| 煤油 | 6～9 | 12～14 | 羊毛脂(无水) | 8 | 12 |
| 氢化石蜡 | — | 12～14 | 鲸蜡醇 | — | 13 |
| 十二醇、癸醇、十三醇 | — | 14 | 蜂蜡 | 5 | 10～16 |
| 十六醇、苯 | — | 15 | 巴西棕榈蜡(卡纳巴蜡) | — | 12 |
| 十八醇 | — | 16 | 小烛树蜡 | — | 14～15 |

当油相为一混合物时，其所需 HLB 值也像乳化剂的 HLB 值一样，具有加和性。

在乳状液制备过程中，为要制得稳定的乳状液，必须使乳化剂所提供的 HLB 值与油相所需要的 HLB 值相一致。

一般讲，制备一稳定乳状液所要求的 HLB 值，与乳化剂浓度的关系并不大。但对某一乳状液，在保证其稳定性的前提下，乳化剂用量越少越好。油相的量与所需乳化剂量的比称为该乳化剂的效率。数值越大，效率越高。不同的乳化剂有不同的效率，应尽量选择效率最高的乳化剂。通常情况下，两种或两种以上的乳化剂混合使用较单一乳化剂所得乳状液稳定。一般是选择亲水性乳化剂和亲油性乳化剂混合使用。表 5-4 列出了一些常用乳化剂的 HLB 值。

**表 5-4　常用乳化剂的 HLB 值**

| 商品名 | 化学名 | HLB值 | 商品名 | 化学名 | HLB值 |
|---|---|---|---|---|---|
| Span 85 | 失水山梨醇三油酸酯 | 1.8 | Atlas G-3720 | 聚氧乙烯十八醇 | 15.3 |
| Span 65 | 失水山梨醇三硬脂酸酯 | 2.1 | Atlas G-3920 | 聚氧乙烯油醇 | 15.4 |
| Atlas G-1704 | 聚氧乙烯山梨醇蜂蜡衍生物 | 3 | Tween 40 | 聚氧乙烯失水山梨醇单棕榈酸酯 | 15.6 |
| Span 80 | 失水山梨醇单油酸酯 | 4.3 | Atlas G-2162 | 聚氧乙烯聚氧丙烯硬脂酸酯 | 15.7 |
| Span 60 | 失水山梨醇单硬脂酸酯 | 4.7 | Myri 51 | 聚氧乙烯单硬脂酸酯 | 16.0 |
| Aldo 28 | 甘油单硬脂酸酯 | 3.8～5.5 | Atlas G-2129 | 聚氧乙烯单月桂酸酯 | 16.3 |
| Span 40 | 失水山梨醇单棕榈酸酯 | 6.7 | Atlas G-3930 | 聚氧乙烯醚 | 16.6 |
| Span 20 | 失水山梨醇单月桂酸酯 | 8.6 | Tween 20 | 聚氧乙烯失水山梨醇单月桂酸酯 | 16.7 |
| Tween 61 | 聚氧乙烯失水山梨醇单硬脂酸酯 | 9.6 | Brij 35 | 聚氧乙烯月桂醚 | 16.9 |
| Atlas G-1790 | 聚氧乙烯羊毛脂衍生物 | 11 | Myri 53 | 聚氧乙烯单硬脂酸酯 | 17.9 |
| Atlas G-2133 | 聚氧乙烯月桂醚 | 13.1 | 油酸钠 | 油酸钠(油酸的 HLB=1) | 18 |
| Atlas G-1441 | 醇羊毛脂衍生物 | 14 | Atlas G-2159 | 聚乙烯单硬脂酸酯 | 18.8 |
| Tween 60 | 聚氧乙烯失水山梨醇单硬脂酸酯 | 14.9 | 油酸钾 20 | 油酸钾 | 20 |
| Tween 80 | 聚氧乙烯失水山梨醇单油酸酯 | 15.0 | $K_{12}$ | 月桂醇硫酸钠 | 40 |
| Myri 49 | 聚氧乙烯单硬脂酸酯 | 15.0 | | | |

## 5.2.6　多重乳状液

多重乳状液是一种 O/W 型和 W/O 型乳液共存的复合体系。它可能是油滴里含有一个或多个水滴，这种含有水滴的油滴被悬浮在水相中形成乳状液，这样的体系称为水/油/水（W/O/W）型乳状液。含有油滴的水滴被悬浮于油相中所形成的乳状液则构成油/水/油（O/W/O）型乳状液。

**（1）多重乳状液的性能和结构**　多重乳状液液滴的性质很大程度上取决于第一种乳状液（如 W/O）的液滴大小和稳定性。Florence 和 Whitehill 建议，根据液滴油相的性质将 W/O/W 型多重乳状液分成三种主要类型（见图 5-13）。

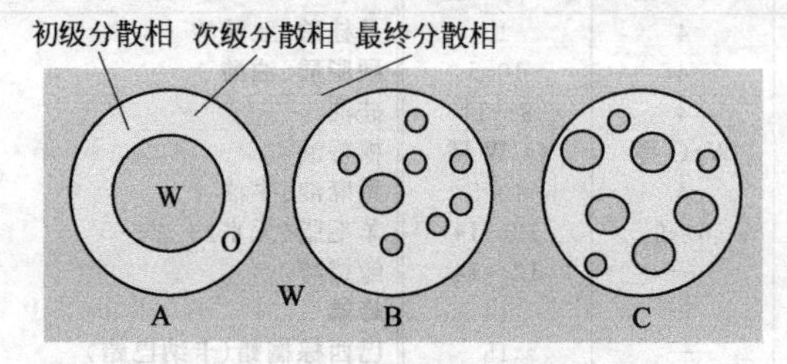


图 5-13　多重乳状液液滴分类

A 型是包含一个内 W/O 型的液滴，相当于油相包覆的微囊，水滴体积很大，占据了油滴的大部分体积，一般平均直径约为 8～9μm，约 80%的液滴只含有一个内水相液滴（平均直径约 3μm)。B 型含有一些小的、彼此分离的内水相液滴(平均直径约 2μm)。C 型含有很多彼此接近的内水相液滴。对于给定的体系,三种类型的多重乳状液都存在,它取决于体系所用表面活性剂的性质,一般是一种类型占优势。除了上述结构外,也存在更为复杂的多重乳状液,如全氟聚乙醚-油-水体系形成三相乳状液;含有水、全氟化油类、分散于硅油中的液晶和水凝胶组成的五相乳状液。多重乳状液是复杂的体系,各种结构可在某种程度上共存,只不过是几种类型比例不同而已。

**(2) 多重乳状液的制备方法** 多重乳状液的制备方法大致可分为两种,即一步乳化法和两步乳化法。一步乳化法是在油相中加入少量水相先制成 W/O 型乳状液,然后再继续加水使之转相得到 W/O/W 型多重乳状液,为了使转相容易形成,需强力搅拌(如 5000r/min)。两步乳化法是制备多重乳状液、特别是制备三组分体系(W/O/W)最可靠的方法。第一步是先用亲油性乳化剂制备 W/O 型乳状液,然后将该乳状液滴加至含有亲水性乳化剂的水相中,即可制得 W/O/W 型复合乳状液。

**(3) W/O/W 型多重乳状液的不稳定性** 多重乳状液不稳定的机理十分复杂,尽管它在实际应用中很重要,潜在的应用前景也很广阔,但要制备出稳定性好、重现性强的多重乳状液是较为困难的,还没有一完整的理论来阐明其不稳定性的问题。

### 5.2.7 微乳状液

微乳状液是一种介于一般乳状液(参见第本章第 2 节)与胶束溶液之间的分散体系,其分散相质点小于 0.1μm,大小均匀,外观呈透明状。

微乳状液的形成一般有一较普遍的规律,即除油、水主体及作为乳化剂的表面活性剂外,还需加入相当量的极性有机物(一般为醇类)。而且表面活性剂及极性有机物的浓度相当大。此种极性有机物称为微乳状液体系中的辅助表面活性剂。微乳状液就是由油、表面活性剂、辅助表面活性剂和水所组成。

微乳状液呈透明状,但并不是真溶液,用小角度 X 射线、电子显微镜等方法测定表明,分散相颗粒直径为 0.01～0.06μm,由于它比可见光的波长短,光可以透过,所以呈透明状。微乳状液的稳定性很高、长时间放置不分层,用普通离心机不能使它分层。在微乳状液体系中,油-水界面张力往往低至不可测量。而微乳状液的导电性能一般与乳状液相似,即水为分散介质的微乳状液,其导电性优于油为分散介质者。

微乳状液之所以能形成稳定的油、水分散体系,一种解释是认为在一定条件下产生了所谓负界面张力,从而使液滴的分散过程自发地进行。在没有表面活性剂存在时,一般油-水界面张力约为 30～50mN/m。有表面活性剂时,界面张力下降,若再加入一定量的极性有机物,可将界面张力降至不可测量的程度。当表面活性剂及辅助表面活性剂的量足够时,油水体系的界面张力可能暂时小于零(为负值),但负界面张力不可能稳定存在,体系欲趋于平衡,则必扩大界面,使液滴的分散度加大,最终形成微乳状液。此时,界面张力自负值变为零。因此,与乳状液相反,微乳状液的形成是一自发过程。质点的热运动使质点易于聚结;一旦质点变大,则又形成暂时的负界面张力,从而又必须使质点分散,以扩大界面积,使负界面张力消除,而体系达于平衡。因此微乳状液是稳定体系,分散质点不会聚结、分层。

负界面张力的说法可解释一些现象,但缺乏理论与实践的基础。从另一方面看,微乳状液在基本性质上倒是与胶束溶液相近,即似乎均是热力学的稳定体系,而且在质点大小与外观上也相似。因此，另一机理即增溶学说：微乳状液的形成实际上就是在一定条件下表面活性剂胶束溶液对油或水增溶的结果，形成了膨胀的胶束溶液，亦即形成了微乳状液。

一般而言，有关乳状液类型的规律也可适用于微乳状液，即易溶于油的乳化剂易形成W/O型微乳状液；易溶于水的乳化剂易形成O/W型微乳状液；且量多的相易成为外相。制备O/W型微乳状液的方法和步骤包括如下几方面：①选择一种稍溶于油相的表面活性剂；②将所选的表面活性剂溶于油相，其用量为足以产生O/W型乳状液；③用搅拌的方法将油相分散于水相中；④添加第二水溶性的表面活性剂，产生透明的O/W型微乳状液。

## 5.2.8 乳化作用的应用

**(1) 在乳状液类肤用化妆品中的应用** 皮肤是人体自然防御体系的第一道防线，皮肤健康，防御能力就强。而且健康美丽的皮肤能给予人美的享受，给人以轻松、愉快、清秀之感。

皮脂腺分泌皮脂，使人的皮肤保持柔软、光滑和弹性。但是，当人的生理机能失调、季节的变化、周围环境的影响等会引起皮肤粗糙、皱裂、色素沉着等皮肤病的发生；再者，接触某些物质如用肥皂、碱性洗浴剂等清洗皮肤时，在去除附着于皮肤表面污垢的同时，也会导致过渡脱脂的现象，使这层天然的护肤分泌物过渡流失。所以，必须进行弥补或修复。

正常健康皮肤的角质层中，水分含量为10%～20%，以维护皮肤的滋润和弹性。正常情况下，角质层中的水分之所以能够被保持，一方面是由于皮脂膜的作用，防止水分过快挥发；另一方面是由于角质层中存在有天然调湿因子，使皮肤具有从空气中吸收水分的能力。但由于年龄和外界环境等的影响，会使皮肤保湿机构受到损伤，导致角质层中的水分含量降到10%以下，使皮肤变得干燥、失去弹性、起皱、加速皮肤老化。因此，通过化妆品给皮肤补充水分、以保持皮肤中水分的含量和皮肤保湿机构的正常运行，从而恢复和保持皮肤的滋润和弹性，维持皮肤健康，延缓皮肤老化，是护肤化妆品的主要作用。但若将水直接涂于皮肤表面，很快就会蒸发掉，无法保证皮肤适宜的水分含量，保持皮肤的滋润和健康。油膜虽能抑制水分的蒸发，但若将油直接涂于皮肤表面，则会显得过分油腻，且过多的油会阻碍皮肤的呼吸和正常的代谢，不利于皮肤的健康。许多营养性成分是油溶性的，只有将其溶于油中，才能被皮肤吸收。乳状液中既含有油又含有水，既可以给皮肤补充水分，又可以在皮肤表面形成油膜，防止水分过快蒸发，同时由于乳化剂的存在，易于冲洗。所以大部分化妆品是油和水形成的乳状液。

乳状液类化妆品是基础化妆品中颇受人们喜爱的化妆品。它能在皮肤表面形成油膜，防止水分蒸发，维持皮肤适宜水分含量；缓解外界刺激，气候变化、环境影响等；提供皮肤营养，使皮肤光滑、柔软、富有弹性；防止或延缓皮肤的老化，增进皮肤的美观和健康。

乳状液类化妆品由于稠度较高，常称为乳化体，其中，半固体的称为膏霜；流体的称为蜜或奶液。每种制品都可根据需要制成O/W型或W/O型。通常O/W型乳状液有较好的铺展性，使用时不会感到油腻，有清新感觉，但净洗效果和润肤作用方面不如W/O型乳状液，适宜油性皮肤的人使用。W/O型乳状液具有光滑的外观，高效的净洗效果和优良的润滑作用，但油腻感较强，有时还会感到发黏，适宜干性皮肤的人使用。W/O/W型多重乳状液可消除O/W和W/O型乳状液的上述缺点，使用性能优良，兼备两种乳状液的优点。更重要的特点是由于其多重结构，在内相添加的有效成分或活性物，要通过两相界面才能释放出来，这可延缓有效成分的释放速度，延长有效成分的作用时间，达到控制释放和延时释放的作用。

乳状液类化妆品的主要成分是油和水，另外，为了得到稳定的乳化体需要加入乳化剂(表面活性剂)。但为了保证制品的外观、稳定性、安全性和有效性，赋予制品某些特殊性能，常需加入各种添加剂如保湿剂、增稠剂、滋润剂、营养剂、药剂、防腐剂、抗氧化剂、香精、色素等。

油性原料是组成乳状液类化妆品的基本原料，其主要作用有：能使皮肤细胞柔软，增加其吸收能力；能抑制表皮水分的蒸发，防止皮肤干燥、粗糙以至裂口；能使皮肤柔软、有光泽和弹性；涂布于皮肤表面，能避免机械和药物所引起的刺激，从而起到保护皮肤的作用；能抑制皮肤炎症，促进剥落层的表皮形成；对于清洁制品来说，油性成分是油溶性污物的去除剂。化妆品中所用的油性原料可分为三类：天然动植物性的油、脂、蜡；矿物性油性原料，是石油工业提供的各种饱和碳氢化合物；合成油性原料，由天然动植物油脂经水解精制而得的脂肪酸、脂肪醇等单体原料，以及由这些单体原料经进一步合成而得的酯类原料。

在乳状液类化妆品中使用的乳化剂种类很多，有阴离子型、非离子型等。阴离子型常用的是 $K_{12}$、脂肪酸皂，乳化性能优良，但由于泡沫高、刺激性大，应尽量少用或不用。非离子表面活性剂是目前最常用的乳化剂，性能优良，品种较多。如单硬脂酸甘油酯、硬脂酸聚氧乙烯酯、脂肪醇聚氧乙烯醚、Span、Tween 等。

ICI 公司生产的 Arlacel，Brij，Span，Tween 等系列，见表 5-5。它们之间相互复配，可以产生非常好的乳化效果，如 Arlacel 165 与 Arlatone 983，Brij72 与 Brij 721，Span 与 Tween 等；有的则可单独使用，如 Arlacel 165 和 Arlacel P135 等。Arlatone 2121 是失水山梨醇硬脂酸酯和蔗糖椰油酸酯的混合物，HLB 值约为 6，但却是很好的 O/W 型乳化剂，在配制时水相中形成了独特的液晶结构，而油相最终被分散在该液晶结构中而被稳定，它在提供优良的乳化性能的同时，保持了良好的铺展性和光滑清爽的肤感。

**表 5-5 ICI 公司生产的乳化剂**

| 名 称 | 商品代号 | 功 能 | HLB 值 |
|---|---|---|---|
| 单硬脂酸甘油酯及硬脂酸聚氧乙烯酯 | Arlacel 165 | O/W | 11.0 |
| 聚氧乙烯(30)二聚羟基硬脂酸酯 | Arlacel P135 | W/O | 5.0～6.0 |
| 自乳化型甘油硬脂酸酯 | Arlatone 983 | O/W | 8.7 |
| 聚氧乙烯(23)月桂醇醚 | Brij 35 | O/W | 16.9 |
| 聚氧乙烯(20)鲸蜡醇醚 | Brij 58 | O/W | 15.7 |
| 聚氧乙烯(2)硬脂醇醚 | Brij 72 | W/O | 4.9 |
| 聚氧乙烯(21)硬脂醇醚 | Brij 721 | O/W | 15.5 |
| 聚氧乙烯(10)油醇醚 | Brij 96/97 | O/W | 12.4 |
| 聚氧乙烯(20)油醇醚 | Brij 98/99 | O/W | 15.3 |
| 失水山梨醇单月桂酸酯 | Span-20 | O/W | 8.6 |
| 失水山梨醇单棕榈酸酯 | Span-40 | W/O | 6.7 |
| 失水山梨醇单硬脂酸酯 | Span-60 | W/O | 4.7 |
| 失水山梨醇单油酸酯 | Span-80 | W/O | 4.3 |
| 聚氧乙烯(20)失水山梨醇单月桂酸酯 | Tween-20 | O/W | 16.7 |
| 聚氧乙烯(20)失水山梨醇单棕榈酸酯 | Tween-40 | O/W | 15.6 |
| 聚氧乙烯(20)失水山梨醇单硬脂酸酯 | Tween-60 | O/W | 14.9 |
| 聚氧乙烯(20)失水山梨醇单油酸酯 | Tween-80 | O/W | 15.0 |

Seppic 公司生产的 MONTANOV 系列乳化剂（参见表 5-6）是由天然植物来源的脂肪醇和葡萄糖合成的糖苷类非离子 O/W 型乳化剂。其分子中的亲水和亲油部分由醚键连接，

故具有卓越的化学稳定性和抗水解性能；与皮肤相容性好，特别是MONTANOV系列乳化剂可形成层状液晶，加强了皮肤类脂层的屏障作用，阻止透皮水分散失，可增进皮肤保湿的效果；另一方面，液晶形成一层坚固的屏障，阻止油滴聚结，确保乳状液的稳定性；可生物降解，是环保型产品。采用MONTANOV系列乳化剂既可配制低黏度的奶液又可配制高稠度的膏霜，且赋予制品轻盈、滋润和光滑的手感。

表 5-6 Seppic公司生产的乳化剂

| 化学组成 | 商品代号 | 性能与应用 |
|---|---|---|
| $C_{16}$～$C_{18}$烷基醇和$C_{16}$～$C_{18}$烷基葡糖苷 | MONTANOV68 | O/W型乳化剂，兼具保湿性能。可用于配制保湿霜、婴儿霜、防晒霜、增白霜等 |
| $C_{16}$～$C_{18}$烷基醇和椰油基葡糖苷 | MONTANOV82 | O/W型乳化剂。可乳化高油相(达50%)产品并在－25℃以下稳定，与防晒剂、粉质成分相容性好。可用于配制各种护肤膏霜和含粉质配方 |
| $C_{20}$～$C_{22}$烷基醇和$C_{20}$烷基葡糖苷 | MONTANOV202 | O/W型乳化剂。可用于配制手感轻盈的护肤膏霜 |
| $C_{14}$,$C_{22}$烷基醇和$C_{12}$,$C_{22}$烷基葡糖苷 | MONTANOV L | O/W型乳化剂。可用于配制低黏度的乳液，非常稳定，且黏度不随时间而变化 |
| 椰油醇和椰油基葡糖苷 | MONTANOV S | O/W型乳化剂。对物理和化学防晒剂有优良的分散性，可用于配制各种SPF值的防晒产品 |

阳离子表面活性剂也可用作乳化剂，具有收敛和杀菌作用。同时阳离子乳化剂很适宜作为一种酸性覆盖物，能促进皮肤角质层的膨胀和对碱类的缓冲作用。故这类制品更适用于洗涤织物后保护双手之用。

乳状液类化妆品主要有洁肤化妆品、护肤化妆品和养肤化妆品三大类。

a. 洁肤化妆品　要想让皮肤健康和美丽，首先就要保持皮肤的清洁卫生。由于角质层的老化、皮脂腺分泌皮脂、汗腺分泌汗液以及其他内分泌物和外来的灰尘等混杂在一起附着在皮肤上构成污垢，这些污垢一方面会堵塞皮脂腺和汗腺，妨碍皮肤的正常新陈代谢，加速皮肤的老化和有碍美观，同时皮脂极易为空气氧化，产生不愉快的臭味，促使病原菌的繁殖，最终导致各种皮肤病的发生，加速皮肤的老化。因此，要经常保持皮肤的清洁。清除皮肤表面的污垢可以使用肥皂、香皂等洁肤用品，但由于它们的碱性大、脱脂力强，使皮肤干燥无光泽，已逐渐被能够去除污垢、洁净皮肤而又不会刺激皮肤的洁肤化妆品所替代。乳状液类洁肤化妆品主要有各种清洁霜和清洁乳液。

b. 护肤化妆品　护肤化妆品与洁肤化妆品在功能和用法上都有不同。洁肤化妆品一般都是立即或经过短时间之后用水冲洗或用纸巾等将其擦除，在皮肤上不留化妆品的痕迹，从而保持皮肤的清洁；而护肤化妆品则是在洗净的皮肤上涂抹，使其形成均匀的薄膜，该膜可持续地对皮肤进行渗透，给皮肤补充水分和脂质，并防止皮肤角质层水分的挥发，对皮肤实施护理。主要品种包括雪花膏、冷霜、润肤霜和润肤乳液、护手霜和护手乳液、按摩膏等。

c. 养肤化妆品　养肤化妆品是一类基质中添加有各种营养活性物质，可使人体皮肤直接获得或补充所需要的氨基酸、脂肪酸、维生素、乳酸等营养物质，从而使人体皮肤得以进行正常的新陈代谢，使皮肤中的各类营养成分、油分和水分保持平衡而设计、制作的对皮肤具有某种功效的化妆品。养肤化妆品中所添加的营养活性物质主要有两大类，即天然动植物提取物和生化活性物质如表皮生长因子（EGF）和碱性成纤维细胞生长因子（bFGF）等。

其他营养物质还有貂油、海龟油、红花油、胡萝卜油、蛋黄油、胎盘组织液、角鲨烷、水果汁等。在润肤霜或润肤乳液的基础上加入各种养肤成分即制成相应的养肤霜或养肤乳液。要使养肤化妆品对皮肤有效，最好使养肤化妆品的成分与皮脂膜的组成相近或相似，选用高级脂肪酸、酯、醇、羊毛脂及动植物油、酯、蜡及其衍生物为主体原料，再配入维生素、天然营养物、氨基酸、透明质酸、生物活性物质等，使之易为皮肤吸收，从而达到延缓以及阻止人体皮肤的老化及病变，而且能进一步使人体皮肤变得光亮、润滑、白嫩和富有弹性。营养类化妆品的产品名称多以其剂型和添加的营养活性物质的名称而命名，如人参霜、胎盘膏、丝素膏、SOD蜜、芦荟霜等。按养肤化妆品对皮肤的功效作用可分为保湿化妆品、抗衰老化妆品、抗粉刺化妆品及防过敏化妆品等。

多重乳状液在化妆品中可用作活性物的载体，延长活性物和润湿剂的释放时间，使产品留香时间延长，克服某些药剂的怪味，还用于酶的固定化，并能保护敏感的生化制品，还可使不相容的物质不发生互相反应。此外，使用时无油腻感，铺展性好，具有优良的净洗和润肤作用。

**(2) 在食品工业中的应用** 表面活性剂作为食品添加剂或加工助剂，广泛用于各类食品生产，对提高食品质量、开发食品新品种、改进生产工艺、延长食品储藏保鲜期、提高生产效率等有显著效果。表面活性剂在食品工业中主要用作乳化剂、增稠剂、稳定剂、消泡剂、起泡剂、清洗剂、水果剥皮剂、涂膜保鲜剂等，其中应用最广泛的是食品乳化剂。

目前，允许使用的食品乳化剂有数十种，常用的有甘油单脂肪酸酯、蔗糖脂肪酸酯、失水山梨醇脂肪酸酯、聚氧乙烯失水山梨醇脂肪酸酯、丙二醇脂肪酸酯、大豆磷脂、硬脂酰乳酸钙（钠）、酪蛋白酸钠等。其中需求量最大的是甘油单脂肪酸酯，约占总需求量的2/3，其次是蔗糖脂肪酸酯。

表面活性剂在食品体系中除具有乳化、润湿、消泡、增溶、分散等作用外，还能与脂类化合物、蛋白质、碳水化合物等食品主要成分发生特殊的相互作用，在食品加工中对改进和提高食品质量起着重要的作用。

① 与脂类化合物的相互作用 脂类化合物是组成生物细胞不可缺少的物质，因而也是食品的重要营养成分。脂类化合物包括脂肪、类似脂肪的化合物如蜡、糖脂、磷脂等。在有水情况下，油脂与乳化剂相互作用形成稳定的乳状液，这是食品加工中所常利用的乳化作用。无水时油脂会产生多晶现象，这与其预处理有关，见图5-14。

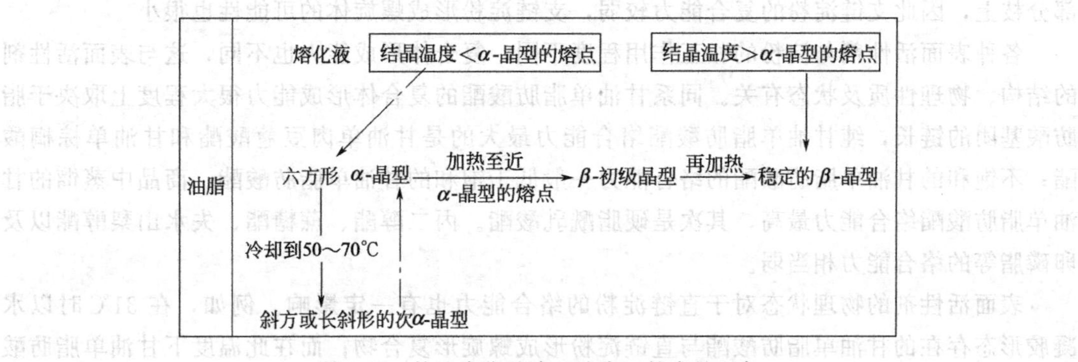


图5-14 甘油脂肪酸酯（油脂）的多晶现象

α-晶型的熔点最低，β-晶型具有较高的熔点。α-晶型到次α-晶型是可逆的。α-晶型到β-晶型是不可逆的。一般温度下，α-晶型到β-晶型的过渡是缓慢的。油脂的不同晶型赋予食品不同的感官性能，随油脂晶型由不稳定的$\alpha$-晶型或$\beta$-初级晶型向熔点高、能量低的稳定的$\beta$-晶型的转化，食品的食用性能也发生变化，在这一转化过程中，长链脂肪酸起着延缓作用而短链脂肪酸起着促进作用。

一些趋向于$\alpha$-晶型的亲油性乳化剂具有变晶性质，因此与脂类化合物发生相互作用可以调节晶型，即阻碍和延缓$\alpha$-晶型向$\beta$-晶型的变化，形成有利于食品感官性状和食用性能所需要的晶型。例如亲油性的失水山梨醇三硬脂酸酯加入熔化的油脂中，冷却时就形成在应用技术上有利的$\beta$-初级晶型并由于共结晶过程使这种晶体结构保持稳定。蔗糖脂肪酸酯，乳酸甘油单、二酸酯，乙酸甘油单、二酸酯及聚甘油脂肪酸酯等均可作为晶型调节剂。另外，表面活性剂与油脂结构上的相似性使得它能替代部分脂类化合物达到减少食品中脂类化合物用量的目的。

② 与糖类的相互作用　淀粉、葡萄糖、蔗糖等糖类物质是食物的主要成分，是为人体提供能量的主要物质。糖类包括单糖、低聚糖和多糖，单糖和低聚糖具有良好的水溶性，因此与表面活性剂之间可以通过氢键发生亲水作用；多糖属高分子物质，是单糖通过糖苷键相互连接形成的直链或支链大分子，由于单糖和糖苷键的结构特征，大分子多糖结构中形成了亲水区域和疏水区域，因此多糖分子与表面活性剂之间的作用有两种方式，即通过氢键发生的亲水作用和由疏水键产生的疏水作用。以淀粉为例，淀粉有直链淀粉和支链淀粉，直链淀粉一般以线型分子存在，但在水溶液中由于分子内氢键的作用使淀粉链卷曲形成$\alpha$-螺旋状结构，这种$\alpha$-螺旋状结构的内部具有疏水作用，因此表面活性剂的疏水基团可以进入这种$\alpha$-螺旋结构内以疏水方式与淀粉结合起来形成包合物（见图 5-15），表面活性剂的亲水基团不进入螺旋体内。

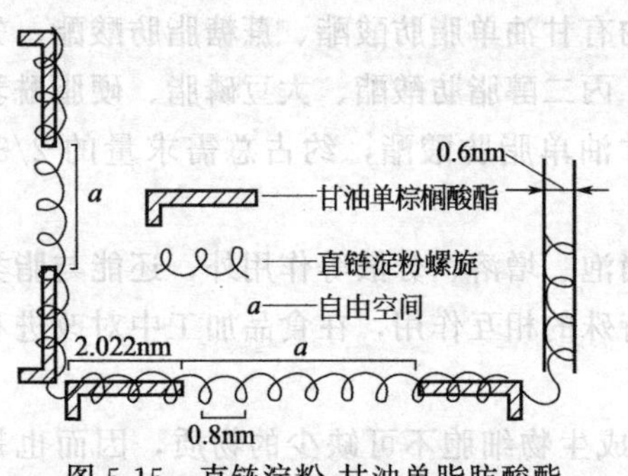


图 5-15　直链淀粉-甘油单脂肪酸酯复合体示意（疏水相互作用）

表面活性剂与支链淀粉的作用表现在亲水基团与支链淀粉的亲水层之间形成氢键而加成在支链淀粉上形成支链淀粉和表面活性剂的复合体（见图 5-16）。表面活性剂嵌入直链淀粉的螺旋体内部形成的闭环化合物使这种结构十分稳定，而支链淀粉与表面活性剂的作用只是表面活性剂借氢键加成到支链淀粉表面，即支链淀粉的外部分枝上，因此支链淀粉的复合能力较弱，支链淀粉形成螺旋体的可能性也很小。

各种表面活性剂与淀粉的相互作用程度不同，复合体形成能力也不同，这与表面活性剂的结构、物理性质及状态有关。同系甘油单脂肪酸酯的复合体形成能力很大程度上取决于脂肪酸基团的链长，纯甘油单脂肪酸酯络合能力最大的是甘油单肉豆蔻酸酯和甘油单棕榈酸酯；不饱和的甘油单脂肪酸酯的络合能力一般低于饱和的甘油单脂肪酸酯；商品中蒸馏的甘油单脂肪酸酯络合能力最高，其次是硬脂酰乳酸酯。丙二醇酯、蔗糖酯、失水山梨醇酯以及卵磷脂等的络合能力相当弱。

表面活性剂的物理状态对于直链淀粉的络合能力也有一定影响。例如，在 31℃时以水凝胶形态存在的甘油单脂肪酸酯与直链淀粉形成螺旋形复合物；而在此温度下甘油单脂肪酸酯的$\beta$-晶体水合物或粉末都没有或只有非常小的络合能力；60℃时所有的蒸馏甘油单脂肪酸酯-水制品的络合能力相当，而无水制品和甘油单、双脂肪酸酯乳状液络合能力很差。水溶性直链淀粉和各种物理状态的甘油单脂肪酸酯形成络合物的速度：$\alpha$-晶型凝胶＞$\beta$-晶体

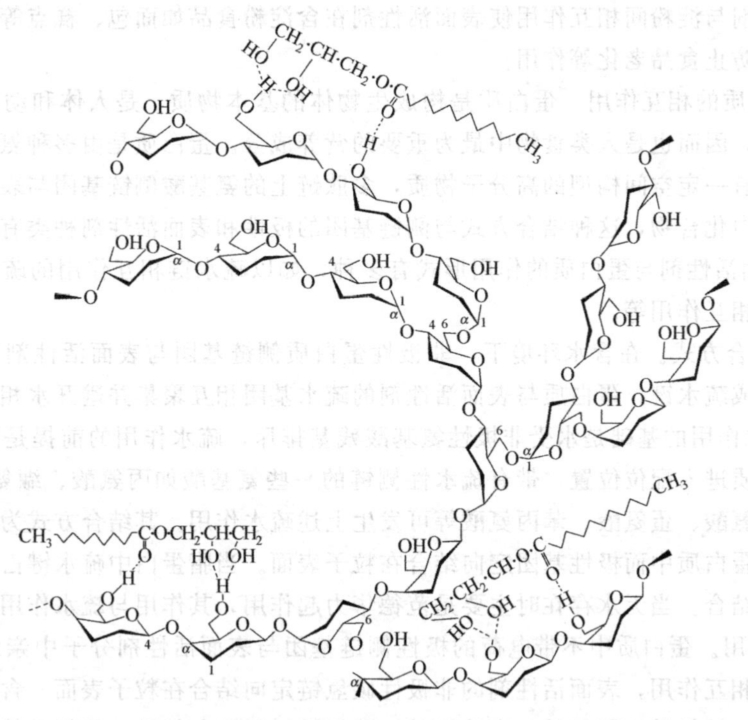

图 5-16 支链淀粉-甘油单脂肪酸酯复合体示意图（借助氢键形成）

水合物＞无水粉末。

淀粉添加表面活性剂可以减少淀粉的吸水性和膨胀性能、提高糊化温度，使淀粉的最大黏度发生变化。一些表面活性剂可以提高淀粉最大黏度，一些表面活性剂可以降低淀粉最大黏度。例如甘油单脂肪酸酯的加入可以增加淀粉的糊化温度和增加胶凝过程中的黏度且凝胶形态好于粉末状态效果；甘油单脂肪酸酯、硬酯酰乳酸钠（钙）和二乙酰酒石酸甘油单脂肪酸酯都会使小麦淀粉的糊化温度和最大黏度提高。加入表面活性剂还可以抑制和减小直链淀粉的老化，对面包起保鲜作用。

表面活性剂添加到含淀粉的食品体系中的混气作用可以使体系体积发生改变，例如制作糕点的稀面糊的体积和糕点体积。不同物理状态表面活性剂的混气作用不同，实验发现甘油单硬脂酸酯以分散体系的形式或以含 90％水的 $\alpha$-结晶凝胶相的形式加入时可以得到最大的稀面糊体积和糕点体积，而用 $\beta$-晶型和水凝胶制备的面糊和糕点体积很小。这是因为甘油单硬脂酸酯以分散体系或以含水量高的凝胶相加入时它在整个稀面糊中有较好的分布所致。若甘油单硬脂酸酯凝胶比较浓，混气效应相对降低。当甘油单硬脂酸酯以黏稠的各向同性相-水的制剂形式加入后，尽管其中水的总含量与分散体系很相似，但混气作用比分散体系降低，因为其中的甘油单脂肪酸酯是以立方结构聚集体的形式存在，这种结构不允许甘油单脂肪酸酯均匀地分布于水相中。另外，甘油单脂肪酸酯的混气作用与 $\alpha$-晶型凝胶态关系也很大，这是甘油单脂肪酸酯凝胶的基本物态，在这种形态中甘油单脂肪酸酯分子的双分子层被水隔开，因而能以水为滑动平面而相对滑动。当水层厚度降低到 1.5nm 时，混气作用迅速降低，当甘油单脂肪酸酯极性基团之间没有水时则发生 $\alpha$-型向比较稳定的 $\beta$-型的重结晶过渡，混气作用降低。因此在储存中为了使甘油单脂肪酸酯保持 $\alpha$-结晶凝胶形态，一般用乙醇、丙二醇或山梨糖醇为溶剂，也可用 1％～2％脂肪酸的碱金属皂来稳定层状凝胶相。

表面活性剂与淀粉间相互作用使表面活性剂在含淀粉食品如面包、糕点等中起到改善食品组织结构，防止食品老化等作用。

③ 与蛋白质的相互作用　蛋白质是构成生物体的基本物质，是人体和动植物体内最重要的组成成分，因而也是人类食物中最为重要的营养成分。蛋白质是由多种氨基酸通过肽键结合起来的具有一定空间构型的高分子物质，多肽链上的氨基酸侧链基团与表面活性剂发生作用形成脂蛋白化合物，这种结合方式与侧链基团的极性和表面活性剂种类有关，也与体系pH有关。表面活性剂与蛋白质的作用形式有多种，如以疏水链相互作用的疏水结合、氢键作用以及静电相互作用等。

a. 疏水结合方式。在含水环境下，非极性蛋白质侧链基团与表面活性剂非极性的碳氢链相互作用形成疏水键，蛋白质与表面活性剂的疏水基团相互聚集并避开水相（类似于胶束形成时)，疏水作用的基础是水受非极性氨基酸残基排斥，疏水作用的前提是预先发生的静电作用使蛋白质进入配位位置。带有疏水性侧链的一些氨基酸如丙氨酸、缬氨酸、亮氨酸、异亮氨酸、脯氨酸、蛋氨酸、苯丙氨酸等可发生上述疏水作用。其结合方式为表面活性剂的碳氢链固定在蛋白质中而极性基团定向结合在粒子表面。当脂蛋白中疏水键占优势时，主要发生这种疏水结合。当无水存在时主要是范德华力起作用，其作用与疏水作用相似。

b. 氢键作用。蛋白质中不带电荷的极性侧链基团与表面活性剂分子中亲水部分通过形成氢键而发生相互作用，表面活性剂的非极性碳氢链定向结合在粒子表面。含这类侧基的氨基酸有甘氨酸、丝氨酸、苏氨酸、半胱氨酸、酪氨酸、天门冬氨酸、谷氨酸等。

c. 静电相互作用。在一定的pH范围内，带正电荷的氨基酸侧链基团与带负电荷的表面活性剂之间可以发生静电吸引作用结合在一起，如果有多价金属离子存在，带负电荷的蛋白质也可与带负电荷的表面活性剂相互结合。含有这类带电荷极性基团的氨基酸如赖氨酸、组氨酸、天门冬氨酸、精氨酸、谷氨酸等。

表面活性剂与蛋白质相互作用形成脂蛋白化合物，从所形成的复合体里用简单的非极性溶剂不能或只能少量地提取出极性脂类化合物（表面活性剂)。表面活性剂与蛋白质的相互作用是多方面的，并影响其乳化能力。各种脂蛋白键的结合能与蛋白质结构、表面活性剂结构和可反应基团以及发生相互作用的条件有关，但表面活性剂和蛋白质相互作用和结合的可能性一般存在于所有食物蛋白质中，如乳蛋白、肉蛋白、卵蛋白和谷类蛋白质。

面包是一种焙烤食品，在面包生产中使用表面活性剂可以改进和提高面包质量，使面包生产过程易于进行，因此表面活性剂已经成为许多面包配方中不可缺少的成分。表面活性剂在面包的调粉（和面、面团调制)、发酵、分块、搓圆、做型、烘烤等每一阶段都起作用：在调粉过程中表面活性剂可以改进面粉的可润湿性，使原料易混合分布均匀、缩短调粉时间、降低搅拌速度，同时由于表面活性剂与面粉各组分之间的相互作用而改善了面团的机械加工性能，节省起酥油用量；在发酵、分块、搓圆、做型等过程中，表面活性剂可以起到改进面团持气性、缩短发酵时间、增强耐震性、防止面团塌陷和破裂等作用；在烘烤过程中表面活性剂可以改进面团持气性，增大面包体积，改善气孔结构和面包质地，减少水分散发等；在面包贮藏中表面活性剂则具有改进面包的柔软性、延缓面包老化、延长面包保鲜期的作用。因此在面包中加入表面活性剂可以改善面筋的延伸性、弹性、韧性等工艺性能以及面团的机械加工性能和持气性，并进而改进面包的体积、匀称性、组织结构等，还可以在面包储存过程中延缓面包组织硬化或老化速度，起到抗老化和保鲜的作用。其中一些表面活性剂在面团中的作用主要是与蛋白质发生作用，增强面团的筋力、提高面团弹性、韧性和机械加工强度，所以把这类表面活性剂称为面团强化剂，也叫面团增强剂或面团稳定剂，它们可以增强面团的耐揉性和耐机械加工性能，增加面团对配料变化的耐受性、减少醒发后面团发生塌陷和破裂现象并改进面包体积、面包瓤结构、面包组织和质地、面包皮特性，有助于达到最大的面团吸水率并获得较高的产品得率和相当好的产品质量。面包中常用的表面活性剂如甘油单、双脂肪酸酯，二乙酰酒石酸甘油单、双脂肪酸酸酯，琥珀酸甘油单、双脂肪酸酸酯，蔗糖脂肪酸酯，聚氧乙烯（20）甘油单、双酸酯，硬脂酰乳酸钙（钠），硬脂酰富马酸钠，卵磷脂和各类植物胶等。

糕点是通过烘烤、烘焙、干燥或其他工艺方法制作的烘烤食品，属于耐贮藏的烘焙食品。由酵母发酵的面团制作糕点时添加表面活性剂可以改善面团的工艺性能、增大糕点体积、延长贮藏保鲜期并能减少起酥油和酵母用量。由非酵母发酵面团制作糕点时，表面活性剂对饼干、甜酥饼等少数产品有作用。表面活性剂对饼干等的作用体现在改善饼干体积、质地以及延长贮藏保鲜期等诸多方面。

在面条、挂面、方便面生产中使用蔗糖脂肪酸酯、大豆磷脂、甘油单脂肪酸酯以及各种食用胶等可起到缩短调粉时间，提高黏度、抗张力和得率，减少落面率，改善速煮性等作用，还可以减少面条间的粘连，改进口感，防止老化等。

表面活性剂作为乳化剂和稳定剂在冰淇淋生产中也起着十分重要的作用。包括：改进脂肪在混合料中的分散性，使脂肪粒子细微、均匀分布，提高乳状液稳定性；改进空气混入，提高起泡性和膨胀率；防止和控制粗大冰晶生成，赋予冰淇淋细腻的组织结构和好的干性度；冰淇淋属水包油型（O/W）乳液，应选用亲水性水包油型乳化剂，常用的有：蔗糖脂肪酸酯、甘油脂肪酸酯、失水山梨醇脂肪酸酯、聚氧乙烯失水山梨醇脂肪酸酯、聚甘油脂肪酸酯等。

**(3) 在医药中的应用** 乳化作用在医药上应用非常广泛，如口服液，静脉乳等。将激素、酶、蛋白质制成乳剂，可避免在胃肠道失活，抗氧化、增高稳定性，提高药效。在药物超剂量治疗时，可制成储库。乳化剂对中草药剂型改进亦起了重大的作用，可使药物分布于治疗部位，充分发挥治疗作用，提高生物利用度。注射用乳化剂要求纯度高、毒性低，无溶血和其他副作用，有较好的化学稳定性，耐高温消毒不起浊，还要求无过敏反应，粒度分布均匀（1～4$\mu$m）。符合这些要求的表面活性剂仅有吐温类、Pluronic L68 等，天然的有磷脂类等。临床常用的乳浊液注射液有天然维生素 K 乳、多种维生素静脉注射液。表面活性剂可用于口服乳剂中，如西药制剂鱼肝油乳、液体石蜡乳等。中药制剂的乳剂是将含油的药材经提油后，加适当的乳化剂而制成的液体药剂，这样可使制剂中含油较多，克服中药制剂中含油少的缺点。在外用乳剂中表面活性剂常用于各种皮肤用乳剂、眼用乳剂等。

**(4) 在农药中的应用** 农药制剂加工和应用中经常遇到分散问题，其中应用最广的一种体系就是乳状液。在田间使用农药时，一般要求经过简单搅拌而且在短时间内就能制成喷洒液，有时由于季节、地点的不同，水温和水质也有变化，地面喷洒和飞机喷洒等对浓度要求也不同，因此要制成适于各种条件使用的乳状液。目前常遇到的农药乳状液主要有三类。

① 可溶性农药 通常由亲水性大的原药组成的所谓可溶解性乳油，如敌百虫、敌敌畏、乐果、氧化乐果、甲胺磷、久效磷、乙酰甲胺磷、磷胺等乳油，兑水而得。出厂原药能与水混溶，形成真溶液状乳状液。乳化剂主要功能是分散作用和赋予乳状液的铺展、润湿和渗透性能。

② 微乳液农药 微乳液农药是借助表面活性剂的作用，将液态油性农药以超微细状态（粒径 0.01～0.1$\mu$m）均匀分散在水中，形成透明或半透明的均相体，乳化稳定性好，对水

质、水温及稀释倍数有好的适应能力。其分散度高，具有不燃、不爆、贮运安全、渗透性好等优点。它是一个自发形成的热力学稳定分散体系，表面活性剂是制备微乳液的关键组分。乳化剂用量也较高，一般在10%以上。

③ 浓乳状液农药　通常由所谓乳化性乳油或浓乳剂兑水而得。油滴粒径分布在0.1～10μm之间，乳状液乳化稳定性好。若油滴粒径大于10μm，乳状液稳定性差，一般应避免应用。

农药乳油的发展与表面活性剂的发展有着密切的关系。早期的有机合成农药滴滴涕，用肥皂或硫酸化（或磺化）蓖麻油做乳化剂配成的乳油黏度很大，流动性能差，乳化分散性能不好，乳化剂的用量也很大。目前常用的乳化剂主要是混合型乳化剂，其中最常用的阴离子型乳化剂是十二烷基苯磺酸钙，而可供选择的非离子型乳化剂品种繁多，因此乳化剂的选择，实际上主要是非离子乳化剂的选择。农药对乳化剂的选择性是很强的，这种选择性主要表现在两方面：一是非离子乳化剂品种的选择，即乳化剂与原药在化学结构上的适应性；二是非离子乳化剂的HLB值与农药要求的HLB值的适应性。一般被乳化物要求的HLB值应与乳化剂所具有的HLB值基本相同或非常接近。微乳农药常用乳化剂如表5-7所示。

**表5-7　微乳农药用乳化剂**

| 实例序号 | 牌　号 | 结构及组成/% | | HLB值 | 年代 | 生产国家 |
|---|---|---|---|---|---|---|
| 1 | Sorpol KS | $C_6H_5-C_6H_4-O(EO)_8H$ | 50 | 13.1 | 1971 | 日本 |
| | | $C_9H_{19}-C_6H_4-O(EO)_7H$ | 15 | | | |
| | | $(R-C_6H_4-SO_3)_2Ca$ | 10 | | | |
| | | $C_8H_{17}OOC-CH_2-CH(SO_3Na)-COOC_8H_{17}$ | 25 | | | |
| 2 | Sorpol KM | $[C_6H_5-CH_2]_2-C_6H_3-O(EO)_{15}H$ | 30 | 12.7 | 1971 | 日本 |
| | | $C_{12}H_{25}O(EO)_6H$ | 20 | | | |
| | | $C_{12}H_{25}O(EO)_{12}SO_3Na$ | 10 | | | |
| | | $(C_4H_9)_2C_{10}H_5-SO_3Ca\frac{1}{2}$ | 40 | | | |
| 3 | Sorpol KE | $C_6H_5-C_6H_4-O(EO)_{12}H$ | 50 | 13.7 | 1971 | 日本 |
| | | $(C_{12}H_{25}-SO_3)_2Ca$ | 10 | | | |
| | | $C_8H_{17}-C_6H_4-O(EO)_{10}SO_3K$ | 40 | | | |
| 4 | Sorpol KD | $C_6H_5-C_6H_4-O(EO)_8H$ | 30 | 13.5 | 1971 | 日本 |
| | | $C_8H_{17}-C_6H_4-O(EO)_{10}H$ | 10 | | | |
| | | $(C_{13}H_{27}-C_6H_4-SO_3)_2Ca$ | 20 | | | |
| | | $C_9H_{19}-C_6H_4-O(EO)_{16}SO_3Na$ | 40 | | | |

续表

| 实例序号 | 牌　号 | 结构及组成/% | | HLB 值 | 年代 | 生产国家 |
|---|---|---|---|---|---|---|
| 5 | | $(\text{C}_6\text{H}_5\text{—CH(CH}_3\text{)})_k\text{—C}_6\text{H}_4\text{—O(EO)}_{20}\text{H}$ | 20 | 13.7 | 1984 | 日本 |
| | | $(\text{C}_6\text{H}_5\text{—CH(CH}_3\text{)})_k\text{—C}_6\text{H}_4\text{—O(EO)}_{35}\text{H}$ | 50 | 15.8 | | |
| | | DBS—Ca（十二烷基苯磺酸钙） | 30 | | | |
| 6 | | $(\text{C}_6\text{H}_5\text{—CH}_2)_k\text{—C}_6\text{H}_4\text{—O(EO)}_{20}\text{H}$ | 20 | 13.4 | 1984 | 日本 |
| | | $(\text{C}_6\text{H}_5\text{—CH(CH}_3\text{)})_k\text{—C}_6\text{H}_4\text{—O(EO)}_{35}\text{H}$ | 50 | 15.8 | | |
| | | DBS—Ca | 30 | | | |
| 7 | | $(\text{C}_6\text{H}_5\text{—CH(CH}_3\text{)})_k\text{—C}_6\text{H}_4\text{—O(PO)}_3\text{(EO)}_{42}\text{H}$ | 40 | 16.0 | 1984 | 日本 |
| | | $(\text{C}_6\text{H}_5\text{—CH}_2)_k\text{—C}_6\text{H}_4\text{—O(EO)}_{16}\text{H}$ | 30 | 13.2 | | |
| | | DBS—Ca | 30 | | | |
| 8 | | $(\text{C}_6\text{H}_5\text{—CH}_2)_k\text{—C}_6\text{H}_4\text{—O(PO)}_5\text{(EO)}_{45}\text{H}$ | 30 | 16.0 | 1984 | 日本 |
| | | $(\text{C}_6\text{H}_5\text{—CH(CH}_3\text{)})_k\text{—C}_6\text{H}_4\text{—O(EO)}_{40}\text{H}$ | 40 | 16.2 | | |
| | | DBS—Ca | 30 | | | |

**(5) 在机械加工及防锈中的应用**　在金属切削加工时，刀具切削金属使其发生变形，同时刀具与工件之间不断摩擦因而产生切削力及切削温度，严重地影响了刀具的寿命、切削效率及工件的质量。因此，如何减少切削力和降低切削温度是切削加工中的一个重要问题。常用的一种方法是选用合适的金属切削冷却液。合理选用金属切削冷却液，一般可以提高加工光洁度1～2级，减少切削力15%～30%，降低切削温度100～150℃，成倍地提高刀具耐用度并能带走切削物。切削冷却液的种类很多，其中最广泛使用的是O/W型乳化切削液，它广泛地作为机械加工润滑、冷却剂用。若在油中加入油溶性缓蚀剂还会对工件起到防锈的作用。

水包油型防锈油，采用O/W型防锈油封存金属工件具有节省防锈油、改善劳动条件、降低成本、安全及不易燃等优点。可在油相中加入油溶性缓蚀剂如石油磺酸钡、十八胺等，乳化剂可采用水溶性好又有缓蚀作用的羧酸盐类如十二烯基丁二酸钠盐、磺化羊毛脂钠盐等，制成O/W型防锈油。

**(6) 沥青的乳化及其应用**　沥青是具有多种用途的一种有价值的材料。例如，沥青是在道路工程和养护，铁道路面处理，建筑物防护，木材防腐处理，防潮沥青纸和油毡制造等方面需要量很大的重要原材料。沥青还可用作钻井液中的抑制剂（又称防塌剂），主要用于配制抑制型钻井液，在钻进泥页岩地层时，抑制泥页岩水化膨胀；在钻进无胶结地层时，可防止井壁坍塌。

沥青是由一些极其复杂的高分子碳氢化合物以及这些碳氢化合物的非金属衍生物组成的混合物。沥青在常温下为固体或半固体状态，因此在使用时必须进行预处理，使之成为沥青液。处理方法有加热熔化法、溶剂法和乳化法，分别制得沥青熔化液、含有溶剂的沥青溶液和沥青乳液（乳化沥青）。其中，乳化法制得的沥青乳液可在常温下使用，凝固时间短，且无臭气，是目前较常采用的方法。

乳化法是将沥青经机械作用分裂为细微颗粒，分散在含有表面活性剂的水溶液中。乳化剂吸附于沥青-水界面上，以疏水的碳氢链吸附于沥青颗粒的表面而以亲水基伸入水中的定向排列，这不仅降低了沥青-水间的界面张力，而且在沥青颗粒的表面形成了一层致密的膜，可以阻止沥青颗粒的絮凝和聚结。若用离子型表面活性剂还可使沥青颗粒表面带有同种电荷，在沥青颗粒互相靠近时产生静电斥力而使沥青颗粒处于分散稳定状态。

用于制备乳化沥青的乳化剂有阴离子型和阳离子型表面活性剂两类。

用阴离子表面活性剂作为乳化剂制得阴离子型沥青乳液，常用的阴离子乳化剂有妥尔油钠皂、环烷酸钠、硬脂酸钠、松香皂钾盐、石油磺酸钠、烷芳基磺酸盐、木质素磺酸盐等。阴离子型沥青乳液的粒子带有负电荷，用于铺路时，只有铺洒于干燥的石料上才能破乳，使沥青与石料黏附在一起，完成这一过程需要较长时间。因此在冬季或雨季不宜用阴离子型沥青乳液施工。阴离子型沥青乳液适合于铺设在碱性石料如石灰石上，而铺于酸性石料如硅石、花岗石等上则会出现黏结不牢等现象。因此它的应用受到一定的限制。

用阳离子表面活性剂作为乳化剂可制得阳离子型沥青乳液。常用的阳离子型乳化剂主要是烷基亚丙基二胺类乳化剂，如牛脂丙烯二胺，椰子油丙烯二胺，烷基丙烯二胺二盐酸盐和烷基胺的盐酸盐等。这类阳离子乳化剂不仅具有良好的乳化力，而且对石料的黏附性也好。此外，也可使用季铵盐类乳化剂，如 $C_{12}$～$C_{20}$ 烷基二甲基氯化铵和双十八烷基二甲基氯化铵等。阳离子型沥青乳液的粒子带有正电荷，与带负电荷的石料接触的瞬间就发生破乳，使沥青牢固地黏附在石料表面上，同时在石料表面形成一层以阳离子乳化剂的疏水碳氢链包覆的疏水膜，因此，在冬季和雨季用阳离子型沥青乳液施工，都不会影响施工质量。

由于阳离子型沥青乳液比阴离子型沥青乳液具有更好的使用性能，因此在铺设道路和建筑物防护中得到广泛应用。阳离子乳化剂调制的沥青乳液由于破乳迅速，在铺设施工时对作业会造成一定困难，若适当加入少量非离子表面活性剂如聚氧乙烯（3）牛脂丙烯二胺作为助乳化剂，则可延缓沥青乳液的破乳过程，以保证铺路作业的顺利进行。

**(7) 在乳液聚合中的应用** 乳液聚合是用来制造高分子乳胶的一种聚合方法，表面活性剂在乳液聚合时起两方面的作用：开始是帮助形成单体乳液（单体乳滴），然后保证单体聚合并稳定地长大，最后成为聚合物颗粒。所用乳化剂的重要性及用量在工业表面活性剂中仅次于纤维工业。除乳化剂外，还应加入高分子胶体保护剂及添加剂以提高乳胶的化学稳定性与机械稳定性，通常采用乳化聚合的树脂如聚氯乙烯、聚乙烯、聚丙烯、聚苯乙烯、聚丙烯酸酯、丙烯腈-聚乙烯共聚物、丙烯腈-丁二烯-苯乙烯共聚物、氯丁二烯橡胶等等。乳化剂中最常用的是阴离子表面活性剂如肥皂、烷基苯磺酸盐、烷基硫（磺）酸盐、烷基聚氧乙烯醚硫酸盐。阳离子表面活性剂如伯胺盐和季铵盐，在酸性介质中也可配合应用。非离子型如脂肪醇聚氧乙烯醚、烷基酚聚氧乙烯醚、聚醚等可用于热敏性乳胶的配制。例如醋酸乙烯的乳液聚合，由于醋酸乙烯单体的亲水性强，以选用高 HLB 值的乳化剂为宜。常用十二醇硫酸钠或烷基聚氧乙烯醚硫酸钠和烷基聚氧乙烯醚的混合乳化剂，其 HLB 值约为 15～18。一般认为，阴离子表面活性剂如 LAS 等具有良好的机械稳定作用，而非离子类则有良好的化学稳定效果，阴离子、非离子表面乳化剂混合使用可以兼具两者优点。

**(8) 在造纸工业中的应用** 纸层如果只由纤维交织而成，则耐水性很差。施胶是指在纸浆中或纸及纸板上施加胶料的一种工艺技术，其目的是保持纸的尺寸稳定，降低纸的吸水量和吸油墨量，增进纸的光滑性、印刷适应性，提高纸的质量。施胶有内部施胶与表面施胶两种方法。传统施胶方法是采用松香作为施胶剂的原料，将松香用碱皂化制成皂型松香胶。1990 年代以来又在改性松香的基础上发展成为分散松香胶。分散松香胶以固体松香做原料，固体颗粒均匀分散在水中而得的乳液。分散游离松香胶（其游离度≥99%）是一种热力学不稳定体系。分散松香胶制备是一物理化学过程，固体松香通过加热而成为液态松香，液态松香和水之间存在着极大的界面张力，要降低这一界面张力只有通过加入表面活性剂来达到，并通过机械搅拌，使松香液在水中乳化制成乳化松香胶，然后乳化松香经冷却至室温而成为分散松香胶。

分散松香胶分阴离子分散松香胶、阳离子分散松香胶等。阴离子分散松香胶常用的乳化剂为脂肪醇聚氧乙烯醚磷酸酯、脂肪醇聚氧乙烯醚琥珀酸酯磺酸盐、烷基酚醚琥珀酸酯磺酸盐、2-对苯二酚-3-(连苯乙烯酚二聚氧乙烯）丙烯磺酸钠、2-羟基-3-(壬基苯氧基聚氧乙烯）丙烯磺酸钠等。阳离子分散松香胶采用阳离子乳化剂如聚丙烯酰胺、聚酰胺聚胺表氯醇、阳离子淀粉等。

**(9) 在三次采油中的应用** 油田建成后靠自喷（一次采油）、注水、注蒸气等（二次采油）一般只能采出约 30%的原油。采用化学驱油的方法（三次采油）可将原油采收率提高到 80%～85%。化学驱油包括碱水驱油、表面活性剂驱油、泡沫驱油等。微乳状液驱油是其中的一种。微乳液驱油体系就是利用表面活性剂、助表面活性剂、油及水形成的分散相半径极小的胶体溶液，对油有很大的增溶能力，同时这种胶体溶液对岩层、砂石有良好的润湿性质以及较适宜的黏度，从而提高采油率。当然，实际采油时地质条件十分复杂，微乳液中高的表面活性剂和助表面活性剂含量带来的高成本，以及在实际应用时这些有效成分被地层中砂石表面吸附等引起的经济上和理论上的问题都是微乳液驱油研究的重要内容。

**(10) 在工业废水处理和金属富集与分离中的应用** 液膜分离技术是结合萃取和渗透法优点的分离方法。液膜比固体膜（如聚合物薄膜）更薄，分离组分在液膜中的扩散速率快，分离效果更好。

在多重乳状液中介于被封闭内相液滴和连续的外相之间的为液膜相，如 W/O/W 型多重乳状液的油相和 O/W/O 型多重乳状液的水相即是，前者称为油膜，后者称为水膜。

多重乳状液的基本组成是油、水和表面活性剂。为了提高被分离物质通过液膜的迁移速率和加强分离效果，经常在内相和外相中加入能与被分离物质发生反应的试剂，在膜相加入有选择性地帮助分离迁移的物质（称为流动载体）。油膜常选用 W/O 型乳化剂（HLB 值＝4～6），水膜选用 O/W 型乳化剂（HLB 值＝8～18）。在液膜中表面活性剂含量约为 1%～3%。溶剂是液膜的主要成分，占液膜总量的 90%以上。油膜应选择在水相中溶解度低，能优先溶解被分离物质的有机溶剂，如煤油、柴油、中性油、磺化煤油等。有时为提高液膜黏度可加入增稠剂（如液体石蜡、聚丁二烯等）。流动载体约占液膜总量的 1%～2%。对于难于直接分离的无机或有机离子，可在液膜中加入有特殊选择性的能与被分离物形成溶于膜相的络合物，且形成的络合物稳定性适中、便于透过膜相后分解的流动载体，如羧酸、三辛胺、环烷酸类化合物等。

无载体液膜分离机理参见图 5-17(a)。欲将料液中之 A 与 B 成分分离。B 不溶于液膜，A 可溶于液膜相，A 将渗透过液膜进入膜外连续相，最终使 A 在膜两侧液相中浓度相等，而 B 仍留在原液相中。

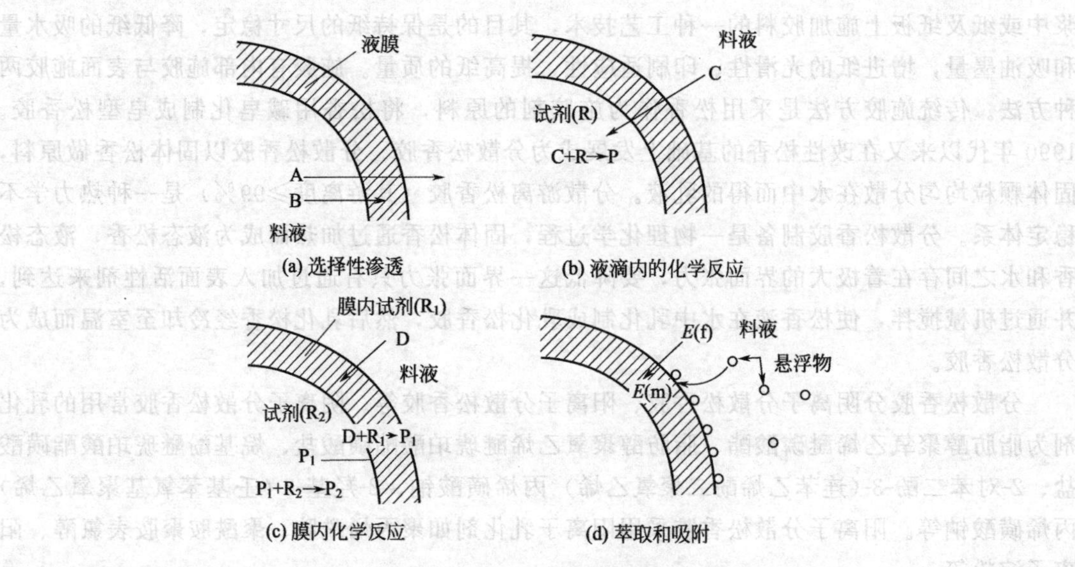


图 5-17 无载体液膜分离机理示意图

在多重乳状液初级乳状液分散相液滴内发生化学反应，参见图 5-17(b)。欲分离成分为料液中的 C。在制备初级乳状液时分散相液滴内加入可与 C 反应的试剂 R。C 与 R 反应产物 P 又不能透过液膜。这样，透过液膜的 C 将在内液相浓集。

在液膜内发生化学反应，见图 5-17(c)。欲分离成分为料液中之 D。制备初级乳状液时分散相内加入反应试剂 $R_2$，连续相中加入反应试剂 $R_1$。被分离物 D 溶于液膜相，与 $R_1$ 反应生成产物 $P_1$，$P_1$ 进入微滴内与 $R_2$ 反应得产物 $P_2$。产物 $P_1$ 不能回渗入料液相，产物 $P_2$ 不能溶于液膜相，从而使料液中之 D 分离。在液膜与连续相界面上的选择吸附，由于多重乳状液中连续相与液膜间有大的相界面，可以吸附料液中的悬浮粒子及浮油等。料液中的有机物被溶于液膜相中使其分离，参见图 5-17(d)。

对有些被分离体系，在液膜中加入流动载体可大大提高其分离效率和选择性。流动载体的主要作用是：加速被分离物在液膜相中的迁移；流动载体只与某种被分离物在液膜中络合，可提高选择性；流动载体及流动载体与被分离物形成的络合物迁移时有方向性，因而可使被分离物从液膜一侧转移到另一侧。

以含莫能菌素（流动载体）液膜分离钠离子的过程为例。液膜一侧为 0.1mol/L NaOH，另一侧为 0.1mol/L NaCl 和 0.1mol/L HCl，液膜相溶剂为辛醇。首先位于液膜碱性液一侧界面的流动载体与钠离子迅速反应形成络合物。然后，该络合物在液膜内向酸性一侧迁移。在液膜与酸性液界面钠离子被氢离子取代，流动载体恢复原状，并向碱性液一侧迁移。然后再重复上面的步骤。结果是钠离子从膜左侧移至膜右侧，氢离子做相反方向的迁移。

无流动载体液膜分离可应用于含酚、有机酸、柠檬酸等的废水处理。除去废水中离子（如 $Cu^{2+}$、$Hg^{2+}$、$Ag^{+}$、$S^{2-}$、$NO_3^-$ 等）则要在油相中加入流动载体，以使不溶于油相的离子能进入油相迁移。这些流动载体大多为离子萃取剂，如液膜除 $Cu^{2+}$ 可用肟类萃取剂，液膜除磷酸根可用油溶性胺或季铵盐做萃取剂。在生物化学和生物医学分离领域，如用液膜除去胃肠道中过量的药物，可以用于急救。如苯巴比妥（鲁米那）是一种镇静剂，用于治疗失眠、高血压、惊厥等，此药物为酸性药物，易溶于碱，不电离时有较大油溶性。过量服用此药有生命危险。用包封 NaOH 溶液的液膜捕集苯巴比妥，在最好的情况下，5min 后液膜可除去 95%的药物。

如用乳状液膜制备草酸稀土，可得纯度大于 99.5%的氧化物。用乳化液膜从含有 Cu、Ca、Zr、Co 和 Fe 的多种金属的酸式溶液中萃取 Ge，在适当的条件下用 Kelex 做载体，选择性可达 95%。以含 Span-80、醋酸丁酯的煤油溶液为有机膜相，$Na_2CO_3$ 水溶液为膜内相的乳状液膜，萃取发酵液中的青霉素 G，萃取率达到 99%以上。以二-(2-乙基己基) 磷酸为萃取剂采用乳状液膜从发酵液中萃取苯丙氨酸，效果显著等。

## 5.3 增溶作用

增溶作用指表面活性剂有增加难溶性或不溶性油性物质在水中溶解度的作用，例如苯在水中溶解度仅为 0.09%(体积分数)，如果在水中加入表面活性剂（如油酸钠），即可使它的溶解度增加到 10%，而且使所得溶液透明得像真溶液。

### 5.3.1 增溶机理

增溶作用是与表面活性剂在水中形成胶束（参见第 4 章）分不开的。胶束内部实际上是液态的碳氢化合物，因此苯、矿物油等不溶于水的非极性有机溶质较易溶解在胶束内部的碳氢化合物中。增溶现象是胶束对亲油物质的溶解过程，是表面活性剂胶束的一种特殊作用，因此只有溶液中表面活性剂浓度在临界胶束浓度以上时，即溶液中有较多的大粒胶束时才有增溶作用，而且胶束体积越大，它的增溶量越多。

增溶作用是被增溶物进入胶束，而不是提高了增溶物在溶剂中的溶解度，因此不是一般意义上的溶解。增溶作用与乳化作用不同。乳化作用是一种液相分散到水（或另一液相）中得到的不连续、不稳定的多相体系，而增溶作用得到的是增溶液与被增溶物处于同一相中的单相均匀稳定体系。有时同一种表面活性剂既有乳化作用又有增溶作用。但只有当它的浓度较大，溶液中存在较多胶束时才有增溶作用。

增溶量通常用每摩尔表面活性剂可增溶被增溶物的量（g、mol 等）表示，有时也用一定体积（如 1L）某浓度表面活性剂溶液增溶被增溶物的量表示。增溶量的测定方法因研究体系不同而异。如染料增溶可用比色法，有机液体增溶可用光度法、浊度法、光散射法等。

被增溶物分子或离子在胶束中的位置与胶束的结构特点和被增溶物的性质有关。一般来说，表面活性剂胶束大体可分为两部分：由表面活性剂非极性基构成的类似于液态烃的非晶态内核；离子型表面活性剂亲水基、反离子及水化水（或非离子型表面活性剂聚氧乙烯亲水基及与亲水基中醚氧原子结合的水）构成的胶束表面层。增溶物大致有非极性有机物（如饱和烃）、长链极性有机物（如脂肪醇、酸等）、短链极性有机物和易极化的带芳环的化合物等。

大量实验结果表明，增溶作用主要发生在胶束中的四个区域：胶束内核；离子型表面活性剂的胶束内核栅栏层；非离子型表面活性剂胶束的栅栏层和胶束表面。被增溶物在胶束中所处位置如图 5-18 所示。

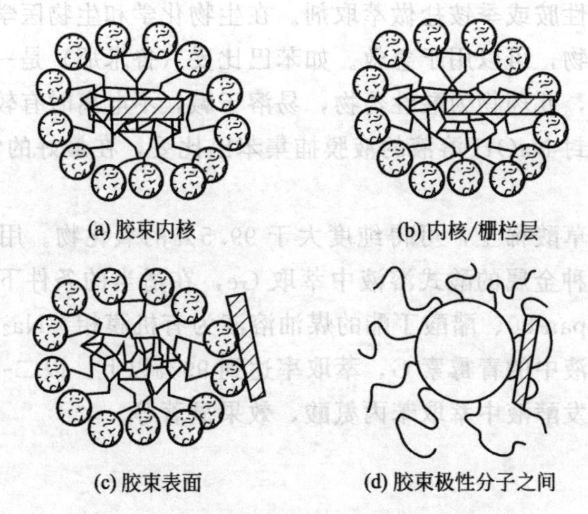


图 5-18 被增溶物在胶束中所处位置示意

**(1) 增溶于胶束的内核** 饱和脂肪烃、环烷烃及其他不易极化的有机化合物一般被增溶于胶束内核中，见图 5-18(a)。

**(2) 增溶于胶束的定向表面活性剂分子之间，形成栅栏结构** 长链醇、胺、脂肪酸等极性有机物穿入构成胶束的表面活性剂分子之间而形成混合胶束，非极性碳氢链插入胶束内部，而极性头混合于表面活性剂极性基之间，通过氢键或偶极子相互作用联系起来，见图 5-18(b)。

**(3) 增溶于胶束表面** 某些小的极性分子，如苯二甲酸二甲酯（不溶于水，也不溶于非极性烃）以及一些染料。增溶时吸着于胶束表面区域或是分子栅栏的靠近胶束表面的区域，见图 5-18(c)。

**(4) 增溶于极性基团之间** 对于非离子表面活性剂，被增溶物一般在胶束表面定向排列的聚氧乙烯链中增溶，见图 5-18(d)。

被增溶物的增溶方式不一定是唯一的，对较易极化的碳氢化合物，如短链芳香烃类(苯、乙苯等)，开始增溶时可能吸着于胶束-水的界面处［按 (c) 增溶方式］；增溶量增多后可能插入表面活性剂分子栅栏中［按 (b) 增溶方式］，甚至可能进入胶束内核［按 (a) 增溶方式］。这四种增溶方式的增溶量按(d)＞(b)＞(a)＞(c)的顺序减少。

## 5.3.2 影响增溶作用的因素

影响增溶作用的因素很多，例如表面活性剂和被增溶物的结构、有机物添加剂、无机盐及温度等皆影响增溶能力。

从表面活性剂结构来讲，长的疏水基碳氢链要比短的增溶性强，疏水基有支链或不饱和结构使增溶性降低。具有相同亲油基的各类表面活性剂，对烃类及极性有机物的增溶作用顺序是：非离子表面活性剂＞阳离子表面活性剂＞阴离子表面活性剂。由于非离子表面活性剂的临界胶束浓度较低，容易形成胶束，因此非离子表面活性剂有较好的增溶作用。

从被增溶物来讲，脂肪烃与烷基芳烃的增溶量随其碳数的增加而减少，随其不饱和程度及环化程度的增加而增加。对于多环芳烃，增溶量随分子大小的增加而减小。支链化合物与直链化合物的增溶程度相差不大。被增溶物的增溶量随极性增大而增高。例如，正庚烷的一个氢原子被—OH 基取代而成正庚醇，增溶量就增加很多。

有机物添加剂如非极性化合物增溶于表面活性剂溶液中，可使极性有机物的增溶程度增加。反过来，当溶液中增溶了极性有机物后，同样会使非极性有机物的增溶程度增加。但增溶了一种极性有机物时，会使另一种极性有机物的增溶程度降低，这是因为两种极性有机化合物争夺胶束栅栏位置的结果。极性有机物的碳链愈长，极性愈小，使非极性有机物增溶程度增加得愈多。带有不同官能团的有机物，因极性不同，增加烃的增溶能力亦不同，它们使烃增加增溶能力的顺序为 $RSH>RNH_2>ROH$。

中性电解质加入离子型表面活性剂水溶液中，可增加烃类等非极性有机物的增溶量，但却减小极性有机物的增溶量。中性电解质的加入，使离子型表面活性剂的 cmc 大为降低，并且使胶束聚集数增加，胶束变大，其结果是增加了碳氢化合物的增溶量。但中性无机电解质的加入，使胶束分子的电斥力减弱，排列得更加紧密，从而减少了极性有机化合物增溶的可能位置，使其增溶量降低。中性电解质加入含聚氧乙烯型非离子表面活性剂水溶液中时，会使胶束聚集数增加，从而增大烃类的增溶量。

温度对增溶作用的影响因表面活性剂及被增溶物的不同而异。对于离子型表面活性剂，温度升高，对极性与非极性物的增溶量增加。对于聚氧乙烯型非离子表面活性剂，温度升高时，使非极性的烃类、卤代烷、油溶性染料增溶程度有很大提高。极性物的增溶情况则不同，增溶量往往随温度上升（到达浊点以前）而出现一最大值，再升高温度时，极性有机物的增溶量降低。其原因是继续提高温度，加剧聚氧乙烯基的脱水，聚氧乙烯基易卷缩得更紧，减少了极性有机物的增溶空间所致。对于短链极性有机物，在接近浊点时，此种增溶作用的降低更加显著。

当表面活性剂分子之间存在着强的相互作用时，会形成不溶的结晶或液晶。因为在硬的液晶结构中，供增溶作用可利用的空间较有弹性胶束为小，故形成液晶会限制增溶作用。某些非表面活性剂的添加剂能阻止表面活性剂液晶相的生成，使有机物在水中的溶解度增加，这一作用被称为水溶助长作用，这类物质称为水溶助长剂。水溶助长剂的结构与表面活性剂有些相似，在分子内都含有亲水基和疏水基，但与表面活性剂不同，水溶助长剂的疏水基一般是短链、环状或带支链的，如苯磺酸钠，甲苯磺酸钠，二甲苯磺酸钠，异丙基苯磺酸钠、1-羟基-2-环烷酸盐、2-羟基-1-萘磺酸盐和 2-乙基己基硫酸钠等。

水溶助长剂能与表面活性剂形成混合胶束，但由于其亲水基头部大，疏水基小，倾向形成球形胶束，而不倾向形成层状胶束或液晶结构，因而阻止液晶形成，从而增加表面活性剂在水中的溶解度及其胶束溶液对有机物的溶解能力。

### 5.3.3 增溶作用的应用

在洗涤去污过程中常同时伴随有增溶过程发生，当亲油性污垢脱离物体表面时，会被增溶到表面活性剂胶束中并稳定地分散在水溶液中，而原来被油污占据的表面则被表面活性剂分子占据，从而可以很好地防止物体表面再被油污重新污染。

增溶作用在化妆品中的应用，较重要的一个方面是香精和精油的增溶。在一些产品中，需要增溶香精和精油，如古龙水、须后水、皮肤清新剂、喷雾乳液、头发营养液和漱口液等。这类制剂一般为水-乙醇体系，当乙醇含量高时（>70%），多数香精和精油可溶于这样的水-乙醇体系。然而，使用高含量的乙醇成本高、易燃、蒸发快、有气味并对皮肤有刺痛作用，如漱口液，若配方中乙醇含量高，使用时会引起不适。为此常常需要降低配方中乙醇的含量，故而增溶作用成为发展此类产品时需考虑的重要因素。在选用表面活性剂和辅助表面活性剂时，不仅要考虑增溶作用的效果，而且也需要注意到毒性和刺激性等。近年来，化妆品和疗效化妆品使用的活性物和药物日益增加，一般活性物和药物的结构较复杂，溶解度较小，需达到一定的浓度才有效，因此，活性物和药物增溶已成为这类制剂重要的工艺问题。常用的表面活性剂一般为非离子型表面活性剂，如 Tween、聚氧乙烯油醇醚等。

乳液聚合常作为增溶作用的典型实例之一介绍，其基本原理是，在水溶液中少量高分子单体以真溶液形式存在，另有一部分包溶于被表面活性剂乳化所成的 O/W 型乳状液滴之中，再有一部分增溶于表面活性剂胶束内。反应在水相中引发，产生的单体自由基扩散入胶束内并在其中发生聚合反应。乳状液滴只起单体储器的作用。当胶束中增溶的单体因发生聚合反应而减少后，由乳状液滴中之单体补充。生成的聚合物脱离胶束分散于水相中成聚合物小珠，并为表面活性剂所稳定。乳液聚合的优点是因胶束体积很小便于控制反应热的释放，使反应可在较低温度下进行，并可因催化剂溶于水相得以提高生产效率。

口服液是以中药汤剂为基础的复方剂型。提取了中药的有效成分后，常加入各种天然表面活性剂（如明胶、磷脂）或人工合成的表面活性剂（如吐温类、聚乙烯吡咯烷酮、聚乙烯醇），其主要作用是增溶、乳化、助悬，使口服液澄清、美观、稳定，促进药物有效成分的吸收，提高疗效。中草药有效成分的水溶性一般都很小，常常无法达到治疗所需要的浓度，液体制剂的稳定性差。加入表面活性剂可增加主药量，提高有效浓度，改善透明度，增加稳定性，提高中药注射液的质量。在实际中加入吐温-80 居多。

表面活性剂能提高色料对纤维的渗透性或使难溶染料在水中增溶分散，使染色均匀、完全。由于染料本身和表面活性剂一样，也有极性与非极性结构，所以就能与表面活性剂互相作用，结合成复合体，并在溶液中形成一定的平衡关系。这类助剂有匀染剂、缓染剂、促染剂、固色剂、牢度促进剂等。例如，聚酯纤维在染色时可用阴离子表面活性剂作为分散剂。由于表面活性剂疏水基的相互作用，吸附到分散染料上能形成络合物而使分散染料在胶束内增溶，此时表面活性剂胶束在染色中起到染料贮存作用。胶束表面呈阴电荷，防止了染料的集结，多环结构的阴离子表面活性剂对分散染料的亲和力较高，但用量不能过高，否则抑制染色。

## 5.4 分散和凝聚作用

分散是指将固体粒子分散于固体、液体或气体等介质中的过程。当分散体系和外界条件改变时则会发生逆过程——凝聚。广义上讲固体物质粉碎并分散于介质中的作用称为分散作用。

在许多生产工艺过程中，常常涉及固体微粒的分散与凝聚的问题。有时固体微粒需要均匀和稳定地分散在液体介质中，例如，涂料、印刷油墨。有时又恰恰相反，需要使均匀和稳定的固液分散体系迅速破坏，使固体微粒尽快聚集沉降，例如，在湿法冶金、污水处理、原水澄清等方面。分散与凝聚往往通过使用表面活性剂来实现，可使用一般低分子表面活性剂，也可使用高分子分散剂（超分散剂）和凝聚剂。固体微粒的分散与凝聚是一个相当复杂的过程，因为影响固液悬浮体分散稳定性的因素很多。固液悬浮体是一个多相分散体系，在这个体系中存在着多种相互作用，如质点与质点之间的相吸与相斥，质点与介质间的相容性，质点与表面活性剂间的各种相互作用，介质与表面活性剂之间的相互作用。除此之外，还有固体质点的粒径大小及它们的表面性质等因素的影响。

## 5.4.1 分散作用和分散剂

**(1) 分散作用** 一般不溶性固体如尘土、烟灰、污垢一类的颗粒在水中容易下沉，当在水中加入表面活性剂后，就能使固体粒子分割成极细的微粒而分散悬浮在溶液中，这种促使固体粒子粉碎、均匀地分散于液体中的作用，叫作分散作用。

非均相的分散体系，依分散相粒子大小不同，可形成性质不同、名称各异的体系。如粒子大小在1～100nm间的分散体系称为胶体分散体系，若分散相为疏液性固体，则称为疏液胶体，简称溶胶。分散相粒子大小约大于100nm的分散体系，称为粗分散体系，或悬浮体（分散相为固体）和乳状液（分散相为液体）。

憎液粒子的分散体系是热力学不稳定的，它的许多性质与乳状液相似或相同，因此乳状液的理论和规律大多也都适用于该体系，表示稳定性的粒子沉降速率也适用于该体系。

分散体系的不稳定性的基本原因在于它们有大的相界面和界面能，因而有自动减小界面、粒子相互聚结的趋势，即胶体分散体系为热力学不稳定体系。另一方面，因分散相粒子小，布朗运动虽可使粒子难以下沉，但一旦碰撞将使它们加速聚集。对于粗分散体系，因其分散相粒子大，在重力场中就可快速沉降（分散相密度大于分散介质）或上浮（分散相密度小于分散介质），体系失去稳定性。

利用添加剂或改变外界条件可以提高分散体系的稳定性如加入表面活性剂降低界面能；加入高分子物质，在分散相表面形成亲液性保护层；加入电解质使界面电荷密度增大；增大分散介质黏度等。

固体在液体中的分散过程可分为三个阶段：使粉体润湿，使固体粒子团簇破碎和分散，阻止已分散的粒子再聚集。不论用凝聚法或分散法制备胶体和悬浮体分散体系都需要保持粒子形成时的大小，粒子的聚集作用对其储存和以后的处理过程带来困难。为此必须设法降低体系的热力学不稳定性。换言之，需减小体系的大的界面能。由于界面能等于界面张力与界面面积之乘积，而为保持体系粒子形成时之大小不变（即界面面积不变），故只能降低界面张力来使总界面能减小。为此应用表面活性剂是有效的。此外，不同类型的表面活性剂在粒子上的吸附层也可形成静电的、溶剂化的或空间稳定的防止聚集的作用。当然，有时需要控制粒子的聚集程度以满足实际需求。例如，为避免粗悬浮体的黏结和烧结，有时需使粒子先发生弱的絮凝。而为了使粒子从介质中分离出去，提高沉降速率和易于过滤，有时则希望粒子能够发生聚集作用。

为获得良好的分散体系，首先要采取适当的方法将物体分散成粒子，并使其具有良好的润湿性，在此过程中通常都要使用分散剂。分散剂起促进磨碎作用，并赋予粒子润湿和防凝聚的性能。表面活性剂是良好的分散剂，具有良好的促进研磨效果、改进润湿能力和防止凝聚作用。

① 促进研磨效果 液体中加入表面活性剂，它可吸附于固体物料上，使其表面自由能$\gamma$（表面张力）下降。若物料表面有裂纹或间隙，表面活性剂可渗入该处，能防止表面裂缝断面再结合。由于物料的表面自由能下降和表面活性剂的楔入作用，可使研磨能降低，研磨时间缩短，从而提高研磨效果。例如，在分散非水颜料时，使用钛酸丁酯做分散剂，即可达到这种效果。

② 改进润湿能力 表面活性剂具有良好的润湿性能，吸附于物料粒子上，能显著改善

分散介质对粒子表面的润湿性能，从而改进分散作用。

表面活性剂的吸附有两种方法：一种是将表面活性剂溶解于分散介质中，直接与粒子接触进行吸附，这属于固体表面从溶液中吸附法；另一种是粒子在与分散介质接触之前，用表面活性剂进行前处理，此法属于析出的表面处理法。在分散介质中难溶的表面活性剂大多采用后一种方法。即使是易溶的表面活性剂，也可事先用后一种方法进行表面预处理。

从溶液中对表面活性剂的吸附一般是可逆的，而用不溶于分散介质的表面活性剂处理形成的吸附层则是不可逆的，改变条件也难以解吸，介质和溶剂也不会将其洗脱。

③ 防止凝聚作用　即使是粒子润湿性能良好的分散体系，在布朗运动或搅拌作用下粒子也会发生凝聚。与乳状液的情形相同，分散体系发生的凝聚是可逆的，聚集是不可逆的。为使分散体系稳定，必须避免发生聚集。下面讨论形成界面双电层和表面活性剂形成的吸附层的防止凝聚作用。

a. 由于电离、吸附、晶格取代等作用使胶体分散液悬浮体的质点表面带有电荷，它们所带电荷的数量和性质对其分散与絮凝有很大影响。当质点表面带有同种电荷时，随着电荷密度增大，质点间的电斥力也增大，固液悬浮体越易分散且分散稳定性越高，质点越不易絮凝。

胶体分散液悬浮体的质点表面带有电荷，界面电荷的存在可形成双电层，而双电层的相互作用则是引起粒子分散、凝聚的原因。图 5-19 为表面活性剂对氧化铁粒子在水中产生的分散、凝聚作用。在加有氧化铁粒子的水中添加 $Fe^{3+}$，赋予粒子电荷，则产生双电层，由于双电层的作用，使粒子发生分散。而后添加适量的阴离子表面活性剂，使 $\zeta$ 电位降低，于是粒子间的静电排斥作用消失，润湿性能变差，粒子便发生凝聚。再添加阴离子表面活性剂，则能形成表面活性剂的双分子吸附层，表面带上负电荷而产生负 $\zeta$ 电位，粒子重新分散。如改加非离子表面活性剂，非吸附层的非离子表面活性剂的亲水基朝向外部，与水发生水合作用，放出水合能并改进了润湿性能，粒子也能重新分散。

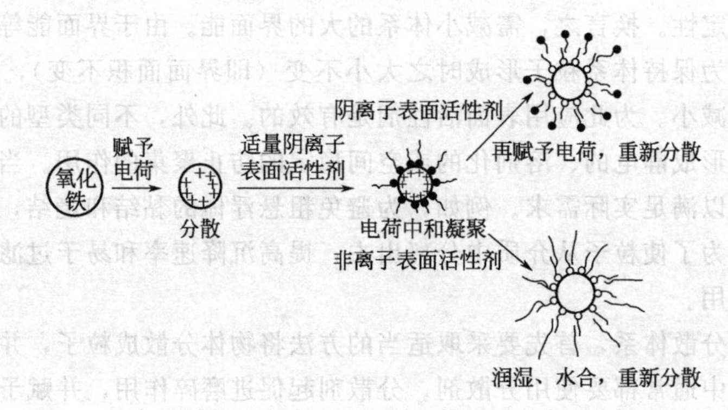


图 5-19　氧化铁粒子在表面活性剂的作用下在水中分散和凝聚

b. 粒子表面吸附的非离子表面活性剂形成一定厚度的吸附层，当两粒子相互接近时，吸附层会发生碰撞、重叠，故而体系的自由能发生变化：若该自由能变化量 $\Delta G$ 为正，则起排斥作用；若为负，则起凝聚作用。当吸附层紧密时，由于吸附层中表面活性剂分子重叠，使得溶剂难浸透，即浸透压上升，亦即反溶剂化升高，故而表现出排斥作用，能防止发生凝聚。但必须指出，此时的溶剂应为强溶剂才能满足上述条件。当吸附层呈疏松状时，其结果如图 5-20 所示。

从图 5-20 中可以看出，只要两粒子间有非离子高分子表面活性剂分子交联，则易发生

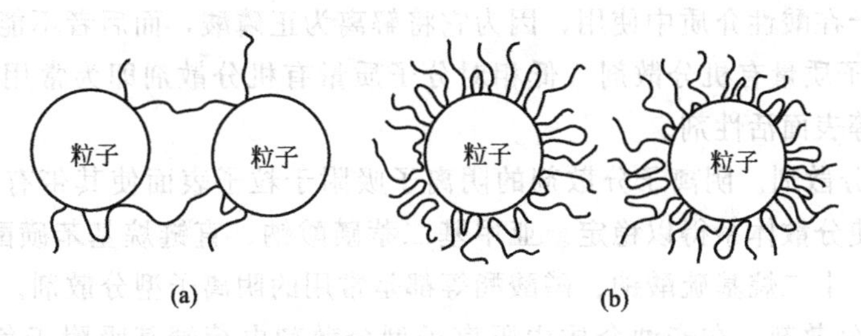


图 5-20　非离子高分子表面活性剂吸附层引起的凝聚作用和防止凝聚作用

凝聚，如图 5-20(a)；当两粒子间无交联，且吸附得多而松散时，则会防止粒子凝聚，如图 5-20(b)。必须指出，防止凝聚只适用于强溶剂的情形。由此还可看出，相同物质所形成的吸附层，由于条件不同，可以显示出分散作用，也可以显示出凝聚作用。如聚乙烯醇，在同一体系中，如果改变混合方法，就会分别发生分散或交联凝聚。

综上所述，在以水为分散介质的体系中分散，主要是电荷效应。如果盐浓度增大，则电荷效应减小，而吸附层效应增大并起主要作用。对于非水介质的体系，不论粒子浓度高低，也不可忽视电荷效应。$\zeta$ 电位达到数十毫伏以上时，可形成稳定的分散体系。粒子浓度增高，吸附层效应变大。

分散固体物质必须从外部对其做功，以克服其分子间力。在外力作用下，固体先发生变形，由于变形而生成微隙缝，特别是固体表面上生成的微隙缝，在该处应力集中，导致固体强度显著降低。当外力不足以使固体开裂时，除去外力后微隙缝能结合起来，犹如"愈合"一样而消逝。如果外力高于固体强度界限，那么它通常是沿微隙缝分裂开来。

用分散法制备胶体体系时，以简单粉碎或机械研磨只能得到粒径不小于 60$\mu$m 的粒子。这是因为在机械粉碎的同时发生黏合过程，60$\mu$m 是粉碎极限。

分散固体物质常采用的方法有机械粉碎法、超声波分散法、胶溶法、凝聚法等。

**(2) 分散剂**　能使分散体系形成并使其稳定的外加物质称为分散剂。分散剂应具有下述特点。①良好的润湿性质，使粉体表面和内孔都能润湿并使其分散。②便于分散过程的进行，要有助于粒子的破碎，在湿磨时要能使稀悬浮体黏度降低。③能稳定形成分散体系，润湿作用和稳定作用都要求分散剂能在固体粒子表面上吸附。因此，分散剂的相对分子质量、相对分子质量分布及其电性质对其应用都是重要的。分散剂的效率常随介质 pH 的不同而变化，因而分散体系及其应用的 pH 范围在选择分散剂时是应斟酌的条件之一。其他如溶解度、对电解质的敏感性、黏度、起泡性、毒性、价格、各种物理性质以及絮凝体的再分散性等都是选择分散剂时要考虑的。

分散剂有无机分散剂，低相对分子质量有机分散剂和高分子化合物等，其中低相对分子质量有机分散剂和部分高分子化合物都是表面活性剂。

① 无机分散剂　主要是弱酸或中等强度弱酸的钠盐、钾盐和铵盐。无机分散剂是以电荷效应使分散体系稳定的。常用的无机分散剂都是不同相对分子质量的某类化合物的混合物，如多磷酸盐［如钠盐 $NaO(PO_3Na)_nNa$］、聚硅酸盐［如钠盐 $NaO(SiO_3Na_2)_nNa$］、聚铝酸盐等。分散剂必须在粒子表面吸附才能起到分散作用。无机盐作为分散剂必须有其特殊的分子结构才使其与粒子表面有强烈的作用。例如，磷酸不能用作分散剂，而多磷酸盐、偏磷酸盐就可稳定二氧化钛和氧化铁在水介质中的分散体系。多磷酸盐的解离常数随 pH 不同

而变化，它不适于在酸性介质中使用，因为它将解离为正磷酸，而后者不能用作分散剂。

② 低相对分子质量有机分散剂　低相对分子质量有机分散剂即为常用阴离子型、阳离子型、非离子型等表面活性剂。

a. 阴离子型分散剂。阴离子分散剂的阴离子吸附于粒子表面使其带有负电荷，粒子间的静电排斥作用使分散体系得以稳定。亚甲基二萘磺酸钠、直链烷基苯磺酸盐（LAS）、十二烷基琥珀酸钠、十二烷基硫酸钠、磷酸酯等都是常用的阴离子型分散剂。

b. 阳离子型分散剂。在亲油介质中阳离子型分散剂电荷端基吸附于负电性粒子表面，碳氢链留在介质中，使分散体系稳定。而在水中阳离子分散剂常可引起絮凝。高昂的价格，对介质 pH 的敏感性也是阳离子型分散剂在水分散剂体系中应用受到限制的原因。

c. 非离子型分散剂。非离子型分散剂在粒子表面吸附时以其亲油基团吸附，而亲水基团形成包围粒子的水化层。非离子型分散剂不受介质 pH 的影响，对电解质也不太敏感。并且其亲水-亲油平衡可通过改变环氧乙烷加成数予以调节。最常用的非离子型分散剂是烷基酚聚氧乙烯醚、脂肪醇聚氧乙烯醚、聚氧乙烯脂肪酸酯、钛酸酯、有机硅、磷酸酯等。

③ 高分子分散剂　高分子分散剂主要利用吸附层效应使分散体系稳定，有的带电高分子还可以电荷效应使分散体系稳定，因而这种分散剂常比有机小分子分散剂更为有效。在非水介质中因其低的介电常数主要是吸附层效应在起作用。高分子分散剂的分散效率与高分子在粒子表面的吸附和吸附层结构有关。因此需要了解分散剂吸附层的厚度，吸附层的结构，高分子链段的活动性，吸附层中极性基团和表面电荷的分布，吸附的分散剂与分散介质的作用等。

用作分散剂的高分子化合物有均聚物或共聚物两类。最常用的均聚物有聚丙烯酸、聚甲基丙烯酸、聚乙烯醇。聚丙烯酸和聚甲基丙烯酸的解离度取决于溶剂的 pH 和离子强度。随着介质 pH 增加，解离度和负电荷增加。在 pH 低于 3 的酸性介质中这些聚合物几乎是不溶解的，也是电中性的。溶解度与 pH 的关系影响到分散剂的吸附与稳定作用。

为了保证吸附层稳定作用和电荷稳定作用的效果，分散剂必须能吸附于粒子表面。均聚物可优先与粒子表面结合，也可以与溶剂结合，因而均聚物作为吸附层稳定剂就不很有效。作为分散剂的共聚物可以是无规共聚物，也可以是嵌段共聚物。

④ 天然产物分散剂　天然产物分散剂包括聚合物和低相对分子质量的物质，如磷脂（如卵磷脂）、脂肪酸（如鱼油）等。

无机氧化物在有机液体中的分散体系通常可用合成高分子分散剂制备，但陶瓷粉在有机溶剂中的分散体系却用低相对分子质量的分散剂，如脂肪酸、脂肪酸酰胺、胺和酯等。有时带有扭曲碳链的脂肪酸可作为分散剂，而直链的却无效。例如油酸是分散剂，而硬脂酸不是。用油酸吸附单分子层可使二氧化钛分散于苯中，此时油酸以其羧基吸附在二氧化钛上，故其分散效率随碳链增长而增加。

许多天然产物聚合物可用作分散剂或用于制造分散剂。如多糖、纤维素衍生物、天然胶及其制品、单宁酸盐、木质素磺酸盐、酪蛋白等。

作为分散剂的木质素磺酸就是相对分子质量范围在 2000～10000 的聚合物混合物，其结构尚不十分清楚，但已知它是带有磺酸根的邻甲苯丙基与脂肪链相连。

### 5.4.2　分散作用的应用

**(1) 在钙皂分散中的应用**　脂肪酸钾、脂肪酸钠等在软水中具有丰富的泡沫和良好的洗涤能力，但在硬水中与钙、镁等离子形成不溶性的钙皂和镁皂，不仅使洗涤能力降低，还会再粘于洗涤物上，且很难漂洗除去。因此，在肥皂生产中加入少量钙皂分散剂可以显著改善和提高肥皂（特别是廉价的牛脂皂）在冷水中的溶解性和去污能力，且不产生钙皂垢渣。钙皂分散剂的钙皂分散能力（LSDR）等于肥皂分散量除以分散剂的最小用量。

20世纪50年代，人们提出用聚磷酸钠防止钙皂的产生，由于磷酸盐会引起环境污染，科技工作者不断寻找替代品。60年代发现*N*-甲基牛磺酸脂肪酰胺（*N*,*N*-脂肪酰基甲基牛磺酸）和脂肪酰氧乙基磺酸盐类具有良好的钙皂分散作用且无毒、易生物降解。

钙皂分散剂是分子结构中具有一个或几个较大亲水基团的阴离子、阳离子、非离子和两性离子表面活性剂。如长直链末端附近有双官能亲水基，或者分子一端有大极性基，疏水基有一个以上酯键、酰胺键、磺基、醚键等中间键的表面活性剂。钙皂分散剂因其结构不同，品种繁多，性能各异。钙皂分散剂的钙皂分散能力LSDR与其化学结构间有着密切的联系。研究表明：阴离子表面活性剂的钙皂分散力适中，一般在7左右，且与肥皂有较好的配伍性，能有效地提高肥皂的去污力，可用作钙皂分散剂。两性离子表面活性剂的LSDR值较低，一般为2～4，特别是引进酰胺基的磺基甜菜碱，LSDR值为2，是目前最有效的钙皂分散剂。两性钙皂分散剂能十分有效地提高肥皂的去污力。阳离子表面活性剂不适合做钙皂分散剂。

钙皂分散剂的作用并不是软化硬水，而是分散和防止不溶解的钙皂再凝聚，使钙皂保持高度分散和可漂洗性。它的作用不受水的硬度影响，在漂洗过程中仍能继续起作用，使钙皂不会再沉积。

钙皂分散剂的作用原理是：分散剂分子能插入肥皂胶束的“栅栏”中，使肥皂胶束在硬水中不会因钙离子的存在而发生逆胶束的转变，因此能分散和防止不溶解的钙皂再凝聚。此外，肥皂与钙皂分散剂混合，还能改善肥皂、分散剂单独存在时的水溶性。例如，不溶性的钙皂分散剂和Krafft点很高的棕榈酸钠的混合物，比它们本身能更好地溶于水。

按对钙皂的分散不同，钙皂分散剂可分为两种类型。第一种类型的钙皂分散剂，钙皂分散力随分散剂用量增加而增高。例如，各类非离子表面活性剂、月桂醇聚氧乙烯（3）醚硫酸钠和*N*,*N*-油酰基甲基牛磺酸钠即属于这种类型的钙皂分散剂。第二种类型的钙皂分散剂，在出现固定不变的钙皂分散作用之前，所用的钙皂分散剂必须要超过一定的阈值。例如，十二烷基苯磺酸钠和十二烷基硫酸钠即属于这种类型的钙皂分散剂。

这两种钙皂分散剂何以有如此不同的性质呢，对第一种类型来说，在含钙皂洗液中加入少量该类钙皂分散剂，即可在钙皂粒子上形成保护层，除表面活性剂分子外，保护层可能还含有相当多的水分子；若表面活性剂为非离子型的，这些水分子通过氢键与聚氧乙烯链中醚的氧原子相结合起来，因此其钙皂分散能力随表面活性剂加入量增加而增大。对于第二种类型来说，由于它们与水分子结合的能力远小于第一种类型的钙皂分散剂，故而保护层绝大部分是由表面活性剂分子组成，因此只有加入相当数量的表面活性剂，才能在钙皂粒子上形成所必需的保护层，此即为第二种类型钙皂分散剂存在阈值的原因。

**(2) 在颜料分散中的应用** 颜料是由原始分散粒子及其凝聚体构成的混合物。原始分散粒子具有较高的界面能，能自发地凝聚在涂料、油墨等介质中，必须使颜料具有良好的分散性能和分散稳定性。

由表面活性剂为分散剂的分散颜料的过程由以下三步构成。①润湿。分散剂将固体的外表面润湿，并从内部表面取代空气。②团簇的固体和凝聚体的分裂。用机械能量将它们破碎到所需要的尺寸，使固体的表面及内部润湿，随之分裂、分散，这时粒子的电荷和表面张力作用变成重要因素。③分散体系形成、稳定和破坏同时发生。

颜料能否被介质润湿，由两者的物理、化学性质所决定。例如，表面自由能高的二氧化钛等无机颜料易被极性分散介质所润湿。表面自由能低的有机颜料，在极性介质（如水）中润湿性能差，必须采取适当措施进行处理以提高其润湿性。用表面活性剂处理二氧化钛可改善其在白油中的润湿性，这是因为表面活性剂分子的极性基吸附在二氧化钛表面上，而烷基链朝向外，形成定向排列的单分子吸附层，使二氧化钛颜料呈现疏水性，故能为疏水性的白油润湿。

颜料在分散介质中形成的体系是热力学上不稳定的体系。由于布朗运动和颜料与分散介质的相对密度差，颜料粒子会发生自然沉降而使体系破坏，因此，产品在储存过程中可能发生质量劣变。为使制得的分散体系具有良好的稳定性，通常可采取如下几种方法：采取离子或离子表面活性剂在颜料表面上吸附或形成配位化合物，使颜料表面形成ζ电位；用聚合物或表面活性剂在颜料表面上形成吸附层，以防止絮凝；增高分散介质的黏度以控制布朗运动和自然沉降；减小颜料和分散介质的相对密度差。

**(3) 在纳米粒子分散中的应用** 在纳米粒子的制备过程中，解决纳米粒子的分散问题一直备受关注，超细粒子具有表面效应和体积效应，表现出不同于大颗粒物料的特异性能，其特异性能在很大程度上受粒子粒径大小的影响。纳米粒子因特殊的表面结构很容易形成团聚体，纳米粒子间存在着有别于常规粒子（或颗粒）间的作用能，暂且称为纳米作用能。定性地讲，这种纳米作用能就是纳米粒子的表面因缺少邻近配位的原子，而具有很高的活性，这是纳米粒子彼此团聚的内在属性。其物理意义应是单位比表面积纳米粒子具有的吸附力。这种吸附力是纳米粒子几个方面吸附的总和：纳米粒子间氢键，静电作用产生的吸附；纳米粒子间的量子隧道效应，电荷转移和界面原子的局部耦合产生的吸附；纳米粒子巨大的比表面产生的吸附，纳米作用能是纳米粒子容易团聚的内在因素。

因此，要合成分散性良好、性能稳定的纳米材料就必须使新生颗粒表面迅速被介质润湿，即使其被分散的介质所隔离。纳米材料合成过程中加入表面活性剂，不仅可在初期作为模板剂，而且能在刚形成的纳米晶种表面快速吸附，从而有效防止材料的团聚。表面活性剂在纳米材料合成过程中的稳定作用是通过表面活性剂吸附在纳米材料表面，利用静电排斥、空间位阻与范德华力之间的竞争达到平衡稳定而实现的。通常在cmc以下时发生单层吸附而使纳米材料表面疏水，在cmc以上时发生双层吸附而使纳米材料表面亲水，研究发现这两种吸附都能起到防团聚的作用。

要稳定纳米粒子在液体中的分散体系，主要由减少吸引力，增加排斥力来控制颗粒/液珠形成聚块或絮凝。表面活性剂可以创造出一个斥力来与吸附力相抗衡，即建立一个能垒来抵抗聚结的发生。这可以使用阴离子表面活性剂或者聚电解质吸附在颗粒/液珠的表面而形成一个扩散的双电层，由此达到阻止带电颗粒/液珠靠得太近而发生絮凝或聚结的目的。另一种方法是使用空间壁垒，这可以通过使用非离子表面活性剂或者高分子表面活性剂来实现。在水分散体系中，常用的非离子表面活性剂有聚乙烯醇类、烷基苯聚乙烯醇类、聚氧乙烯-聚氧丙烯共聚物高分子表面活性剂等。当上述分散剂用于稳定纳米粒子时，分散剂的憎水部分在溶剂中被介质完全溶剂化，从而提供了一个很强的排斥力。空间相互作用力由两方面组成：混合效应和熵效应。混合效应是当两个颗粒/液珠趋近至小于其本身外层吸附层厚度的2倍时，吸附层中的亲液支链相互重叠发生不利混合而产生的。在这种情况下，在重叠区中分散剂的链段浓度变得大于吸附层中的其他区域（即在重叠区有较高的渗透压），结果导致在体相中的溶剂向该区扩散，这样将迫使颗粒/液珠分开。空间相互作用力的另一贡献是由于分子链的重叠而使构型熵减少所引起的斥力，该效应被称为体积限制效应或者熵效应或者弹性相互作用。空间稳定比电荷稳定更有效，它对 pH 和电解质浓度不敏感。

**(4) 在医药和农药中的应用** 混悬剂属粗分散体系，是指不溶性药物细微粉末分散在液体溶剂中构成的不均匀分散体系。表面活性剂可降低两相间的界面张力，使两种互不溶的液体乳化为均匀乳剂，或使不溶固体均匀分散混悬在液体中成为均匀的混悬液。苯佐卡因(Benzocaine，药物别名“阿奈司台辛，氨苯甲酸乙酯”）可用作皮肤麻醉剂，但其在水中溶解度小，醇溶液对黏膜有刺激性。故常用表面活性剂做分散剂，如月桂醇硫酸钠、二辛基琥珀酸酯磺酸钠等，制成混悬剂药效长、无刺激性。为使粉末状药物在皮肤上形成较好的保护膜，可增加增黏剂和助悬剂，如海藻酸钠、羧甲基纤维素等，但要注意防止结块现象。

农药用表面活性剂的分散作用通常是指借助基本特性经一定的加工工艺促使不溶或难溶于水的固态或膏状物原药以细小微粒均匀地分散于水或其他液体中的过程，形成具有一定稳定性的水分散液或悬浮液。农药的分散过程主要是通过分散剂在液-液和固-液界面上的各类吸附作用，使分散粒子带上负电荷，并在溶剂化条件下形成静电场，使带同种电荷的粒子互相排斥。同时，由于分散剂牢固地吸附在分散微粒上构成位阻，这两种因素都可以减少絮凝和沉降，增加分散体系的稳定性。

农药颗粒剂是由原药、载体和助剂制成的松散粒状产品。颗粒农药用分散剂是能降低分散体系中固体或液体粒子聚集的物质。加入少量分散剂可以使颗粒剂在水中更好地崩解、分散。分散剂品种主要分天然类分散剂：茶子饼、皂荚。这些物质都有一定的分散性，且价格低廉。合成类分散剂：主要为表面活性剂类，以阴离子、非离子分散剂应用最广。烷基萘磺酸盐，如拉开粉 BX 等；双萘磺酸盐甲醛缩合物，如分散剂 N，分散剂 NO 等；蓖麻油环氧乙烷加成物及衍生物等。另外，分散剂木质素磺酸盐是一类高分子阴离子型表面活性剂，与其他分散剂相比优点是和绝大多数农药都有很好的相容性，在固体制剂中和液体制剂中一般均能发挥好的分散效果且具有一定润湿性，价格低。烷基酚聚氧乙烯醚甲醛缩合物硫酸盐是具有非离子性的阴离子分散剂，其主要特点是分散性能随聚合度增大而增强。

**(5) 在其他方面的应用** 在饮料中的应用：在饮料中乳化剂的作用是多方面的，它可以起到乳化增溶作用，增稠稳定作用，悬浮、澄清、发泡、稳泡、消泡以及改善饮料感观特性等作用。酒精饮料、咖啡饮料、人造乳中，使用甘油单脂肪酸酯、失水山梨醇脂肪酸酯、丙二醇脂肪酸酯等低 HLB 值的亲油性乳化剂与其他亲水性乳化剂的复配物，以及聚甘油脂肪酸酯、蔗糖脂肪酸酯等乳化剂，可以提高饮料或人造乳的乳化稳定性和分散稳定性。巧克力饮料、可可饮料、酸性饮料、粉末饮料等中添加乳化剂，均能提高分散性和溶解度。罐头咖啡中添加蔗糖脂肪酸酯、甘油脂肪酸酯、聚甘油脂肪酸酯等，可使产品乳化和分散稳定、防止蛋白质沉淀。

在洗涤剂中的应用：羧甲基纤维素（CMC）在洗涤液中可吸附至污垢和纤维上，阻止了污垢的再沉积，因而可显著地提高洗涤剂的去污力。CMC 在棉织物上具有良好的抗再沉积性能。但对合成纤维的抗再沉积性能差。一些表面活性剂，如 $C_{16}$～$C_{18}$脂肪醇聚氧乙烯(5)醚、$C_{12}$～$C_{18}$烷基胺聚氧乙烯（5）醚、$C_{12}$～$C_{18}$烷基二甲基甜菜碱、十二烷基羟丙基二甲基氧化胺和壬基酚聚氧乙烯（3）醚等是聚酯纤维织物很好的抗再沉积剂。近来聚羧酸也被有效地用作抗再沉积剂。

在织物印染中的应用：织物印染是否均匀、牢固、色泽鲜艳，大都取决于织物纤维对染料的亲和性、染料和织物纤维的种类与性质。表面活性剂的加入可促使染色均匀、缓染或移染，不会产生染花等现象。合成纤维在染色时往往出现不匀现象，表面活性剂在使染料和颜料增溶分散方面有着重要作用。例如，聚酯纤维在染色时可用阴离子表面活性剂作为分散剂，由于表面活性剂疏水基的相互作用，吸附到分散染料上能形成络合物而使分散染料在胶束内增溶，此时表面活性剂胶束在染色中起到染料贮存作用。胶束表面呈阴电荷，防止了染料的集结，多环结构的阴离子表面活性剂对分散染料的亲和力较高，但不能用量过高，否则抑制染色。如采用非离子型和阴离子型表面活性剂复配，如平平加 O、扩散剂 N 和木质素磺酸钠、209 洗涤剂相复配效果较好。非离子表面活性剂在有阴离子型表面活性剂存在时，其浊点可升高至 100℃以上，有利于安全染色。锦纶染色所用匀染剂有阴离子型表面活性剂，如 AES、LAS；两性离子型表面活性剂和季铵盐及混合物，如扩散剂 N、LAS、醇醚等混合物。

### 5.4.3 凝聚作用和凝聚剂

**(1) 凝聚作用** 凝聚过程是同体质点脱稳形成细小的凝聚体的过程。使用凝聚剂中和质点和悬浮物颗粒表面电荷，使其克服质点和悬浮物颗粒间的静电排斥力，从而使颗粒脱稳形成细小凝聚体的作用称作凝聚作用。

凝聚作用机理与凝聚剂的种类、特性、悬浊物的种类、表面性质，特别是 $\zeta$ 电位、悬浊物的颗粒大小、浓度和悬浊液的 pH 及温度等有关。下面讨论悬浊液粒子的 $\zeta$ 电位、粒子间交联和凝聚而生成的絮凝团的作用机理。

① $\zeta$ 电位降低 悬浊液中的粒子表面通常带有负电荷而形成双电层，粒子间由于它们的扩散层 $\zeta$ 电位产生排斥作用，而使粒子在水中保持稳定不易凝聚沉降，如在悬浊液中添加电性与粒子表面电荷相反的离子物质，则会使粒子的 $\zeta$ 电位降低，于是粒子间的排斥作用减小，粒子间相互接近的概率增大，易于发生碰撞而导致凝聚。若反电荷离子物质添加量过大，悬浊粒子对反电荷离子的吸附也可能过高而发生电性反转，会导致悬浊粒子重新悬浮。因此，反电荷离子凝聚剂的加入量要适宜，过量或不足都会影响凝聚效果。

② 交联作用 有机高分子聚合物的链中具有大量的极性基，吸附在两个以上的悬浊粒子上，形成交联结构而使粒子聚集成为絮凝物，这种作用称为高分子物质的交联吸附。高分子凝聚剂的分子应有足够的长度，其大小取决于极性基团的数目、分子的支化程度、悬浊粒子的大小和电荷，以及悬浊液的离子强度等。实验表明，用作凝聚剂的高分子，其长度至少应为 200$\mu$m 或相对分子质量为 $10^6$。此外，高分子凝聚剂的加入量对悬浊液粒子的凝聚也有很大影响，如在防止凝聚作用中所述，添加量过大能产生保护胶体作用，反而使悬浊液体系稳定。

③ 卷扫作用 悬浊粒子发生凝聚形成絮凝团后，在沉降过程中其巨大的表面吸附其他悬浊粒子，并能卷带较小絮凝团而形成更大的絮凝团沉淀下来或上浮于液体表面。

凝聚作用主要是在体系中加入无机电解质凝聚剂。通过带电质点对溶液中反离子的吸附，使两个带电质点的表面电荷被中和，$\zeta$ 电位下降，双电层被压缩变薄，离子间的排斥作用减弱，在范德华相吸力为主导的情况下，质点间能形成稳定的化学键结合在一起，质点间的相互作用处于第一很小值的能态，而产生凝聚体与溶液分离。

絮凝作用不同于凝聚作用。絮凝作用应该是质点和悬浮物粒子在有机高分子絮凝剂的桥联作用下，使其形成粗大的絮凝体的过程。在此过程中也存在着电荷的中和作用。絮凝作用主要是在体系中加入有机高分子絮凝剂，有机高分子絮凝剂通过自身的极性基或离子基团与质点形成氢键或离子键，加之范德华力而吸附于质点表面，在质点间进行桥联形成体积庞大的絮状沉淀而与水溶液分离。絮凝作用的特点是絮凝剂用量少，体积增大的速度快，形成絮凝体的速度快，絮凝效率高。有机高分子絮凝剂的相对分子质量大小、分布、分子结构以及在质点表面的吸附状态均会对絮凝效率产生影响。

**(2) 凝聚剂** 能够使悬浮液中分散粒子聚集成大粒子，以便通过沉淀或过滤等方法除去而使用的处理剂称为凝聚剂。

常用的无机凝聚剂主要有硫酸铝、明矾、聚合氯化铝、聚合硫酸铝、三氯化铁、硫酸亚铁、聚合硫酸铁和水解硅酸等。铝盐和铁盐的凝聚作用主要是降低ζ电位和卷扫作用。水解形成的带正电荷的配合物吸附于悬浊粒子的表面使扩散层的ζ电位降低，粒子间的排斥作用减弱而易发生凝聚。当它们的添加量很大时，则能迅速产生其氢氧化物沉淀，将悬浊粒子卷扫下来。为了充分发挥它们的凝聚效果，必须调控好 pH。使用铝盐作为凝聚剂时，水的pH应控制在6.5～7.5之间；使用铁盐作为凝聚剂时，对硫酸亚铁 pH 应控制在 8～10，对硫酸铁 pH 要控制在 4～9。聚铝和聚铁是以降低悬浊粒子扩散层的ζ电位而起凝聚作用的。

人工合成高分子凝聚剂按其离子类型分为阴离子型、阳离子型和非离子型三种。阴离子型除部分水解聚丙烯酰胺外，还有聚苯乙烯磺酸盐。阳离子型有聚二甲基二烯丙基氯化铵和聚羟基丙基二甲基氯化铵。非离子型的有聚丙烯酰胺和聚氯乙烯。阴离子、非离子型的凝聚剂主要以交联方式凝聚而起作用；阳离子型凝聚剂主要以降低悬浊粒子扩散层的ζ电位起凝聚作用，也兼有交联凝聚作用。用聚丙烯酰胺、部分水解聚丙烯酰胺处理生活用水安全性很高，用量在0.2%以下时对人体健康无害。

天然高分子凝聚剂主要有淀粉类、纤维素衍生物类、微生物多糖类、动物骨胶类等。天然高分子凝聚剂无毒性，使用安全，但由于它们的电荷密度较低，相对分子质量较小，且易生物降解而失去凝聚活性，故在水处理中的使用远不及人工合成高分子凝聚剂普遍。

己醇聚氧乙烯醚、$C_8$～$C_{16}$脂肪醇聚氧乙烯醚用作凝聚剂可控制碘化银溶胶粒子的成长速率。这类非离子表面活性剂吸附于碘化银粒子上，能促进其溶解，使之成长速率降低，但对碘化银晶核的生成却无影响。采用这种方法可获得窄粒径分散度的碘化银粒子。

### 5.4.4 凝聚作用的应用

分散体系在改变外界条件时发生凝聚而产生絮凝体，将此现象作为一种技术手段可广泛应用于水的处理和工业生产中。

**(1) 水和污水的处理** 人类生活用天然水通常含有很多杂质，若不加处理饮用后有碍人体健康，甚至会导致疾患；工业用水若质量不合格，则会造成产品质量下降，成本增高，设备耗损率增大甚至引起生产事故等；工业废水中含有大量有害物质，若不经处理而直接排放，会对环境造成严重污染、后果不堪设想。工业废水经处理后，有的还可以重新使用，以节约水源。

水的处理过程非常复杂，其中除去原水、污水中的胶体杂质是最重要的步骤。通常采用的方法为化学凝聚法。水中的胶体杂质在水中的悬浮稳定性很高，直接用沉淀法难以除去，所以需要使用处理剂，使胶体粒子聚集成大粒子，再通过沉淀或过滤等方法除去。这种方法称化学凝聚法。

有机高分子絮凝剂对废水和污水的处理，不但使用简便，其絮凝效力比传统的无机盐絮凝剂（例如铁盐或铝盐）高几倍至几十倍，而且对各种废水和污水都具有很高的絮凝效力，适合于处理各种各样的污水和废水，且具有絮凝和沉降速度快、污泥脱水效率高等特点。对某些废水的处理还有特效。此外还具有所用设备简单、占地面积小、处理成本低廉、废水能回收循环利用等优点。目前，有机高分子絮凝剂不仅在废水和污水处理中得到了广泛应用，而且在工业用水和民用水的净化，采矿工业、冶金工业、制糖工业、石油工业、造纸工业、国防工业、化学工业、建筑工业、食品工业、制药工业、纺织印染工业、农业等领域也有着广泛的应用。

**(2) 钻井液中的絮凝作用** 钻井液在油田钻井过程中的主要功能之一是携带和悬浮钻屑即把钻头破碎的岩屑从井底带出井眼，保持井眼净化。当临时停止循环时，钻井液又能把井眼内的钻屑悬浮住，不致很快下沉，防止沉砂卡钻的危险。这就要求钻井液具有适当的黏度等流变性能。这取决于钻井液中的黏土的颗粒大小和土粒的多少，以及与有机高分子絮凝剂间的相互作用，搭桥和成网能力有关。

钻井工艺要求钻井液具有良好的触变性。所谓触变性就是黏土粒子与有机高分子絮凝剂之间通过桥联产生一定程度的絮凝形成的空间网状结构，在搅拌下（即一定剪切力下）由于拆散了土粒与絮凝剂高分子间形成的空间网状结构而使钻井液的黏度降低，而在搅拌停止（剪切力撤除）后钻井液中的黏土粒子与絮凝剂分子间的空间网状结构又恢复，使其黏度又升高的特性。钻井液正是具有这种独特的触变性质，才使得钻井液停止循环时，黏土粒子与絮凝剂间的网状结构才可能很快恢复且具有一定强度使其钻屑悬浮于钻井液中而不会下沉，又不至于在静止后开泵泵压过高。

聚丙烯酰胺可用作钻井液的絮凝剂。聚丙烯酰胺可分为非水解的聚丙烯酰胺及部分水解聚丙烯酰胺，其絮凝作用也不完全相同，可分为完全絮凝剂和选择性絮凝剂两种。完全絮凝剂既絮凝膨润土又絮凝钻屑和劣土，如相对分子质量为150万～300万、水解度为2%左右的聚丙烯酰胺，基本上属于非水解聚丙烯酰胺，它可使钻井液中所有的固体粒子都发生絮凝沉淀，即既絮凝岩粉及劣土，又絮凝膨润土。

选择性絮凝剂分为两种：①增效型，选择性絮凝剂在钻井液中只能絮凝岩粉和劣土，而不絮凝膨润土，同时还能增加钻井液的黏度（网状结构的强度显著增大)。②非增效型，选择絮凝剂在钻井液中只能絮凝岩粉和劣土，而不絮凝膨润土，同时对钻井液的黏度影响不大，如一些相对分子质量较小的水解聚丙烯酰胺。

## 5.5 发泡与消泡作用

### 5.5.1 发泡作用

**(1) 发泡机理** 泡沫是常见的现象。例如搅拌肥皂水可以产生泡沫，打开啤酒瓶即有大量泡沫出现等。广义而言，“泡”是被液体或固体薄膜包围着的气体。仅有一个界面的“泡”叫气泡；由液体薄膜或固体薄膜隔离开的具有多个界面的气泡聚集体称为泡沫。啤酒、香槟、肥皂水等在搅拌下形成的泡沫称液体泡沫；面包、蛋糕等弹性大的物质以及泡沫塑料、饼干等为固体泡沫。人们通常所说的泡沫多指液体泡沫。

若将丁醇水溶液和皂角苷稀溶液分别置于试管中加以摇动，发现前者形成大量泡沫，后者形成少量泡沫，但丁醇水溶液中的泡沫很快消失，而皂角苷水溶液中的泡沫则不易消失。由丁醇水溶液形成的寿命短的泡沫，称为不稳定泡沫，而由皂角苷水溶液形成的寿命长的泡沫称为稳定泡沫。起泡力的大小是以在一定条件下，摇动或搅拌时产生泡沫的多少来评定的。

一般来说，纯液体不会产生泡沫。在纯液体中形成的气泡，当它们相互接触或从液体中逸出时，就立即破裂。如果某种液体容易成膜且不易破裂，这种液体在搅拌时就会产生许多泡沫。泡沫产生之后体系中的液-气表面积大为增加，使得体系变得不稳定，因此泡沫易于破裂。如果液体中存在表面活性剂，情况就不同了。由于它们被吸附在气液界面上、在气泡之间形成稳定的薄膜而产生泡沫。图 5-21 是泡沫生成模式图。

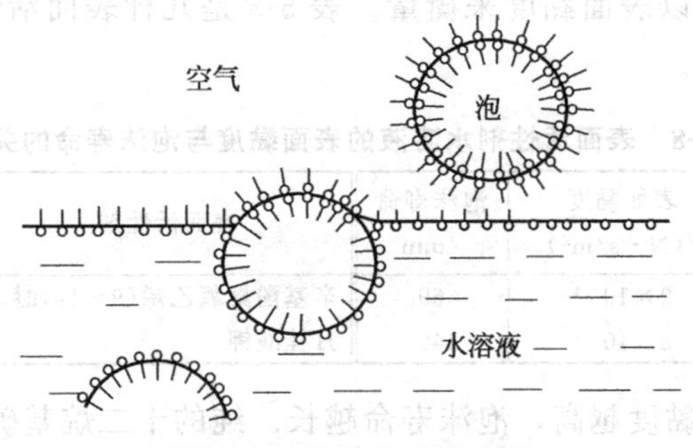


图 5-21　泡沫生成模式图

加入表面活性剂之后，它的分子吸附在气-液界面，不但降低了气-液两相间的表面张力，而且由于形成一层具有一定力学强度的单分子薄膜从而使泡沫不易破灭。

表面活性剂的泡沫性能包括它的起泡性和稳泡性两个方面。表面活性剂的起泡性是指表面活性剂溶液在外界条件作用下产生泡沫的难易程度，表面活性剂降低水的表面张力的能力越强越有利于产生泡沫。因此，表面活性剂的起泡力可用表面活性剂降低水的表面张力的能力来表征，表面活性剂降低水的表面张力强者其起泡力就越强，反之越差。表面活性剂的稳泡性是指在表面活性剂水溶液产生泡沫之后，泡沫的持久性或泡沫“寿命”的长短。这与液膜的性质有密切的关系。

起泡力好的物质称为起泡剂。肥皂、洗衣粉、烷基苯磺酸钠等都是良好的起泡剂。但肥皂、洗衣粉形成的泡沫稳定性好，而烷基苯磺酸钠形成的泡沫稳定性不好。因此，起泡性好的物质不一定稳泡性好。能使形成的泡沫稳定性好的物质叫稳泡剂，如月桂酸二乙醇酰胺等。起泡剂和稳泡剂有时是一致的，有时则不一致。

**(2) 影响泡沫稳定性的因素**

① 表面张力及其自修复作用　在形成泡沫时，液体表面积增加，体系能量随之增加；反之亦然。从能量角度考虑，降低液体表面张力，有利于泡沫的形成，但不能保证泡沫有较好的稳定性，只有当表面膜有一定强度，能形成多面体泡沫时，低表面张力才有助于泡沫的稳定。

许多现象说明，液体表面张力不是泡沫稳定的决定因素。例如，丁醇类水溶液的表面张力比十二烷基硫酸钠水溶液的表面张力低，但后者的起泡性却比丁醇溶液好。一些蛋白质水溶液的表面张力比表面活性剂水溶液的表面张力高，但却具有较好的泡沫稳定性。

表面张力不仅对泡沫的形成具有影响作用，而且在泡沫的液膜受到冲击而局部变薄时，

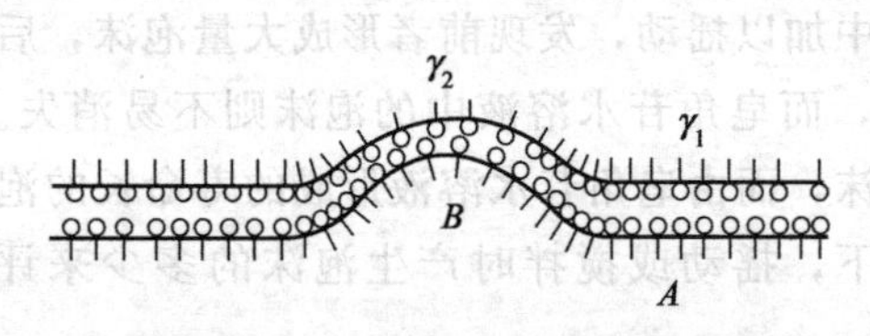


图 5-22 表面张力的自修复作用

有使液膜厚度复原、使液膜强度恢复的作用，这种作用称为表面张力的自修复作用，也是使泡沫具有良好稳定性的原因，如图 5-22 所示。

图 5-22 中，当液膜受到冲击时，局部变薄，B 处液膜比 A 处薄，变薄处的液膜表面积增大，表面吸附分子的密度相对减小，局部表面张力增加，即由原来的 $\gamma_1$ 变为 $\gamma_2$（$\gamma_2>\gamma_1$）。于是 A 处表面分子就向 B 处迁移，使 B 处的表面分子密度增加。与此同时，在表面分子由 A 处迁向 B 处的过程中，会带动邻近的薄层液体一起迁移，结果使变薄的液膜又变厚。这就是表面活性剂的自修复作用。

② 表面黏度　决定泡沫稳定性的关键因素是液膜的强度，而液膜的强度主要取决于表面吸附膜的坚固性，通常以表面黏度来衡量。表 5-8 是几种表面活性剂水溶液（1%）的表面黏度与泡沫寿命的关系。

**表 5-8　表面活性剂水溶液的表面黏度与泡沫寿命的关系**

| 表面活性剂 | 表面黏度 /(N·s/m²) | 泡沫寿命 /min | 表面活性剂 | 表面黏度 /(N·s/m²) | 泡沫寿命 /min |
|---|---|---|---|---|---|
| 十二烷基硫酸钠 | $2\times10^{-4}$ | 69 | 辛基酚聚氧乙烯(9～10)醚 | $4\times10^{-4}$ | 1650 |
| 十二烷基苯磺酸钠 | $3\times10^{-4}$ | 440 | 月桂酸钾 | $39\times10^{-4}$ | 2200 |

由表 5-8 可知，表面黏度越高，泡沫寿命越长。纯的十二烷基硫酸钠中加入少量十二醇做促泡剂、稳泡剂，表面黏度上升，提高了泡沫稳定性。同样，在月桂酸钠中加入月桂酸二乙醇酰胺亦使泡沫寿命大大增加，同时表面黏度升高。

表面黏度大，使液膜表面强度增加，同时使邻近液膜的排液受阻，延缓了液膜的破裂时间，因而增加了泡沫的稳定性。

③ 气体的透过性　泡沫中的气泡总是大小不均匀的。小泡中的气体压力比大泡中的气体压力高，于是小泡中的气体通过液膜扩散到相邻的大泡中，造成小泡变小直至消失，大泡变大直至破裂。透过性越好的液膜其气体通过它的扩散速度就越快，泡沫的稳定性也就越差。

气体的透过性与表面吸附膜的紧密程度有关。表面吸附分子排列越紧密，表面黏度越高，气体透过性越差，则泡沫稳定性越好。

④ 表面电荷　如果泡沫液膜带有相同的电荷，该膜的两个表面将相互排斥。如阴离子型表面活性剂作为起泡剂时，由于表面吸附的结果，表面活性剂离子将富集于表面，形成带负电荷的表面层，反离子则分散于液膜溶液中，形成液膜双电层，如图 5-23 所示。当液膜变薄至一定程度时，两个表面层的静电斥力开始显著作用，阻止了液膜进一步变薄。因此，电荷有阻止液膜变薄增加泡沫稳定性的作用。但应指出，此种静电相互作用在液膜厚时影响不大。

⑤ 表面活性剂的分子结构　研究表明，表面活性剂水溶液的起泡性和稳泡性皆随表面活性剂浓度上升而增强，到一定浓度后达到极限值。表面活性剂水溶液都有不同程度的发泡作用，通常碳氢链为直链、碳原子个数为 $C_{12}$～$C_{14}$ 时起泡性较好，碳链太短形成的表面膜的强度较低，产生的泡沫稳定性差。碳链太

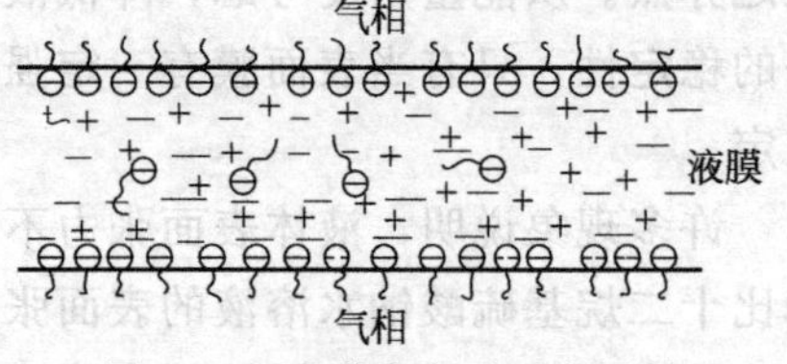


图 5-23　液膜中离子型表面活性剂的双电层

长溶解度差且形成的表面膜因刚性太强而不能产生稳定的泡沫。

表面活性剂亲水基的水化能力强就能在亲水基周围形成很厚的水化膜，因此就会将液膜中的流动性强的自由水变成流动性差的束缚水。同时也提高液膜的黏度，不利于重力排液使液膜变薄，从而增加了泡沫的稳定性。直链阴离子表面活性剂其亲水基水化性强又能使液膜的表面带电，因此有很好的稳泡性能。而非离子表面活性剂的亲水基聚氧乙烯醚在水中呈曲折型结构不能形成紧密排列的吸附膜，加之水化性能差，又不能形成电离层，所以稳泡性能差，不能形成稳定的泡沫。因此，一般阴离子表面活性剂发泡性更强，而非离子表面活性剂水溶液泡沫少，特别是在它的浊点以上使用时更是如此。

在作为起泡剂的表面活性剂中加入少量极性有机物如天然产物明胶和皂素等，可提高液膜的表面黏度，增加泡沫的稳定性，以期延长泡沫寿命。这类物质虽然降低表面张力的能力不强。但它们却能在泡沫的液膜表面形成高黏度、高弹性的表面膜。因此有很好的稳泡作用。这是因为明胶和皂素的分子间不仅存在范德华引力而且分子中还含有羧基，羟基和氨基等。这些基团都有生成氢键的能力，因此，可增强表面膜的机械强度，起到了稳定泡沫的作用。

高分子化合物如聚乙烯醇、甲基纤维素及淀粉改性产物，羟丙基淀粉、羟乙基淀粉等，它们具有良好的水溶性，不仅能提高液相黏度阻止液膜排液，同时还能形成强度高的膜。因此有较好的稳泡作用。

合成表面活性剂分子结构中含有氨基、酰氨基、羟基、羧基、羰基、酯基和醚基等的非离子型表面活性剂，在表面膜中可形成氢键提高液膜的表面黏度，因此有较好的稳泡作用。

综上所述，影响泡沫稳定性的诸因素中，液膜的强度是较重要的。作为起泡剂、稳泡剂的表面活性剂，其表面吸附分子排列的紧密和牢固程度是最重要的因素。吸附分子排列紧密，不仅使表面膜本身具有较高的强度，而且因表面黏度较高而使邻近表面膜的溶液层不易流动，液膜排液相对困难，厚度易于保存。同时，排列紧密的表面分子，还能降低气体的透过性，从而也可增加泡沫的稳定性。

### 5.5.2 消泡作用

泡沫是气体分散在液体中的粗分散体系，由于体系存在着巨大的气-液界面，是热力学上的不稳定体系，泡沫最终还是要破坏的。造成泡沫破坏的主要原因是液膜的排液减薄和泡内气体的扩散。

从理论上讲，消除使泡沫稳定的因素即可达到消泡的目的。因影响泡沫稳定性的因素主要是液膜的强度，故只要设法使液膜变薄，就能起消泡作用。可以通过加入某种试剂与起泡剂发生化学反应而达到消泡目的。用作消泡的化学物质都是易于在溶液表面铺展的液体。当消泡剂在溶液表面铺展时，会带走邻近表面层的溶液使液膜局部变薄，于是液膜破裂、泡沫破坏。一般能在表面铺展、起消泡作用的液体其表面张力都较低，易于吸附在溶液表面，使溶液表面局部表面张力降低，继而自此局部发生铺展。同时会带走表面下一层邻近液体，致使液膜变薄，而使泡沫破裂。

**(1) 消泡剂使泡沫液膜局部表面张力降低而消泡** 因消泡剂微滴的表面张力比泡沫液膜的表面张力低，当消泡剂加入泡沫体系中后，消泡剂微滴与泡沫液膜接触，可使此处泡沫液膜的表面张力减低，因此泡沫周围液膜的表面张力几乎没有发生变化。表面张力降低的部分，被强烈地向四周牵引、延展，最后破裂使泡沫消除，如图 5-24 所示。消泡剂浸入气泡

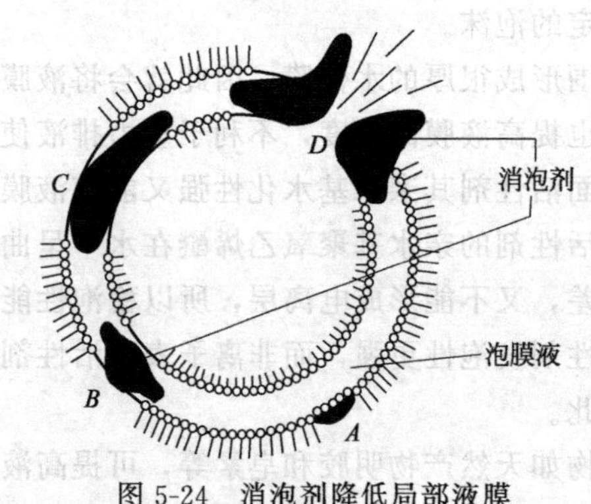

图 5-24 消泡剂降低局部液膜表面张力而破泡

液膜扩展，顶替了原来液膜表面上的稳泡剂（图5-24 中 $A$、$B$ 处），使此处的表面张力降低，而存在着稳泡剂的液膜表面的表面张力高，将产生收缩力，从而使低表面张力的 $C$ 处液膜伸长而变薄最后破裂使气泡消除（$D$ 处）。

**(2) 消泡剂破坏膜弹性使液膜失去自修复作用而消泡** 在泡沫体系中加入表面张力极低的消泡剂如聚氧乙烯聚硅氧烷。此消泡剂进入泡沫液膜后，会使此处液膜的表面张力降至极低。当此处的液膜受到外界的扰动或冲击拉长，液膜面积 $A$ 会增加，使此处的消泡剂浓度降低，引起液膜的表面张力上升。但是由于消泡剂本身表面张力太低，无法使 $d\gamma/dA$ 具有较高值，而使膜失去弹性，液膜不会产生有效的弹性收缩力来使膜的表面张力和液膜厚度恢复。液膜终因失去自修复作用而被破坏。

**(3) 消泡剂降低液膜黏度使泡沫寿命缩短而消泡** 泡沫液膜的表面黏度高会增加液膜的强度，减缓液膜的排液速度，降低液膜的透气性，阻止泡内气体扩散等，延长了泡沫的寿命而起到稳定泡沫的作用。可生成氢键的稳泡剂如：在低温时聚醚型表面活性剂的醚键与水可形成氢键，蛋白质的肽链间能形成氢键而提高液膜的表面黏度。若用不能产生氢键的消泡剂将能产生氢键的稳泡剂从液膜表面取代下来，就会减小液膜的表面黏度，使泡沫液膜的排液速度和气体扩散速度加快从而降低泡沫的寿命而消泡。

**(4) 固体颗粒消泡作用机理** 固体颗粒作为消泡剂的首要条件是固体颗粒表面必须是疏水性的。如疏水二氧化硅固体颗粒（经过疏水处理后的二氧化硅）其消泡机理见图 5-25。

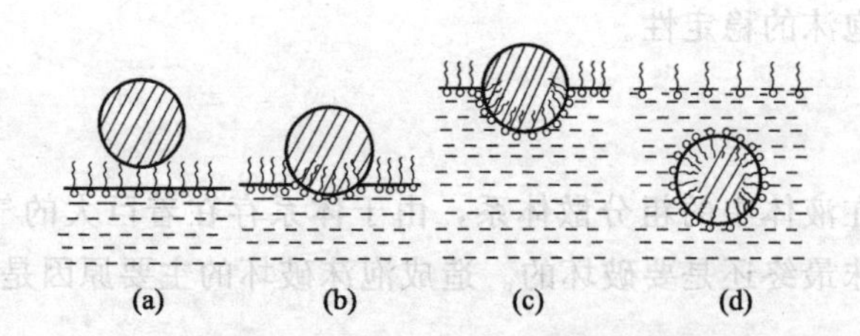

图 5-25 疏水二氧化硅消泡过程

当疏水二氧化硅颗粒加入泡沫体系后，由于其表面的疏水性而使液膜表面的起泡和稳泡作用的表面活性剂的疏水链以疏水吸附方式吸附于疏水二氧化硅的疏水表面上，以亲水基伸入液膜的水相中的吸附状吸附于疏水二氧化硅表面上，此时二氧化硅的表面由原来的疏水表面变为了亲水表面，于是亲水的二氧化硅颗粒带着这些表面活性剂一起从液膜的表面进入到液膜的水相中。疏水二氧化硅所起的作用是将原吸附于液膜表面的表面活性剂从液膜表面拉下来进入液膜的水相中，使液膜表面的表面活性剂浓度减低，从而全面增加了泡沫的不稳定性因素，例如，降低了液膜的表面黏度，导致液膜自修复作用下降，加速液膜的排液速度。由于表面黏度的降低使液膜透气性增加气体扩散速度增加，大幅地缩短了泡沫的"寿命"而导致泡沫的破坏。

### 5.5.3 发泡与消泡作用的应用

泡沫的产生，有时是有利的，有时则是不利的。例如，矿物的泡沫浮选，消防上的泡沫灭火，石油开采中的泡沫驱油及化学工业中的泡沫塑料生产等过程，泡沫是人们所希望的；而在溶液浓缩、发酵生产、造纸纸浆处理、减压蒸馏、乳液生产、烧锅炉等操作中，泡沫则是不利的。因此，起泡现象与化学工业过程及人们日常生活密切相关。根据不同的需要，有时需强化起泡，有时则需减弱或消除泡沫。

**(1) 发泡作用的应用** 由于泡沫表面对污垢有强烈的吸附作用，使洗涤剂的耐久力提高，也可防止污垢在物体表面上的再沉积。一般人们的印象是发泡性好的洗涤剂去污力强，实际上虽然并非绝对如此，但的确有一定的内在联系，所以各种洗涤剂都做成高泡型的，如洗发和手工洗涤衣服、餐具洗涤等。但在一些情况下，如洗衣机、洗碗机中使用泡沫丰富的洗涤剂，会降低喷射泵的压力，另一方面使漂洗变得困难，难以完全去除衣物或餐具上残留的泡沫。因此，在这种场合需要使用低起泡性的非离子表面活性剂，同时，加入一定量的泡沫抑制剂（泡沫调节剂），常用的泡沫调节剂有肥皂、硅酮（即聚硅氧烷）、聚醚和石蜡油等。

泡沫灭火剂以泡沫形式喷射到燃烧着的油面时，不仅能迅速灭火，而且在油面上能铺展成水合膜，密封着油的蒸气，能够防止再次着火。

啤酒等发泡性饮料中使用乳化发泡剂可使发泡性增强、泡沫稳定。使用的发泡稳泡剂如丙二醇褐藻酸酯，可使泡沫量增加，泡沫持续时间长，还有澄清和过滤作用。皂角苷也可在发泡饮料中起发泡稳泡作用，即使存在酒精和在酸性条件下发泡性也不会受到影响。

采用浮选脱墨时，要求脱墨剂有适度的起泡力，使墨污能很好地吸附于泡沫上。

矿物浮选是借助气泡浮力来浮选矿石实现矿石和脉石分离的方法。起泡剂是浮游选矿过程中必不可少的药剂。为了使有用矿物有效地富集在空气与水的界面上，必须利用起泡剂产生大量泡沫，造成大量的界面，这样在浮选过程中气泡就可以依靠浮力把矿粉带到水面上，达到选矿的目的。

**(2) 消泡作用的应用** 消泡剂种类很多，应用也甚广。如2-乙基己醇、异辛醇、异戊醇等有分枝结构的醇类及低级含氟醇等，常用于制糖、造纸、印染工业中。脂肪酸和脂肪酸酯常用作食品工业的消泡剂，失水山梨醇单月桂酸酯用于奶糖液蒸发、干燥和蜜糖液的浓缩过程中。天然油脂常用于制药和造纸工业中的消泡。高相对分子质量的酰胺，如二硬脂酰乙二胺、油酰二乙烯三胺缩合物等常用于锅炉水的消泡，使用效果较好。磷酸三丁酯是常用的消泡剂，可用于水溶液消泡，也可用于润滑油的消泡。硅油，主要成分为聚二甲基硅氧烷，它既可用于水溶液体系，也可用于非水体系。它的表面张力极低，易于在溶液表面铺展，也容易在表面吸附，形成液膜的表面强度很低。它的含量仅十万分之几即可起消泡作用，广泛用于造纸、明胶、乳胶、润滑油等制造过程中。但由于它不溶于水，使用时需制成乳液。如在聚硅氧烷消泡剂分子内引入环氧乙烷亲水基，既改善它的溶解性，又可在高温下使用。另外，还有一些非离子表面活性剂如聚醚也可用作消泡剂。

## 5.6 洗涤去污作用

表面活性剂的洗涤作用是表面活性剂具有最大实际用途的基本持性，它涉及千家万户的日常生活，并且在各行各业中也得到越来越多地应用。

将浸在某种介质（一般为水）中的固体表面上的污垢去除的过程称为洗涤。在洗涤过程中，加入洗涤剂以减弱污垢与固体表面的黏附作用并施以机械力搅动，借助介质（水）的冲力将污垢与固体表面分离而悬浮于介质中，最后将污垢冲洗干净。由于各种洗涤过程的体系是复杂的多相分散体系，分散介质种类繁多，体系中涉及的表（界）面和污垢的种类及性质各异，因此洗涤过程是相当复杂的过程。这里主要介绍洗涤过程的一些基本理论和表面活性剂在洗涤过程中所起的作用。

### 5.6.1 污垢

**(1) 纤维织物上的污垢** 纤维织物的主要污垢成分是油性污垢，它们大都是油溶性的液体或半固体，其中包括动植物油脂、脂肪酸、脂肪醇、胆固醇和矿物油（如原油、燃料油、煤焦油等）及其氧化物等。其中动植物油脂、脂肪酸类与碱作用经皂化溶于水，而脂肪醇、胆固醇、矿物油则不为碱所皂化，它们的疏水基与纤维表面有较强的范德华力，可牢固地吸附在纤维上面不溶于水，但能溶于某些醚、醇和烃类有机溶剂，并被洗涤剂水溶液乳化和分散。

其次是固体污垢，包括煤烟、灰尘、泥土、沙、水泥、皮屑、石灰和铁锈等。液体污垢和固体污垢经常混合在一起形成混合污垢，往往是油污包住固体微粒，其粒径一般在10～20μm，黏附于织物表面。此种混合污垢与织物表面黏附的本质，基本上与液体油类污垢的情形相似。液体污垢和固体污垢在物理性质和化学性质上存在较大差异，所以二者自表面上去除的机理也不相同。

除此以外一些污垢被称为特殊污垢如砂糖、淀粉、食盐、食物碎屑及人体分泌物（汗、尿、血液、蛋白质、无机盐）等在常温下它们能被渗透而溶于纤维中，其中有的能通过化学吸附、牢固地吸附在纤维上，难以脱落。

**(2) 住宅污垢** 住宅中的污垢，因地点不同其组成也各异。厨房和餐室中的污垢主要是洒落的食物、油脂污垢、尘土、煤灰，以及酱油、醋和各种调料汁等。盥洗室中的污垢主要有尘土、分泌物等。书房和会客室中的污垢有烟灰、尘土、泥土、墨汁等。卧室的污垢主要是棉花絮、脱落毛线、泥土、烟灰等。居室中摆设的家具、日常用具等黏附的污垢为油性污垢、墨汁、蜡和尘土等，大致与衣服污垢的成分相同。地毯污垢可分为无机物粉末，如砂、黏土、石英、长石、石灰、石膏、磷灰石等，有机物有动植物纤维、树脂、胶、淀粉、油脂、橡胶、焦油等，其他还有水分及不明物质等。

**(3) 餐具污垢** 餐具一般为陶器、瓷器、玻璃器皿、金属器皿、漆器及塑料制品等，炊具有炒菜锅、饭锅、炸锅、菜刀、菜板、炉灶、排风设备等。餐具和炊具黏附的污垢主要是尘土、食物残渣、细菌及油性污垢有时还有煤灰等，以源于主副食的粘污最为严重，如谷类、薯类、豆类、蔬菜瓜果、油脂、肉类、鱼虾等。食物黏附有灰尘、泥土、肥料、农药、寄生虫卵、无机盐类等，它们对餐具和炊具构成严重粘污。

**(4) 其他污垢** 人们用的交通工具，如自行车、摩托车、汽车、电车、火车等极易受环境污物粘污，黏附的污垢主要是灰尘，道路上的污垢，工业设施排放出来的煤灰、油烟废气，汽车尾气等。以道路上的污垢及昆虫的尸体和血污等对车辆粘污最为严重。道路污垢主要是泥土、水泥、砂土、黏土、盐类、动物胶、炭黑、氧化铁、油等。另外还有建筑外墙上的污垢、轮船上的污垢等。

### 5.6.2 污垢的黏附

污垢在被洗涤物品表面上的黏附大致有以下4种。

**(1) 机械力黏附** 机械力黏附主要指的是固体尘土黏附的现象，这种污垢几乎可以用单纯的搅动和振动力将其除去。但当污垢的粒子小于0.1μm时，就很难去掉。夹在纤维中间和凹处的污垢有时也难以去除。

**(2) 分子间力黏附** 被洗涤物品和污垢以分子间范德华力（包括氢键）结合，例如，油污在各种非极性高分子板材上的黏附，油污的疏水基通过与板材间的范德华力将油污黏附于高分子板材的表面上。污垢与表面一般无氢键形成，但若形成时，则污斑难以去除。棉麻织物中的纤维上有大量羟基存在，毛、丝织物中含有羟基、羧基、酰胺基等，血渍可以通过氢键与织物黏附，是很难除去的。

**(3) 静电力黏附** 在水介质中，静电引力一般要弱得多。但在有些特殊条件下污垢也可通过静电引力而黏附。例如，纤维素或蛋白质纤维的表面在碱性溶液中带有负电荷（静电），而有一些固体污垢粒子在此条件下带有正电荷，如炭黑、氧化铁等，它们可通过静电吸引力而产生黏附。另外，水中含有的钙、镁、铁、铝等金属离子在带负电的污垢粒子表面之间形成高价阳离子桥，从而使带负电的表面黏附上带正电的污垢。静电结合力相对比机械力强，因而污垢的除去相对困难些。

**(4) 化学结合力** 污垢通过化学吸附产生的化学结合力与固体表面的黏附，例如金属表面的锈蚀就是通过化学键黏附于金属表面。例如黏土类极性固体、脂肪酸、蛋白质等均为电负性较大的物质，能与—OH基形成氢键或离子键，故这类污垢落在纤维上便与纤维素的羟基以化学键合力结合起来而黏附其上。又如果汁、墨水、丹宁、血污、重金属盐和铁锈等都能与纤维形成稳定的色斑。再如，塑料制品上的油性污垢能与固体污垢和塑料材料黏结在一起形成化学键合力黏附；对疏水性的聚酯纤维来说，油性污垢一旦形成固溶体，便渗透入纤维内部而难以洗除。化学键合力黏附的污垢需采取特殊化学处理使之分解、除去。例如，铁锈造成的污斑可用草酸还原，使之变成无色可溶性草酸亚铁而除去。

### 5.6.3 洗涤过程

去污过程包括复杂的表面现象、机械流体力学和化学或生物学等作用。其过程大致分为：液体油污的去除，这是借润湿、卷离、乳化、增溶等作用，辅以机械力使其悬浮于介质中而除去；固体污垢的去除则通过润湿、界面电荷分散使污垢除去。

在洗涤过程中，洗涤剂是不可缺少的。洗涤剂在洗涤过程中具有以下作用。

一是降低水的表面张力改善水对洗涤物表面的润湿性。洗涤液对洗涤物品的润湿是洗涤过程是否可以完成的先决条件，洗涤液对洗涤物品必须具备较好的润湿性，否则洗涤液的洗涤作用不易发挥。对于人造纤维（如聚丙烯、聚酯、聚丙烯腈等）、未经脱脂的天然纤维等因其具有的临界表面张力低于水的表面张力，因而水在其上的润湿性就不能达到令人满意的程度。加入了洗涤剂后一般可使水的表面张力降低至30mN/m。因此除聚四氟乙烯外，洗涤剂的水溶液在其物品的表面都会有很好的润湿性，促使污垢脱离其物品表面，而产生洗涤效果。

另一种作用是使已经从固体表面脱离下来的污垢能很好地分散和悬浮在洗涤介质中，使其不再沉积在固体表面。洗涤过程可以表示为：

固体表面·污垢＋洗涤剂＋介质＝固体表面·洗涤剂·介质＋污垢·洗涤剂·介质

在洗涤过程中，影响洗涤效率的因素有固体与污垢的黏附强度、固体表面与洗涤剂的黏附强度以及洗涤剂与污垢间的黏附强度。固体表面与洗涤剂间的黏附作用强，有利于污垢从固体表面的去除，而洗涤剂与污垢的黏附作用强，有利于阻止污垢的再沉积。此外，不同性质的表面与不同性质的污垢之间有不同性质的结合力。因此三者间有不同的黏附强度。在水介质中，非极性污垢由于其疏水性不易被水洗净。在非极性表面的非极性污垢，由于可通过范德华力吸附于非极性物品表面上，三者间有较高的黏附强度，因此比在亲水的物品表面难于去除。极性的污垢在疏水的非极性表面上比在极性强的亲水表面上容易去除。

## 5.6.4 洗涤去污原理

**(1) 液体污垢的去除**

① 卷缩机理　液体油污原来是在固体表面铺展的，当加入表面活性剂水溶液后，由于它具有很低的表面张力，所以很快在固体表面铺展而润湿固体，结果润湿物体表面的表面活性剂水溶液逐渐把油污顶替下来，液体油污原来平铺在表面上而逐渐卷缩成油珠（接触角逐渐加大，由润湿变为不润湿）。这种过程称为“卷缩”，如图 5-26 所示。

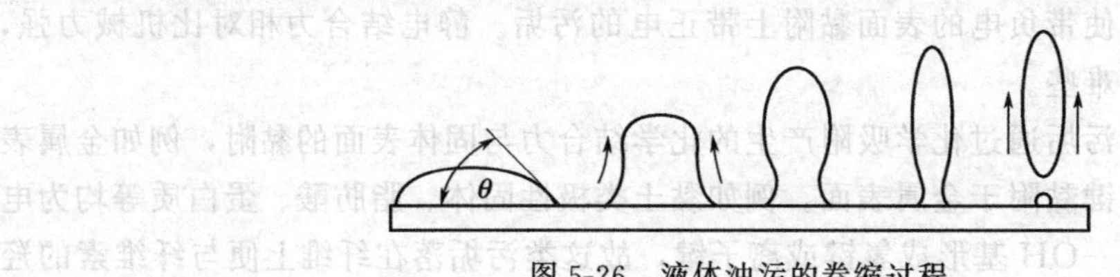


图 5-26　液体油污的卷缩过程

这时在机械作用下或水流冲击下“卷缩”的液体油滴就会脱离表面进入水溶液中并被表面活性剂乳化和稳定分散在洗涤液中。由于固体表面已被表面活性剂分子占据，所以油污粒子不会再沉积到固体表面造成再污染，如图 5-27 所示。

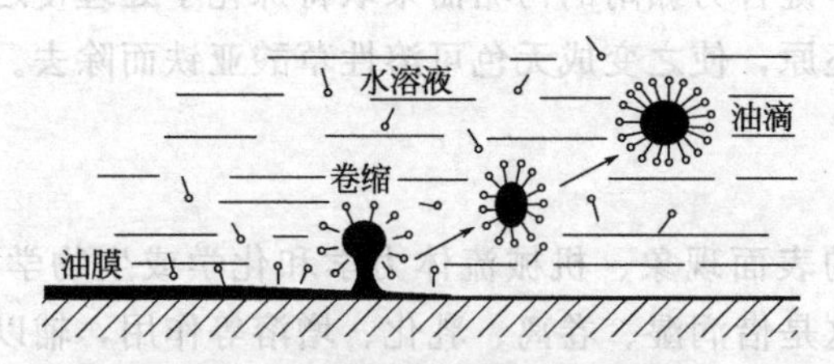


图 5-27　液体油污的卷缩去除过程

② 乳化机理　衣物表面黏附的液体污垢，其中某些物质与衣物固体表面的接触角尽管非常小，但在表面活性剂的作用下发生乳化而被除去，此即为乳化去污。乳化去污与洗涤液的浓度、温度、洗涤时间和机械力有关。

乳化去污通常借助于机械力的作用，但也有自发乳化的情形，其条件是油水界面能接近 0 或等于 0。例如，脂肪酸、脂肪醇及胆固醇等极性油和矿物油的混合物与表面活性剂的水溶液接触时，极性油与表面活性剂发生作用而自发乳化。乳化机理与卷缩机理起着相辅相成的作用。

③ 增溶机理　当洗涤液中表面活性剂浓度大于临界胶束浓度时，任何油性污垢都会不同程度地被增溶而溶解（见图 5-28）。根据增溶的单态模型，非极性简单烃类油污在胶束内芯被增溶除去，极性有机物油污（如脂肪醇、脂肪酸及各种极性染料等）在胶束“栅栏”之

间被增溶除去，一些高分子物质、甘油、蔗糖以及不溶于烃的染料污垢吸附于胶束表面区域而被增溶除去，而苯、苯酚等这类油污则易为非离子表面活性剂胶束的聚氧乙烯链包藏增溶除去。

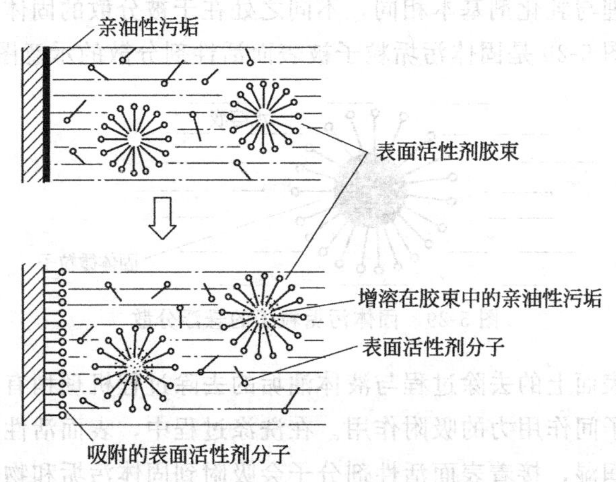


图 5-28 表面活性剂胶束及增溶作用

在洗涤过程中使用的洗涤剂溶液，其中表面活性剂（特别是离子型表面活性剂）的浓度往往不会超过临界胶束浓度，所以供增溶的胶束量非常少，其增溶作用也微乎其微。如果洗涤剂中表面活性剂为非离子型的，由于它的临界胶束浓度很小，故供增溶的胶束量很多，大量油污则被增溶而除去。在实际洗涤过程中，经卷缩和乳化作用后未除掉的少量油污在增溶作用下也可被除去，这种作用对温度要求并不苛刻，也不要求污垢一定是液体状态的。

④ 液晶形成机理　水合后的表面活性剂在洗涤过程中能渗入脂肪醇和高级醇类极性油污内，形成 3 组分液晶，很容易被洗涤液溶解而除掉。这种液晶是黏度相当大的透明状物质；为顺利去除，应施以一定的机械力。

表面活性剂水溶液渗透入极性油污，形成的液晶可看作是低共熔物，其低共熔点的温度远远低于洗涤温度。低共熔点的温度主要与表面活性剂的极性基团种类和性质有关，与浓度关系不大。

⑤ 结晶集合体破坏机理　黏附于衣物上的烃和甘油形成结晶集合体，它不能与表面活性剂水溶液形成液晶，而是由于表面活性剂水溶液渗透入结晶集合体内，使结晶破坏而导致污垢分散除去的。

⑥ 化学反应去污机理　脂肪酸类油污在碱性洗涤液中发生皂化反应，生成水溶性脂肪酸皂而被溶解除去，与脂肪酸共存的其他油性污垢可以乳化、增溶、形成液晶等方式除去。

**(2) 固体污垢的去除**　固体污垢去除机理不同于液体污垢，主要是因为固体污垢在固体表面上黏附较为复杂，不像液体污垢那样扩展成一片，通常是以一些点与表面接触、黏附，其黏附力主要为分子间引力。固体污垢微粒与固体表面的黏附强度通常随时间推移而增强，随空气湿度增大而增强，在水中黏附力较在空气中显著降低。

① 润湿机理　黏附于固体表面上的无机固体污垢，在洗涤过程中首先为表面活性剂水溶液润湿，在固体和液体界面上形成双电层，污垢与固体表面电负性一般相同，从而在两者之间发生排斥作用，使黏附强度减弱，然后在水流的冲击下被除去。

② 扩散溶胀机理　表面活性剂与水分子渗入有机固体污垢后不断扩散，并使污垢发生

溶胀、软化，经机械作用，即在水流冲击下而脱落下来，再经乳化清除掉。

实际上使半固态的油脂在水中乳化分散时很难区分是乳化还是分散，且通常作为乳化剂或分散剂的表面活性剂常是同一种物质，所以在实用中把两者放在一起统称为乳化分散剂。

分散剂的作用原理与乳化剂基本相同，不同之处在于被分散的固体颗粒一般比被乳化的液滴稳定性稍差些。图 5-29 是固体污垢粒子被表面活性剂分散的示意图。

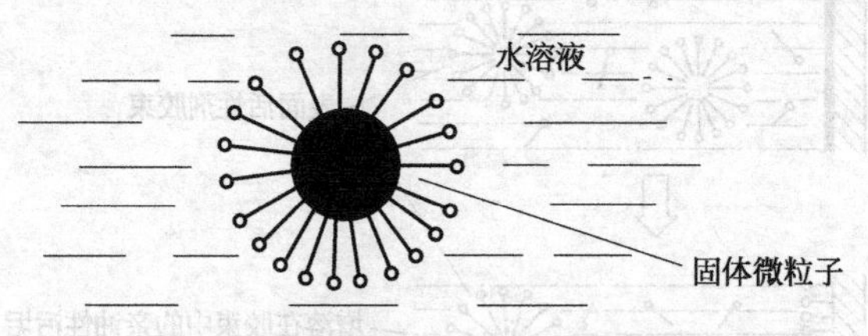


图 5-29　固体污垢粒子的悬浮分散

固体污垢从物体表面上的去除过程与液体油垢的去除过程机理稍有不同。固体污垢黏附在物体表面主要靠分子间作用力的吸附作用。在洗涤过程中，表面活性剂水溶液首先将固体污垢及物体的表面都润湿，接着表面活性剂分子会吸附到固体污垢和物体表面上，由于表面活性剂形成的吸附层加大了污垢粒子和物体表面间的距离，从而削弱了它们之间的吸引力。如果为离子型表面活性剂，表面活性剂在污垢粒子和物体上的吸附导致它们带有相同的负电性而排斥，使两者的黏附强度减弱，在外力（机械力）的作用下，污垢更易从表面洗脱，稳定地分散在水溶液中，不致再沉积到物体表面。所以使用阴离子表面活性剂做洗涤剂时，对固体污垢的去除效果更好。

固体污垢颗粒越大越易被去除，而小于 0.1μm 的污垢颗粒，由于牢固地被吸附在物体表面就很难被去除。在固体污垢去除过程中，除了表面活性剂的润湿、吸附、分散作用外，机械力的作用也很重要。

## 5.6.5　抗污垢再沉积

从纤维表面洗脱下来的污垢在溶液内形成不稳定的分散体系，污垢的胶体粒子往往能再沉积于纤维表面上，这种现象称为污垢再沉积。液体油垢的去除是通过油垢被增溶达到的，增溶体系在热力学上是稳定的，所以油性污垢经增溶去除后，再沉积作用很小。而固体污垢不能被增溶，污垢从纤维表面除下后形成不稳定的分散体系，为防止污垢再沉积，必须通过动力学方式来阻止。对于乳化了的污垢，形成的乳状液体系同样是不稳定的，也必须采取相似的措施防止污垢再沉积。

如上所述，离子型表面活性剂在固体表面吸附，使污垢粒子形成相对稳定的胶体粒子，且在粒子表面形成双电层，而在纤维表面也同样形成双电层，两双电层起排斥作用，从而阻止污垢粒子在纤维表面再沉积。非离子表面活性剂则通过形成空间阻碍（即方位阻碍）或熵值减小来阻止污垢再沉积。但这种作用可能低于水体系中产生的静电排斥作用。

## 5.6.6　表面活性剂的结构与洗涤作用的关系

因受污垢和表面活性剂之间发生复杂作用的影响，表面活性剂的洗涤力与其化学结构之间的关系非常复杂。对于液体油性污垢的去污来说，由于油性污垢的去除过程主要服从增溶作用机理，所以可以说，凡是有利于提高增溶空间结构的表面活性剂都能很好地增溶油污并将其除去。同样，如果污垢的去除过程主要服从乳化机理，对乳化作用有适宜 HLB 值的表面活性剂，较其他表面活性剂乳化去污能力强。非离子表面活性剂在低浓度下，去除油污和防止油污再沉积能力高于阴离子具有类似结构的表面活性剂，其原因是非离子表面活性剂的 cmc 很低。

如前所述，处于固-液界面上被吸附的表面活性剂分子的方向性对洗涤起重要作用。在洗涤过程中，表面活性剂发生定向排列，其亲水基朝向水相，否则就不能除去污垢和防止再沉积。因此，洗涤液中表面活性剂的洗涤行为与固体表面的极性及表面活性剂的离子性质有密切关系。例如，无论是阴离子表面活性剂，还是非离子表面活性剂，都能在非极性固体表面（如聚酯或尼龙）上有良好的性能。在棉或纤维素这类亲水性大的物体上，阴离子表面活性剂比非离子表面活性剂的性能要好，这是因为固体表面亲水性大，与表面活性剂的聚氧乙烯单元产生极性吸引和氢键作用，从而迫使其定向排列，使更多的疏水基暴露在水相中，或使表面活性剂分子沿固体表面平行排列。这种定向排列能增高或至少不降低污垢-水和固体-水界面的自由能从而阻止污垢的去除。一般很少采用阳离子表面活性剂做洗涤剂，因为它在固体表面上能反向排列形成拒水型表面，当固体表面带负电时，尤为容易形成拒水膜。

显然，表面活性剂分子在固体表面上的吸附程度和定向排列方式对于表面活性剂在洗涤过程中的行为影响非常大。因此，可以通过改变表面活性剂的结构来改善洗涤力。如前所述，碳氢链长的增大将会提高表面活性剂的去污能力。具有支链和亲水基团处于碳链中间的表面活性剂，其洗涤能力较低。对于给定碳原子数和端基的表面活性剂，当碳链为直链结构、而亲水基团处于端基位置时，它们具有最大的洗涤能力。通常随着亲水基长度增大和从链中间向端基移动，表面活性剂的洗涤能力增高。但如果链长过大，表面活性剂的溶解性降低，洗涤效果反而下降。

虽然端基具有亲水基团结构的直链表面活性剂在理想条件下表现出最佳的洗涤能力，但当洗涤液中存在电解质和高价阳离子时，使表面活性剂的溶解度降低，从而影响洗涤能力，达不到最佳洗涤效果。在这种情况下，亲水基团位于链内的表面活性剂具有较高的洗涤能力。

表面活性剂亲水基的属性对洗涤能力也有很大的影响。如饱和碳链被包围时，影响吸附的定向排列，从而影响洗涤能力。对聚氧乙烯型非离子表面活性剂来说，聚氧乙烯链增大，在固体表面上的吸附效应减小，导致洗涤能力下降，甚至消失。当聚氧乙烯链插入到疏水基和阴离子基团之间时（如脂肪醇聚氧乙烯醚硫酸盐），这种表面活性剂的洗涤特性优于没有嵌入聚氧乙烯链的硫酸盐。

综上所述：①在溶解度允许的限度内，表面活性剂的洗涤能力随疏水链增大而增高；②疏水链的碳原子数给定后，直链的表面活性剂比支链的有更大的洗涤能力；③亲水基团在端基上的表面活性剂较亲水基团在链内的洗涤效果好；④对于非离子表面活性剂来说，当表面活性剂的浊点稍高于溶液的使用温度时，可达到最佳的洗涤效果；⑤对于聚氧乙烯型非离子表面活性剂来说，聚氧乙烯链长度增大（只要达到足够的溶解度），常导致洗涤能力下降。

### 5.6.7 洗涤去污作用的应用

洗涤去污作用的应用主要是配制各种洗涤剂，按照用途可分为民用洗涤剂和工业用洗涤剂两类：民用洗涤剂如衣用、厨房用、餐具用、居室用、卫生间用、消毒用和硬表面用以及个人卫生用品如香波、浴液和洗脸、洗手用的香皂、液体皂、块状洗涤剂等。工业清洗剂如火车、汽车、轮船等交通工具的清洗，机器、设备及零件的清洗，电子仪器的清洗，储油罐的清洗等。

**(1) 在民用洗涤剂中的应用**

① 民用洗涤剂的组成　洗涤剂由表面活性剂、助洗剂、添加剂等组成，其中，表面活性剂是洗涤剂中不可缺少的最重要的成分。为适应衣着织物品种和洗涤工艺的变化，洗涤剂配方中的表面活性剂已由单一品种发展成多元复合表面活性剂，以发挥其协同作用，并使其性能得到相互补偿。特别是不同结构的阴离子表面活性剂和非离子表面活性剂复合使用更为重要。

选择表面活性剂主要应考虑去污性、加工性、经济性、人体和环境安全性。去污性方面应考虑表面活性剂在基质表面的特定吸附性、污垢去除能力、抗硬水性、污垢分散性、污垢抗沉积性、溶解性、润湿力、泡沫特性以及气味、色泽、贮存稳定性等。人体和环境安全性方面应考虑表面活性剂的生物降解性、对人、动物和鱼的毒性。洗涤剂中的各种物质绝大部分根据洗涤要求具有各种不同的功能，且具有互补性并能提高另一种组成物质的功能。另一些物质则有利于洗净过程或改进产品的外观。

目前，各种洗涤剂中大量使用的表面活性剂为阴离子表面活性剂，其次为非离子表面活性剂，而阳离子和两性离子表面活性剂使用量较少。

肥皂由于对硬水比较敏感，生成的钙、镁皂会沉积在织物和洗涤用具的器壁上，因此已被合成表面活性剂所取代。目前肥皂主要在粉状洗涤剂中用作泡沫调节剂。

直链烷基苯磺酸盐（LAS）自20世纪60年代中期取代四聚丙烯烷基苯磺酸盐至今，由于其溶解度良好，具有较好的去污和泡沫性能，生产工艺成熟，价格较低，仍是粉状和液体洗涤剂中使用最多的一种阴离子表面活性剂。它对硬水的敏感性可通过加入螯合剂或离子交换剂加以克服；它产生的丰富泡沫可用泡沫调节剂进行控制。

其他一些阴离子表面活性剂如仲烷基磺酸盐（SAS）、$\alpha$-烯烃磺酸盐（AOS）、脂肪醇硫酸盐（AS）、$\alpha$-磺基脂肪酸酯盐（MES）、脂肪醇聚氧乙烯醚硫酸盐（AES）可以单独或与LAS以不同的比例配合使用。SAS溶解度比LAS大，不会水解，性能稳定，去污性、产泡性类似于LAS，主要用来配制液体洗涤剂。$C_{14}\sim C_{16}$的AOS抗硬水性好，泡沫稳定性好，去污力好，刺激性低等，可用于配制各种粉状和液状洗涤剂。AS对硬水比较敏感，常与螯合剂和离子交换剂配合使用。MES抗硬水性好，钙皂分散力好，可将其用于肥皂含量高的洗涤剂中做钙皂分散剂，如加入合适的稳定剂，解决其水解问题，将会促进这一产品在洗涤剂中的使用。AES抗硬水性好，在硬水中去污力好，泡沫稳定，在低温、液洗中有较高的稳定性和良好的皮肤相容性，广泛用于各种液体洗涤剂，如洗发香波、泡沫浴、餐具洗涤剂、重垢液体洗涤剂、呢绒洗涤剂等，常用的AES中烷基链碳原子数为$C_{12}\sim C_{14}$，乙氧基化度为2～3。

非离子表面活性剂特别是脂肪醇聚氧乙烯醚抗硬水性好，在相对低的浓度下就具有良好的去污能力和污垢分散力，并具有独特的抗污垢再沉积作用，它能适应织物纤维的发展、洗涤温度降低和洗涤剂低磷化的趋势，因此，在洗涤剂中的用量增长很快。烷基酚聚氧乙烯醚在洗涤剂中大量使用的是加成5～10EO的辛基酚或壬基酚衍生物，但由于其生物降解性差，在洗涤剂中已限制使用。烷醇酰胺常用在高泡洗涤剂中，以增加使用时的泡沫高度和泡沫稳定性，改进产品在低浓度下的去污力。

氧化胺是一种泡沫稳定剂。它与LAS结合，皮肤相容性好。由于其热稳定性差、成本高，仅用在一些特殊的洗涤剂中。

阳离子表面活性剂通常用作后处理剂。它们易于迅速吸附到纤维上，赋予纤维柔软的手感，并具有抗静电作用。常用的有二硬脂基二甲基氯化铵等。阳离子表面活性剂和非离子表面活性剂能配合使用制成兼具洗涤和柔软的双功能特种洗涤剂。烷基二甲基苄基氯化铵可用作消毒剂，且由于它具有很好的抗静电性质，可用作织物后处理助剂。

两性离子表面活性剂有良好的去污性能和调理性能，但由于成本高，常用于个人卫生用品和特种洗涤剂中。

洗发和手工洗涤衣服、餐具洗涤仍需要产品具有丰富的泡沫，因此在这些洗涤剂配方中需加入泡沫稳定剂或起泡剂。常用的泡沫稳定剂和起泡剂有椰油酸二乙醇酰胺、十二烷基二甲基氧化胺、甜菜碱和磺基甜菜碱等。氧化胺的起泡性和稳泡性比同浓度下的烷醇酰胺好。

洗衣机的使用要求洗涤剂具有较低的起泡性。因为使用高泡洗涤剂会产生过多的泡沫，损失大量洗涤液，因而必须有效地控制洗涤过程中的起泡性。加入一定量的泡沫抑制剂（泡沫调节剂），可以达到这一目的。常用的泡沫调节剂有肥皂、硅酮（即聚硅氧烷）、聚醚和石蜡油。通常泡沫调节作用随着洗涤水硬度的增加而增加。

洗衣粉是粉状或粒状的衣用合成洗涤剂，其品种繁多，但它们的主要成分所差无几。各种洗衣粉性能上的差异，主要是配方中表面活性剂的搭配及助剂选择不同而产生的。在洗衣粉中起主导作用的成分是表面活性剂，如烷基苯磺酸钠、烷基磺酸钠、烯基磺酸钠、脂肪醇聚氧乙烯醚等。配方中采用多种表面活性剂复配，可改进产品的性能，脂肪醇聚氧乙烯醚和直链烷基苯磺酸钠复配使用，在去污力方面具有协同效应，可提高产品的去污力和控制产品的泡沫。

洗衣粉中使用的助剂有有机助剂和无机助剂。根据其对清洗作用的影响又可分为助洗剂和添加剂两类。

助洗剂具有多种功能，能通过各种途径提高表面活性剂的清洗效果。例如，从洗涤液、污垢和纤维上除去钙、镁等金属离子，并与钙、镁等金属离子通过螯合作用形成一个可溶性络合物，或通过离子交换生成一个不溶性物质；洗涤剂中大量使用的助洗剂，如三聚磷酸钠能吸附在污垢和纤维表面，阻止洗涤过程中某些污垢的再沉积；助洗剂能保持洗涤液呈碱性状态。洗涤剂中使用的助洗剂主要有碱性物质，如碳酸钠、硅酸钠；螯合剂，如三聚磷酸钠；离子交换剂，如4A型沸石等。助洗剂必须满足如下几方面要求：a. 能除去水、织物和污垢中的碱土金属离子；b. 一次洗涤性能要好，去除各种污垢的能力强；c. 多次洗涤性能要好；d. 工艺方面要适宜；e. 对人体安全、无毒；f. 环境要安全；g. 经济性好。

洗涤剂中用量较少、对清洗效果影响不大的一些添加物称为添加剂。如荧光增白剂、腐蚀抑制剂、抗静电剂、颜料、香精和杀菌剂等，它们都能赋予产品某种性能来满足加工工艺或使用要求。助洗剂和添加剂间没有严格界限，如蛋白酶，它在洗涤剂中加入量很少，但能分解蛋白质，提高清洗效果。

② 民用洗涤剂的种类

a. 洗衣粉。洗衣粉的生产通常采用高压喷雾干燥法，流程如图5-30所示。洗衣粉逆流干燥生产中喷雾干燥塔的高度通常在20m以上，料浆自塔上部雾化至洗衣粉离开干燥塔的整个干燥过程由三个部分组成：液滴的形成，空心颗粒的形成和结晶。料浆呈雾滴状进入干燥塔后与热空气接触，温度升高，表面水分蒸发。液滴随着蒸发的进行而收缩，在粒子表面形成皮膜。干燥过程中液滴一旦形成皮膜即进入减速干燥阶段，液滴内部蒸汽向外扩散受阻，从而内部压力上升，体积膨胀，表面积扩大，使多数液滴形成空心颗粒状。皮膜弹性差，热空气进口温度高，空心颗粒内部蒸汽压过大，均可导致皮膜破裂，细粉增加。在干燥后期，由于皮膜厚度增加，水汽扩散减缓，三聚磷酸钠可与水结合，生成六水合物结晶。在塔底有冷空气进入的情况下，水合更易发生。

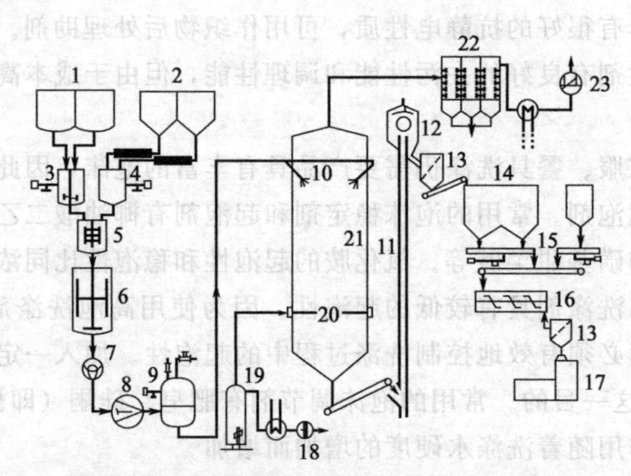


图 5-30 喷雾干燥法洗涤剂生产工艺流程

1—液体贮槽；2—固体料仓；3—液体计量器；4—固体计量器；5—配料锅；6—中间贮槽；7—升压泵；8—高压泵；9—稳压罐；10—喷嘴；11—送风管；12—容积式分离器；13—筛子；14—料仓；15—皮带输送秤；16—混合器；17—包装机；18—二次风风机；19—加热炉；20—环形分布管；21—干燥塔；22—袋滤器；23—尾风风机

传统的高塔喷雾干燥法制得的洗衣粉表观密度在 0.2～0.5g/mL 之间，一般为 0.25～0.35g/mL。进入 20 世纪 80 年代后，基于环境保护方面的考虑，要求少用或不用对环境有害的包装材料。于是在洗涤剂工业中发展了附聚成型制造表观密度在 0.5～1g/mL，通常为 0.6～0.9g/mL 的高密度浓缩洗衣粉。因其具有包装紧凑、节省能源、少占货架体积、用户携带方便等特点，受到生产企业、超级市场和消费者的欢迎。

附聚成型是指液体黏合剂如硅酸盐溶液通过配方中三聚磷酸钠和纯碱等水合组分的作用，失水干燥而将干态物料桥接、黏聚成近似球状颗粒的一个物理化学过程。在洗涤剂附聚成型时，除附聚作用外，同时还有水合物和半固体硅酸盐沉淀产生。

高密度浓缩洗衣粉表观密度高、包装体积小，而且粉状表面活性剂的含量比传统的高塔喷雾干燥法高，非离子表面活性剂的质量分数通常在 8%以上。一般认为，活性物质量分数在 10%～20%、其中非离子表面活性剂在 8%以下的表观密度高的洗衣粉称高密度粉；活性物质量分数在 15%～30%、其中非离子表面活性剂在 10%～15%（或大于 8%）的表观密度高的洗衣粉称浓缩粉；活性物质量分数在 25%～50%、其中非离子表面活性剂在 15%～25%的表观密度高的洗衣粉称超浓缩粉。

b. 衣用液体洗涤剂。衣用液体洗涤剂，特别是重垢液体洗涤剂由于比常用的喷雾干燥法制取粉状洗涤剂设备投资费用低，操作简单，能量消耗低而得到迅速发展。液体洗涤剂生产只需将液体物料混合后即可进行包装，无粉尘污染，加香方便。但缺点是很难加入助洗剂，所需表面活性剂浓度较高，产品包装成本高等。

c. 浆状洗涤剂。浆状洗涤剂是按照配方将多种作用不同的液体和固体物料混合，配制成均匀、黏稠、稳定的分散体。由于制造浆状洗涤剂不需太多的固体填充料，不要干燥脱水，生产设备简单，投资少，能量消耗低，配方中的三聚磷酸钠不会水解，产品的洗涤性能较好。作为浆状产品，在贮存过程中稳定性要好，不会因气温的变化而发生分层、沉淀、结晶、结块或变成稀薄的流体等现象。目前，国内浆状洗涤剂中所用的表面活性剂以直链烷基苯磺酸钠为主，并适当加入一些非离子表面活性剂和肥皂。助洗剂主要为三聚磷酸钠，适当地加入一些硅酸钠和纯碱，亦可加入助溶剂尿素。加入助溶剂后浆状物变稀，可再加入适量的NaCl使稠度增加。此外，加入羧甲基纤维素钠、碳酸氢钠和烷基醇酰胺对浆状膏体的成型、稳定，防止相分离有着重要的作用。

d. 餐具洗涤剂。餐具洗涤剂是厨房中使用的一种典型的轻垢型洗涤剂，按剂型分，主要有液体和粉状两种，粉状产品主要用于机器洗涤。按照功能分，它又可分为单纯洗涤和洗涤、消毒两种。液体餐具洗涤剂在国内又称洗洁精、洗洁灵等。直链烷基苯磺酸钠是制备餐具洗涤剂的主要原料。脂肪醇醚硫酸盐的润湿性稍低于烷基苯磺酸钠，但在硬水中的去污力和发泡能力很好，它常与烷基苯磺酸钠和烷基磺酸盐配合使用，通常占活性物总量的20%～50%。烷基醇酰胺与烷基苯磺酸钠配合使用，在去污力方面具有协同效应，且具有增稠和稳泡作用，还有助于降低烷基苯磺酸钠对皮肤的脱脂作用。

e. 洗发香波。专门用于洗涤头发用的洗涤剂称为洗发剂或香波，它是以表面活性剂为主要成分制成的液体状制品。用香波洗头不仅能除去头发和头皮上的污垢，对人体健康无不良影响，而且能对头发、头皮的生理机能起促进作用，还会使头发光亮、美观和顺服，起到美容作用。香波应具备以下性质：有适度的去污性能，不损伤头发；起泡性好，即泡沫多而细腻，且在常温下泡沫稳定；梳理性好，头发洗后不发硬，有光泽；对人体无毒副作用，对皮肤和眼睛刺激性低，不引起头痒和产生头屑。香波的主要成分为表面活性剂和添加剂。表面活性剂起去污和发泡作用，添加剂赋予香波各种特殊性能如调理、保湿、去屑、止痒等。

香波中使用的表面活性剂一般为阴离子表面活性剂和非离子表面活性剂，现代香波所用表面活性剂主要有：脂肪醇聚氧乙烯醚硫酸盐，脂肪醇聚氧乙烯醚硫酸三乙醇胺盐，脂肪醇聚氧乙烯醚硫酸铵，十二醇硫酸三乙醇胺盐，脂肪醇聚氧乙烯醚磺基琥珀酸酯钠盐，*N*-酰基谷氨酸盐，脂肪酸二乙醇酰胺。

f. 浴液。浴液也称沐浴露，是由各种表面活性剂为主要活性物配制而成的液状洁身、护肤用品。对浴液的要求是：泡沫丰富，易于冲洗，温和无刺激，并兼有滋润、护肤等作用。所用表面活性剂主要有单十二烷基（醚）磷酸酯盐，脂肪醇醚琥珀酸酯磺酸盐，*N*-月桂酰肌氨酸盐，脂肪酸皂，椰油酰胺丙基甜菜碱，磺基甜菜碱，咪唑啉，氧化胺，烷醇酰胺，葡萄糖苷衍生物等。

浴液与液体香波有许多相似之处：外观均为黏稠状液体，其主要成分均为各类表面活性剂；均具有发泡性，对皮肤、头发均有洗净去污能力。但由于使用的对象不同，故有着不同的特性。香波尤其是调理香波中添加了多种对头发有护理作用的调理剂，使头发洗后易梳理、柔顺、亮泽、飘逸等，而浴液中常添加对皮肤有滋润、保湿和清凉止痒等作用的添加剂。浴液与香波相比表面活性剂的含量低，这是由于皮肤比头发易于洗净之故。

g. 泡沫洁面乳。泡沫洁面乳与一般洗面奶相同之处都是用于清洁面部；不同之处在于一般洗面奶是乳液型，而泡沫洁面乳是表面活性剂的水溶液。所选表面活性剂应具有良好的发泡性、低刺激性和抗硬水性。常用的表面活性剂有：椰油酰基羟乙基磺酸钠与脂肪酸的混合物，月桂酰肌氨酸钠，月桂醇醚琥珀酸酯磺酸钠，椰油酰胺丙基甜菜碱，磺基甜菜碱等。

**(2) 在工业用洗涤剂中的应用**

① 纺织品洗涤剂　棉纤维原料表面附有蜡、果胶、色素，并混有许多杂质，染色前应予洗净。用碱液煮炼时加入少量表面活性剂，以提高煮炼液对纤维的润湿、渗透，促使煮炼

易于进行，常用的有拉开粉、Igepon T（209）清洗剂、润湿剂613、JFC（醇醚）、MES等。

棉纱在织造前还需上浆以增强纱线的抱合力和平滑性，减少摩擦。为使浆料及平滑剂迅速渗入纤维内部，要加入非离子表面活性剂，以增加其渗透性。但是，染色时为防止不匀，要加入阴离子及非离子表面活性剂，使浆料被润湿、乳化。棉布退浆后仍残留的杂质及浆料还要通过加入表面活性剂，如平平加O、209洗涤剂等的煮炼液煮炼除去。漂白时也需加入少量非离子表面活性剂以增强漂液的稳定性。

原毛表面的羊毛脂、脂肪酸、细胞碎片及尘土等，用碱液洗涤易损伤毛质，洗后易发黄。加入少量表面活性剂如AS、MES或209洗涤剂，或与非离子表面活性剂复配，既可增强去污效果，又能保持适量脂质以免羊毛干枯发灰。应用皂苷可保持原毛光泽而又能除去杂质。羊毛粗纺及精纺时要加入和毛油，它是由矿物油、锭子油和水化白油与非离子表面活性剂配合而成。加入和毛油的目的是提高纤维的润滑性，减少断头现象。毛条及毛织物在染色前后，都需进行再次洗涤，洗涤液中加入烷基酚醚或皂片，可增加洗涤效果。

② 金属清洗剂　金属清洗既可以用酸性物质，也可用碱性物质。酸处理可以清除铁锈和其他腐蚀产物，以及溶解“结垢”。结垢是一种很宽泛的名称，既包括沉淀在锅炉、水壶壁上的重金属不溶物，也包括在一定加热条件下，在金属表面形成的氧化物层。碱处理可有效地清除金属表面的油污、油脂、油漆等，同时在酸处理金属之前，也需用碱预处理，以清除油膜，因为油膜会影响酸处理过程。酸浸对清除结垢是很有效的，在酸中添加表面活性剂会增加清垢效果。为防止酸对金属的腐蚀，一般还需加入金属缓蚀剂或称腐蚀抑制剂。以非离子表面活性剂、三乙醇胺、亚硝酸钠等复配而成的液体洗涤剂，有很好的乳化、分散、去污作用，低温下去油污性能好，并有良好的软化硬水的性能，对操作人员安全无害、废液排放不会造成污染，对金属不腐蚀。可代替汽油、煤油、柴油及其他有机溶剂清洗金属，如钟表、电子器具、汽车零件等。金属种类很多，性质也各有不同，因此有各种金属的专用清洗剂。如黑色金属、钢及钢合金、银、铝、不锈钢、镁、锌等金属的专用清洗剂。

③ 玻璃瓶清洗剂　洗瓶剂可制成液体状、膏状或粉状制品。无毒、无腐蚀，具有优良的润湿、乳化、分散、渗透作用，抗胶水性能好，杀菌效果明显，易溶于水，有良好的去油污，去铁锈，去商标及去异味功能。专门用于家庭及工业生产线洗涤各类食品容器，代替烧碱溶液清洗啤酒瓶、饮料瓶、罐头瓶等多种玻璃容器，可使瓶身光洁如新，瓶内无残留水滴，瓶外壁无水纹膜。主要成分是表面活性剂、碱、助剂等，常用的表面活性剂为烷基苯磺酸钠、$AEO_9$、TX-10、尼纳尔、肥皂、聚醚等。助剂为纯碱、五钠、焦磷酸钾、偏硅酸钠等。

④ 管道清洗剂　排水管道易积存污物，如毛发、油脂及黏液等，久之会变质发臭，也会堵塞管道而不能正常使用。下水道堵塞是楼房居民经常遇到的事情。排水管专用清洗剂主要由碱剂、漂白剂、杀菌剂、溶剂、酶等复配而成。氢氧化钠可增加对毛发及油脂类的清除；漂白剂如次氯酸钠、双氧水、过碳酸钠，或二氯异氰脲酸钠等杀菌剂起杀菌、除异味等作用；加入溶剂可有助于油性污垢的清除。加入蛋白酶等有助于清除含毛发积垢的污物。

随着工业的进步，交通工具发展极为迅速，其数量和品种急剧增加、其清洗工作成为社会普遍会遇到的问题，所以，各种交通工具专用清洗剂应运而生。以汽车为例，由于各种部件材料差别大，污染物及污染程度各异，有各种汽车分类清洗剂。如用于汽车外表面的清洗上光剂，零部件清洗剂，轮胎清洗剂、发动机清洗剂，靠背椅洗涤剂等。车辆清洗上光剂由表面活性剂如聚醚、酚醚、蜡、溶剂等制成，一般制成乳液，在洗除汽车外表面污垢的同时可给汽车漆抛光，适当加入一些季铵盐阳离子表面活性剂，可起到抗静电、防污染的效果。列车靠背椅洗涤剂由表面活性剂、助剂、溶剂等制成的液体洗涤剂，可供洗涤客车上人造革靠背椅头部的头油和污垢，同时可供洗净其他部位的污垢之用。

## 5.7 表面活性剂的其他作用

### 5.7.1 柔软平滑作用

**(1) 织物柔软剂** 所谓柔软剂是一种助剂，可调整布纤维组织之间或纤维与身体之间的摩擦阻力，从而使纤维有良好的弹性和柔软滑爽的感觉。

纤维的摩擦性质可决定纤维之间相互滑动的难易程度，所以它在纤维的机械加工如梳理、纺纱或卷绕过程中起重要作用。合成纤维如酰胺纤维、聚酯纤维、丙烯腈纤维等高分子化合物强度高，缩水小，不霉不蛀，耐磨耐蚀，但吸水性差、不透气，易起毛球，加工时摩擦力大，易产生静电积累，染色也较困难，所以加工时需加入加有表面活性剂的纺丝油剂，可在纤维表面形成一层油膜，以降低摩擦增加其平滑性，提高其可纺性。

洗涤剂中常常含有诸如磷酸盐、碳酸盐或柠檬酸等助剂，大大降低了不溶性肥皂和烷基苯磺酸钙及镁盐的沉淀，而这些钙盐往往沉积在织物上形成一层暗灰色的膜，但这层膜能使织物有一种柔软的感觉，加之利用机器洗涤后，棉织物的天然润滑油、油性污垢及黏土污垢去除得比手洗更干净。正因为这些织物纤维的覆盖物及润滑剂的去除，使得织物变得手感粗糙。

当重复洗涤时，棉花微小纤维断裂和拆散，加之洗涤过程中的机械摩擦产生静电，静电使变干的微纤维与纤维束垂直，这些微纤维像一个“倒勾”，抑制纤维-纤维间的滑动，干扰了纤维的柔性，当纤维接触皮肤时，触感粗糙。

对上述织物加入柔软剂后，这些柔软剂通过化学和物理作用吸附于织物上，降低静电积累改善了纤维-纤维间的相互作用，使得微纤维躺倒与纤维束平行，消除了“倒勾”，并且通过覆盖和润滑纤维束，减少了纤维间的摩擦，得到了更柔软、易弯曲的纤维。像钙皂、油、黏土及阳离子表面活性剂可通过上述机理改善纤维的手感。

因此，加入织物柔软剂具有如下好处：①改善了织物的手感；②因柔软剂中通常含有香精，使织物洗后有清新感；③利用织物柔软剂可以作为一个载体，加入消费者喜欢的一些织物改善助剂，如污垢释放剂，熨烫润滑剂；④由于降低了干燥时间，降低了机械对纤维损伤，易于熨烫，延长了织物的寿命；⑤降低了织物的静电积累。

当表面活性剂分子在织物表面定向排列时，可使它的相对静摩擦系数降低，如直链烷基脂肪醇聚氧乙烯醚、直链烷基脂肪酸聚氧乙烯酯等非离子表面活性剂和多种阳离子表面活性剂均有降低织物静摩擦系数的作用，可做织物柔软剂，而带有支链的烷基或芳香基的表面活性剂不能在织物表面形成整齐的定向排列，所以它们不适合做柔软剂。阳离子柔软剂广泛与洗涤剂配合，以增加被洗织物的柔软性。通常与洗涤剂分开使用，也有的直接加入洗涤剂中，但对去污效果有影响。

阳离子表面活性剂带有正电荷，而纺织品、金属、玻璃、塑料、矿物、动物或人体组织等通常带有负电荷，因此它在固体表面上的吸附与阴离子及非离子表面活性剂的情况不同。阳离子表面活性剂的极性基团由于静电引力朝向固体表面，疏水基朝向水相使固体表面呈“疏水状态”，因此不适用于洗涤和清洗。阳离子表面活性剂在固体表面所形成的吸附膜的特殊性能决定了阳离子表面活性剂应用的特殊性。

阳离子表面活性剂强的吸附能力，使其易在基质表面上吸附，形成亲油性膜或产生阳电性。由于其亲油性膜的形成，而具有憎水作用，可显著降低纤维表面的静摩擦系数，因而具有良好的防水性和柔软平滑性。

根据柔软剂用途可分为纺织工业用柔软剂、油剂和家用柔软剂。工业用柔软剂按其离子性质可分为阴离子、非离子、阳离子和两性离子四类。效果较好的柔软剂常用阳离子和两性离子，阳离子柔软剂几乎均为季铵盐，已广泛用于棉织物和合成纤维织物的柔软处理。阳离子柔软剂分子中含有一个或两个硬脂酸链或氢化牛油酸链，而其中含有两个脂肪链的柔软性更好。

家用柔软剂根据使用方式又可分为漂洗用、干燥用和洗涤剂配方中使用三种。漂洗用柔软剂常用的表面活性剂有双十八烷基二甲基铵盐、咪唑啉铵盐、脂肪酸与叔胺（如甲基二异丙醇胺）反应产物的衍生物等。干燥时用的柔软剂是以非离子表面活性剂如脂肪醇聚氧乙烯醚或脂肪酸聚氧乙烯酯和季铵盐配制而成，织物在干燥时用这种助剂处理后具有柔软和抗静电作用。含有柔软剂的洗涤剂可采用阳离子表面活性剂和非离子表面活性剂复配，也可采用将阳离子表面活性剂包在胶囊中或将其吸附在不溶于洗涤剂溶液的产品上。在 pH＝9～10 范围内洗涤时，叔胺不带正电荷，与阴离子表面活性剂不发生反应。漂洗时 pH 降低，叔胺带正电荷，吸附到织物表面，具有柔软作用。但上述的柔软处理不如将洗涤和柔软分开处理的效果好。

合成纤维用纺丝油剂的组成包括抗静电剂如磷酸酯胺盐、十八烷基二甲基羟乙基季铵硝酸盐（SN）、甲基三羟乙基季铵甲基硫酸酯（TM）等；柔软剂如利用动植物油的硫酸化物和未反应油或长链醇的混合物，阴离子型表面活性剂如长链醇硫酸酯盐和磷酸酯盐、聚乙二醇醚硫酸酯盐、肥皂等，阳离子型如脂肪基的叔胺盐或季铵盐，其中双十八烷基甲基叔胺盐是常用的一种，非离子型表面活性剂有 AEO、多元醇脂肪酸酯（Span）或其环氧乙烷加成物（Tween 类），两性离子型有甜菜碱型、氨基酸型等。棉织物的柔软剂大都以阴离子型表面活性剂为主体，如脂肪酰胺磺酸盐、烷基苯并咪唑啉磺酸盐，并和油脂类配合使用，以提高再润湿性。阳离子型表面活性剂柔软效果较强，但与荧光增白剂、直接染料相互作用，易发生变色作用，而与阴离子型表面活性剂复配后的乳化柔软剂可克服这一缺点。合成纤维柔软剂采用以长链饱和脂肪酸组成的有两个以上烷基酰胺基的疏水化合物，并可根据酰胺基数、相对分子质量和烷基数的平衡来调节滑爽感。另外一种是使用与纤维素的—OH 基反应生成醚键型防水剂。例如，用季铵盐型阳离子表面活性剂与纤维素反应，就可达到透气性、防水整理的要求。表面活性剂如聚酰胺型阳离子表面活性剂、烷基烯酮二聚物、*N*-羟甲基硬脂酰胺和十八烷基乙烯尿素的非离子乳化物可用作树脂整理剂，它们的防水性和柔软效果都较好。常用于油剂中的乳化剂有壬基酚聚氧乙烯醚、蓖麻油聚氧乙烯醚（EL）、Span-60、Tween-60、烷基磺酸盐、脂肪酸乙醇胺皂及脂肪胺、季铵盐等。

**（2）发用调理剂** 过去人们多用肥皂、香皂洗发，但是用皂类洗发后，由于皂类和水中的钙镁离子作用，生成了难溶于水的钙盐和镁盐，这是一种黏稠的絮状物，它黏附在头发上，就会使头发发黏，不易梳理。香波是为清洁人的头发和头皮并保持美观而出现的产品，具有良好的抗硬水性能，它不仅对头发上的污垢和头屑具有清洁作用，而且性能温和，对皮肤和头发刺激性小，易于漂清，使头发在洗后柔软，易梳理，并留有光泽，因此香波越来越受到人们的欢迎。

但是，不论是肥皂、香皂、洗头膏或普通液体洗发香波，洗头后，由于这些洗发用品的脱脂力强，且碱性较大，会使头发中的氢键和盐键发生断裂，造成头发暗淡无光、粗糙，易于断裂，不易梳理，缺乏自然、飘逸之感。为了克服上述缺陷，使头发洗后柔软，光滑，易梳理，不易断裂，市场上又推出了专供洗后使头发重新表现出自然、飘洒、柔和、光亮的护发用品——护发素。它是在用洗发香波洗完头发后，再涂上护发素，保持一定时间后冲洗，从而达到护发、养发之目的。

但是，先用香波洗发，然后再用护发素，使用不太方便，费时、费力、费水。为了克服这些不足，化妆品工作者又推出了集洗发、护发、养发、去屑、止痒等多功能于一体的多效香波，它不仅具备了普通香波的洗涤性能，同时又具备了护发素的护发、养发之效果，可谓一方多用。但在此必须指出，通常情况下，多效香波，由于其成分复杂，其使用效果一般不如先用洗发香波洗发，然后再用护发素养发效果优异。

为了改善洗发香波的调理性能，通常在香波配方中加入阳离子表面活性剂做调理剂。季铵盐阳离子表面活性剂由于其亲水基能吸附在头发表面，疏水基远离头发表面，在整个头发表面定向排列而形成保护膜，使头发静电荷降低，并赋予头发光滑和光泽，不缠结易梳理。常把阳离子表面活性剂的这种性能称为调理性能。

阳离子表面活性剂作为发用调理剂性能的好坏、取决于用其处理头发后，头发的湿梳性、干梳性和抗静电性。调理性的评价是用香波把头发上的脏物和油污洗净，然后用含2%季铵盐活性物的调理剂处理。对照组为不加调理剂的香波。样品按5个等级（5表示好，1表示差）对湿梳性、干梳性和抗静电性进行评价。除了专家组进行评价外扫描电子显微镜所拍摄到的图片也可进行调理和修复损伤头发的性能评价。

亲和性也是评价调理性能的一个重要指标。亲和性是一给定的调理剂化合物固着于头发的能力，一般要求调理剂使用后，头发具有优良的湿梳性、干梳性和抗静电性，适中的亲和性，亲和性过强表现为头发出现过分的油腻感。

香波中常用的阳离子表面活性剂多为长链烷基的季铵化合物（如鲸蜡基三甲基氯化铵等)、聚阳离子［如聚纤维素醚季铵盐、聚丙烯酰胺、阳离子瓜尔胶（瓜尔胶羟丙基三甲基氯化铵）等]、乳化硅油等调理剂，它们能吸附在头发上，形成吸附膜，可消除静电、润滑头发，使头发光滑柔软，易于梳理。

阳离子蛋白肽是一类分子结构中具有多肽链（通常由胶原蛋白水解得到）和脂肪烷基的季铵盐型阳离子聚合物，在调理香波、头发调理漂洗剂、膏霜、摩丝和卷发胶中用作调理添加剂。

阳离子瓜尔胶为季铵化的多糖化合物，是由瓜尔胶分子中的羟基与2-羟丙基三甲基氯化铵的反应产物，该产物对头发和皮肤具有调理性。作为调理剂使用时，它能提高阴离子表面活性剂的调理效果。它还可用作香波增稠剂、乳化稳定剂和头发柔软剂等。它和多种表面活性剂、硅氧烷、增稠剂和调理树脂有很好的相容性。

聚合物JR是羟乙基纤维素与2-羟丙基三甲基氯化铵的反应产物。根据聚合物的黏度，可分为JR125、JR30M、JR400，其中最常用的是JR400(25℃，2%水溶液的黏度为400 mPa·s)。它可以改善湿梳和抗缠结性，而且有助于改善干性头发的可处理性和外观。

有机硅阳离子表面活性剂在香波中使用具有乳化、分散、起泡和增溶作用，能使香波泡沫丰富、细腻、稳定，并有抗静电作用。对人体无毒，能在皮肤表面形成脂肪性的保护膜，防止皮肤干燥，是优良的皮肤润滑剂和保湿剂，特别适合于配制面部、肤部化妆品，用作乳化剂和稳定剂。在头发上铺展成膜使头发具有特有的类似于丝绸样的感觉。

含硅阳离子表面活性剂含有硅烷醇基团，在乳化状态下，这些基团是稳定的。但当乳液在头发表面破乳时，含硅表面活性剂形成硅氧烷键，经过链的延伸和交联缩合形成大分子的聚合物，后者在头发丝上形成聚合物膜，造成沉积。这种沉积不但耐洗，而且使头发有光泽和柔软性，梳理性好。另外，也可以用作染发剂成分。

通常将阳离子表面活性剂与富脂剂（如棕榈酸异丙酯、高级醇、羊毛脂、乙氧基化羊毛脂、蓖麻油、精油、水貂油等）复配，能增强皮肤和头发的弹性，降低皮肤在水中的溶胀性，防止头皮干燥、皲裂。

## 5.7.2 抗静电作用

纤维与塑料及其他制品往往因摩擦产生静电而影响其制品的应用性能。如纤维织物若带静电，人穿着时，常会出现“贴身”或“静粘”，以及易于吸尘或变脏等缺点。塑料制品若带静电则影响更大。由于摩擦作用，在塑料制品成型加工过程和塑料制品使用过程中都会产生静电，而塑料本身电阻很高，又无导电性，形成的静电不能传导或泄漏，而在表面积累起来，以至造成各种静电危害，甚至造成严重事故。如果在塑料的成型加工过程中产生静电，不仅吸附灰尘而影响产品质量，降低使用性能，甚至使生产率下降。例如，唱片吸尘后，放唱时会产生“沙声”或“爆点”等杂音，严重损害音质；电影胶片吸尘后，放映时影像会变得模糊不清；又如，在空气干燥的地区，当我们行走在塑料地板或合成材料地毯时，鞋底与地板的摩擦会使人体带电。严重时若人手与门把或其他物体接触，还可能产生放电现象，使人有电麻感。在塑料生产加工过程中，产生的静电更大，静电压常常会高达几千伏甚至几万伏，能直接影响到生产的正常进行和产品质量。例如，在薄膜包装机进行包装时，静电作用可使薄膜吸附在金属部件上，使操作难以连续进行；又如，在往电影胶片涂布乳剂的生产过程中，由于静电放电会导致火花曝光，在收卷薄膜时，由于静电的积累常使人触电。更有甚者，当静电引起电晕放电或火花放电时，若周围环境中有易燃易爆的物品存在，还会导致着火或爆炸。

**(1) 消除静电的方法** 静电产生的原因一般认为是由于不同类型的物体相互摩擦时，在被摩擦物体间会产生移动的电荷而产生静电，物体带何种电荷可根据电子的得失来确定。物体若失去电子则带正电，若得到电子则带负电。

消除静电可通过减小摩擦防止静电荷产生或加速静电荷的释放来实现，主要有两种方法：①物理法，由于静电的大小受温度和湿度的影响，因此可采用调节温度和湿度，电晕放电等物理法来消除物品表面的静电现象。②表面化学法，即使用抗静电剂对纤维及塑料制品进行表面处理或混炼于塑料的内部以达到消除静电的目的。

在物质摩擦过程中电荷不断产生同时也不断中和，电荷泄漏中和主要通过摩擦物自身的体传导、表面传导及向空气中辐射等三条途径来实现。其中表面传导是主要的，因一般固体的体传导系数约为表面电阻系数的100～1000倍。因此，如能设法降低表面电阻，从而提高表面传导，就能起到防止静电作用。表面活性剂特别是阳离子表面活性剂不仅易吸附于固体表面，而且易吸收水分，可在固体表面形成导电的溶液层，所以有抗静电作用。

**(2) 纤维用抗静电剂** 作为抗静电剂应具备以下条件：不改变纤维的手感；抗静电效果好，用量少，低温时仍有效；与树脂纤维有良好的相容性；对其他助剂具有很好的配伍性。无发泡现象，并且不产生水渍；无毒性，也不损伤皮肤；能保持良好的稳定性。

阳离子表面活性剂很容易通过自身所带的正电荷吸附到带负电荷的纤维表面上，如烷基三甲基氯化铵、十二烷基二甲基苄基溴化铵等，显示了优良的抗静电效果。可以中和纤维的表面电荷；由于阳离子表面活性剂以不带电荷的季铵离子吸附于纤维表面以疏水的碳氢链向外的吸附状态吸附于纤维表面，在纤维表面形成一层以碳氢链组成的定向排列的吸附膜，这层吸附膜能有效地降低纤维表面在摩擦中产生的摩擦力使摩擦带电现象减弱。

对于极性低疏水性强的合成纤维，阳离子表面活性剂以其疏水的碳氢链通过范德华力吸附于纤维表面而极性的季铵基则朝外，使纤维表面覆盖着亲水的极性基，这不仅增加了纤维表面的导电性而且还会增加其表面的湿度，有利于使摩擦产生的静电逸散，起到抗静电的作用。

两性离子表面活性剂与阳离子表面活性剂一样带有正电荷，也能吸附在负电荷的纤维表面、中和静电荷，其疏水基也有降低摩擦力的作用，并且与阳离子表面活性剂相比，在其分子结构中还多一个阴离子基团，能更好地增加湿度和电荷逸散作用。因此两性离子表面活性剂是性能良好的抗静电剂。

阴离子型和非离子型表面活性剂由于在纤维表面的吸附量低，因此抗静电作用差。一般的阴离子表面活性剂，如羧酸盐、硫酸酯盐、磺酸盐不能用作抗静电剂。但烷基或烷基芳基的聚氧乙烯醚硫酸钠抗静电效果较好。烷基磷酸酯的衍生物是阴离子表面活性剂中抗静电效果最好的一个品种。醇、酚、酸、酰胺的环氧乙烷加成物（非离子表面活性剂）可与油脂或矿物油配制成具有抗静电效果的油剂。

**(3) 塑料用抗静电剂** 消除和防止塑料带静电的方法很多，有空气离子化法、给湿法、金属接触放电法、辐射法、导电物质导入法、表面形成吸湿膜法、化学处理变性法及应用抗静电剂的方法。其中抗静电剂法是用以表面活性剂为主的抗静电剂对塑料进行表面处理或混炼入其内部，分表面涂附型抗静电剂和混炼型抗静电剂两类，是目前使用最为广泛而又行之有效的方法。

表面活性剂作为塑料的抗静电剂其作用机理是表面活性剂以疏水的碳氢链通过范德华力吸附于塑料表面而以极性基伸向外，在塑料表面形成表面活性剂的定向吸附膜起到导电性使静电荷能很好地逸散，同时吸附膜也能起到缓和塑料表面摩擦的作用。

表面涂附型抗静电剂也称外用型抗静电剂。将抗静电剂的水溶液（或有机溶液）通过浸渍、喷洒或涂抹于塑料表面。此时抗静电剂以极性基通过范德华力吸附于塑料表面，极性基伸向外面吸附于塑料表面，形成一极薄的吸附涂膜。这样由于在塑料表面有亲水基的存在，就很容易吸附环境中的水分，而形成单分子的导电层；当抗静电剂为离子化合物时，就能起到离子导电的作用，使静电荷能很好地逸散。表面涂附型抗静电剂的持久性低，特别是经水洗、摩擦和受热会使抗静电剂从塑料表面脱附。若使用高分子抗静电剂或分子结构中带有反应性基团的抗静电剂，能与塑料表面发生反应就会大大增强抗静电剂在塑料表面的黏附力，从而增加抗静电剂的持久性。

混炼型抗静电剂混炼入塑料内部后，它能自动向塑料表面迁移（或渗出）。在塑料表面形成导电性吸附膜。但这种迁移又不能太强而是到一定程度便自行停止。另外，还要求抗静电剂具有在使用过程中，由于拉伸、摩擦、洗涤等原因导致抗静电剂在树脂表面的单分子吸附膜中有缺损时，能不断向表面迁移，使表面的单分子吸附膜中缺损的抗静电剂分子得以补充，使抗静电性得以恢复。因此，混炼型抗静电剂应具备以下性质：在塑料中能显示出一定的表面活性，能从塑料内部迁移至塑料表面，与树脂有适当的相容性，适宜的相对分子质量，能在塑料表面上形成导电性吸附膜起到降低摩擦力和逸散电荷的作用。

塑料用抗静电剂可采用阴离子型、阳离子型、两性离子型和非离子型表面活性剂。

阴离子型抗静电剂种类很多，有高级脂肪酸盐，各种硫酸衍生物和各种磷酸衍生物等，它们主要用于纤维和纺织品上作为油剂、整理剂的组分，在塑料中，因其耐热性差，混入树脂中抗静电效果不好，主要用于制品的表面处理。

阳离子型抗静电剂主要包括各种胺盐、季铵盐和烷基咪唑啉等。季铵盐类抗静电剂对高分子材料有较强的附着力，抗静电性能优良，热稳定性较阴离子型抗静电剂好，适合做塑料用混合型抗静电剂。

两性离子型抗静电剂主要是甜菜碱型衍生物（季铵盐），两性烷基咪唑啉盐和烷基氨基酸等。它们在一定条件下即可起到阳离子型抗静电剂作用，又可起到阴离子型抗静电剂作用，具有的两性性质使其在使用中不受环境中酸或碱性的影响（只在很窄的 pH 范围内处于等电点时形成内盐）。这一类抗静电剂的最大特点在于它们既能与阴离子型抗静电剂配伍使用，又能和阳离子型抗静电剂配伍使用。和阳离子型抗静电剂一样，对高分子材料有较强的附着力，因而抗静电较好，但一般仍有耐热性差的问题，此类抗静电剂与某些重金属盐（如 *N*-甲基硬脂基二硫代氨甲酸锌等）的混合物的耐热性有所提高，特别适用于聚乙烯、聚丙烯和 ABS 树脂。

非离子型抗静电剂以聚氧乙烯衍生物和失水山梨糖醇（山梨糖醇）为主。它们在塑料中应用时耐热性较好，和树脂相容性也好，没有离子型抗静电剂易引起塑料老化的缺点。所以适用塑料用内部抗静电剂。但一般非离子型抗静电剂的抗静电效果均较离子型抗静电剂差，要达到同样的抗静电效果，通常非离子型抗静电剂的添加量要为离子型抗静电剂的两倍。非离子型抗静电剂主要有脂肪醇聚氧乙烯醚、脂肪酸聚氧乙烯酯、烷基酚聚氧乙烯醚、磷酸三聚氧乙烯基醚酯、甘油单脂肪酸酯、聚氧乙烯失水山梨醇单月桂酸酯等。

一些高分子表面活性剂的抗静电作用主要在于它们能在处理过的塑料表面形成固体的导电层，耐摩擦，耐洗涤和耐热，也不向塑料内部迁移，抗静电性能持久。高分子型抗静电剂主要有乙二胺的环氧乙烷环氧丙烷加成物、聚烯丙酰胺 *N*-季铵盐取代物。

**(4) 静电复印纸用抗静电剂** 静电系列的记录纸或氧化锌静电复印版纸等，常用表面活性剂如十八烷基三甲基氯化铵、失水山梨醇油酸酯、聚氧乙烯醚类等处理。最好采用高分子类抗静电剂，如聚苯乙烯磺酸盐、顺丁烯二酸酐与苯乙烯共聚物的碱金属盐、聚乙烯苄基三甲基氯化铵等进行抗静电处理。对于普通静电复印纸，一般是利用表面施胶的办法涂布适量抗静电剂。

### 5.7.3 杀菌作用

在自然界中，一些有害的微生物无处不在，能否有效地抑制微生物的生长或杀灭这些微生物，不仅关系到人们的身体健康，而且会影响到某些生产工艺过程和操作的顺利进行。当然，杀灭这些微生物有许多方法，可用于杀菌的药剂也很多，而使用表面活性剂来达此目的有许多优点。由于表面活性剂都具有一定的润湿、增溶、乳化、分散、去污等性能，再加上它们还具有优异的抑菌杀菌能力，引起了人们的广泛兴趣。如果当食具、器具、卫生用具等日常用品，在洗净去污的过程中即完成了消毒灭菌作用，这自然十分方便；如果金属设备在完成清洗杀菌的过程中，又能使腐蚀得到抑制，进一步保护了金属，那当然是最好的结果。具有抑菌和杀菌性能的表面活性剂首推阳离子表面活性剂和两性离子表面活性剂，而阴离子和非离子表面活性剂虽也有一定的抑菌和杀菌能力，但与阳离子表面活性剂相比要弱的多，因此，这里主要介绍阳离子表面活性剂和两性离子表面活性剂。

**(1) 表面活性剂的杀菌机理** 大家知道，细菌的表面由细胞壁组成，带负电荷，而细胞壁又有多层结构，由蛋白磷脂质、细胞质组成。当表面活性剂吸附在细菌表面，通过渗透扩散作用，穿过表面进入细胞膜，完成半渗透作用，再进一步穿入细胞内部，使细胞内菌钝化，蛋白质核酶不能产生，蛋白质得以改性，借此来杀死细菌的细胞。

阳离子表面活性剂的杀菌机理是选择性地吸附到带负电荷的菌体上，在细菌表面形成高浓度的离子团而直接影响细菌细胞的正常功能，它直接损坏控制细胞渗透性的原生质膜，使之干枯或充胀死亡。

杀菌性的强弱一般以阻止细菌发育的最低浓度（mg/L）或最低的百分浓度来表示，也有用酚系数即相当于苯酚杀菌能力的倍数来表示。在循环冷却水的研究中，常用动态和静态试验来评定杀菌、抑菌能力，一般也用 mg/L 表示，不过不常用最低浓度。表面活性剂在低浓度时具有抑菌能力，高浓度时显示其杀菌作用，许多情况下两者是同时产生的，因此不能把它们截然分开，一般称为抗菌作用。表面活性剂的抗菌作用及机理仍在研究探讨之中。

**(2) 阳离子表面活性剂杀菌剂的特点**

① 杀菌活性高 季铵盐阳离子表面活性剂的杀菌能力是相当强的，一般比石炭酸（苯酚）的杀菌能力（即石炭酸系数）高数十倍到数百倍。如分子中含 $-H_2C-C_6H_4-$ 结构的季铵盐毒性及杀菌力均强，如十二烷基二甲基苄基氯化铵（1227）是一种有名的杀菌消毒剂，其杀菌力为石炭酸的 150～300 倍。十六烷基三甲基溴化铵对金黄色葡萄球菌和伤寒杆菌的杀菌能力分别是石炭酸的 80 倍和 40 倍。另外，季铵盐随烷基不同而显示出轻度或中等口服毒性以及不同程度的杀菌能力。

② 抗菌的广谱性 广谱性即对多种微生物，特别是在一定应用领域中对常见重要微生物具有杀灭抑制能力，甚至对病毒也有一定的活性。在不同领域中应用将遇到不同的菌类。厌氧菌、铁细菌和硫酸盐还原菌为循环水中存在的细菌。表 5-9 为对循环水中厌氧菌、铁细菌和硫酸盐还原菌的杀菌率。对结核菌、绿脓杆菌等病毒的抗菌性较弱。

**表 5-9 季铵盐对厌氧菌、铁细菌和硫酸盐还原菌的杀菌率**（加药 4h 后）

| 名 称 | 浓度/(mg/kg) | 杀 菌 率/% | | |
|---|---|---|---|---|
| | | 厌养菌 | 铁细菌 | 硫酸盐还原菌 |
| 洁尔灭 | 10 | 99.99 | 99.90 | 99.94 |
| 1227 | 10 | 99.64 | 99.89 | 99.40 |
| 1231 | 10 | 78.83 | 78.89 | 98.00 |
| 洁尔灭 | 20 | 99.99 | 100.00 | 99.96 |
| 1227 | 20 | 99.99 | 99.98 | 99.53 |
| 1231 | 20 | 94.42 | 94.40 | 99.17 |
| 洁尔灭 | 30 | 100.00 | 100.00 | 100.00 |
| 1227 | 30 | 100.00 | 99.99 | 99.98 |
| 1231 | 30 | 97.9 | 97.89 | 99.98 |

③ 酸、碱性介质中的杀菌率 季铵盐表面活性剂在弱酸、弱碱性介质中都有效，即在

整个 pH 范围内，特别是在 pH 为 3～10 时其杀菌效果不变。在蛋白质、污垢、肥皂、钙、铁存在下其杀菌、抑菌效果变化不大。低浓度下能达到预定的杀菌效果，而且杀菌速度快。如果把菌细胞当作蛋白质，它的羧基（—COOH）在碱性介质中变成钠盐（—COONa），易与季铵盐 $R_4N^+Cl^-$ 结合，生成—$COON^+R_4$。因此在微碱性条件下有较强的抗菌能力。除杀菌性能外，兼有一定去污力。

④ 安全性　在使用浓度范围内，季铵盐表面活性剂对人体皮肤无刺激性，对人畜无毒副作用。蒸汽压高时，对房屋、家具无腐蚀性、不产生刺激性气味。阳离子表面活性剂杀菌剂水溶性好，无色无味，对织物或人体皮肤不着色。生物降解性较好，使用后的废液不危害环境。

阳离子表面活性剂在高浓度时会对皮肤起脱脂作用，会造成皮肤角质脱落。但在使用浓度（一般最高为 1000μg/mL）情况下，连续浸渍洗涤 10h 以上对皮肤不会产生任何影响。

**(3) 影响杀菌效果的因素**

① 水硬度及金属离子的影响　水的硬度增大对阴离子杀菌剂的效果有一定影响，但由于硬度提高，引起 pH 的增高，则有利于增强抗菌能力。水中铁离子存在不利于抗菌效率的提高。有机物的存在影响杀菌效果，但影响并不十分明显。

② 复配体系的协同作用　1227 是有代表性的阳离子杀菌剂，杀菌浓度低、水溶性好、毒性和刺激性低，但其价格较高，血清等对其杀菌效果有一定的影响，而且长期使用易产生抗药性。如与其他杀菌剂在一定浓度范围内复配使用则产生良好的协同作用，杀菌抑菌效果明显增强。

**(4) 杀菌剂及其应用**　阳离子表面活性剂作为杀菌消毒剂，除季铵盐外，杀菌抑菌的阳离子表面活性剂还有吡啶盐、咪唑啉盐、异喹啉盐等。这些阳离子表面活性剂，不但具有广谱性杀、抑菌能力，而且杀、抑菌作用也很强。此外，它们还具有无臭、水溶性大、刺激小的优点。但是，在蛋白质、磷脂和重金属离子存在下，其杀、抑菌作用下降。所以用于洗手消毒时，第一次杀菌性很强，而从第二次起其杀菌效力就显著减弱。含硅阳离子表面活性剂对金黄色葡萄球菌有很强的杀、抑菌能力，烷基乙甲基锍磺化物具有良好的润湿和乳化能力，对金黄色葡萄球菌和大肠杆菌有很强的杀菌、抑菌作用。

两性离子表面活性剂烷基甜菜碱，特别是十四烷基甜菜碱，可以用作杀菌剂配方中的成分，使用在农用化学品、涂料、淀粉黏合剂、防腐剂、卫生用品的调配、食品包装材料、防污剂等中，可杀灭或抑制大肠杆菌、金黄色葡萄球菌和霉菌混合物。尽管甜菜碱的灭菌效力不及阳离子表面活性剂的灭菌效力，但某些甜菜碱对抵抗特定菌株还是有效的，或可以对其他抗菌剂起增效作用。

阳离子表面活性剂，特别是季铵盐类阳离子表面活性剂杀菌剂广泛应用于医院中如手的杀菌消毒，手术器械、手术室等的杀菌消毒，公共场所如旅馆、酒店、学校等的杀菌消毒，食品工业如酿造业、饮食业、屠宰场、面点加工厂、制糖厂等的杀菌消毒，农业如养鸡场、牲畜养殖场等的杀菌消毒，以及游泳池、工厂冷却水系统等的灭藻，纺织品、化妆品、洗衣场、保健中心、游泳池等的抑霉菌，油田注水系统、污水处理系统等的杀菌、缓蚀等。

工业循环冷却水系统中，各种异氧菌和藻类的大量繁殖，不仅造成管道设备中大量污泥的黏附，使热交换器、冷却塔的传热系数下降，而且造成了各种垢层的结生速度增加，严重时可使管道在短时间内被堵塞。但最严重的是，水中铁细菌、硫酸盐还原菌等的生长，会直接造成金属设备的腐蚀，特别是危害最大的点腐蚀的发生。在油田注水系统和污水处理系统中也是同样情况，而且腐蚀问题更为突出。因此，在这些系统中，目前已广泛采用季铵盐阳离子表面活性剂作为杀菌剂来杀灭各种细菌和其他微生物。

油田中生存着大量的微生物，可造成设备的腐蚀和损坏，管道和注水井的堵塞；使油层孔隙渗透率下降，妨碍注水采油；甚至可以降解其他油田化学品并且削弱其药剂的使用效率。因此，需要投放杀菌剂以保证油田建设的进行。

目前油田所使用的杀菌剂一般都是沿用民用水和工业循环水的药剂，按其杀菌机理可分为有氧型杀菌剂和非氧型杀菌剂。由于油田环境及对水质的要求与民用水和工业循环水的环境及对水质的要求不同，细菌的种类及其危害不同，所以对杀菌剂的性能要求也不同。

对油田危害最大的细菌有硫酸盐还原菌、铁细菌和腐生菌。硫酸盐还原菌是厌氧菌，可氧化含碳有机化合物或氢，还原硫酸盐产生 $H_2S$。它生存的 pH 范围很宽，可在 5.5～9.0 之间。油田存在的硫酸盐还原菌成群或成菌落附着在管壁上，它的主要危害是对金属表面的去极化作用，由于其氢化酶的作用，把硫酸盐还原成硫化物和初生态氧［O］，而［O］与［H］去极化生成 $H_2O$，靠它的去极化作用加速对管道和设备的腐蚀，腐蚀产物 FeS 又可以堵塞管道和注水井。

腐生菌是好气厌氧菌，它分泌大量的黏液附着在管线和设备上，造成生物垢堵塞注水井和过滤器，同时，也会产生氧浓差电池而引起设备和管道的腐蚀和给硫酸盐还原菌提供生存、繁殖的环境等。其中最重要的腐生菌——铁细菌是分布很广的细菌，它主要是将亚铁氧化成高价铁，利用铁氧化释放的能量满足其生存的需要，它的危害比一般腐生菌的危害大，往往是检测杀菌剂效果时选用的菌种。

选择杀菌剂应从影响细菌生长的因素入手：①阻碍菌体的呼吸作用；②抑制蛋白质的合成，或破坏蛋白质的水膜，或中和蛋白质的电子，使蛋白质沉淀而失去活性；③破坏菌体内外环境平衡，使其失水干枯而死，或充水膨胀而亡；④妨碍核酸的合成，丧失和改变其核酸的活性。除此以外，还要考虑环保等因素，有的药剂杀菌能力很强，但不能生物降解；有的药剂能杀死这种细菌但却是其他细菌的营养液，这些都不能用于油田杀菌。另外，油田的地质情况和水中的杂质都会影响杀菌剂的药效，这是选择油田杀菌剂及其投放量所要注意的。从目前油田所使用的杀菌剂及其效果来看，表面活性剂类，特别是阳离子和两性离子的季铵盐化合物，能降低水的表面张力、剥离污泥，与其他化学药剂配伍增效，具有一剂多效的特性，是目前油田广泛使用的杀菌剂之一。其代表性产品为十二烷基二甲基苄基氯化铵（1227）。由于投放表面活性剂杀菌剂时会产生大量泡沫，同时表面活性剂会和水中的有机物及其他杂质络合而失去杀菌效率。因此，在使用表面活性剂杀菌剂时往往要添加消泡剂，同时必须对油井进行清洗、反排、酸化等严格的操作管理。

近年来研究较多的新型阳离子表面活性剂杀菌剂有以下几种。

① 烷基改性的季铵盐类杀菌剂　在十二烷基二甲基苄基氯化铵的基础上进行烷基改性，如 2-羟基-3-十二烷氧基丙基三甲基氯化铵类杀菌剂，缩醛基改性的季铵盐杀菌剂，双杂环结构季铵盐杀菌剂，带有苯氧基季铵盐类杀菌剂等，都是烷基改性季铵盐类杀菌剂。可作 1227 杀菌剂的替代产品，这类杀菌剂由于其疏水基含有水溶性基团，可以提高季铵盐在油水中的分散度，增加表面活性剂的表面活性，加强药剂在细菌菌体的吸附作用，因而增强它的杀菌效果。

② 季鏻盐类杀菌剂　季鏻盐类杀菌剂的开发和研制被称为近十年杀菌剂研究的最新进展之一。从季鏻盐和季铵盐的结构来看，磷原子较氮原子的离子半径大，极化作用强，使得

季鏻盐更容易吸附带负离子的菌体，同时由于季鏻盐分子结构比较稳定，与一般氧化还原剂和酸碱都不发生反应。季鏻盐的使用范围很广，可在 pH＝2～12 的水中使用，而季铵盐只有在 pH≥9 时效果才最佳。所以季鏻盐是一种高效、广谱、低药量、低发泡、低毒和强污泥剥离作用的杀菌剂。

③ 双子阳离子表面活性剂型杀菌剂　由于该表面活性剂的特殊结构而具有独特的表面活性，它的 cmc 值要比普通单分子的表面活性剂低两个数量级，降低表面张力的能力 C 20 值要低三个数量级。用作杀菌剂时，抗菌范围比一般单链铵盐宽。它使用范围很广，可以在温度为 1～175℃，pH＝4～11 的淡水、海水和废水等多种水系统中进行杀菌灭藻，特别是中间连接基团含有 S—S 键时，容易改变含硫蛋白质的物化性能而使其具有优越的杀菌活性。由于该药剂配伍性能好，与普通表面活性剂有着良好的协同作用，因此，可以大大地改变该药剂价格相对昂贵的缺陷。

④ 双重作用的杀菌剂　根据杀菌剂的杀菌机理可将杀菌剂分为氧化型和非氧化型杀菌剂。表面活性剂杀菌剂属非氧化型杀菌剂，靠其在细菌表面吸附和渗透作用进行杀菌；氧化型杀菌剂是靠其氧化作用进行杀菌的。如二溴次氮基丙酰胺是通过在细菌表面的吸附和渗透，与细菌内部的有机溴及蛋白质反应进行杀菌，是双重作用的杀菌剂。该药剂最早用于造纸行业和工业循环水的处理，目前已将其用于油田水的杀菌，也取得较好的效果，是一个很有发展潜力的油田杀菌剂品种。

⑤ 复配型油田杀菌剂的研究　各种类型的杀菌剂，除了具有杀菌效果外还兼有缓蚀、除垢等作用，如果将几种药剂复配使用，将会大大地提高杀菌效果。如将二硫氰基甲烷与 1227 复配，其杀菌效果较 1227 杀菌剂更明显，特别适用于那些对 1227 杀菌剂已产生抗药性的细菌。随着人们对复配规律不断地探索和研究，特别是随着近年来人们对阴阳离子表面活性剂复配的研究和开发，复配型杀菌剂将会扮演重要角色。

另外，最近国外有关资料报道，一些专家学者将某些杀菌剂活性组分负载在一些高分子材料上，得到不溶性的杀菌剂，这种负载型杀菌剂具有高活性、快速、广谱和可再生的特性。由于该杀菌剂不污染处理过的水，符合绿色化学的发展方向，有着巨大的市场潜力，与传统的杀菌剂相比，该杀菌剂从费用上也是很经济的。但目前，尚未见到该类型杀菌剂在油田建设上采用的示例。

## 5.8 分子有序组合体的功能及作用

多层次、多种类的分子聚集体具有不同于一般表面活性剂分子的物理化学性质，表现出多种多样的应用功能。首先，表面活性剂分子有序组合体的质点大小或聚集分子层厚度已接近纳米数量级，可以提供形成有“量子尺寸效应”超细微粒的适合场所与条件。而且分子聚集体本身也可能有类似“量子尺寸效应”而表现出与大块物质不同的特性。特别是具有有序高级结构分子聚集体的溶液更是表现出新奇而复杂的相行为、异常的流变性质、光学特性、化学反应性等。因而具有一些特殊的应用功能，如模拟生物膜、增溶功能（参见本章第 3 节）、胶束催化、模板功能、药物载体等。

### 5.8.1 模拟生物膜

图 5-31 是生物膜横截面示意图。它由三部分组成，主体是由磷脂和蛋白质组成的混合

定向双层。双层的外表面附有糖蛋白质，具有细胞的表面识别功能。双层的内表面则带有由蛋白质分子交链而成的网。它锚接在混合双层的蛋白质分子上，给膜以一定程度的刚性。

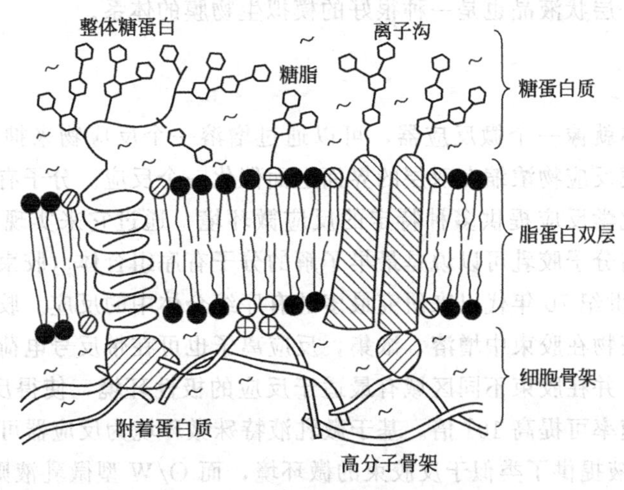


图 5-31 生物膜横截面示意

生物膜的脂质双层基质与脂质体和囊泡极为相似，因而囊泡可作为生物膜模拟体系。动物和植物细胞表面覆盖的一层半透过性的薄膜统称为生物膜，它由脂质（约占 25%～75%）、蛋白质（约占 25%～75%）和少量碳氢化合物组成。脂质和蛋白质的种类十分复杂，已经鉴别出的脂质有千种以上，但生物膜中主要的脂类化合物为磷脂、糖脂和胆固醇。脂质和蛋白质在生物膜中的比例和排列可有很大变化，但其基本模型是液态镶嵌模型，如图 5-32 所示。根据这一模型，在生物膜中脂质排列成双分子层，它是膜的基质。在膜中每个类脂分子均可横向自由运动，也可以发生转动和链节的活动，这就使得生物膜具有柔韧性、流动性、高电阻性以及对高极性分子的不透过性。脂质均由一疏水部分和极性端基构成。磷脂或羧酸酯的极性端基间常能形成氢键，大多数脂质的疏水部分为两个脂肪族双链。生物膜中的蛋白质附着于脂双层表面，或插入、横贯、包埋其中，蛋白质的这种镶嵌分布不限制其在脂层上的横向移动，但穿过脂双层的转移是困难的。

但是实际上没有一种模拟体系能全面、如实地模拟出生物膜的各种性能。尽管如此，膜

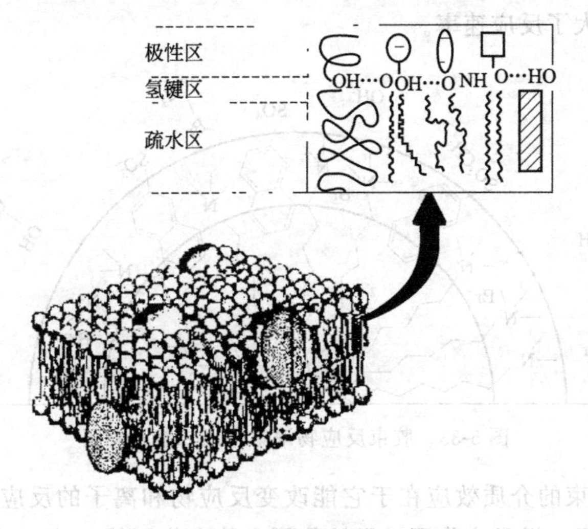


图 5-32 生物细胞膜示意

模拟方面的研究对了解生物膜的物理性质和化学性质以及以模拟膜为特殊环境开拓其在反应控制、能量转换与贮存、分子识别等方面的应用有重要意义。

除了囊泡之外，层状液晶也是一种很好的模拟生物膜的体系。

### 5.8.2 胶束催化

分子有序组合体就像一个微反应器，可以通过增溶一个反应物来抑制化学反应。相反地，它也可以通过把反应物浓缩在双层的界面上面催化一个反应。分子有序组合体可以为一些化学反应及生物化学反应提供多种特定的反应微环境，通过它来实现和控制某些化学反应。乳液聚合形成高分子胶乳可以说是最早了解的分子有序组合体（胶束）中的反应。

胶束催化是20世纪70年代以来研究最多的有序组合体中的反应。胶束催化是将胶束作为微反应器，反应底物在胶束中增溶、浓集，反应离子也可在带反号电荷胶束表面富集，反应物局部浓度骤增，并在胶束不同区域有最适于反应的极性环境，使得反应速率大大提高，文献报道有的反应速率可提高$10^6$倍。基于微乳液特殊微环境为反应器可以发生各种类型的反应。W/O型微乳液提供了类似于反胶束的微环境，而O/W型微乳液则类似于一般胶束。但是微乳液的内核（水滴或烃核）都比反胶束或胶束的内核大。在W/O型微乳液的水滴内可进行水溶性物质的反应；在O/W型微乳液的烃核内常可发生疏水有机反应。

**(1) 引起胶束催化的因素** 引起胶束催化的因素很多，其中最重要的是浓集作用和介质效应。

① 浓集作用 胶束催化动力学和增溶数据处理结果表明，反应物通过疏水作用和静电作用向体积很小的胶束中或胶束表面浓集是提高反应速率的最重要原因。对于双分子反应，反应是在胶束中增溶的底物与表面结合的反离子间进行的。因此，反应速率增大程度与胶束对底物的增溶能力和胶束表面反应离子的浓度有关，并且只有当增溶的反应底物的可反应基团采取适宜定向方式能与反应离子进行有效碰撞时反应方可进行。当胶束可增溶反应底物，但却排斥反应离子或不能有效地吸引它们时将抑制反应。抑制反应还与底物在胶束中的增溶位置有关，越深入胶束内核，抑制越明显。图5-33是在碱存在下萘磺酸甲酯被季铵盐阳离子表面活性剂胶束催化反应二维示意图。由图5-33可见萘磺酸甲酯增溶于胶束表面层，其反应基团朝向水相，有利于水解反应发生，而$OH^-$易于被带正电的季铵盐阳离子表面活性剂胶束吸引，从而增大了反应速率。

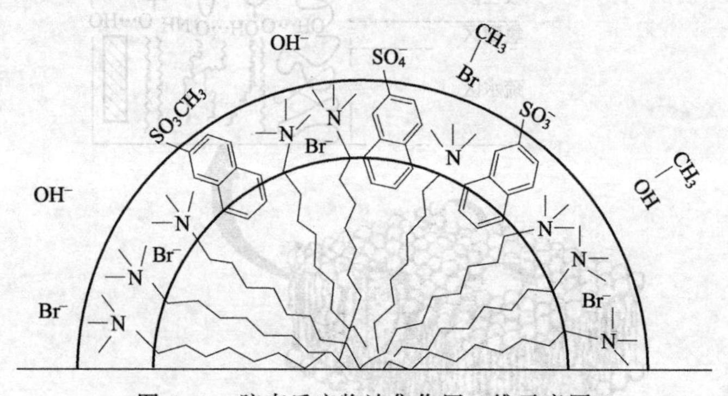


图5-33 胶束反应物浓集作用二维示意图

② 介质效应 胶束的介质效应在于它能改变反应物和离子的反应活性。介质效应包括笼子效应，预定向作用，微黏度作用，极性作用和静电作用等。胶束可使反应中间体间有足

够的反应时间，从而有利于反应的进行和反应活性的提高。胶束可使某些增溶的反应物采取特殊的定向方式以利于反应进行。带电底物（中间体）大多可定位于胶束表面区域内带相反符号电荷的表面活性剂离子端基附近，这将使其更接近胶束表面的反应离子。当底物为芳香族阴离子时，阳离子表面活性剂带正电原子和芳环π电子间的相互作用可提高其反应活性。例如，2,4-二硝基氯苯在阳离子表面活性剂胶束溶液中发生水解催化反应即有此特点。胶束的微黏度比周围均相介质的黏度大得多，这就使得进入胶束内的底物分子的平动和转动自由度减小，从而影响区域、空间和产物的选择性。对于许多胶束催化反应，底物与离子型表面活性剂带电端基间的静电作用可以降低反应的活化能和活化熵。胶束的微环境可以减小基态与过渡态间的自由能差值，使带电中间体稳定。这也正是阳离子型表面活性剂胶束可以加快亲核阴离子与中性底物的反应，而阴离子型表面活性剂胶束抑制此类反应，却可加快阳离子试剂与中性底物的反应，中性或两性型表面活性剂胶束对化学反应影响很小。

**(2) 影响胶束催化的因素** 影响胶束催化的因素有表面活性剂的分子结构，底物的分子结构，无机及有机添加物的影响等。

① 表面活性剂的分子结构 表面活性剂亲水基的大小、性质和位置以及疏水基的长短都是影响胶束催化的重要因素。对于常见的许多反应，胶束催化的活性随表面活性剂亲水端基体积的增加而增加。这是因为随端基体积增大活性反离子的极化作用增强，并能破坏反离子的水合作用，从而导致这些离子的亲核性增加和底物端基间静电作用增强。表面活性剂端基上一些短链烷基的折曲朝向胶束有利于反应在极性相对较小的胶束表面区域内进行。例如对于2,4-二硝基氯苯的水解反应，十六烷基三丙基溴化铵较十六烷基三甲基溴化铵胶束催化更为有利即为证明。表面活性剂的结构也影响胶束与底物的结合，底物与表面活性剂结合越强，反应活性越差，表面活性剂碳链越长对反应的抑制越强烈。

对有些反应，离子型和非离子型表面活性剂混合胶束比单独的离子型表面活性剂胶束有更好的催化作用，这可能是因为混合胶束表面电荷密度较低的缘故。

非离子型表面活性剂胶束一般对有活性离子参与的双分子反应速率影响很小，这是因为这种胶束不能吸引反应离子，有时对反应甚至有抑制作用，两性型表面活性胶束通常也没有离子型表面活性剂胶束对反应速率影响大。

② 底物的分子结构 底物的极性和疏水性对胶束催化起重要作用，有时甚至起决定性作用。通常底物的反应活性在很大程度上取决于其进入胶束的深度和位置。实验结果表明，当胶束催化反应在胶束内核进行时，底物若只增溶于胶束表面，则对反应不利，反之亦然。

与在水相中反应比较，胶束催化对底物极性取代基的性质和位置更敏感。例如卤化物的酸性水解反应是在阳离子表面活性剂胶束还是在阴离子表面活性剂胶束中更容易进行取决于取代基是拉电子的还是推电子的，这类反应机理的变化依赖于极性取代基的性质。

对自发水解反应，随着底物碳正离子化能力的增加，阳离子表面活性剂胶束对反应的抑制作用增强，而碳正离子化取决于分子中烷基的结构。阴离子表面活性剂胶束可以催化那些通过在过渡态中形成碳正离子而达到静电稳定作用的底物的反应。

③ 盐的影响 外加盐对胶束催化的影响远大于在纯水中的盐效应。一般来说，当外加盐的浓度不是特别大时大多减小胶束催化活性。这是因为：a. 盐的加入大多降低表面活性剂的cmc和增大胶束聚集数，胶束增大，使底物更易于深入胶束内部。同时胶束聚集数增加，胶束数目将相对减少。这些因素导致起抑制作用。b. 由盐解离生成的与胶束带电符号

相反的离子（惰性反离子）与胶束表面竞争结合，排斥活性反离子。同时惰性反离子也可降低胶束表面电荷密度，减弱胶束对活性离子的吸引，从而降低胶束催化的反应速率。c. 有机盐的大的有机反离子与胶束间不仅有静电作用，而且可有疏水相互作用，既阻碍活性反离子在带电胶束表面的浓集，也阻碍反应物在胶束中的增溶。

在极性特殊情况下，高浓度的盐的存在引起盐析作用，可以提高底物与胶束的结合，从而增大胶束催化反应速率。

④ 有机添加物的影响　小分子有机添加物对胶束催化的影响主要表现在：a. 小分子有机物添加物大多在水中有一定的溶解度，可以改变水相性质，提高底物在水相中的溶解度，从而对胶束催化作用不利。b. 若小分子有机物进入胶束，可使胶束溶胀，表面电荷密度降低，减小胶束与活性反离子的亲和力，这些反离子在胶束表面浓度下降。c. 有特殊结构的小分子添加物，当其浓度适宜并能参与胶束的形成时有可能提高胶束催化活性。

近年来利用微乳液作为微反应器进行纳米粒子及复杂形态无机材料合成多有报道。例如在由 TX-10、己醇、水、环己烷体系形成的 W/O 微乳液中进行钛酸铅复合醇盐的水解反应制备出钛酸铅纳米粒子等。

一些在水中起作用的微生物的功能常常因存在有机溶剂而受到抑制，而这些有机溶剂又是为溶解烃类或其他不溶于水的反应成分所必需的。如果用囊泡则可解此难题，图 5-34 是一个单室囊泡及其所能提供的 9 个反应环境的示意图。

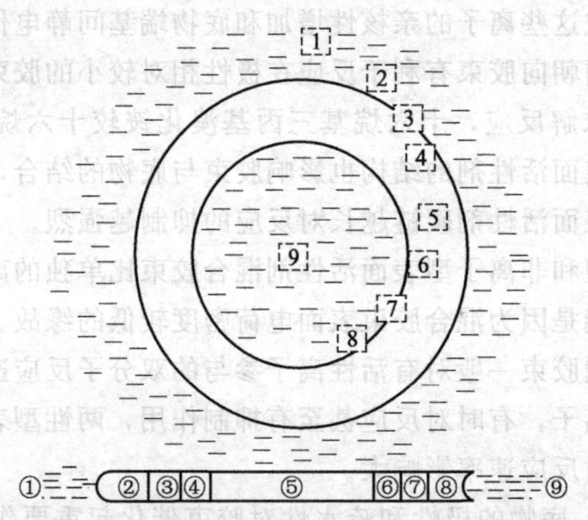


图 5-34　单室囊泡及其能提供的 9 个反应环境的示意

因为囊泡能使对环境极性有不同要求的成分各得其所，而且有相互接触进行反应的机会。也可以通过仔细地选择表面活性剂和反应物并增溶在囊泡的不同部位来研究各种反应。而且囊泡催化能力也超过了胶束。

### 5.8.3　模板功能

所谓模板是指采用具有微孔结构的物质作为模板，使反应物或单体在这些具有纳米尺度的微孔或层隙间反应或聚合形成管状、线状或层状结构材料。根据模板自身的特点和限域能力的不同可分为软模板和硬模板两种。硬模板主要是指一些具有相对刚性结构的模板如阳极氧化铝膜、多孔硅、分子筛、胶态晶体、碳纳米管和限域沉积位的量子阱等；软模板则主要包括两亲分子形成的各种有序聚集体如液晶、胶束、微乳状液、囊泡、膜、自组装膜以及高分子的自组织结构和生物大分子等。由于软模板大多是两亲分子形成的有序聚集体，它们的最大的特点是在模拟生物矿化方面有绝对的优势。软模板的形态具有多样性，一般都很容易构筑，不需要复杂的设备。与软模板相比，硬模板具有较高的稳定性和良好的空间限域作用，能严格地控制纳米材料的大小和形貌，但硬模板结构比较单一，因此用硬模板制备的纳米材料的形貌通常变化较少。

表面活性剂分子有序组合体的质点大小或聚集分子层厚度已接近纳米数量级，可以提供形成有“量子尺寸效应”超细微粒的适合场所与条件，因此可以作为模板来制备有“量子尺寸效应”的超细微粒（纳米粒子）。表面活性剂在纳米技术的研究和应用领域已经起着不可或缺的作用，在纳米材料制备领域，利用表面活性剂分子在分散体系中形成的有序聚集体如胶束、反胶束、微乳液等性质成功制备了各种纳米材料。

**(1) 硬模板作用** 在分子筛的合成中，模板剂的作用在于单个有机模板分子把组成分子筛骨架的组分排列成具有合适几何结构的单元，随着晶化的进行，每个有机分子被包围在笼或孔道处，彼此以弱的范德华力相互作用，最后生成的分子筛结构与模板剂分子之间没有准确的对应关系。在微孔分子筛的合成过程中，常用作模板剂的表面活性剂包括阳离子表面活性剂，如烷基三甲基氯化铵；阴离子表面活性剂，如烷基硫酸钠及双链阴离子表面活性剂琥珀酸二（2-乙基已酯）磺酸钠；非离子表面活性剂，如聚乙二醇醚等。

为了控制纳米微粒的尺寸及其稳定性，借助多孔材料的孔道作为容器，按照该容器的特定形状及尺寸生成纳米材料，为纳米材料的研究提供了理想手段。在多孔材料中制备纳米材料，主要可以通过反应物在多孔材料无机骨架网络中的渗透与交换实现，按照纳米微粒的成分、形态以及物理化学特性的不同，可以选择不同的组装方式。多孔材料的合成可以使人们通过对多孔结构和尺寸的合理设计，在其中装载分布均匀、尺寸一致并具有特定形状的纳米粒子，而且可以为更好地在深层次上研究纳米级复合材料、半导体团簇的物理化学性能创造条件。

**(2) 软模板作用** 表面活性剂溶液浓度超过临界胶束浓度（cmc）后在溶液中聚集形成胶束、反胶束、微乳液、囊泡、液晶等有序聚集体，这些有序聚集体都有纳米级的微环境。理论上可以利用这些微环境合成不同形貌和大小的纳米材料，即表面活性剂的软模板作用。但实际上纳米材料在这些微环境中的生长过程并不是简单地按照我们已知的模板生长。有时由于纳米材料对有序聚集体形貌的影响，可能改变甚至破坏聚集体的形貌。

表面活性剂辅助纳米材料生长可归为两类。第一类是常温辅助合成多形态纳米材料。在一定温度下（一般不超过 200℃），利用表面活性剂有序聚集体微环境作为模板辅助合成不同形貌的纳米材料，所得纳米材料不经高温煅烧在一定温度下干燥即可获得最终产品，该方法节省能源且操作简便，在纳米材料制备中有极好的应用前景。第二类就是高温辅助多形态纳米材料。在合成纳米材料的过程中加入表面活性剂，通过各种方法合成纳米材料的前驱体，一般为吸附或掺杂有表面活性剂的杂相颗粒。这些颗粒再经高温煅烧、结晶、生长获得不同形貌的纳米材料。在这个生长过程中，可能受到表面活性剂的影响而使最终产品的形貌具有多样性。

表面活性剂结构对形成的自组装体系尺寸的影响十分复杂，对于亲油基为烷基的表面活性剂，直链结构比支链结构的临界胶束浓度（cmc）低，分子链刚性强的表面活性剂易形成层状液晶，不能形成胶束；而具有双亲油基的表面活性剂可形成双层微囊。所以，在不同体系中制备不同形貌的纳米材料过程中，选取何种结构的表面活性剂要视具体情况而定。一般情况下，在合成纳米粉体中，较倾向于用分子链柔性好（脂肪醇聚氧乙烯醚）的表面活性剂，而在纳米结构合成中，倾向于用分子链刚性强（如烷基酚聚氧乙烯醚）的表面活性剂。在其他条件不变的情况下，晶种的增长方向和在不同面的增长速度主要受吸附在生长粒子表面的表面活性剂的影响。表面活性剂能够阻止纳米微粒的扩散，并能降低甚至限制微粒的增长，这是由于表面活性剂长烃基链的位阻效应和其与纳米微粒之间的结合力所致，而位阻效应与烃基链的长度有关，表面活性剂在纳米微粒表面的吸附量与表面活性剂极性头的极性有关。

在利用阴、阳离子表面活性剂体系控制合成不同形貌的纳米粒子中，不仅表面活性剂的亲水、亲油基对纳米结构有很大的影响，其反离子对制备各种结构的纳米材料也有一定的作用。

从仿生学的概念出发，可以液晶结构作为模板，来转录、复制由分子自组织形成的确定结构的无机物质。在该法中，表面活性剂充当了模板导向剂。用液晶做模板合成纳米和介孔材料有三个显著的优点：①材料的结构可事先设计；②反应条件温和，过程有较好的可控性；③模板易于构筑且结构具有多样性。

用液晶模板形成有序形态无机材料的过程被认为有转录与协同两种机制。

① 转录机制　在转录合成中，稳定的、预组织的、自组合的有机结构被用作形态花样化的材料进行淀积的模板，即无机材料的形态花样密切对应于已预先形成的有机自组合体。这里相对稳定的模板的化学与形态信息直接“书写”在其表面结构上，而界面上的晶体成核与生长将导致预组合的有机模板形态的直接复制。在操作时，先使表面活性剂等物质自组合形成预定的液晶结构，以此作为模板再使无机材料在其界面定向与生长，形成的形态与结构相当于模板形态的复制品。上述过程可用图 5-35 示意。

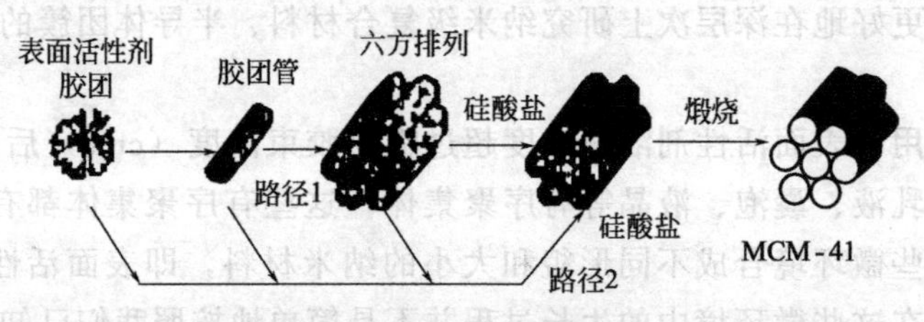


图 5-35　液晶模板机理模型示意

② 协同机制　所谓协同合成是指由无机前体与有机分子聚集体之间的协同作用而形成有机-无机共组合体，在此基础上复制出一定形态与结构方式的无机材料。产物的最终形态取决于有机、无机物种间的相互作用。由于模板无需预先形成，表面活性剂浓度可以很低，在没有无机物种时不能形成液晶，以胶束形式存在。加入无机物后，胶束通过与无机物种的协同效应发生重组，生成由表面活性剂分子和无机物种共同组成的液晶模板。

在表面活性剂组成的模板上无机物质聚合形成确定的结构后需除去模板导向剂，通常采用溶剂萃取、煅烧、等离子体处理、超临界萃取等方法。

除了液晶模板，其他已报道的表面活性剂分子有序组合体模板有单（多）分子膜模板、类脂管模板、囊泡模板、表面胶束模板、微乳液模板、双液泡沫模板等。

## 5.8.4　药物载体及释放功能

囊泡研究的长远应用是对生物膜的模拟。用作某些药物的载体是囊泡的最现实的应用。水溶或油溶性药物均可包容于无毒的脂质体或囊泡中，将药物输送到靶向器官。若改变脂质体表面化学性质，可达到定向给药的目的。

把药物包裹起来，输送到靶向细胞，并尽可能达到缓释的目的，这是药学领域非常活跃的一个研究课题，尤其对那些毒性比较大或易对非靶向细胞产生副反应及在生理环境下非常容易失活的药物更为重要。表面活性剂分子有序组合体可以为药物提供栖息场所，而被溶剂化了的壳提供保护层和稳定作用。其分散液静脉注射后可在循环系统中周游人体，并优先为某些器官所吸收。如果在表面活性剂分子上连有靶向基团，则具有靶向作用，控制分子有序组合体动力学平衡则有望获得可控释放。此种特性启发人们利用表面活性剂分子有序组合体来设计药物输送体系。

表面活性剂种类的选择非常重要，必须考虑到无毒、可降解、与生物体相容性等因素。目前研究较多的是囊泡体系。基本的操作是：将水溶和不溶的药物包容在囊泡中，通过静脉注射把药物送到靶向器官。此法有下列优点。

① 能形成囊泡的磷脂是无毒的，而且可以生物降解。

② 分子有序组合体在循环系统中存留的时间比单纯的药物长，脂质体慢慢降解释放出药物使显效期延长。

③ 在脂质体表面附加上特殊的化学基团，可以使药物导向特定器官，并且大大减少用药的剂量。

④ 药物被包裹在脂质体中可防止酶和免疫体系对它的破坏。

在许多方面，物理化学研究已为脂质体包裹药物奠定了基础。例如，应用可聚合两亲分子形成脂质体以增加稳定性；在相转变温度以上，多室脂质体中药物扩散出来的速度比在相转变温度以下时快得多；以及各种制备脂质体的方法等。另外，包裹了药物的脂质体还可以进行冷冻干燥，成为便于存放的固体粉末，使用时加入溶剂而方便地得到囊泡分散液。可以预见，脂质体药学在医药科学中仍将是研究的前沿领域。

近年来，为提高靶向脂质体的靶向性和稳定性，国内外进行了大量研究，提出了多种形式的脂质体和制备脂质体的方法，如薄膜分散法、注入法、超声波分散法、冷冻干燥法、冻融法、逆相蒸发法、复乳法、表面活性剂处理法、钙融合法、加压挤出法等，脂质体的分离方法有葡聚糖或琼脂凝胶过滤法、透析法、超速离心法等。

超氧化物歧化酶（SOD）是一类能特异性地清除超氧阴离子的金属酶，目前在动物的许多病理模型上和临床试验中都表现出了良好的防治效果。但 SOD 是一种生物蛋白，作为药用酶用于临床受以下因素的影响：半衰期短，在体内停留时间短，通常只有 6～10min；相对分子质量在 32000 左右，不易透过细胞膜；如果口服，易受蛋白酶水解而失去活性；特异体质等。为了解决这些不利因素，国内外主要用分子工程方法对 SOD 进行分子修饰或做成脂质体。

另一个研究较多的体系是嵌段共聚物胶束，见诸文献报道的主要有以下几类嵌段共聚物：聚赖氨酸-聚氧乙烯嵌段共聚物、聚天冬氨酸-聚氧乙烯嵌段共聚物、PEO—PPO—PEO 三嵌段共聚物和聚乳酸-聚氧乙烯-聚乳酸三嵌段共聚物。选择嵌段共聚物胶束作为药物输送载体，具有以下四方面优势。

① 嵌段共聚物胶束具有较高的结构稳定性。嵌段共聚物胶束有低的 cmc 值和胶束解缔合速率，能保证在生理条件下，输送时间内胶束结构不遭到破坏。另一方面，胶束结构的明确性和胶束尺寸较窄的分布也给输送体系的设计带来方便。

② 相分离。胶束的形成可以理解为共聚物在溶液中不相容嵌段相分离形成胶束的内核

和外壳。药物包埋在内核，溶剂化了的外壳阻止疏水内核的相互作用，这样便可在保持体系水溶性的前提下，大大增加载药量。相分离形成的内核和外壳也使得在药物输送过程中各部分功能的分离，使体系合效地给药。

③ 胶束尺寸。嵌段共聚物胶束尺寸一般为 10～100nm，这个尺寸大于肾过滤的临界尺寸，同时小于单核细胞非选择性捕获的敏感尺寸。因此嵌段共聚物在尺寸上可以保障在血流中长程循环的实现。既不通过肾排泄，又不被非选择性捕获。另外，这样的尺寸也有利于消毒，只需要用亚微米级多孔消毒膜过滤便可。

④ 药物装载方式多样。可以把药物通过化学键控制到共聚物疏水部分，也可以利用各种相互作用使药包埋在胶束内。装载方式的多样，将会使更多种类的药物可以输送。

在特定的条件下让一些有机物装载在表面活性剂分子有序组合体内，然后让其在人们需要的环境中可控释放，这可能在药学、农业、生态环境方面有着可贵的应用价值。

### 5.8.5 分离及萃取功能

**(1) 分离功能** 以嵌段共聚物胶束为例。嵌段共聚物胶束和小分子表面活性剂胶束一样，都有增溶作用，但嵌段共聚物胶束对被增溶物表现出一定的选择性。这个结论是在研究PPO-PEO-PPO、PS-PVP(聚乙烯吡咯烷酮) 嵌段共聚物在水介质中增溶脂肪族和芳香族碳水化合物时发现的。当正己烷和苯在水中同时存在时，共聚物选择性地增溶苯。另有报道当PPO-PEO-PPO 嵌段共聚物中 PPO 对 PEO 的比例增加时，共聚物胶束对苯的增溶力加大。嵌段共聚物这种选择性增溶将为分离科学提供了一条新的途径，在生态环境方面有着很好的应用前景。

**(2) 双水相及萃取功能** 双水相体系是指某些物质的水溶液在一定条件下自发分离形成的两个互不相溶的水相。双水相体系最早发现于高分子溶液。两种聚合物（如葡聚糖和蔗糖）或一种高分子与无机盐溶液（如聚乙二醇和硫酸盐）在一定浓度下混合，会自发分成平衡共存的两相。由于两相的主要组分都是水，所以称作双水相。

一些表面活性剂体系也能形成双水相，如非离子表面活性剂、阴阳离子表面活性剂等。高聚物与表面活性剂混合物也可形成共组双水相体系。而且一些非离子表面活性剂和两种高聚物还可形成三水相体系。

表面活性剂双水相的形成机理目前还不是很清楚，但可以认为，双水相的形成与表面活性剂分子有序组合体的再聚集形成高级结构有关。

双水相体系最大的应用前景是它们可作为萃取体系，由于其两相都是水溶液，可作为萃取体系用于生物活性物质的萃取分离及分析。其最大的优势在于双水相体系可为生物活性物质提供一个温和的活性环境，因而可在萃取过程中保持生物物质的活性及构象。

**(3) 反胶束萃取** 反胶束萃取是 20 世纪 80 年代出现的一种新的生化分离技术，具有选择性高、操作方便、放大容易、萃取剂（反胶束相）可循环利用以及分离和浓缩同步进行等优点，特别适宜于蛋白质的分离。

反胶束的萃取原理可简述如下。蛋白质进入反胶束溶液是一个协同过程。在有机溶剂相和水相两宏观相界面间的表面活性剂层，与邻近的蛋白质分子发生静电吸引而变形，接着两界面形成含有蛋白质的反胶束，然后扩散到有机相中，从而实现了蛋白质的萃取。改变水相条件（如 pH、离子种类或离子强度），又可使蛋白质从有机相中返回到水相中，实现反萃取过程。

## 复习思考题

1. 表面活性剂有哪些基本作用？

2. 在皮革工业和废纸脱墨过程中，表面活性剂是不可缺少的助剂，它们在这两个工业应用中，主要应用了表面活性剂的哪些性能？

3. 冬季蔬菜大棚内表面形成雾滴的原因是什么，如何消除雾滴？

4. 矿物浮选的原理是什么？利用矿物浮选将金子从普通矿石中分离出来和洗煤的异同点是什么？

5. 简述微乳液和乳状液在类型和组成上的异同点。

6. 三次采油的基本原理是什么？有哪几种驱油体系？

7. 胶束催化的原理和选择表面活性剂的原则是什么？

8. 分散剂的作用机理和分子结构特点是什么？简述钙皂分散剂的结构特点和表征钙皂分散能力的指标和其意义。

9. 泡沫和乳状液、囊泡的异同点是什么？影响泡沫稳定性的主要因素有哪些？

10. 污垢的主要类型有哪些？简述表面活性剂的去污机理。

11. 洗衣粉配方主要由哪几大类原料组成？各类原料的主要作用是什么？

12. 高塔喷粉洗衣粉生产的过程和原理是什么？哪些组分需要后配料加入？原因是什么？

13. 浓缩粉与普通粉相比，从节能减排和消费者两个角度谈谈它们各自的优缺点？

14. 液体洗涤剂和普通洗衣粉在配方上的异同点是什么？浓缩液体洗涤剂的标记与性能是什么关系？

15. 造成织物手感粗糙的原因和解决办法有哪些？

16. 阳离子表面活性剂作为织物柔软剂和抗静电剂的作用机理是什么？作为织物柔软剂和抗静电剂的结构特点分别是什么？

17. 表面活性剂杀菌机理是什么？阳离子表面活性剂作为杀菌剂的特点是什么？

18. 表面活性剂作为匀染剂的作用机理是什么？

# 6 表面活性剂的化学生态学与环境安全性

全世界表面活性剂年产量已超过 $1.4\times10^7$ t，如此大量的表面活性剂在完成任务后大多混入污水中而被弃去。随着人们环保意识的加强，对表面活性剂的使用安全性越来越重视，业内人士分析，环保和安全将成为未来表面活性剂工业发展的主要推动力，因而对其进行化学生态学与环境安全性的研究和评价亟待进行。

在表面活性剂生产过程中，对其生成的三废（废渣、废液和废气）必须经专门处理才能排放，以保护环境不受污染。如在原料烷基苯的生产过程中，用三氯化铝做催化剂会产生废催化剂，需经适当处理和综合利用后，才能排放部分废弃物；对生产表面活性剂过程中产生的腐蚀性气体，需选用合适的气体吸收装置予以处理，如用氯磺酸硫酸化生产脂肪醇硫酸酯盐或脂肪醇聚氧乙烯醚硫酸酯盐的过程中会产生 HCl 气体；在磺化工序中的尾气中常常含有较高含量的 $SO_2$、$SO_3$ 和磺酸雾滴，这些气体若不经处理直接排入空气中，会使大气中的酸性气体增加，在一定的条件下形成酸雨侵入土地，不仅污染土壤，且严重危害农林作物。解决的方法是采用纤维过滤器、高压静电除雾器、碱洗涤塔等设备除去尾气中的这些成分，使之达到规定的排放标准。

在工农业生产和日常生活中常见的各种洗涤剂、日用品及各种助剂等配方产品中，如工业用洗涤剂、家用洗涤粉、餐具洗涤剂、纺织助剂、农药助剂、皮革助剂、造纸助剂、石油采油助剂等都存在大量的表面活性剂，使用过后即被废弃而排放到污水或土壤中，会长期地存在于自然水系中，并日积月累，污染江、河、湖泊和地下水，影响生态环境。表面活性剂残留在织物上将危及人体。因此，环境对这类物质的接受能力以及含表面活性剂污水是否易处理是影响其环保性能的重要因素。

## 6.1 表面活性剂的生物降解性

在自然环境物质的循环体系中，光、热、生物等的作用是相互关联的，其中微生物所起的作用最大。为了了解表面活性剂的被处理特性，并进一步掌握其在自然环境中的行为，有必要讨论其微生物的分解性，即生物降解性。表面活性剂的环保性能，主要是指表面活性剂本身可生物降解的程度。

生物降解是指利用微生物分解有机碳化合物的过程，即有机碳化合物在微生物作用下转化为细胞物质，进一步分解成二氧化碳和水的过程。微生物是指这样一类细菌，它能够将各种不同的有机化合物作为食物，即这些微生物能够用苯、酚、汽油或其他许多对环境有显著危害的系列化合物作为食物，并能在环境中大量繁殖，且存活寿命长，当然这些微生物是要经过专门驯化使其适应于这些有机化合物。因此，表面活性剂的生物降解主要是研究表面活性剂由微生物活动所导致的氧化过程。

### 6.1.1 表面活性剂的生物降解过程

表面活性剂的生物降解是指表面活性剂在微生物作用下结构发生变化而被破坏，从对环境有害的表面活性剂分子逐步转化成对环境无害的小分子（如 $CO_2$、$NH_3$、$H_2O$ 等）的过程。这是一个很长的、分步进行的、连续的化学反应过程，可分为如下三个阶段。

**(1) 初级生物降解**　初级生物降解是指在微生物的作用下表面活性剂特性消失所需的最低程度的生物降解作用。通常是指表面活性剂母体结构消失，典型特性发生改变。表面活性剂分子都具有反映其基本物理化学特性的某些结构官能团，在微生物作用下表面活性剂分子发生氧化作用而不再具有明显的表面活性特征，当采用一般的专用的鉴定分析方法（如泡沫力、表面张力等）检测体系时已无这些基本的表面活性时，即认为此时体系已发生了初级生物降解。

**(2) 次级生物降解**　次级生物降解是指降解得到的产物不再污染环境的生物降解作用，也即环境可接受的表面活性剂生物降解。即表面活性剂被微生物分解所产生的生成物排放到空气、土壤、水等环境中，具有不干扰污水处理，不污染、不毒害水域中生物的总体生存水平，则认为该表面活性剂已发生了次级生物降解。

**(3) 最终生物降解**　最终生物降解又称全部生物降解，是指表面活性剂在微生物的作用下完全转化为 $CO_2$、$NH_3$、$H_2O$ 等无机物以及与微生物正常代谢过程有关的产物，成为无害的最终产物。

表面活性剂生物降解的研究就是把表面活性剂曝露于微生物中，并观察它的最终结果。然而，与生物降解有关的实验方法、变化过程的重复性和生物降解结果的定量表示等又是极其困难的。与生物降解实验有关的一些重要影响因素包括：体系中微生物的性质、驯化及浓度、微生物食物的性质与浓度、毒性物质或抑菌剂的存在与否、氧气和温度、表面活性剂的浓度、分析方法等。

### 6.1.2　表面活性剂的生物降解机理

微生物降解表面活性剂的化学反应即酶催化的氧化反应。在不同的环境中，总有一些微生物群体把某种外来的化学制品作为十分正常的食物，所以各种各样的有机化合物都可以成为微生物的食物，供微生物生长和繁殖。

表面活性剂生物降解的反应通常可通过三种氧化方式予以实现：①末端的 $\omega$-氧化——疏水基端降解的第一步；②$\beta$-氧化——疏水基碳氢链部分发生降解；③芳环氧化——疏水基中苯环的降解。

**(1) $\omega$-氧化**　$\omega$-氧化是发生在碳链末端的氧化。在 $\omega$-氧化中，表面活性剂末端的甲基被进攻、氧化，使链的一端氧化成相应的脂肪醇和脂肪酸。$\omega$-氧化途径见图 6-1。

$\omega$-氧化的第一步是烃在氧化酶的催化作用下加成分子氧，生成伯碳的氢过氧化物，然后还原成伯醇，生成的醇可进一步氧化成醛，醛再氧化生成羧酸。烷基链的 $\omega$-氧化也可能发生在链内，在 2-位给出羟基或双键，这种氧化叫作次末端氧化。次末端氧化很少在链的 3-,4-,5-以至更中心的位置发生。脂环烃可发生与直链烃次末端氧化相类似的生物降解反应。例如环己烷可以被某些种类的微生物氧化，生成环己醇和环己酮。还有些微生物能把环己烷的脂环变成苯环，然后按苯环的生物降解机理进行开环裂解。

**(2) $\beta$-氧化**　$\omega$-氧化完成后高碳链端形成羧基，继续进行的降解过程就是 $\beta$-氧化过程。在生物降解中，烷基链经 $\omega$-氧化生成脂肪酸后，再进行 $\beta$-氧化使碳链一次减少两个碳原子。在生物氧化中形成反应活性极高的中间体时，脂肪酸与脂肪醇反应生成酯。当 $\beta$-氧化进行得极慢时，也可能发生两端氧化，生成 $\alpha,\omega$-二羧酸。二羧酸的 $\beta$-氧化可以由任何一端开始。

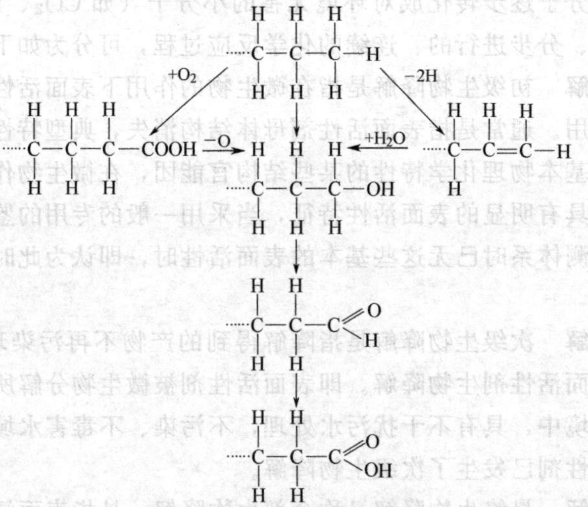

图 6-1 $\omega$-氧化的三种途径

$\beta$-氧化机理是由酶催化的一系列反应，起催化作用的酶叫作辅酶 A，以 HSCoA 表示。辅酶 A 的结构式为：

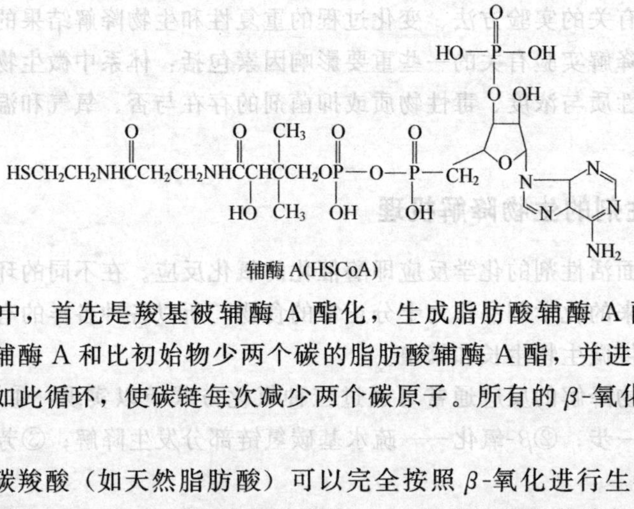

辅酶 A(HSCoA)

在 $\beta$-氧化过程中，首先是羧基被辅酶 A 酯化，生成脂肪酸辅酶 A 酯，经过一系列反应，释放出乙酰基辅酶 A 和比初始物少两个碳的脂肪酸辅酶 A 酯，并进一步继续进行上述同样的降解反应。如此循环，使碳链每次减少两个碳原子。所有的 $\beta$-氧化反应都是按图 6-2 所示反应进行的。

对于直链偶数碳羧酸（如天然脂肪酸）可以完全按照 $\beta$-氧化进行生物降解，非直链碳羧酸也可用 $\beta$-氧化降解。如 3,6-二甲基辛酸是按 $\alpha$-、$\beta$-氧化进行生物降解的，见下式：

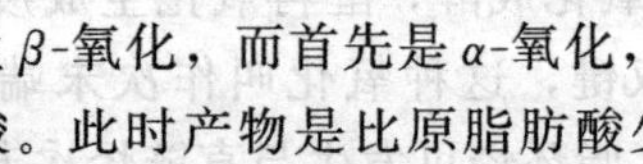

当 $\beta$-碳上有甲基时不能发生 $\beta$-氧化，而首先是 $\alpha$-氧化，其次是脂肪酸氧化成 $\alpha$-羟基酸，第三生成 $\alpha$-酮酸，最后氧化脱羧。此时产物是比原脂肪酸少一个碳的衍生物。$\alpha$-氧化如图 6-3所示。

**(3) 芳环氧化** 在所有的生物体中均有苯环存在，苯或苯衍生物在酶催化下与氧分子作用时，首先生成邻苯二酚或取代邻苯二酚，如图 6-4 所示。

然后，邻苯二酚通过邻位裂解和间位裂解两种方式环裂解，如图 6-5 所示。

① 邻位裂解 邻苯二酚如果发生邻位裂解，即环裂解发生于两个相邻的羟基之间，则形成 $\beta$-酮-己二酸，见图 6-5(a)。通过 $\beta$-氧化使 $\beta$-酮己二酸转化为乙酸和丁二酸，见图 6-6

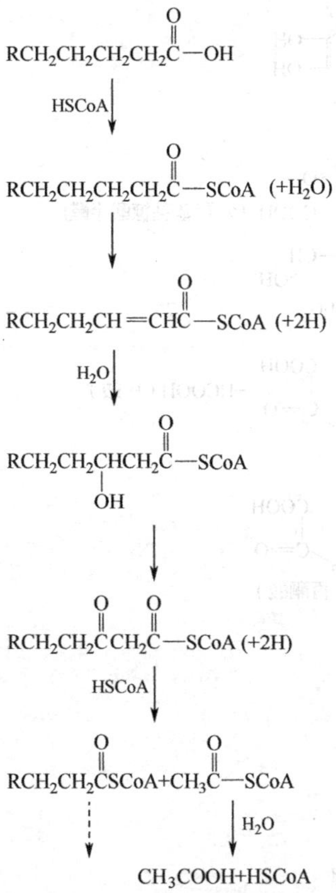

$$RCH_2CH_2CH_2CH_2C(=O)-OH \xrightarrow{HSCoA} RCH_2CH_2CH_2CH_2C(=O)-SCoA\ (+H_2O) \rightarrow RCH_2CH_2CH=CHC(=O)-SCoA\ (+2H) \xrightarrow{H_2O} RCH_2CH_2CH(OH)CH_2C(=O)-SCoA \rightarrow RCH_2CH_2C(=O)CH_2C(=O)-SCoA\ (+2H) \xrightarrow{HSCoA} RCH_2CH_2C(=O)SCoA + CH_3C(=O)-SCoA;\quad CH_3C(=O)-SCoA \xrightarrow{H_2O} CH_3COOH + HSCoA$$

图 6-2 β-氧化反应机理

$$CH_3CH_2CH(CH_3)CH_2CH_2CH(CH_3)CH_2COOH \rightarrow CH_3CH_2CH(CH_3)CH_2CH_2CH(CH_3)CH(OH)COOH \rightarrow CH_3CH_2CH(CH_3)CH_2CH_2CH(CH_3)C(=O)COOH \rightarrow CH_3CH_2CH(CH_3)CH_2CH_2CH(CH_3)COOH + CO_2$$

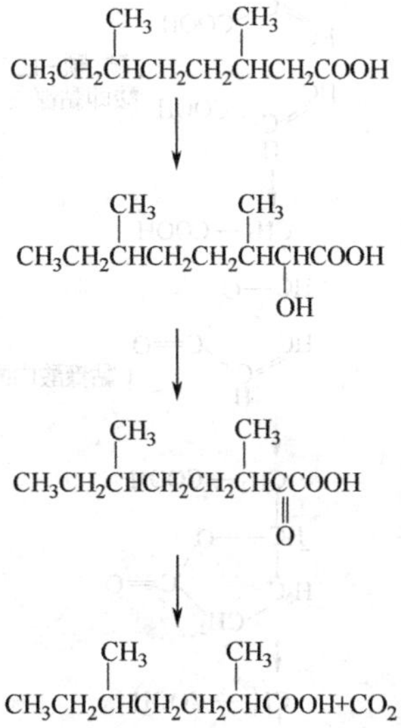

图 6-3 带有支链羧酸的 α-氧化

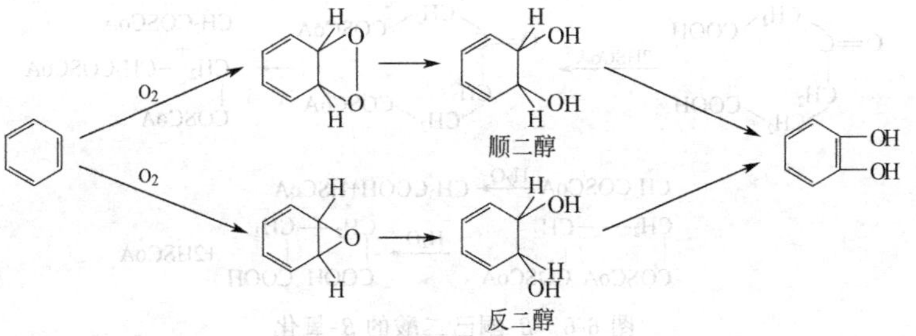

顺二醇

反二醇

图 6-4 苯氧化成邻苯二酚

所示。

② 间位裂解 邻苯二酚也可通过间位裂解，即环裂解发生于连接羟基的碳和与其相邻的碳原子之间。最终生成甲酸、乙醛和丙酮酸，见图 6-5(b)。取代的邻苯二酚经常发生邻位裂解。

综上所述，各类表面活性剂的生物降解一般都是按照以上三种氧化方法进行的。对于典型的特定表面活性剂的具体降解过程需参照相关文献。

### 6.1.3 常用的几种重要表面活性剂的生物降解过程

**(1) 直链烷基苯磺酸盐** 由于直链烷基苯磺酸盐 LAS 是洗衣粉中的常用组分，在各种表面活性剂中 LAS 的产量和消费量均是最大，因此 LAS 的生物降解机理是迄今为止研究得

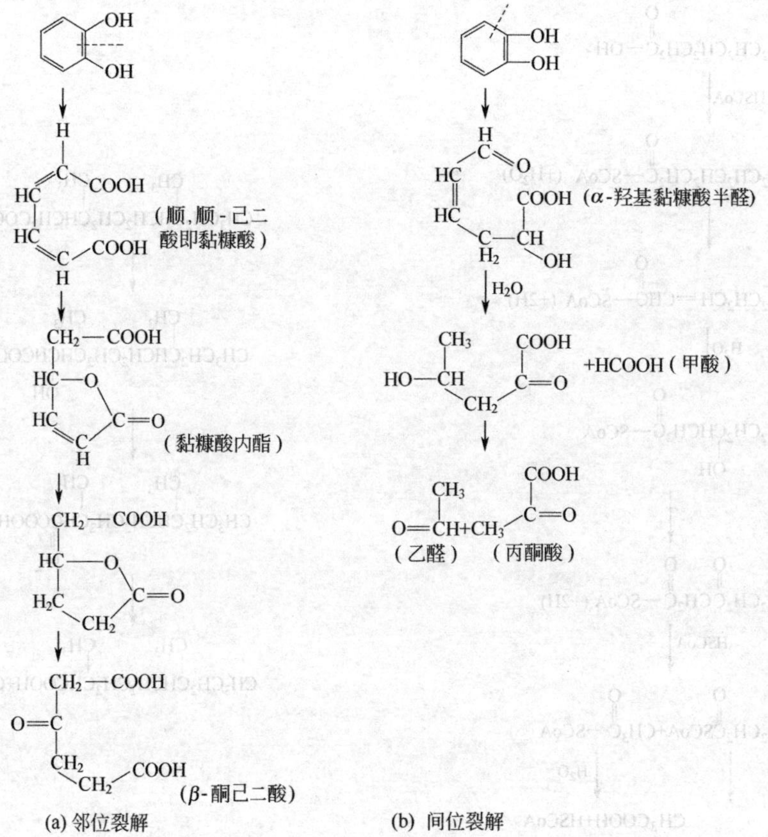

(a) 邻位裂解　　(b) 间位裂解

图 6-5　苯环降解的两种途径

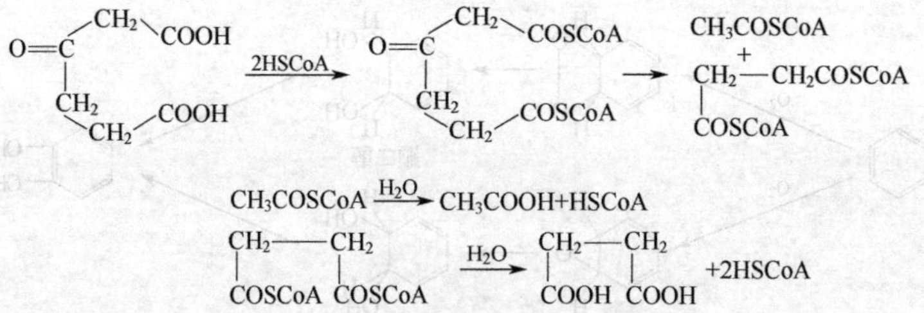

图 6-6　$\beta$-酮己二酸的 $\beta$-氧化

较多的一类表面活性剂。

有关 LAS 降解机理有多种解释。一般认为是在辅酶（NAD，FAD，HSCoA）、$O_2$ 等作用下，通过 $\omega$-和 $\beta$-氧化逐级降解。其中，$\omega$-氧化使 LAS 烷基链末端的甲基被氧化为羧基；$\beta$-氧化使羧基被氧化并从末端分解脱落两个碳原子。LAS 烷基链经过多次 $\omega$-、$\beta$-氧化后消失，最后苯环开环断裂，经氧化降解和脱磺化作用变成羧基，再进一步降解为二氧化碳、水和硫酸盐，见图 6-7。

**(2) 烷基硫酸盐**　烷基硫酸盐（AS）的生物降解分两步：第一是通过烷基硫酸脂酶脱硫酸根；第二是经脱氢酶脱氢和 $\beta$-氧化过程逐级降解为 $CO_2$、$H_2O$。

$$RCH_2OSO_3^- \xrightarrow{\text{烷基硫酸脂酶}} RCH_2OH + SO_4^{2-} \xrightarrow{\text{脱氢酶}}$$

$$RCH_2CH_2COOH \xrightarrow{\beta\text{-氧化}} CO_2 + H_2O$$

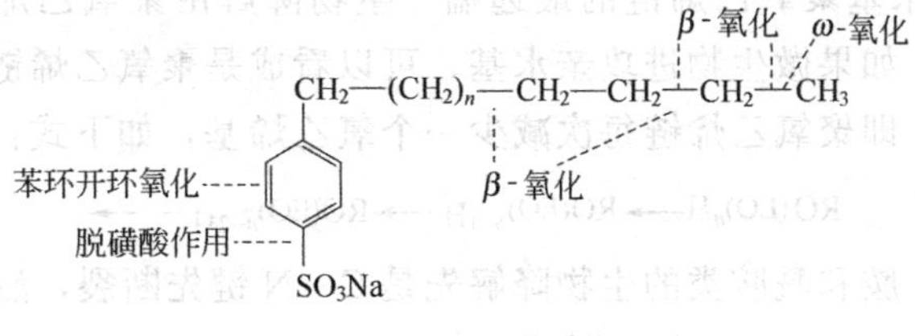

图 6-7 LAS的生物降解途径

**(3) 脂肪醇聚氧乙烯醚硫酸酯盐** 脂肪醇聚氧乙烯醚硫酸酯盐的生物降解步骤：第一步是通过醚酶断裂醚键；第二步是通过烷基硫酸脂酶和脱氧酶逐步降解。以$C_{12}H_{25}(CH_2CH_2O)_3OSO_3Na$为例，降解首先是醚键的断裂，不同位置的醚键断裂的比例如图 6-8 所示：

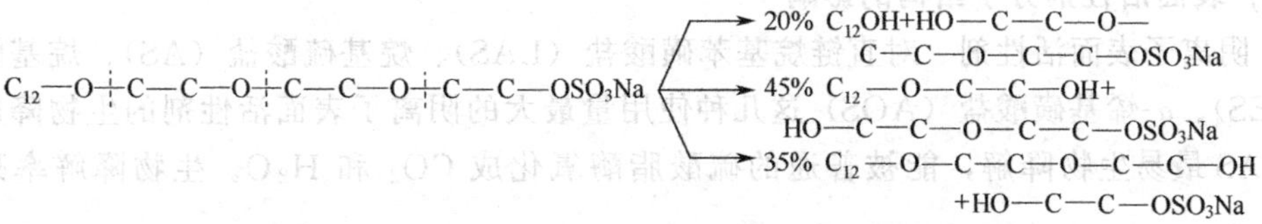

$$C_{12}—O—C—C—O—C—C—O—C—C—OSO_3Na \longrightarrow \begin{cases} 20\%\ C_{12}OH + HO—C—C—O—C—C—O—C—C—OSO_3Na \\ 45\%\ C_{12}—O—C—C—OH + HO—C—C—O—C—C—OSO_3Na \\ 35\%\ C_{12}—O—C—C—O—C—C—OH + HO—C—C—OSO_3Na \end{cases}$$

图 6-8 $C_{12}H_{25}(CH_2CH_2O)_3OSO_3Na$的降解

**(4) 脂肪醇聚氧乙烯醚** 脂肪醇聚氧乙烯醚生物降解有三种可能性：一是中心裂变途径；二是微生物进攻疏水基的最远端；三是微生物进攻亲水基聚氧乙烯链的最远端。

① 中心裂变途径 通过中心裂变把疏水基和亲水基分开，疏水基和亲水基各自独立继续进行生物降解。中心裂变有三种可能的途径。

a. 由于酶的存在使醚直接水解成脂肪醇和聚乙二醇：

$$RO(EO)_nH \longrightarrow ROH + H(EO)_n \cdots\cdots \longrightarrow$$

b. 疏水基的α-碳氧化，裂解成脂肪酸或醛与乙二醇：

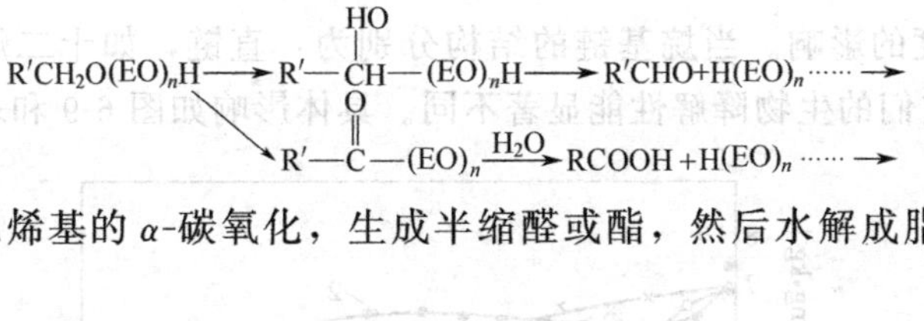

$$R'CH_2O(EO)_nH \longrightarrow R'—\underset{}{\overset{HO}{\overset{|}{C}H}}—(EO)_nH \longrightarrow R'CHO + H(EO)_n \cdots\cdots \longrightarrow$$

$$R'CH_2O(EO)_nH \longrightarrow R'—\overset{O}{\overset{\|}{C}}—(EO)_n \xrightarrow{H_2O} RCOOH + H(EO)_n \cdots\cdots \longrightarrow$$

c. 亲水基即氧乙烯基的α-碳氧化，生成半缩醛或酯，然后水解成脂肪醇与聚乙二醇羧酸或醛：

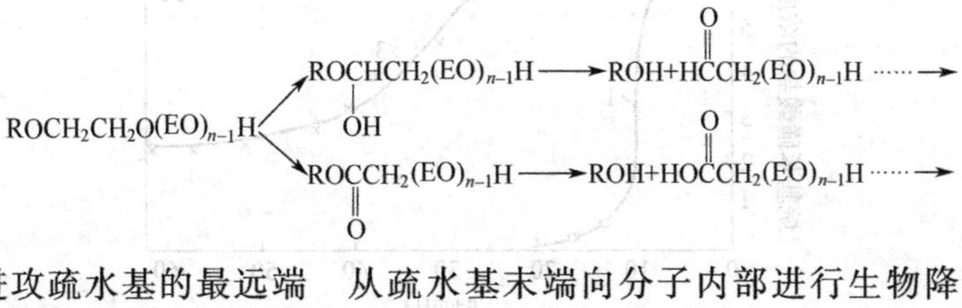

$$ROCH_2CH_2O(EO)_{n-1}H \longrightarrow RO\underset{\underset{OH}{|}}{C}HCH_2(EO)_{n-1}H \longrightarrow ROH + H\overset{O}{\overset{\|}{C}}CH_2(EO)_{n-1}H \cdots\cdots \longrightarrow$$

$$ROCH_2CH_2O(EO)_{n-1}H \longrightarrow RO\underset{\underset{O}{\|}}{C}CH_2(EO)_{n-1}H \longrightarrow ROH + HO\overset{O}{\overset{\|}{C}}CH_2(EO)_{n-1}H \cdots\cdots \longrightarrow$$

② 微生物进攻疏水基的最远端 从疏水基末端向分子内部进行生物降解，疏水基首先进行ω-氧化，然后连续进行β-氧化，每次减少两个碳原子，变成羧酸化聚乙二醇。以癸醇聚氧乙烯醚为例，疏水基的ω-氧化可用下式表示：

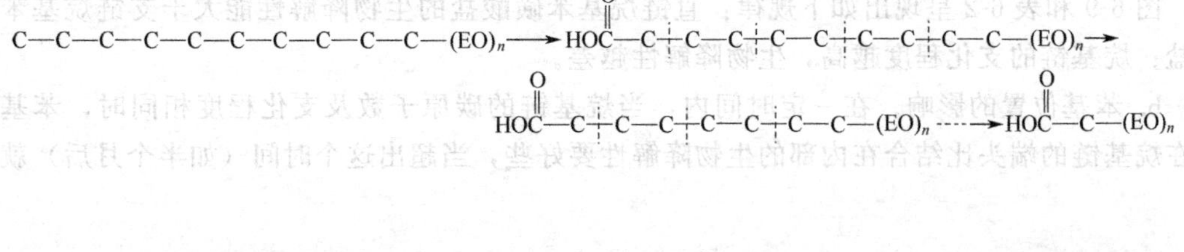

$$C—C—C—C—C—C—C—C—C—C—(EO)_n \longrightarrow HO\overset{O}{\overset{\|}{C}}—C—C—C—C—C—C—C—C—C—(EO)_n \longrightarrow$$

$$HO\overset{O}{\overset{\|}{C}}—C—C—C—C—C—C—C—(EO)_n \longrightarrow HO\overset{O}{\overset{\|}{C}}—C—(EO)_n$$

③ 微生物进攻亲水基聚氧乙烯链的最远端　生物降解由聚氧乙烯链 $(CH_2CH_2O)_n$ 的末端向分子内部进行。如果微生物进攻亲水基，可以看成是聚氧乙烯链的单纯水解，每次释放出一个乙二醇单元，即聚氧乙烯链每次减少一个氧乙烯基，如下式：

$$RO(EO)_nH \longrightarrow RO(EO)_{n-1}H \longrightarrow RO(EO)_{n-2}H \dashrightarrow$$

**(5) 胺和酰胺类**　胺和酰胺类的生物降解先是C—N键先断裂，然后经ω-、β-氧化，最后生成 $CO_2$、$H_2O$ 和 $NH_3$。

## 6.1.4　影响表面活性剂生物降解的因素

表面活性剂生物降解效果与其自身分子结构、所处的环境因素有密切关系。

**(1) 表面活性剂分子结构的影响**

① 阴离子表面活性剂　对直链烷基苯磺酸盐（LAS）、烷基硫酸盐（AS）、烷基醚硫酸盐（AES）、α-烯基磺酸盐（AOS）这几种使用量最大的阴离子表面活性剂的生物降解研究表明，AS最易生物降解，能被普通的硫酸脂酶氧化成 $CO_2$ 和 $H_2O$。生物降解率列于表6-1。

表 6-1　各种阴离子表面活性剂的生物降解率

| 表面活性剂 | 生物降解率/% | 表面活性剂 | 生物降解率/% |
|---|---|---|---|
| 支链烷基苯磺酸盐(ABS) | 16.3 | α-烯基磺酸盐(AOS) | 99.1 |
| 直链烷基苯磺酸盐(LAS) | 93.8 | 烷基硫酸盐(AS) | 99.8 |

降解速度随磺酸基和烷基链末端间距离的增大而加快，烷基链长在 $C_6 \sim C_{12}$ 间最易降解。当阴离子表面活性剂的烷基链带有支链且支链长度愈接近主链时愈难降解。

大量的研究结果表明烷基苯磺酸盐的生物降解性受烷基链的支化度、苯基位置及烷基链长度的影响。

a. 烷基链支化度的影响。当烷基链的结构分别为：直链，如十二烷基支链，如四聚丙烯基、季碳原子，它们的生物降解性能显著不同。具体影响如图6-9和表6-2所示。

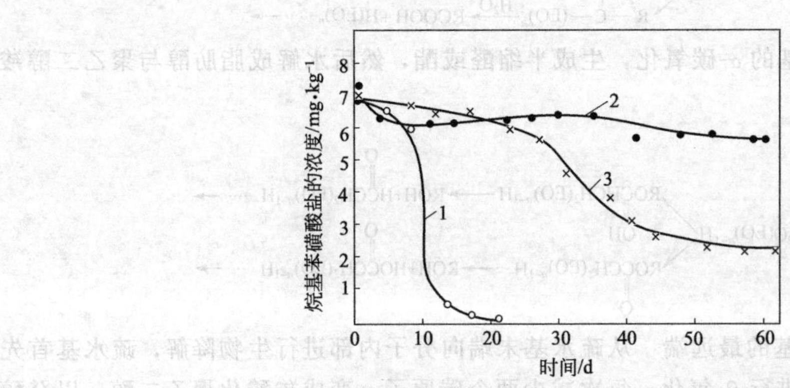


图 6-9　烷基苯磺酸盐在河水中消失实验的生物降解（用亚甲蓝法分析）

1—十二烷基苯磺酸盐；2—带季碳的烷基苯磺酸盐；3—四聚丙烯的烷基苯磺酸盐

图6-9和表6-2呈现出如下规律：直链烷基苯磺酸盐的生物降解性能大于支链烷基苯磺酸盐；烷基链的支化程度越高，生物降解性越差。

b. 苯基位置的影响。在一定时间内，当烷基链的碳原子数及支化程度相同时，苯基结合在烷基链的端头比结合在内部的生物降解性要好些，当超出这个时间（如半个月后）就都

**表 6-2 化学结构的不同对烷基苯磺酸盐生物降解的影响**

| 烷基苯结构 | 生物降解率/% | 烷基苯结构 | 生物降解率/% |
|---|---|---|---|
| $n$—$C_{12}$—$\phi$ | 100 | C　C<br>\|　\|<br>C—C—C—C—$C_4$—$\phi$<br>\|　\|<br>C　C | 0 |
| C<br>\|<br>$n$—$C_9$—C—$\phi$<br>\|<br>C | 85 | | |
| C　C<br>\|　\|<br>C—C—C—C—$C_5$—$\phi$<br>\|<br>C | 0′ | C　C　$C_3$<br>\|　\|　\|<br>C—C—C—C　$C_2$—C—$\phi$<br>\|<br>C | <10 |

能达到生物降解的要求，这说明工业化生产的 LAS 有良好的生物降解性，如图 6-10 所示。

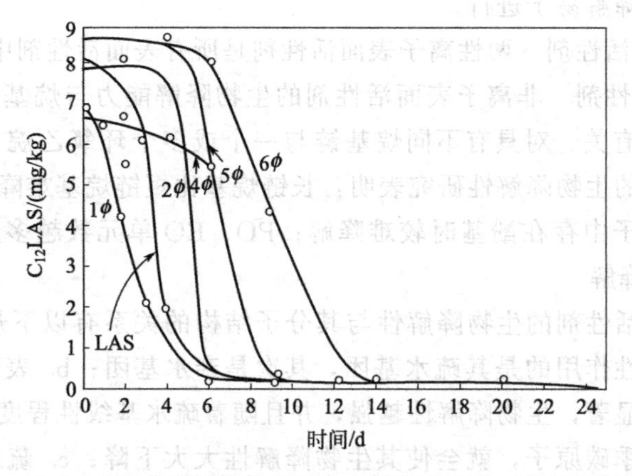


图 6-10 $C_{12}$LAS 和各种异构体在河水中的衰减试验（用亚甲蓝法鉴定）

c. 烷基链长的影响。由图 6-11 和图 6-12 可以看出，烷基链长为 $C_{12}$ 即十二烷基苯磺酸盐的生物降解性能比较好。

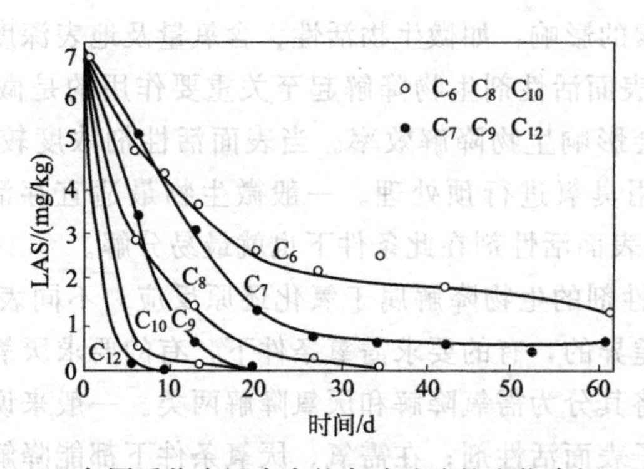


图 6-11 $C_6$～$C_{12}$ LAS 各同系物在河水中的衰减试验的生物降解（用亚甲蓝法鉴定）

② 阳离子表面活性剂　阳离子表面活性剂具有抗菌性，降解能力较弱，一般认为需要在需氧条件下进行。很多阳离子表面活性剂甚至还会抑制其他有机物的降解。但某些阳离子表面活性剂也具有较好的生物降解性，如壬基二甲基苯基氯化铵的降解能力与 LAS 相近。很多阳离子表面活性剂与其他类型的表面活性剂复配后，不仅不会出现抑制降解的现象，反而两者都易降解。如十二烷基三甲基氯化铵常温下不能降解，但当与 LAS 按等摩尔复配后两者的降解能力都显著增强。一种可能的解释是由于复配后形成复合物，降低了阳离子表面

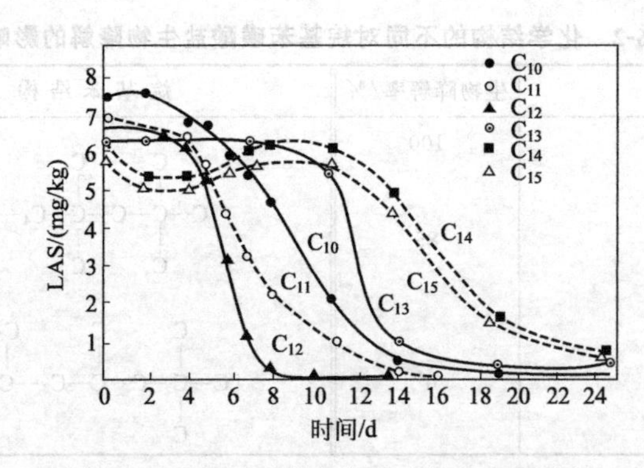


图 6-12 $C_{10}$～$C_{15}$ LAS 各同系物在河水中衰减试验的生物降解（用亚甲蓝法鉴定）

活性剂的抗菌性，使降解易于进行。

③ 两性离子表面活性剂　两性离子表面活性剂是所有表面活性剂中最易降解的。

④ 非离子表面活性剂　非离子表面活性剂的生物降解能力与烷基链长度、有无支链及EO、PO的单元数等有关。对具有不同烷基链与一个或多个环氧乙烷、环氧丙烷嵌段共聚物非离子表面活性剂的生物降解性研究表明：长链烷基比短链烷基难降解；带支链的烷基比直链烷基难降解；分子中存在酚基时较难降解；PO、EO 单元数越多越难降解；相同长度的 PO 链比 EO 链难降解。

综上所述，表面活性剂的生物降解性与其分子结构的关系有以下规律：a. 对表面活性剂生物降解性起关键性作用的是其疏水基团，其次是亲水基团；b. 表面活性剂的疏水基团碳链是直链的特性越显著，生物降解性越强，并且随着疏水基线性程度的增加而增加；若疏水基团碳链的端头是季碳原子，就会使其生物降解性大大下降；c. 疏水基团碳链长短对降解性也有影响；d. 乙氧基链长影响非离子表面活性剂的生物降解性；e. 增加磺酸基和疏水基末端之间的距离，烷基苯磺酸盐的初级生物降解度增加。

**（2）环境因素的影响**　影响表面活性剂降解的因素除了以上所讨论的表面活性剂自身结构外，还受诸多环境因素的影响：如微生物活性、含氧量及地表深度等。

① 微生物活性　对表面活性剂生物降解起至关重要作用的是微生物活性，而被生物降解的表面活性剂浓度也会影响生物降解效率。当表面活性剂浓度较高时会降低微生物的活性，故在生物降解前需用臭氧进行预处理。一般微生物最适宜存活、繁殖的条件是常温、pH 近中性条件下。因此表面活性剂在此条件下也就最易分解。

② 含氧量　表面活性剂的生物降解属于氧化还原反应，不同表面活性剂的生物降解过程对含氧量的要求是有差异的，有的要求需氧条件下，有的要求厌氧条件下，有的在这两种条件下都有效。为此可将其分为需氧降解和厌氧降解两类。一般来说，在需氧条件下降解的表面活性剂主要是阳离子表面活性剂；在需氧、厌氧条件下都能降解的表面活性剂有脂肪酸盐、$\alpha$-烯基磺酸盐、对烷基苯基聚氧乙烯醚等，且在两种条件下降解速度及降解度均相差不大；而 LAS 在需氧、厌氧两种条件下的差异很大。

③ 地表深度　不同地质地表深度对生物降解 LAS 的影响研究表明，发现随着地层深度增加，LAS 的浓度迅速下降。原因是微生物在不同土壤中的浓度和活性随空间的分布不同。

## 6.1.5　生物降解的定量测试方法及表征

生物降解试验法是用非化学的方法消除由表面活性剂给河流、海域造成的泡沫、污染，保护环境，即利用微生物的逐步分解，使受破坏的生态体系恢复正常。

表面活性剂生物降解的检测包括下面两个过程中的定量分析：一是把表面活性剂曝露于微生物中的过程；二是表面活性剂通过生物降解而消失的过程。有关表面活性剂生物降解的定量分析是相当困难和复杂的课题。这里仅侧重讨论有关方法的原理，详细的测定步骤可参考有关文献。

**(1) 生物降解的方法** 表面活性剂曝露于微生物中生物降解的定量方法一般是通过下述三种方式观察表面活性剂的生物降解效果。第一种方式是采集来源于污水处理厂污水池中的微生物（活性污泥）作为试验用的菌种，即在实际环境降解表面活性剂，这是一个较好的选择；第二种方式是采用混合的微生物菌种进行实验，这种菌种是事先试验规定的；第三种方式是采用纯的或某种单一的微生物菌种进行实验。无论采用哪种方式，都需要在曝露实验测定方法中规定清楚微生物菌种的驯化方法和驯化时间。

在曝露实验测定方法中还要考虑两个因素，一是温度（冬季和夏季）对微生物菌种的影响。一般来说，对大多微生物来说，最适宜的温度是30℃上下。温度若过高，就会杀死微生物。二是表面活性剂浓度影响降解效果，表面活性剂浓度最好与实际环境中（如河水中或污水处理厂中）的浓度大约一致。然而表面活性剂浓度常常属于痕量，所以在测定之前需对试样进行一些必要的处理如浓缩或分离，为此会对测定结果产生明显的影响，对此要加以说明。

目前国际上表面活性剂生物降解的实验方法很多，最常用的方法主要有以下几种。

① 活性污泥法 包括连续活性污泥法和半连续活性污泥法两种。这两种方法都是模拟污水处理池中的曝露条件，这是用得最广泛的一种方法。

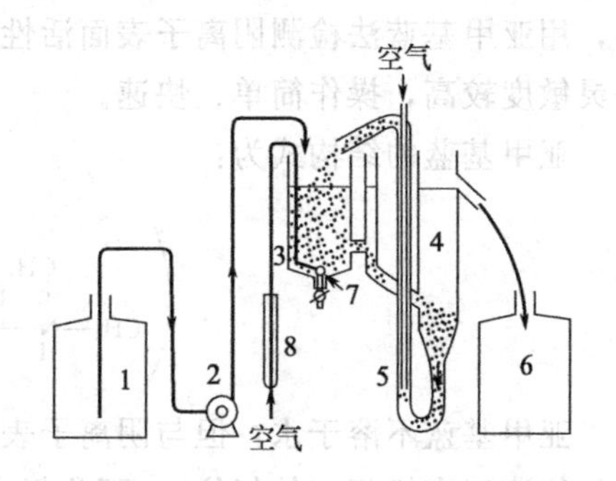


图 6-13 连续式活性污泥试验装置

1,6—贮槽；2—输送泵；3—曝气槽（容量 3L）；4—沉淀槽；5—空气升液器；7—通气装置；8—空气流量计

连续活性污泥法装置：采用活性污泥式污水处理设备的模拟装置如图 6-13 所示。整个装置包括人造污水贮槽 1、污水输送泵 2、曝气槽 3、污泥沉淀-分离槽 4，污泥循环用空气升液器 5、处理水贮槽 6。贮槽 1 和 6 用玻璃或塑料制成，容量至少 24L，泵 2 必须持续地向曝气槽 3 送污水。在曝气槽 3 的底部锥体末端安装有曝气用多孔球 7，由充气泵将空气在1～2m 水压下送气，曝气。

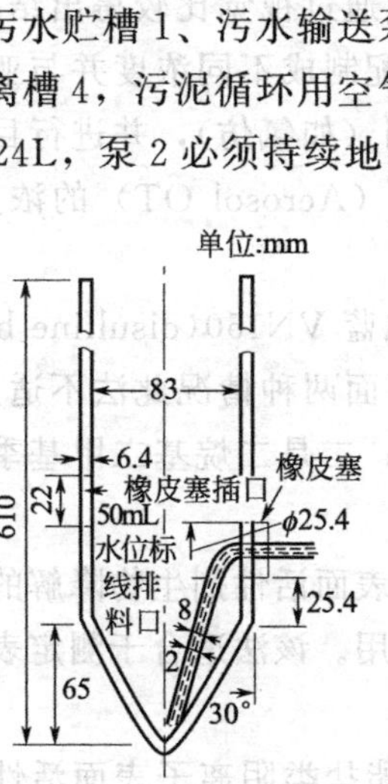

半连续式活性污泥法：半连续式活性污泥法是连续式活性污泥法的简化方法，是由美国肥皂洗涤剂协会（SDA）生物降解试验委员会讨论制订的。装置用玻璃或异丁烯酸酯制的圆筒试验槽，装有进气管，如图 6-14 所示。

图 6-14 半连续式活性污泥试验槽

② 振荡培养法 该法系 JIS K3363 和 JIS K3364 的规定方法。先用振荡培养法进行生物降解，即将表面活性剂和微生物菌种培养基置于锥形瓶中，置锥形瓶于振荡器上在一定温度下振荡一定时间，然后测定表面活性剂浓度随时间的变化（用亚甲蓝法、硫氰酸钴法或泡沫容量法分别测定阴离子和非离子活性剂的浓度），并计算得生物降解度。泡沫容量法是在其他方法不适用时采用，如对烷基醇酰胺等。

③ 河水中衰减试验　用天然水域中的水和模拟天然水域的生物曝露条件。

④ 开放（或密闭）静置法　将表面活性剂和微生物菌种培养基置于烧瓶中，静止一定时间进行曝露试验。

不同的方法可能会得到不同的试验结果，甚至差别还很大，因此使用时应注意。

**（2）表面活性剂生物降解度的定量**　对表面活性剂降解度的定量有多种方法，各种方法本身的适用性和局限性必须引起注意，因分析方法不同所得结果也有差异。常用于表面活性剂生物降解测定的分析方法可分为以下几类。

① 泡沫法　泡沫法用于确定表面活性剂的初级生物降解和次级生物降解，通常是快速而有效的。例如，测定污水池中含有洗涤剂或阴离子表面活性剂污水的泡沫力，可以决定它是否可以排放。

② 专用检测法　采用专用检测法定量测定系统中残留的表面活性剂的量。常用的方法有以下几种。

a. 亚甲基蓝法　此法是采用阳离子染料或阴离子染料对应与阴离子表面活性剂或阳离子表面活性剂生成有色复合盐，且溶于有机相从而达到测定目的。亚甲基蓝是一种阳离子染料，用亚甲基蓝法检测阴离子表面活性剂的降解是迄今为止应用最广泛的方法。该法的特点是灵敏度较高，操作简单、快速。

亚甲基蓝的结构式为：

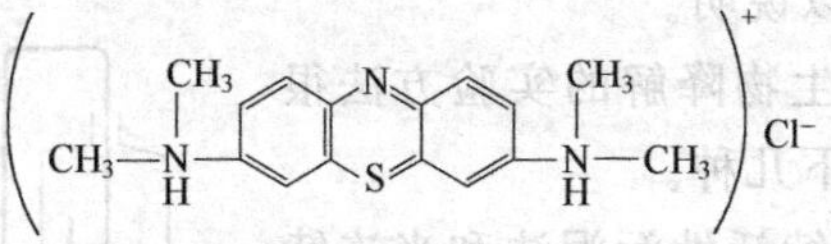

亚甲基蓝不溶于水，但与阴离子表面活性剂反应生成亚甲基蓝/阴离子表面活性剂的复合盐能溶于有机相（如氯仿），而此复合盐在水中的溶解度很低。用分光光度计测定氯仿相蓝颜色的强度（比色法），很容易确定体系中阴离子表面活性剂的量。每升试样液中只要有 $10\mu g$ 离子表面活性剂即能测出。

亚甲基蓝法也可用于目测比色法，是将标准液的颜色与试样液通过视觉比较得出结果。这个标准液是采用一已知的标准阴离子表面活性剂 Aerosol OT，配制成不同浓度并与亚甲蓝形成复合物溶液。具体是将不同体积的被测试样分别加入有机相（如氯仿），并进行目测比色，找出与被测样品相同的标准颜色所对应的标准表面活性剂（Aerosol OT）的浓度，即可换算成被测物的浓度。

对于阳离子表面活性剂合适的阴离子染料有：苦味酸、二硫化蓝 VN150（disulfine blue VN150）和甲基橙等，所用的萃取剂亦为氯仿。需引起注意的是下面两种情况此法不适用：一是单烷基季铵盐型阳离子表面活性剂长链烷基小于或等于 $C_{10}$ 时；二是二烷基二甲基季铵盐的两个长链烷基小于或等于 $C_8$ 时。

亚甲基蓝法优点是，可以在其他碳素来源存在的情况下，进行表面活性剂生物降解的分析。该法可在污水处理厂中使用，特别适合在标准活性污泥法中使用。该法适合于测定表面活性剂的初级生物降解和次级生物降解。

b. $BaSO_4$ 浊度法和示踪技术法　该法适合于磺酸盐类、硫酸酯盐类阴离子表面活性剂的测定。磺酸盐或硫酸酯盐表面活性剂经生物降解后形成的硫酸盐或亚硫酸盐的量就是相对应的已被分解掉的表面活性剂的量。在生物降解研究中硫酸盐含量的分析通常使用 $BaSO_4$

浊度测定法和含$^{35}S$标记原子的表面活性剂放射性示踪技术法。硫酸盐的最低可鉴定浓度为1～40mg/kg。

c. 硫氰酸钴比色法　聚氧乙烯型非离子表面活性剂的亲水基和硫氰酸钴可形成$[R(EO)_nCo]^{2+}[Co(CNS)_4]^{2-}$络合物，该络合物能溶于有机溶剂，并呈现颜色。采用分光光度法在特定波长下测定该络合物的有机溶液，通过与标准曲线对照，即得出非离子表面活性剂的含量。这种方法常用于分析非离子表面活性剂。

使用硫氰酸钴比色法的局限性：一是环氧乙烷的聚合度（$n$）小于6时不能显色；二是阳离子表面活性剂的存在对测定有影响，需将阳离子表面活性剂除去后再行测定。硫氰酸钴比色法适合于检测非离子表面活性剂的初级生物降解和次级生物降解。

d. BOD和$CO_2$生成量分析法　BOD是生化需氧量（biochemical oxygen demand）的缩写。生化需氧量法适于需氧条件下的生物降解。通过测定完全氧化表面活性剂所需的氧量来对比评价在一定时间（一般为一周）内表面活性剂降解的程度。在生物降解过程中表面活性剂要消耗氧气生成$CO_2$，所以可以通过氧的消耗量（BOD）或$CO_2$的生成量来衡量表面活性剂生物降解程度的大小。用BOD和$CO_2$生成量表示的降解是表面活性剂的全部生物降解。需要说明一点，即由于被测表面活性剂的有机碳可能有一部分用于生成新的微生物细胞，而不能达到全部的生物降解——形成$CO_2$，所以实际测出的BOD和$CO_2$的生成量会大大低于理论计算量，为此通过对易生物降解的化合物的大量试验结果表明，如果在实际测定中BOD为理论耗氧量的50%以上，$CO_2$的生成量达到理论计算量的70%以上，就可以认为被测物质实际上或基本上已达到了全部的生物降解。

e. 其他方法　包括：薄层色谱法（TLC）、高压液相色谱法（HPLC）、气相色谱法（GC）、光谱法、放射性元素示踪技术、波谱法（如IR、UV、NMR、MS）等。这些方法都能用来研究表面活性剂生物降解机理和降解过程。

**(3) 表面活性剂生物降解的表征**

① 生物降解度　表面活性剂的生物降解度通常是指在给定的暴露条件和定量分析方法下表面活性剂的降解百分数。某时刻$t$的生物降解度$A_t$可表示为

$$A_t=\frac{c_0-c_t}{c_0}\times100\%$$

式中　$A_t$——$t$时的生物降解度，%；

$c_0$——试验溶液的表面活性剂初始量浓度，mg/L；

$c_t$——试验溶液在$t$时的表面活性剂量浓度，mg/L。

在采用生化需氧量法（BOD）和$CO_2$生成量分析法时，生物降解度的百分数是被测表面活性剂的生化需氧量（BOD）与理论需氧量（ThOD）的比值。也可以用测定的$CO_2$生成量与理论计算的$CO_2$量之比来表示。根据生化需氧量计算的生物降解度可表示为

$$降解度(\%)=\frac{BOD-B}{ThOD}\times100\%$$

式中　BOD——被测物的生化需氧量；

$B$——空白试验需氧量；

ThOD——被测表面活性剂完全氧化时的需氧量。

② 降解时间　在衰减试验中，经过一定的曝露时间后，表面活性剂的生物降解度接近一个常数。通常以表面活性剂降解度达到水平状态的值和所用时间这两个数据表示表面活性

剂的生物降解性能。生物降解达到的水平值愈高，达到水平状态值时所需时间愈短，则生物降解性愈好。

③ 半衰期　半衰期是指表面活性剂浓度下降到初始浓度一半时所需的生物降解时间。半衰期愈短，生物降解速率愈高。

表面活性剂品种有上千种，但直链烷基苯磺酸盐（LAS），脂肪醇聚氧乙烯醚（AEO），脂肪醇聚氧乙烯醚硫酸酯盐（AES）和烷基硫酸盐（AS）占绝大部分。烷基酚聚氧乙烯醚（APE）原来也是重要品种，由于生物降解性差，毒性高，其降解产物也有毒性，已逐步被淘汰。基于环保、安全和节能的考虑，易生物降解、毒性低、刺激性小的表面活性剂越来越得到重视。除了对现有品种进行改良，如为了降低刺激性，AES钠盐改为三乙醇胺盐或氨盐，LAS改成镁盐，以及降低原有产品刺激性杂质含量如AES中二噁烷，AOS中的磺内酯，咪唑啉、甜菜碱中氯乙酸钠等以外，着重研究开发易降解、毒性低的新型表面活性剂。早在1992年第三届国际表面活性剂大会上，从表面活性剂的性能、经济和环境质量三要素考虑，除了提出用直链烷基苯磺酸钠代替支链烷基苯磺酸钠外，提倡开发和应用易生物降解的$\alpha$-烯基磺酸盐（AOS）和由天然原料制备的$\alpha$-磺基脂肪酸酯盐（MES）等。近几年来开发的具有代表性的表面活性剂有：a. 烷基多糖苷（APG）和葡糖酰胺（AGA）及甲基葡糖酰胺（MEGA）。它们是亲水基由植物原料制成的糖系表面活性剂，APG是由糖（来自淀粉）和高级醇（来自天然油脂）制造的，它与脂肪醇聚氧乙烯醚（AEO）等非离子表面活性剂不同，亲水基是糖环。MEGA由糖与甲胺在还原条件下反应后和脂肪酸酯缩合而成。这两种非离子表面活性剂生物降解快而完全，毒性低刺激性小，性能优异，能与各种表面活性剂复配，具有优良的协同作用。b. 脂肪醇聚氧乙烯醚新品种的开发，氧乙烯和氧丙烯的嵌段共聚（EO/PO）和甲基等封端，形成低浊点和低泡沫表面活性剂。c. 三乙醇胺酯和酯基酰胺型季铵盐的开发，虽然双十八烷基二甲基氯化铵具有优良的柔软性能，但生物降解性不太好，而且在冷水中不易分散。而三乙醇胺二硬脂酸季铵盐和酯基酰胺型季铵盐，虽柔软性比双十八烷基二甲基氯化铵稍差，但极易生物降解，并在水中易分散。

## 6.2　表面活性剂的安全性及毒性

随着科学技术的进步和产业的发展，生产出各种化学物质，一方面给我们的生活带来很大的方便，另一方面又使人与化学物质的接触机会日益增加。在日常生活中，表面活性剂能与人们身体接触的情形如药物、食品、化妆品及个人卫生用品等。在研究表面活性剂这类化学物质的安全性时，目前通常采用半致死量即$LD_{50}$来表示。一般来说，误食某种表面活性剂或表面活性剂最终产品的情况是非常偶然和极少见的，但是通过上述情形使人体摄入痕量表面活性剂的可能性却是非常大的。在人体与表面活性剂的接触和摄取中，往往经皮肤的接触比经口和消化道摄取的机会更多，因此，人们对各类与人体接触产品中表面活性剂的刺激性、毒副作用投入越来越多的关注。目前对表面活性剂的选取原则逐渐趋向首先是满足保护皮肤、毛发的正常、健康状态，对人体产生尽可能少的毒副作用；其次才考虑如何发挥表面活性剂的最佳主功效和辅助功效。因此，重新认识和评价表面活性剂的安全性及温和性，向消费者提供最安全、最温和又最有效的制品是十分必要的。

对于某种表面活性剂的安全性评价应全面考虑其物理化学性质、使用状态、毒性、降解性、累积性等，而多数是用毒性试验来预测或证明对人体的危害性。所以，安全性评价中毒性试验占很大比重。毒性试验的分类如下：①一般毒性试验：急性毒性试验；亚急性（短期）毒性试验；慢性（长期）毒性试验。②特殊毒性试验：局部刺激试验；皮肤敏感试验；繁殖试验；致癌试验；诱变试验；毒物新陈代谢试验。

以上列举的试验目前都在使用。毒物新陈代谢试验是研究化学物质在生物体内吸收、排泄、分布、代谢等的试验，是验证毒性试验数据的重要试验项目。毒性试验的目的在于如何敏锐地捕集其毒性，例如在检查使用目的不明确的新化学物质的毒性时，至少可从现有试验方法中选择条件最严格的方法进行，以保证化学物质对人类的安全。

此外，由动物的毒性试验结果还不能预测对人产生的全部中毒现象，因此要根据化学物质对人产生的中毒事例，用长期试验和其他毒性试验等代替人的试验是十分有用的。

### 6.2.1 表面活性剂一般毒性试验

一般毒性试验是针对那些毒性完全未知的物质，以得知有多少量、显示多大毒性为目的，所以可以分为对动物一次给予较大量和连续给予适量（比较少量）受试物两种试验方法。

表面活性剂毒性的表征，毒性大小一般用半致死量 $LD_{50}$ 表示，即指使一群受试动物中毒死之一半所需的最低剂量。$LD_{50}$ 单位为 g/kg(体重) 或 mg/kg(体重)，吸入的 $LD_{50}$ 单位为 mL/kg(体重)（一般文献中的 $LD_{50}$ 单位均把体重一词略去）。测定 $LD_{50}$ 的目的是用来推断对人的毒性，所以为求准确受试动物的种类希望多一些。

表面活性剂对人体的经口毒性分为急性、亚急性和慢性三种。

**(1) 急性试验** 鉴别某种表面活性剂的毒性一般先从急性试验开始，该试验是将受试表面活性剂在 24h 内经口或不经口（经皮肤或吸入或注射）一次或分数次提供给动物（经口和吸入的试验主要用鼠，经皮肤试验用兔等），观察动物 48h 出现中毒死亡的情况，并以此计算出半数动物致死的受试物质量 $LD_{50}$。受试表面活性剂进入动物体内的提供方式分别有经口、经皮肤、吸入和注射（分皮下注射、静脉注射、腹腔注射）四种。由于不同的提供方式，对于同一种受试表面活性剂的半致死量 $LD_{50}$ 也不尽相同。通常经皮肤的半致死量 $LD_{50}$ 大于经口的半致死量 $LD_{50}$，而经口的 $LD_{50}$ 远大于注射（特别是静脉注射）的半致死量 $LD_{50}$。根据实际生活中表面活性剂与人体接触的实际情况，可知经口和经皮肤的半致死量 $LD_{50}$ 更重要，其次是经注射的半致死量 $LD_{50}$。而吸入这一途径并不重要，这是由于表面活性剂是不易挥发的物质。

受试表面活性剂毒性的指标是急性试验测得的半致死量 $LD_{50}$，即通过比较受试表面活性剂的半致死量 $LD_{50}$ 数据和其他已知毒性的物质的半致死量 $LD_{50}$ 数据，鉴别受试表面活性剂的毒性强度（毒性大小）。半致死量 $LD_{50}$ 愈小者其毒性愈强。

部分国家和地区的有关化学物质毒性大小的分类都是以半致死量 $LD_{50}$ 为依据的，见表 6-3。当知道某种表面活性剂的 $LD_{50}$ 时，可参照表 6-3 判断它的毒性强度。某种物质经口的半致死量 $LD_{50} > 1g/kg$，则表示该物质的毒性相当低，如 *α*-磺基月桂酸甲酯半致死量 $LD_{50} > 5g/kg$，可以认为没有口服毒性（属实际无毒的物质）。以急性毒性试验测得的 $LD_{50}$ 作为待试物最终急性毒性指标，这在和其他物质比较或找出毒性强的物质来说是非常有用的。

表 6-4 给出了部分表面活性剂的半致死量 $LD_{50}$ 值。从表 6-4 中可以得出以下结论：阳离子型表面活性剂有较高毒性，阴离子型居中，非离子型和两性离子型表面活性剂毒性普遍较低，甚至比乙醇的半致死量 $LD_{50}$(6670mg/kg) 还低，因而是安全的。

表 6-3　物质的毒性分类

| 国　别 | 毒性分类 | 给　予　方　式 | | |
|---|---|---|---|---|
| | | 经口 $LD_{50}/mg \cdot kg^{-1}$ | 经皮 $LD_{50}/mg \cdot kg^{-1}$ | 吸入 $LD_{50}/mg \cdot L^{-1} \cdot h^{-1}$ |
| 美国<br>危险物条例 | 高毒物 | $LD_{50}$(鼠)≤50 | $LD_{50}$(兔)≤200 | $LD_{50}$≤2 |
| | 毒物 | 50<$LD_{50}$<500 | 200<$LD_{50}$<2000 | 2<$LD_{50}$<20 |
| 日本<br>剧毒物取缔法 | 剧毒物 | $LD_{50}$≤30 | $LD_{50}$≤100 | $LD_{50}$≤2 |
| | 毒物 | 30<$LD_{50}$<300 | 100<$LD_{50}$<1000 | 2<$LD_{50}$<20 |
| 欧共体<br>协作委员会指令<br>NoL 295/20 | 极毒 | $LD_{50}$(鼠)≤25 | $LD_{50}$(鼠或兔)≤50 | $LD_{50}$(鼠)≤0.5mg/L·4h |
| | 有毒 | 25<$LD_{50}$≤200 | 50<$LD_{50}$≤400 | 0.5<$LD_{50}$≤2mg/L·4h |
| | 有害 | 200<$LD_{50}$≤2000 | 400<$LD_{50}$<2000 | 2<$LD_{50}$<2mg/L·4h |

表 6-4　一些表面活性剂的 $LD_{50}$ 值

| 表 面 活 性 剂 | $LD_{50}$/(g/kg) | 表 面 活 性 剂 | $LD_{50}$/(g/kg) |
|---|---|---|---|
| 阴离子表面活性剂 | | 十八烷基聚氧乙烯(10)醚 | 2.9 |
| 支链烷基苯磺酸盐 | 1.2 | 十八烷基聚氧乙烯(20)醚 | 1.9 |
| 直链烷基苯磺酸盐 | 1.3～2.5 | 壬基酚聚氧乙烯(9)醚 | 2.6 |
| 十二烷基硫酸钠 | 1.3 | 壬基酚聚氧乙烯(20)醚 | 15.9 |
| 十二烷基聚氧乙烯(3)硫酸酯盐 | 1.8 | 失水山梨醇单硬脂酸酯(Span) | 31.0 |
| 辛基酚聚氧乙烯硫酸酯盐 | 3.7～5.4 | 失水山梨醇脂肪酸酯聚氧乙烯(20)醚(Tween) | 20.0 |
| 烷基磺酸盐 | 3.0 | 月桂酸二乙醇酰胺 | 2.7 |
| 硬脂酸钠 | 4.1 | 阳离子表面活性剂 | |
| 非离子表面活性剂 | | 十六烷基三甲基溴化铵 | 0.4 |
| 十二烷基聚氧乙烯(4)醚 | 8.6 | 十二烷基二甲基苄基氯化铵 | 0.6 |
| 十二烷基聚氧乙烯(7)醚 | 4.1 | 十八烷基三甲基氯化铵 | 1.0 |
| 十二烷基聚氧乙烯(23)醚 | 8.6 | 两性离子表面活性剂 | |
| 十八烷基聚氧乙烯(2)醚 | 25.0 | 烷基(氨乙基)乙氨酸 | 15.0 |

阴离子型表面活性剂的经口急性毒性都是非常低的。如脂肪酸盐和天然油脂皂化制成的肥皂的经口半致死量 $LD_{50}$ 高于 16000，可完全确定是无害的物质。对常用的阴离子型表面活性剂如烷基硫酸盐、烷基磺酸盐、α-烯烃磺酸盐、烷基苯磺酸盐等的毒性研究表明，其同系物的毒性大小与链长有关。$C_{10}$～$C_{12}$烷基硫酸盐的毒性大于碳链较短的（<$C_8$）同系物或链较长的（>$C_{14}$）同系物。在局部刺激试验中，$C_{10}$～$C_{12}$的烷基硫酸盐也比链较短或较长的同系物耐受性低一些。正烷基硫酸盐和 α-烯基磺酸盐达到一定碳数后，链长再增加时毒性明显降低。

与阴离子型表面活性剂比较绝大多数非离子型表面活性剂的毒性都低。非离子型表面活性剂毒性大小次序依次为：烷基酚聚醚类>糖脂、AEO 和 Span、Tween 类>多元醇型非离子表面活性剂。一般来说，Span 类的 $LD_{50}$ 要大于 AEO（即脂肪醇聚氧乙烯醚），也就是说，Span 的毒性远小于 AEO。某些聚氧乙烯型非离子表面活性剂的 $LD_{50}$ 很高，可以肯定是无毒物质。在每一类同系物中，毒性大小与疏水基碳数和环氧乙烷加成数有关（参见表 6-4）。多元醇型非离子表面活性剂由于其疏水基都是来自动、植物油脂的脂肪酸，而亲水基分别来自甘油、蔗糖、山梨醇，可以说基本是无毒的，其典型产品单甘酯、蔗糖酯常常用作食品添加剂。

需要强调的是，对水生动物来说，非离子型表面活性剂的半致死量 $LD_{50}$ 总体上小于阴离子型表面活性剂的半致死量 $LD_{50}$，即非离子型表面活性剂的毒性总体上高于阴离子型表面活性剂的毒性。

阳离子表面活性剂的半致死量 $LD_{50}$ 大大低于阴离子表面活性剂和非离子表面活性剂，常小于 1g/kg，故阳离子表面活性剂的毒性比阴离子表面活性剂和非离子表面活性剂要高得多，尤其是季铵盐类阳离子表面活性剂的毒性较高，如杀菌剂、消毒剂等。

根据连续给药试验结果，可以明确两点：第一，人在连续接触化学物质时若产生有害影响，可预知其毒性；第二，根据它在生物体内不发生变化的量，在评价对人的安全性时可得到重要的启示。

**(2) 亚急性试验和慢性试验** 对于与人体经常接触的日用化学品，与急性毒性相比，了解其亚急性特别是慢性毒性意义是非常重大的。

检查在短期内以一定的剂量给动物投予被试物质而产生的毒性称为亚急性毒性试验。这是一种短期毒性试验，一般可作为确定慢性毒性试验投药量的依据。短期投药试验的特点是能重复进行实验，容易确定所发现毒性的再现性。

检查长期内以一定的剂量给动物投予被试物质而产生的毒性称为慢性毒性试验。亚急性毒性试验和慢性毒性试验通称为连续投药试验，其目的是通过给动物反复投予被试物质，正确掌握投药量和了解毒性种类，进而确定不产生毒性的安全用量。长期投药实施不易，且动物也难得，因此在毒性评价中，应采用有效的检查方法，尽可能物尽其能。

表面活性剂以阴离子表面活性剂在日用化学品中含量居多。有人研究和统计了在现代生活中每个人每天通过各种方式摄入人体的表面活性剂量为：个人卫生用品为 0.1～4.0mg；水果、蔬菜为 0.3～2.5mg；肉、奶制品为 0.1～3.0mg；饮用水为 0.3～1.0mg；总计为 0.8～10.5mg。表 6-5 为常见阴离子表面活性剂的亚急性和慢性毒性试验数据。

**表 6-5 常见阴离子表面活性剂的亚急性和慢性毒性试验数据**

| 表面活性剂 | 试验动物 | 受试物质的剂量和给药方式 | 试验持续时间 | 试验结果 |
|---|---|---|---|---|
| 硬脂酸钠 | 鼠 | 5000mg/L 水 | 120 天 | 无反应 |
| | 鼠 | 10000mg/L 水 | 120 天 | 无反应 |
| | 鼠 | 50000mg/L 水 | 120 天 | 30 天后 20%试验动物死亡进食减少，体重下降 |
| 十二烷基硫酸钠 | 鼠 | 1000mg/L 水 | 120 天 | 很小的生长抑制 |
| | 鼠 | 1700mg/L 水 | 140 天 | 对营养摄取有刺激 |
| | 鼠 | 5000mg/L 水 | 140 天 | 50 天后 50%试验动物死亡 |
| | 鼠 | 口服 60mg/(kg·d) | 5 周 | 无反应 |
| | 鼠 | 在饲料中加 40、200、1000mg/kg | 90 天 | 三种加量均无反应 |
| | 鼠 | 在饲料中加 1700、5000、10000mg/kg | 2 年 | 无反应 |
| | 人 | 口服 6000～9000mg/d | 38 天 | 无反应 |
| 十二烷基聚氧乙烯(3)醚硫酸钠 | 鼠 | 在饲料中加 40、200、1000mg/kg | 90 天 | |
| | 鼠 | 在饲料中加 1000、5000mg/kg | 2 年 | 两种加量均无反应 |
| 支链烷基苯磺酸盐 | 鼠 | 口服 30mg/(kg·d) | 6 个月 | 无反应 |
| 直链烷基苯磺酸盐 | 鼠 | 100mg/L 水 | 100 周 | 无反应 |
| ($C_{10}$～$C_{12}$ 平均 $C_{12}$) | | 在饲料中加 200、1000 和 5000mg/kg | 2 年 | 三种加量均无反应 |
| α-烯基($C_{14}$～$C_{18}$)磺酸盐 | 鼠 | 在饲料中加 1000、1700 和 5000mg/kg | 2 年 | 三种加量均无反应 |
| *N*-油酰基-*N*-甲基牛磺酸钠 Igepon T | 鼠 | 在饲料中 20000mg/kg | 4 个月 | 无反应 |
| 二(乙基己基)磺基琥珀酸酯 | 鼠 | 在饲料中加 1700 和 5000mg/kg | 2 年 | 无反应 |

与慢性毒性试验中对动物出现中毒现象的表面活性剂的最低剂量比较，即使按最高摄入量10.5mg/d计，毒性显然低得多。因此，在现代生产中的这些含有表面活性剂的日用化学品对人体来说是非常安全的，可以放心使用。

在急性试验中，阳离子表面活性剂与阴离子和非离子表面活性剂相比具有较高的毒性，在慢性试验中，饮用水中含烷基二甲基苄基氯化铵在用于试验动物时，基本上看不到有何影响。但阳离子表面活性剂浓度高时，由于产生饮用水变味，使被试动物减少了对水的摄取量，这样或多或少会抑制或影响被试动物的健康发育。在饲料中加入烷基二甲基苄基氯化铵的质量分数分别为0.5%、0.17%、0.117%、0.063%用于试验动物，试验周期为两年，试验结果显示：加入0.063%就能抑制发育，加入0.5%(相当于5g/kg) 出现食欲不振，在十周内出现死亡例，十周之后没有再出现死亡例。死亡例的病理现象是胃出血性坏死、消化道有褐色黏性物、腹部浮肿、下痢等症状。被试物季铵盐刺激消化道，妨碍正常的营养摄取而呈现其毒性。

在慢性毒性试验中，用失水山梨醇酯（Span）及聚氧乙烯化脂肪酸失水山梨醇酯（Tween）这两类非离子表面活性剂作为食品添加剂，有100个受试者（5～72岁），以4.5～6g/d口服，在1～4年没有发现任何疾病，也未发现代谢、临床化学和血液病学的异常变化。说明非离子表面活性剂没有毒性，可作为安全性物质来使用。

### 6.2.2 表面活性剂的溶血作用

溶血作用是指由某种原因使红细胞代谢障碍，膜缺陷或血红蛋白异常致使红细胞膜破裂、溶解。在医药行业中，在药物注射液或营养注射液中常用非离子型表面活性剂作为增溶剂、乳化剂或悬浮剂。在给病人用药时，尤其是静脉注射，一般一次注射量较大，所以必须考虑表面活性剂的溶血作用。一般来讲，表面活性剂的溶血作用的大小顺序为：非离子型表面活性剂＜阳离子型表面活性剂＜阴离子型表面活性剂。因此，一般在注射液中不使用阳离子型和阴离子型表面活性剂。非离子型表面活性剂中，氢化蓖麻油酸PEG酯的溶血作用最低，最适于静脉注射，但若其中PEG聚合度加大，则溶血作用会超过Tween类。

一些非离子型表面活性剂溶血作用的次序为：Tween＜PEG脂肪酸酯＜PEG烷基酚＜AEO。Tween系列的溶血作用次序为：Tween-80＜Tween-40＜Tween-60＜Tween-20。

## 6.3 表面活性剂对皮肤和黏膜的影响

不论是在工厂、实验室，还是在家庭内，人的皮肤和眼睛经常会接触化学物质，所以有关化学物质的局部危害事例很多。根据局部接触化学物质而产生的炎症强弱及其变化，可以断定受试物的刺激强度。常用腐蚀、刺激这些用语来表示刺激的强度。腐蚀是指生物体内受到不可逆的组织损伤（糜烂、溃疡、局部坏死），这和化学物质腐蚀金属的意义是相同的，腐蚀金属的物质对生物体来说叫作腐蚀性物质。而刺激是指产生可逆性的炎症变化（红斑、浮肿）。一般来说，产生刺激和腐蚀的化学物质，其浓度和接触时间是其重要因素。

### 6.3.1 表面活性剂对皮肤和黏膜的刺激性

表面活性剂对黏膜产生的刺激性或致敏性主要由三个因素引起：一是表面活性剂与蛋白

质反应，表面活性剂可通过对蛋白质的吸附，导致蛋白质变性以及改变皮肤 pH 条件等。实验表明 PEG 非离子类的反应性较低，LAS 等阴离子的反应性较大。二是表面活性剂经皮渗透的作用，它是引发皮肤各种炎症的原因之一。表面活性剂对皮肤黏膜的刺激作用大小为：阳离子＞阴离子＞非离子型和两性离子型。三是保留作用，它是指表面活性剂对皮肤本身的保湿成分、细胞间脂质及角质层中游离氨基酸和脂肪的保留。表面活性剂水溶液对皮肤角质层中游离氨基酸和脂肪的保留率明显低于水，由此会导致皮肤干燥，这是由于表面活性剂对皮肤的刺激和角质层保水率的下降引起的。

### 6.3.2 表面活性剂分子结构对温和性的影响

表面活性剂的温和性是指它与皮肤和黏膜组织的相容性及各种生物学影响，可通过一系列皮肤病学和生物学方法加以考察。

目前常用的温和性鉴定方法可以分为活体试验和离体试验两大类。活体试验主要在人体皮肤和兔皮及兔眼黏膜上进行，两种较为常用的方法是兔皮试验和兔眼试验。有时也采用对人体前臂的腕部进行贴斑试验，观察表面活性剂对人体是否产生红斑和浮肿等现象。也可采用浸渍法，即将人的手部浸泡在一定浓度的表面活性剂水溶液中模拟搓洗动作或洗碗碟动作，一定时间后测试浸泡前后皮肤表面的皮脂脱落率或蛋白质溶出性。从安全和动物保护考虑，提倡采用离体实验方法。离体试验是以体外细胞或蛋白模拟生物体，观察表面活性剂对离体蛋白或细胞的作用，从而推断对活体组织的作用程度。最常用的两种离体试验方法为红血球细胞试验（RBC test）和特定玉米蛋白质试验（Zein test）。红血球细胞试验以离体红血球作为细胞替代物进行实验，观察表面活性剂对红血球细胞的溶血作用和血红蛋白变性作用。在特定玉米蛋白质试验中，特定玉米蛋白质（自身几乎是完全不溶于水的）用于模拟活体蛋白质进行试验，通过测定与表面活性剂作用前后特定玉米蛋白质溶解度的变化来表征表面活性剂与特定玉米蛋白质相互作用的强弱，从而间接表征表面活性剂对活体蛋白质的作用程度，换句话说间接表征了表面活性剂的刺激性。

表面活性剂分子结构对皮肤温和性的影响主要反映在以下几方面。

**(1) 表面活性剂的种类** 表面活性剂对皮肤温和性大多是非离子表面活性剂较高，其次是两性离子表面活性剂和阴离子表面活性剂，而阳离子表面活性剂的温和性最低。聚氧乙烯型非离子表面活性剂的温和性比阴、阳离子型表面活性剂的高，而且温和性会随分子中聚氧乙烯长度增加进一步提高。若在离子型表面活性剂中引入聚氧乙烯链，也会增大分子的温和性，如在十二烷基硫酸钠中引入聚氧乙烯链形成脂肪醇聚氧乙烯醚硫酸钠。分子中引入甘油或其他多元醇也会收到与引入聚氧乙烯链相同的结果。

常用阴离子表面活性剂温和性的相对顺序为：单烷基琥珀酸单酯二钠盐＞脂肪酸咪唑啉两性离子表面活性剂＞两性甜菜碱＞十二烷基氨基丙酸衍生物＞脂肪酸肌氨酸盐＞脂肪酸多肽缩合物＞脂肪酸甲基牛磺酸钠＞烷基醚硫酸盐＞烯烃磺酸盐＞烷基磺酸盐＞烷基芳基磺酸盐。常用非离子表面活性剂对皮肤的温和性的大小规律是：聚氧乙烯醚失水山梨醇脂肪酸酯(Tween)＞脂肪醇聚氧乙烯醚（AEO）。在聚氧乙烯型非离子表面活性剂中，各种同系物随加成的环氧乙烷数的增加，亲水性增大，温和性提高。

**(2) 疏水基链长** 采用闭口杯对人进行试验，时间为 22～24h，考察不同疏水基链长的钠皂和烷基硫酸盐对皮肤的温和性。结果表明，钠皂对皮肤的温和性比烷基硫酸钠要高。不同链长的 AS、LAS 和 AOS 对皮肤的温和性研究表明，$C_{10}$～$C_{14}$ 的阴离子表面活性剂对皮肤的作用和温和性都不是最理想的。一般认为表面活性剂疏水基的碳链越长，直链化程度越大，对人体越温和。但也有一些例外，如烷基甘油醚磺酸盐，并不是长链烷基的衍生物，而是八碳烷基的衍生物温和性最高。

**(3) 分子的大小** 表面活性剂分子越大，越难经皮渗透，因此对皮肤的温和性越大。因此，目前化妆品和个人卫生用品中所用的表面活性剂、乳化剂有向大分子、高分子化方向发展的趋势，或对天然高分子进行改性。

**(4) 与皮肤组织的相似性** 表面活性剂本身的结构若与皮肤组织结构具有一定相似性或相近性的话，对皮肤温和性比较高。而往往这样的表面活性剂都具有比较复杂的结构，因此目前化妆品和个人卫生用品中新开发的一些温和型表面活性剂的结构，不再是长链烷基与亲水基的简单结合体，而是多分子缩合物型。此外，分子中引入酰胺键或引入水解蛋白、氨基酸结构等，既增加了表面活性剂分子与皮肤组织的相似性，亦有助于增加表面活性剂的温和性。

**(5) 亲水基团的极性** 表面活性剂亲水基团的极性愈小，对皮肤愈温和，如十二烷基硫酸钠的温和性不如十二烷基羧酸钠。若进一步将十二烷基硫酸钠结构中引入聚氧乙烯基团便可大大降低对皮肤的脱脂力。若将亲水基团的反离子种类进行更换，也有助于改变表面活性剂分子的温和性，如将AES中的钠离子改变为铵离子，温和性增大。

**(6) 复配表面活性剂对温和性影响** 为了提高表面活性剂最终制品的综合性能，往往进行表面活性剂之间的复配，那么表面活性剂如何复配既能发挥表面活性剂的综合性能，又使表面活性剂复配体系的温和性达到最佳，就是人们最关心的问题。如常用的几种大宗表面活性剂产品LAS、AES、$K_{12}$等的温和性都不高，可通过复配一些温和性好的表面活性剂，以增加复配体系的温和性。如将酰胺型磺基琥珀酸钠盐与AES按3∶1复配时，温和性上升到比两性离子表面活性剂更高的水平。再如在LAS-AES-尼纳尔常用餐具洗涤剂复配体系中加入少量APG（烷基葡糖苷），便可使配方的温和性上升一个等级，达到基本无刺激的水平。25%烷基多苷与75%AES复配，可使AES的温和性提高70%以上。

## 6.4 表面活性剂的人体吸收和代谢

经常与人体皮肤相接触的化妆品、个人卫生盥洗用品、家用洗涤剂等都含有表面活性剂。进入消化道的某些食品和药品中也可能含有作为添加剂组分而使用的表面活性剂，因此表面活性剂对人体的影响包括它在人体中的吸收、代谢和排泄，以及它的毒理性质和对人体的安全性等。

表面活性剂进入人体的方式一般来说有两种：一是体内通道，即通过食物入口经人的胃肠道消化系统吸收；二是体外通道，即与皮肤直接接触产生吸收。

### 6.4.1 表面活性剂在体内通道的吸收和代谢

**(1) 阴离子表面活性剂的吸收和代谢**

① 烷基苯磺酸钠的吸收和代谢 表面活性剂通过人们日常生活的各种渠道摄入体内的量约为0.8～10.5mg/d。用动物试验可证实烷基苯磺酸钠通过$\omega$-和$\beta$-氧化作用降解而代谢大部分排出体外。如用大鼠进行试验表明在其肠内LAS和ABS均能吸收，吸收后LAS和ABS的小部分经过肠肝循环以粪便的形式排出，而大部分的LAS和ABS通过$\omega$-和$\beta$-氧化作用降解而代谢成短链磺苯系羧酸；对恒河猴用LAS进行的试验中也得到其几乎完全被肠

吸收的结果，其中一部分与胆汁一起由粪便排出。经过重复口服试验，检测了恒河猴体内的每一器官，均未发现有 LAS 和 ABS 及其代谢物的积累，在尿中也未检测到 LAS 和 ABS。

Havermann 等用猪做试验，给其投喂含有标记示踪原子$^{35}S$的十二烷基苯磺酸钠，在用药 8d 内检测猪的尿和粪便，发现从尿中排泄出来的$^{35}S$约为 35%，从粪便中排泄出来的$^{35}S$约为 64%，在用药 8d 后残留在机体中的$^{35}S$仅为 0.5%。Michael 等用大鼠做试验，用自己制备的两个带有$^{35}S$标记的烷基苯磺酸盐，分别是标记为［$^{35}S$］LAS 和［$^{35}S$］ABS，前者是直链烷基苯磺酸盐，后者是支链烷基苯磺酸盐；给大鼠投喂［$^{35}S$］LAS 的剂量分别是 3.5mg/kg、6mg/kg、40mg/kg 或 250mg/kg，在用药 3d 内检测鼠尿，检出的$^{35}S$为38%～56%，给大鼠用插管法投喂［$^{35}S$］ABS 的剂量分别是 3.5mg/kg，6mg/kg，40mg/kg，用药三天内仅有 6.8%～9.6%的$^{35}S$从尿中排出，而高于 79%的$^{35}S$是从粪便排出。

Michael 等还进行了肠道对［$^{35}S$］LAS 的吸收方式研究，研究方法采用大鼠内服用药及外科手术的综合方法：内服用药是口服［$^{35}S$］LAS；外科手术是给大鼠装上胸导管插管，收集在 42h 内的淋巴液，通过对此淋巴液的检测，仅有 1.6%的$^{35}S$。由此得出 LAS 是从肠道吸收然后输送到静脉血液系统中的结论。研究者又进一步做了交叉试验：即对另一批大鼠装上胆插管，经口服药的大鼠的胆汁进入第二个鼠的肠道，收集第二个鼠的胆汁，试验证明胆汁是一个重要的排泄方式。因为试验发现：在给大鼠装了胆插管后，口服［$^{35}S$］LAS 后从尿中排泄出去的［$^{35}S$］为 46%，在胆汁中的［$^{35}S$］是 25%，这就表明上述结论，即由口服的［$^{35}S$］LAS 至少有 71%是由肠道吸收的。在交叉试验中由肠吸收了胆排泄的全部$^{35}S$，LAS 在鼠体内的代谢及肠肝再循环使得大部分$^{35}S$排泄到尿中。Michael 对服用［$^{35}S$］LAS 的大鼠排泄的尿、粪便和胆汁中的$^{35}S$组分的性质又做了进一步的研究：用 $Na_2SO_4$ 进行同位素稀释分析结果表明，在任何一个样品中都不存在$^{35}SO_4^{2-}$。

因此，烷基苯磺酸钠的吸收和代谢为：

$$\text{烷基硫酸钠}\xrightarrow[\omega\text{-氧化和}\beta\text{-氧化}]{\text{在动物体内}}\text{短链磺苯系羧酸(排出体外)}$$

② 烷基硫酸盐的吸收和代谢　经过一系列动物试验，发现烷基硫酸钠经肠吸收的量也很大，例如，对幼猪做试验，给其投喂十二烷基硫［$^{35}S$］酸钠，在 82h 后检测，得到的结果是从幼猪的尿排出了近 90%的放射性同位素硫。对大鼠进行试验，给其投喂十二烷基硫［$^{35}S$］酸钾，经检测，进入大鼠体内的烷基硫酸钠一开始是发生 $\omega$-氧化而后进行 $\beta$-氧化，经降解代谢，形成丁酸-4-硫酸钠，最后经非酶转化成为硫酸钠和丁内酯，也就是说烷基硫酸钠几乎完全被肠吸收。若对大鼠投喂奇数碳直链烷基硫酸钠如十一烷基硫酸钠、十五烷基硫酸钠及支链烷基硫酸钠如 2-乙基己基硫酸钠，经检测发现它们都能被大鼠肠吸收，且它们的代谢产物分别是丙酸-3-硫酸钠和乙基丁酸-4-硫酸钠。试验表明：奇数碳直链烷基硫酸钠、支链烷基硫酸钠都是通过烷链的 $\omega$-氧化和 $\beta$-氧化而降解的。烷基硫酸钠在动物体内的代谢均与在大鼠体内的代谢相同，形成的丁酸-4-硫酸钠经脱硫酸化作用生成少量的 $\gamma$-丁内酯。此外，丁酸-4-硫酸钠还可转化为 4-羟基丁酸中间体，最后降解为二氧化碳。

对人体供给十六烷基硫酸钠进行临床试验，结果表明，十六烷基硫酸钠也是在肠中被吸收，其代谢方式与上述在大鼠体内的代谢相似，经代谢形成的丁酸-4-硫酸钠还可以进一步发生 $\beta$-氧化形成乙酸-2-硫酸钠。对狗做试验，得到与对人试验完全相同的结果。

Havermann 等实验结果表明：十二烷基硫酸钠大量由肠吸收，仅有少量可降解成游离的硫酸盐。实验方法是给猪口服含$^{35}S$标记的十二烷基硫酸钠后，当即从尿中就可检出$^{35}S$，服药8d后，约90%的$^{35}S$是从尿中检出的，约10%的$^{35}S$是从粪便中检出的，残留在猪体内的$^{35}S$就微乎其微了。少量的$^{35}SO_4^{2-}$是从尿中检出的，S在猪体内的分布情况与服用$Na_2{}^{35}SO_4^{2-}$相似。

Donner等用含有$^{35}S$标记的烷基硫酸盐在一些动物体内进行了注射试验，得出了一些有意义的结果。他们给狗做静脉注射，一组是剂量为2.9mg/kg十六烷基硫［$^{35}S$］酸钠，另一组是剂量为14.4mg/kg［1-$^{14}C$］十六烷基三甲基硫酸铵，分别收集注射后72h以上的排泄物并对其检测，结果是在第一组狗的尿中检出大约有85%的$^{35}S$，从第二组狗的尿中检出大约有81%的$^{14}C$，对这两组的粪便进行检测，二者都仅有3%～4%的放射性同位素。他们给大鼠做腹腔内注射和静脉注射，剂量为5mg/kg的十二烷基［$^{35}S$］硫酸钾，注射12h后对收集的尿检测$^{35}S$，测定结果丁酸-4-硫酸盐是尿中的$^{35}S$的主要成分。有趣的是雄性鼠和雌性鼠尿中的$^{35}SO_4^{2-}$的含量竟然不同，前者比后者高得多，造成这种现象的原因还有待进一步研究。因而烷基硫酸钠的吸收和代谢过程为：

$$\text{烷基硫酸钠}\xrightarrow[\omega\text{-氧化和}\beta\text{-氧化}]{\text{在动物体内}}\text{丁酸-4-硫酸钠……最后降解为二氧化碳}$$

③ 烷基磺酸钠的吸收和代谢　烷基磺酸钠如十二烷基磺酸钠和十六烷基磺酸钠，都能被大鼠肠吸收，其代谢产物都是丁酸-4-磺酸钠；给大鼠投喂十一烷基磺酸钠，经吸收代谢后形成戊酸-5-磺酸钠和丙酸-3-磺酸钠。可见，烷基磺酸钠也是通过$\omega$-氧化、$\beta$-氧化作用降解的。

$$\text{烷基磺酸钠}\xrightarrow[\omega\text{-氧化和}\beta\text{-氧化}]{\text{在动物体内}}\text{丁酸-4-磺酸钠……最后降解为二氧化碳}$$

④ 脂肪醇聚氧乙烯醚硫酸钠的吸收和代谢　有关脂肪醇聚氧乙烯醚硫酸钠，偶数碳链与奇数碳链被动物吸收代谢形成的产物既有相同点也有一些差别。偶数碳链如月桂醇聚氧乙烯(3)醚硫酸钠、十六醇聚氧乙烯(3)醚硫酸钠都能被大鼠的肠所吸收，并代谢形成乙酸-2-聚氧乙烯(3)醚硫酸钠，一部分碳链被氧化为二氧化碳；十六醇聚氧乙烯(9)醚硫酸钠在大鼠的肠内被吸收得较少。奇数碳链如十一醇聚氧乙烯(3)醚硫酸钠能被大鼠的肠所吸收，代谢产物主要为丙酸-3-聚氧乙烯(3)醚硫酸钠，少部分醇的碳链氧化成二氧化碳。

综上所述，阴离子表面活性剂的烷链都是通过$\omega$-氧化、$\beta$-氧化作用降解的。

**(2) 阳离子表面活性剂的吸收和代谢**　分别对兔、猫、狗投喂十二烷基二甲基苄基氯化铵、十四烷基二甲基苄基氯化铵和十六烷基二甲基苄基氯化铵的混合物，经检测这些动物对阳离子表面活性剂的混合物经肠的吸收量很低。对大鼠投喂十六烷基三甲基溴化铵发现仅有少量被吸收，其代谢过程还不清楚，有可能被完全代谢。

**(3) 非离子表面活性剂的吸收和代谢**

① 聚氧乙烯型　对大鼠投喂脂肪醇聚氧乙烯醚（碳链为$C_{12}$、$C_{13}$和$C_{15}$，EO=5,7），无论是长碳链的聚氧乙烯醚还是短碳链的在大鼠肠内的吸收情况、代谢过程中降解和排出的情形都相同。若聚氧乙烯型非离子表面活性剂的烷基链以$^{14}C$原子示踪，发现有如下规律：烷基链越长，排出的$^{14}CO_2$越多，表明在大鼠体内聚氧乙烯型非离子表面活性剂降解过程中发生醚键的断裂；若聚氧乙烯型表面活性剂的聚氧乙烯链是用$^{14}C$原子示踪的，则只有少量的$^{14}CO_2$排出，表明聚氧乙烯型表面活性剂在降解过程中聚氧乙烯链生成聚乙二醇醚及相应的羧酸。对人进行试验，和大鼠经口所得结果类似。6-戊基庚醇聚氧乙烯（6）醚以$^{14}C$示踪，在肠内很容易吸收，随胆汁排出了吸收的大部分，以$^{14}CO_2$排出的只有一小部分，由尿排出的表面活性剂约有10%～15%。

② 多元醇型 对大鼠投喂多元醇型非离子表面活性剂如失水山梨醇脂肪酸酯，在肠道内能发生以下反应：第一是酯键断裂，形成脂肪酸及相应的山梨醇；第二是所形成的脂肪酸在肠内吸收后被氧化降解，而山梨醇在肠内被吸收，但并没有进一步氧化降解，而是由尿液排出体外。对大鼠投喂失水山梨醇聚氧乙烯醚脂肪酸酯（吐温），同样在肠内被吸收，继而降解形成脂肪酸，脂肪酸经吸收最后氧化降解。但需注意的是失水山梨醇与聚氧乙烯醚之间的醚键没有完全断裂。对大鼠静脉注射聚醚（聚氧丙烯聚氧乙烯嵌段型聚醚），没有发现醚键断裂，由尿液排出的是没有任何变化的非离子表面活性剂聚醚。

**(4) 两性离子表面活性剂的吸收和代谢** 临床上对人给予大剂量十二烷基二甲基氧化胺并对大鼠投喂大量同样物质，发现很快地在肠内对十二烷基二甲基氧化胺吸收，大鼠口服1h后其主要存在于血液中，试验结束时主要存在于肝脏内。人和大鼠的情况相同，在人体内十二烷基二甲基氧化胺的生物半衰期小于12h。在机体内十二烷基二甲基氧化胺主要是降解的方式排出，其次才是随胆汁排出。通过在人和大鼠体内对十二烷基二甲基氧化胺生物转化的研究，可以得到其主要代谢物为 *N*,*N*-二甲基-4-氨基丁酸及 *N*-氧化物，且大鼠口服十二烷基二甲基氧化胺后鉴别出有更长链的代谢物，主要是C-羟基化的氨基醇。

### 6.4.2 表面活性剂在体外通道的吸收和代谢

人们在日常生活的各种活动中，皮肤会直接接触许多表面活性剂产品诸如手洗衣服、洗涤餐具、洗手用的洗涤剂，人们使用的各种化妆品和个人用清洁用品，治疗皮肤疾病所用的外用涂抹药膏等，这些都会使表面活性剂与皮肤密切接触，从而产生表面活性剂经皮肤通道进入人的机体而被吸收，换言之是被皮肤消溶吸收即可进入机体。因而需要有一种有效的方法来测定表面活性剂经皮肤的吸收量及表面活性剂在人体内的行踪。目前采用示踪原子法能精确地测知表面活性剂经皮肤的吸收量，为研究和制订表面活性剂对人体的安全卫生指标提供了重要数据。

**(1) 阴离子表面活性剂的吸收和代谢** 有关阴离子表面活性剂经皮肤的吸收研究，大多是用$^{35}S$或$^{14}C$示踪的十二烷基硫酸钠进行试验。分别对大鼠皮肤和人体皮肤进行试验，经皮肤吸收的活体测量表明，大鼠皮肤和人体皮肤对十二烷基硫酸钠吸收很低，用自动射线照相显示，表面活性剂进入皮肤的通道是通过皮脂腺的分泌管。用25mmol/L的十二烷基硫酸钠水溶液在大鼠皮肤上试验，接触15min后，测定24h内经皮肤的吸收量为0.26mg/$cm^2$。同样在豚鼠皮肤上试验，测得经皮肤的吸收量也很低。用十二烷基苯磺酸钠做皮肤吸收试验，得出相同的结果即吸收量也很低。

通过对豚鼠皮肤吸收的研究得知，部分阴离子表面活性剂吸收能力的大小是：月桂酸钠＞月桂醇聚氧乙烯(3)醚硫酸钠＞十二烷基硫酸钠。另外，通过对阴离子表面活性剂疏水基碳链的长短与被皮肤吸收关系的研究表明：烷基碳链为$C_{12}$时，经皮肤吸收量最高。表6-6列出了相同链长的AS和AES经皮肤吸收的数据。

**表 6-6 经皮肤吸收的 AS 和 AES 的数据**

| 表面活性剂 | 吸收量/(μg/cm²) | 表面活性剂 | 吸收量/(μg/cm²) |
| --- | --- | --- | --- |
| 十二烷基硫酸钠 | 0.20 | 十二烷基聚氧乙烯(3)醚硫酸钠 | 0.39 |
| 十五烷基硫酸钠 | 0.08 | 十五烷基聚氧乙烯(3)醚硫酸钠 | 0.26 |

综上所述，动物皮肤对表面活性剂的吸收量的多少和皮肤的状况有关，若皮肤完好无损时则吸收量是很少的，在正常使用中通过皮肤吸收的表面活性剂的量则更少。但如果皮肤由

于种种原因有伤口，则此时的皮肤对表面活性剂的吸收量会很高。

**(2) 阳离子表面活性剂的吸收和代谢** 与阴离子表面活性剂相比，皮肤对阳离子表面活性剂吸收研究得不多。先将兔毛剪掉裸露出皮肤，然后用双十八烷基二甲基氯化铵的水溶液与之接触，经一定时间后测定此阳离子表面活性剂经皮肤的渗透量，结果显示，渗透量是施加量的1%以下。用大鼠做试验，同样是先将鼠毛剪掉裸露出皮肤，然后用十二烷基三甲基溴化铵的水溶液与之接触，结果呈现该阳离子表面活性剂经皮肤的渗透量很小。

**(3) 非离子表面活性剂的吸收和代谢** 用脂肪醇聚氧乙烯醚（碳链为 $C_{12}$～$C_{15}$，EO 数为 6 或 7）溶液被大鼠皮肤吸收，在 72h 内皮肤的吸收量约为施用量的 39.5%～40.4%。若施用支链脂肪醇聚氧乙烯醚，在 96h 内皮肤的吸收量约为施用量的 25%。对人体皮肤试验，经 8h 后体内经皮肤的吸收量约为施用量的 1%～2%。

用月桂醇聚氧乙烯醚对大鼠进行系列研究试验表明：分别施用各种浓度的月桂醇聚氧乙烯(3)醚、月桂醇聚氧乙烯(6)醚、月桂醇聚氧乙烯(10)醚及十五烷醇聚氧乙烯(3)醚于大鼠的皮肤上，接触一定的时间后将上述表面活性剂洗掉，皮肤吸收量的测定结果见表 6-7。

**表 6-7 在不同浓度、接触时间和多次使用情况下脂肪醇聚氧乙烯醚经皮肤的吸收**

| 条件 | | 渗透率/[μg(表面活性剂)/cm²(皮肤)] | | | |
|---|---|---|---|---|---|
| | | 月桂醇聚氧乙烯(3)醚 | 月桂醇聚氧乙烯(6)醚 | 月桂醇聚氧乙烯(10)醚 | 十五烷醇聚氧乙烯(3)醚 |
| 浓度/%(质量/体积) | 0.2 | 0.73 | 0.77 | 0.20 | 4.18 |
| | 0.5 | 1.90 | 3.16 | 0.51 | 6.19 |
| | 1.0 | 4.38 | 4.89 | 0.85 | 14.06 |
| 接触时间/min | 1 | 3.1[①] | 4.66 | 0.87 | 2.13 |
| | 5 | 4.3[①] | 4.32 | 1.23 | 7.94 |
| | 10 | 5.9[①] | 6.48 | 1.05 | 8.30 |
| | 20 | 8.4[①] | 7.80 | 2.26 | 10.52 |
| 使用次数(5min/次) | 1 | 5.9[②③] | 5.34 | 0.92[②] | 4.19 |
| | 2 | — | 7.14 | 2.11[②] | 5.60 |
| | 4 | 10.4[②③] | 8.71 | 3.09 | 7.19 |

①2%(质量/体积)；②0.5%；③不含直链烷基苯磺酸钠的试验水溶液。

注：用1%（质量分数）的非离子表面活性剂在1%（质量分数）直链烷基苯磺酸钠的溶液中调配。

由表 6-7 可见，脂肪醇聚氧乙烯醚的皮肤渗透性，随烷基链增长而增高，如十五烷醇聚氧乙烯(3)醚的渗透性大于月桂醇聚氧乙烯(3)醚等；聚氧乙烯链的环氧乙烷加成物质的摩尔数为 6 或更多时，经皮肤的吸收减低；表面活性剂透过皮肤的渗透率随施用的表面活性剂溶液的浓度增高而增大，随接触表面活性剂溶液时间的增长而增大。随使用表面活性剂溶液次数的增多而增大。

**(4) 两性离子表面活性剂的吸收和代谢** 通过对大鼠、小鼠、兔等动物试验发现，这些动物的皮肤能大量吸收十二烷基二甲基氧化胺。而人体皮肤临床试验显示对十二烷基二甲基氧化胺的吸收则较低，见表 6-8。

**表 6-8 人、兔、鼠的皮肤对十二烷基二甲基氧化胺的吸收试验值**

| 类别 | 表面活性剂用量/(mmol/cm²) | 接触时间/h | 吸收量[①]/% | 类别 | 表面活性剂用量/(mmol/cm²) | 接触时间/h | 吸收量[①]/% |
|---|---|---|---|---|---|---|---|
| 大鼠 | 0.7 | 72 | 18.1 | 兔 | 0.8 | 8 | 0.2 |
| 小鼠 | 1.05 | 72 | 45.7 | 人 | 2.33 | 72 | 18.5 |

① 接触后分泌百分率。

## 6.5 表面活性剂生命循环周期

表面活性剂使用后对于环境产生的结果一直受到人们的关注。历史上，这种关注曾经集中在洗涤剂使用后向环境的排放，以及表面活性剂——洗涤剂对于废水和污水处理的影响。从 20 世纪 60 年代后期开始，从所用的原材料来源的角度出发，对产品的制造进行的技术考查得到了发展。到了 20 世纪 80 年代后期，这类技术已被人们广泛认知，称为生命周期评估(LCA)，或称生命周期调查（LCI)。

生命周期评估是着眼于确定并量化一种产品、工艺方法或活动在整个生命周期中所使用的原材料和能量以及排放到环境中的各种废物来评估其对环境造成的负荷的客观方法。也就是评估它们对环境的影响。

20 世纪 80 年代后期，在美国和欧洲，开始了为考查表面活性剂系统而专门设计的生命周期研究。1990 年，在欧洲化学工业总会（CEFIC）的分支组织——欧洲直链烷基苯工业行业分会（ECOSOL）的支持下，建立了一个表面活性剂 LCI 研究小组，并开始了在欧洲的表面活性剂及其中间体化学品的 LCI 研究。

LCI 涵盖了组成 LCA 研究的四个步骤中的前面两个步骤。所谓的四个步骤，即：①基本规定；②生命周期调查；③环境影响评估；④评价和改进的可能性。另一方面，从定义来说，LCI 考查一种产品从原材料的引入，经过原材料的消耗的整个生产程序直到产品的最终废弃，称为“从摇篮到坟墓”。但是，这项调查仅跟踪了表面活性剂的制造、运输到配方成为肥皂和洗涤剂设施的生产程序。因此，这个研究是部分 LCI，称为“从摇篮到工厂大门的研究”。

图 6-15～图 6-20 表明了西欧各种表面活性剂的资源（能源和原材料）要求以及对环境的排放量（对大气的排放、在水中的排放和固体废料）。各图中，横坐标上标出的各种表面活性剂，说明如下。

| | | | |
|---|---|---|---|
| S-PKO/PO | 棕榈仁油/棕榈油皂 | S-CNO/PO | 椰子油/棕榈油皂 |
| SAS | 仲烷基磺酸盐 | AS-PO | 从棕榈油得到的脂肪醇硫酸钠 |
| S-PKO/Ta | 从棕榈仁油/牛油得到的皂 | S-CNO/Ta | 从椰子油/牛油得到的皂 |
| AS-PKO | 从棕榈仁油得到的脂肪醇硫酸钠 | APG-PKO | 从棕榈仁油得到的烷基多苷 |
| LAS | 直链烷基苯磺酸盐 | AS-CNO | 从椰子油得到的脂肪醇硫酸钠 |

AE3S-PKO　从棕榈仁油得到的脂肪醇聚氧乙烯(3)醚硫酸钠
AE3S-CNO　从椰子油得到的脂肪醇聚氧乙烯(3)醚硫酸钠
AE7-PKO　从棕榈仁油得到的脂肪醇聚氧乙烯(7)醚
AE3-PKO　从棕榈仁油得到的脂肪醇聚氧乙烯(3)醚
AE3S-Pc　从石油化学品得到的脂肪醇聚氧乙烯(3)醚硫酸盐
AS-Pc　从石油化学品得到的脂肪醇硫酸钠
APG-CNO　从椰子油得到的烷基多苷
AE7-CNO　从椰子油得到的脂肪醇聚氧乙烯(7)醚
AE3-CNO　从椰子油得到的脂肪醇聚氧乙烯(3)醚
AE7-Pc　从石油化学品得到的脂肪醇聚氧乙烯(7)醚
AE11-PO　从棕榈油得到的脂肪醇聚氧乙烯(11)醚

AE3-Pc　从石油化学品得到的脂肪醇聚氧乙烯(3)醚

研究表明，每一种表面活性剂的生产，都要消耗种类广泛的资源，如石油、天然气、各种农产品和各种矿物，用于原材料、能量的产生以及运输，因此对环境都会产生影响。同样，所有的表面活性剂在生产和运输中都会产生各种废弃物排放进入环境。这项研究的主要结论是，“从研究的结果来看，要声称任何一种表面活性剂，不论是从石油化学品得到的，或者从油脂化学品得到的，在总体上对于环境是最为优越品种，都缺乏科学技术上的依据”。

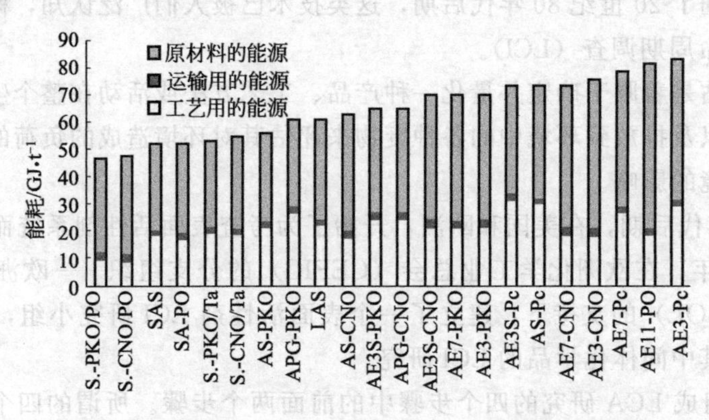


图 6-15　西欧各种表面活性剂的 LCA——能耗汇总比较

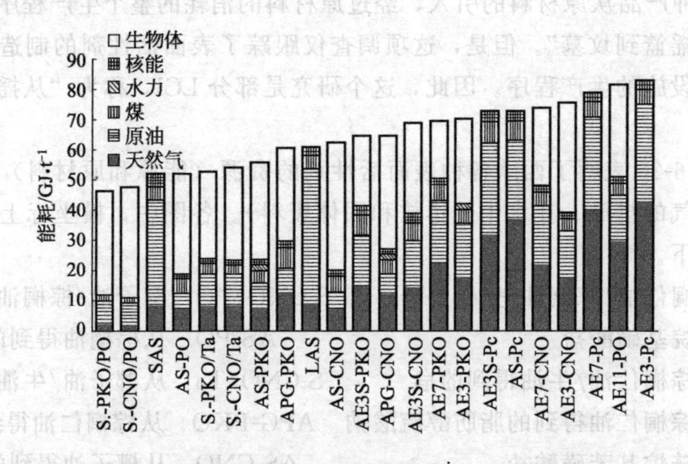


图 6-16　西欧各种表面活性剂的 LCA——能源比较

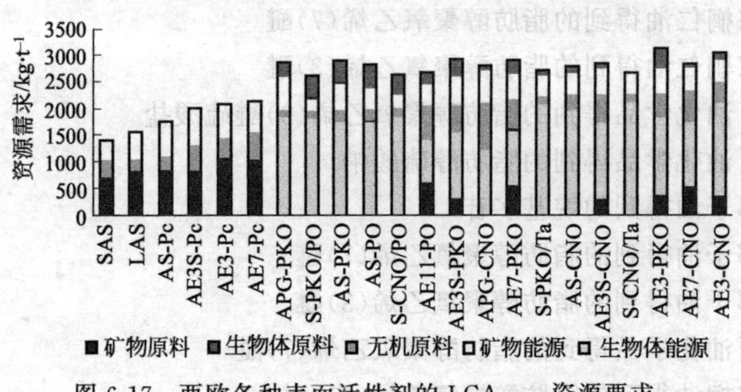


图 6-17　西欧各种表面活性剂的 LCA——资源要求

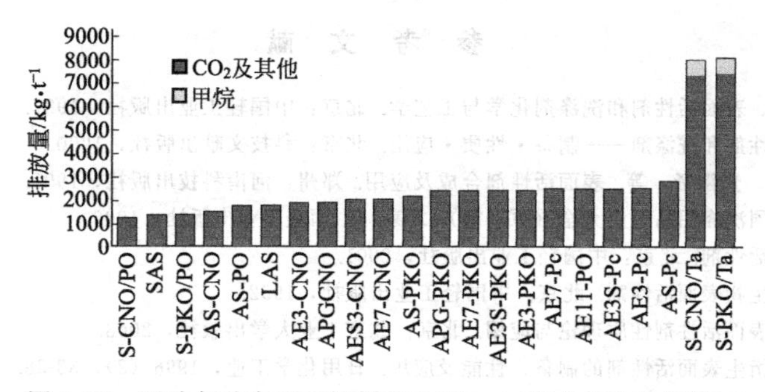


图 6-18　西欧各种表面活性剂的 LCA——在大气中的排放

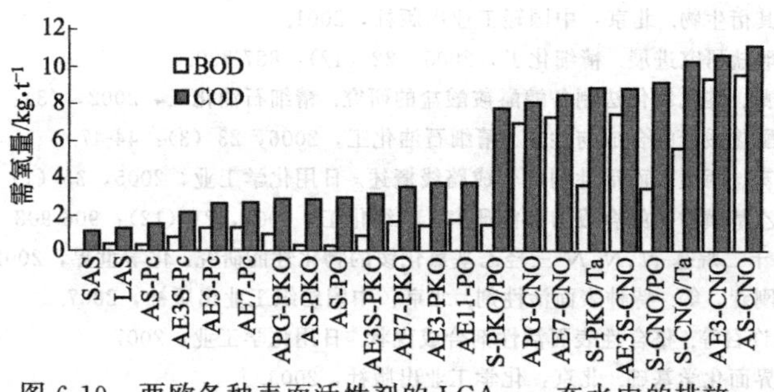


图 6-19　西欧各种表面活性剂的 LCA——在水中的排放

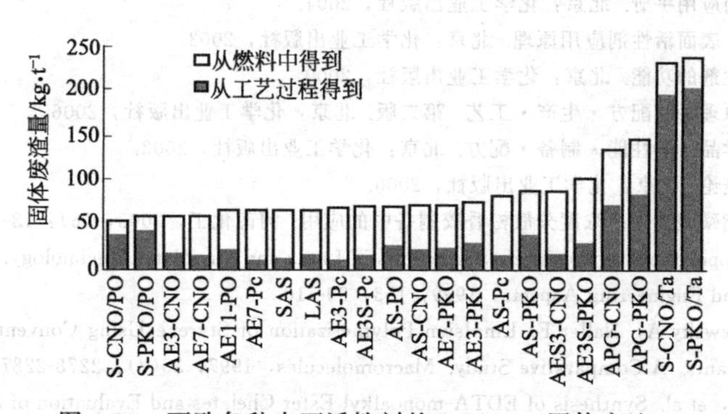


图 6-20　西欧各种表面活性剂的 LCA——固体废渣

# 复习思考题

1. 什么是表面活性剂的生物降解性？表面活性剂生物降解性的三种表述方法和内涵是什么？

2. 影响表面活性剂生物降解的因素有哪些？

3. 表面活性剂生物降解反应通常可以通过三种氧化方式进行，它们的主要机理是什么？

4. 表面活性剂安全性的表征有几种方式？

5. 简述表面活性剂对人体的影响。

6. 表面活性剂应用非常广泛，在不同行业应用时选择表面活性剂时关心的重点有所区别，如在洗涤剂行业应用和在化妆品、食品或医药行业应用时，选择表面活性剂时各自主要考虑的重点是什么？

## 参 考 文 献

[1] 夏纪鼎，倪永全. 表面活性剂和洗涤剂化学与工艺学. 北京：中国轻工业出版社，1997.
[2] 梁梦兰. 表面活性剂和洗涤剂——制备·性质·应用. 北京：科技文献出版社，1990.
[3] 徐德林，王培义，焦淑贤，等. 表面活性剂合成及应用. 郑州：河南科技出版社，1995.
[4] 王培义，等. 中国洗涤用品企业大全（原料篇）. 北京：中国轻工业出版社，1995.
[5] 方云. 两性表面活性剂. 北京：中国轻工业出版社，2001.
[6] 方云，夏咏梅. 生物表面活性剂. 北京：中国轻工业出版社，1992.
[7] 刘程，米裕民. 表面活性剂性质理论与应用. 北京：北京工业大学出版社，2003.
[8] 王培义. 乙醇胺衍生表面活性剂的制备、性能及应用. 日用化学工业，1996 (2)，33-38.
[9] 王培义. 琥珀酸油酰胺基乙酯磺酸钠的改性研究. 日用化学工业，1998 (3)，14-16.
[10] 朱领地. 表面活性剂清洁生产工艺. 北京：化学工业出版社，2005.
[11] 王军. 烷基多苷及其衍生物. 北京：中国轻工业出版社，2001.
[12] 王培义. 酰胺醚羧酸盐研究进展. 精细化工，2005，22 (12)：887-890.
[13] 王军，张高勇，葛虹. 催化氧化法制备醇醚羧酸盐的研究. 精细石油化工，2002，(3)：26-28.
[14] 王培义. 月桂酰胺醚羧酸盐的合成与性能. 精细石油化工，2006，23 (3)：44-47.
[15] 王军，葛虹，邹文苑. 两性表面活性剂的合成路线概述. 日用化学工业，2005，35 (1) 47.
[16] 王培义. 椰油酰氧乙基磺酸钠的合成与性能研究. 精细化工，2004，21 (12)：906-908.
[17] 王军，刘刚勇. *N*-十二烷基-*N*,*N*,*N*-三羟乙基氯化铵的物化性能研究. 化学世界，2002，43 (11)：595-598.
[18] 王军，王培义. 李刚森，等. 特种表面活性剂. 北京：中国纺织工业出版社，2007.
[19] 王军，石莹莹，杨许召等. 螯合性表面活性剂合成现状. 日用化学工业，2007.
[20] 朱步瑶，赵振国. 界面化学基础. 北京：化学工业出版社，2003.
[21] 赵国玺. 表面活性剂物理化学. 北京：北京大学出版社，1991.
[22] 刘程. 表面活性剂应用手册. 北京：化学工业出版社，2004.
[23] 肖进新，赵振国. 表面活性剂应用原理. 北京：化学工业出版社，2003.
[24] 徐燕莉. 表面活性剂的功能. 北京：化学工业出版社，2000.
[25] 王培义. 化妆品原理——配方·生产·工艺. 第二版. 北京：化学工业出版社，2006.
[26] 徐宝财. 日用化学品——性能·制备·配方. 北京：化学工业出版社，2002.
[27] 徐宝财. 洗涤剂概论. 北京：化学工业出版社，2000.
[28] 王培义. 琥珀酸酯磺酸盐在高浓度分散松香胶制备中的应用. 河南化工，2003，(6)：13-15.
[29] Riess G. Block Copolymers as Polymeric Surfactants in Latex and Microlatex Technology. Colloids and Surfaces A：Physiochemical and Engineering Aspects，1999，153：99-110.
[30] Cochin D，Laschewsky A，Nallet F. Emulsion Polymerization of Styrene Using Conventional，Polymerizable and Polymeric Surfactants. A Comparative Study. Macromolecules，1997，30(8)：2278-2287.
[31] Tashio Takeshita，et al. Synthesis of EDTA-monoalkyl Ester Chelates and Evaluation of Surface Active Properties. JAOCS 1980，57：430-434.
[32] Tashio Takeshita，et al. Synthesis of EDTA-Monoalkyl Amide Chelates and Evaluation of Surface Active Properties. JAOCS 1982，59：104-107.
[33] Joe Crudden. Nacyl ED3A Chelating Surfactants：Properties and Application in Detergency [A]. Floyd E. Friedli. Detergency of Speciality Surfactants [C]. New York：Marcel Dekker INC，2001.
[34] Krister Holmberg. Surfactant Science Series V114. New York：Marcel Dekker，INC，2003.
[35] Kuo-Yann Lai. Surfactant Science Series V129. Boca Raton：CRC Press，2006.
[36] 张高勇，李秋小. 中国表面活性剂工业可持续发展的战略思考. 日用化学品科学，2005，28(8)：1-2
[37] 牛金平，罗希权. 国内外表面活性剂及其原料的现状与未来. 日用化学品科学，2003，26 (4)：24-25
[38] 王军. α-磺基脂肪酸甲酯的生产与应用技术进展. 日用化学工业，2000，(2)：29-34.
[39] 任天斌，张洪涛. 反应性表面活性剂的类型及应用. 日用化学工业，2000，30(3)：25-28.
[40] 莫启武，等. 乳状液膜法制备草酸稀土. 膜科学与技术，1998，18(4)：18-21.
[41] OTutkun，N Demircan，R A Kumbasaretal. Extraction of Germanium from Acidic Leach Solutions by Liquid Membrane. Technique Clean Products and Processes 1999，(1)：148-153.
[42] 沈力人，等. 液膜法萃取青霉素的研究，膜科学与技术，1997，17(1)：24-28.
[43] Yun yan，jianbin Huang，zichen Li. Aggregates Transition Depending on the Concentration in the Cationic Bolaamphiphile/K12 Mixed Systems. Langmuir，2003，19：972-974.

[44] 赵小莉，黄建滨，李子臣，朱步瑶. Bola型表面活性剂. 日用化学工业，2000，(5).

[45] Karine Vercruysse-Moreira，Christophe Dejugnat and Guita Etemad-Moghadam. Tetrahedron，2002 58：5651-5658.

[46] 张洪渊，万海清. 生物化学. 北京：化学工业出版社，2004.

[47] R. 哈里森，G. G. 龙特著. 生物膜的结构与功能. 曹同庚，管汀鹭译. 北京：科学出版社，1981.

[48] Mark Ruegsegger，Tianhong zhang and Roger E Marchant. Surace Activity of ABA-Type Nonionic Oligosaccharide Surfactant. Journal of Colloid and Interface Science，1997，190：152-160.

[49] Feng Han，Xiao He，Jianbin Huang. Surface Properties and Aggregates in the Mixed Systems of Bolaamphiphiles and Their Oppositely Charged Conventional Surfactants，J. Phys. Chem. B，2004，108：5256-5262.

[50] Boelo Schuur，Anno Wagenaar，Adre Heeres and Erik H J. Heeres. A Synthetic Strategy for Novel Nonsymmetrical bola amphiphiles based on carbohydrates. Carbohydrate Research，2004，399：1147-1153.

[51] Satge Céline Granete Robert，Verneuil Bernard，Champavier Yves，Krausz，Pierre. Synthesis and Properties of New Bolaform and Macrocyclic Galactose-based Surfactants Obtained by Olefin Metathesis Source. Carbohydrate Research，2004，339：1243-1254.

[52] 黄建滨，韩峰. 新型表面活性剂研究进展—Bola型表面活性剂与Gemini型表面活性剂. 大学化学，2004，19 (4).

[53] C. A. Bunton，L Rpbomson. Catalysis of nucleophilic substitutions by micelles of dieationic detergent . F. J. org chem. 1971，(36)：2346-2352.

[54] ZhuY P，Masuyama A，OKahara M. Preparation and Surface Active Properties of Amphipathic Compounds with Two Sulfate groups and Two Lipophilic Alkyl Chains. J. Am. Oil Chem. Soc.，1990，67(7)：459-463.

[55] Zhu Y P，Masuyama A，OKahara M. Preparation and Surface Active Properties of Amphipathic with Two Phosphate Groups and Two Long Chain Alkyl Groups . J. Am. Oil Chem. Soc.，1991，68(4)：268-271.

[56] Zhu Y P，Masuyama A Kirito Y I，et al. Preparation and Properties of Double or Triple Chain Surfactants with Two Sulfate Groups Derived from *N*-acyldiethanolamines . J. Am Oil Chem. Soc.，1991，68(7)：539-543.

[57] Menger F M，Littau C A. Gemini-surfactants：Synthesis and Properties. J. Am Oil Chem. Soc.，1991，113：1451-1452.

[58] M J Rosen. Gemini：A new Generation of Surfactants. Chemtech，1993，(1)：30-33.

[59] Zana R，Benrraou M，Rueff R. Alkanediyl $\alpha,\omega$ -bis (demethyl alkyl ammonium bromide) Surfactants1. Effect of the Spacer Chainlength on the Critical Micelle Concentration and Micelle Ionization Degree. Langmuir，1991，(7)：1072-1075.

[60] Alami E，Levy H，Zana R. Alkanediyl $\alpha,\omega$-bis (demethyl alkyl ammonium bromide) Surfactants 2. Structure of the Lyotropicmeso Phases in the Presence of Water. Langmuir 1993，(9)：940-944.

[61] Alami E，Beinert G，Marie P，et al. Alkanediyl $\alpha,\omega$-bis (demethyl alkyl ammonium bromide) Surfactants. 3. Behavior at the Air-Water Interface . Langmuir，1993，(9)：1465-1467.

[62] Frindi M，Michels B，Levy H，et al.. Alkanediyl $\alpha,\omega$-bis (demethyl alkyl ammonium bromide) Surfactants 4 Ultasonic Absorption Studies of Amphiphile Exchange between Micelles and Bulk Phase in Aqueous Micellar Solution. Langmuir，1994，(10)：1140-1145.

[63] Donino D，Tslmon Y，Zana R. Alkanediyl $\alpha,\omega$-bis(demethyl alkyl ammonium bromide) Surfactants. 5. Aggregation and Micro Structure in Aqueous Solution. Langmuir，1995，(11)：1448-1456.

[64] Greene B W. In situ Polymerization of Surface-2-active Agents on Latex Particles. Journal of Colloid and Interface Science，1970，32(1)，90-95.

[65] Urquiola M B. Emulsion Polymerization of Vinyl Acetate Using a Polymerizable Surfactant 1. Kinetic Studies. Journal of PolymerScience：Part A. 1992，30：2619-2629.

[66] Urquiola M B. Emulsion Polymerization of Vinyl Acetate Using a Polymerizable Surfactant 2. Polymerization Mechanism . Journal of Polymer Science：Part A. 1992，30：2631-2644.

[67] Urquiola M B. Emulsion Polymerization of Vinyl Acetate Using a Polymerizable Surfactant 3. Mathematical Model. Journal of Polymer Science：Part A. 1993，31：1403-1415.

[68] Chorng-Shyan Chern. Semibatch Emulsion Polymerization of Butyl Acrylate Stabilized by a Polymerizable Surfactant. Polymer Jour nal，1996，28 (7)，627-623.

[69] Guyot A. Reactive Surfactants in Emulsion Polymerization. Advances in Polymer Science，1994，111：44-65.

[70] Tauer K. Emulsion Polymerization in the Presence of Polymerizable Emulsifiers and Surface Active Intiators. Makromol. Chem. Macro mol. Symp.，1990，31：107-121.

[71] Tauer K. Emulsion Polymerization with Reactive Surfactants. Polymer News，1995，20：342-347.

[72] Foltynowicz Z. Modification of Low-Density Polyethylene Film Using Polymerizable Surfactants . Macromolecules, 1985, 18(7): 1394-1401.

[73] Torstensson M. Monomeric Surfactants for Surface Modification of Polymers. Macromolecules, 1990, 23: 126-132.

[74] Christy L H, Richard P V. Nanosphere Lithography: a Versatile Nanofabrication Tool for Studies of Size-dependent Nanoparticle Optics. Phys. Chem. B, 2001, 105: 5599.

[75] Zhou S B, Liao X Y, Li X H, et al . Poly-D. L-lactide-co-poly (ethylene glycol) Microspheres as Potential Vaccine Delivery Systems. Journal of Controlled Release, 2003, 86: 195-205.

[76] Luk Y Y, Abbott NL. Applications of functional surfactants [J]. Current Opinion in Colloid & Interface Science, 2002, (7): 267-275.

[77] Hartgerink J D, Beniash E, Stupp S I. Self-assembly and Mineralization of Peptide-Amphiphile Nanofibers. Science, 2001, 294: 1684-1688.

[78] Lewis A L. Colloids Surf. Phosphorylcholine-based Polymers and their Use in the Prevention of Biofouling. B-Biointerfaces, 2000, (18): 261-275.

[79] Eeckman F, MoÄs A J, Amighi K. Poly (N-isopropylacrylamide) Copolymers for Constant Temperature Controlled Drug Delivery. International Journal of Pharmaceutics, 2004, 273: 109-119.